Christian Brecher
(Hrsg.)

Thermo-energetische Gestaltung von Werkzeugmaschinen

Praxishandbuch

Christian Brecher
RWTH Aachen University
Aachen, Deutschland

ISBN 978-3-658-45179-0   ISBN 978-3-658-45180-6 (eBook)
https://doi.org/10.1007/978-3-658-45180-6

Die Deutsche Nationalbibliothek verzeichnet diese Publikation in der Deutschen Nationalbibliografie; detaillierte bibliografische Daten sind im Internet über https://portal.dnb.de abrufbar.

Technische Universität Dresden

© Der/die Herausgeber bzw. der/die Autor(en) 2025. Dieses Buch ist eine Open-Access-Publikation.

Open Access Dieses Buch wird unter der Creative Commons Namensnennung 4.0 International Lizenz (http://creativecommons.org/licenses/by/4.0/deed.de) veröffentlicht, welche die Nutzung, Vervielfältigung, Bearbeitung, Verbreitung und Wiedergabe in jeglichem Medium und Format erlaubt, sofern Sie den/die ursprünglichen Autor(en) und die Quelle ordnungsgemäß nennen, einen Link zur Creative Commons Lizenz beifügen und angeben, ob Änderungen vorgenommen wurden.
Die in diesem Buch enthaltenen Bilder und sonstiges Drittmaterial unterliegen ebenfalls der genannten Creative Commons Lizenz, sofern sich aus der Abbildungslegende nichts anderes ergibt. Sofern das betreffende Material nicht unter der genannten Creative Commons Lizenz steht und die betreffende Handlung nicht nach gesetzlichen Vorschriften erlaubt ist, ist für die oben aufgeführten Weiterverwendungen des Materials die Einwilligung des/der betreffenden Rechteinhaber*in einzuholen.
Die Wiedergabe von allgemein beschreibenden Bezeichnungen, Marken, Unternehmensnamen etc. in diesem Werk bedeutet nicht, dass diese frei durch jede Person benutzt werden dürfen. Die Berechtigung zur Benutzung unterliegt, auch ohne gesonderten Hinweis hierzu, den Regeln des Markenrechts. Die Rechte des/der jeweiligen Zeicheninhaber*in sind zu beachten.
Der Verlag, die Autor*innen und die Herausgeber*innen gehen davon aus, dass die Angaben und Informationen in diesem Werk zum Zeitpunkt der Veröffentlichung vollständig und korrekt sind. Weder der Verlag noch die Autor*innen oder die Herausgeber*innen übernehmen, ausdrücklich oder implizit, Gewähr für den Inhalt des Werkes, etwaige Fehler oder Äußerungen. Der Verlag bleibt im Hinblick auf geografische Zuordnungen und Gebietsbezeichnungen in veröffentlichten Karten und Institutionsadressen neutral.

Planung/Lektorat: Ellen-Susanne Klabunde
Springer Vieweg ist ein Imprint der eingetragenen Gesellschaft Springer Fachmedien Wiesbaden GmbH und ist ein Teil von Springer Nature.
Die Anschrift der Gesellschaft ist: Abraham-Lincoln-Str. 46, 65189 Wiesbaden, Germany

Wenn Sie dieses Produkt entsorgen, geben Sie das Papier bitte zum Recycling.

Inhaltsverzeichnis

Einführung... 1
Christian Brecher und Gritt Ott
1 Problemstellung.. 1
2 Ganzheitliche Problemlösestrategie 4
   2.1 Weiterentwicklung von Modellgrundlagen 6
   2.2 Gestaltungsintegrierte Kompensation........................ 9
   2.3 Steuerungsintegrierte Korrektur............................... 9
   2.4 Messtechnisch basierte Korrektur............................. 10
   2.5 Bewertung.. 11
3 Charakteristik der Versuchsanlagen 11
Literatur... 16

Strukturmodelle von Werkzeugmaschinen....................... 19
Holger Rudolph, Stefan Sauerzapf, Xaver Thiem, Andreas Naumann
und Michael Beitelschmidt
1 Einleitung 19
2 Anwendungsszenarien und Anforderungen.................. 20
3 Theoretische Grundlagen 21
   3.1 Kontinuierliche Modelle in Raum und Zeit 22
   3.2 Konkretisierung zur Anwendung an Werkzeugmaschinen........ 25
   3.3 Gekoppeltes Zustandsraummodell 25
4 Systemmodellierung 28
   4.1 Schnittstellenbasierte Modellierung.......................... 28
   4.2 Problemspezifische Modellimplementierung.............. 31
   4.3 Vergleich der Modellierungsansätze......................... 34
5 Anwendungsbeispiel vereinfachte WZM 37
6 Anwendungsbeispiel MAX... 39
7 Zusammenfassung.. 43
Literatur... 44

Effiziente Verhaltensanalyse von Strukturbauteilen 47
Lars Penter und Steffen Schroeder
1 Einführung.. 47
2 Analysen des thermo-elastischen Verhaltens...................... 48
3 Modelle für die thermische Analyse 49
   3.1 FE-basiertes Modell für Strukturbauteile..................... 50
   3.2 Teilschritte zur FE-basierten Modellerstellung 51
      3.2.1 Vereinfachung der Geometrie........................ 52
      3.2.2 Erstellung der Gleichungssysteme 53
   3.3 Automatisierung der Modellerstellung mit robustem Vernetzungswerkzeug.. 55
   3.4 Modularisierung durch offene Schnittstellen 56
   3.5 Verifikation der MOR-FEM Simulation...................... 58
4 Zusammenfassung... 59
Literatur... 59

Untersuchung von Maschinenkomponenten 61
Stephan Neus, Alexander Steinert, Florian Kneer und Christian Brecher
1 Maschinenkomponenten im Kontext der thermo-energetischen Wirkungskette 61
   1.1 Ausgangssituation... 61
   1.2 Zielsetzung 62
   1.3 Methodischer Ansatz 62
2 Modellierung des Komponentenverhaltens....................... 63
3 Untersuchung von Profilschienenführungen...................... 64
4 Untersuchung von Kugelgewindetrieben 66
5 Anwendungsmöglichkeiten der Untersuchungsergebnisse............ 69
Literatur... 70

Fluidische Kühlung... 71
Christoph Steiert, Juliane Weber und Jürgen Weber
1 Einleitung 71
2 Prozessaktuelles Simulationsmodell 72
   2.1 Modellierungskonzept 72
   2.2 Modell der Werkzeugmaschinenkühlung..................... 77
   2.3 Modellvalidierung 81
   2.4 Integration in das Gesamtmaschinenmodell................... 83
3 Einsatzmöglichkeiten des Kühlsystemmodells.................... 85
4 Zusammenfassung... 85
Literatur... 86

Prozessmodellierung des Fräs- und Schleifprozesses 87
Marc Bredthauer, Hui Liu, Patrick Mattfeld, Thomas Bergs,
Sebastian Barth, Markus Meurer, Christian Wrobel
und Thorsten Augspurger
1 Einleitung 87
2 Prozessmodellierung von Temperaturen und Wärmeströmen im Fräsprozess 88

	2.1	Empirische Untersuchungen zur Bestimmung von Temperaturen und Wärmeströmen im Fräsprozess	89
	2.2	Modellierung von Wärmeströmen und Temperaturfeldern	90
3	Prozessmodellierung des Schleifprozesses		94
	3.1	Modellierung der Wärmequelle	94
		3.1.1 Empirische Untersuchungen zur Bestimmung der Wärmequelle im Schleifprozess......................	94
		3.1.2 Modellierung der Wärmequelle im Schleifprozess	96
	3.2	Modellierung der Wärmestromaufteilung	97
		3.2.1 Konzept zur empirischen Untersuchung der Wärmestromaufteilung.............................	97
		3.2.2 Empirisch-analytische Modellierung der Wärmestromaufteilung.............................	98
		3.2.3 Ausblick auf die Modellierung der verschleißbedingten Schleifscheibentopographieänderung.................	100
4	Zusammenfassung...		102
Literatur...			103

Der Elektroantrieb als thermo-energetische Blackbox 105
Stefan Winkler und Ralf Werner

1	Einführung...		105
2	Grundlagen des Motormodells		106
3	Parametrierung des Motormodells		107
	3.1	Motorabmessungen.....................................	107
	3.2	Materialkennwerte	110
	3.3	Verlustverteilung.......................................	111
	3.4	Vergleich von Simulation und Messung.....................	112
4	Zusammenfassung...		114
Literatur...			115

Modellierung von Kühlschmierstoffwirkung im Zerspanprozess 117
Marc Bredthauer, Hui Liu, Thorsten Helmig, Lukas Topinka,
Steffen Brier, Joachim Regel, Patrick Mattfeld, Thomas Bergs,
Sebastian Barth, Markus Meurer und Reinhold Kneer

1	Einleitung		118
2	Prozessmodellierung unter Berücksichtigung des Kühlschmierstoffeffekts		119
	2.1	Versuchsanordnung.....................................	119
	2.2	Spanbildungssimulation unter Berücksichtigung der Kühlschmierstoffwirkung................................	121
3	Thermische Modellierung der Kühlschmierstoffströmung in der Zerpanzone		123
	3.1	Generierung des Rechengitters und Modellannahmen..........	124
	3.2	Exemplarische Ergebnisse der Strömungssimulation...........	125
4	Modellierung des Wärmeflusses in den Werkzeughalter.............		126

4.1	Simulationsmodellbeschreibung.	127
4.2	Kühlmittelströmung um das Werkzeug	128
5	Zusammenfassung.	129
Literatur.		129

Thermische Modellierung von Verbindungsstellen 131
Thorsten Helmig, Faruk Al-Sibai und Reinhold Kneer

1	Einleitung	131
2	Grundlagenphänomene	132
3	Analytisch-theoretische Beschreibung der Kontaktwärmeübergänge. . . .	132
4	Experimentelle Bestimmung von Kontaktwärmeübergangskoeffizienten	134
5	Numerische Bestimmung von Kontaktwärmeübergangskoeffizienten . . .	136
6	Vorstellung exemplarischer Ergebnisse und Diskussion.	138
	6.1 Einfluss von Rauheit und Oberflächenausrichtung.	138
	6.2 Einfluss von Zwischenmedien	140
	6.3 Einfluss von makroskopischer Krümmung.	141
7	Zusammenfassung und Ausblick.	142
Literatur.		143

Modellierung von Umgebungseinflüssen 145
Tharun Suresh Kumar, Christian Naumann, Alexander Geist
und Janine Glänzel

1	Einleitung	145
2	Parametrierung von Umwelteinflüssen	146
	2.1 Problembeschreibung.	146
	2.2 Entkopplungsansatz bei der Parametrierung	146
	2.2.1 Vorgehensweise bei der Entkopplung.	147
	2.2.2 Optimale Clusterung mit genetischem Algorithmus.	148
	2.3 Validierung des Entkopplungsansatzes anhand gekoppelter Simulationen.	150
	2.4 Parallelisierung bei der Automatisierung der Entkopplung	151
	2.5 Experimentelle Validierung des Entkopplungsansatzes	153
3	Lastfallunabhängige Clusterung der Wärmeübergangskoeffizienten	156
4	Modifizierter Entkopplungsansatz für interne und externe Umgebungseinflüssen	158
	4.1 Abbildung von internen und externen Umwelteinflüssen mithilfe künstlicher neuronaler Netze	160
	4.2 Trainingsdatenmodell.	161
	4.3 Validierung des CFD-Simulationsmodells (interne Umgebung) . . .	162
	4.3.1 Validierung mit Thermografiekamera.	164
	4.3.2 Validierung mit berührenden Temperatursensoren.	166
	4.3.3 Validierung der KNN-basierten Entkopplung mit experimentellen Messwerten	167
5	Zusammenfassung.	169
Literatur.		171

Aufwandsarmer Abgleich parametrischer Maschinenmodelle: Parameterabgleich im Betrieb................................. 173
Hajo Wiemer, Manfred Benesch und Jens Müller
1   Einführung... 173
2   Abstrakte Maschinenmodellbeschreibung 174
3   Strukturiertes Vorgehensmodell............................... 176
4   Parameterabgleich während der Inbetriebnahme und im Betrieb von WZM 185
5   Zusammenfassung.. 187
Literatur.. 187

Datenassimilation und optimale Sensorplatzierung 189
Andreas Naumann, Ilka Riedel und Roland Herzog
1   Einleitung 189
2   Datenassimilation 190
3   Optimale Sensorplatzierung 193
4   Zusammenfassung.. 196
Literatur.. 197

Rechenzeitsparende Modellierung 199
Julia Vettermann, Quirin Aumann, Jens Saak und Peter Benner
1   Einleitung 199
2   Grundlagen 200
3   MOR für Netzwerkmodelle................................... 203
    3.1   Behandlung gekoppelter thermo-elastischer Modelle 206
    3.2   Berücksichtigung inhomogener Anfangsbedingungen.......... 207
    3.3   Strategien der MOR für relativ bewegte Baugruppen 207
4   Praktische Hinweise zur Auswahl geeigneter MOR-Strategien 208
5   Zusammenfassung.. 210
Literatur.. 210

Sicherheitsmechanismen des Cloud-Computings zur Verwendung in Korrekturverfahren 213
Robert Krahn und Christof Fetzer
1   Einleitung 213
2   Grundlegende Begriffe 214
    2.1   Verteiltes Rechnen 214
    2.2   Virtualisierung mittels Container 214
    2.3   On-Premise/Off-Premise 215
    2.4   Verschlüsselung 216
3   Confidential Computing 216
    3.1   Schutz von Software................................... 217
    3.2   Trusted Execution Environment (TEE) 218
        3.2.1   TEE von Intel 219
    3.3   Attestierung von Software 220
    3.4   Gesichertes Ausführen von Software mit SCONE............. 221

3.5	Verwaltung vertraulicher Daten mit Palaemon................	223
	3.5.1 Verwaltung von Geheimnissen......................	224
	3.5.2 Geheimhaltung, Datenintegrität und Datenfrische........	224
3.6	Leistungsanalyse in verschiedenen Umgebungen..............	225
4	Sicheres und Automatisiertes Starten von Verteilten Anwendungen.....	227
4.1	Deployment mit Kubernetes und SCONE....................	228
4.2	Verwendung existierender Helm-Charts zum Deployment sicherer Anwendungen.................................	229
5	Anwendungsbeispiel..	230
6	Zusammenfassung...	231
Literatur...		232

Effiziente transiente thermo-elastische Simulation von Werkzeugmaschinen.. 235
Andreas Naumann

1	Einleitung...	235
2	Thermo-mechanisches Modell einer WZM......................	237
3	Effiziente Zeitintegration....................................	239
3.1	Defect corrected averaging (DCA).........................	240
3.2	Parallele Zeitintegrationsverfahren (PARAeXP)...............	241
3.3	Laufzeitvergleiche.....................................	242
4	Zusammenfassung...	243
Literatur...		244

Energieeffiziente Systeme zur aktiven Steuerung von Wärmeflüssen... 245
Immanuel Voigt und Welf-Guntram Drossel

1	Einleitung...	245
2	Zeitliche Beeinflussung von Wärmeströmen.....................	246
2.1	Latentwärmespeicherung................................	246
2.2	Anwendung in Vorschubachsen...........................	248
	2.2.1 Szenario Lineardirektantrieb........................	248
	2.2.2 Szenario Kugelgewindetrieb........................	249
2.3	Thermische Schalter....................................	249
3	Örtliche Beeinflussung von Wärmeströmen.....................	251
3.1	Funktionsweise von Heatpipes............................	251
3.2	Charakterisierung von Heatpipes..........................	252
3.3	Einsatz von Kühlkörpern................................	253
4	Kombination der Einzelkomponenten zu Kompensationsnetzwerken...	254
4.1	Auslegung mittels gemischt-dimensionaler FE-Modellierung.....	255
4.2	Exemplarisches Kompensationsszenario.....................	257
4.3	Richtlinien für die Integration von Kompensationskomponenten in Werkzeugmaschinen...........	258
5	Zusammenfassung...	259
Literatur...		260

Kompensationslösung fluidische Kühlung 263
Juliane Weber, Christoph Steiert und Jürgen Weber
1 Einleitung 263
2 Kühlsysteme in Werkzeugmaschinen 265
    2.1 Stand der Technik 265
    2.2 Kühlsystemstrukturen 265
        2.2.1 Ableitung regelbarer Kühlsystemstrukturen 266
        2.2.2 Regelungskonzepte für die vorgeschlagenen Kühlsystemstrukturen 267
        2.2.3 Volumenstromregelung 268
        2.2.4 Temperaturregelung 269
    2.3 Bewertung der Kühlstrukturen 270
3 Komponentenoptimierung am Beispiel der Kühlhülse einer Motorspindel 271
    3.1 Konstruktionstechnische Details 271
        3.1.1 Konstruktiver Aufbau von Motorspindeln 271
        3.1.2 Experimenteller Versuchsaufbau zur Untersuchung von Statorkühlhülsen 272
    3.2 Modellbildung und Simulation 273
        3.2.1 Grundlegende Betrachtungen 273
        3.2.2 Berücksichtigung temperaturabhängiger Werkstoffeigenschaften 275
        3.2.3 Hochauflösende Simulation mithilfe numerischer Strömungsmechanik 276
        3.2.4 Schnelle Berechnung mithilfe abstrahierter Netzwerkmodelle 279
    3.3 Optimierung des thermo-energetischen Verhaltens 281
4 Zusammenfassung 285
Literatur 286

Optimierte Temperierung von Maschinengestellen für unsymmetrische Lasteinträge 289
Christoph Steiert, Juliane Weber, Arvid Hellmich, Alexander Geist, Sarah Mater, Janine Glänzel, Jürgen Weber und Steffen Ihlenfeldt
1 Einführung 289
2 Methodik zur thermischen und energetischen Optimierung von Maschinengestellen 290
    2.1 Parametrisches Simulationsmodell 290
    2.2 Anwendung der Methodik zur Optimierung eines Maschinengestells aus Mineralbeton 295
3 Umsetzung der Temperaturregelung 301
    3.1 Entwicklung von geeigneten Regelungsstrategien 301
    3.2 Vergleichsmessung und Ergebnisbeurteilung 301
4 Zusammenfassung 302
Literatur 302

Eigenschaftsmodellbasierte Korrektur 305
Robert Spierling, Mathias Dehn, Franziska Plum und Christian Brecher
1 Einleitung 305
2 Grundlagen der eigenschaftsmodellbasierten Korrektur.............. 307
3 Anwendung der Korrektur..................................... 309
   3.1 Korrektur einer Drehachse 310
   3.2 Korrektur einer 3-Achs Kinematik......................... 312
4 Zusammenfassung.. 313
Literatur.. 314

Strukturmodellbasierte Korrektur 315
Jens Müller, Xaver Thiem und Steffen Ihlenfeldt
1 Einleitung 315
2 Grundlagen 316
   2.1 Strukturmodell als Abbildung der Wirkungskette 316
   2.2 Anforderungen an die Umsetzung 317
3 Lösung... 318
   3.1 Echtzeitbereiche und modularisierter Korrekturansatz 318
   3.2 Eingangsdatenverarbeitung................................ 319
   3.3 Strukturmodelle für die Korrektur 321
   3.4 Volumetrische Korrektur 323
4 Untersuchung der Varianten für volumetrische Korrektur am
   Beispiel 328
   4.1 Kinematisches Modell 329
   4.2 Abschätzung der Korrekturgenauigkeit 329
5 Umsetzung der Korrektur für Hexapoden........................ 332
   5.1 Steuerungsanbindung.................................... 332
   5.2 Strukturmodell 333
   5.3 Validierung 335
      5.3.1 Versuchsaufbau................................... 335
      5.3.2 Versuchsdurchführung 335
      5.3.3 Ergebnisse....................................... 337
6 Zusammenfassung.. 338
Literatur.. 338

Kennfeldbasierte Korrektur 341
Christian Naumann, Martin Naumann, Alexander Geist,
Tharun Suresh Kumar und Janine Glänzel
1 Einleitung 341
2 Erstellung der KennfeldKorrektur............................... 342
   2.1 Kennfelder und Korrekturprinzip.......................... 342
   2.2 Wahl der Eingangsvariablen.............................. 343
   2.3 Kennfeldberechnung..................................... 344
   2.4 Kennfeld-Validierung und -Optimierung 348
3 Steuerungsintegration 349
4 Praxisbeispiel DMU 80 eVo 351
5 Korrektur von Umgebungsschwankungen 357

6	Lastfallspezifische Kennfeld-Updates	357
Literatur		358

Thermische Vorsteuerung ... 361
Eric Wenkler und Steffen Ihlenfeldt

1	Einleitung		361
2	Bearbeitungsspezifische Verlustprognose		362
	2.1	Interpretation der Bearbeitungsaufgabe mittels einer virtuellen Steuerung	362
	2.2	Applikation von Verlustmodellen	363
		2.2.1 Lagerverluste	364
		2.2.2 Kugelgewindetriebverlust	365
		2.2.3 Motorverlust	365
	2.3	Prototypische Implementierung der bearbeitungsspezifischen Verlustprognose	366
	2.4	Exemplarische Anwendung: Applikation und Analyse prognostizierter Verluste für eine realistische Bearbeitung	367
		2.4.1 Exemplarische Anwendung: Applikation der Verlustprognose in der Planungsphase zur Reduktion thermischer Änderungen	369
3	Aufgabenspezifische Prognose des thermischen Maschinenverhaltens		371
	3.1	FE-Modellerstellung	372
	3.2	Parameterabgleich	373
	3.3	Bearbeitungsspezifische thermische Prognose	377
		3.3.1 Verlusttransformation	380
		3.3.2 Exemplarische Applikation und Vergleich von Messung und Simulation	381
4	Bedarfsgerechte Temperierung am Beispiel des Maschinenbettes		383
	4.1	Bestimmung der Zieltemperaturen	385
	4.2	Applikation: Dauerkühlung und bedarfsgerechte Kühlung	386
	4.3	Vergleich: Dauerkühlung und bedarfsgerechte Kühlung	387
5	Zusammenfassung und Ausblick		391
Literatur			392

Effiziente Parametrierung von Korrekturmodellen ... 395
Stephan Neus, Alexander Steinert, Robert Spierling und Christian Brecher

1	Einleitung		395
	1.1	Ausgangslage	395
	1.2	Lösungsansatz	396
2	Aufbau eines Korrekturmodells		397
	2.1	Modellierung von Spindelsystemen	397
	2.2	Modellbasierte Parametrierung von Spindelkorrekturmodellen	399
	2.3	Empirische Parametrierung von Korrekturmodellen für Linearachsen	402
	2.4	Synthese der Korrekturmodelle	404

3	Bewertung	405
Literatur.		407

Online-Korrektur thermisch bedingter Verformungen mithilfe von integralen Verformungssensoren 409
Nico Bertaggia, Filippos Tzanetos, Daniel Zontar und
Christian Brecher

1	Einleitung		409
2	Lösungsansatz		412
	2.1	Konstruktion der IDS	412
	2.2	Messprinzip der IDS	415
	2.3	Datenvorverarbeitung zur Trennung mechanisch bedingter von thermischen Verformungen	417
	2.4	Mechanisches Übertragungsmodell	418
	2.5	Anwendung für eine ONLINE-Korrekturwert-Aufschaltung	423
	2.6	Optimale IDS-Platzierung	425
3	Vorstellung exemplarischer Ergebnisse und Diskussion		426
4	Zusammenfassung		426
Literatur.			427

Photogrammetrisches Messmodell zur Erfassung thermisch bedingter Fehler an WZM 429
Jens Müller, Jessica Deutsch und Siddharth Murali

1	Kontext		429
2	Konzept Photogrammetrie		430
	2.1	Klassische Photogrammetrie	430
	2.2	Erweitertes Photogrammetrisches Messmodell	431
		2.2.1 Parametrierbare Objekte	432
		2.2.2 Abbildung der Kinematischen Kette	433
3	Versuchsaufbau und Durchführung am Demonstrator MAX		433
	3.1	Versuchsaufbau	433
	3.2	Versuchsplanung	434
4	Ergebnisse – Geometrisch-kinematische Fehler		434
5	Ergebnisse – Thermischer Fehler am Demonstrator MAX		436
6	Zusammenfassung und Ausblick		437
Literatur.			437

Korrektur der thermischen Verlagerung rotierender Werkzeuge unter dem Einfluss verschiedener Kühlstrategien 439
Steffen Brier, Lukas Topinka und Joachim Regel

1	Einleitung		439
2	Kühlungsprinzipien		440
	2.1	Aufbau des experimentellen Versuchsstandes für die Werkzeugerwärmung	440
	2.2	Luftkühlung	441
		2.2.1 Numerische Simulation der Luftkühlung	442
		2.2.2 Kühlwirkung der Luftkühlung	442

		2.3	Vollstrahlkühlung	444
		2.3.1 Numerische Simulation der Vollstrahlkühlung		444
		2.3.2 Kühlwirkung der Vollstrahlkühlung		445
3	Kennfelderstellung			446
4	Zusammenfassung und Ausblick			448
Literatur				449

Demonstrator Motorspindel 451
Stephan Neus, Alexander Steinert und Christian Brecher
1 Problemstellung. 451
2 Einleitung 451
    2.1 Ausgangslage 451
    2.2 Lösungsansatz. 452
3 Aufbau des thermischen Solvers 452
4 Modellierung thermischer Randbedingungen 454
    4.1 Hintergrund. 454
    4.2 Reibverluste in Spindellagern. 455
    4.3 Motorverluste 458
    4.4 Aktive Kühlsysteme 460
    4.5 Festkörperkontakte 462
    4.6 Konvektion und Strahlung 463
    4.7 Zusammenfassung 463
5 White-Box-Modelle im prozessparallelen Einsatz 464
    5.1 Berechnungsablauf. 464
    5.2 Prüfstand. 465
    5.3 Validierung. 466
    5.4 Zusammenfassung 468
Literatur. 468

Bewertungsmethodik 471
Hajo Wiemer, Axel Fickert und Carola Gißke
1 Einführung/Motivation 471
2 Bewertungsmetrik 472
    2.1 Analyse der Lösungsverfahren 473
3 Kriterium Lösungsumsetzungsgrad. 474
    3.1 Ermittlung des Nutzens der Lösungen 475
        3.1.1 Messung der Effektivität der Lösungsverfahren. 475
        3.1.2 Untersuchungsszenarien 477
    3.2 Auswertung. 478
4 Vergleichende Bewertung 481
    4.1 Kriterienausprägung 481
    4.2 Festlegung der Kriteriengewichte. 481
    4.3 Aggregation der ermittelten Werte 482
5 Zusammenfassung. 485
Literatur. 486

Anwendungsbeispiel DMU 80 eVo... 489
Christian Naumann, Alexander Geist, Tharun Suresh Kumar,
Juliane Weber, Christoph Steiert, Immanuel Voigt, Franziska Plum,
Xaver Thiem, Nico Bertaggia, Janine Glänzel, Jürgen Weber,
Daniel Zontar, Christian Brecher und Steffen Ihlenfeldt

1 Einleitung 489
2 Iststand-Analyse des thermischen Verhaltes 493
   2.1 Messtechnische Analyse.................................... 493
   2.2 Simulative Analyse.. 500
   2.3 Optimierungsziele der Korrektur/Kompensation 502
3 Methodenauswahl für die Optimierung............................ 504
   3.1 Kompensationsmethoden 505
      3.1.1 Optimierung der Kühlsysteme am Beispiel
der DMU 80 eVo...................................... 505
      3.1.2 Einsatz thermischer Tilger und Heatpipes
an der DMU 80 eVo 506
   3.2 Korrekturverfahren.. 508
      3.2.1 Kennfeldbasierte Korrektur 508
      3.2.2 Eigenschaftsmodellbasierte Korrektur 509
      3.2.3 Strukturmodellbasierte Korrektur..................... 510
      3.2.4 Messtechnikbasierte Korrektur....................... 512
   3.3 Bewertungsmatrix und finale Methodenauswahl 513
4 Beispielhafte Implementierung von Maßnahmen 515
5 Bewertung der Optimierung 517
6 Zusammenfassung.. 518
Literatur. 519

SFB/TR 96 Thermo-energetische Gestaltung von
Werkzeugmaschinen – Eine systemische Lösung des
Zielkonflikts von Energieeinsatz, Genauigkeit und
Produktivität am Beispiel der spanenden Fertigung................... 519

Einführung

Christian Brecher und Gritt Ott

1 Problemstellung

Zur Erfüllung des steigenden Bedarfs an Investitions- und Konsumgütern sind Werkzeugmaschinen (WZM) unterschiedlichen Automatisierungsgrades von wesentlicher Bedeutung. Die spanende Bearbeitung von Bauteilen ist nach wie vor für alle Formgebungsprozesse alternativlos, wie sich u. a. aus der Zahl produzierter spanender Werkzeugmaschinen ableiten lässt.

Abb. 1 zeigt die Umsätze verschiedener Sektoren der Jahre 2020 und 2021 im Vergleich. Es wird ersichtlich, dass die Werkzeugmaschinenproduktion, gefolgt von Antriebstechnik und Fördermitteln, der umsatzstärkste Sektor in Deutschland ist.

Abb. 2 zeigt die prozentuale Verteilung der Einsatzbereiche von Werkzeugmaschinen. Die Automobil- und Zulieferindustrie ist der Haupteinsatzbereich und bestimmt damit maßgeblich die Anforderungen an die Werkzeugmaschinenproduktion.

Der Anteil der spanenden Werkzeugmaschinen entspricht im Jahr 2021 einem Wert von 6576 Mio. EUR. Davon repräsentiert die Produktion von umformenden Werkzeugmaschinen einen Betrag von 2414 Mio. EUR.

Eine besondere Herausforderung sind die Genauigkeitsforderungen an Fertigungsprozesse der Metall- und Elektroindustrie, die deutliche Steigerungsraten

---

C. Brecher (✉)
Werkzeugmaschinenlabor, Lehrstuhl für Werkzeugmaschinen, RWTH Aachen, Aachen, Deutschland
E-Mail: C.Brecher@wzl.rwth-aachen.de

G. Ott
Professur für Werkzeugmaschinenenentwicklung und adaptive Steuerungen, TU Dresden, Dresden, Deutschland
E-Mail: gritt.ott@tu-dresden.de

© Der/die Autor(en) 2025
C. Brecher, *Thermo-energetische Gestaltung von Werkzeugmaschinen*,
https://doi.org/10.1007/978-3-658-45180-6_1

Abb. 1 Umsatz im deutschen Maschinenbau nach ausgewählten Sektoren in den Jahren 2020 und 2021 (in Milliarden Euro) (destatis 2022)

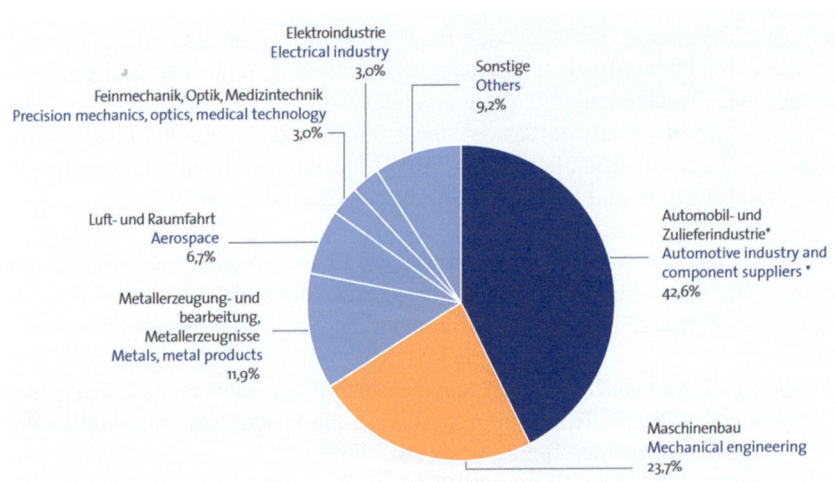

Abb. 2 Abnehmerbranchen der deutschen Werkzeugmaschinenindustrie (VDW 2021)

aufweisen, verbunden mit der Zunahme von Kleinserien und Einzelfertigung. Damit einhergehende ständige Wechsel zwischen Rüsten und Bearbeiten verhindern möglicherweise das Erreichen des thermischen Beharrungszustandes der Werkzeugmaschine. Nach der Auswertung von Daten einer großen Stichprobe von 1132 Unternehmen durch das Fraunhofer-ISI wird in 26 % der Fälle von „stark gestiegenen" Genauigkeitsforderungen berichtet, 44 % der Unternehmen sind mit „etwas gestiegenen" Genauigkeitsforderungen konfrontiert, die restlichen 30 % der Unternehmen realisieren gleichbleibende Genauigkeiten (Kinkel 2005).

Zunehmend kleinere Losgrößen infolge von Individualisierung der Produkte erfordern die Beherrschung instationären Verhaltens der WZM.

Dank optimierter Gestaltung und Einsatz hochwertiger Komponenten werden die geometrisch-kinematisch und statisch bedingten Fehlereinflüsse am Werkstück bereits geringgehalten. Eine Industriebefragung bei Herstellern und Anwender (Bräunig et al. 2018) zeigt, dass der Anteil thermischer Fehler bei WZM als deutlich größer als der durch geometrische, statische und dynamische Fehler eingeschätzt wird. Große WZM-Hersteller bewerten thermische Fehler im Betrieb als dominierend, während mittelgroße Anwender sich auf die Beherrschung geometrischer, statischer und dynamischer Fehler konzentrieren. Der thermische Fehler wirkt sich nach Einschätzung von Anwendern etwa zu gleichen Teilen auf die Struktur der Werkzeugmaschine, das Werkzeug und das Werkstück aus (Abb. 3).

Thermische Fehler sind u. a. darauf zurückzuführen, dass höhere Mengenleistungen sowie innovative Schneidwerkstoffe größere Haupt- und Vorschubantriebsleistungen erfordern. Diese werden im Falle der Hauptantriebe prinzipbedingt größtenteils in Wärmeströme an der Wirkstelle (Tool Center Point, TCP) des Zerspanungsprozesses dissipiert bzw. erzeugen im Falle der Vorschubantriebe über den Umweg erhöhter Reibleistungen von mechanischen Antriebs- und Führungselementen oder über erhöhte Verlustleistungen der Antriebe selbst höhere Wärmeströme. Beides führt zu einer Zunahme thermo-elastischer Verformungen. Höhere Zeitspanvolumina tragen zwar zur Energieeffizienz bei, bewirken aber auch höhere Wärmeeinträge infolge von Verlustleistungen. „Der Produktivitätssteigerung sind daher durch thermo-elastische Abweichungen unterhalb einer bestimmten Toleranzgrenze Grenzen gesetzt (Abb. 4)." (Brecher et al. 2016)

Hersteller setzen bereits auf intelligente Maßnahmen zur Reduktion des Energiebedarfs von WZM, z. B. Abschaltstrategien, die den Energiebedarf für die Klimatisierung senken. Die derzeitig praktizierten Maßnahmen orientieren auf die Herbeiführung eines thermischen Beharrungszustandes durch möglichst gleichmäßiges Einbringen von (Verlust-) Leistungen oder durch Gewährleistung weitestgehend konstanter Randbedingungen.

Gesamtsicht	
Thermische Fehler	Geometrische, statische, dynamische Fehler
57 %	43 %

Herstellersicht		Anwendersicht	
Thermische Fehler	Geometrische, statische, dynamische Fehler	Thermische Fehler	Geometrische, statische, dynamische Fehler
62 %	38 %	43 %	57 %

Abb. 3 Bewertung der Größe des thermischen Fehlers im Vergleich zum Gesamtfehler. (Nach Bräunig et al. 2018)

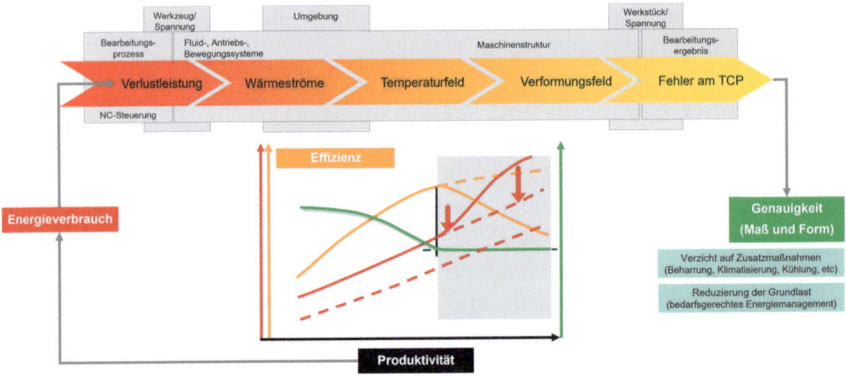

Abb. 4 Zielkonflikt zwischen Genauigkeit, Produktivität und Energieeffizienz

Diese Strategien sind: Erstens, das Warmlaufverfahren bzw. nicht Ausschalten der Maschine über das Wochenende oder zwischen Arbeitsschichten (die Maschine bleibt standardgemäß in Standby- bzw. Leerlauf-Betrieb, um den Abkühlvorgang zu vermeiden). Zweitens, entsprechender Einsatz der Hallenklimatisierung bzw. Hallenisolierung, z. B. mittels Wandstärke oder der Vermeidung von Fenstern, um Sonneneinstrahlung zu umgehen. Drittens, die Temperierung der Gestellbauteile und Antriebe und viertens, die intermittierende Qualitätsprüfung bzw. die Abnahme der Werkstückqualität an Koordinatenmessmaschinen. Diese Strategien gehen mit einem zu hohem Energieverbrauch einher. Ihre Vermeidung wäre daher vorteilhaft, da so die Produktivität und die Energieeffizienz der jeweiligen Werkzeugmaschine gesteigert werden könnten.

Abb. 4 zeigt, dass Produktivität, Energieeffizienz und thermisches Verhalten eng miteinander verknüpft sind und deshalb nur in einer Gesamtbetrachtung optimiert werden können. Eine effiziente Quantifizierung der Quellen für thermische Fehler ist erforderlich, um ein zuverlässiges System zur Korrektur und Kompensation von thermischen Fehlern zu entwickeln.

2 Ganzheitliche Problemlösestrategie

Die verfolgte Problemlösestrategie orientiert auf Maßnahmen, die unter thermisch instationären Verhältnissen die Einhaltung der Bearbeitungsgenauigkeit bei gesteigerter Produktivität sicherstellen, ohne dass es zusätzlicher Energieaufwendungen für die Temperierung bedarf. Dafür gilt es in erster Linie, mehr Wissen über thermische Wirkungen und Möglichkeiten ihrer Beeinflussung bzw. Beherrschung zu bestimmen.

Die folgenden Kapitel zeigen die erzielten Ergebnisse der langjährigen Forschungs- und Entwicklungsarbeiten zu dieser Problematik.

Folgende Teilaspekte werden betrachtet:

1. Schaffung von Modellgrundlagen für eine umfassende Berechnungsfähigkeit der Wärmeströme und der daraus entstehenden thermo-elastischen Verformungen,
2. Abbildung von Strukturveränderlichkeit infolge von Relativbewegungen innerhalb der Werkzeugmaschine,
3. Erlangung der Fähigkeit zum effektiven Abgleich von örtlich und zeitlich stark schwankende Parameter mittels Parameteridentifikationsverfahren als Voraussetzung für Korrektur- und Kompensationslösungen,
4. Entwicklung und Demonstration von Lösungen zur steuerungsintegrierten Korrektur thermo-elastischer Fehler durch inverse Lagesollwert-Aufschaltung des Fehlers am TCP,
5. Entwicklung und Demonstration werkstoffeigenschaftsgetragener Lösungen zur Kompensation thermo-elastischer Wirkungen durch Verstetigung des Temperaturfeldes sowie Minderung und Vergleichmäßigung des Wärmeenergieeintrags in tragende Strukturen,
6. Entwicklung von messtechnischen Grundlagen zur Erfassung thermo-elastischer Fehler in ausgewählten Strukturbereichen von Werkzeugmaschinen,
7. Entwicklung methodische Grundlagen für eine komplexe, entwicklungsbegleitende Bewertung der entwickelten Lösungen hinsichtlich ihrer Wirkung auf Produktqualität, Mengenleistung, Energieverbrauch und Kosten der WZM.

Alle Arbeiten werden auf die thermische Wirkungskette bezogen. Diese beschreibt Energiewandlung, Größenumformung und Transformation sowie die Schritte von der Bearbeitungsaufgabe bis zum Bearbeitungsergebnis und gibt die Randbedingungen dazu an (Großmann 2016).

Abb. 5 zeigt wie die Maschinenstruktur mit Verlustleistungen beaufschlagt wird. Es existieren maschinenseitige Verlustleistungseinträge aus Antriebs- und Übertragungselementen der in Werkzeugmaschinen prinzipiell unverzichtbaren Haupt- und Vorschubantriebe sowie prozessseitige Verlustleistungen aus der Zerspanung selbst, da ein Großteil der Hauptantriebsleistung an der Wirkstelle in Wärmeströme dissipiert wird. Die örtlichen und zeitlichen Profile dieser maschinen- und prozessseitigen Verlustleistungen werden von der technologischen Prozesscharakteristik der Zerspanungsaufgabe selbst wesentlich bestimmt. Eine instationäre Prozesscharakteristik stellt heute den Regelfall dar und muss als technologische Anforderung hingenommen werden.

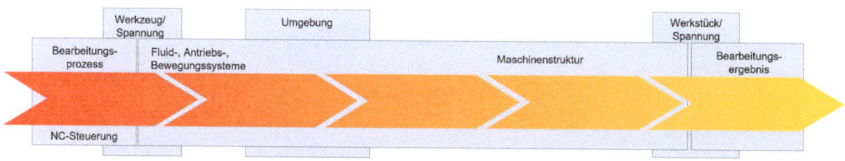

Abb. 5 Thermische Wirkungskette, bezogen auf die Werkzeugmaschine

Weiterhin werden Verlustleistungen aus Antriebs- und Übertragungselementen von Nebenaggregaten für Kühlschmiersysteme und für sonstige fluidische Kreisläufe in die Struktur eingetragen. Diese Nebenaggregate bestimmen zugleich einen Teil der thermischen Randbedingungen wie die stabilisierend als Temperierung wirkenden Fluidtemperaturen und daran gebundene Wärmeübergänge. Weitere wesentliche thermische Randbedingungen sind die Umgebungsbedingungen und hier insbesondere die Umgebungstemperatur und erzwungene Luftströmungen sowie die daran gebundenen Wärmeübergänge. Werden diese Umgebungsbedingungen mittels einer Hallenklimatisierung konstant gehalten, so ist das mit i. d. R. hohen Verlustleistungen der Klimatisierungs-Aggregate verbunden, die zwar nicht in die Maschinenstruktur eingetragen werden, aber die Kostenseite der Fertigung überproportional belasten. Über das von thermischen Leitwerten und Kapazitäten bestimmte thermische Übertragungsverhalten der Maschinenstruktur entstehen transiente Temperaturfelder in der Struktur. Diese Temperaturfelder führen zu Wärmedehnungen in der Struktur und damit zu einer thermo-elastischen Strukturverformung, die sich in einen Fehler an der Wirkstelle (TCP) transformiert.

Die resultierenden Entwicklungsarbeiten sind in drei Bereiche kategorisierbar:

- Weiterentwicklung von Modellgrundlagen
- Kompensationsmaßnahmen
- Korrekturverfahren

2.1 Weiterentwicklung von Modellgrundlagen

Voraussetzung dafür sind prozessaktuelle Informationen über die mit Vorschubantrieben bzw. zusätzlichen Stellachsen zu korrigierenden Größen. Diese Informationen können einerseits aus Modellen oder andererseits aus der direkten messtechnischen Erfassung der Verformung gewonnen werden (Abb. 6).

Der Anspruch der zeitlichen Prozessaktualität des Gesamtmodells bezieht sich dabei sowohl auf die thermischen Lasten als auch auf die durch die Relativbewegungen der Baugruppen bewirkten Strukturveränderungen.

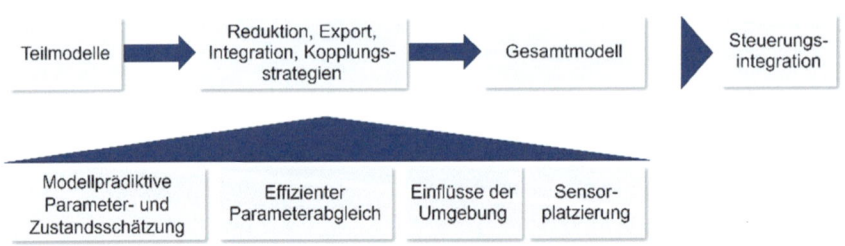

Abb. 6 Zusammenhang zwischen Einzelarbeiten zu den Modellgrundlagen

Einführung

Für das Gesamtmodell werden Teilmodelle von Baugruppen und Komponenten zusammengeführt. Dabei handelt es sich um die betriebsabhängigen Verluste und Wärmestromverteilungen in den elektrischen Antrieben (Kap. „Der Elektroantrieb als thermo-energetische Blackbox") und den fluidtechnischen Systemen (Kap. „Fluidische Kühlung"), die geschwindigkeits- und belastungsabhängigen Reibungsverluste der Lager- und Führungskomponenten (Kap. „Untersuchung von Maschinenkomponenten") sowie um den von den technologischen Parametern abhängigen Wärmeeintrag in die WZM (Kap. „Prozessmodellierung des Fräs- und Schleifprozesses") und dessen Aufteilung auf Werkzeug, Werkstück und Span des Zerspanungsprozesses.

Prozessmodellierung
Mit empirisch-analytischen Modellen zur Beschreibung der zeitveränderlichen Werkzeugtemperatur- und Wärmestromverteilung beim Fräsen und beim Schleifen können die thermische Belastung des Werkzeugs vorhergesagt sowie thermische Eingangswerte für das Gesamtmaschinenmodell bereitgestellt werden (Kap. „Prozessmodellierung des Fräs- und Schleifprozesses").

Für die **Werkzeug- und Werkstückspannvorrichtungen** werden der radiale und axiale thermische Werkzeugfehler sowie der Positionsfehler der Spanneinrichtung modelliert. Dabei wird der Einfluss verschiedener Kühlstrategien und Werkzeuggeometrien einbezogen.

Die Aussagekraft der FE-Modelle wird auf Grundlage genauer bestimmter Kontaktwärmeübergangskoeffizienten erhöht. Es entsteht die Option zur individuellen Bestimmung von Kontaktwärmeübergängen mit experimentellen Methoden und zur Betrachtung der Einflüsse von dynamischen Lasten und von verschiedenen Materialpaarungen auf die Wärmeflüsse.

Zur Anwendung kommen die Erkenntnisse u. a. bei der Modellierung des lastabhängigen **Reibverhaltens** von Kugelgewindetrieben und Profilschienenführung. Betrachtet werden können damit verschiedene Einflüsse auf das Reibverhalten, z. B. der Einfluss des Schmiermittels, der Wälzkörper, der Abstreifer oder des Herstellers sowie der Betriebsparameter Kraft, Drehzahl und Temperatur.

Mittels Verfahren der CFD-Modellierung werden sowohl das thermo-fluidische Verhalten der Kühlsysteme der WZM (Kap. „Fluidische Kühlung") als auch spezielle Einflussfaktoren durch die Umgebung nachvollziehbar gemacht (Kap. „Modellierung von Umgebungseinflüssen").

Für die Strukturmodellierung stehen zwei alternative, praxisrelevante Implementierungsstrategien zur Erstellung eines Gesamtmodells zur Verfügung (Kap. „Strukturmodelle von Werkzeugmaschinen").

Problemspezifische Modellimplementierung Diese Modellierungsvariante verfolgt als Ziel die Integration eines Zustandsraummodells in eine CNC-Steuerung in Form eines prozessparallelen Programm-Codes. Dieser Code berechnet aus dem zeitaktuellen thermischen Zustand und der daraus resultierenden thermisch bedingten Verformung der Maschine Korrekturwerte zur Aufschaltung auf die Achs-Soll-Werte der Maschinensteuerung.

Schnittstellenbasierte Modellierung Der Vorteil der schnittstellenbasierten Modellierung besteht in der direkten Übertragbarkeit von Teilmodellen zwischen verschiedenen Softwareumgebungen bei der Bildung eines Gesamtmodells.

Der Modellaufbau und das Zusammenführen der Teilmodelle zum Gesamtmodell der WZM ist relativ aufwendig und knowhow-intensiv. Deshalb wurden spezielle Methoden und Werkzeuge zur effizienten Unterstützung der Modellierung während des Maschinenentwurfs, der Inbetriebnahme und im Betrieb entwickelt.

Die entstehenden komplexen, rechenintensiven FE-Modelle müssen mit innovativen Modellordnungsreduktions-(MOR)Algorithmen (Kap. „Rechenzeitsparende Modellierung") praktikabel zu rechenzeitsparenden Berechnungsmodellen reduziert werden, um die Echtzeitverarbeitung für die steuerungsintegrierte Korrektur der WZM zu erlauben. Unterschiedliche Verfahren zu Reduktion der Modellgröße kommen hierzu zum Einsatz. Zur Automatisierung der MOR wird eine anwenderfreundliche MOR-Blackbox implementiert, welche die Erzeugung niedrigdimensionaler Ersatzmodelle ermöglicht.

Verhaltensanalyse von Strukturbauteilen Durch die Kombination von experimentellen und simulativen Arbeiten wird die Identifikation von Modellparametern für exemplarisch streuende sowie zeitlich veränderliche thermische Maschineneigenschaften zum effizienten Parameterabgleich effektiviert. (Kap. „Effiziente Verhaltensanalyse von Strukturbauteilen").

Schließlich werden Methoden erläutert, mit denen die Sensorplatzierung für die optimale Bestimmung der erforderlichen Parameter ermittelt werden kann. Das ist eine wichtige Voraussetzung für die Beherrschung von Modellunsicherheiten (Kap. „Datenassimilation und optimale Sensorplatzierung").

Die Lösungsmöglichkeiten (Abb. 7) lassen sich zusammenfassend kategorisieren in:

Kompensation thermischer Wirkungen beeinflusst den Eintrag der in Wärme umgewandelten Verlustleistungen und die Ausbildung des Temperaturfeldes. Ziel

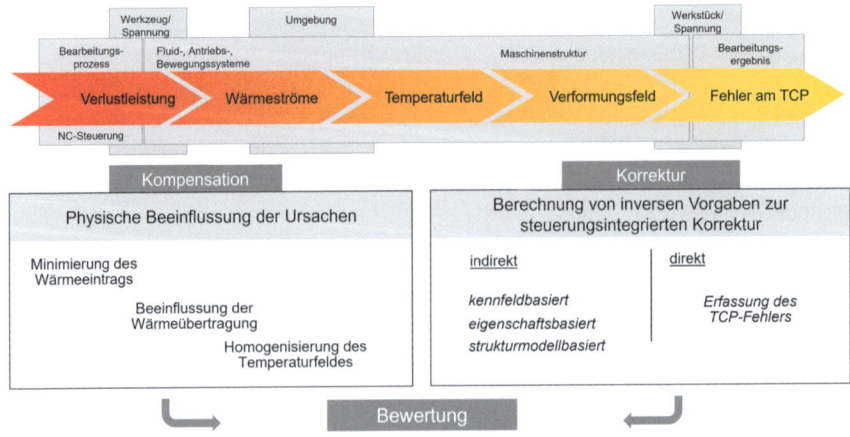

Abb. 7 Lösungsspektrum zur Reduktion thermisch bedingter Fehler

ist es, bei instationärer Belastungssituationen den Wärmeintrag zu verstetigen und das entstehende Temperaturfeld örtlich zu homogenisieren.

Korrektur thermo-elastischer Verformungen, d. h. die Fehlerwirkung im Betrieb der Werkzeugmaschine wird durch Berechnung (modellbasiert) oder Messung (messtechnisch basiert) bestimmt und durch inverse Aufschaltung stets aktualisierter Offsets auf die Lagesollwerte vorhandener Vorschubachsen korrigiert.

2.2 Gestaltungsintegrierte Kompensation

Bei der Auslegung von Kompensationsmaßnahmen besteht eine Herausforderung darin, dass verschiedene Baugruppen aufgrund materialspezifischer thermischer Trägheiten unterschiedlich schnell den Beharrungszustand erreichen und dass schwankende Wärmeströme vor Erreichen des Beharrungszustandes, z. B. durch Laständerung (typisch für Einzel- und Kleinserien), bewirken, dass der Beharrungszustand nur selten erreicht wird (Brand 2017).

Relevant für die Homogenisierung der Wärmeströme sind passiv wirkende Komponenten, sogenannte thermische Tilger, die keinen zusätzlichen Energieaufwand verursachen. Als thermische Tilger werden Latentwärmespeicher aus Phasenwechselmaterial-Metallschaum-Verbundstrukturen z. B. zwischen Motor und Gestellstruktur implementiert. Diese werden mit Aktoren aus Formgedächtnislegierungen zur zeitlichen Steuerung von Wärmeströmen kombiniert. Diese Lösungen können durch Heatpipes örtlichen Wärmeumverteilung ergänzt werden (Kap. „Energieeffiziente Systeme zur aktiven Steuerung von Wärmeflüssen").

Eingangsinformationen für die Homogenisierung des Temperaturfeldes liefert u. a. die sogenannte thermische Vorsteuerung. Unter Nutzung von Bearbeitungsinformationen aus dem NC-Programm werden die daraus resultierenden thermischen Lasten bestimmt und für Ansteuerung von Kompensationsmaßnahmen, z. B. der Kühlsysteme mit lastabhängigem Volumenstrom genutzt.

Die örtliche Wärmeverteilung kann auch unmittelbar an Baugruppen beeinflusst werden, wie mit der fluidischen Kühlung der Motorspindel gezeigt wird (Kap. „Kompensationslösung fluidische Kühlung"). Die Gestaltung der Kühlhülsengeometrie verändert die Strömungseigenschaften des Fluids so, dass ein möglichst hoher Wärmeübergangskoeffizient bei gleichzeitig geringen dissipativen Verlusten erzielt wird.

2.3 Steuerungsintegrierte Korrektur

Kompensationslösungen greifen bei starken Lastwechseln nicht schnell genug (Brand 2017), was die Bedeutung von Korrekturmaßnahmen, die schneller reagieren, wachsen lässt. Stand der Technik sind Korrekturverfahren auf Basis von Korrelationsmodellen, die vor allem für die Spindelbaugruppe, aber auch ganze WZM angewandt werden. Für die korrelative Korrektur thermischer Positionierungsfehler von Maschinenachsen werden in gängigen Steuerungen (z. B. Siemens (SIEMENS 2012), Beckhoff TwinCAT (Beckhoff 2018)) lineare Ansätze verwendet.

In den folgenden Kapiteln werden drei alternative Verfahren zur in Echtzeit ausführbaren steuerungsintegrierten Korrektur der thermisch bedingten Bewegungsfehler beschrieben.

Die Eigenschaftsmodellbasierte Korrektur (Kap. „Eigenschaftsmodellbasierte Korrektur") benutzt als Modellgrundlage das Übertragungsverhalten zwischen prozesstypischen Belastungsgrößen, wie dem mechanischen Lastprofil und den entstehenden thermo-elastisch bedingten Verlagerungen am TCP.

Die Strukturmodellbasierte Korrektur (Kap. „Strukturmodellbasierte Korrektur") setzt auf die hinreichend sichere und echtzeitfähige Berechnung der Temperaturverteilung und der daraus resultierenden TCP-Verlagerung in Abhängigkeit von der aktuellen Prozessführung über ein Strukturmodell. Zusätzliche Eingangsdaten können die Umgebungslufttemperatur, die Vorlauftemperatur und Volumenstrom von Kühlung und KSS-Systemen sein. Die Berechnung der Fehler am TCP erfolgt über ein Stützpunktgitter im Arbeitsraum mithilfe des thermo-elastischen FE-Modells.

Die Kennfeldbasierte Korrektur (Kap. „Kennfeldbasierte Korrektur") bildet mit hochdimensionalen Kennfeldern den Zusammenhang zwischen Messwerten von Temperatursensoren und der TCP-Verlagerung ab.

2.4 Messtechnisch basierte Korrektur

Eine messtechnisch basierte Korrektur kann entweder mittels integrierter Deformationssensoren (IDS) (Kap. „Online-Korrektur thermisch bedingter Verformungen mithilfe von integralen Verformungssensoren") oder berührungslos mittels markenbasierter Nahbereichs-Photogrammetrie (Kap. „Photogrammetrisches Messmodell zur Erfassung thermisch bedingterFehler an WZM") realisiert werden.

IDS basieren auf thermisch stabilen CFK-Stäben. Sie messen direkt die Verformung der Maschinenstruktur und übertragen prozessparallel Korrekturwerte an die Maschinensteuerung.

Mit dem photogrammetrischen Messmodell können die Relativbewegung einzelner Maschinenbaugruppen berücksichtigt werden. Die Messungen liefern den aktuellen Verlagerungszustand der Maschine und können letztlich dazu verwendet werden, die beschriebenen Korrekturansätze in ihrer Wirksamkeit und Korrekturgüte messtechnisch zu quantifizieren und zu bewerten.

2.5 Bewertung

Für die Bewertung aller Lösungsverfahren zur Korrektur bzw. Kompensation thermisch bedingter Bearbeitungsfehler hinsichtlich ihrer Auswirkungen auf die erreichbare Genauigkeit und Mengenleistung und den erforderlichen Aufwand für ihre Erstellung und Anwendung wird ein adäquates Bewertungsinstrumentarium entwickelt (Kap. „Bewertungsmethodik"). Dies unterstützt die unternehmens-/maschinenspezifische Auswahl bzw. Entscheidung für Einzellösungen oder Lösungskombinationen.

Die realisierten prototypischen Erprobungen der Lösungen ergaben u. a. folgende Effekte hinsichtlich der Beeinflussung des thermischen Fehlers.

Maßnahme	Umfang potenzieller Verbesserung	Erläuterung
Optimierte Kühlstrategien	10–15 %	Die Gesamtenergieaufnahme der Werkzeugmaschine kann um 10–15 % gesenkt werden
Eigenschaftsmodellbasierte Korrektur	50–70 %	
Strukturmodell-basierte Korrektur	50–80 %	Die thermisch bedingten Fehler konnten für einen Hexapoden um ca. 80 % reduziert werden
Kennfeldbasierte Korrektur	50–80 %	„Im Ergebnis erhält man mit moderatem Aufwand je nach Anwendungsfall typischerweise Verbesserungen des thermischen Fehlers um 50–80 %."
Thermische Vorsteuerung, Kombination: Korrektur und Kompensation	>1/2	Energieeinsparpotenzial bei Kühlsystemen durch bedarfsgerechte Kühlung. (Noch in der Untersuchung)
Gesteuerter Wärmefluss (Tilger & Heatpipes)	20 %	Mittels der passiven Komponenten kann eine Verringerung des thermischen Fehlers um ca. 20 % erzielt werden

3 Charakteristik der Versuchsanlagen

Sowohl die Entwicklung als auch die Erprobung von Lösungen erfolgt an einer Reihe von Versuchsständen und Demonstratormaschinen. Diese werden an dieser Stelle beschrieben und in den folgenden Kapiteln hierauf Bezug genommen.

Auerbach-Ständer ACW630

Der Ständer der Auerbach ACW630 stammt aus einem prototypischen Bearbeitungszentrum der Firma Auerbach Maschinenfabrik GmbH. Die Ständer-Baugruppe ist im Bereich der z-Führungen mit einzeln schaltbaren, zur Umgebung hin isolierten Heizfolien versehen. Somit ist im Experiment eine Emulation einer Spindelstockfahrt, die in der Realität mit einem „wandernden" Verlustleistungseintrag im Bereich der Führungen infolge Reibung verbunden ist, möglich (Abb. 8).

Abb. 8 Demonstrator
Fräsmaschinenständer

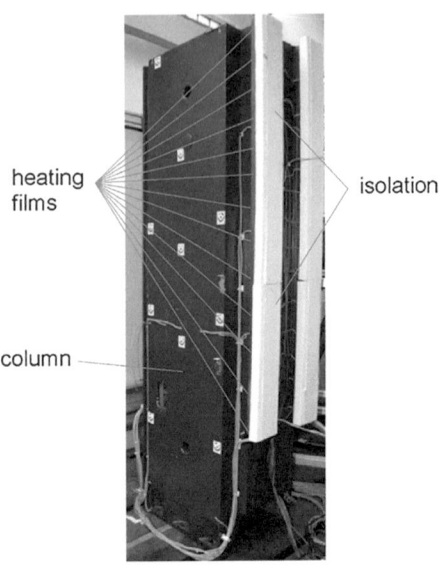

Mobiler Demonstrator MINIHEX

Der mobile Demonstrator basiert auf einer Hexapod-Parallelkinematik einfacher Bauart mit 6 längenveränderlichen Stabachsen mit Kugelgewindetrieb (Verfahrweg 530 mm) und elektrisch angetriebenen Servomotoren. Bewegte Plattform und Gestell bestehen aus einfachen Kastenprofilen, die Anbindung der Stabachsen erfolgt über Kardangelenke. Das Bewegungsvermögen umfasst alle 6 Freiheitsgrade. Gleiches gilt für thermisch bedingte Bewegungsfehler aber auch für deren Korrigierbarkeit. Das Gestell gestattet eine flexible und sichere Dreipunktaufstellung. Eine Umhausung dient als Befestigungsbasis für Touch-Monitore sowie zur Aufnahme von Mess- und Simulationsrechnern. Der Schaltschrank enthält eine PC-basierte Steuerung (TWinCAT 3.1) sowie Antriebs- und Feldbuskomponenten (SERCOS, ProfiBus, EtherCAT). Die thermische Belastung erfolgt durch zyklisches Verfahren von Lastregimes, die gezielte Erwärmungs- und Abkühlvorgänge in der Struktur stimulieren. Zur Messung werden definierte Messposen periodisch angefahren. Zusätzliche Sensoren für Temperaturen, Verlagerungen und Verformungen liefern Messwerte, die als Vergleichs- und Referenzgrößen dienen. Die kommerzielle Steuerung bietet große Offenheit und damit bestmögliche Flexibilität für funktionelle Erweiterungen und Ergänzungen sowie den Zugriff auf steuerungsinterne Daten.

Versuchsträger MAX

Der Versuchsträger MAX ist durch Leichtbauweise und Aluminiumstrukturen mit geringen thermischen Kapazitäten sowie großen Wärmeausdehnungskoeffizienten gekennzeichnet. Durch die strukturintegrierten ungekühlten Lineardirektantriebe sind hohe lokal veränderliche Wärmeeinträge realisierbar. Er realisiert eine dreiachsige kartesische Kinematik mit allen Bewegungen auf der Werkstückseite.

Einführung

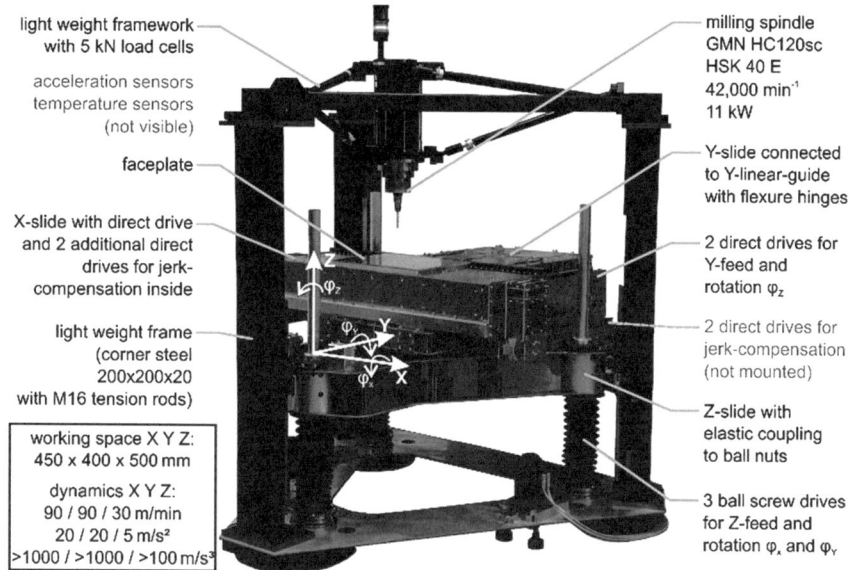

Abb. 9 Versuchsträger MAX

Für die Bewegung in X- und Y-Richtung kommen im Kreuzschlitten eisenlose Lineardirektantriebe zum Einsatz. Die redundanten Antriebe in Y- und Z-Richtung ermöglichen in Verbindung mit der elastischen Kopplung der beweglichen Baugruppen über Festkörpergelenke die Ausführung von Korrekturbewegungen in allen drei rotatorischen Freiheitsgraden φ_X, φ_Y, φ_Z. Das Maschinengestell des Versuchsträgers ist in Leichtbauweise aus 3 Stahl-Winkelprofilen aufgebaut. Ein Leichtbau-Stabwerk trägt die Frässpindel und ermöglicht mit in den Stäben eingebauten Kraftmessdosen die Kraft- und Momentenmessung am TCP in allen Richtungen (Abb. 9).

Die Steuerung des Versuchsträgers wird mit dem PC-basierten System Twin-CAT 3.1 von Beckhoff realisiert. Als Feldbus kommt EtherCAT zum Einsatz. Die Bahngenerierung und das Loggen von Daten übernimmt eine übergeordnete Bedienoberfläche (BOF), die am IWM entwickelt wurde. Über die ADS-Schnittstelle (Automation Device Specification) erfolgt die Kommunikation zwischen Bedienoberfläche und TwinCAT. Dabei stellt ADS Ports für verschiedene Bereiche im TwinCAT-System zur Verfügung. So erfolgt die Sollbahnvorgabe und umgekehrt das Loggen von Daten über einen ADS-Port zur TwinCAT PLC. Zur Bestimmung des Temperaturfelds wurden allein in X-, Y- und Z-Schlitten 36 Pt100 Temperaturfühler appliziert. Sämtliche Messdaten werden mit EtherCAT-Modulen erfasst und können zentral auf der Maschinensteuerung (BOF) geloggt werden.

DMU 80 eVo

Die DMU 80 eVo ist ein 5-Achs-Vertikal-Bearbeitungszentrum von Deckel Maho. Ihr Arbeitsraum beträgt ca. $850 \times 650 \times 550$ mm. Die Maschine ist werksseitig mit acht Temperatursensoren ausgerüstet, s. Abb. 10.

Die Pilotmaschine DMU 80 eVo ist mit einem Heidenhain TS 460 Messtaster ausgerüstet, der als Werkzeug eingewechselt werden kann, s. Abb. 11. Mit dem Messtaster können kalibrierte Messobjekte auf dem Werkzeugtisch vermessen werden. Durch wiederholte Vermessung solcher Objekte bei unterschiedlichen Temperaturzuständen kann der Messtaster zur Untersuchung der thermischen Genauigkeit der Maschine verwendet werden.

Die untersuchte DMU 80 eVo besitzt eine Siemens 840D sl Steuerung und wird über die DMG Celos Benutzeroberfläche bedient.

DBF 630/800

Die DBF 630/800 von Dörries Scharmann ist ein vertikales Bearbeitungszentrum mit den Anwendungsbereichen Drehen, Bohren und Fräsen. Die technischen Daten der Maschine sind in Tabelle dargestellt (Tab. 1).

Eine Beschreibung der fluidischen Systeme ist im Kap. „Kompensationslösung fluidische Kühlung" gegeben (Abb. 12).

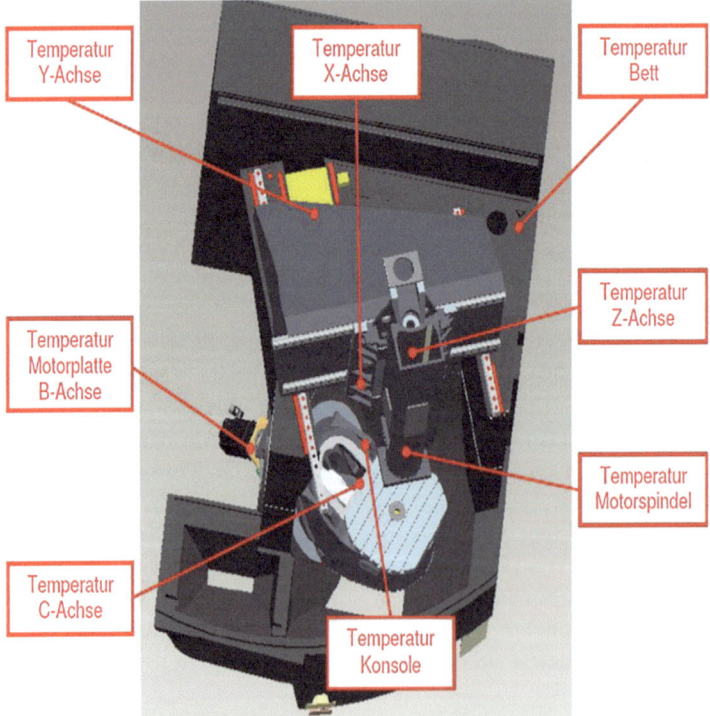

Abb. 10 Temperatursensoren der DMU 80 eVo

Einführung

Abb. 11 Objekt-Vermessung mit Heidenhain Messtaster

Tab. 1 Kenndaten der DBF 630

X-Achse	850 mm
Y-Achse	700 mm
Z-Achse	800 mm
Tisch/Palettengröße	630 × 630 mm
Max. Drehmoment	1700 Nm
Drehzahl Bohren/Fräsen	3500 min^{-1}
Drehzahl Drehen	500–1200 min^{-1}
Antriebsleistung	35 kW

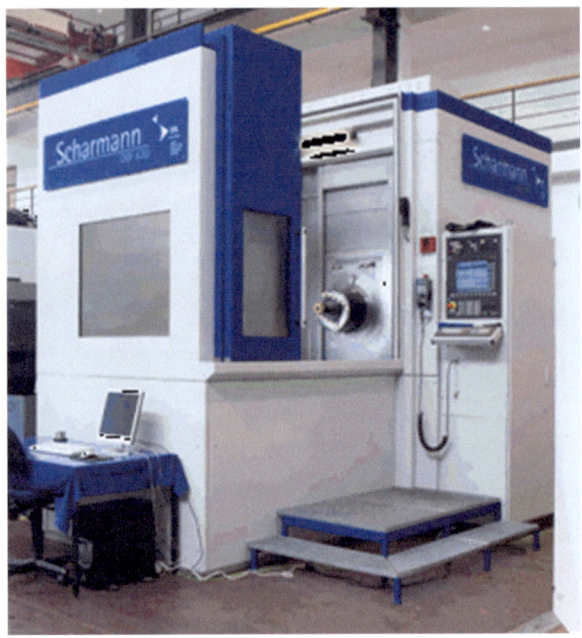

Abb. 12 Scharmann DBF 630

Literatur

Beckhoff Information System – TwinCAT CNC Überblick. https://infosys.beckhoff.com/index.php?content=../content/1031/axiscompensation/html/allgemein.htm&id=8750488555246504301. Zugegriffen: 29. Okt. 2018

Bräunig M, Regel J, Richter C, Putz M (2018) Industrial relevance and causes of thermal issues in machine tools. In: conference proceedings, 1st Conference on Thermal Issues in Machine Tools. Wissenschaftliche Scripten, Auerbach/Vogtl, S 127139

Brand M (2017) Thermisches Verhalten von Werkzeugmaschinen. In: Teilnehmerunterlagen zum Workshop „Klimazelle(4) – klimatische Effekte beherrschen". Chemnitz

Brecher C, Jasper D, Wennemer M (2016) Thermo Energetic Design of Machine Tools and Requirements for Smart Fluid Power Systems. 10. Internationales Fluidtechnik-Konferenz. Dresden

destatis 2022 Statistisches Bundesamt, März 2022, destatis.de, 173637

Großmann K (2016) Die Entwicklung spanender Werkzeugmaschinen. https://voge-online.de/wp-content/uploads/2016/12/Entwicklung-WZM-Teil-1.pdf

Kinkel S (2005) Anforderungen an die Fertigungstechnik von morgen. Mitteilungen aus der Produktionsinnovationserhebung. PI-Mitteilungen 37(2005), Fraunhofer Publica

SIEMENS (2012) SINUMERIK 840D sl / 828D – Erweiterungsfunktionen. 1034

VDW 2022: Verein Deutscher Werkzeugmaschinenfabriken e. V. (VDW) (2022) Marktbericht 2021, Die deutsche Werkzeugmaschinenindustrie und ihre Stellung im Weltmarkt. Druck- und Verlagshaus Zarbock GmbH & Co. KG, Frankfurt a. M.

Einführung

Open Access Dieses Kapitel wird unter der Creative Commons Namensnennung 4.0 International Lizenz (http://creativecommons.org/licenses/by/4.0/deed.de) veröffentlicht, welche die Nutzung, Vervielfältigung, Bearbeitung, Verbreitung und Wiedergabe in jeglichem Medium und Format erlaubt, sofern Sie den/die ursprünglichen Autor(en) und die Quelle ordnungsgemäß nennen, einen Link zur Creative Commons Lizenz beifügen und angeben, ob Änderungen vorgenommen wurden.

Die in diesem Kapitel enthaltenen Bilder und sonstiges Drittmaterial unterliegen ebenfalls der genannten Creative Commons Lizenz, sofern sich aus der Abbildungslegende nichts anderes ergibt. Sofern das betreffende Material nicht unter der genannten Creative Commons Lizenz steht und die betreffende Handlung nicht nach gesetzlichen Vorschriften erlaubt ist, ist für die oben aufgeführten Weiterverwendungen des Materials die Einwilligung des jeweiligen Rechteinhabers einzuholen.

Strukturmodelle von Werkzeugmaschinen

Holger Rudolph, Stefan Sauerzapf, Xaver Thiem,
Andreas Naumann und Michael Beitelschmidt

1 Einleitung

Strukturmodelle basieren auf physikalisch begründeten Modellvorstellungen. In der Regel führen diese Vorstellungen auf partielle Differentialgleichungen (partial differential equations, PDE). Die Lösung dieser Gleichungen erfolgt üblicherweise über eine Diskretisierung im Raum und in der Zeit. Dazu werden die PDE in einem ersten Schritt im Ort diskretisiert, wodurch zunächst ein System gewöhnlicher Differentialgleichungen (ordinary differential equations, ODE) entsteht. Die Diskretisierung der Zeit erfolgt im Anschluss, die Zeitbereichslösung wird typischerweise mit numerischen Verfahren bestimmt.

Für die schnelle Analyse eines breiten Spektrums thermischer Last- und Randbedingungen und für die Korrektur thermo-elastischer Fehler im Betrieb von Werkzeugmaschinen (WZM) steht die Forderung nach einer Minimierung der

---

H. Rudolph (✉) · X. Thiem
Professur für Werkzeugmaschinenentwicklung und adaptive Steuerungen, TU Dresden, Dresden, Deutschland
E-Mail: holger.rudolph@tu-dresden.de

X. Thiem
E-Mail: xaver_thiem@tu-dresden.de

S. Sauerzapf · M. Beitelschmidt
Professur für Dynamik und Mechanismentechnik, TU Dresden, Dresden, Deutschland
E-Mail: stefan.sauerzapf@tu-dresden.de

M. Beitelschmidt
E-Mail: michael.beitelschmidt@tu-dresden.de

A. Naumann
Professur Numerische Mathematik, TU Chemnitz, Chemnitz, Deutschland
E-Mail: andreas.naumann@mathematik.tu-chemnitz.de

© Der/die Autor(en) 2025
C. Brecher, *Thermo-energetische Gestaltung von Werkzeugmaschinen*,
https://doi.org/10.1007/978-3-658-45180-6_2

Berechnungszeit im Vordergrund. Insbesondere ist es innerhalb von Online-Korrekturanwendungen nicht praktikabel, ein volles Zustandsraum-System auf einer CNC-Steuerung laufen zu lassen, sowohl aus Sicht der Berechnungszeiten als auch der benötigten Hardware-Ressourcen.

2 Anwendungsszenarien und Anforderungen

In den verschiedenen Phasen der Werkzeugmaschinenentwicklung und ihres Betriebs werden thermische und thermo-elastische Modelle für unterschiedliche Anforderungen benötigt. Die Abb. 1 stellt die Anforderungen in den jeweiligen Phasen den zugehörigen Eigenschaften gegenüber. (Ihlenfeldt et al. 2020)

In der **frühen Entwurfsphase** der Werkzeugmaschine erfolgt die Analyse von alternativen WZM-Konzepten. Für diese Machbarkeitsstudien ist es ausreichend, grobe Modelle mit geringem Detaillierungsgrad zu erstellen. Die Parameter dieser Modelle müssen noch nicht abgeglichen sein, da qualitative Aussagen genügen. An die Berechnungszeit der Modelle gibt es keine „harten" Anforderungen.

Im Rahmen der konkreten **Gestaltung der WZM** müssen Konstruktionsentscheidungen für die Maschinenkomponenten getroffen werden. Hierfür werden Modelle mit einem höheren Detaillierungsgrad benötigt, deren Parameter aber noch nicht abgeglichen sein müssen. Es gibt keine Echtzeitanforderungen an das

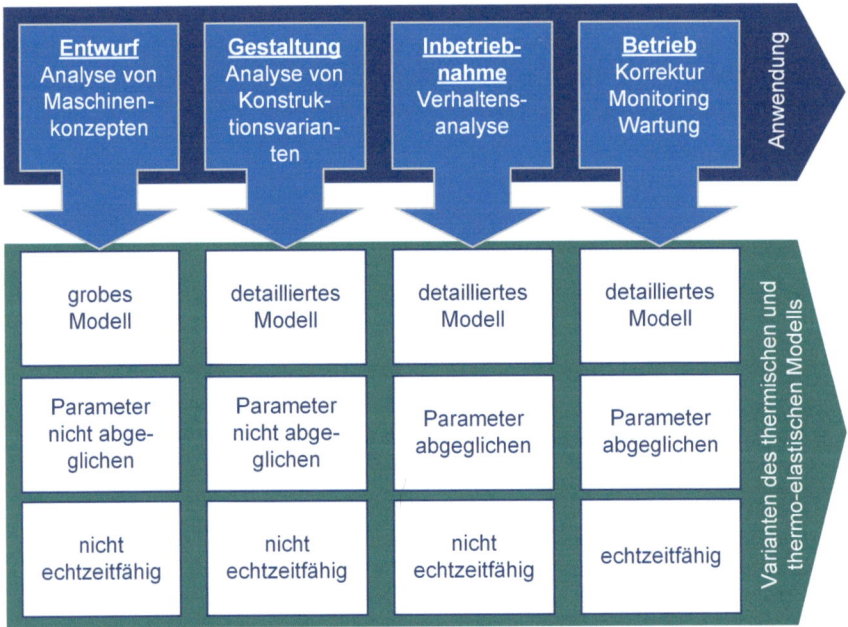

Abb. 1 Modellausprägungen in Abhängigkeit von der Anwendung, nach (Ihlenfeldt et al. 2020)

Modell, aber eine kurze Berechnungszeit ist für den zeitlichen Aufwand der Variantenanalysen von Vorteil. In der Gestaltungsphase können diese Modelle dann auch für die Auslegung von Kompensationslösungen wie z. B. den thermischen Tilger genutzt werden (Voigt et al. 2018) (Kap. „Energieeffiziente Systeme zur aktiven Steuerung von Wärmeflüssen").

Während der **WZM-Inbetriebnahme** erfolgt die Analyse des Maschinenverhaltens unter konkreten Belastungsszenarien und Umgebungsbedingungen. Aus der Analyse werden Aussagen zur Maschinengenauigkeit geschlussfolgert. Hierfür sind Modelle mit einem hohen Detaillierungsgrad und für den Maschinentyp oder das Maschinenexemplar abgeglichene Modellparameter (siehe Kap. „Effiziente Verhaltensanalyse von Strukturbauteilen") notwendig. Die Modelle müssen keine Echtzeitanforderungen erfüllen, aber auch hier ist eine möglichst kurze Berechnungszeit von Vorteil. Diese detaillierten thermischen und thermo-elastischen Modelle sind geeignet, um die Datenbasis für datengetriebene Korrekturmodelle wie die kennfeldbasierte (Kap. „Kennfeldbasierte Korrektur") oder die eigenschaftsmodellbasierte Korrektur (Kap. „Eigenschaftsmodellbasierte Korrektur") zu generieren.

Im **Betrieb der WZM** soll der aktuelle Maschinenzustand durch das Modell abgebildet werden. Dieses bietet weitere Möglichkeiten, den Zustand der Maschine zu überwachen (Monitoring), Wartungsbedarf zu erkennen und den thermisch bedingten Fehler online zu korrigieren. Für den Einsatz zur Korrektur dieser Fehler muss das Modell eine hohe Genauigkeit aufweisen. Aus diesem Grund sind auch hier ein hoher Detaillierungsgrad und abgeglichene Modellparameter notwendig. Darüber hinaus muss das Modell echtzeitfähig in Bezug auf das thermische Verhalten der Maschine sein. Das bedeutet, der Maschinenzustand muss neu berechnet sein, bevor relevante Änderungen am Temperaturfeld und damit am Verformungsfeld der Maschine auftreten. In der Abhängigkeit von den thermischen Kapazitäten und Leitwerten der spezifischen Maschine kann dieses Zeitfenster erfahrungsgemäß im Bereich von wenigen Minuten bis zu mehreren Stunden liegen.

Für die Anwendung zur Korrektur wird der aktuelle Maschinenzustand durch ein Stützpunktgitter mit thermisch bedingten Fehlern am TCP (Verlagerungs- und Orientierungsfehler) im Arbeitsraum repräsentiert. Dieses Stützpunktgitter sollte für eine kartesische 3-Achs-Maschine mindestens 27 Punkte umfassen, mit einer äquidistanten Gitterteilung von drei Punkten je Achsrichtung. Modelle, die diese Anforderungen erfüllen, können für die strukturmodellbasierte Korrektur verwendet werden (Kap. „Strukturmodellbasierte Korrektur"; Thiem et al. 2015).

3 Theoretische Grundlagen

Die Simulation einer gesamten Werkzeugmaschine erfordert mindestens zwei Beschreibungsformen. In diesem Abschnitt wird der Zusammenhang zwischen den Modellen im Kontinuum und den diskreten Modellen hergestellt. Der Detaillierungsgrad entsprechend Abb. 1 stellt dabei Anforderungen an beide

Beschreibungsformen. Die Anforderungen an die kontinuierlichen Modelle bestehen in den Genauigkeitsanforderungen der Teilmodelle, wie Wärmestromübergängen oder Ortsabhängigkeiten der Materialparameter. Die Anforderungen an die diskreten Modelle sind dagegen die Feinheiten im Raum- und Zeitgitter.

3.1 Kontinuierliche Modelle in Raum und Zeit

Die Basis aller Analysemethoden besteht im Kontext der thermo-elastischen Probleme in der Gültigkeit des Energieerhaltungssatzes (1. Hauptsatz der Thermodynamik), wonach sich die Gesamtenergie eines abgeschlossenen Systems (bei dem keine Materie die Systemgrenzen überschreitet) nicht über der Zeit ändert, sondern lediglich zwischen verschiedenen Energieerscheinungsformen umgewandelt wird. Hingegen kann sehr wohl Energie über die Systemgrenzen hinweg übertragen werden. Für das Berechnungsmodell einer WZM sind die einzelnen Baugruppen oder die Umhausung übliche Systemgrenzen.

$$E_{\text{therm}} + W_{\text{mech}} = \Delta Q + \Delta E_{\text{kin}} + \Delta E_{\text{pot}} \tag{1}$$

Die Größen in (1) sind:

E_{therm} die thermische Arbeit,
W_{mech} die mechanisch verrichtete Arbeit,
ΔQ die Änderung der inneren Energie,
ΔE_{kin} die Änderung der kinetischen Energie sowie
ΔE_{pot} die Änderung der potenziellen Energie.

Im 2. Hauptsatz werden Aussagen zur Richtung thermodynamischer Prozesse und deren Irreversibilität formuliert, die ihre quantitative Beschreibung in der Bilanzgleichung (2) für die Zustandsgröße Entropie S in Abhängigkeit von den Energieformen und der absoluten Temperatur T finden.

$$dS = \frac{\delta Q}{T} + \frac{\delta W}{T} \tag{2}$$

Zusätzlich zu diesen Gleichungen sind Materialgesetze (konstitutive Gleichungen) erforderlich, die das Materialverhalten bei Aufbringen von Lasten in Relation setzen.

Die Grundlagen für die Modellerstellung sind:

- der Zusammenhang zwischen mechanischen Spannungen und elastischer Verzerrung unter der Wirkung von Temperaturänderungen (3) sowie
- der Einfluss der mechanischen Spannungen auf die Entropiedichte (4).

Beide Grundlagen setzen jeweils unter der Maßgabe hinreichend kleiner Verzerrungen – also der Gültigkeit des *Hooke*schen Gesetzes – sowie linearer Beziehungen zwischen Verzerrung und Verformung voraus. Das thermische und das elastische Feld sind über den thermischen Ausdehnungskoeffizienten α miteinander gekoppelt.

$$\boldsymbol{\sigma} = \mathbf{E}_\mathrm{M} \cdot (\boldsymbol{\varepsilon} - \boldsymbol{\alpha} \cdot \Delta T) \tag{3}$$

$$S_\mathrm{v} = \rho \cdot c_\mathrm{p} \cdot \frac{\Delta T}{T_0} + \boldsymbol{\alpha}^T \cdot \boldsymbol{\sigma} \tag{4}$$

In den beiden Gleichungen sind:

- $\boldsymbol{\sigma}$ Vektor der mechanischen Spannungen,
- $\boldsymbol{\varepsilon}$ Vektor der elastischen Verzerrungen (Dehnung und Gleitung),
- S_v die Entropiedichte (Entropie je Volumeneinheit),
- ΔT die Änderung der Temperatur gegenüber dem Ausgangszustand,
- T_0 die Referenztemperatur zum Ausgangszustand (als Offset zur absoluten Temperatur)
- $\mathbf{E}_\mathrm{M}$ die Material- oder Elastizitätsmatrix (bestehend aus Elastizitätsmoduln E und Querkontraktionszahlen v),
- $\boldsymbol{\alpha}$ die Wärmeausdehnungskoeffizienten in jeder Raumrichtung mit $\boldsymbol{\alpha} = \left\{ \alpha_x \ \alpha_y \ \alpha_z \ 0 \ 0 \ 0 \right\}^T$,
- ρ die Dichte des Materials sowie
- c_p die isobare spezifische Wärmekapazität.

Zusätzlich sind **Vektoren** und **Matrizen** hervorgehoben.

Die in den Gl. (3) und (4) benutzte Notation setzt die Symmetrie des Spannungstensors

$$^t\boldsymbol{\sigma} = \begin{bmatrix} \sigma_{xx} & \sigma_{xy} & \sigma_{xz} \\ \sigma_{yx} & \sigma_{yy} & \sigma_{yz} \\ \sigma_{zx} & \sigma_{zy} & \sigma_{zz} \end{bmatrix} = \begin{bmatrix} \sigma_{xx} & \tau_{xy} & \tau_{xz} \\ \tau_{xy} & \sigma_{yy} & \tau_{yz} \\ \tau_{xz} & \tau_{yz} & \sigma_{zz} \end{bmatrix} \tag{5}$$

und des Verzerrungstensors

$$^t\boldsymbol{\varepsilon} = \frac{1}{2}\nabla\mathbf{u} + \frac{1}{2}(\nabla\mathbf{u})^\mathrm{T} = \begin{bmatrix} \varepsilon_{xx} & \varepsilon_{xy} & \varepsilon_{xz} \\ \varepsilon_{yx} & \varepsilon_{yy} & \varepsilon_{yz} \\ \varepsilon_{zx} & \varepsilon_{zy} & \varepsilon_{zz} \end{bmatrix} = \begin{bmatrix} \varepsilon_{xx} & \gamma_{xy} & \gamma_{xz} \\ \gamma_{xy} & \varepsilon_{yy} & \gamma_{yz} \\ \gamma_{xz} & \gamma_{yz} & \varepsilon_{zz} \end{bmatrix} \tag{6}$$

voraus. Die detaillierten Zusammenhänge werden z. B. in (Klein 2000) hergeleitet. Eine Konsequenz dieser Symmetrie ist die bereits oben ausgenutzte Reduktion auf jeweils sechs Werte für die Verzerrungen

$$\boldsymbol{\varepsilon} = \left\{ \varepsilon_{xx} \ \varepsilon_{yy} \ \varepsilon_{zz} \ \gamma_{xy} \ \gamma_{yz} \ \gamma_{xz} \right\}^\mathrm{T} \text{ bzw. für die Spannungen}$$

$$\boldsymbol{\sigma} = \left\{ \sigma_{xx} \ \sigma_{yy} \ \sigma_{zz} \ \tau_{xy} \ \tau_{yz} \ \tau_{xz} \right\}^\mathrm{T}.$$

Die partielle Differentialgleichung

$$\rho \cdot \ddot{\mathbf{u}} + \boldsymbol{\beta} \cdot \dot{\mathbf{u}} + \nabla \cdot {}^t\boldsymbol{\sigma} = \mathbf{f}_v \qquad (7)$$

beschreibt das dynamische Verhalten eines mechanischen Systems. Die unbekannten Vektoren **u** repräsentieren die Deformationen in Abhängigkeit von Raum und Zeit.

Die restlichen Größen sind:

γ	die Gleitungswinkel – in kartesischen Koordinaten,
τ	die Schubspannungen,
$\mathbf{f}_v$	der Vektor der Kraftdichte (Kräfte pro Volumeneinheit) und
$\boldsymbol{\beta}$	die Matrix eines (üblicherweise geschwindigkeitsproportional angenommenen) Dämpfungsvermögens.

Unter Berücksichtigung des 2. Hauptsatzes der Thermodynamik – hier als Dichtefunktion (8) mit Bezug auf die Referenztemperatur –

$$\delta Q_v + \delta W_v = T_0 \cdot dS_v, \qquad (8)$$

lässt sich für die Wärmemengendichte Qv auch (9) schreiben:

$$\begin{aligned} Q_v &= \rho \cdot c_p \cdot \Delta T - T_0 \cdot \boldsymbol{\alpha}^T \cdot \mathbf{E}_M \cdot \boldsymbol{\alpha} \cdot \Delta T + T_0 \cdot \boldsymbol{\alpha}^T \cdot \mathbf{E}_M \cdot \boldsymbol{\varepsilon} \\ &= \rho \cdot c_v \cdot \Delta T + T_0 \cdot \boldsymbol{\alpha}^T \cdot \mathbf{E}_M \cdot \boldsymbol{\varepsilon}, \end{aligned} \qquad (9)$$

$$\text{worin } c_v = c_p - \frac{T_0}{\rho} \cdot \boldsymbol{\alpha}^T \cdot \mathbf{E}_M \cdot \boldsymbol{\alpha}$$

die isochore spezifische Wärmekapazität ist. Der Unterschied zwischen beiden Wärmekapazitäten ist für Festkörper und Flüssigkeiten sehr gering, z. B. für Stahl bei Raumtemperatur kleiner als 0,2 %, weshalb auf diese Unterscheidung meist verzichtet wird.

Die Änderung der Wärmemenge über die Zeit entspricht der Ableitung von Gl. (9) nach der Zeit. Die Wärmeleitung im Systeminneren wird mit dem Wärmestrom ($\lambda \cdot \nabla T$) nach dem *Fourier*schen Gesetz modelliert (Klein 2000).

Die Entwicklung des Temperaturfelds $T(t,x,y,z)$ im Raum und über der Zeit wird mit der instationären Wärmeleitungsgleichung in jedem Punkt im Raum modelliert.

$$\rho \cdot c_v \cdot \frac{\partial T}{\partial t} + T_0 \cdot \boldsymbol{\alpha}^T \cdot \mathbf{E}_M \cdot \frac{\partial \boldsymbol{\varepsilon}}{\partial t} - \nabla \cdot (\lambda \cdot \nabla T) = \dot{Q}_v \qquad \text{im Inneren} \qquad (10)$$

$$\boldsymbol{n} \cdot (\lambda \cdot \nabla T) = \dot{Q}_r \qquad \text{auf den Rändern} \qquad (11)$$

Der Ausdruck $\dot{Q}_r$ repräsentiert den Wärmefluss über die Randflächen als Robin- bzw. Neumann-Randbedingungen. Diese Wärmeströme werden in den Kapiteln (Kap. „Untersuchung von Maschinenkomponenten", „Thermische Modellierung von Verbindungsstellen" und „Online-Korrektur thermisch bedingter Verformungen mithilfe von integralen Verformungssensoren") im Einzelnen beschrieben.

3.2 Konkretisierung zur Anwendung an Werkzeugmaschinen

Eine WZM ist ein komplexes System aus mehreren Bauteilen. Jedes Bauteil besteht aus verschiedenen Materialen. Gleichzeitig sind manche Bauteile fest verbunden, beispielsweise verschweißt, während andere relativ zu einander bewegt werden können.

Die korrekte Wahl der Randflächen und die Parametrierung sind wesentlich für die Modellgüte. Gleichzeitig bestehen Geometrien realer Maschinen aus vielen Bauteilen, die wiederum viele Randflächen besitzen können. Zur Reduktion des Modellierungsaufwands muss eine effiziente Strategie einen hohen Grad an Wiederverwendbarkeit von Teilmodellen ermöglichen.

Fest verbundene Bauteile (Parts) werden in einer Baugruppe (Assembly) zusammengefasst. Ein Bereich in einem Bauteil mit einem Material wird Körper (Body) genannt. Die globale Bewegung der Baugruppen wird entlang der kinematischen Kette, bestehend aus den lokalen Relativbewegungen, erzeugt.

Es ist daher Aufgabe des Modellierers, das komplexe Gesamtsystem in zweckmäßige Teilmodelle zu zerlegen. Der Zweck wird durch die jeweilige Entwicklungsphase der WZM vorgegeben. Im Abschn. 4 werden die Modellierungsmethoden vorgestellt. Jede Methode beschreibt das Raum-kontinuierliche Modell in unterschiedlicher Detailliertheit.

3.3 Gekoppeltes Zustandsraummodell

Die vorgestellten Feldgleichungen können zumeist nur für sehr einfache Geometrien und Randbedingungen analytisch gelöst werden. Daher sind numerische Verfahren in aller Regel unumgänglich. Im Laufe des 20. Jahrhunderts wurden hierzu eine ganze Reihe an netzbasierten Methoden entworfen und weiterentwickelt, beispielhaft seien genannt: die Finite-Elemente-Methode (FEM, finite element analysis FEA), die Finite-Differenzen-Methode (FDM, finite difference method), die Randelementmethode (REM, boundary element method BEM) oder auch die Methode der konzentrierten Parameter – häufig als Netzwerkmodellierung bezeichnet. Alle genannten Methoden überführen die partiellen Differentialgleichungen in Systeme gewöhnlicher Differentialgleichungen (12). Seit den 1980er Jahren wurden zudem sogenannte netzfreie Methoden (meshless methods) entwickelt, auf die hier aber nicht näher eingegangen wird.

Die Methoden unterscheiden sich in ihren numerischen Eigenschaften. Insbesondere sind die Strukturen und algebraischen Eigenschaften der Koeffizientenmatrizen unterschiedlich. Diese Unterschiede beeinflussen wiederum die Effizienz der Methoden zur Lösung der Differentialgleichungssysteme.

Insbesondere die FE-Methode ist heutzutage in weiten Teilen ein automatisierbarer Prozess. Der hauptsächliche manuelle Aufwand besteht in der Auswahl und Parametrierung der Quellterme entsprechend der Lastkollektive und der adaptiven Vernetzung der Körper – insbesondere in den Bereichen lokaler Relativbewegungen.

Die in diesem Kapitel behandelten *Strukturmodelle* stützen sich ausnahmslos auf Modellbeschreibungen auf Grundlage der FEM. Das Verfahren basiert auf der Ersetzung eines Kontinuums (z. B. das Volumen eines Körpers) durch eine endliche Anzahl von Teilgebieten – die finiten Elemente. Details werden z. B. in (Groth und Müller 2001; Klein 2000; Müller und Groth 2007; Stelzmann et al. 2006; Zienkiewicz und Taylor 2000) erklärt.

$$\begin{bmatrix} M_{uu} & 0 \\ 0 & 0 \end{bmatrix} \cdot \begin{Bmatrix} \ddot{u} \\ \ddot{T} \end{Bmatrix} + \begin{bmatrix} D_{uu} & 0 \\ C_{Tu} & C_{TT} \end{bmatrix} \cdot \begin{Bmatrix} \dot{u} \\ \dot{T} \end{Bmatrix} + \begin{bmatrix} K_{uu} & K_{uT} \\ 0 & L_{TT} \end{bmatrix} \cdot \begin{Bmatrix} u \\ T \end{Bmatrix} = \begin{Bmatrix} F \\ \dot{Q} \end{Bmatrix} \quad (12)$$

Die weiteren Koeffizientenmatrizen in (12) beschreiben:

M_{uu} die Matrix der Trägheitseigenschaften,
D_{uu} die Matrix der Dämpfungseigenschaften,
K_{uu} die Matrix der Steifigkeitseigenschaften,
K_{uT} die Koppelmatrix zur Berücksichtigung der thermisch bedingten Dehnung,
C_{TT} die Matrix der Wärmekapazitäten,
L_{TT} die Matrix der Wärmeleitung und Wärmeübertragung innerhalb des Systems,
C_{Tu} die Koppelmatrix zur Berücksichtigung der Wärmeerzeugung durch Deformation mit $C_{Tu} = T_0 \cdot K_{uT}^T$,
T der Vektor der Temperaturdifferenzen $T - T_0$,
F der Vektor der äußeren Kräfte und Momente sowie
$\dot{Q}$ der Vektor der Wärmeströme an den Systemgrenzen.

In Folge der Aufteilung des kontinuierlichen Modells im Raum in Assembly, Part und Body, besitzen die Koeffizientenmatrizen eine Blockstruktur. Je nach Diskretisierungsmethode kann ein Block entweder einen Part oder ein Assembly repräsentieren.

Für thermo-elastische Berechnungen an Werkzeugmaschinen ist es zumeist ausreichend, lediglich die Effekte der statischen Verformung zu berücksichtigen, da sowohl die wesentlich höher liegenden Eigenfrequenzen der Strukturdynamik durch die relativ langsamen thermischen Prozesse nicht angeregt werden als auch eine Erwärmung der Struktur durch schnelle Deformationsprozesse vernachlässigt werden kann. Damit entfallen die Matrizen M_{uu}, D_{uu}, C_{Tu} in (12). Es verbleiben für das weitere Vorgehen die Beziehungen gemäß (13) und (14), die zudem unabhängig voneinander und auf separaten Zeitskalen betrachtet werden können. Es ist jedoch zu beachten, dass dasselbe Temperaturfeld für jede Position der Maschinenachsen im Arbeitsraum zu einem anderen Verformungsfeld führt.

$$\mathbf{C}_{TT} \cdot \dot{\mathbf{T}} + \mathbf{L}_{TT} \cdot \mathbf{T} = \dot{\mathbf{Q}} \quad (13)$$

$$\mathbf{K}_{uu} \cdot \mathbf{u} = \mathbf{F} - \mathbf{K}_{uT} \cdot \mathbf{T} \quad (14)$$

Hierbei handelt es sich um eine sogenannte *schwache Kopplung* der Gleichungssysteme, bei der die (transiente) Berechnung des Temperaturfeldes unabhängig von der Berechnung des Verformungsfeldes erfolgen kann. In einem ersten Schritt werden also zunächst die Temperaturen T mittels numerischer Zeitintegration bestimmt und in einem zweiten Schritt wird an diskreten Zeitpunkten das statische Problem zur Ermittlung des Verformungsvektors u gelöst.

In den Phasen der Werkzeugmaschinenentwicklung (siehe Abb. 1) werden die Temperatur- und Verformungsfelder in unterschiedlicher Detailtiefe benötigt. In der Entwurfs- und Gestaltungsphase ist ein globales Verständnis der Verformungen erforderlich. Daher ist die Berechnung des globalen Verformungsfeldes notwendig. Im Gegensatz dazu benötigt die online Korrektur in der Betriebsphase lediglich die simulierten Temperaturen und Verformungen in den Messpunkten.

Diese Reduktion auf die Sensoren kann mit Beobachtungsoperatoren in der Form

$$\begin{aligned} \mathbf{y}_{el} &= \mathbf{C}_{el} \cdot \mathbf{u} \\ \mathbf{y}_{th} &= \mathbf{C}_{th} \cdot \mathbf{T} \end{aligned} \quad (15)$$

modelliert werden. Die Vektoren $\mathbf{y}_{el}$ und $\mathbf{y}_{th}$ repräsentieren die Verformungen (und Orientierungen) bzw. Temperaturen in den gewählten Bereichen.

Falls die Verformungen nur in wenigen Punkten von Interesse sind, besteht die Matrix $\mathbf{C}_{el}$ nur aus wenigen Zeilen. Es ist daher effizienter, das transponierte stationäre Problem (14) einmalig für jede Zeile zu lösen. Im Anschluss werden die resultierenden Vektoren mit den Temperaturfeldern in den gewählten Zeitpunkten multipliziert. Im Kapitel zur Modellreduktion (Kap. „Rechenzeitsparende Modellierung") werden im Zustandsraum die Matrizen $\mathbf{C}_{TT}$ und $\mathbf{L}_{TT}$ mit $\mathbf{E}$ bzw. $-\mathbf{A}$ bezeichnet. Des Weiteren werden dort die Quellen in eine poseabhängige Matrix $\mathbf{B}$ und zeitabhängigen Eingangsvektor $\mathbf{u}$ zerlegt. In diesem Fall repräsentiert der Vektor $\mathbf{u}$ die Eingänge, statt der Verformungen. Der Begriff der „Pose" bezeichnet hier die in der DIN EN ISO 8373 (Norm 2011) eingeführte Zusammenfassung von Position und Orientierung eines Bauteils im dreidimensionalen Raum.

Numerische Approximationen beinhalten immer den Zielkonflikt zwischen Aufwand und Genauigkeit. Insbesondere Kopplungen zwischen verschiedenen Modellbestandteilen (z. B. Maschinenbaugruppen) erhöhen den numerischen Aufwand deutlich. Eine Möglichkeit, die Simulationszeit zu verringern, ohne die Gitterfeinheit zu verändern, stellt die Modellordnungsreduktion (MOR) dar. Das numerische Modell wird hierbei in ein ähnliches System überführt, welches alle signifikanten Modelleigenschaften erhält, aber einen deutlich kleineren Freiheitsgrad besitzt. Die Zeitintegration wird mit diesen reduzierten Modellgleichungen ausgeführt, wodurch der numerische Aufwand deutlich verringert werden kann.

4 Systemmodellierung

Die Modellierung komplexer Systeme dient der Simulation des Systemverhaltens. Aufbauend auf den oben beschriebenen Feldgleichungen ist ein systematisches Abarbeiten von Modellierungsschritten erforderlich. Dies kann, je nach genutztem Simulationswerkzeug, unterschiedlich aufwendig sein und wird im Folgenden beschrieben.

Jeder Simulation gehen dabei die gleichen Basisschritte voraus. Zunächst muss festgelegt werden, welchen Genauigkeitsanforderungen ein Modell genügen soll. Im nächsten Schritt müssen die Systemgrenzen festgelegt werden. Die verschiedenen Phasen der WZM-Entwicklung (Abb. 1) schreiben dabei sowohl den Genauigkeitsgrad an die Modellierung als auch die Grenzen an den zulässigen Simulationsaufwand vor. Während in der Gestaltungsphase Spielraum zur Wahl der optimalen Verfahren und Fehlerschätzung besteht, ist dieser Spielraum in der Betriebsphase nicht mehr vorhanden.

Die Modellierungsschritte sind:

1. Geometrievorbereitung,
2. Zuordnung der Materialien und Belastungen,
3. Diskretisierung mit finiten Elementen/Gittergenerierung sowie
4. Lösung des diskreten Problems.

Je nach verwendeter Software kann zwischen den Schritten 3 und 4 noch ein Transfer von den Matrizen entsprechend der Gl. (13) und (14) erforderlich sein.

Ausgehend von diesen Vorgaben sind die Möglichkeiten der verfügbaren Software zu evaluieren. Die Evaluierung kann dabei zu unterschiedlichen Softwareumgebungen für gleiche Aufgaben in unterschiedlichen Phasen führen. Ein reibungsloser Übergang zwischen unterschiedlichen Softwareumgebungen ist dafür unerlässlich. In der Evaluation werden die unternehmensspezifischen Anforderungen, wie zum Beispiel Lizenzkosten und Wissensstand der Mitarbeiter, mit dem Aufwand für jede Softwarekomponente gewichtet. Das konkrete Verfahren zur Evaluierung hängt somit auch von diesen Bedingungen ab.

Für die Modellierung des gesamten Systems WZM werden hier zwei Modellierungsansätze vorgestellt. Ausgehend von den gleichen Basisdaten werden mit verschiedenen Vorgehensweisen thermo-elastische Modelle aufgebaut. Beide Vorgehensweisen werden im nächsten Abschnitt beschrieben und anschließend verglichen.

Die Basis beider Vorgehensweisen sind die CAD-Geometrien der Bauteile und Baugruppen der WZM, die Materialparameter, Randbedingungen und äußere Lasten sowie Informationen zu Bewegungen.

4.1 Schnittstellenbasierte Modellierung

Die Simulation des Verhaltens von WZM führt auf kontinuierliche und diskrete Modelle mit hoher Kopplungskomplexität. Zusätzlich besitzen die diskreten

Modelle einen großen Freiheitsgrad. Die Entwicklung angepasster Methoden zur effizienten Simulation erfordert die Zusammenarbeit und den Datenaustausch zwischen Spezialisten aus den Disziplinen des Maschinenbaus und der Numerik (Naumann et al. 2015; Kap. „Effiziente transiente thermo-elastische Simulation von Werkzeugmaschinen").

Folgende Aspekte müssen dabei beim Entwurf und der Realisierung der Werkzeuge berücksichtigt werden.

- Gemeinsame Nomenklatur für Modellkomponenten und Methoden
- Einfacher Austausch von Modellen zwischen Bearbeitern
- Einfaches Zusammenfügen mehrerer Teilmodelle
- Vermeidung von Redundanzen, z. B. bei der Definition von Lastfunktionen
- Fehlervermeidung durch Verifikations- und Validierungsfunktionen
- Einfache Nachvollziehbarkeit von Änderungen an dem Modell
- Separation von Modell und Methodik
- Weiterverwendung der gleichen Modelldaten für verschiedene Aufgaben mit dem Ziel der Vergleichbarkeit und Aufwandsverringerung

Ein diese Aspekte adressierender Modellierungsansatz erfordert ein durchgängiges Konzept mit gemeinschaftlich definierten Datenaustauschformaten. Diese dienen als Schnittstellen zwischen den Arbeitsschritten, die durch Softwaremodule unterstützt werden. Jedes Modul verarbeitet diese spezifizierten Dateien und erzeugt neue Daten für nachfolgende Aufgaben. Dadurch sind die Modelle und Methodik voneinander separiert. Eine Veränderung des Modells erfordert keine Veränderung der Simulationswerkzeuge. Diese austauschformatgetriebene Modellierweise wird als schnittstellenbasierte Modellierung bezeichnet.

Die Wahl eines verbreiteten Datenformats vereinfacht die Übertragung der Modelle in unterschiedliche Softwarepakete und erhöht die Unabhängigkeit von der jeweils eingesetzten Software. Dies erlaubt die Anwendung disziplinspezifischer Werkzeuge auf gemeinsame Modelle. Die Interaktion zwischen kommerziellen und freien Soft-warepaketen wird folglich vereinfacht. Außerdem wird der Austausch zwischen den Bearbeitern erleichtert.

Die konkrete Umsetzung benutzt das Format „json". Die Wahl des Formats erfüllt die Gesichtspunkte der Verfügbarkeit in verschiedenen Softwareumgebungen und der Möglichkeit, hierarchische Strukturen in Form von Objekten in den Daten direkt abzubilden. Des Weiteren ist dieses Basisformat betriebssystemübergreifend. Da es sich um ein textbasiertes Format handelt, ist die Nachvollziehbarkeit von Änderungen am Modell gegeben.

Das Raum-kontinuierliche und das diskrete Modell einer WZM werden durch zwei verschiedene json-Schnittstellen beschrieben. Dabei bleibt das Basisformat erhalten und nur das Schema verändert sich. Jedes konkrete Modell wird als eine Instanz des zugehörigen Schemas in einer Datei gespeichert. Assoziierte externe Daten werden in Unterordnern abgelegt und in den Instanzen referenziert.

Das Schema des Raum-kontinuierlichen Modells beinhaltet das Gesamtmodell mit seiner gesamten Parametrisierung (Materialien, Randbedingungen, Quellen, Baugruppen und Bewegungen). Die Struktur des Schemas des kontinuierlichen

Modells zeigt Abb. 2. Die Finite-Element-Netze sowie die Parameterkennfelder gehören zu den externen Daten.

Die Kategorie *Geometrie* beinhaltet die Informationen zu allen Koordinatensystemen sowie die Auflistung aller Baugruppen. Baugrup-pen wiederum sind in Bauteile untergliedert, diese wiederum sind in Körper unterteilt. Jedem Körper ist ein Material zugeordnet. Jedem Bauteil wird ein konformes FE-Netz zugewiesen. In diesem Netz werden Körpern Volumenelemente und Bauteilflächen Flächenelemente zugeordnet. Baugruppen bekommen eine Assoziation zu der entsprechenden Bewegung und können Relativbewegungen ausführen. Die Bewegung im lokalen Koordinatensystem wird durch Funktionen beschrieben. Diese liefern sowohl die Änderung der Position als auch der (absoluten) Geschwindigkeit.

Die Gruppen von Flächen, Körpern und Bauteilen dienen der Zuordnung von Randbedingungen, wie z. B. Lasten und Kontakten, sowie Ergebnisgrößen. Insbesondere erlaubt die Gruppierung die Repräsentation von segmentierten Flächen für die Kontaktbehandlung.

Randbedingungen und Quellen werden in der entsprechenden Kategorie zusammengefasst und nach physikalischer Domäne gruppiert. Alle *Parametrierungsfunktionen* wie Wärmestromdichten oder Kräfte werden mit den geometrischen Objekten assoziiert, auf die sie wirken.

Dieses Schema beinhaltet alle Eigenschaften und Relationen des Raum-kontinuierlichen Modells. FEM-Werkzeuge können daraus ein Zustandsraummodell (12) generieren. Das gewählte Datenformat des Zustandsraummodells ist hierzu analog aufgebaut. Die Einträge bezeichnen die Koeffizienten und referenzieren die Dateinamen zu den zugehörigen Matrizen. Die Eingänge werden entsprechend ihrer Datenabhängigkeiten separiert und den Matrizen zugeordnet. Die Details sind in der (Naumann et al. 2022) beschrieben.

Das Zusammenwirken der eingesetzten Softwaremodule ist in Abb. 3 dargestellt und zeigt die Möglichkeiten von plattformunabhängigen Datenformaten.

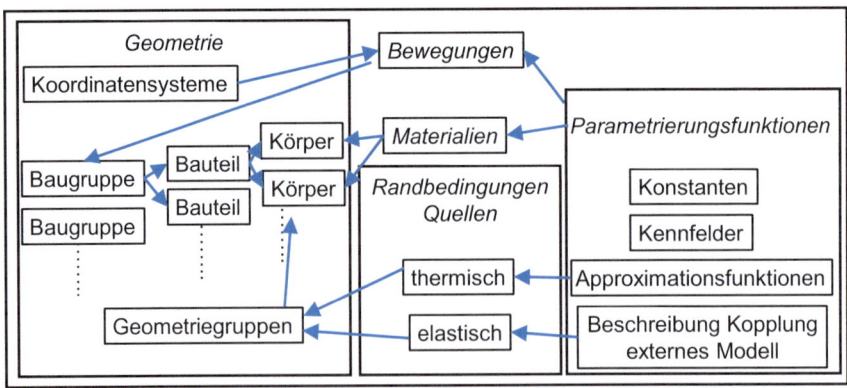

Abb. 2 Schema des Modellbeschreibungsformates

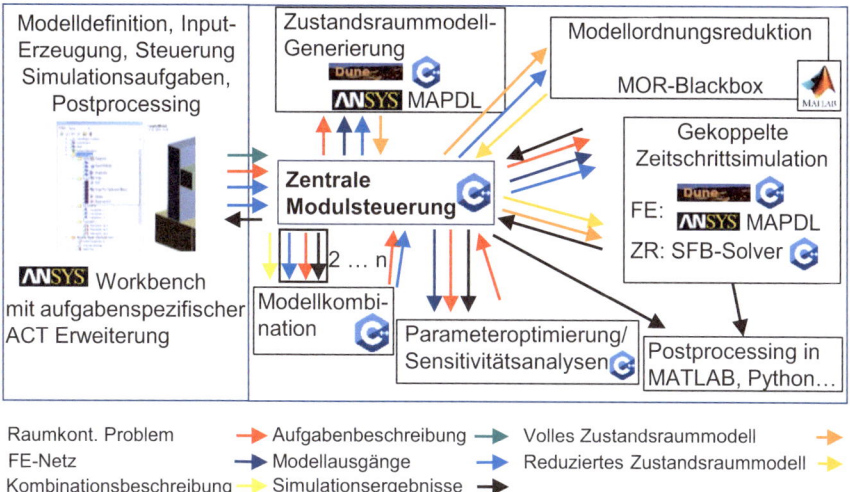

Abb. 3 Zusammenarbeit verschiedener Softwarewerkzeuge

Das Bild beinhaltet alle vier Arbeitsschritte der Methode. Ein Modellkombinierer vereinfacht das Zusammenführen mehrerer Instanzen der kontinuierlichen Modelle zu einem Gesamtsystem. Die Parameteroptimierung, die Ergebnisauswertung (post-processing) und die Ordnungsreduktion sind Beispiele für weitergehende Aufgaben. Außerdem sind Modellchecker möglich, mit denen Parameter auf Konsistenz usw. geprüft und Modellfehler frühzeitig erkannt werden können.

Dieses Vorgehen ermöglicht die unabhängige Entwicklung von Subsystemen und deren Wiederverwendung. Details werden in (Vettermann et al. 2021; Sauerzapf et al. 2020) an zwei Beispielen demonstriert.

4.2 Problemspezifische Modellimplementierung

Diese Modellierungsvariante verfolgt als Ziel die Integration eines Zustandsraummodells in eine CNC-Steuerung in Form eines prozessparallelen Programm-Codes. Dieser Code berechnet aus dem zeitaktuellen thermischen Zustand und der daraus resultierenden thermisch bedingten Verformung der Maschine Korrekturwerte zur Aufschaltung auf die Achs-Sollwerte der Maschinensteuerung. Diese Variante verfolgt demgemäß einen eher Quelltext-orientierten Ansatz in seiner Anwendung.

Hierzu bildet ein Programmierumgebung mit eigener Modellbeschreibungssprache (z. B. in MATLAB® mittels der Programmiersprache „M" oder in Simulink mit Blockdiagrammen und – auch selbstprogrammierten – Übertragungsfunktionen) die zentrale Arbeitsumgebung. Die FEM-Softwareumgebung wird ausschließlich zur Erstellung des Zustandsraummodells und der zugehörigen Systemmatrizen genutzt.

Aus programmiertechnischer Sicht verfolgt die Modellierungsvariante einen objektorientierten Ansatz in Form einer Klassenbibliothek. Die einzelnen Klassen kapseln die verschiedenen Modellinformationen und stellen die Methoden zur Verwaltung eines Strukturmodells bereit. Die Klassenbibliothek gliedert sich in vier Kategorien:

- Elemente und Bauteile repräsentieren die Teilmodelle im Sinne der FEM-Umgebung; sie stellen u. a. die Import- und Konvertierungsroutinen bereit.
- Gruppen und Achsen ermöglichen die Kombination von Bauteilen zu ortsfest bzw. relativ zueinander beweglichen Baugruppen.
- Konfigurationen repräsentieren sowohl die physikalischen Domänen im Modell als auch die einzelnen Varianten von Poseabhängigkeiten eines Modells im Arbeitsraum.
- Matrizen und Zusatzinformationen enthalten die mathematische Repräsentation der Teilmodelle und verwalten die Zuordnungen zu den finiten Elementen und Knoten sowie deren Freiheitsgrad.

Aus Anwendersicht wird ein baugruppenorientierter Ansatz verfolgt. Die Instanziierung dieser Klassen ermöglicht den Aufbau einer Modellhierarchie, die ihrerseits z. B. der kinematischen Kette einer seriellen Werkzeugmaschine folgt. Ein Beispiel ist in Abschn. 6 gegeben.

Der Aufbau des Modells, die Berechnung der Temperaturfelder und der daraus resultierenden elastischen Deformationen lässt sich in der folgenden prinzipiellen Vorgehensweise (Abb. 4) zusammenfassen:

1. Aufbereitung der CAD-Geometrie für alle Maschinenbauteile: Dies enthält Geometrie-Entfeinerung (defeaturing), Segmentierung von Funktionsflächen etc. (segmentation) und Zusammenstellung von Baugruppen (assembling) im obigen Sinne.
2. Definition aller Flächen, an denen jedwede thermische und/oder mechanische Rand- oder Koppelbedingung modelliert wird. Idealerweise ist an dieser Stelle ein nicht unerheblicher Arbeitsaufwand zu betreiben, um für die Verbindungsstellen zwischen relativ zueinander beweglichen Baugruppen nachfolgend eine reguläre Vernetzung und nach Möglichkeit eine äquidistante Knotendichte zu erhalten. Dann sind die lokalen Elementmatrizen zur Abbildung der Strukturkopplung invariant gegenüber der aktuellen Pose im Arbeitsraum und müssen nur einmal bestimmt werden. Es ändern sich lediglich die Inzidenzmatrizen der Knotenzuordnungen.
3. Diskretisierung der Geometrie in finite Elemente, Parametrierung der zeitinvarianten Größen (z. B. Materialparameter) und Erstellung der Systemmatrizen in einer FEM-Umgebung,
4. Export der benötigten Daten aus der FEM-Umgebung: Dies umfasst die Systemmatrizen, die Informationen zu den FE-Knoten und ihren Freiheiten sowie die o. g. Flächendefinitionen. (im Falle von ANSYS in Mischung von offenen und proprietären Dateiformaten)

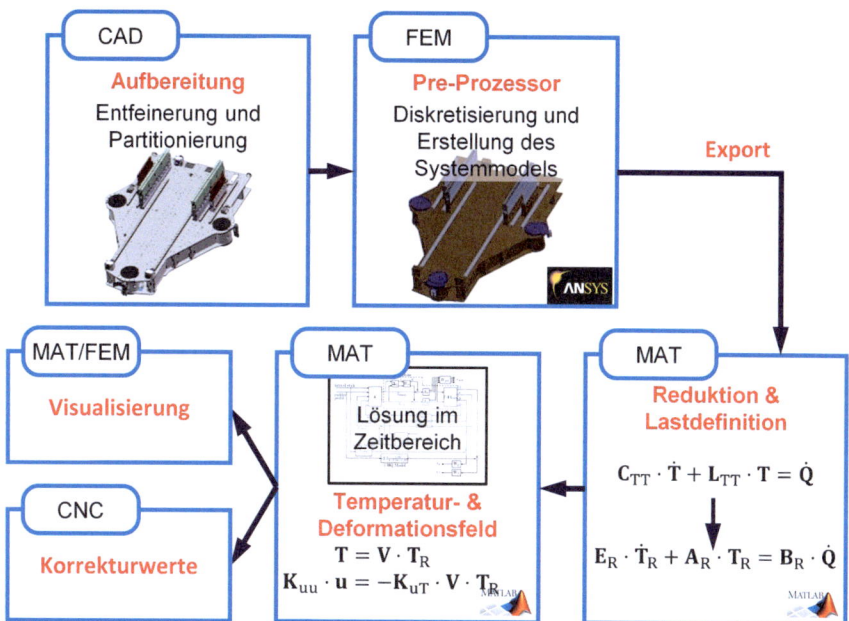

Abb. 4 Modellierungsablauf der problemspezifischen Modellimplementierung

5. Import dieser Daten in die eingangs erwähnte Programmierumgebung mit strukturierter Datenablage sowie die Trennung der thermischen (nach (13)) und mechanischen (nach (14)) Modellgleichungen.
6. Ergänzung der Parametrierungsfunktionen für die zeitvarianten Parameter und Randbedingungen: Das betrifft u. a. Bewegungsprofile, Verlustleistungsmodelle, freie und erzwungene Konvektion.
7. Simulation des Temperaturfeldes im Zeitbereich,
8. Berechnung des Verformungsfeldes aus dem Temperaturfeld zu diskreten Zeitpunkten und
9. Berechnung resp. Aufschaltung der Achs-Korrekturwerte und/oder Visualisierung und Bewertung der Ergebnisse, entweder in der Programmierumgebung oder nach Rückübertragung in der FEM-Umgebung.

Speziell für die Punkte 7) und 8) empfiehlt sich zur Begrenzung der Berechnungszeiten eine Reduktion des System-Freiheitsgrades durch die Anwendung von Modell-Ordnungsreduktion-Verfahren (MOR), auf die in Kap. „Rechenzeitsparende Modellierung" eingegangen wird.

Auf Seite der thermisch-transienten Simulation wird jede Baugruppe separat behandelt. Die Verknüpfung der Baugruppen untereinander sowie mit der Umgebung erfolgt über Modellbeschreibungen für die Wärmeströme an den Randflächen (Konvektion) bzw. an den Koppelflächen (Verlustleistung, Wärmeübergang). Diese werden als Parametrierungsfunktion in Abhängigkeit vom aktuellen Bewegungsprofil implementiert.

Für die Berechnung des quasistatischen Verformungsfeldes wird ein Gesamtmodell über alle Baugruppen benötigt. Die Verbindungen zwischen den Baugruppen werden über poseabhängige Koppelsteifigkeiten (z. B. Führungswagen-Schiene-Kontakte) realisiert. Damit ist die System-Steifigkeitsmatrix K_{uu} in (14) immer eine Funktion der Pose.

Mit Blick auf eine echtzeitfähige Implementierung des Berechnungs- und Korrekturmodells in einer Maschinensteuerung ist eine zeitaktuelle Poseabhängigkeit nicht realisierbar, sodass vielmehr für eine Reihe ausgewählter Posen (Konfigurationen) der Baugruppen im Arbeitsraum jeweils ein Berechnungsmodell für die gesamte Maschine erstellt und über diese interpoliert werden muss. Die Berechnung der Verformung kann somit zu diskreten Zeitpunkten für jede dieser Konfigurationen erfolgen.

4.3 Vergleich der Modellierungsansätze

Die Abb. 5 stellt den Ablauf der beiden Ansätze gegenüber. Links wird der schnittstellenbasierte Ansatz vorgestellt und rechts wird der problemspezifische Ansatz verfolgt. Parallel dazu werden exemplarische Softwarepakete zur Umsetzung der Schritte aufgezeigt.

Die ersten drei Modellierungsschritte *Geometrievorbereitung, Zuordnung der Materialien und Belastungen* und *Diskretisierung* gleichen sich in beiden Ansätzen.

Beide Abläufe verwenden hier ANSYS für die FE-Diskretisierung. Der nächste Modellierungsschritt verteilt sich auf unterschiedliche Softwareumgebungen. Der Softwarewechsel erfolgt zwischen den Teilschritten, die auf Seite 50/51 aufgelistet sind. Während der Zusammenbau auf der linken Seite in ANSYS durchgeführt wird, findet dieser auf der rechten Seite in MATLAB statt. Damit unterscheiden sich Zeitpunkt und Inhalt der zu exportierenden Modelldaten sowie die weiteren Teilschritte zur Definition von Kopplungsbedingungen und Lasten.

Der Vorteil der schnittstellenbasierten Modellierung besteht in der direkten Übertragbarkeit von Systemmodellen zwischen verschiedenen Softwareumgebungen.

Die strikte Trennung von Modell und Simulationsalgorithmen vereinfacht die Ergänzung um angepasste Methoden, wie z. B. aus Kap. „Rechenzeitsparende Modellierung" oder „Effiziente transiente thermo-elastische Simulation von Werkzeugmaschinen".

Die Fehleranfälligkeit der Modellierung wird aufgrund der vollständigen Modelldefinition in einer grafischen Benutzeroberfläche verringert. Ein ANSYS-Nutzer kann seine Kenntnisse unter Verwendung der beschriebenen Toolchain uneingeschränkt weiter anwenden. Wird ein Modell nur mit ANSYS-Bordmitteln definiert, kann die entwickelte ANSYS ACT-Erweiterung (Application Customization Toolkit) direkt genutzt werden. Die weiteren Simulationsschritte erledigen die implementierten Softwaremodule automatisiert.

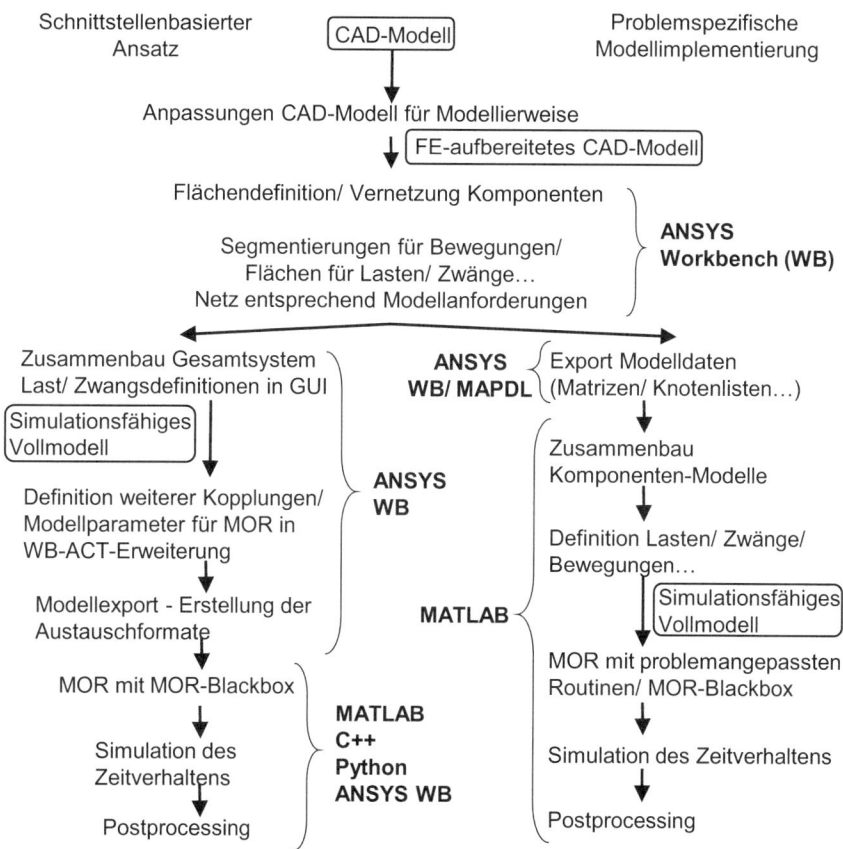

Abb. 5 Vergleich der Modellierungsschritte und der genutzten Werkzeuge beider Ansätze

Vorteilhaft an dem schnittstellenbasierten Ansatz, der ein einziges parametriertes Modell für alle Aufgaben nutzt, ist außerdem die einfach durchzuführende Validierung der genutzten Methoden anhand des vollen FE-Modells, welches im Modellierungsprozess definiert wird.

Im Gegensatz dazu erfordert die Erstellung des FE-Modells in ANSYS bei dem Einsatz der problemspezifischen Modellimplementierung mehr Aufwand, da die Modelldefinition für das Gesamtmodell in der FE-Umgebung zusätzlich erfolgen muss.

Der Modellierer kann trotzdem in beiden Fällen konkrete Untersuchungen zum Einfluss der Modellierungsart der Bauteilkontakte auf die Modellgenauigkeit hin vornehmen.

Der vorgestellte schnittstellenbasierte Ansatz hat jedoch auch einige, nicht zu unterschätzende Nachteile. Die Definition des Datenformats und die nachfolgende Implementierung sind sehr zeitaufwendig. Insbesondere die Abstimmungen der notwendigen Inhalte und deren Assoziationen erfordern viel Kommunikation zwischen den beteiligten Personen. Änderungen am Austauschformat müssen unter Erhalt der Abwärtskompatibilität erfolgen.

Zur direkten Anwendung der Tools ohne Detail- bzw. Expertenwissen müssen die implementierten Funktionalitäten (z. B. die Parametrierungsfunktionen) dem Modell und der Berechnungsaufgabe genügen.

Der problemspezifische Modellierungsansatz stützt sich auf eine in MATLAB implementierte Klassenbibliothek. Die Nutzung dieser Bibliothek, durch Instanziierung der Klassen als Objekte innerhalb einer MATLAB-Funktion oder einem Skript, bietet grundlegende Vorteile.

Die Objektmethoden bieten Zugang zu allen Modellressourcen, wie z. B. die aus einem FE-Modell importierten Element- und Systemmatrizen.

Das Strukturmodell ist auf allen Ebenen auch ohne Rückgriff auf eine FEM-Umgebung beliebig erweiterbar. So können beispielsweise nachträglich eigene finite Elementtypen mit eigenen Schnittstellen und Matrizen instanziiert und in ein bestehendes, importiertes Modell eingefügt werden.

Die Definition von Parametrierungsfunktionen ist weitestgehend frei gestaltbar. So können diese Funktionen sowohl zeit- als auch zustandsabhängig formuliert und mit den Matrizen verknüpft werden. Da die Parametrierungsfunktionen explizit vorliegen, ist eine problemspezifische Anpassung während der Simulation des Zeitverhaltens möglich, z. B. zur Behandlung unterschiedlicher Zeitskalen.

Die quelltext-orientierte Beschreibung des Strukturmodells bzw. der vorgenannten Funktionen gestattet sowohl die Verarbeitung von Eingangsdaten aus einer Maschinensteuerung als auch die Berechnung und nachfolgende Aufschaltung von Korrekturwerten in diese Steuerung.

Aus Sicht eines Anwenders geht dieser Modellierungsansatz insgesamt mit einem höherem Abstraktionsgrad einher. Als Nachteil muss die in der benutzten Programmierumgebung (MATLAB) fehlende graphische Unterstützung bei den Modellierungsarbeiten angesehen werden. Die Rückübertragung von Ergebnisgrößen auf das ursprüngliche FE-Modell erfordert zudem zusätzlichen Aufwand.

Aus den gezeigten Vor- und Nachteilen lässt sich konstatieren, dass der schnittstellenbasierte Ansatz besonders dann sinnvoll ist, wenn Modelle verschiedener WZM mit verschiedenen Detaillierungsgraden, effizient entwickelt werden sollen. Die Modularisierung ermöglicht es Mitarbeitern mit unterschiedlichen Perspektiven auf die Modellbestandteile in der Entwicklung des Strukturmodells miteinander zu kooperieren. Ist nur ein Modell für eine spezifische Anwendung notwendig bzw. sind die Gemeinsamkeiten zwischen den Modellen sehr gering, überwiegt der Planungs- und Implementierungsaufwand im Vergleich zur Variante der problemspezifischen Modellimplementierung.

5 Anwendungsbeispiel vereinfachte WZM

Ein Beispiel für die Anwendung der oben beschriebenen Methoden und der Simulationsmöglichkeiten ist in (Sauerzapf et al. 2020) gegeben. Im Folgenden werden die wesentlichen Ergebnisse nochmals kurz zusammengefasst.

Als Untersuchungsobjekt wird eine in Aufbau und Geometrie stark vereinfachte 3-Achs-Werkzeug-Maschine gewählt. Dieses einfache Basismodell kommt zur Methodik- und Modulentwicklung zum Einsatz. Der Aufbau des Modells sowie die Messstellen, an denen Simulationsergebnisse verglichen werden können, sind in Abb. 6 zu sehen.

Die Maschine besteht aus einem Maschinenbett mit integriertem Tisch sowie 3 Maschinenschlitten, die die Achsbewegungen realisieren. Die Führung der Schlitten erfolgt mit jeweils 2 Führungsschienen sowie 4 Führungswagen je Schlitten.

Im Beispiel wird nur das thermische Verhalten untersucht. Dazu wird die Umgebungstemperatur auf einem konstanten Wert von 20 °C gehalten. Die Umgebungsinteraktion wird als freie Konvektion mit einem konstanten Wärmeübergangskoeffizienten zur Umgebung an allen Außenflächen modelliert. Zusätzlich werden die Wärmeeinträge durch den Fräsprozess als konstante Wärmeströme umgesetzt. Eine Relativbewegung der Schlitten zueinander wird in diesem einfachen Beispiel nicht betrachtet.

An den Messstellen werden die mittleren Flächentemperaturen als Ausgänge definiert.

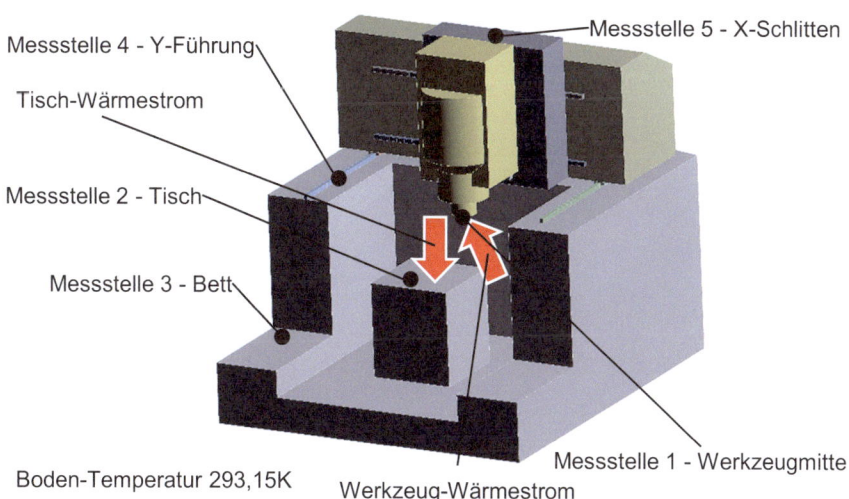

Abb. 6 Beispiel-3-Achs Werkzeugmaschine mit Darstellung der Messstellen sowie Randbedingungen

Simuliert werden 2 Varianten des Maschinenmodells mit einer Diskretisierung des vollen Modells von 45260 FHG (Grob) sowie 167121 FHG (Fein). Simuliert wird das Zeitverhalten für 80.000 s mit einer Schrittweite von 500 s. Das Temperaturfeld nach dem letzten Zeitschritt wird in den Ergebnisabbildungen dargestellt. Zusätzlich wird ein Vergleich verschiedener Simulationswerkzeuge sowie der ordnungsreduzierten mit der vollen Lösung gegeben (Abb. 7, Tab. 1 und 2).

Die Ergebnisse der einzelnen Simulationen zeigen eine hohe Übereinstimmung zwischen den Lösungen des Open-Source-Werkzeuges DUNE, ANSYS sowie der reduzierten Lösung, der maximale Temperaturunterschied zwischen vollem und reduziertem Modell beträgt 0,15 K. Dabei konnte die Rechenzeit auf 1/1000 reduziert werden.

Alle Ergebnisse dieses Beispiels wurden mit der oben beschriebenen Toolchain, direkt in der ANSYS Umgebung mithilfe der ACT-Erweiterung ermittelt. Die Möglichkeiten des schnittstellenbasierten Ansatzes werden schon an diesem einfachen Beispiel sichtbar.

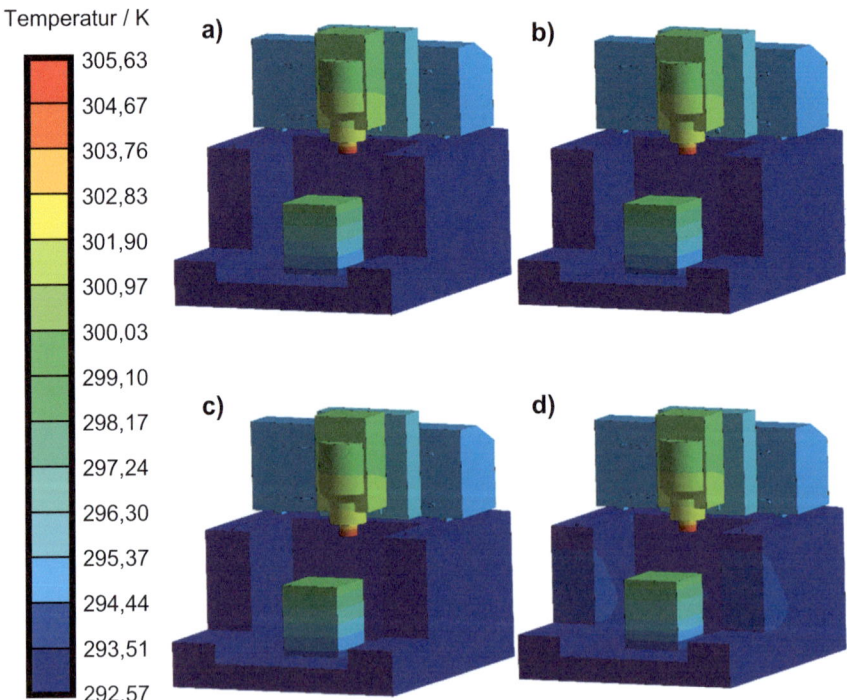

Abb. 7 Temperaturfeld für vier verschiedene Simulationsmethoden **a)** ANSYS, **b)** DUNE, **c)** Zustandsraummodell und **d)** Ordnungsreduziertes Zustandsraummodell (Sauerzapf et al. 2020)

Tab. 1 Messstellentemperaturen nach 80.000 s Simulation und deren Abweichungen zwischen ANSYS und anderen Methoden in Kelvin

	ANSYS	DUNE	IO	Red-IO
Messstelle 1	298,73	298,73	298,73	298,58
$\Delta T / 10^{-3}$	–	4,00	4,00	147,00
Messstelle 2	305,62	305,62	305,62	305,62
$\Delta T / 10^{-3}$	–	2,00	2,00	2,00
Messstelle 3	293,16	293,16	293,16	293,42
$\Delta T / 10^{-3}$	–	0,00	0,00	257,00
Messstelle 4	293,32	293,32	293,32	293,33
$\Delta T / 10^{-3}$	–	4,00	4,00	100,00
Messstelle 5	295,66	295,66	295,66	295,66
$\Delta T / 10^{-3}$	–	2,00	2,00	4,00

Tab. 2 Vergleich der Berechnungsverfahren in Bezug auf Freiheitsgrad und Simulationszeiten in Sekunden

	Tool/Modell	Gesamt	Modell-setup	Integration
Grobes Netz – DOF (voll 45260, reduziert 174)	ANSYS	53,40	7,10	46,30
	DUNE	52,16	31,03	21,13
	IO	27,03	9,15	18,88
	Red-IO	5,91	5,84	0,07
Feines Netz – DOF (voll 167121, reduziert 183)	ANSYS	193,66	16,94	176,72
	DUNE	224,56	115,23	109,33
	IO	130,09	35,24	94,85
	Red-IO	21,94	21,84	0,10

6 Anwendungsbeispiel MAX

Das folgende Beispiel demonstriert die Anwendung des Verfahrens zur problemspezifischen Modellimplementation für ein Berechnungsmodell des Versuchsträgers MAX. Das gesamte Modell gliedert sich in diese Hauptbaugruppen, die im Wesentlichen der Kinematik der Maschine entsprechen (Abb. 8):

- das Maschinengestell inklusive der drei Vorschubantriebe für die Z-Achse,
- die Hauptspindel mit eingesetztem Prüfdorn bzw. Fräswerkzeug,
- die X-, Y- und Z-Schlitten sowie
- die jeweils zwei Kompensationsantriebe für die X- bzw. Y-Achse.

Die Erstellung und Aufbereitung des Geometriemodells für die Hauptbaugruppen basiert auf der ursprünglichen CAD-Konstruktion und folgt der allgemein üblichen Vorgehensweise. Dabei sind diese Vereinfachungen für das nachfolgende FE-Modell bereits eingearbeitet:

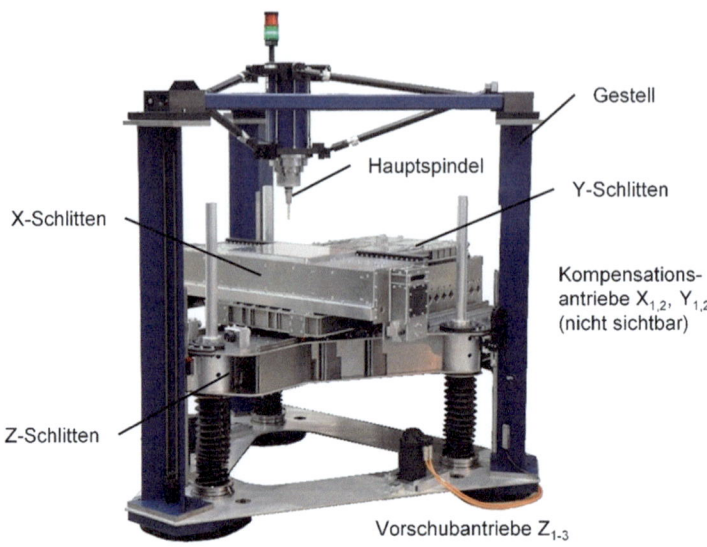

Abb. 8 Versuchsträger MAX

- die Entfernung aller Schraubenbohrungen,
- die Entfernung aller Zuganker, da für diese keine geeigneten Multi-Physik-Elemente im benutzten FEM-System ANSYS existieren,
- die Reduktion der Querschnitte der Profilschienenführungen auf ein Rechteckprofil sowie der Kugelgewindespindeln auf ein Kreisprofil sowie
- die Segmentierung von Funktionsflächen, insbesondere an den Führungselementen, damit diese den tatsächlichen Verfahrwegen der Vorschubachsen gehorchen.

Die Teilmodelle für die Hauptbaugruppen besitzen jeweils ihr eigenes FE-Modell. Diese definieren – den Arbeitsschritten 2) bis 4) aus Abschn. 4.2 entsprechend – die Volumenkörper der Bauteile, alle Flächen der Rand- und Übergangsbedingungen (für Konvektion, Wärmeübergänge, Kontaktstellensteifigkeiten etc.), das Netz der finiten Elemente sowie die daraus resultierenden Systemmatrizen gemäß Formel (12). In diesem Zustand besitzt das FE-Modell der Gesamtmaschine mit Prüfdorn einen Freiheitsgrad von 345.256 im thermischen und von 1.035.768 im elastischen Teilmodell.

Mit dem Import der Modelldaten in MATLAB, der Instanziierung der Modellobjekte und deren Gruppierung passend zur kinematischen Kette entsteht eine Modellstruktur gemäß Abb. 9. Die Zuganker, die Kontaktstellen in Lagerungen und Führungen sowie die Maschinenaufstellung sind durch zusätzliche finite Elemente aus der Bibliothek ergänzt. In der Abbildung sind diese sowie alle Schnittstellenobjekte für die Randbedingungen zum Erhalt der Übersichtlichkeit vernachlässigt. Letztere sind jeweils den Konfigurationen zugeordnet.

Strukturmodelle von Werkzeugmaschinen

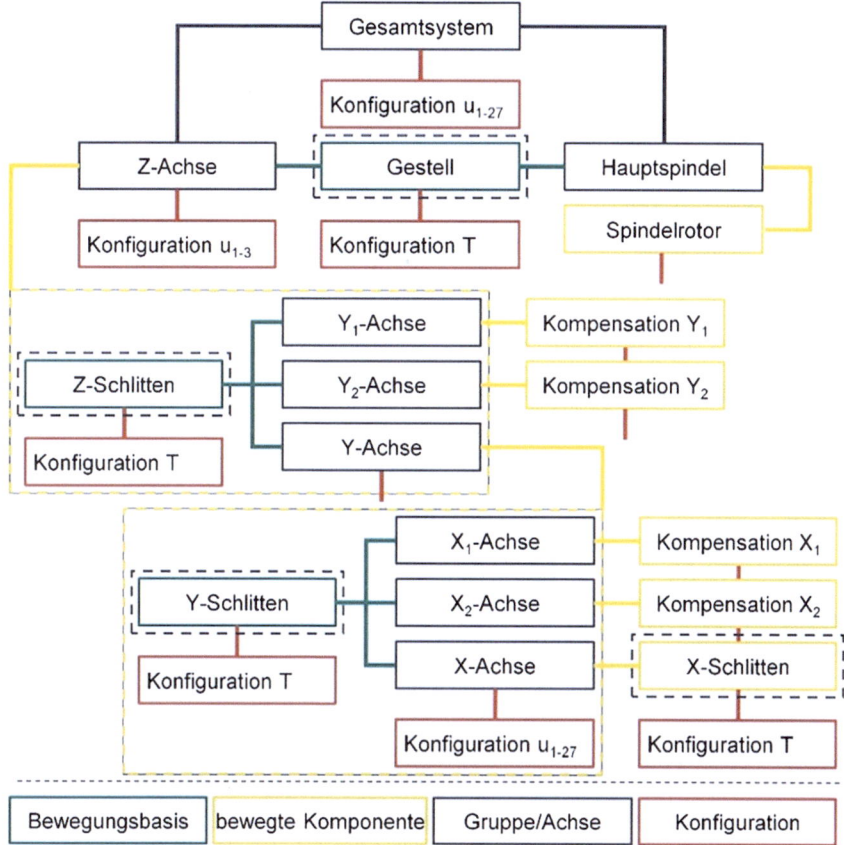

Abb. 9 Modellstruktur des Versuchsträgers unter MATLAB

Für die Bestimmung der thermisch bedingten Verlagerungen im elastischen Modell ist der Arbeitsraum in $3 \times 3 \times 3$ Stützstellen unterteilt. Abb. 10 zeigt hierzu drei der insgesamt 27 Konfigurationen unter MATLAB.

Die Simulation des Maschinenmodells im Zeitbereich führt für jeden diskreten Zeitschritt diese Abfolge von Operationen aus:

1. aktualisiere alle Parametrierungsfunktionen unter Verwendung des aktuellen Temperaturfeldes und Bewegungsprofils,
2. bestimme das neue Lastprofil der Wärmestromverteilung und projiziere dieses in den Unterraum,
3. löse das (reduzierte) Differentialgleichungssystem für diesen Zeitschritt,
4. berechne das neue, zu beobachtende Temperaturfeld durch Rückprojektion zur Verwendung in 1) und
5. berechne das aus dem Temperaturfeld resultierende, zu beobachtende Deformationsfeld für jede Arbeitsraumkonfiguration.

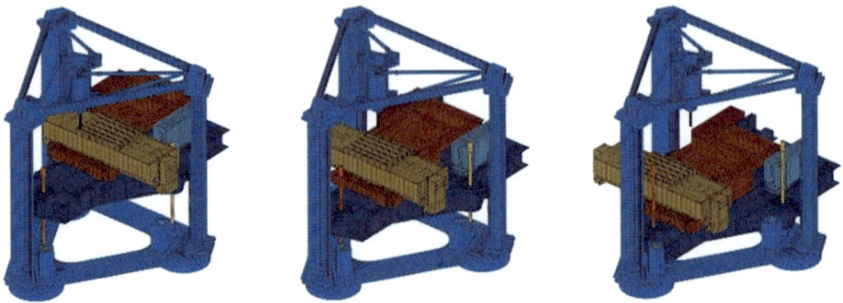

Abb. 10 ausgewählte Konfigurationen im Arbeitsraum für das elastische Modell

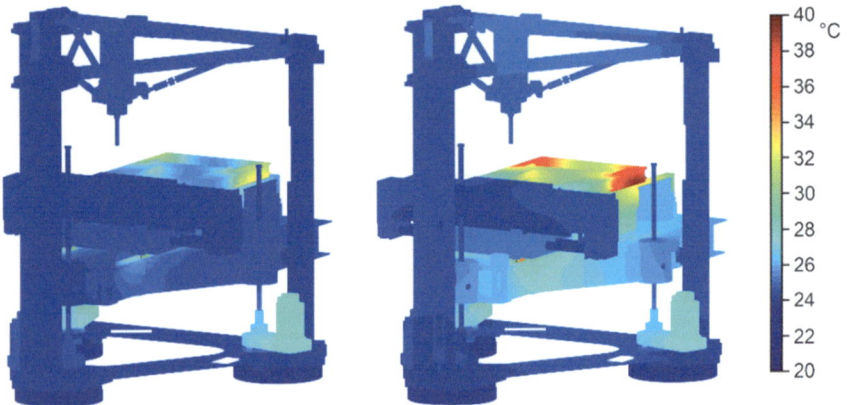

Abb. 11 Temperaturfelder nach 15 min (links) und 120 min (rechts) als Folge der Verfahrbewegungen der Y-Achse

Abhängig vom Berechnungsumfang ist für den letztgenannten Punkt u. U. eine andere Zeitschrittweite zu wählen, damit die (thermische) Echtzeitfähigkeit nicht gefährdet wird.

Die Abb. 11 zeigt beispielhaft zwei simulierte Temperaturfelder der Demonstratormaschine MAX. Das Temperaturfeld (links) resultiert aus einer kontinuierlichen Bewegung der Y-Achse über den Verfahrweg von ± 190 mm mit einer Geschwindigkeit von 45 m/min nach 15 min. Das Temperaturfeld (rechts) zeigt die Erwärmung nach 120 min für dieses Verfahrprofil über jeweils 25 min im Wechsel mit einem anschließenden Messzyklus von 6 min. Die Temperaturen an den Linear-Direktantrieben und den Profilschienenführungen steigen deutlich an, was infolge der Wärmeleitung auch zu einem Temperaturanstieg in Y- und Z-Schlitten führt. Die erkennbare Temperaturerhöhung in den Z-Antrieben resultiert aus der permanent aktiven Lageregelung der Z-Achse und dem damit verbundenen Eintrag von Verlustleistung in das System.

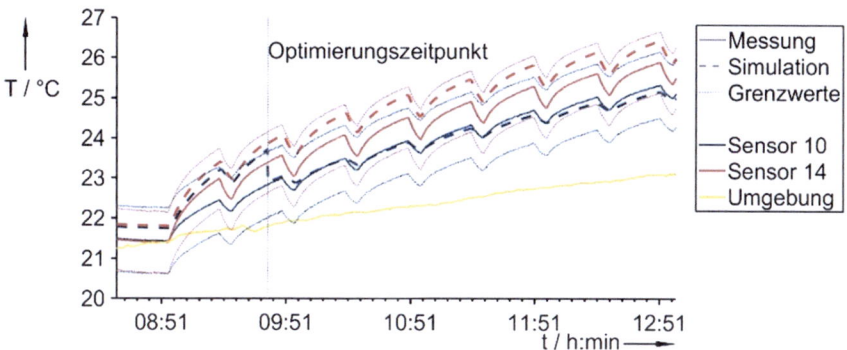

Abb. 12 Temperaturverlauf aus Messung und Simulation als Folge der Verfahrbewegungen der Y-Achse

Einen tieferen Blick in die Möglichkeiten des Modells bietet Abb. 12 für den oben gezeigten Lastfall. Hier sind exemplarisch die Temperaturverläufe für zwei ausgewählte Sensorpositionen im Bereich der Profilschienenführungen der Y-Achse im Vergleich von Simulationsmodell (gestrichelte Linien) und Online-Messergebnissen (durchgezogene Linien) dargestellt. Durch die Vorgabe von einzuhaltenden Grenzwerten (gepunktete Linien) kann das Modell auch für eine Parameteroptimierung genutzt werden. Für den gezeigten Fall wird der obere Grenzwert am Sensor 14 (an der Schiene der Y_1-Achse) nach ca. 49 min Bewegung überschritten – markiert durch den Optimierungszeitpunkt. Nach der Grenzwertüberschreitung werden verschiedene Parametervarianten berechnet, um die minimale und maximale Temperatur mit plausiblen Parametern zu bestimmen. Hier führt die Optimierung zu einer Verringerung der Verlustleistung infolge der Reibung im Modell um 46 %. Die simulierten Werte korrelieren danach gut mit den gemessenen Werten. Drei Stunden nach der Optimierung fallen die simulierten Werte etwas niedriger als die gemessenen Werte aus. Zusammenfassend lässt sich feststellen, dass die Parameteraktualisierung zu einer signifikanten Verbesserung der Modellgenauigkeit für die Veränderungen im thermischen Verhalten führt.

7 Zusammenfassung

Die theoretischen Grundlagen bilden die Basis für die Modellierungsschritte und -varianten, während die Phasen der Werkzeugmaschinenentwicklung die Ziele und Bedingungen definieren. Dementsprechend kann mit dem Ansatz der problemspezifischen Modellierung, direkt auf die Echtzeitfähigkeit und die Steuerungsintegration hin modelliert werden. Dies geht mit der Festlegung auf eine Softwareumgebung und eine Modelldarstellung einher.

Im Gegensatz dazu priorisiert der schnittstellenbasierte Ansatz eine einfache Austauschbarkeit von Modellen und Methoden. Die echtzeitfähige Simulation, und insbesondere die Einbindung in eine Steuerung, sind somit keine zentralen Ziele, sondern lediglich weitere Module bzw. konkrete Algorithmen.

Es können mit beiden Ansätzen Modelle gleicher Komplexität erstellt werden. Der übergeordnete Unterschied besteht in der Planung und der Wiederverwendbarkeit von Modellteilen. Die Vor- und Nachteile der Modellierungswege müssen in der Praxis von den Teams erprobt werden.

Literatur

Groth C, Müller G (2001) FEM für Praktiker. Bd 3: Temperaturfelder: Basiswissen und Arbeitsbeispiele zu FEM-Anwendungen der Temperaturfeldberechnung.; 4. Aufl. Edition expertsoft. Expert-Verl, Renningen

Ihlenfeldt S, Penter L, Wiemer H, Thiem X (2020) Die neue Rolle der virtuellen Werkzeugmaschine. konstruktions praxis

Klein B (2000) FEM: Grundlagen und Anwendungen der Finite-Elemente-Methode. 4., verbesserte und erweiterte Aufl. Vieweg Studium Technik Konstruktion. Vieweg, Braunschweig

Müller G, Groth C (2007) FEM für Praktiker. Bd 1: Grundlagen: Basiswissen und Arbeitsbeispiele zu FEM-Anwendungen. 8., neu bearb. Aufl. ed, Edition expertsoft. Expert-Verl, Renningen

Naumann A, Gerisch A, Wensch J (2015) Defect corrected averaging for highly oscillatory problems. Appl Math Comput 261:90–103

Naumann A, Saak J, Sauerzapf S, Vettermann J, Beitelschmidt M, Herzog R (2022) Advanced open source data formats for geometrically and physically coupled systems. Proceedings of Asian Modelica Conference

Norm (2011) DIN EN ISO 8373 – Roboter und Robotikgeräte – Wörterbuch Fassung von 11.04.2011 DIN Deutsches Institut für Normung e. V. Beuth Verlag GmbH, Berlin

Sauerzapf S, Vettermann J, Naumann A, Saak J, Beitelschmidt M, Benner P (2020) Simulation of the thermal behavior of machine tools for efficient machine development and online correction of the tool center point (TCP)-displacement, euspen Special Interest Group Meeting on Thermal Issues

Stelzmann U, Groth C, Müller G (2006) FEM für Praktiker. Bd 2: Strukturdynamik: Basiswissen und Arbeitsbeispiele zu FEM-Anwendungen der Strukturdynamik. 4., neu bearb. Aufl. Edition expertsoft. Expert-Verl, Renningen

Thiem X, Kauschinger B, Mühl A, Großmann K (2015) Challenges in the development of a generalized approach for the structure model based correction. Appl Mech Mater 387–394. https://doi.org/10.4028/www.scientific.net/AMM.794.387

Vettermann J, Sauerzapf S, Naumann A, Saak J, Benner P, Beitelschmidt M, Herzog R (2021) Model order reduction methods for coupled machine tool models, 2nd International Conference on Thermal Issues in Machine Tools (ICTIMT)

Voigt I, Winkler S, Bucht A, Drossel W-G, Werner R (2018) Thermal error compensation on linear motor based on latent heat storages. In: Conference on Thermal Issues in Machine Tools. Presented at the CIRP sponsored Conference on Thermal Issues in Machine Tools, Wissenschaftliche Scripten, Auerbach /Vogtl, S 117–126

Zienkiewicz OC, Taylor RL (2000) The finite element method. Bd 3. 5. Aufl. Butterworth-Heinemann, Oxford

Open Access Dieses Kapitel wird unter der Creative Commons Namensnennung 4.0 International Lizenz (http://creativecommons.org/licenses/by/4.0/deed.de) veröffentlicht, welche die Nutzung, Vervielfältigung, Bearbeitung, Verbreitung und Wiedergabe in jeglichem Medium und Format erlaubt, sofern Sie den/die ursprünglichen Autor(en) und die Quelle ordnungsgemäß nennen, einen Link zur Creative Commons Lizenz beifügen und angeben, ob Änderungen vorgenommen wurden.

Die in diesem Kapitel enthaltenen Bilder und sonstiges Drittmaterial unterliegen ebenfalls der genannten Creative Commons Lizenz, sofern sich aus der Abbildungslegende nichts anderes ergibt. Sofern das betreffende Material nicht unter der genannten Creative Commons Lizenz steht und die betreffende Handlung nicht nach gesetzlichen Vorschriften erlaubt ist, ist für die oben aufgeführten Weiterverwendungen des Materials die Einwilligung des jeweiligen Rechteinhabers einzuholen.

Effiziente Verhaltensanalyse von Strukturbauteilen

Lars Penter und Steffen Schroeder

1 Einführung

Eine begründete Bewertung, Auswahl und Auslegung von steuerungsbasierten Korrekturmaßnahmen erfordert eine breite Wissensbasis. Grundlage dafür sind Analysen des thermo-elastischen Maschinenverhaltens hinsichtlich der Ursache-Wirkungs-Zusammenhänge. Im Folgenden wird eine effiziente Modellierungs- und Simulationsmethodik, speziell für die thermische Analyse von Werkzeugmaschinen vorgestellt. Die Methodik basiert auf der in Kap. „Strukturmodelle von Werkzeugmaschinen", vorgestellten „problemspezifischen Modellimplementierung". Die hier vorgestellte Modellierungsmethodik basiert auf einem Baukasten von Modellelementen, wobei die Elemente wesentliche Verhaltenskomponenten von Maschinen abbilden. Dieser Baukasten ermöglicht die Kombination von Knotenpunkt- und FE-Modellen. Die Methodik ist insbesondere für die Gestaltungsphase der Werkzeugmaschine geeignet (siehe auch Abb. 1 in Kap. „Strukturmodelle von Werkzeugmaschinen",). Für die Umsetzung der Modellierungsmethodik werden frei verfügbare Werkzeuge mit offengelegten und dokumentierten Schnittstellen verwendet. Ein wesentlicher Schwerpunkt des Abschnittes ist die Erstellung von FE-Modellen, die als Modellelemente einen Teil des Baukastens bilden.

L. Penter (✉) · S. Schroeder
Professur für Werkzeugmaschinenentwicklung und adaptive Steuerungen, TU Dresden, Dresden, Deutschland
E-Mail: lars.penter@tu-dresden.de

2 Analysen des thermo-elastischen Verhaltens

Analysen des thermo-elastischen Verhaltens sind sowohl experimentell als auch simulativ möglich, wobei ein kombiniertes Vorgehen zielführend ist. Experimentelle Analysen sind aufgrund ihrer hohen Aussagesicherheit meist unerlässlich. Ihre Möglichkeiten sind jedoch messtechnisch, insbesondere hinsichtlich des Zugangs zu bestimmten Verhaltensgrößen und wiederholbaren Randbedingungen, begrenzt.

Experimentelle Analysen kommen bisher vorwiegend zur Erfassung des grundlegenden thermischen und thermo-elastischen Charakters und des Einflusses von Baugruppen auf das Gesamtverhalten der Maschinen zum Einsatz. Dabei werden vor allem wirkungsbezogene Messungen von Temperaturen und Verlagerungen der äußeren Strukturbauteile durchgeführt (Gebhardt et al. 2014; Ibaraki und Hong 2012). Die Bestimmung ursächlicher Größen an inneren Komponenten ist allerdings, aufgrund der eingeschränkten messtechnischen Zugänglichkeit und des hohen Aufwands, auf diese Weise kaum möglich.

Charakteristisch für experimentelle Untersuchungen sind der hohe zeitliche und messtechnische Aufwand. Der Reduzierung der Aufwände sind dabei natürliche Grenzen gesetzt. Zeitliche Aufwände resultieren vor allem aus den großen thermischen Zeitkonstanten der Maschinen, die einige Stunden betragen können. Dadurch dauern Untersuchungen mit mehreren Einzelversuchen meist mehrere Tage bis Wochen. Die messtechnischen Aufwände ergeben sich durch die Installation von Temperatur- und Verformungsmesstechnik sowie das Herstellen definierter thermischer Randbedingungen, was z. T. klimatisierte „Thermokammern" erfordert (Ihlenfeldt et al. 2014). Darüber hinaus ist die Maschine für die Dauer der Untersuchungen gebunden, d. h. nicht für die Produktion verfügbar.

Simulative Untersuchungen unterliegen diesen Beschränkungen nicht. Sie können die Experimente derzeit jedoch nur zum Teil ersetzen, denn der Aufwand zur Erstellung und Berechnung der Modelle ist noch erheblich.

Methoden zur **simulativen Analyse** des thermo-elastischen Verhaltens von WZM stehen prinzipiell zur Verfügung (Abschn. „Problemspezifische Modellimplementierung"). Sie erlauben genaue Aussagen zum transienten thermischen Verhalten typischer WZM-Strukturen mit hoher struktureller Auflösung in kurzer Zeit (Galant et al. 2014). Damit ist eine effiziente Beschreibung des thermischen Verhaltens von Maschinen mit feingliedrigen Strukturbauteilen, inneren Wärmequellen und –senken sowie Relativbewegungen prinzipiell möglich.

Die Methoden sind in Hinblick auf Korrekturanwendungen entwickelt worden. Korrekturmodelle werden für einen Maschinentyp entwickelt und können dann für alle produzierten Exemplare genutzt werden. Dies kann einen höheren Aufwand bei der Modellerstellung rechtfertigen. Die Berechnungsgeschwindigkeit der Modelle muss zumindest eine prozessparallele Nachführung ermöglichen.

Bei thermischen Analysen müssen mehrere Konstruktionsvarianten hinsichtlich ihrer Eignung untersucht werden (siehe Gestaltungsphase in Abb. 1 in Abschn. „Anwendungsszenarien und Anforderungen"). Damit der Modellierungsaufwand dabei akzeptabel bleibt, ist eine auf Werkzeugmaschinen zugeschnittene

Unterstützung notwendig. Die Konstruktionsvarianten müssen hinsichtlich relevanter Belastungsregimes bewertet werden. Diese können sehr vielfältig sein und einen hohen Zeitumfang besitzen. Einer schnellen Modellausführung kommt hier eine noch höhere Bedeutung zu.

Ein mögliches Lösungskonzept wird im Folgenden erläutert.

3 Modelle für die thermische Analyse

Prinzipiell lässt sich die thermo-elastische Wirkungskette von Werkzeugmaschinen mit den Systembestandteilen über **Netzwerkmodelle** abbilden (Steiert et al. 2020). Dabei werden vorzugsweise die Werkzeuge der digitalen Blocksimulation (DBS) verwendet. In den Netzwerkmodellen lässt sich das nichtlineare Verhalten von Verlustleistungsquellen und Wärmeübergängen weiterer Systembestandteile auf einfache Weise berücksichtigen. Beispiele dafür sind Modelle von Motoren (Dajaku und Gerling 2006), Getriebe und Kühlkanäle (Steiert et al. 2020). Weiterhin lassen sich die mit den Achsbewegungen einhergehenden positionsabhängigen Wärmeübergänge und Wärmeeinspeisungen (Galant et al. 2014) leicht integrieren.

FE-Modelle bieten hingegen Vorteile bei der Abbildung von Strukturbauteilen. Mit den verfügbaren CAE-Werkzeugen (**c**omputer-**a**ided **e**ngineering) lassen sich FE-Modelle weitgehend automatisiert aus CAD-Daten generieren. Dies gelingt durch feinmaschige Netze mit sehr guter Approximation der Bauteilgeometrie. Daraus resultiert eine sehr hohe Anzahl von Modellfreiheitsgraden (10^5 bis 10^6), welche zu lange Simulationszeiten bedingen. Zur Verkürzung der Simulationszeiten werden deshalb oft die geometrischen Details der Strukturbauteile vereinfacht. Dies verringert die Anzahl der Netzelemente und damit auch die Rechenzeiten (Mayr et al. 2012). Das Vorgehen erhöht jedoch den Aufwand zur Modellerstellung und verringert die Genauigkeit. Eine alternative Methode nutzt Verfahren zur Modellordnungsreduktion (MOR). Diese ermöglichen eine Transformation der Modelle in Systeme mit wesentlich geringeren Freiheitsgraden und damit geringer Rechenlast bei sehr geringem Genauigkeitsverlust (Galant et al. 2014).

Aktuell verfügbare Werkzeuge sind auf jeweils eine dieser Modellarten spezialisiert. Bei derzeitigen Analysen können deshalb einige Systembestandteile nicht in geeigneter Modellform eingebunden werden. Sie müssen zunächst transformiert oder sogar vereinfacht werden, was mit einem hohen Implementationsaufwand und teils auch mit deutlich reduzierter Genauigkeit verbunden ist.

Der hier gewählte Modellierungsansatz setzt dem gegenüber auf ein Netzwerkmodell mit auf das Verhalten von Werkzeugmaschinen zugeschnittenen Modellelementen (Abb. 1). Der Netzwerkansatz erlaubt dabei die Kombination von Elementen aus verschiedenen physikalischen Domänen. Des Weiteren lassen sich Modellelemente nutzen, die die Methoden der FEM gewinnbringend integrieren.

Für die Abbildung von Strukturbauteilen ist es zweckmäßig, zwei Elementtypen vorzusehen (Schroeder et al. 2018).

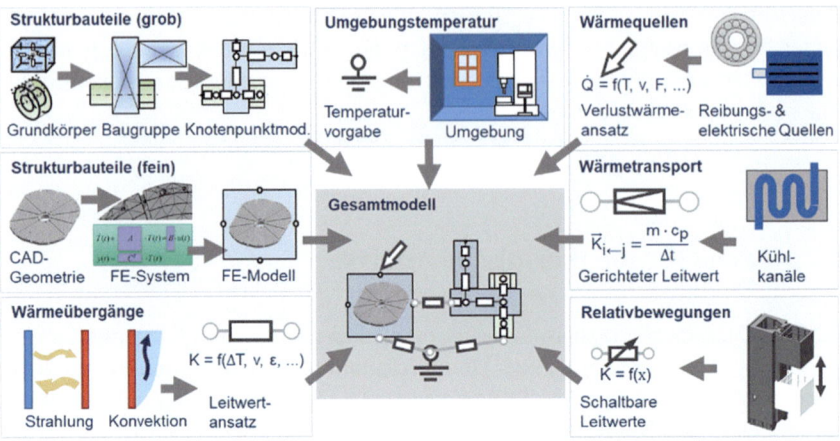

Abb. 1 Netzwerkmodell mit maschinenspezifischen Modellelementen

- Elemente für geringere geometrische Auflösung. Mit ihnen lassen sich Bauteile über geometrische Grundkörper beschreiben. Diese werden dann in ein Knotenpunktmodell überführt. Die Elemente eignen sich für grobe Analysen in Konzepten früher Entwicklungsstadien oder für Bauteile mit geringem Gesamteinfluss.
- FE-basierte Elemente, die eine hohe geometrische Auflösung ermöglichen. Sie nutzen MOR-Methoden, um den Berechnungsaufwand zu verringern. Diese Elemente können für Analysen in der Entwurfsphase verwendet werden, in der bereits detailliertere geometrische Entwürfe vorliegen.

Diese Elemente werden im Folgenden näher betrachtet.

3.1 FE-basiertes Modell für Strukturbauteile

Die Elemente für geometrisch hochaufgelöste Abbildung der Strukturbauteile sind in sich gekapselte Bausteine. Sie beschreiben die Wärmespeicherungs- und -leitungsvorgänge der häufig sehr feingliedrigen Festkörper der Maschine. Die Modelle werden mithilfe der FEM aufgebaut. Als Schnittstelle zu Nachbarelementen dienen Koppelflächen. Nach der (instationären) Berechnung des Temperaturfeldes werden die Oberflächentemperaturen als Ergebnisgrößen ausgegeben.

Aus Sicht der thermischen Analyse stellen die Erstellung und die Berechnung der Modelle folgende Anforderungen:

- Da für ein Maschinenmodell viele thermisch relevante Bauteile abgebildet werden müssen, ist eine schnelle und weitgehend automatisierte Erstellung der FE-Modelle erforderlich.

- Für die Analyse mehrerer Konstruktionsvarianten hinsichtlich langlaufender Lastregimes sind sehr schnell rechnende Modelle nötig.
- Für eine einfache Anwendbarkeit sollen die Modelle auf Desktoprechnern lauffähig sein, was den erforderlichen Speicherbedarf einschränkt.

3.2 Teilschritte zur FE-basierten Modellerstellung

Abb. 2 zeigt den spezifizierten Arbeitsablauf zur FE-basierten Modellerstellung.

Ausgangspunkt ist die CAD-Geometrie der Bauteile. Die thermische Verbindung mit weiteren Simulationselementen im Gesamtmodell (Abb. 1) erfolgt über Koppelflächen (Abb. 2). Koppelflächen sind in Gruppen zusammengefasste Teilflächen eines Bauteils. Sie besitzen jeweils einen gleichartigen Wärmeaustausch und einen gemeinsamen Partner zur Kopplung. Dies sind beispielsweise alle Flächen, die über einen konvektiven Wärmeübergang zur Umgebungsluft verbunden sind. Die Auswahl der Teilflächen ist ein manueller Prozess, der durch Auswahlwerkzeuge in den CAD-Werkzeugen unterstützt wird.

Vor der Vernetzung der Geometrie zur geometrischen Diskretisierung der FEM ist oft wegen Geometriefehlern eine Aufbereitung notwendig. Die Fehler entstehen bei der Konvertierung der Datenformate, die wegen der jeweiligen individuellen werkzeugspezifischen Geometrieformate notwendig sind. Die Konvertierung wird von vielen Programmen unterstützt. Oft werden offene standardisierte Formate als Übergabeformat genutzt. Bei der Konvertierung können jedoch Geometriefehler wie Selbstüberschneidungen oder Lücken entstehen. Ein wichtiger Schritt ist deshalb die Korrektur der Geometrie. Die lässt sich zum Teil bereits automatisiert durchführen. Aufwendige manuelle Eingriffe sind dennoch oft notwendig

Des Weiteren ist eine Vereinfachung der Geometrie notwendig. Dabei geht es nicht um Ressourcen für die instationäre Temperaturberechnung, denn diese erfolgt mit kleinen reduzierten Systemen. Vielmehr geht es um die Erstellung der FE-Systeme, die Ordnungsreduktion, die Rückprojektion der Berechnungsergebnisse auf das volle System und die anschließende Ergebnisauswertung im Zeitbereich. Der Aufwand für alle diese Operationen hängt von der Anzahl der Freiheitsgrade des Systems ab. Die Anzahl steigt stark mit der Abbildung von kleinen

Abb. 2 Arbeitsablauf zur Erstellung von FE-Teilmodellen

Geometriedetails. Diese beeinflussen das thermische Verhalten jedoch kaum. Deshalb ist es sinnvoll, diese zu entfernen.

Basierend auf der entfeinerten Geometrie wird das Differentialgleichungssystem zur Berechnung der thermischen Vorgänge erstellt. Dafür wird die Geometrie für die FE-Elemente aufgeteilt und das lineare dynamische Gleichungssystem aufgebaut.

Abschließend wird das Gleichungssystem mittels mathematischer MOR-Methoden zu einem schnellrechnenden System transformiert.

Auf die Schritte Vereinfachung der Geometrie und Erstellung der Gleichungssysteme wird folgend näher eingegangen.

3.2.1 Vereinfachung der Geometrie

Die Anzahl der Freiheitsgrade oder Degree of Freedom DOF (n) eines thermischen Gleichungssystems wird durch die Anzahl der Knoten des FE-Netzes bestimmt. Beispielsweise besitzt das Netz des Tischbauteils in Abb. 3a) eine Knotenanzahl von ca. 150.000. Bereits der Speicherbedarf des Temperaturfeldes mit Fließkommazahlen von 8 Byte beträgt 1,2 Megabyte. Der Gesamtspeicherbedarf des FE-Systems beträgt ein Mehrfaches. Die algorithmische Berechnungskomplexität bei der Erstellung der Gleichungssysteme beträgt bis zu $O(n^3)$. Summiert über alle Bauteile der Maschinen ergibt sich ein hoher Bedarf an Rechenressourcen.

Bei der Geometrievereinfachung besteht die Herausforderung, einen geringen Genauigkeitsverlust und dennoch eine signifikante Verringerung der benötigten Rechenressourcen zu erzielen. Prinzipiell kann die Vereinfachung der Geometrie in zwei Stufen eingeteilt werden, wie Abb. 3 zeigt. In der ersten Stufe werden nur kleine Geometriedetails wie Gravuren, Fasen oder kleinere Bohrungen entfernt. In der zweiten Stufe werden bereits kleinere gestaltbestimmende Geometrieelemente eliminiert. In Tab. 1 werden die beiden Stufen beispielhaft für das Bauteil in Abb. 3 hinsichtlich benötigter Rechenressourcen und Genauigkeitsverlust verglichen. Die Bewertung der Rechenressourcen erfolgt durch die Knotenanzahl nach der Vernetzung der Bauteile mit Tetraedern. Die Bewertung des Genauigkeitsverlusts erfolgt durch einen Vergleich der Zeitkonstanten der Bauteile. Die

Abb. 3 Zweistufige Geometrievereinfachung

Tab. 1 Vergleich von Geometrievereinfachungen

Geometrie	Zeitkonstante, $\tau = V \cdot c_p \cdot \rho / (A \cdot \alpha)$ $V = c_p = \rho = K = \alpha = 1$	Modellabweichung, $1 - \tau/\tau_{\text{vollständig}}$	Speicherverbrauch, DOF n	Speicherreduktion, $1 - n/n_{\text{vollständig}}$
Vollständig	3,66	Referenz	18.834	Referenz
Vereinfacht	3,53	+3,6 %	2647	− 86 %
Vergröbert	3,94	+7,7 %	2151	− 89 %

Zeitkonstanten repräsentieren das zeitliche Verhalten bei einem Wärmeaustausch mit der Umgebung. Die Zeitkonstanten berücksichtigen sowohl Wärmespeicherungs- als auch Wärmeaustauschvorgänge. Diese wiederum hängen von den geometrischen Größen Volumen und Oberfläche ab.

Bereits die erste Stufe zeigt einen um 86 % reduzierten Bedarf der Rechenressourcen bei einem Genauigkeitsverlust von 3,6 %. Dieser Genauigkeitsverlust ist hinsichtlich der typischen Unsicherheiten anderer Teilmodelle (Kauschinger und Schroeder 2014) als sehr gering zu bewerten. Die zweite Stufe zeigt eine reichliche Verdoppelung der Modellabweichungen bei lediglich geringer Veränderung der benötigten Rechenressourcen. Dies zeigt, dass bei der Vernetzung kleiner geometrischer Konturen eine hohe Anzahl von beschreibenden Tetraederelementen nötig sind. Bei einer leicht entfeinerten Geometrie von Stufe 1 werden die Geometrien mit wenigen größeren Elementen approximiert. Dies ist mit geringem Genauigkeitsverlust verbunden. Eine weitere Geometrievereinfachung (Entfernung gestaltbestimmender Elemente) ist aufgrund des dann ansteigenden Genauigkeitsverlusts und der geringen Speicherreduktion nicht sinnvoll.

3.2.2 Erstellung der Gleichungssysteme

Basierend auf der entfeinerten Geometrie wird das thermische Gleichungssystem mittels FEM in der klassischen Form diskretisiert:

$$M \cdot \dot{\tau} + K \cdot \tau = \dot{q} = D \cdot u \tag{1}$$

Dabei sind M und K thermische Kapazitäts- und Leitwertmatrizen, τ und $\dot{q}$ sind zeitabhängige Temperatur und Lastvektoren. Die Kapazitäts- und Leitwertmatrizen beschreiben die geometrie- und materialabhängige Speicherungs- und Leitfähigkeit der Wärme, die Lastvektoren die eingespeiste oder abgegebene Wärme. Die Lastvektoren setzen sich zusammen aus der Matrix D, die den Ort der Wärmeeinkopplung beschreibt, und der Vektor *u*, der der den Betrag der Wärme enthält. Lasten werden über Neumann (N) und Robin (R) Randbedingungen berücksichtigt. Neumann Randbedingungen sind als Wärmeströme zu verstehen. Sie werden für die Einspeisung von Wärmeverlusten in den Maschinen genutzt. Robin Randbedingungen beschreiben Wärmeübergänge zur Umgebung (E) des Bauteils, wie die Konvektion an Oberflächen. Wie Gl. (2) zeigt, werden die

Wärmeübergangskoeffizienten (h) der Robin Randbedingungen mit in die Leitwertmatrix integriert, wodurch die äußeren Lasten unabhängig von der Temperatur des Festkörpers beschrieben werden können. Dafür wird die Leitwertmatrix K_R benötigt. Sie repräsentiert die Oberflächengeometrie, an der der Wärmeübergang stattfindet. Die Wärmeleitung des Festkörpers selbst wird mit K_B berücksichtigt. Der Vektor der Wärmelast setzt sich aus den Wärmeströmen ($\dot{q}_N$) für die Neumann Randbedingungen und dem Produkt aus Wärmeübergangskoeffizienten und der Temperatur der gekoppelten Umgebung für die Robin Randbedingungen zusammen.

$$ M \cdot \dot{\tau} + \underbrace{K_B + K_R \cdot h}_{K} \cdot \tau = \underbrace{[D_N \ D_R] \cdot \begin{Bmatrix} \dot{q}_N \\ h \cdot \tau_E \end{Bmatrix}}_{D \cdot u} \quad (2) $$

Um das System in eine Gesamtsimulation integrieren zu können, wird es in eine Zustandsraumdarstellung mit Ein- und Ausgangssignale überführt (3). Eingangsgrößen sind die Lastvektoren und Ausgangsgrößen sind Temperaturen. Mit der Messmatrix C wird definiert, ob die Ausgangssignale Temperaturen ausgewählter FE-Knoten oder mittlere Temperaturen über einen Knotenbereich repräsentieren.

$$ \begin{matrix} u_1 \\ \vdots \\ u_k \end{matrix} \rightarrow \begin{matrix} \dot{\tau} + A \cdot \tau = B \cdot u \\ y = C^T \cdot \tau \end{matrix} \rightarrow \begin{matrix} y_1 \\ \vdots \\ y_m \end{matrix} \quad (3) $$

Um das System zeiteffizient rechnen zu können, wird es mittels MOR-Methoden in ein schnellrechnendes System überführt. Es wird eine projektionsbasierte Methode eingesetzt. Diese projiziert das originale System in einen geeigneten Unterraum. Dabei wird ein System gleicher Struktur erzeugt, welches jedoch einen deutlich kleineren Modellfreiheitsgrad besitzt. Die instationäre Temperaturfeldberechnung wird in diesem System recheneffizient ausgeführt und anschließend das Temperaturfeld in das originale System zurücktransformiert. Die Abweichungen gegenüber der Berechnung mit dem originalen Modell sind vergleichsweise klein.

Im hier genutzten Ansatz wird das System als Kombination linearer Teilmodelle ausgedrückt (4). Dabei wird je ein Teilsysteme pro Koppelfläche (k) aufgebaut, wobei die Eingänge Neumann- oder Robin-Randbedingungen beschreiben können (Brecher et al. 2019).

$$ \sum \begin{cases} \dot{\tau}_1 + A \cdot \tau_1 = b_1 \cdot u_1; \ y_1 = C^T \cdot \tau_1 \\ \quad \vdots \qquad\qquad\qquad\qquad \vdots \\ \dot{\tau}_k + A \cdot \tau_k = b_k \cdot u_k; \ y_k = C^T \cdot \tau_k \\ y = y_1 + \cdots + y_k \end{cases} \quad (4) $$

Im Rahmen der MOR wird nun für jedes dieser Subsysteme mithilfe des klassischen Arnoldi Verfahrens eine Transformationsmatrix V erzeugt. Mit diesen werden die Teilsysteme in einen Krylov-Unterraum mit einer kleinen Dimension n projiziert (5). Die Temperaturfeldberechnung erfolgt nun mit diesen Teilsystemen. Die angenäherte Lösung des vollen Systems erhält man durch Superposition der rücktransformierten Lösungen aller Teilsysteme (6) (Galant et al. 2014).

$$
\begin{array}{ccc}
A, b_1 \stackrel{Arnoldi}{\rightarrow} & V_1^n \rightarrow & \widehat{A}_1, \widehat{b}_1 \widehat{C}_1 \\
\vdots & \vdots & \vdots \\
A, b_k \stackrel{Arnoldi}{\rightarrow} & V_k^n \rightarrow & \widehat{A}_k, \widehat{b}_k \widehat{C}_k
\end{array}
\tag{5}
$$

$$\tau = V_1^n \cdot \widehat{\tau}_1 + \cdots + V_k^n \cdot \widehat{\tau}_k \tag{6}$$

3.3 Automatisierung der Modellerstellung mit robustem Vernetzungswerkzeug

Bisher werden für die Teilaufgaben (siehe Abb. 2) der Aufbereitung und Vereinfachung der Geometrie sowie der Vernetzung verschiedene Werkzeuge mit jeweils zugeschnittenen Algorithmen eingesetzt. Dabei sind für die Aufbereitung und die Vereinfachung der Geometrie manuelle Eingriffe nötig. Mit dem Einsatz des neuartigen Vernetzungsverfahrens nach (Hu et al. 2020) können diese Eingriffe vermieden werden.

Das Verfahren nach (Hu et al. 2020) zeichnet sich durch eine besonders hohe Robustheit gegenüber Geometriefehlern aus. Es erzeugt eine hochwertige Netzstruktur, die eine hohe Rechengenauigkeit ermöglicht und die schnell rechnet. Die Rechenzeit ist vergleichbar mit den weniger robusten Tetrahedralisierungsalgorithmen, basierend auf dem Vorgehen nach Delaunay. Eingangsgrößen des Algorithmus sind eine dreiecksbasierende Oberflächenbeschreibung, eine Toleranz für die mögliche Abweichung der Oberfläche des Zielnetzes (Hülle um die Ausgangsgeometrie), die Idealgröße der Kantenlängen der zu generierenden Tetraeder und die Filterenergie, die den Aufwand angibt, der für die Optimierung der Tetraederqualität aufgewendet wird. Das Verfahren generiert das Netz durch eine iterative Verbesserung des Ausgangsnetzes mit abwechselndem Einfügen von Dreiecken und Netzoptimierung (Hu et al. 2020).

Das Verfahren wird auf die Eignung für die Vernetzung von Maschinenteilen untersucht. Dabei wird das Werkzeug fTetWild angewendet, in dem das Verfahren implementiert ist. Als Untersuchungsobjekt wird die Tischplatte einer Werkzeugmaschine ausgewählt. Sie repräsentiert eine typische Maschinengeometrie mit feinen Strukturdetails. Ziel war die Entfeinerung der Geometrie und eine hochwertige Vernetzung mit geringer Elementzahl. Als Parameter werden die Toleranz von 2 mm, die Kantenlänge von 10 cm und die Filterenergie von 20 verwendet. Das Ergebnis zeigt Abb. 4. Trotz signifikanter Fehler der Oberflächengeometrie des Tisches erfolgt eine automatische Vernetzung. Fasen und andere kleinere Geometrieelemente werden entfernt. Es finden sich, soweit es die Geometrie ermöglicht,

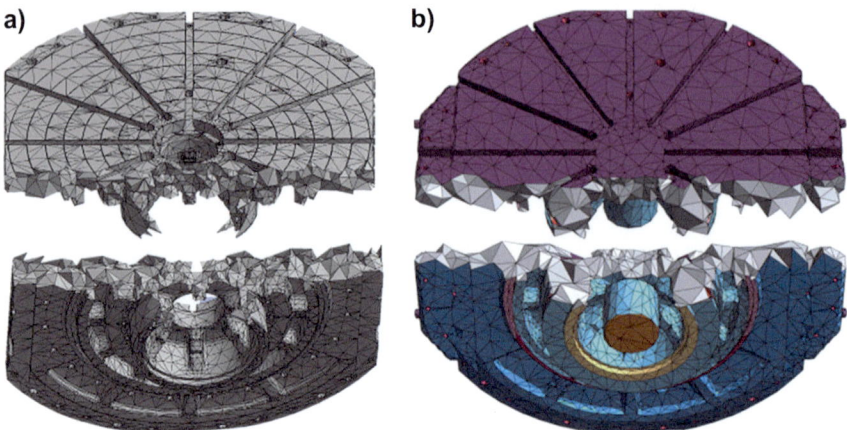

Abb. 4 Tischplatte einer Werkzeugmaschine; vernetzt mit: **a)** ANSYS Mechanical, **b)** fTetWild

große Elemente die hinsichtlich der Rechengenauigkeit eine günstige Gestalt aufweisen. Die resultierende Elementanzahl beträgt etwa 21.000. Diese ist verglichen mit den 150.000 Elementen der mit ANSYS Mechanical vernetzten Originalgeometrie deutlich verringert. Die Abweichung des Volumens beträgt 0,4 % und die der Oberfläche 4,5 %. Die Vernetzungszeit ist mit 1 min akzeptabel.

Der Umgang mit dem Werkzeug ist anwendergerecht. Es lässt sich mit lediglich drei Parametern an die problemspezifischen Anforderungen anpassen. Mit der Toleranz lässt sich der Grad der Entfeinerung steuern. Die ideale Kantenlänge beeinflusst die Diskretisierungsfeinheit. Die Filterenergie gibt den Aufwand für die Optimierung der genauigkeitsrelevanten Qualität des Netzes vor.

3.4 Modularisierung durch offene Schnittstellen

Damit der Arbeitsablauf zur Erstellung der Strukturbauteilmodelle (Abb. 2) sich auf die vielfältigen Werkzeugketten möglicher Anwender übertragen lässt, wird er modular gestaltet. Die einzelnen Arbeitsschritte werden mit auf den Anwendungsfall zugeschnittenen Werkzeugen ausgeführt. Im Folgenden wird die realisierte Modularisierung beschrieben.

Die Werkzeuge werden durch allgemeingültige Schnittstellen gekoppelt. Dadurch werden die Werkzeuge austauschbar. Um eine möglichst hohe Allgemeingültigkeit der Schnittstellen zu erreichen, werden standardisierte oder offene und dokumentierte Schnittstellen verwendet.

Als Eingangsgröße des ersten Schrittes des Arbeitsablaufs wird eine Beschreibung der Oberflächengeometrie benötigt. Dabei sollte es möglich sein,

Baugruppen unbeweglich verbundener Einzelbauteile entgegenzunehmen. Diese Baugruppen können bei der thermischen Simulation wie miteinander verschmolzene Einzelteile behandelt werden, denn die Fugen an den Verbindungsstellen haben meist eine geringe thermische Gesamtwirkung.

Auf der Oberfläche der Baugruppen müssen die Koppelflächen selektiert werden. Der Aufwand ist abhängig von der Beschreibungsform. Beim BREP (Boundary Representation) Format werden Körperoberflächen über miteinander verbundene Flächen erzeugt. Diese Flächen werden als mathematische Beschreibung hinterlegt und können auch Krümmungen gut wiedergeben. Dies ist bei der Abbildung über Polygone nicht möglich, denn gekrümmte Oberflächen bestehen meist aus vielen Einzelpolygonen. Da die Oberflächen mit dem BREP Format durchschnittlich mit weniger Teilflächen beschrieben werden, sind auch weniger Teilflächen für die Koppelflächen auszuwählen. Deshalb ist dieses Format zu bevorzugen. Ein BREP Format, das die Anforderungen erfüllt, ist das standardisierten STEP Format. Es wird von den meisten CAD- und FEM- Programmen unterstützt. IGES ist ein weiteres standardisiertes BREP Format. Es wird nicht ganz so häufig unterstützt und es wird von den Programmen häufiger mit Flächenfehlern generiert.

Als Eingangsinformation für die Vernetzung muss die Oberflächengeometrie der Baugruppe in Form der Koppelflächen bereitgestellt werden. In vielen FE- und CAD-Programmen gibt es die Möglichkeit, Flächengruppen zu definieren. Prinzipiell ist es auch möglich, solche Informationen mit den vielgenutzten STEP- oder IGES Formaten zu übertragen. Bisher wird dies jedoch kaum unterstützt. In vielen Werkzeugen werden deshalb meist eigene Datenformate eingesetzt. Das Open Source FE-Programm Salome Meca beispielsweise nutzt das offene und dokumentierte XAO Format. Bei kommerziellen Programmen sind die Austauschformate meist nicht beschrieben.

Alternativ können die Koppelflächen in Netzdateien hinterlegt werden. Diese werden bei der FEM genutzt, um die geometrisch diskretisierten Oberflächen über Polygone und Volumen über Polyeder zu beschreiben. Dabei ist es üblich, Randbedingungen auf den Oberflächen zu definieren und die Information in den Dateien abzuspeichern. Damit sind Netzdateien als Schnittstelle zum Übertragen von Bauteilgeometrie und Koppelflächen geeignet. Übliche offene und dokumentierte Datenformate sind CGNS, MED und MSH. Nachteilig ist, dass keines der Formate breit unterstützt wird. Es existieren jedoch Konverter wie Meshio, die die Formate wandeln können.

Abb. 5 zeigt die beispielhaft realisierte Umsetzung der Werkzeugkette zur Generierung der Strukturbauteilmodelle. Es wurden durchgängig offene und dokumentierte Werkzeuge und Schnittstellen verwendet, wodurch eine Austauschbarkeit der Werkzeuge gegeben ist. Die verwendeten Werkzeuge besitzen einfach nutzbare und dokumentierte Python Schnittstellen. Damit ist eine Einbettung in das übergeordnete Modellierungswerkzeug möglich und die Modellerstellung wird fast vollständig automatisiert.

Abb. 5 Modularisierte Werkzeugkette

3.5 Verifikation der MOR-FEM Simulation

Zur Verifikation des Workflows erfolgte eine beispielhafte Simulation der Abkühlung einer Stahlplatte (Abb. 6).

Dies repräsentiert die Abkühlung einer durch innere Wärmequellen erhitzten Wand eines Gestellbauteils einer Werkzeugmaschine. Die in der Platte gespeicherte Wärme wird über die Oberflächen abgegeben. Ausgenommen ist eine der kleinen Stirnflächen. Die Platte nähert sich der Umgebungstemperatur T_{env} an. Die Oberfläche wird mit konvektiver Last beaufschlagt.

Es werden neben dem eigentlichen Körper der Platte auch die mit Robin Randbedingungen beschriebenen Wärmeübergänge, die mit in das reduzierte System integriert sind (siehe Gl. 2), geprüft.

Das ordnungsreduzierte Modell wird aus einem hochaufgelösten Basismodell erstellt und hat einen Freiheitsgrad von 10. Die Berechnung wird anhand von zwei Knotentemperaturen geprüft. Diese werden nach der Simulation durch eine Rücktransformation aus den mit dem reduzierten Modell berechneten Temperaturen bestimmt. Der Vergleich des Temperaturverlaufs mit dem Verlauf eines zeitlich als auch geometrisch hoch aufgelösten Referenzmodells mit einem Freiheitsgrad von

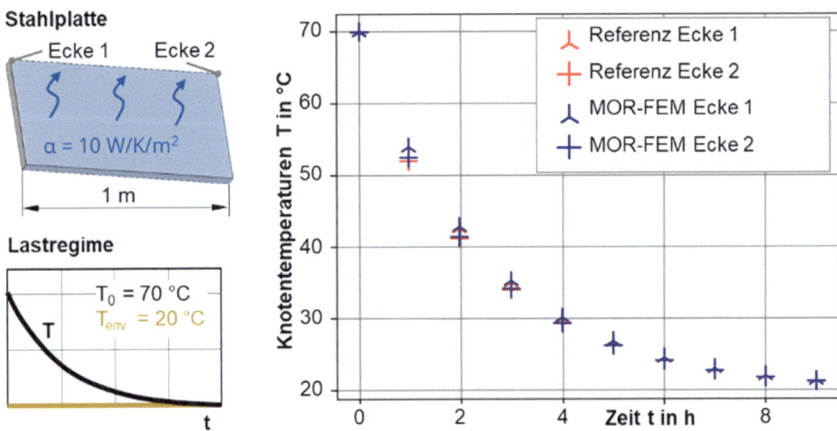

Abb. 6 Modellaufbau und Simulationsergebnisse für die Verifikation

ca. 62.000 zeigt nur geringe Abweichungen. Diese sind zu Beginn der Sprungantwort höher und betragen maximal 0,44 K. Die Rechenzeit des reduzierten Modells ist um über 100fach kürzer als die des Referenzmodells.

4 Zusammenfassung

Es wird ein Modellierungsansatz abgeleitet und erprobt, bei dem thermische Modelle aus domänengerechten Elementen zusammengesetzt werden. Dies verringert den Abstraktionsaufwand bei der Modellerstellung gegenüber generisch ausgerichteten Modellelementen. Durch den Einsatz eines robusten Vernetzungswerkzeuges können die Aufbereitung und die Entfeinerung der Geometrie automatisiert werden. Der Arbeitsablauf bei der Modellerstellung wird durch die Verkettung der beteiligten Werkzeuge über standardisierte sowie offene und dokumentierte Schnittstellen modular gestaltet. Damit lässt sich der Ablauf auf die vielfältigen Werkzeugketten der Anwender übertragen. Letztlich senkt der Einsatz von Methoden der Modellordnungsreduktion den Berechnungsaufwand und verkürzt damit die üblicherweise hohen Rechenzeiten deutlich.

Literatur

Brecher C, Ihlenfeldt S, Neus S, Galant A, Steinert A (2019) Thermal condition monitoring of a motorized milling spindle. Production Engineering – Research and Development

Dajaku G, Gerling D (2006) An improved lumped parameter thermal model for electrical machines. In 17th International conference on electrical machines (ICEM2006)

Galant A, Großmann K, Mühl A (2014) Thermo-elastic simulation of entire machine tool. Thermo-energetic Design of Machine Tools, Berlin, S 69–84

Gebhardt M, Knapp W, Schneeberger A, Weikert S, Wegener K (2014) Thermally caused location errors of rotary axes of 5-axis machine tools. IJAT 8:511–522

Hu Y, Schneider T, Wang B, Zorin D, Panozzo D (2020) Fast Tetrahedral Meshing in the Wild. arXiv:1908.03581 [cs], Jan

Ibaraki S, Hong C (2012) Thermal test for error maps of rotary axes by R-test. Key Eng Mater 523–524:809–814

Ihlenfeldt S, Richter C, Schädlich K, Naumann C (2014) Erfassung und Modellierung der thermischen Wechselwirkungen von Umgebung und Maschine. ZWF Zeitschrift für wirtschaftlichen Fabrikbetrieb. 109(7–8):526–529

Kauschinger B, Schroeder S (2014) Methods to Design the Adjustment of Parameters for Thermal Machine-Tool Models. Proceedings of the WGP Congress 2014, Erlangen, Bd 1018, S 403–410

Mayr J, Wegener K, Uhlmann E, Brecher C, Knapp W, Härtig F et al (2012) Thermal issues in machine tools. CIRP Ann Manuf Technol 61(2):771–91

Schroeder S, Galant A, Beitelschmidt M, Kauschinger B (2018) Efficient modelling and computation of structure-variable thermal behaviour of machine tools. Conference on Thermal Issues in Machine Tools, Auerbach /Vogtl 23(03):13–22

Steiert C, Weber J, Galant A, Glänzel J, Weber J (2020) Fluid-Thermal Co-Simulation for a Machine Tool Frame. presented at the Internationales Fluidtechnisches Kolloquium IFK2020, Dresden

Open Access Dieses Kapitel wird unter der Creative Commons Namensnennung 4.0 International Lizenz (http://creativecommons.org/licenses/by/4.0/deed.de) veröffentlicht, welche die Nutzung, Vervielfältigung, Bearbeitung, Verbreitung und Wiedergabe in jeglichem Medium und Format erlaubt, sofern Sie den/die ursprünglichen Autor(en) und die Quelle ordnungsgemäß nennen, einen Link zur Creative Commons Lizenz beifügen und angeben, ob Änderungen vorgenommen wurden.

Die in diesem Kapitel enthaltenen Bilder und sonstiges Drittmaterial unterliegen ebenfalls der genannten Creative Commons Lizenz, sofern sich aus der Abbildungslegende nichts anderes ergibt. Sofern das betreffende Material nicht unter der genannten Creative Commons Lizenz steht und die betreffende Handlung nicht nach gesetzlichen Vorschriften erlaubt ist, ist für die oben aufgeführten Weiterverwendungen des Materials die Einwilligung des jeweiligen Rechteinhabers einzuholen.

Untersuchung von Maschinenkomponenten

Stephan Neus, Alexander Steinert, Florian Kneer und Christian Brecher

1 Maschinenkomponenten im Kontext der thermo-energetischen Wirkungskette

1.1 Ausgangssituation

Produktivitätssteigernde Maßnahmen und eine Erhöhung der Leistungsdichte von Werkzeugmaschinen setzen eine deutlich gesteigerte Leistungsaufnahme der Antriebe voraus und äußern sich in der Regel in gesteigerten Prozesskräften. In Vorschubachsen von Werkzeugmaschinen führt dies zu erheblichen Verlustleistungen in Maschinenkomponenten wie Kugelgewindetrieben und Linearführungen. Um auch im oberen Grenzbereich stabile Betriebsbedingungen gewährleisten zu können, ist eine genaue Kenntnis des Komponentenverhaltens unter Last essentiell. Als zentrale Wärmequelle und Element im Kraftfluss der Werkzeugmaschine beeinflussen Vorschubachskomponenten darüber hinaus mitentscheidend die erzielbare Bearbeitungsqualität, weshalb eine gekoppelte Betrachtung wälzgelagerter Maschinenelemente mit der umgebenden Struktur von großer Bedeutung ist (vgl. Mayr 2012).

S. Neus · A. Steinert · F. Kneer (✉) · C. Brecher
Werkzeugmaschinenlabor, Lehrstuhl für Werkzeugmaschinen,
RWTH Aachen, Aachen, Deutschland
Email: S.Neus@wzl.rwth-aachen.de

C. Brecher
E-Mail: C.Brecher@wzl.rwth-aachen.de

1.2 Zielsetzung

Im Rahmen umfangreicher Komponentenuntersuchungen wird im ersten Schritt das lastabhängige Reibverhalten einerseits messtechnisch untersucht und andererseits mithilfe eigens entwickelter mathematischer Modelle beschreibbar gemacht. Neben dem Einfluss verschiedener Wälzkörper wird der Fokus auf den Einfluss der Baugröße sowie verschiedener Abstreifer und Schmierstoffe gelegt, um ein Verständnis über Einzelreibanteile zu erlangen. Weiterhin erlauben die entwickelten Linearprüfstände die Beaufschlagung variabler Lastkollektive über lange Zeiträume hinweg, um beispielsweise den Einfluss thermischer Dehnungen der Komponenten untersuchen zu können.

Im Anschluss dienen die empirischen Reibmodelle der Parametrierung von Vorschubachsmodellen, um thermo-mechanische Wechselwirkungen zwischen Maschinenkomponenten und Strukturbauteilen berechnen zu können. Thermisch bedingte Verformungen in Vorschubachsen können beispielsweise zu Zwangskräften in Maschinenkomponenten führen, was sich letztendlich auf die Systemsteifigkeit, das Reibverhalten und die Komponentenlebensdauer auswirkt.

1.3 Methodischer Ansatz

Die allgemeine Vorgehensweise zur effizienten simulativen Abbildung des thermo-elastischen Verhaltens ist in Abb. 1 dargestellt und wird im Folgenden anhand einer Profilschienenführung weiter ausgeführt. Grundüberlegung ist: in Abhängigkeit eines zeitlichen Verfahrprofils x(t) stellen sich Reibkräfte F_R(t) ein, die letztendlich einen örtlichen Wärmeeintrag hervorrufen.

Ausgangspunkt der Modellierung des thermo-elastischen Verhaltens bildet ein beliebiges Bewegungsprofil aus Vorschub und Verfahrweg (Abb. 1, (a)). Dieses ist für die anschließende thermo-elastische Simulation auf Grundlage der verwendeten Komponentenausführung (Baugröße, Vorspannklasse, Abstreiferausführung, Schmierung etc.) in einen Wärmeeintrag (b) umzurechnen. Hierfür wird zunächst das Reibverhalten einer Komponentenausführung modelliert, um die last- und geschwindigkeitsabhängige Reibung bei beliebigem Verfahrprofil berechnen zu

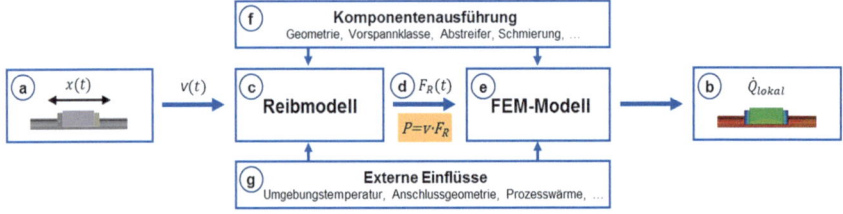

Abb. 1 Vorgehensweise zur effizienten simulativen Abbildung des thermo-elastischen Verhaltens

können. Dieses analytische Reibmodell (c) nach Brecher und Kunc (2011) wird auf Basis von Prüfstandsversuchen bei diskreten Geschwindigkeiten und Lasten parametriert. Die berechnete Reibkraft kann dann in eine Verlustleistung (d) der jeweiligen Komponente umgerechnet werden.

Die ermittelte Verlustleistung wird anschließend als Wärmeeintrag an ein FE-Modell (e) übergeben und jeweils auf die Reibkontakte an Führungsschuh und -schiene appliziert. Hierbei werden die individuellen Komponentenausführungen (f) wie beispielsweise die Geometrie oder die Abstreiferform, aber auch externe Einflüsse (g) wie z. B. die Umgebungstemperatur berücksichtigt. Randbedingungen, wie Konvektion, werden durch analytische Ansätze und experimentelle Vergleichsmessungen (vgl. Zwingenberger 2014), kritische Kontaktübergänge hingegen insbesondere durch Grundlagenuntersuchungen bestimmt (vgl. Frekers 2017).

Der Vorteil dieses Ansatzes ist die effiziente und präzise Bestimmung der eingebrachten Wärmeleistung mithilfe gemessener Reibkräfte, welche die Einflüsse der Komponentenausführung berücksichtigen. Somit können langwierige Versuchsreihen vermieden werden.

2 Modellierung des Komponentenverhaltens

Mit der beschriebenen analytischen Vorgehensweise kann das geschwindigkeits- und lastabhängige Reibverhalten von Vorschubachskomponenten für unterschiedlichste Komponentenausführungen und damit der Wärmeeintrag in die Komponente bestimmt werden. Auf dieser Grundlage wird anschließend mit einem FE-Modell das thermo-elastische Verhalten abgebildet.

Abb. 2 stellt ein Ablaufdiagramm der thermo-elastischen Simulation dar. Die Bauteilgeometrie wird zunächst in einer CAD-Umgebung modelliert und für eine

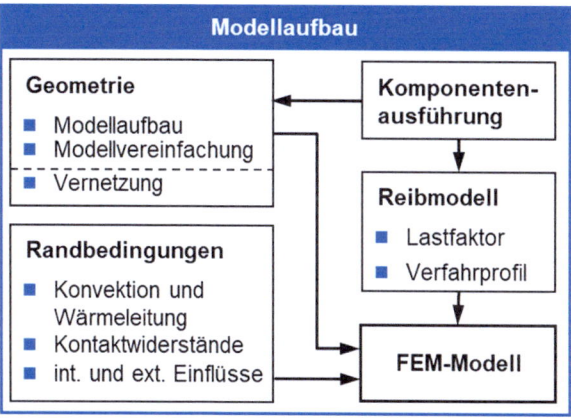

Abb. 2 Ablaufdiagramm der thermo-elastischen Simulation

effektive Vernetzung vereinfacht. Dabei wird eine mittlere Abstraktionsstufe gewählt, welche die Makrogeometrie beibehält, jedoch die komplexen Kontaktgeometrien, wie beispielsweise die Wälzkörper, auf plane Kontaktebenen vereinfacht. Aktuelle Forschungsarbeiten zeigen, dass über eine derartige Vorgehensweise deutliche Performancegewinne durch die geringere Modellgröße (Elemente- und Knotenanzahl) erreicht werden können, ohne die Modellierungsgenauigkeit wesentlich zu beeinträchtigen (vgl. Heisel et al. 2005). Randbedingungen wie Konvektion basieren initial auf analytischen Zusammenhängen und werden iterativ durch experimentelle Versuche abgeglichen. Die Kontaktwiderstände stammen hingegen aus einer Datenbank zur Grundlagenuntersuchung des Einflusses der Oberflächenbeschaffenheit auf den Wärmeübergang. Detaillierte Informationen zu den Arbeiten sind Frekers et al. (2014) zu entnehmen.

Um den Verfahrweg des Führungsschuhs abzubilden, wird die Führungsschiene in diskrete Bereiche unterteilt, welche den zwei Klassen *überfahrender* und *nicht überfahrender* Bereich zugeteilt werden können. Die Feinheit wird dabei durch den Anwendungsfall bestimmt. Die einzelnen Bereiche sind über einen idealen Kontaktwärmeübergang miteinander verbunden.

3 Untersuchung von Profilschienenführungen

Wie beschrieben basiert der Modellierungsansatz auf der analytischen Beschreibung von messtechnisch erfassten, last- und geschwindigkeitsabhängigen Reibungskennlinien. Der konzipierte Prüfstand (Abb. 3) verfügt über zwei auf einer Traverse gegenüberliegend angeordneten Führungsschienen. Die zugehörigen Führungsschuhe werden dabei über eine Verspanneinheit mit einer senkrechten Last beaufschlagt, welche reale Belastungssituationen in Werkzeugmaschinen

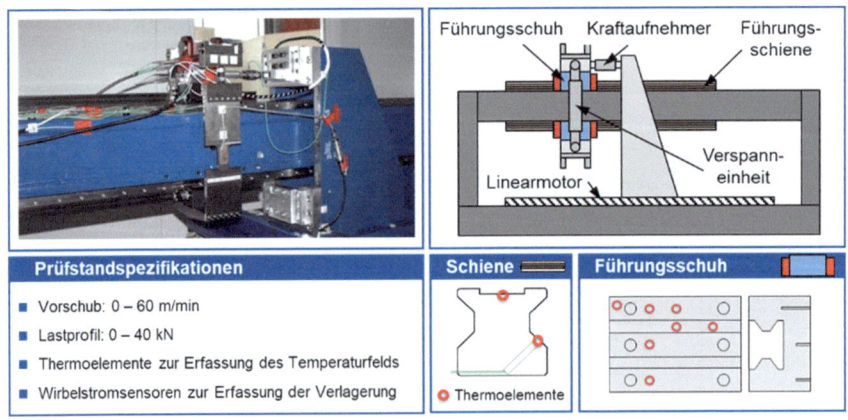

Abb. 3 Profilschienenprüfstand

abbildet. Die diesbezügliche Höhe der Last wird unmittelbar an der Verspanneinheit über Dehnungsmessstreifen erfasst. Die Verfahreinheit des Prüfstands wird über einen Linearmotor angetrieben und greift am oberen Führungsschuh an. Im Kraftfluss befindet sich unmittelbar vor dem Führungsschuh ein piezoelektrischer Kraftsensor zur Aufnahme der Reibkraft.

Zur Messung der Temperaturverteilung sind sieben Thermoelemente im Führungsschuh appliziert. Die Führungsschiene ist ebenfalls mit Thermoelementen ausgestattet, wobei diese im Schieneninneren sowie in retrograden Bohrungen unter den Laufflächen positioniert sind. Hierneben wird auch die Temperaturverteilung des angrenzenden Prüfstands sowie der Umgebung protokolliert. Die Messung der Temperaturverteilung dient dabei primär der Validierung des dargestellten Ansatzes. Detaillierte Ergebnisse der Untersuchung zur Temperaturverteilung innerhalb der Struktur und der Linearführung sowie der Einfluss des Abstreifers wurde von Brecher et al. (2014) veröffentlicht (vgl. Abb. 4).

Um die untersuchte Komponente für das FE-Modell zu parametrieren, werden Versuchsreihen durchgeführt, bei denen lediglich die Reibkräfte für unterschiedliche Vorschübe und Belastungen gemessen werden. Resultate der Untersuchungen bilden Reibungskennlinien, wie sie in Abb. 5 dargestellt sind.

Da die Höhe der Reibkraft primär von der Verfahrgeschwindigkeit abhängt und minimale Auslenkungen keinen nennenswerten Wärmeeintrag beisteuern, wird allein das Verhalten der Reibkraft bei Makrobewegungen betrachtet. Die Erfassung der geschwindigkeits- und lastabhängigen Reibkräfte erfolgt bei linearen Bewegungen mit konstanter Geschwindigkeit. Diesbezüglich werden Reibungskennlinien analytisch approximiert, indem diese mithilfe der Addition eines konstanten ($F_{R,kon}$), eines linearen ($F_{R,lin}$), eines exponentiellen ($F_{R,exp}$) und eines logarithmischen Anteils ($F_{R,log}$) angenähert werden.

Damit lastabhängige Einflüsse berücksichtigt werden können, wird das Modell um eine Lastfaktorkennlinie erweitert. Die Reibungskennlinie eines unbelasteten

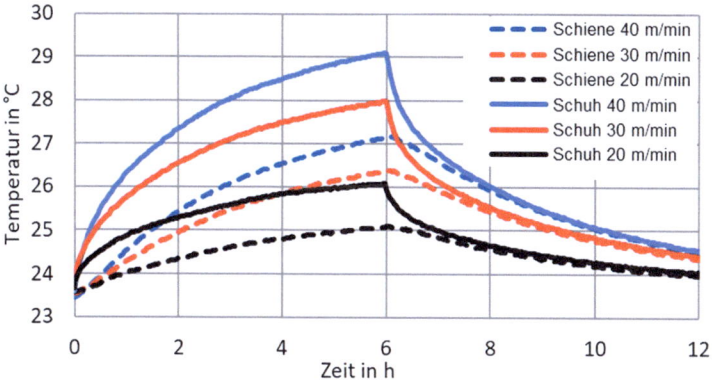

Abb. 4 Beispielhafte Temperaturverläufe an der Schiene und am Schuh bei verschiedenen Vorschubgeschwindigkeiten und einer Normalkraft von 5000 N

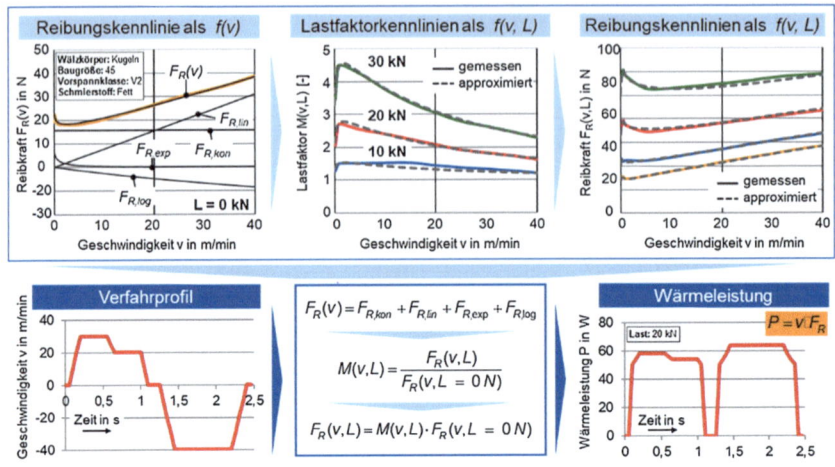

Abb. 5 Ermittelte Reibungskennlinien

Führungswagens $F_R(v, L=0\,N)$ wird zu diesem Zweck mit einer geschwindigkeitsabhängigen Lastfaktorkennlinie $M(v, L)$ multipliziert. Es ergeben sich komponentenspezifische Reibungskennlinien als Funktion der Last und Geschwindigkeit. Verknüpft mit einem beliebigen Verfahrprofil resultiert daraus die Reibleistung und damit der Wärmeeintrag (vgl. Jungnickel 2010) in die untersuchte Komponente. Die beschriebenen Zusammenhänge veranschaulicht Abb. 5.

Somit besteht die Möglichkeit relevante betriebs- sowie konstruktionsbedingte Einflussfaktoren auf das Reibverhalten von Vorschubachskomponenten analytisch zu approximieren. Da sich der Einfluss der Last, verschiedener Abstreifertypen oder unterschiedlicher Vorspannklassen in den Reibungskennlinien widerspiegelt, müssen diese Parameter in der anschließenden FE-Simulation nicht explizit berücksichtigt werden.

Die durchgeführten Messungen haben auch gezeigt, dass die Wiederholgenauigkeit der ermittelten Reibkräfte sehr hoch ist. Jedoch ist darauf zu achten, dass die Komponenten im eingelaufenen Zustand untersucht werden, da die Reibkraft zu Gebrauchsbeginn deutlich schwankt. Eine Abhängigkeit der Reibkraft vom Temperaturzustand der Komponenten, wie er sich beispielsweise durch eine thermische Beanspruchung aufgrund von langen Verfahrzeiten einstellt, konnte nicht festgestellt werden (vgl. Brecher et al. 2014).

4 Untersuchung von Kugelgewindetrieben

Auf einem Komponentenprüfstand können sowohl Kugelgewindetriebe (KGT) mit einseitiger Lagerung als auch Spindeln mit einer Kombination aus Fest- und Loslager untersucht werden. Um eine stoßfreie Spindeldrehung zu gewährleisten, ist eine Elastomerkupplung zwischen dem Servomotor und der Spindel montiert. Das Festlager besteht aus einem Paar zweireihiger Schrägkugellager, während das optionale Loslager als einreihiges Schrägkugellager ausgeführt ist. Der gesamte Aufbau und die zugehörigen Komponenten sind auf der rechten Seite von Abb. 6 dargestellt.

Die Applikation, Abb. 6, besteht aus einem Verbindungsring, einem auskragenden Träger und zwei Metallwinkeln. Diese Winkel sind auf dem statischen Maschinentisch platziert und verlaufen parallel zur Spindel. Am Ende des auskragenden Trägers ist eine Kunststoffkappe montiert, die als reibungsarmer Gleiter wirkt. Bei einer Vorschubbewegung kommt es zu einer Biegung des Balkens, die mit einem Dehnungsmessstreifen erfasst werden kann. Diese Anwendung erlaubt Messungen mit einer hohen Genauigkeit, beschränkt sich aber auf lastfreie Versuche.

Neben den Reibmomentmessungen werden auf dem gleichen Prüfstand auch Langzeituntersuchungen durchgeführt. Die gemessenen Temperaturfelder und die axiale Spindelauslenkung, die aus variablen Prozessparametern resultieren, bilden eine Grundlage für die Validierung des FE-Modells. Die Entwicklung der instationären Temperaturen an definierten Positionen wird mit Pt100-Elementen gemessen. Problematisch ist in diesem Zusammenhang der Einsatz einer Thermografiekamera zur Messung der Spindeltemperatur, da die heiße, geschliffene und gekrümmte Oberfläche einen sehr hohen Reflexionsgrad aufweist.

Um den Einfluss der Reibmomente, die den Wärmeeintrag bestimmen, zu bewerten, werden mindestens zwei Kugelgewindetriebe verglichen, die sich nur in der untersuchten Kennlinie unterscheiden. Die Versuchsergebnisse, die als Eingangsgröße für ein Simulationsmodell genutzt werden können, sind in Abb. 7 dargestellt.

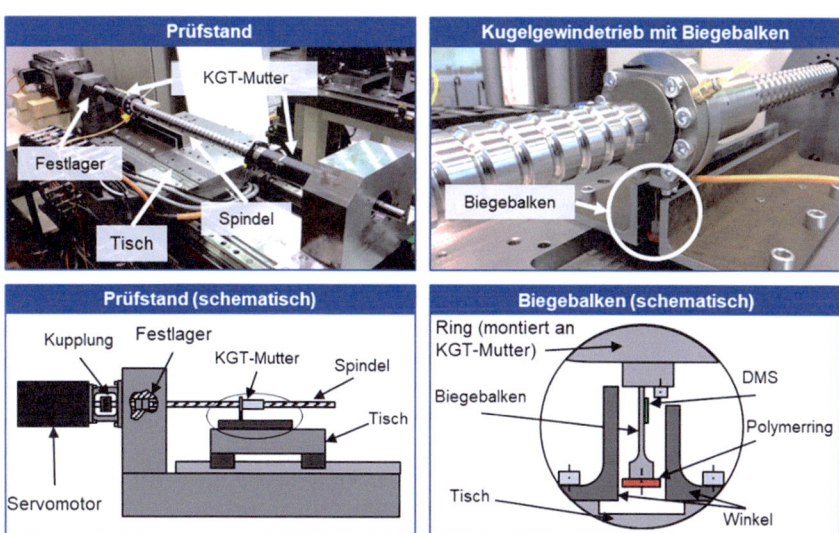

Abb. 6 KGT-Prüfstand und Messaufbau

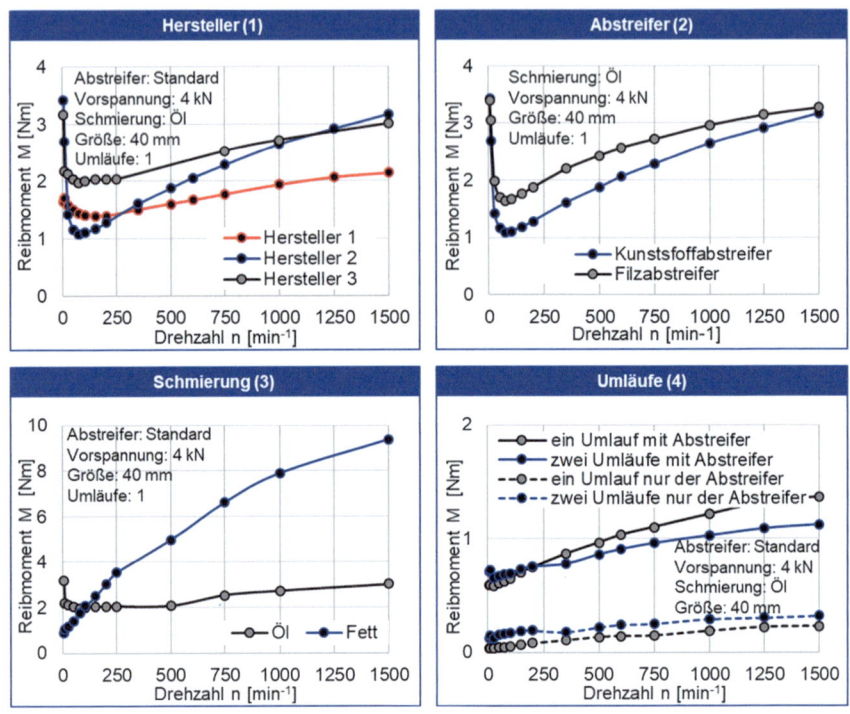

Abb. 7 Untersuchung unterschiedlicher Einflussfaktoren auf das drehzahlabhängige Reibverhalten von Kugelgewindetrieben

Es kann zusammenfassend festgehalten werden, dass die Übertragbarkeit auf ein identisches Bauteil gegeben ist. Untersuchungen an formal baugleichen Komponenten zeigen außerdem, dass herstellerbedingte Einflüsse auf das Reibverhalten bestehen. Gründe dafür können Unterschiede in der Fertigungsgenauigkeit der Wälzkörper und der Rollfläche sowie eine Unsicherheit der eingestellten Vorspannung sein (Abb. 7, Bild 1). Ein weiterer wesentlicher Einfluss ergibt sich aus den eingesetzten Abstreifern. Die Abstreifergeometrie und der Grundwerkstoff bestimmen das Reibmoment der beiden Abstreifer (Abb. 7, Bild 2). Um die Lebensdauer von Führungssystemen zu maximieren, ist eine wirksame Schmierung eine Grundvoraussetzung. Das hohe Reibmoment des gefetteten Bauteils zeigt, dass Öl bei Hochgeschwindigkeitsanwendungen unter thermischen Gesichtspunkten immer zu bevorzugen ist (Abb. 7, Bild 3). Darüber hinaus hat auch die Schmierstoffmenge einen signifikanten Einfluss auf das Reibverhalten.

Kugelgewindetriebe werden mit unterschiedlichen Gewindezahlen angeboten. Im lastfreien Zustand haben Kugelgewindetriebe mit nur einem Gewinde ein höheres Reibmoment. Der Unterschied zwischen „mit" und „ohne" Abstreifer ergibt sich aus dem Reibungsverhalten des Abstreifers. Abstreifer an einer Spindel mit einem Gewinde verursachen ein geringeres Reibmoment als an einer Spindel mit zwei Gewinden. Das Gesamtreibmoment lässt sich mit der geringeren Anzahl von Wälzkörpern in der Ein-Gewinde-Komponente erklären, die zu einer höheren Vorspannung pro Wälzkörper führt. Die Abstreifergeometrie ist bei beiden Anwendungen unterschiedlich und könnte den Abstreifereinfluss erklären (Abb. 7, Bild 4).

Für die Überführung der Messdaten in ein mathematisches, analytisches Näherungsmodell wird auf den Ansatz von Golz (1990) zurückgegriffen. Die entwickelte Gleichung hat die folgende Struktur:

$$T(\omega) = A + B\omega + DF_{pr}^{E}\omega^{F} + Ge^{H\frac{F_{pr}}{\omega}} \tag{1}$$

Das Reibungsmoment T ist eine Funktion der Winkelgeschwindigkeit ω. Die übrigen Koeffizienten sind Parameter, die mit Ausnahme der Vorspannung F_{pr} von der Näherungskurve abhängen und mithilfe einer Methode der kleinsten Quadrate angepasst werden.

Weiterhin wird der Einfluss der Temperatur im Näherungsmodell zu untersucht. Experimente bei verschiedenen Temperaturen zeigen, dass das Reibungsmoment mit steigender Temperatur abnimmt. Um diesen Effekt im Simulationsmodell zu berücksichtigen, wird das Temperaturverhalten mit einem analytischen Ansatz auf Basis eines exponentiellen Abfalls approximiert.

Dazu wird das Modell von Golz um einen Term erweitert, der auch die angepassten Parameter k_1 und k_2 enthält.

$$T(\vartheta, \omega) = T(\omega) \cdot e^{k_1 \cdot (\varphi - 20\,°C) + k_2} \tag{2}$$

In diesem Fall ist ϑ die Temperatur der Oberfläche der Gewindemutter. Die Temperaturen im Inneren der Bauteile können nicht erfasst werden.

Die durch Konvektion und Strahlung verursachte Wärmeabgabe wird analytisch beschrieben. Die Theorie zur Berechnung der Wärmeübergangskoeffizienten für statische Teile und für bewegte Bauteile wird in Churchill (1977) ausführlich erläutert. Weiterhin werden Konvektion und Strahlung kombiniert, um die Rechenzeit zu verringern. Dieser Ansatz kann in Brecher et al. (2017) nachgelesen werden.

5 Anwendungsmöglichkeiten der Untersuchungsergebnisse

Die Kenntnis und Beschreibbarkeit des Reibverhaltens wälzgelagerter Maschinenkomponenten kann die Grundlage für folgende Anwendungsfelder bilden.

1. Optimierung des Reibverhaltens von Maschinenkomponenten
Durch die Kenntnis der Einzelreibanteile können gezielte, reibungsreduzierende konstruktive Maßnahmen abgeleitet werden. Der Einsatz alternativer Abstreifer oder einer optimierten Schmierung sind Beispiele dafür. Insbesondere in Anwendungen mit hohen Vorschubgeschwindigkeiten hat das Reibverhalten einen signifikanten Einfluss auf das Betriebsverhalten.

2. Betriebsorientierte Auslegung von Vorschubachsen
Sind die späteren Betriebsbedingungen einer Vorschubachse bekannt, so kann das lastabhängige, thermische Verhalten der Maschinenkomponenten a priori abgeschätzt werden. Dies ermöglicht beispielsweise die Abschätzung thermo-elastischer Effekte auf das zu erwartende Bearbeitungsergebnis im Rahmen einer Maschinensimulation (vgl. Kap. „Strukturmodelle von Werkzeugmaschinen")

Literatur

Brecher C, Bakarinow K, Neus S, Fey M, Steinert A, Ochel J (2017) Analyse des thermischen Verhaltens von Profilschienenführungen. Antriebstechnik 56:60–65

Brecher C, Fey M, Neus S, Shneor Y, Bakarinow K (2014) Influences on the thermal behavior of linear guides and externally driven spindle systems. In: Production Engineering – Research and Development

Brecher C, Kunc M (2011) Reibkraftmodellierung von Profilschienenführungen. wt-Werkstattstechnik 101(5):328–338

Churchill SW (1977) A comprehensive correlation equation for laminar, assisting forced and free convection. AIChE Journal 23:10–16

Frekers Y et al (2014) Determination of thermal contact resistance coefficients through thermo-mechanical simulation. Proceedings of the 15th International Heat Transfer Conference. Kyoto, Japan

Golz HU (1990) Analyse. Universität Karlsruhe, Modellbildung und Optimierung des Betriebsverhaltens von Kugelgewindetrieben

Jungnickel G (2010) Simulation des thermischen Verhaltens von Werkzeugmaschinen – Modellierung und Parametrierung. TU Dresden

Mayr J (2012) Thermal Issues in Machine Tools. CIRP Ann Manuf Technol 61(2):771–791

Zwingenberger C (2014) Beitrag zur Verbesserung der Simulationsgenauigkeit bei der Bestimmung des thermischen Verhaltens von Werkzeugmaschinen. Dissertation TU Chemnitz

Open Access Dieses Kapitel wird unter der Creative Commons Namensnennung 4.0 International Lizenz (http://creativecommons.org/licenses/by/4.0/deed.de) veröffentlicht, welche die Nutzung, Vervielfältigung, Bearbeitung, Verbreitung und Wiedergabe in jeglichem Medium und Format erlaubt, sofern Sie den/die ursprünglichen Autor(en) und die Quelle ordnungsgemäß nennen, einen Link zur Creative Commons Lizenz beifügen und angeben, ob Änderungen vorgenommen wurden.

Die in diesem Kapitel enthaltenen Bilder und sonstiges Drittmaterial unterliegen ebenfalls der genannten Creative Commons Lizenz, sofern sich aus der Abbildungslegende nichts anderes ergibt. Sofern das betreffende Material nicht unter der genannten Creative Commons Lizenz steht und die betreffende Handlung nicht nach gesetzlichen Vorschriften erlaubt ist, ist für die oben aufgeführten Weiterverwendungen des Materials die Einwilligung des jeweiligen Rechteinhabers einzuholen.

Fluidische Kühlung

Christoph Steiert, Juliane Weber und Jürgen Weber

1 Einleitung

Fluidische Systeme sind ein wichtiger Bestandteil der Werkzeugmaschine (WZM). Sie übernehmen verschiedene Aufgaben wie die Kühlung und Schmierung durch das Kühl- und Kühlschmierstoffsystem sowie die Aktuierung von Spannvorrichtungen durch das Hydrauliksystem (vgl. Abb. 1), die unterschiedliche Auswirkungen auf den thermischen WZM-Haushalt haben. Auf der einen Seite tragen die Antriebe der Fluidsysteme durch Reibung und elektrische Verluste Wärme in die Maschine ein. Auf der anderen Seite können sie auch große Wärmemengen über das Kühlsystem aus der WZM abführen.

Dieses Kapitel befasst sich mit der Modellierung des Kühlsystems als wichtigem System zur Beeinflussung des thermischen Haushalts von WZM. Mit Blick auf die thermo-elastische Wirkkette (vgl. „Einführung") können Wärmeströme durch das fluidische Kühlsystem aus der WZM an die Umgebung abgegeben werden. Durch diesen Prozess kann das Temperaturfeld der WZM gezielt beeinflusst werden.

Simulationsmodelle ermöglichen dabei eine detaillierte Analyse der Wirkungsweise des Kühlsystems hinsichtlich thermischer Stabilität, Funktionalität und Energieeffizienz. Dies beschleunigt die Weiterentwicklung von Kühlsystemen und führt zu einer höheren Wirtschaftlichkeit. Wenn Interesse an einem thermo-elastischen

---

C. Steiert (✉) · J. Weber · J. Weber
Professur für Fluid-Mechatronische Systemtechnik, TU Dresden, Dresden, Deutschland
E-Mail: christoph.steiert@tu-dresden.de

J. Weber
E-Mail: juliane.weber@tu-dresden.de

J. Weber
E-Mail: juergen.weber@tu-dresden.de

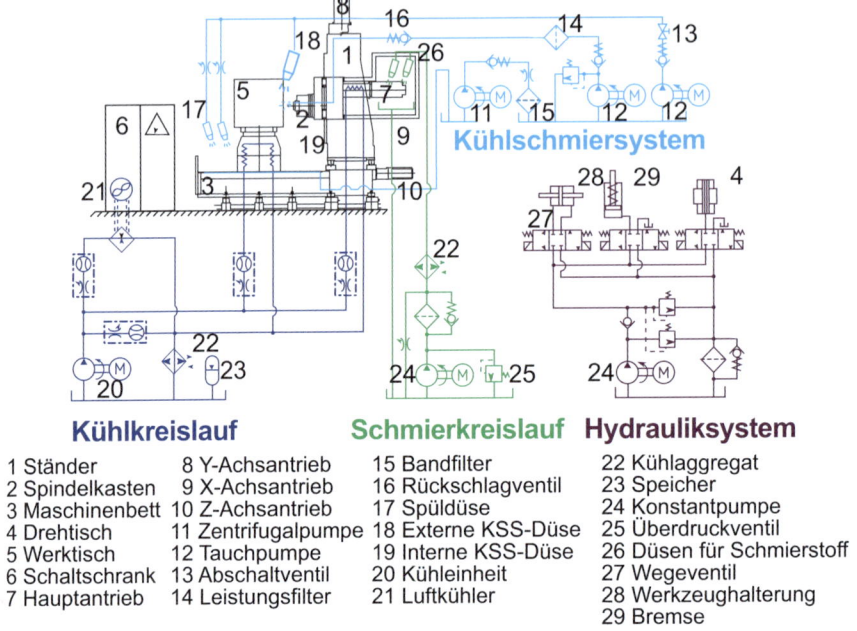

Abb. 1 Fluidsysteme einer Fräsmaschine DBF 630 nach (Weber und Weber 2014)

Gesamtmodell der WZM besteht, ist das Kühlsystem ein wichtiges Teilmodell, das für das thermo-energetische Verhalten berücksichtigt werden muss.

2 Prozessaktuelles Simulationsmodell

In diesem Abschnitt wird die Möglichkeit beschrieben, ein prozessaktuelles Abbild der WZM-Kühlung zu erstellen. Zunächst wird das grundlegende Modellierungskonzept diskutiert, bevor auf das spezifische Modell der WZM-Kühlung eingegangen wird. Zur Überprüfung der Modellgüte wird das Modell der WZM-Kühlung anhand einer ausgewählten Maschine und eines ausgewählten Prozesses validiert. Abschließend wird die Integration des Modells in das Gesamtmodell erläutert.

2.1 Modellierungskonzept

Für die Modellbildung stehen verschiedene Methoden zur Verfügung, die jeweils ihre eigenen Vor- und Nachteile und für spezifische Anwendungsgebiete geeignet sind. Neben Finite-Elemente-Methode (FEM), die aus der Strukturmechanik bekannt ist (vgl. Kap. „Strukturmodelle von Werkzeugmaschinen"), gibt es auch die Methode der Computational Fluid Dynamics (CFD), mit der Strömungen simuliert werden können (Kap. „Kompensationslösung fluidische Kühlung" und „Modellierung von Umgebungseinflüssen"). Beide Modellierungsmethoden basieren auf örtlich verteilten Parametern und liefern hochaufgelöste Ergebnisse. Aufgrund des vergleichsweise hohen Aufwands für die Diskretisierung und der langen Berechnungszeiten, insbesondere bei instationären Prozessen, eignen sich diese Methoden vorzugsweise für die Simulation einzelner Komponenten unter spezifisch abgegrenzten Fragestellungen. Für prozessaktuelle Simulationen transienter Vorgänge in Netzwerken bzw. Gesamtsystemen, bei denen sehr kurze Rechenzeiten gefordert sind, werden andere, deutlich schnellere Simulationstechniken eingesetzt, die auf konzentrierten Parametern basieren. Hierzu gehört der Signalflussplan, der das Verhalten durch algebraische und differenzielle Operatoren abbildet – ein in der Regelungstechnik weit verbreiteter Ansatz. Ein objektorientierter Ansatz ist die Knoten-Element-Modellierung. Hier enthalten die einzelnen Elemente die differential-algebraischen Gleichungssysteme, die das dynamische Verhalten des Systems abbilden. Die zwischen den einzelnen Elementen ausgetauschten Schnittstellenvariablen können eine physikalische Bedeutung haben. Dies ist die bevorzugte Beschreibungsform für die Modellierung des Kühlsystems, da hiermit die unterschiedlichen physikalischen Domänen mit ihren Systemgrößen gut beschrieben werden.

Eine softwaretechnische Umsetzung der Knoten-Element-Methode bietet die Programmiersprache Modelica (Fritzson 2015), die zur Implementierung verwendet und im Folgenden näher erläutert wird.

Die Systemvariablen der Knoten-Element-Modellierung sind Potenzial- und Flussgrößen, welche dem Informationsaustausch zwischen den einzelnen Elementen dienen. Wenn zwei oder mehrere Elemente miteinander verbunden werden, geschieht dies an einem Knoten, der ein Potenzial besitzt, das für alle angeschlossenen Elemente gleich ist. Zugleich werden an einem Knoten alle Flussgrößen bilanziert. Ein bekanntes Beispiel aus der Elektrotechnik sind die Kirchhoff'schen Gesetze, die auch als Knoten- und Maschensatz bekannt sind. Hier bezieht sich der Knotensatz auf Flussgrößen und besagt, dass die Summe aller zufließenden elektrischen Ströme gleich der Summe der abfließenden Ströme ist. Für Potenzialgrößen ist der Maschensatz anzuwenden, der besagt, dass sich die Summe aller Teilspannungen in einer Masche zu null addiert. Eine grafische Veranschaulichung ist in Abb. 2 zu sehen.

Die Kirchhoff'schen Gesetze lassen sich allgemein auf Potenzial- und Flussgrößen aus anderen Domänen übertragen. In Tab. 1 sind sie für die hier relevanten physikalischen Domänen dargestellt.

Für die Modellentwicklung des Kühlsystems der WZM sind vor allem die hydraulische und thermische Domäne von Interesse. Sollen Elektromotoren für den Antrieb der Pumpen und des Kühlaggregats berücksichtigt werden, müssen auch die mechanische und elektrische Domäne einbezogen werden. Die Entscheidung, welche Domänen berücksichtigt werden sollen, trifft der Entwickler anhand des zugrunde liegenden Systems und des zugrunde liegenden Detaillierungsgrads.

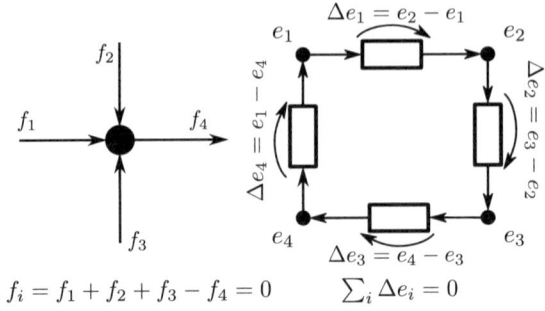

$\sum_i f_i = f_1 + f_2 + f_3 - f_4 = 0 \qquad \sum_i \Delta e_i = 0$

Abb. 2 Knoten- und Maschensatz für Fluss- und Potenzialgrößen

Tab. 1 Übersicht über Potenzial- und Flussgrößen in verschiedenen Domänen

Physikalische Domäne	Potenzialgröße (e)	Flussgröße (f)
Elektrik	Spannung: u	Strom: i
Mechanik	Geschwindigkeit: v	Kraft: F
Hydraulik	Druck: p	Volumenstrom: $\dot{V}$
Thermik	Temperatur: T	Wärmestrom: $\dot{Q}$

Zwischen den einzelnen Knoten werden die Elemente platziert, für die wiederum auf eine Analogie aus der Elektrotechnik zurückgegriffen werden kann: In der Elektrotechnik sind die Grundelemente der elektrische Widerstand, der einen algebraischen Zusammenhang zwischen Fluss- und Potenzialgröße herstellt, sowie die elektrische Induktivität und Kapazität, die einen integrierenden bzw. differenzierenden Zusammenhang ermöglichen. In anderen physikalischen Domänen gibt es ebenfalls Elemente für diese Zusammenhänge, welche in Tab. 2 aufgeführt sind: Für die Mechanik sind dies Reibung, Feder und Masse. In der Hydraulik sind es die Reibung, die hydraulische Kapazität und die Kompressibilität des verwendeten Druckmediums. Die Thermodynamik ist dabei ein Sonderfall, da hier aufgrund des zweiten Hauptsatzes der Thermodynamik kein Differenzgrößenspeicher möglich ist. Es sind nur der thermische Widerstand und die thermische Kapazität bekannt.

Damit das Modell gegenüber der Umgebung abgegrenzt werden kann, sind Randbedingungen zu formulieren, welche sich auf Potenzial- oder Flussgrößen beziehen können. Dabei können sowohl statische als auch zeitlich veränderliche Größen verwendet werden, um z. B. wechselnde Umgebungstemperaturen oder eine Pumpendrehzahl vorzugeben. Eine Übersicht über die unterschiedlichen Randbedingungen ist in Tab. 3 gegeben.

Die einzelnen Elemente eines Modells werden über sogenannte Connectoren verbunden. Diese dienen der Übertragung der Fluss- und Potenzialgrößen.

Die grundlegende Beschreibung des thermo-fluidischen Netzwerkmodells ist in Abb. 3 zu finden. Neben den Elementgleichungen für die thermischen und fluidischen Widerstände und Kapazitäten sind die Richtungen der Fluss- und Potenzialgrößen angegeben.

Tab. 2 Grundelemente ausgewählter Domänen, nach (Gebhardt und Weber 2020)

Physikal. Domäne	Flussgrößen-speicher (Kapazität)	Differenzgrößenspeicher (Induktivität)	Verbraucher (Widerstand)
Elektrik	Speicherung elektrischer Energie $i_c = C_{el} \cdot \frac{d(u_1-u_0)}{dt}$	Speicherung magnetischer Energie $\frac{di_L}{dt} = \frac{1}{L_{el}} \cdot (u_1 - u_0)$	Elektrischer Widerstand $i_R = \frac{1}{R} \cdot (u_1 - u_0)$
Mechanik	Speicherung kinetischer Energie $F_a = m \cdot \frac{dv}{dt}$	Speicherung potenzieller Energie $F_c = c \cdot (x_1 - x_0)$	Reibung $F_d = d \cdot (v_1 - v_0)$
Hydraulik	Kompressibilität des Fluids $\dot{V} = C_{hyd} \cdot \frac{dp}{dt}$	Massenträgheit des Fluids $\frac{d\dot{V}}{dt} = \frac{1}{L_{hyd}} \cdot (p_1 - p_0)$	Strömungsverluste durch Reibung (turbulente Strömung) $\dot{V} = \frac{1}{R_{hyd}} \cdot \sqrt{(p_1 - p_0)}$
Thermodynamik	Speicherung thermischer Energie $\dot{Q} = C_{th} \cdot \frac{dT}{dt}$	Nicht bekannt	Thermischer Widerstand $\dot{Q} = \frac{1}{R_{th}} \cdot (T_1 - T_0)$

Tab. 3 Randbedingungen verschiedener Domänen

Physikal. Domäne	Potenzialgröße	Flussgröße
Elektrik	Ideale Spannungsquelle	Ideale Stromquelle
Mechanik	Einspannung	Externe Kraft
Hydraulik	Tank, ideale Druckquelle	Ideal Pumpe
Thermik	Temperatur	Ideale Wärmequelle

Tab. 4 Austauschgrößen für das Gesamtsystem

Bezeichnung	Größe	Einheit
Wandtemperatur	Temperatur	K
Fluidtemperatur	Temperatur	K
Ausgetauschte Wärmeleistung	Wärmestrom	W
Transportierte Wärmestromdichte durch die Verrohrung der Kühlkanäle	Wärmestromdichte	$\frac{W}{m^2}$

Für eine realitätsnahe Modellierung ist eine korrekte Parametrierung der einzelnen Elemente entscheidend. Die Parameter für das fluidische System lassen sich aus Datenblättern entnehmen. Dabei sind insbesondere die Leitungslängen und -durchmesser für die Parametrierung von hydraulischem Widerstand und hydraulischer Kapazität von Bedeutung. Der von der Pumpe bereitgestellte Volumenstrom lässt sich durch ein Kennlinienfeld in Abhängigkeit vom Druck und ggf. der Drehzahl definieren und wird von den meisten Herstellern im Datenblatt angegeben.

Wenn in der WZM manuelle Drosselventile eingesetzt werden, um die Volumenströme für die einzelnen Kühlkreisläufe bereits werksseitig einzustellen, muss eine Vergleichsmessung durchgeführt werden. Dies ist notwendig, da der genaue

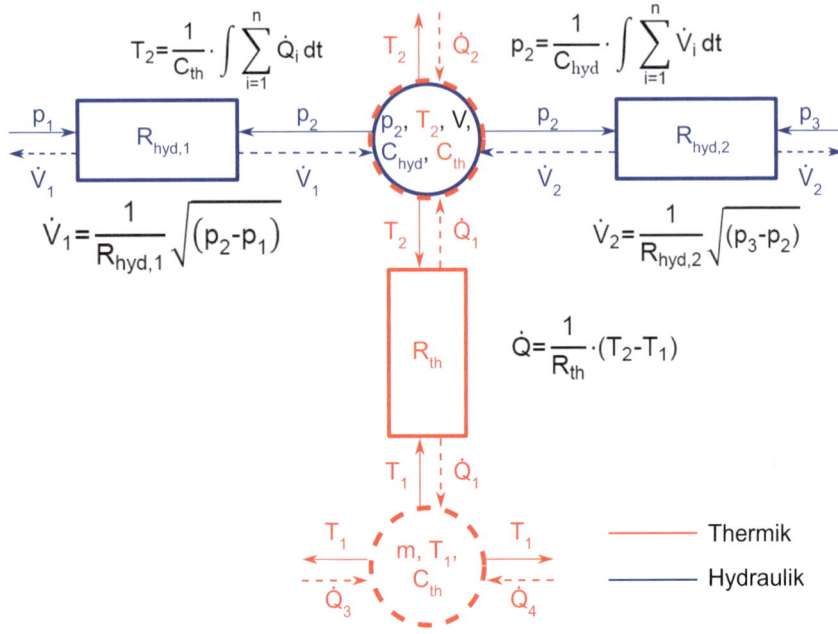

Abb. 3 Grundlegende Beschreibung der thermo-fluidischen Netzwerke (Weber und Weber 2013)

Öffnungsquerschnitt/Durchfluss der Drosselventile nicht bekannt ist und der hydraulische Widerstand ohne diese Information nicht abgeschätzt werden kann.

Die Parametrierung der thermischen Komponenten stellt im Vergleich zur Fluiddomäne größere Herausforderungen dar, da die notwendigen Daten selten in den Datenblättern angegeben sind. Eine Möglichkeit ist die analytische Berechnung, wie sie in (Stephan et al. 2019) beschrieben ist. Diese Methode eignet sich insbesondere für die freie und erzwungene Konvektion mit der Umgebung des Kühlsystems sowie die Wärmeleitung durch die Rohre des Kühlsystems. Die thermische Kapazität kann bei bekanntem Material und bekannter Masse berechnet werden. In (Züst 2017) werden auch Ansätze zur Modellierung thermo-fluidischer Komponenten für WZM beschrieben. Sind die Größen nicht bekannt, empfiehlt es sich auch hier, Messungen durchzuführen. Eine geeignete Methode sind z. B. Erwärmungsversuche, bei denen die entsprechende Komponente mit einem warmen Medium durchströmt wird und die thermische Kapazität aus dem Temperaturanstieg über die Zeit abgeleitet werden kann.

Eine weitere Herausforderung besteht in der Bestimmung der Wärmeübergangskoeffizienten, welche nicht nur den Wärmeübergang zur Umgebung auch zwischen den Kühlkanälen und den Wärmequellen in der WZM beschreiben. In Kap. „Kompensationslösung fluidische Kühlung" wird ihre Ermittlung mittels CFD-Simulationen beschrieben. Die dafür benötigte Rechenzeit macht eine echtzeitfähige Integration in das Modell für das Kühlsystem unmöglich. Daher können die CFD-Simulationen nur a priori durchgeführt und die so bestimmten

Wärmeübergangskoeffizienten als Parameter in das Systemmodell übernommen werden. In Abschn. 2.3 sind die Simulationsergebnisse im Vergleich zu Messungen an der realen WZM dargestellt.

2.2 Modell der Werkzeugmaschinenkühlung

Nachdem im vorangegangenen Abschnitt die grundlegenden Methoden zur Modellierung erläutert wurden, konzentriert sich dieser Abschnitt auf das Modell des Kühlsystems der WZM.

Die zu modellierenden Subsysteme umfassen dabei

- die **Kühlmittelpumpe,** die für den Transport des Fluids im Kühlsystem aus dem **Tank** über das **Verteilsystem** verantwortlich ist,
- die **Leitungen,** welche die unterschiedlichen Komponenten miteinander verbinden,
- das **Rückkühlsystem,** welches das Fluid auf die gewünschte Vorlauftemperatur abkühlt, und
- die WZM-**Komponenten,** denen die Wärme durch das Fluid entzogen und an das Kühlsystem abgegeben wird. Hierunter fallen auch die in die WZM-Struktur integrierten Kühlkanäle.

Eine Aufschlüsselung und Verknüpfung der genannten Subsysteme sind in Abb. 4 dargestellt. Diese berücksichtigt neben den genannten Subsystemen auch die Randbedingungen.

Die Systemgrenze, an der die Randbedingungen wirken, ist so gewählt, dass nur das fluidische Kühlsystem, das durch Rohre geführt wird, und die direkt angrenzenden thermischen Komponenten betrachtet werden. Außerhalb des betrachteten Systems und damit nicht berücksichtigt ist das Kühlschmierstoffsystem, das offen im Arbeitsraum der WZM wirkt. Innerhalb des Gesamtmodells des Kühlsystems gibt es Subsysteme, die hier nach ihren Aufgaben gegliedert sind. Die fluidische Versorgung und Verteilung des Kühlmediums erfolgt im Subsystem **„Pumpe, Tank, Verteilsystem"**. Es kann neben dem Antrieb und dem Tank auch Verzweigungen und Ventile enthalten, die die Menge des Kühlmediums in den einzelnen Kreisläufen bestimmen. Dies kann passiv geschehen, d. h. ohne externe Ansteuerung, wobei ein konstanter Volumenstrom in die einzelnen Kreisläufe gefördert wird. Es besteht aber auch die Möglichkeit, Pumpen und/oder Ventile mit einer Sollwertvorgabe anzusteuern, um den Volumenstrom gezielt einzustellen und eine Volumenstromregelung zu implementieren. Dies ist erforderlich, wenn lastabhängige fluidische Kühlsysteme, wie sie in Kap. „Kompensationslösung fluidische Kühlung" beschrieben sind, eingesetzt werden. Soll zudem die Energieeffizienz berücksichtigt werden, muss auch die elektrische Leistungsaufnahme der Pumpen und Ventile beschrieben werden, wodurch ein elektrischer Leistungsanschluss notwendig wird.

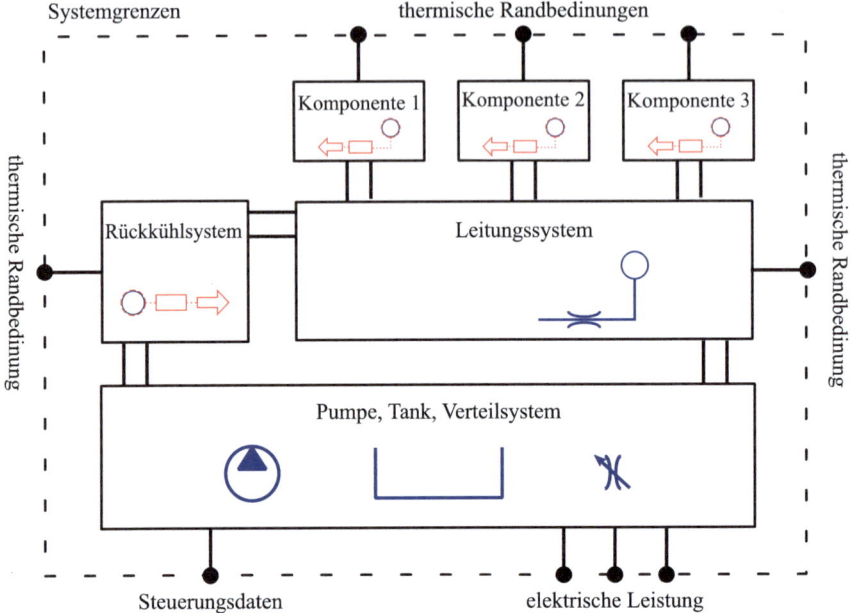

Abb. 4 Fluidisches Kühlsystem mit Randbedingungen und Systemgrenze

Die Verbindung der zu kühlenden Maschinenkomponenten erfolgt über das „**Leitungssystem**". Dieses bildet die hydraulischen Verluste in der WZM ab, die aufgrund von Reibung entstehen. Für eine detailliertere Beschreibung können die Leitungen auch mit der Umgebung thermisch interagieren. So ist ein Wärmeaustausch mit den umgebenden Strukturen möglich.

An das Leitungssystem werden die einzelnen zu kühlenden **Komponenten** angeschlossen. Beispiele hierfür sind die Motorspindel, Lager, Antriebe oder auch der elektrische Schaltschrank. Je nach Modellierungstiefe können die Komponenten durch einen Wärmeübergang abgebildet werden oder die Wärmeübertragung wird örtlich auf kleinere Bereiche aufgeteilt, um eine detailliertere Temperaturverteilung zu erhalten (vgl. Abschn. 2.4).

Das letzte Subsystem ist das **Rückkühlsystem.** Dieses kühlt das Kühlmedium auf die gewünschte Vorlauftemperatur und führt so die Wärme aus dem System ab. Bei der Modellierung dieses Subsystems muss entschieden werden, wie detailliert die Beschreibung erfolgen soll. So besteht die Möglichkeit, das Kühlsystem als einfache Wärmesenke zu modellieren oder das System im Detail abzubilden. Bei einer detaillierten Darstellung des Rückkühlsystems ist das thermische Verhalten von besonderer Bedeutung, da es einen Einfluss auf das gesamte System hat. Dies kann durch die Regelungsart des Kühlsystems vorgegeben werden. In vielen Fällen wird ein Zwei-Punkt-Regler eingesetzt. Der Coefficient of Performance (COP) setzt die bereitgestellte Kühlleistung ins Verhältnis zur aufgenommen

Fluidische Kühlung

elektrischen Leistung und ist ein wichtiger Indikator für die Leistungsfähigkeit eines Kühlaggregats. Wird dieser in der Simulation berücksichtigt, ist auf die Temperaturabhängigkeit des COP zu achten.

Das Kühlsystem der Beispielanwendung versorgt drei Komponenten mit Kühlmittel (vgl. Abb. 5):

- den Schaltschrank, der über einen zusätzlichen Wärmetauscher angeschlossen ist,
- den Tisch mit seinen Antrieben und
- den Hauptantrieb.

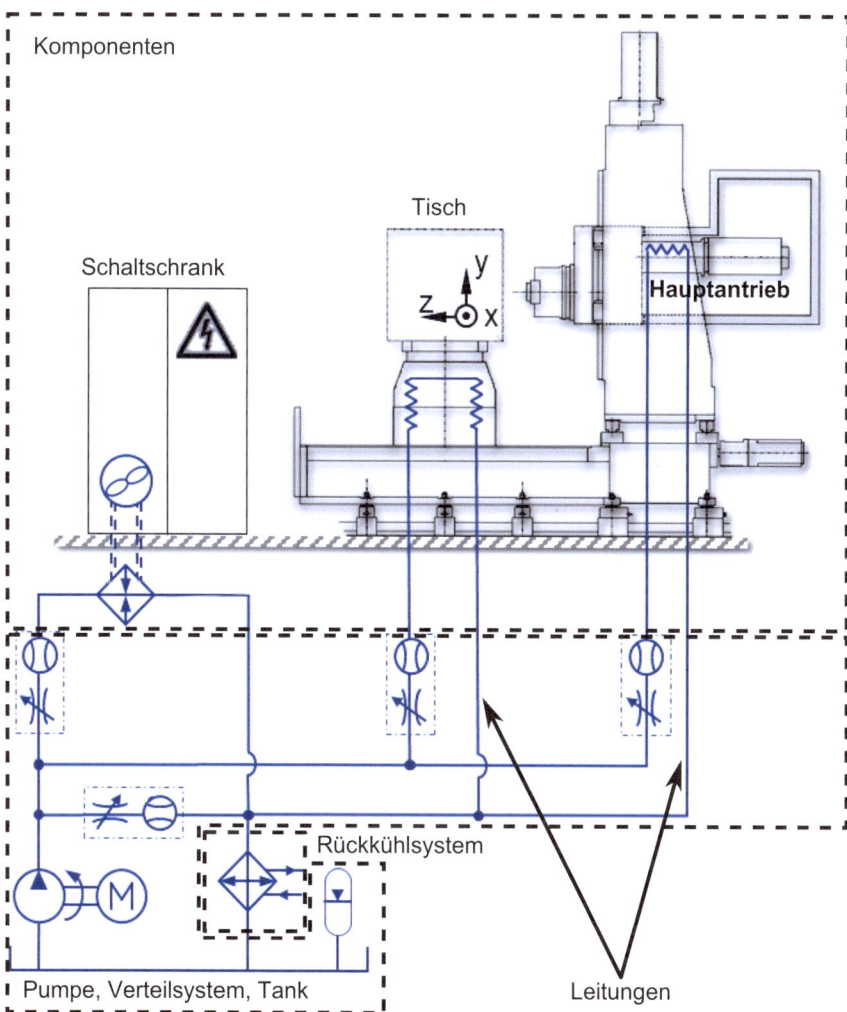

Abb. 5 Kühlsystem mit Gruppierung der Elemente

Die Verteilung des Volumenstroms erfolgt über Stromregelventile, die bei der Inbetriebnahme der Maschine fest eingestellt wurden, und eine Konstantpumpe. Systembedingt vereinfacht sich somit der Abgleich zwischen Simulation und realem System, da der Volumenstrom in den drei Kreisläufen zeitlich unverändert ist. Sollte das System mit drehzahlvariablen Pumpen ausgestattet sein, können Abgleichsmessungen in verschiedenen Arbeitspunkten durchgeführt werden. Die so gewonnenen Informationen dienen dem Abgleich zwischen Simulation und realer Maschine.

Eine mögliche Realisierung des Kühlsystems als Knoten-Element-Modell aus Abb. 1 ist in Abb. 6 zu sehen. Dabei sind die drei Subsysteme mit ihren Zu- und Rückläufen strukturell identisch aufgebaut. Die Kopplung der thermischen und fluidischen Domäne findet in den thermo-fluidischen Kapazitäten statt. Die mathematischen Zusammenhänge an der thermo-fluidischen Kapazität sind in Abb. 3 dargestellt.

Um ein genaues Bild zu zeichnen, ist nicht nur die Thermofluidik zu berücksichtigen, sondern auch der Energiebedarf des Kühlsystems. Die Notwendigkeit ergibt sich aus der Analyse des Energiebedarfs von WZM. Das Ergebnis einer solchen Analyse zeigt, dass der Energiebedarf des Kühlsystems im zweistelligen Prozentbereich des Gesamtbedarfs der WZM liegen kann (Weber et al. 2016).

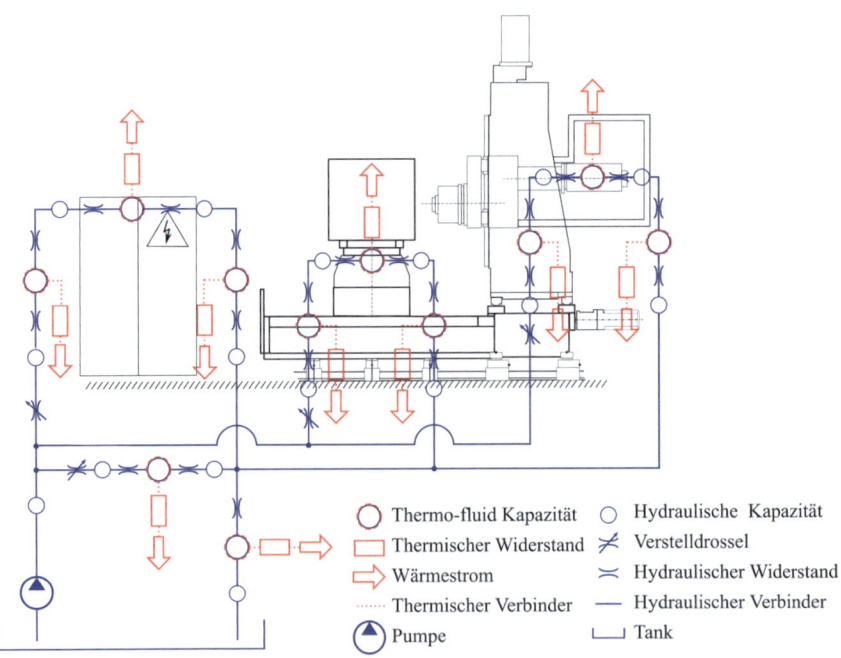

Abb. 6 Thermo-fluidisches Modell einer DFB 630 (Weber et al. 2016)

Fluidische Kühlung

Durch die Analyse des Energieverbrauchs einzelner Kühlkanäle können diese gezielt optimiert und das Verhalten des Kühlsystems entsprechend angepasst werden. Daher ist das Simulationsmodell ein Werkzeug, das z. B. auch in Kap. „Kompensationslösung fluidische Kühlung" zum Einsatz kommt, um das thermo-energetische Verhalten zu untersuchen und Optimierungen zu simulieren, bevor ein experimenteller Nachweis erfolgt.

Das entwickelte Modell hat eine ausreichende Güte, um das thermische Verhalten des Kühlsystems abzubilden, wie der folgende Abschn. 2.3 zur Modellvalidierung belegt. Mit dieser Herangehensweise ist es allerdings nicht möglich, eine räumliche Auflösung in der Komponente zu realisieren. Hierfür müssen diese feiner diskretisiert werden, was genaue Informationen zur geometrischen Anordnung und Dimensionierung der Kühlkanäle in der entsprechenden Komponente erfordert. Für die Kühlhülse einer Motorspindel wurde dies in Kap. „Kompensationslösung fluidische Kühlung" (Abschn. „Schnelle Berechnung mithilfe abstrahierter Netzwerkmodelle") durchgeführt. Ein weiteres Beispiel für ein räumlich fein aufgelöstes Modell ist in Kap. „Optimierte Temperierung von Maschinengestellen für unsymmetrische Lasteinträge". zum Maschinenbett zu finden. Die Kühlkanäle durchziehen das Maschinenbett in seiner gesamten Länge von 4 m. Ohne räumliche Diskretisierung der Kühlkanäle hätte das Fluid im gesamten Rohr dieselbe Temperatur, was zu einer ungenauen Simulation führen würde. Durch eine feinere Diskretisierung kann die Genauigkeit der Simulation gesteigert werde.

2.3 *Modellvalidierung*

Zur Modellvalidierung wurde für die Beispielmaschine (s. Abb. 6) der in Abb. 7 dargestellte Prozess verwendet. Die Spindel beschleunigt und bremst in periodischen Zyklen für ca. 230 s. Im Anschluss werden die einzelnen Achsen getrennt voneinander und am Ende des Testzyklus gleichzeitig verfahren. Dieser Zyklus wird insgesamt zehnmal wiederholt.

Während des Leerlaufprozesses findet keine Bearbeitung von Werkstücken statt, sodass die Belastung der einzelnen Achsen nur durch elektrische und mechanische Verluste in der Achse hervorgerufen wird. Dazu zeigen die Diagramme in Abb. 8 den gemessenen und simulierten Temperaturverlauf am Vor- und Rücklauf der Komponenten. Da neben den Achsbewegungen auch das Schaltverhalten des Kühlaggregats (KAG) bei der Simulation zu berücksichtigen ist, wird zusätzlich dessen Temperaturverlauf dargestellt. Aufgrund der Zweipunktregelung schaltet sich dieses temperaturabhängig zwischen 600 s und 900 s automatisch ein. Die daraus resultierenden periodischen Temperaturschwankungen spiegeln sich im gesamten System wider. Dieses Verhalten ist aus Gründen der Energieeinsparung implementiert und weit verbreitet. Die Dauer der Ein- und Ausschaltzeiten

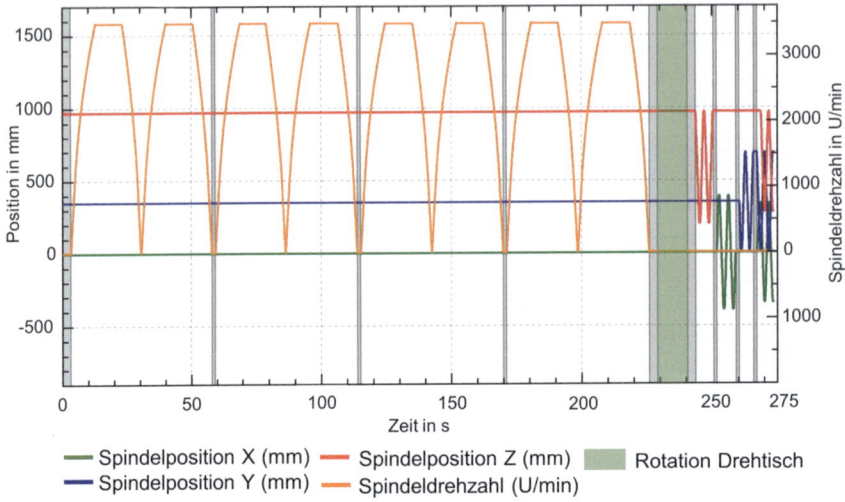

Abb. 7 Leerlaufzyklus für die Modellvalidierung

ist eine Optimierung zwischen Temperaturstabilität und Schalthäufigkeit, die das Kühlaggregat belastet und bei zu kurz gewählten Schaltzeiten die Lebensdauer stark beeinflusst.

Mit dem so entwickelten Simulationsmodell lässt sich das thermische Verhalten des Kühlsystems für alle drei Komponenten gut vorhersagen. Die größte Abweichung ist im Diagramm des Kühlaggregats zu erkennen. Bei eingeschaltetem Kühlaggregat wird das Fluid in der Messung stärker abgekühlt als in der Simulation, was zu einem Temperaturunterschied von 1 K am Ende der Kühlphase führt. Dieser Temperaturunterschied ist auch in den anderen Diagrammen zu sehen, die die Vor- und Rücklauftemperaturen an den drei Wärmequellen (Hauptantrieb, Drehtisch, Schaltschrank) zeigen. In der Simulation wird die Temperatur zu Beginn der Kühlphase bei 600 s leicht unterschätzt und am Ende der Kühlphase bei 900 s um 0,1–0,2 K überschätzt.

Für einen Fertigungsprozess werden ebenfalls die Temperaturmessdaten erfasst und ein Abgleich zwischen dieser Messung und dem Simulationsmodell durchgeführt. Das Ergebnis zeigt Abb. 9, wobei der Vergleich ähnliche Ergebnisse wie im Leerlaufprozess zeigt. Der Fehler zwischen Messung und Simulation liegt für das Kühlaggregat zum Zeitpunkt seines Abschaltens bei 1 K. Für die drei Komponenten ist dieser Fehler deutlich geringer. Tendenziell überschätzt das Simulationsmodell die Temperatur um etwa 0,1 K.

Für eine weitere Maschine ist das Modell und die Validierung in (Shabi et al. 2018) angegeben.

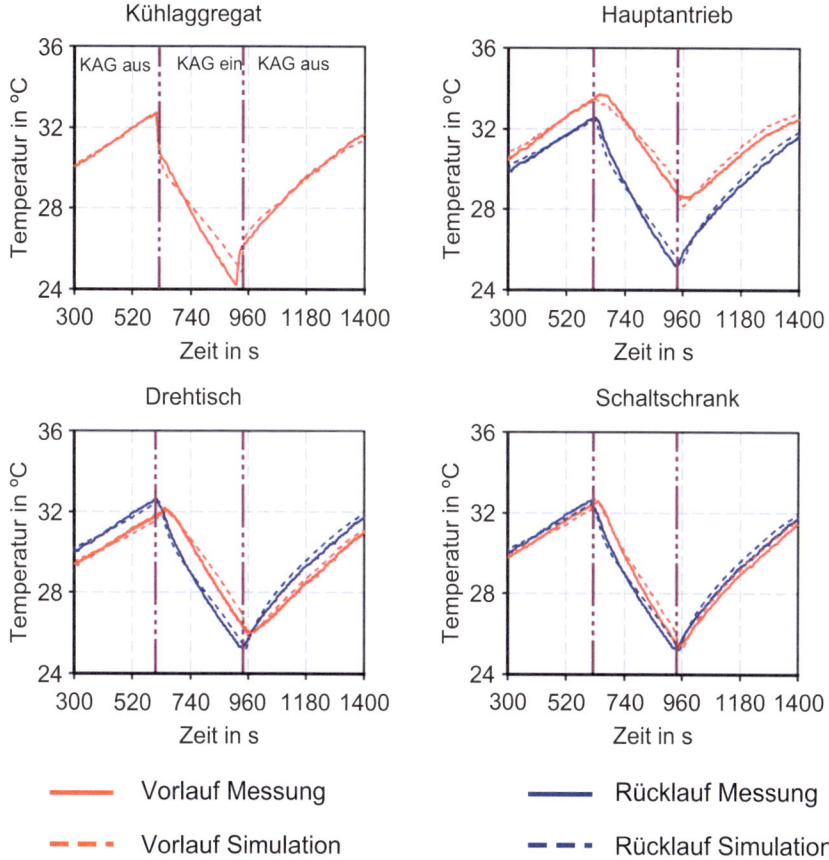

Abb. 8 Vergleich zwischen Messung und Simulation für den Leerlaufprozess

2.4 Integration in das Gesamtmaschinenmodell

Die Integration des Teilsystems „Fluidische Kühlung" in ein Gesamtmaschinenmodell erfordert vorbereitende Schritte. Diese sind notwendig, da das Gesamtmaschinenmodell – insbesondere das strukturierte WZM-Modell aus (Kap. „Strukturmodelle von Werkzeugmaschinen") – und das Modell des Kühlsystems in unterschiedlichen Simulationsumgebungen entwickelt wurden. Damit die dadurch notwendige Co-Simulation ordnungsgemäß durchgeführt werden kann, sind auch die auszutauschenden Größen zu definieren und mit Einheit zu hinterlegen.

Bei der Verwendung der Wärmestromdichte ist darauf zu achten, dass die Kontaktflächen gleich groß sind. Ist dies nicht der Fall, ist der resultierende Wärmestrom für das fluidische Kühlsystem ungleich dem auf das Strukturmodell wirkenden Wärmestrom.

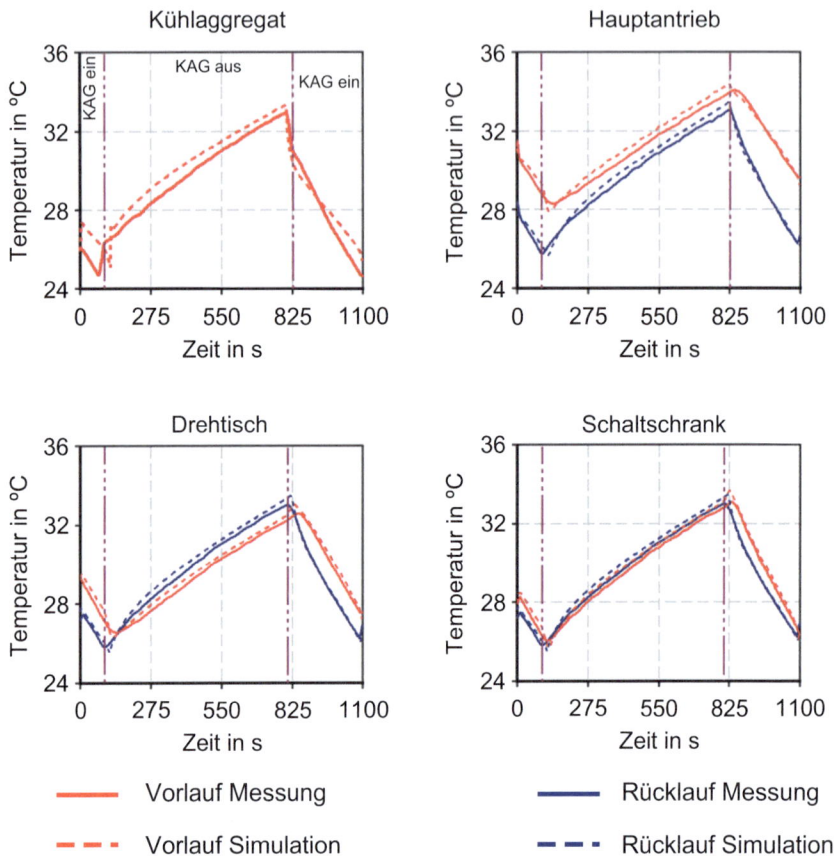

Abb. 9 Vergleich Messung und Simulation für den Fertigungsprozess

Der folgende Schritt ist die softwareseitige Kopplung zwischen dem Gesamtsystem und dem Modell des Kühlsystems. Dazu muss eine geeignete Softwareumgebung gewählt und das Modell des Kühlsystems über eine Schnittstelle eingebunden werden. Dies kann durch den Export des Kühlsystemmodells in ein geeignetes Format erfolgen. In Kap. „Optimierte Temperierung von Maschinengestellen für unsymmetrische Lasteinträge" wird ein solches Vorgehen beschrieben. Dort wurde das fluidische Kühlsystem in einer proprietären Entwicklungsumgebung aufgebaut und anschließend als C-Code in eine andere Simulationsumgebung importiert, in der die Simulation des Gesamtsystems durchgeführt wurde.

3 Einsatzmöglichkeiten des Kühlsystemmodells

Das Modell des Kühlsystems dient nicht nur der Integration in ein Gesamtmaschinenmodell, sondern kann auch Fragen in anderen Aufgabenstellungen beantworten. In einem Gesamtsystem erhöht es die Genauigkeit. Es liefert die dynamischen thermischen Randbedingungen für das thermo-elastische Festkörpermodell, das z. B. mittels FEM berechnet wird, in Abhängigkeit vom aktuellen Maschinenzustand. Neben der Berechnung des Temperaturfelds im Gesamtmodell kann dadurch die Verlagerung an kritischen Maschinenkomponenten genauer bestimmt werden. Hier ist vor allem der TCP zu nennen, da seine Verlagerung direkten Einfluss auf die Werkstückqualität hat. Durch den modularen Aufbau des Kühlsystem-modells ist es möglich, den strukturellen Aufbau bspw. des Verteilsystems auszutauschen und damit neue Systemvarianten simulativ zu erproben und ihren Einfluss auf das Temperatur- bzw. Verlagerungsfeld zu bestimmen.

Sofern kein thermo-elastisches Gesamtmodell der WZM zur Verfügung steht, können mit dem Kühlsystemmodell dennoch Teilaspekte untersucht werden. Dabei werden die thermischen Randbedingungen nicht aus dem Gesamtmaschinenmodell übernommen, sondern vom Entwickler definiert. Insbesondere sind hier Fragen zur thermischen und hydraulischen Auslegung des Kühlsystems und des daraus resultierenden thermo-fluidischen Verhaltens zu nennen. Weitere Fragen hinsichtlich thermo-energetischer Aspekte können den Einsatz von bedarfsorientierten Kühlsystemstrukturen betreffen, wie sie in (Kap. „Kompensationslösung fluidische Kühlung") beschrieben werden. Der Einsatz derartiger Strukturen eröffnet ein neues Feld an simulativen Fragestellungen, die sich um die Regelung solcher Systeme drehen. Weiterhin kann die Wärmeübertragung in einzelnen Komponenten und ihr Einfluss auf das Kühlsystem optimiert werden (vgl. Spindelkühlung, Kap. „Kompensationslösung fluidische Kühlung").

4 Zusammenfassung

Mithilfe eines Modells für das Kühlsystem von Werkzeugmaschinen kann das Systemverhalten untersucht werden. Dabei spielen zwei physikalische Domänen eine entscheidende Rolle, die fluidische und die thermische Domäne. Das Modell wird verwendet, um den thermischen Haushalt der WZM zu berechnen und somit Aussagen über den thermischen Zustand der WZM zu treffen. Mithilfe des Modells können die Auswirkungen von Parameteränderungen wie der Vorlauftemperatur oder dem Kühlvolumenstrom berechnet und bewertet werden. Dadurch ist ein schnellerer Entwicklungsprozess mit gleichzeitig geringerem Ressourcenverbrauch möglich.

Die Umsetzung des Simulationsmodells erfordert eine gute Kenntnis über das fluidische Kühlsystem. Diese kann aus Messungen oder einem Schaltplan gewonnen werden. Damit kann das Druck-Volumenstrom-Verhalten bestimmt werden. Zur Abbildung des Wärmeaustauschs müssen die dafür verwendeten Flächen bekannt sein. Der Wärmeübergangskoeffizient zwischen Fluid und Festkörper ist der am schwierigsten zu bestimmende Parameter, da es hier viele unterschiedliche Einflussfaktoren gibt. Mithilfe von Überschlagsrechnungen kann jedoch eine gute Näherung gefunden werden.

Literatur

Fritzson P (2015) Principles of object-oriented modeling and simulation with modelica 3.3: a cyber-physical approach, 2. Aufl. Wiley-IEEE Oress, Piscataway

Gebhardt N, Weber J (2020) Hydraulik – Fluid-Mechatronik Grundlagen, Komponenten, Systeme, Messtechnik und virtuelles Engineering, 7. Aufl. Springer Vieweg, Berlin

Shabi L, Weber J, Weber J (2018) Investigation of the Potential of Different Cooling System Structures for Machine Tools, in: Fluid Power Networks : Proceedings : 19th – 21th March 2018 : 11th International Fluid Power Conference. Presented at the 11th International Fluid Power Conference, Aachen, S 82–95. https://doi.org/10.18154/RWTH-2018-224371

Stephan P, Kind M, Schaber K, Wetzel T, Mwews D, Kabelac S (2019) VDI-Wärmeatlas, 11., bearb. und erw. Aufl. Springer, Wiesbaden

Weber J, Weber J (2014) Thermo-energetic Modelling of Fluid Power Systems. Thermo-energetic Design of Machine Tools, Thermo-Energetic Design of Machine Tools. Springer International Publishing, S 49–60

Weber J, Weber J (2013.) Analyse und Simulation der fluidischen Kühlung einer einfach gewendelten Motorspindelkühlhülse. O+P Journal 3/2013, 4–15

Weber J, Weber J, Shabi L, Lohse H (2016) Energy, power and heat flow of the cooling and fluid systems in a cutting machine tool. Procedia Cirp. Presented at the 7th HPC 2016 – CIRP Conference on high performance cutting, S 99–102. https://doi.org/10.1016/j.procir.2016.03.177

Züst SD (2017) Model Based Optimization of Internal Heat Sources in Machine Tools. ETH, Zürich, Switzerland

Open Access Dieses Kapitel wird unter der Creative Commons Namensnennung 4.0 International Lizenz (http://creativecommons.org/licenses/by/4.0/deed.de) veröffentlicht, welche die Nutzung, Vervielfältigung, Bearbeitung, Verbreitung und Wiedergabe in jeglichem Medium und Format erlaubt, sofern Sie den/die ursprünglichen Autor(en) und die Quelle ordnungsgemäß nennen, einen Link zur Creative Commons Lizenz beifügen und angeben, ob Änderungen vorgenommen wurden.

Die in diesem Kapitel enthaltenen Bilder und sonstiges Drittmaterial unterliegen ebenfalls der genannten Creative Commons Lizenz, sofern sich aus der Abbildungslegende nichts anderes ergibt. Sofern das betreffende Material nicht unter der genannten Creative Commons Lizenz steht und die betreffende Handlung nicht nach gesetzlichen Vorschriften erlaubt ist, ist für die oben aufgeführten Weiterverwendungen des Materials die Einwilligung des jeweiligen Rechteinhabers einzuholen.

Prozessmodellierung des Fräs- und Schleifprozesses

Marc Bredthauer, Hui Liu, Patrick Mattfeld, Thomas Bergs, Sebastian Barth, Markus Meurer, Christian Wrobel und Thorsten Augspurger

1 Einleitung

Im Zerspanprozess, sowohl mit definierter als auch mit undefinierter Schneide, wird die eingeleitete kinetische Energie weitestgehend in Wärme umgewandelt. Die entstehende Wärme wird durch Wärmeleitung, Konvektion und Strahlung über Werkzeug, Werkstück, Kühlschmierstoff sowie Span aus dem Zerspanbereich in die Maschinenstruktur und Umgebung abgeführt. Die daraus resultierenden Änderungen des Temperaturfeldes in der Zerspanzone haben einen wesentlichen Einfluss auf die Werkzeugstandzeit und die erreichbare Werkstückqualität hinsichtlich der Randzoneneigenschaften. Bisher wurde zumeist von den Prozessparametern direkt auf die Prozesszielgrößen, wie Verschleiß, Standzeit oder Oberflächeneigenschaften geschlossen, ohne die dafür verantwortlichen physikalischen Zustandsgrößen zu kennen. Das fehlende Wissen über die Wirkungsmechanismen der Prozesszustandsgröße schränkt die Übertragbarkeit der Ergebnisse und auch die gezielte

---

H. Liu · P. Mattfeld · T. Bergs (✉) · M. Meurer
Manufacturing Technology Institute (MTI) der RWTH Aachen, Aachen, Deutschland
E-Mail: t.bergs@mti.rwth-aachen.de

P. Mattfeld
E-Mail: p.mattfeld@mti.rwth-aachen.de

M. Meurer
E-Mail: m.meurer@mti.rwth-aachen.de

M. Bredthauer · S. Barth · C. Wrobel · T. Augspurger
Rheinisch-Westfälische Technische Hochschule (RWTH) Aachen, Aachen, Deutschland
E-Mail: marc.bredthauer@mti.rwth-aachen.de

S. Barth
E-Mail: sebastian.barth@mti.rwth-aachen.de

© Der/die Autor(en) 2025
C. Brecher, *Thermo-energetische Gestaltung von Werkzeugmaschinen*,
https://doi.org/10.1007/978-3-658-45180-6_6

Optimierung ein. Eine effektive Prozessauslegung zur Ausschöpfung der Prozessleistungspotenziale hinsichtlich Qualität und Wirtschaftlichkeit setzt jedoch die Kenntnis des Einflusses der Prozessparameter auf die thermo-mechanischen Zustandsgrößen voraus.

Aus diesem Anspruch an die Fertigungstechnik leitet sich der Bedarf eines Modells zur Vorhersage der thermischen Zustandsgrößen in Abhängigkeit von den Prozessparametern der spanenden Bearbeitung ab. Die empirische Untersuchung und eine Ableitung von Modellen erfordern auch die Entwicklung von geeigneten Messmethoden zur Bestimmung der Temperaturen und Wärmeströme im Prozess. In diesem Abschnitt werden die empirischen Methoden zur Erfassung der Wärmestromverteilung und der Temperatur im Fräs- und Schleifprozess beschrieben. Basierend auf den gewonnenen Prozessdaten wird ein empirisch-analytisches Modell zur Beschreibung der Werkzeugtemperatur- und Wärmestromverteilung abgeleitet. Die Modelle können sowohl zur Vorhersage der thermischen Belastung des Werkzeugs (Kap. „Korrektur der thermischen Verlagerung rotierender Werkzeuge unter dem Einfluss verschiedener Kühlstrategien") als auch zur Bereitstellung von thermischen Eingangswerten für das Gesamtmaschinenmodell (Kap. „Strukturmodelle von Werkzeugmaschinen") verwendet werden.

2 Prozessmodellierung von Temperaturen und Wärmeströmen im Fräsprozess

Die Basis zur Bestimmung der Wärmeströme im stationären Fräsprozess bildet die thermodynamische Energiebilanz (1):

$$P = \dot{Q}_{Werkstück} + \dot{Q}_{Werkzeug} + \dot{Q}_{Späne} + \dot{Q}_{Rest} \tag{1}$$

Die Prozessleistung P, die über das Produkt aus Schnittkraft F_c und Schnittgeschwindigkeit v_c berechnet werden kann, ist die Größe, die über die Bilanzgrenze in das System eingebracht wird. Im Zerspanprozess dissipiert in etwa 90 % der eingebrachten mechanischen Energie in Wärme. Anteile der mechanischen Energie, die nicht in Wärme umgewandelt und durch Konvektion und Wärmestrahlung abgegeben werden, sind im Term $\dot{Q}_{Rest}$ zusammengefasst. Zur Bilanzierung über das System betrachtet man die drei Wärmeströme: durch das Werkzeug $\dot{Q}_{Werkzeug}$, das Werkstück $\dot{Q}_{Werkstück}$ sowie über die Späne $\dot{Q}_{Späne}$. Um diese Wärmeströme bestimmen zu können, bedarf es der genauen Betrachtung der Zerspanstelle im realen Fräsprozess. Dies lässt sich jedoch aufgrund der komplexen Prozesskinematik nur in einem Referenzprozess realisieren. Als Referenzprozess dient an dieser Stelle das trockene Umfangsfräsen ohne Stirnschnitt. Im Folgenden wird ein geeigneter Messaufbau in Kombination mit einem Messsystem vorgestellt, mit dem es möglich ist, sowohl die mechanische Leistung als auch die einzelnen Wärmeströme im Fräsprozess zu erfassen. Darüber hinaus ermöglicht der Prüfstand die Messung von zeitlich veränderlichen Temperaturfeldern im Werkzeug und im Werkstück zur Validierung zugehöriger Temperaturmodelle.

2.1 Empirische Untersuchungen zur Bestimmung von Temperaturen und Wärmeströmen im Fräsprozess

Für die Fräsversuche kommt eine Fräsmaschine in Konsolenständerbauweise vom Typ MAHO MH 400 C mit drei Achsen zum Einsatz, siehe Abb. 1. Die Bewegungen werden in X- und Z-Richtung vom Maschinentisch ausgeführt, sodass das Werkzeug in dem betrachteten Prozess keine Translation erfährt. Das Werkstück wird auf dem Maschinentisch mit einem Aufspannwinkel fixiert. Zwischen Werkstück und Aufspannwinkel ist ein Dynamometer zur Erfassung der Prozesskräfte angeordnet.

Während des Fräsprozesses wird neben den Schnittkräften auch die Temperaturverteilung an der Stirnseite des Werkzeugs mit einer Hochgeschwindigkeits-Wärmebildkamera beobachtet und die Temperatur des Spans mit einem Zweifarben-Pyrometer gemessen. Um die aufgenommenen Daten der unterschiedlichen Sensoren zu einem definierten Zeitpunkt betrachten und miteinander korrelieren zu können, werden die Messsysteme mit einer Echtzeit-Steuerung in Form eines Field Programmable Gate Array (FPGA) untereinander und über einen Spindeldrehgeber mit der eingesetzten Fräsmaschine synchronisiert. Eine Übersicht des Versuchsaufbaus ist in Abb. 2 ersichtlich.

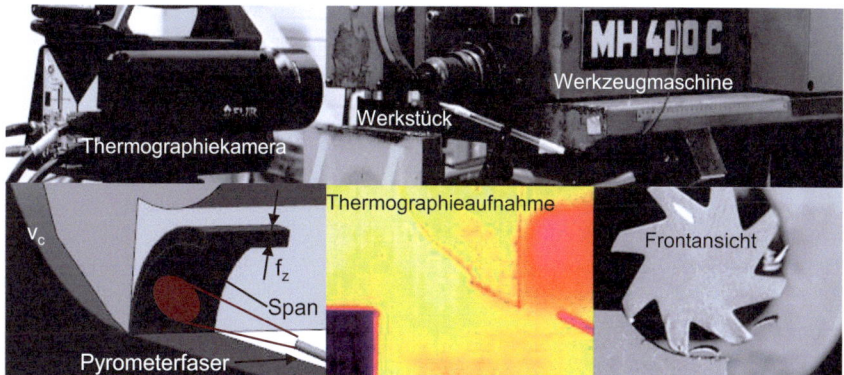

Abb. 1 Versuchsaufbau zur Bestimmung der stirnseitigen Werkzeugtemperatur beim Umfangsfräsen

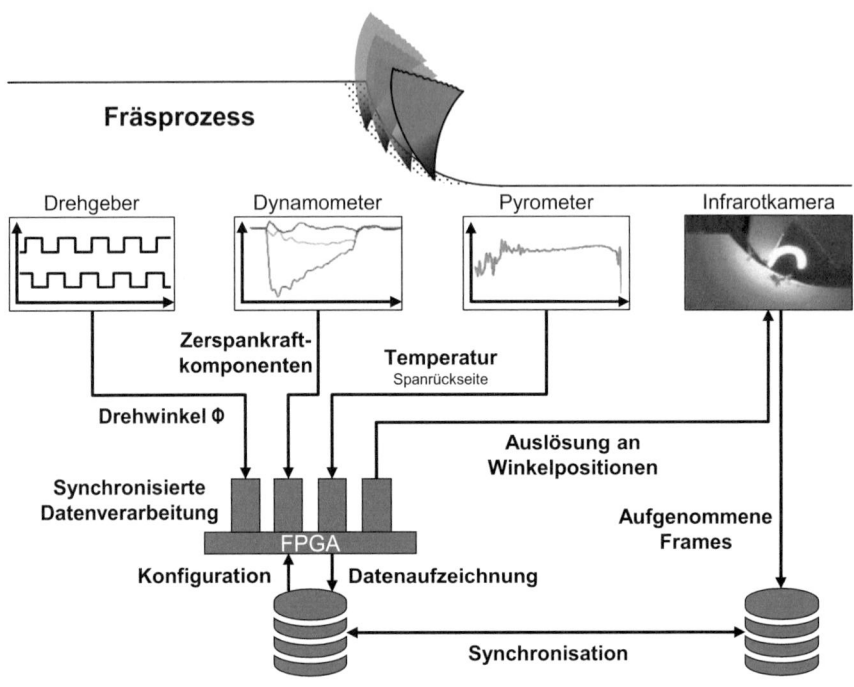

Abb. 2 Schematischer Aufbau des Messsystems

2.2 Modellierung von Wärmeströmen und Temperaturfeldern

Die Modellierung der Temperaturfelder im Werkstück basiert auf dem analytischen Temperaturmodell nach Richardson (2006). Hierbei ist die Lösung der bewegten Wärmequelle von Jaeger (1942) für den halbunendlichen Raum entsprechend Abb. 3 an die Kinematik des Fräsprozesses angepasst und stellt somit die quasistationären Temperaturfelder im Werkstück beim Fräsprozess dar. Die Werkstücktemperatur kann nach Gl. 2 berechnet werden.

$$T_M = \frac{1}{\pi \lambda} \int_0^{\Phi_c} \frac{\dot{q}''_m \sin \Phi'}{\sin \Phi_c} e^{-\frac{v_f \left(X - \frac{d}{2\sin \Phi'}\right)}{2a}} \cdot K_0 \\ \left[\frac{v_f}{2a} \cdot \sqrt{\left(Z + \frac{d}{2}(1 - \cos \Phi')\right)^2 + (X - R \sin \Phi')^2}\right] \cdot d/2 \cdot \cos \Phi' d\Phi' \quad (2)$$

Die maximale Wärmestromdichte $\dot{q}''_m$ in das Werkstück im Kontaktbogen zwischen Schneidwerkzeug und Werkstück Φ_c wird aus dem durchschnittlichen Wärmefluss

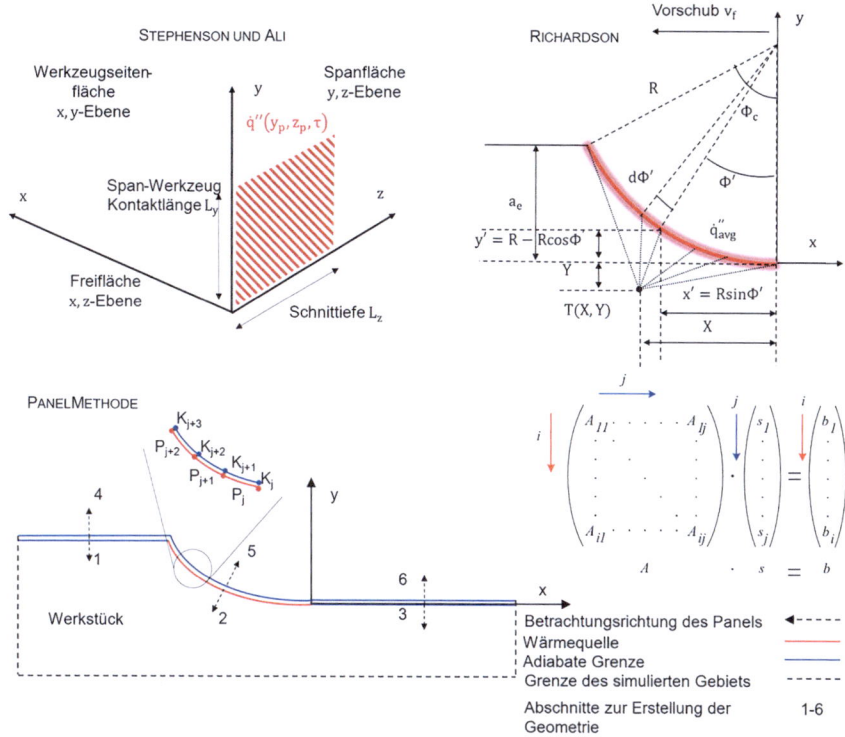

Abb. 3 Funktionsprinzip der analytischen Temperaturmodelle

$\dot{q}''_{avg}$ abgeleitet. Letztere ergeben sich aus den spezifischen Wärmeeinträgen aus den orthogonalen Schnitten, wobei Temperaturen und innere Energieänderungen in den relevanten Bereichen der Schneidzone messtechnisch erfasst werden, um eine mathematische Beschreibung der spezifischen Wärmeeinträge $q_{l_c, a_p}(h(\Phi), v_c)$ in Abhängigkeit von den Prozessparametern für verschiedene Werkstoffe abzuleiten (vgl. Augspurger 2017, 2018). Dieser grundlegend neue Ansatz kann zeit- und ortsvariable Wärmeströme für verschiedene Zerspanprozesse mit komplexer Eingriffskinematik in Abhängigkeit von den Prozessparametern und Materialeigenschaften beschreiben.

Bisherigen Forschungsarbeiten und den genutzten Temperaturmodellen mangelt es häufig an einer schlüssigen Quantifizierung des Wärmeintrags als Eingangsgröße. Häufig werden diese invers eingesetzt. Dieses Vorgehen ist zum einen sehr aufwendig und zum anderen ist eine flexible Vorhersage bezüglich sich verändernder Prozessbedingungen nicht möglich. Zuletzt können inverse Lösungen nur als potenzielle Lösungen angesehen werden und sind mit einer hohen Unsicherheit behaftet. Um dieses Defizit zu überwinden, wird ein empirisches Modell aus dem spezifischen Wärmeeintrag in das Werkstück und das Werkzeug abgeleitet. Das Modell dient als Eingangsgröße für eine weitere analytische Modellierung der Temperaturfelder in Werkstück und Werkzeug beim Fräsen. Der zeitlich veränderliche Wärmeeintrag ist abhängig von der Schnittgeschwindigkeit, der Spandicke und dem Werkstoff und kann somit mit variablen Parametern des Fräsprozesses, wie z. B. radialem und axialem Werkstückeingriff, Zahnvorschub, Werkzeugdurchmesser und Zähnezahl, in Zusammenhang gebracht werden. Auch ist es denkbar, auf diese Weise die Wärmeströme in der Zerspanzone für Fräsprozesse mit komplexer Eingriffskinematik wie das Kugelkopffräsen oder Profilfräsen zu bestimmen.

In Abb. 4 ist beispielhaft der Vergleich zwischen modellierten und gemessenen Temperaturfeldern an der Werkzeugstirnseite zu sehen. Die gemessenen Temperaturen werden als Punkte und die Ergebnisse der Simulation als kontinuierliches Feld dargestellt. Das gemessene zweidimensionale Temperaturfeld im Werkzeug bei definierten Werkzeugdrehwinkeln Φ wird dabei auf den Vektor der Winkelhalbierenden des Schneidkeils reduziert, da es sich in Näherung kreisförmig von der Werkzeugspitze ausbreitet. Das analytische Modell nach Stephenson (1992) liefert ein dreidimensionales Temperaturfeld für die halbunendliche Ecke, von dem nur die Werkzeugstirnseite und somit die x, y-Ebene mithilfe der Messungen validiert werden konnte. Die Abweichungen zwischen Modell und Messung im Bereich der Werkzeugspitze sind auf den Einfluss der Spanstrahlung zurückzuführen.

In Abb. 5 ist beispielhaft ein gemessenes und simuliertes, stationäres, zweidimensionales Temperaturfeld im Werkstück während des Umfangsfräsens von Inconel 718 dargestellt. Das Modell nach Richardson (2006), dargestellt durch die gestrichelte Linie, und die Messung wurden dabei übereinandergelegt. Dabei war es möglich, die örtliche Ausbreitung und das absolute Niveau des im Fräsprozess

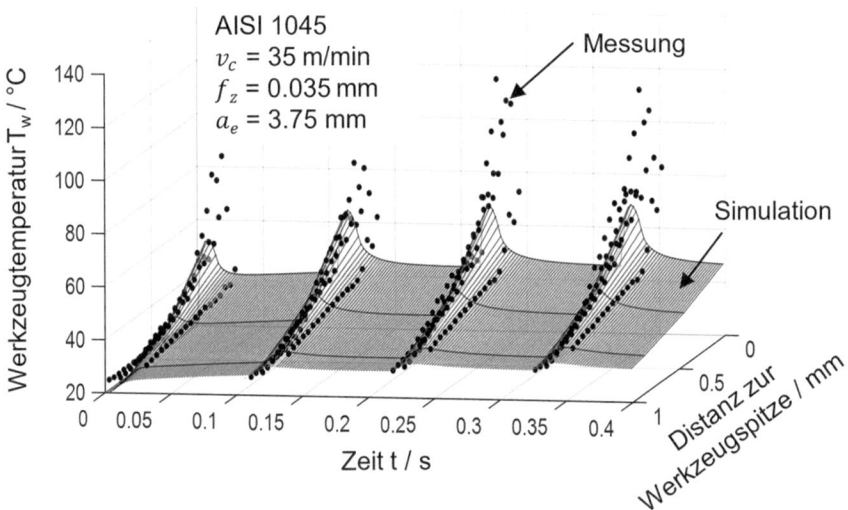

Abb. 4 Gegenüberstellung von gemessenen und simulierten Werkzeugtemperaturen

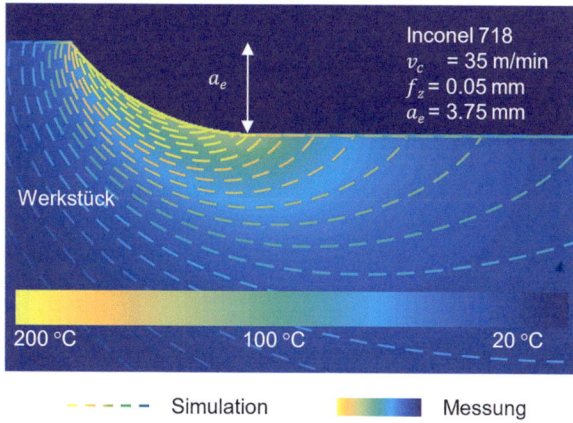

Abb. 5 Gegenüberstellung von gemessenen und simulierten Werkstücktemperaturen

resultierenden Temperaturfeldes mithilfe der modifizierten Jaeger-Lösung nach Richardson vorherzusagen (Augspurger 2018).

Neben der Temperaturanalyse im Fräsprozess ermöglicht der Versuchsaufbau eine detaillierte Analyse der Zerspankräfte insbesondere mit zunehmendem Verschleiß. Durch die einfache Prozesskinematik des orthogonalen Fräsens sowie die Messung des Werkzeugdrehwinkels kann eine Zuordnung zwischen der auf das Werkzeug wirkenden Schnittkraft F_c und den aktuellen Eingriffsbedingungen in Form des Spanungsquerschnitts erfolgen. Die Zerspankraftkomponenten des Fräsprozesses definieren zuletzt die notwendige effektive Leistung der Motorspindel und der Linearachsen sowie deren Verlustleistung als die wesentlichen Wärmequellen in der Werkzeugmaschine. Die durch den Bearbeitungsvorgang definierte Prozessleistung bildet damit eine wesentliche Eingangsgröße für die nachfolgende Modellierung des Wärmeflusses zwischen Maschinenkomponenten und Baugruppen sowie des Thermofluidsystems.

Aus den Ergebnissen werden weiterhin die Möglichkeiten des Messverfahrens zur thermo-mechanischen Prozessanalyse des Fräsprozesses im Hinblick auf Temperaturfelder im Werkzeug und im Werkstück ersichtlich. Ein Einblick in solche Prozesszustandsgrößen ermöglicht die Verbindung und Erklärung von thermo-mechanisch getriebenen Verschleißphänomenen, Abweichungen der Bearbeitungsgenauigkeit und prozessinduzierter Randzonenmodifikationen. Diese Phänomene wirken sich letztlich unmittelbar auf Werkzeugkosten, Bauteilqualität und dessen Funktionalität aus. So kann eine wissensbasierte Auslegung von Fräsprozessen im Hinblick auf Prozessparameter, Werkzeuggeometrie, Schneidstoffe, Beschichtungen und Werkstoffe erfolgen. Jedoch sind die entwickelten und erprobten Analysemethoden in derzeitiger Ausführung noch überwiegend auf den trockenen Zerspanvorgang unter vereinfachter Prozesskinematik beschränkt.

3 Prozessmodellierung des Schleifprozesses

Der Schleifprozess bestimmt am Ende der Wertschöpfungskette die Qualität der Bauteile maßgeblich. Er ermöglicht die Erzeugung von hohen Form- und Oberflächengüten bei gleichzeitig hoher Produktivität und stellt somit das bedeutendste Fertigungsverfahren zur Endbearbeitung dar. Die während des Schleifens eingebrachten Energie wird nahezu vollständig in Wärme umgewandelt (Tönshoff et al. 1992). Die Wärme entsteht durch die elastischen und plastischen Verformungsanteile während der Spanbildung im Werkstück. Die entstehende Wärme verteilt sich auf die beteiligten Komponenten Werkzeug, Werkstück, Kühlschmierstoff und Späne. Je nach Auslegung der Komponenten, der Kühlstrategie und der Prozessführung variieren die Größe sowie die Verteilung der Wärmeströme. Da diese Einflüsse bekannt, jedoch nicht quantifiziert sind, ist das Gesamtziel die Erstellung eines parametrisierten Prozessmodells zur Beschreibung der Energieströme im Schleifprozess. Dazu sind mehrere Schritte notwendig, die im Folgenden beschrieben werden.

3.1 Modellierung der Wärmequelle

Die Wärme im Schleifprozess entsteht im Wesentlichen bei der Interaktion zwischen den Körnern auf der Schleifscheibe und dem Werkstückwerkstoff. Für eine allgemeingültige Modellierung der Wärmeentstehung muss die mit dem Werkstück interagierende Schleifscheibentopographie berücksichtigt werden. Die Schleifscheibentopographie kann idealisiert als eine Vielzahl von einzelnen Schleifkörnern betrachtet werden, die mit dem Werkstück interagieren. Bei jedem Korneingriff findet während der Spanbildung eine Umwandlung von mechanischer Energie in Wärme statt.

3.1.1 Empirische Untersuchungen zur Bestimmung der Wärmequelle im Schleifprozess

Zur Quantifizierung der entstehenden Wärme werden zunächst Untersuchungen an der einzelnen Kornschneide durchgeführt. Die Quantifizierung erfolgte in Abhängigkeit von den geometrischen und kinematischen Eingriffsbedingungen sowie vom Werkstoffverhalten der Schneide und dem Werkstück sowie den Kühlschmierstoffbedingungen.

Zunächst werden die Ausbildungsphasen der Spanbildung anhand von Hochgeschwindigkeitsvideoaufnahmen an der einzelnen Schneide analysiert. Dazu wurde cBN als Kornwerkstoff und 100Cr6 als Werkstückwerkstoff verwendet. In den experimentellen Untersuchungen wird der Einfluss der Prozessparameter Schnittgeschwindigkeit v_s, Werkstückgeschwindigkeit v_w und der Kornform auf die spezifischen Einsatztiefen und das relative Spanvolumen ermittelt und quantifiziert. Zur Beschreibung der Kornform für die Einflussanalyse werden die charakteristischen Kennwerte Spitzenwinkel β, Spanwinkel γ, Keilwinkel δ und Öffnungswinkel α abgeleitet (siehe Abb. 6).

Der Einfluss der Kornformwinkel auf die Spanbildungsphasen wird systematisch analysiert. Die Kornformwinkel beeinflussen die plastische Einsatztiefe T_{pl}, die das Einsetzen der plastischen Werkstoffverformung bestimmt sowie die Spaneinsatztiefe T_{Sp}, in der Literatur auch als Schnitteinsatztiefe T_μ bezeichnet, die das Einsetzen der Spanabnahme beschreibt.

Durch weitere empirische Untersuchungen an Einkorneingriffen wird die Energieumsetzung während der einzelnen Spanbildungsphasen entlang des Korneingriffs durch die Bestimmung der spezifischen Energie e_c, welche unmittelbar mit der entstehenden Wärme korreliert, analysiert, siehe Abb. 7.

Die drei Spanbildungsphasen bestehen aus der elastischen Verformung (Phase 1), der plastischen Verformung (Phase 2) sowie der Spanbildung (Phase 3) Die Energieumsetzung wird dabei in Abhängigkeit von der momentanen Ritztangentialkraft $F_t(x_R)$ und der momentanen Kornkontaktfläche $A_t(x_R)$ über den Ritzweg x_R in Einkornritzuntersuchungen bestimmt. Die Kornkontaktfläche ist direkt abhängig von der Korngeometrie.

Bei der segmentierten Betrachtung der einzelnen Spanbildungsphasen ist ein deutlicher Einfluss der einzelnen Phasen auf die Umsetzung von Energie (spezifische Energie) festzustellen. Bei jedem Phasenübergang ist eine Reduktion der

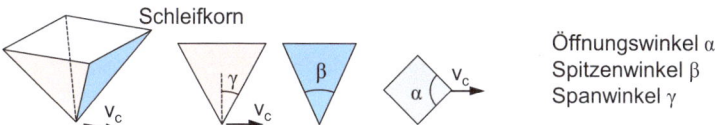

Abb. 6 Kornformkennwerte. (Rasim 2016)

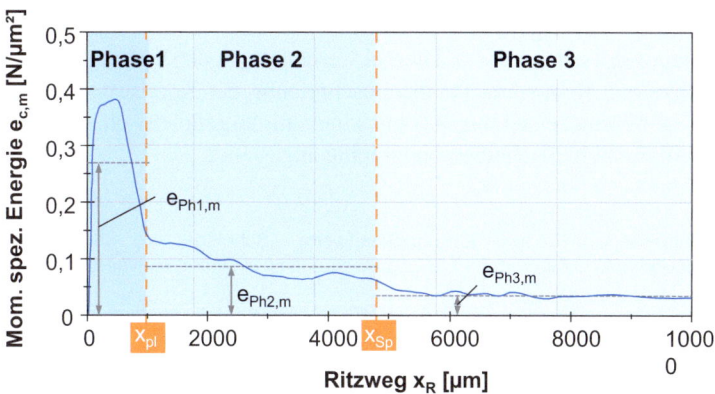

Abb. 7 Spezifische Ritzenergie in Abhängigkeit von der Spanbildungsphase. (Rasim 2016)

momentanen spezifischen Energie zu erkennen. Mit Beginn der plastischen Verformung nimmt die spezifische Energie ab, da bei Überschreiten der Fließspannung weniger Energie notwendig ist, um das Werkstoffvolumen zu verdrängen. Dieser Energiebedarf sinkt noch einmal mit Beginn der dritten Spanbildungsphase aufgrund des Einsetzens der Spanabnahme durch Scherung beim Überschreiten der Scherfestigkeit.

Durch die Entwicklung eines FE-Modells für den Einkorneingriff ist es möglich, die ermittelten Kornformkennwerte systematisch zu variieren und deren Einfluss auf die Energieumsetzung in den drei Spanbildungsphasen zu untersuchen. Neben der Variation der Kornformkennwerte wird auch die Schnittgeschwindigkeit variiert.

Die umgesetzte Energie fällt mit sinkenden negativen Spanwinkeln sowie zunehmenden Öffnungs- und Spitzenwinkeln ab. Demnach ist aus energetischen Gesichtspunkten eine Kornform mit kleinen negativen Spanwinkeln und großen Öffnungs- und Spanwinkeln anzustreben (Rasim 2016).

3.1.2 Modellierung der Wärmequelle im Schleifprozess

Im Weiteren wird basierend auf den Erkenntnissen der empirischen Untersuchungen ein empirisch-analytisches Modell für die Energieumsetzung beim Einkorneingriff abgeleitet. Dabei werden für die Mechanismen während des Korneingriffs analytische Ausdrücke definiert. Darauf aufbauend werden Energiekomponenten für die einzelnen Spanbildungsphasen entsprechend der vorherrschenden Mechanismen modelliert. Diese analytisch-empirischen Ausdrücke der Teilenergiemodelle werden anschließend anhand der experimentell bestimmten Energien parametriert.

Als Ergebnis liegt erstmals ein Modell für die Energieumsetzung entlang des Ritzweges beim Einkorneingriff in Abhängigkeit von der Kornform und den Prozessparametern vor. Allerdings wird bei der Einzelkornbetrachtung die Interaktion der Körner im Schleifprozess vernachlässigt. Daher erfolgt im nächsten Schritt die Übertragung der zuvor gewonnenen Erkenntnisse aus dem Einkorneingriff auf den Mehrkorneingriff (siehe Abb. 8). Hierbei werden die in den vorhergehenden Arbeiten identifizierten Kennwerte für die Beschreibung der Kornform und deren Einfluss auf die Wärmeentstehung auf ein kinematisch-geometrisches Mehrkorneingriffsmodell der Schleifscheibentopographie angewandt.

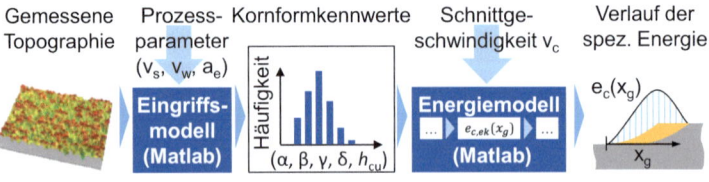

Abb. 8 Methodik zur Bestimmung der Wärmequelle

Die Umsetzung erfolgte in der Software Matlab und basiert auf dem Schneidenversatzgrenzwinkel ε_{Grenz} nach Kassen, der den Abschattungseffekt der einzelnen Körner untereinander in Abhängigkeit von den Prozessparametern berücksichtigt (Kassen 1969). Mit dem Modell werden Häufigkeitsverteilungen $f_g(\beta, \gamma, \delta, \alpha, h_{cu,max})$ der identifizierten Kornformkennwerte, die bereits aus den Einkornuntersuchungen identifiziert wurden, für die im Schleifprozess in Eingriff kommenden Topographiebereiche abgeleitet. Das bedeutet, dass für jedes Korn auf der Schleifscheibentopographie, welches im Schleifprozess im Eingriff ist, die Kornformkennwerte bestimmt und in einer Häufigkeitsverteilung zusammengefasst werden. Diese dienen neben den Prozessparametern als Eingangsgrößen für das Modell der Energieumsetzung im Schleifprozess. Die Berechnung der lokalen Wärmequelle über die Kontaktlänge $q_t(x_g)$ für den Schleifprozess erfolgt numerisch auf Basis des analytisch-empirischen Energiemodells für den Einkorneingriff (siehe Formel 3). Die lokale Wärmequelle q_t ist damit abhängig von der Schnittgeschwindigkeit v_c, der Anzahl kinematischer Schneiden N_{kin} der Häufigkeitsverteilung der Kornformkennwerte f_g und der über den Kontaktbogen veränderlichen Tangentialkraft $F_t(x_R)$, die ebenfalls numerisch bestimmt wurde (Rasim 2016).

$$q_t(x_R) = \frac{v_c \cdot F_t(x_g)}{b_{s,eff} \cdot \Delta x_g} = v_c \cdot N_{kin} \cdot \sum_{i=1}^{n_g} f_{g,i} \cdot F_{t,i}(x_g) \qquad (3)$$

3.2 Modellierung der Wärmestromaufteilung

Die Wärmestromaufteilung der im Schleifprozess entstehenden Wärme ist neben der Auslegung der Komponenten, der Prozessführung und der Kühlschmierungsstrategie insbesondere von den lokalen Eingriffsbedingungen zwischen Schleifscheibe und Werkstück abhängig. Diese wiederum ergeben sich aus den Wechselwirkungen zwischen Schleifscheibentopographie, Prozesskinematik sowie elasto-plastischer Werkstoffverformung während der Spanabnahme. Während bei der Zerspanung mit definierter Schneide, wie beispielsweise beim Fräsen, direkte Aussagen über die Eingriffsbedingungen entlang der Spanabnahme getroffen werden können, ist eine derartige Beschreibung für die Schleifbearbeitung durch die unregelmäßige Geometrie der Schleifkörner sowie deren stochastische Anordnung im Allgemeinen nicht möglich.

Für die Beschreibung der Wärmeströme in die am Schleifprozess beteiligten Komponenten Werkzeug, Werkstück, Kühlschmierstoff und Späne wird daher ein parametrisiertes empirisch-analytisches Prozessmodell entwickelt.

3.2.1 Konzept zur empirischen Untersuchung der Wärmestromaufteilung

Für die Parametrierung wird ein innovativer Grundlagenprüfstand eingesetzt, der die zeitsynchrone Erfassung der transienten Temperaturfelder im Werkstück und

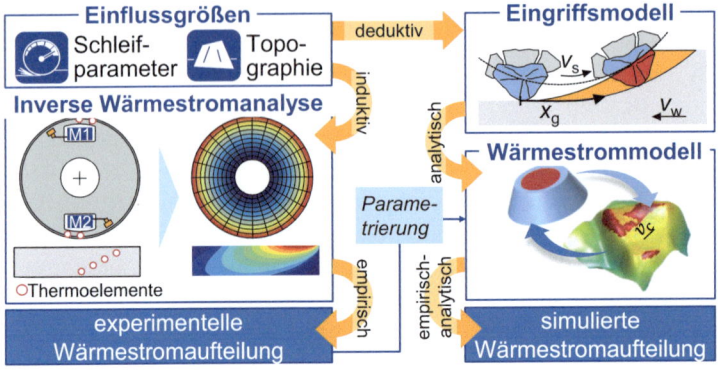

Abb. 9 Grundlagenprüfstand zur Ermittlung des transienten Temperaturfeldes in Schleifscheibe und Werkstück

in der Schleifscheibe ermöglicht. Hierfür werden in beiden Komponenten Thermoelemente in verschiedenen Abständen zur Oberfläche appliziert. Während die Temperaturmessung im Werkstück zur allgemeinen Praxis wissenschaftlicher Messmethoden gehört, musste ein entsprechendes Messsystem in einer Schleifscheibe entwickelt werden (siehe Abb. 9). Das Ergebnis dieser Entwicklung ist ein In-Prozess-Temperaturmesssystem, dass das Temperaturfeld im Werkzeug an vier Messstellen mit Thermoelementen bei einer Abtastrate von 500 Hz parallel erfasst und die Messdaten drahtlos mit einem Zeitstempel zur Signalsynchronisation mit den werkstückseitig gemessenen Temperaturen und Kräften überträgt. Basierend auf den Untersuchungsergebnissen kann das Wärmestrommodell für die Tiefschleifbearbeitung von Werkstücken aus 100Cr6 mit galvanisch gebundenen CBN-Schleifscheiben, welches im Folgenden vorgestellt wird, parametriert werden (Wrobel et al. 2018a, b).

3.2.2 Empirisch-analytische Modellierung der Wärmestromaufteilung

Die Vorgehensweise zur Modellierung der Wärmestromaufteilung ist in Abb. 10 dargestellt. Dabei erfolgte deduktiv die theoretische Modellierung der Eingriffsbedingungen zwischen Schleifscheibe und Werkstück in der Kontaktzone und der darauf aufbauenden analytischen Wärmestrombestimmung. Für die Parametrierung des analytischen Wärmestrommodells durch experimentell ermittelte Wärmestromaufteilungen wird ein induktiver Ansatz mithilfe inverser Wärmestromanalysen gewählt.

Für die empirisch-analytische Modellierung der Wärmeströme im Schleifprozess wird auf Basis von Aufnahmen realer Schleifscheibentopographien mit einem Laserscanning-Mikroskop (LSM) der Eingriff der Schleifscheibe in das Werkstück über die Prozesskinematik analytisch rekonstruiert.

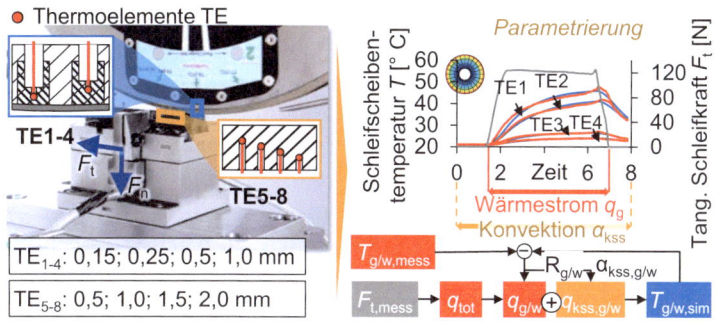

Abb. 10 Methodisches Vorgehen zur Bestimmung der Wärmestromaufteilung im Schleifprozess

Auf theoretischer Ebene wird dazu das zweidimensionale kinematische Prozessmodell von Kassen (1969) zur Simulation der Werkstückoberfläche mittels der zykloiden Schneideneingriffsbahnen auf einen dreidimensionalen Ansatz überführt. Dieser wird anschließend mit dem Eingriffsmodell, welches zuvor zur Identifikation der eingreifenden Schneiden einer Schleifscheibentopographie zur Bestimmung der Wärmequelle entwickelt wurde, gekoppelt. Durch die Kopplung des Schleifscheibentopographie-Eingriffsmodells mit dem Schleifprozess-Kinematikmodell ist es erstmals gelungen, die Korneingriffsflächen A_k in Abhängigkeit von der Schleifscheibenspezifikation und den Schleifparametern zu bestimmen. Hierbei werden sowohl der kinematische Abschattungseffekt der einzelnen Körner untereinander als auch das elasto-plastische Werkstoffverhalten während der Spanbildung berücksichtigt (Wrobel et al. 2018a, b). Das bedeutet, dass ausgehend von einer bekannten Topographie, mithilfe des erstellten Modells eine Vorhersage der Wärmeströme möglich ist und somit eine Korrektur oder Kompensation durch Prozessanpassungen zu einer Verbesserung des Prozessergebnisses führen. Der Aufbau des Modells wird im Folgenden beschrieben.

Der Ausgangspunkt für die Modellierung der Wärmestromaufteilung in Abhängigkeit von der Schleifscheibentopographie ist der Modellansatz von Demetriou und Lavine (2000). Die Schleifscheibentopographie wird durch das vereinfachte Kornmodell nach Lavine et al. (1989) abgebildet, sodass in jedem der drei Teilsysteme von konstanten Kontakt- bzw. Eingriffsbedingungen der Schleifkörner ausgegangen wird. Zu den Teilsystemen gehören:

1. Wärmeaustausch an den Korneingriffsflächen zwischen Korn und Werkstück (äußere Reibvorgänge)
2. Wärmeaustausch in der Scherzone zwischen Span und Werkstück (innere Reibvorgänge)
3. Wärmeaustausch an der Werkstückoberfläche zwischen Kühlschmierstoff und Werkstück (Konvektion)

Zur Wärmestrommodellierung wird zuerst ein numerischer Algorithmus entwickelt, der die Duhamel Integrale in den drei Teilsystemen unter Berücksichtigung variierender Eingriffs- und Kontaktbedingungen in der Kontaktzone löst. Durch das Eingriffs- und Kontaktmodell (Teilsystem 1) wird anschließend durch analytische Berechnungsmethoden der Wärmeaustausch zwischen Korn und Werkstoff beschrieben. Für die Modellierung der Wärmestromaufteilung in der Scherzone (Teilsystem 2) wird ein kinematisch-geometrisch lokaler Modellansatz entwickelt. Hierzu wird das Modell mit dem bereits beschriebenen Modell der Wärmequelle gekoppelt.

Die Parametrierung des Modells erfolgt durch die bereits vorgestellten empirischen Untersuchungen und das Wärmeleitungsproblem in Schleifscheibe und Werkstück wird durch thermische FE-Modelle invers gelöst. Bei der inversen Wärmestromberechnung wurde auch die konvektive Wärmeabfuhr von Werkstück und Schleifscheibe in den Kühlschmierstoff außerhalb der Kontaktzone durch mittlere Wärmeübergangskoeffizienten modelliert (Teilsystem 3). Die Wärmeübergangskoeffizienten basieren auf dem jeweiligen Abkühlverhalten von Werkzeug und Werkstück nach einem vorherigen Wärmeeintrag durch eine Schleifbearbeitung. Durch den iterativen Abgleich gemessener Temperaturen und simulierter Temperaturen aus den thermischen FE-Modellen wird die Parameterkombination aus Wärmeeintrag q_i und mittleren Wärmeübergangskoeffizienten α_i bestimmt. Nach gleichem Prinzip wird auch eine Versuchsmethodik für den mittleren Wärmeübergangskoeffizienten zwischen Werkstück und Kühlschmierstoff entwickelt.

Durch das Modell zur Bestimmung der Wärmeströme im Schleifprozess können nicht nur die Wärmeströme, die aus dem Schleifprozess innerhalb der Kontaktzone entstehen, bestimmt werden, sondern auch die Wärmeströme, die beispielsweise durch den Kühlschmierstoff aus der Kontaktzone abgeleitet werden und anschließend in den Innenraum der Werkzeugmaschine gelangen. Zudem kann durch die Bestimmung des verbleibenden Wärmestroms in der Schleifscheibe der Einfluss auf die Werkzeugspindel untersucht werden (Kap. „Korrektur der thermischen Verlagerung rotierender Werkzeuge unter dem Einfluss verschiedener Kühlstrategien").

Die Verwendung des erarbeiteten Modells ist in Abb. 11 dargestellt. Durch die einzelnen Module zur Berechnung der Eingriffsbedingungen, der Wärmequelle und -aufteilung sowie der daraus resultierenden Temperaturfelder können Temperaturkennfelder abgeleitet werden. Als Eingangsdaten zur Berechnung werden die Prozessparameter sowie die Schleifscheibentopographie benötigt. Die resultierenden Kennfelder können dann als Eingangsgröße zur Korrektur oder Kompensation genutzt werden, um die aus dem Schleifprozess entstehenden Wärmeströme in ihrer Wirkung einzuschränken. Die Ergebnisse werden in den entwickelten Kompensations- und Korrekturmodellen aufgegriffen.

3.2.3 Ausblick auf die Modellierung der verschleißbedingten Schleifscheibentopographieänderung

Aus Schleifscheibenverschleiß resultiert eine kontinuierliche Schleifscheibentopographieänderung, die auch die Wärmeströme beeinflusst. Daher wird das Wärmestrommodell um die verschleißbedingte Topographieänderung erweitert, um auch

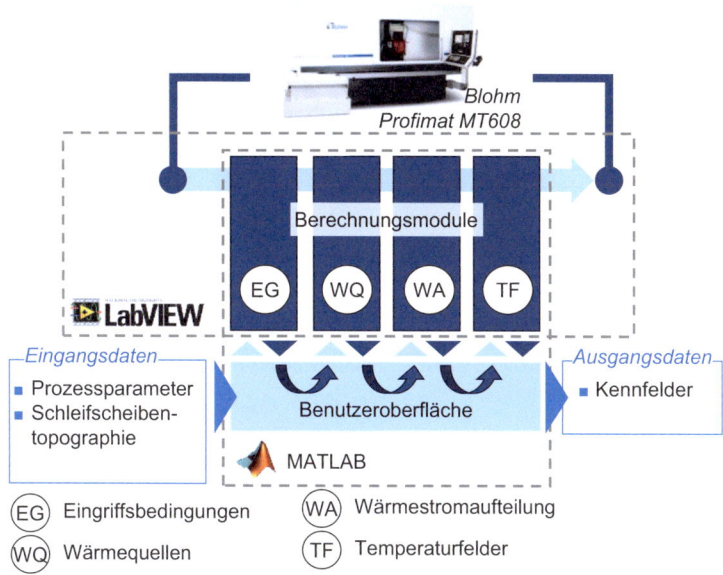

Abb. 11 Integration des Wärmestrommodells in eine Schleifmaschine zur Korrektur oder Kompensation von thermisch bedingten Verlagerungen

über die Lebensdauer einer Schleifscheibe zuverlässige Wärmestromberechnungen durchführen zu können. Der experimentell ermittelte Einfluss der Schleifscheibentopographieänderung auf die thermo-mechanische Belastung wird im Folgenden beschrieben.

Der Verschleiß der Schleifscheibe wird mittels Laserscanningmikroskopaufnahmen der Schleifscheibentopographie ermittelt. Zur Auswertung der Topographie werden das Verschleißvolumen, die Abbottkurvenkennwerte sowie die bereits beschriebenen kinematischen Eingriffsflächen und -winkel der Körner verwendet. Durch die Untersuchungen können, wie in Abb. 12 exemplarisch für das Verschleißvolumen dargestellt, die Veränderungen der Schleifscheibentopographie in Abhängigkeit von dem bezogenen Zeitspanungsvolumen bewertet werden. Durch eine Modellierung des Schleifscheibenverschleißes kann dann eine Veränderung der thermo-mechanischen Belastung über die Lebensdauer einer Schleifscheibe prognostiziert werden und die Prozessstrategien entsprechend angepasst werden. Damit ist eine Prozessauslegung auf Basis aufwendig zu ermittelnder Daten (wie z. B. die Temperatur in Abb. 9 nicht mehr notwendig. Weitere Ergebnisse und die Zusammenhänge zwischen Schleifscheibentopographiekennwerten und der thermo-mechanischen Belastung im Schleifprozess sind in der Arbeit von Bredthauer (Bredthauer 2021) zu finden.

Aus den empirischen Untersuchungen zur verschleißbedingten Topographieänderung der Schleifscheibe wird zukünftig ein Modell abgeleitet, welches die

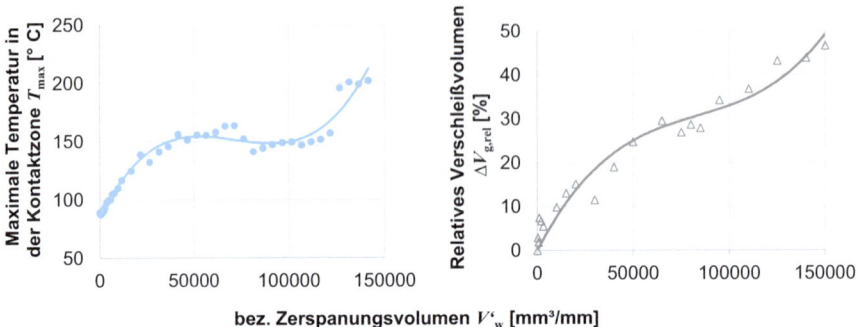

Abb. 12 Ergebnis Verschleißvolumen und Kontaktzonentemperatur in Abhängigkeit von dem bezogenen Zerspanungsvolumen

Veränderung der Topographie anhand der für die Wärmestromberechnung relevanten Kenngrößen vorhersagt. Das Verschleißmodell wird dann in das bestehende Modell zur Wärmestromberechnung implementiert, sodass für alle Prozessparameter und Verschleißzustände der Schleifscheibe die Wärmestromaufteilung bestimmt werden kann. Somit kann auch die aus den Wärmeströmen resultierende Verlagerung von Maschinenkomponenten korrigiert oder kompensiert werden. Entsprechend kann das Modell in der Prozessvorauslegung verwendet werden, um den Einfluss des Schleifprozesses auf die thermo-energetische Gestaltung einer Schleifmaschine zu berücksichtigen.

4 Zusammenfassung

Für die Bearbeitung mit definierter und undefinierter Schneide wurden Methoden und Modelle vorgestellt, die es ermöglichen thermische Zustandsgrößen in Abhängigkeit von den Prozessparametern zu bestimmen und vorherzusagen. Dazu wurden Messmethoden zur Bestimmung der Temperaturen und Wärmeströme im Prozess entwickelt, die die Grundlage für die erarbeiteten Modelle darstellen. In diesem Kapitel wurden die empirischen Methoden zur Erfassung der Wärmestromverteilung und der Temperatur im Fräs- und Schleifprozess beschrieben. Basierend auf den gewonnenen Prozessdaten wurden empirisch-analytische Modelle zur Beschreibung der Werkzeugtemperatur- und Wärmestromverteilung abgeleitet. Die Modelle berücksichtigen dabei die Kühlschmierstoffzuführung, den Werkzeugverschleiß sowie die Prozessparameter. Als Ergebnis liegen Modelle vor, die die Zerspanung hinsichtlich Schleifen und Fräsen energetisch bestimmen können und somit Kompensationen und Korrekturen für eine zu große Wärmeentwicklung abgeleitet werden können. Das heißt, es können nicht nur Bauteilfehler hinsichtlich der Randzoneneigenschaften durch einen zu hohen Wärmeeintrag, sondern auch Maß- und Formfehler durch eine Verlagerung des TCP verhindert werden.

Literatur

Augspurger T (2018) Thermal Analysis of the milling process. Ph.D. Dissertation RWTH

Augspurger T, Klocke F, Döbbeler B, Brockmann M, Gierlings S, Lima A (2017) Modeling of transient thermal conditions in cutting. Journal of mechanics engineering and automation 7:113–120

Bredthauer M, Bergs T, Mattfeld P, Barth S (2021) Effects of grinding wheel wear on the themo-mechanical loads in the grinding process. MM Science Journal 4675–4682:2021

Jaeger JC (1942) Moving sources of heat and the temperature at sliding contacts. Proceedings Royal Soc of New South Wales 76:203–224

Kassen G (1969) Beschreibung der elementaren Kinematik des Schleifvorganges. Ph.D. Dissertation RWTH

Lavine AS, Malkin S, Jen TC (1989) Thermal aspects of grinding with CBN wheels. CIRP Ann 38(1):557–560

Rasim M (2016) Modellierung der Wärmeentstehung im Schleifprozess in Abhängigkeit von der Schleifscheibentopographie

Richardson DJ, Keavey MA, Dailami F (2006) Modelling of cutting induced workpiece temperatures for dry milling. Int J Mach Tools Manuf 10:1139–1145

Stephenson DA, Ali A (1992) Tool temperatures in interrupted metal cutting. Journal of Engineering for Industry 113(2):127–136

Tönshoff HK, Peters J, Inasaki I, Paul T (1992) Modelling and simulation of grinding processes. CIRP Ann 41(2):677–688

Wrobel C, Mattfeld P, Trauth D, Klocke F (2018a) Modeling of the temperature field in the workpiece external zone as a function of the grinding wheel topography. Procedia CIRP 77:291–294

Wrobel C, Trauth D, Mattfeld P, Klocke F (2018b) Experimental analysis of the heat flux into the grinding tool in creep feed grinding with CBN abrasives. Conference on Thermal Issues in Machine Tools

Open Access Dieses Kapitel wird unter der Creative Commons Namensnennung 4.0 International Lizenz (http://creativecommons.org/licenses/by/4.0/deed.de) veröffentlicht, welche die Nutzung, Vervielfältigung, Bearbeitung, Verbreitung und Wiedergabe in jeglichem Medium und Format erlaubt, sofern Sie den/die ursprünglichen Autor(en) und die Quelle ordnungsgemäß nennen, einen Link zur Creative Commons Lizenz beifügen und angeben, ob Änderungen vorgenommen wurden.

Die in diesem Kapitel enthaltenen Bilder und sonstiges Drittmaterial unterliegen ebenfalls der genannten Creative Commons Lizenz, sofern sich aus der Abbildungslegende nichts anderes ergibt. Sofern das betreffende Material nicht unter der genannten Creative Commons Lizenz steht und die betreffende Handlung nicht nach gesetzlichen Vorschriften erlaubt ist, ist für die oben aufgeführten Weiterverwendungen des Materials die Einwilligung des jeweiligen Rechteinhabers einzuholen.

Der Elektroantrieb als thermo-energetische Blackbox

Stefan Winkler und Ralf Werner

Elektrische Antriebe in Werkzeugmaschinen können mehrere Kilowatt Verlustleistung erzeugen. Für die Bestimmung der thermisch bedingten Verlagerung des TCP einer Werkzeugmaschine ist daher die Modellierung der Antriebsverluste und die daraus resultierende Erwärmung unerlässlich. Leider sind meist nicht alle hierfür erforderlichen Parameter der Motoren bekannt. Es wird daher gezeigt, welche Annahmen zur Parameterabschätzung getroffen werden können und wie diese die Genauigkeit der Modelle beeinflussen.

1 Einführung

Die Verluste in den elektrischen Antrieben einer Werkzeugmaschine führen zu Wärmeströmen. Ein Teil dieser Wärmeströme wird in die Maschinenstruktur eingetragen. Dies führt dort zu thermo-elastischen Verformungen, welche die Bearbeitungsgenauigkeit beeinträchtigen. Die Kenntnis des Wärmeeintrags durch den Antriebsmotor ist daher unerlässlich für eine effektive Korrektur des Bearbeitungsfehlers. Hierfür ist ein Motormodell erforderlich. Dieses muss sowohl die Verlustleistungen als auch die Temperaturverteilung sowie die Wärmeströme des Motors beschreiben können. Problematisch ist dabei die Modellerstellung des inneren Aufbaus, da dessen Geometrie vom Hersteller in der Regel nicht

---

S. Winkler (✉) · R. Werner
Professur Elektrische Energiewandlungssysteme und Antriebe, TU Chemnitz, Chemnitz, Deutschland
E-Mail: s.winkler@inpotron.com

R. Werner
E-Mail: ralf.werner@hrz.tu-chemnitz.de

veröffentlicht wird. In den folgenden Ausführungen wird daher aufgezeigt, wie sich dennoch Motormodelle ableiten lassen, welche die Temperaturverläufe mit einem geringen Rechenaufwand hinreichend genau approximieren.

2 Grundlagen des Motormodells

Das Motormodell wird mit der Methode der Wärmequellennetze erstellt, vgl. (Gotter 1954), (Kessler 1964), (Wiedemann und Kellenberger 1967). Dabei werden den wesentlichen Motorkomponenten Netzknoten zugeordnet. In die Knotenpunkte werden Verlustleistungen eingespeist und die Knoten besitzen eine thermische Kapazität gegenüber der Umgebungstemperatur als thermischem Bezugspotenzial. Die relevanten Wärmeströme im Motor werden durch Wärmeübergänge zwischen den jeweiligen Knoten repräsentiert. Die berechnete Knotentemperatur ist die Differenz zur Umgebungstemperatur und entspricht der mittleren Temperatur der jeweiligen Motorkomponente.

Für das resultierende Motormodell können einige Vereinfachungen getroffen werden.

- Der Motor wird durch die Drehung der Welle gleichmäßig erwärmt und ist daher rotationssymmetrisch.
- Bedingt durch die Nutgeometrie fließt der Wärmestrom der Wicklungen hauptsächlich zu den Zähnen.
- Da alle Nuten bzw. Zähne durch die Rotationssymmetrie gleich temperiert sind, können diese als zueinander parallel geschaltet betrachtet werden.
- In erster Näherung sind die Motoren in axialer Richtung spiegelsymmetrisch.
- Im Luftspalt zwischen Stator und Rotor erfolgt der Wärmeübergang basierend auf einer Taylor-Couette-Strömung.

In Werkzeugmaschinen werden in der Regel Asynchronmotoren als Spindelantriebe und permanent erregte Synchron-Servomotoren als Vorschubantriebe eingesetzt. Der wesentliche Unterschied zwischen beiden Motortypen ist der Rotor. Asynchronmotoren verfügen über einen geblechten Rotor, in dessen Nuten ein sogenannter Kurzschlusskäfig aus Aluminium oder Kupfer eingesetzt ist. Bei einem Servomotor besteht der Rotor in der Regel aus massivem Stahl, der mit Oberflächenmagneten aus Neodym-Eisen-Bor bestückt ist.

Zusammen mit den Vereinfachungen ergeben sich für Asynchronmotoren das in Abb. 1 und für Servomotoren das in Abb. 2 gezeigte Modell.

Die wesentliche Aufgabe besteht darin, die Wärmekapazitäten und Wärmeübergänge dieser Modelle zu parametrieren. Das im folgenden Abschnitt beschriebene Verfahren liefert eine geeignete Näherung für die Auslegung der Hauptabmessungen von Standardmotoren. Für Motoren mit vergleichbaren Abmessungen, wie sie häufig in Werkzeugmaschinen eingesetzt werden, liefert die Näherung ebenfalls ausreichend genaue Werte. Das Verfahren ist nicht geeignet für Motoren mit sehr unterschiedlichen Größenverhältnissen im Vergleich zu Normmotoren, wie z. B. Torquemotoren.

Der Elektroantrieb als thermo-energetische Blackbox

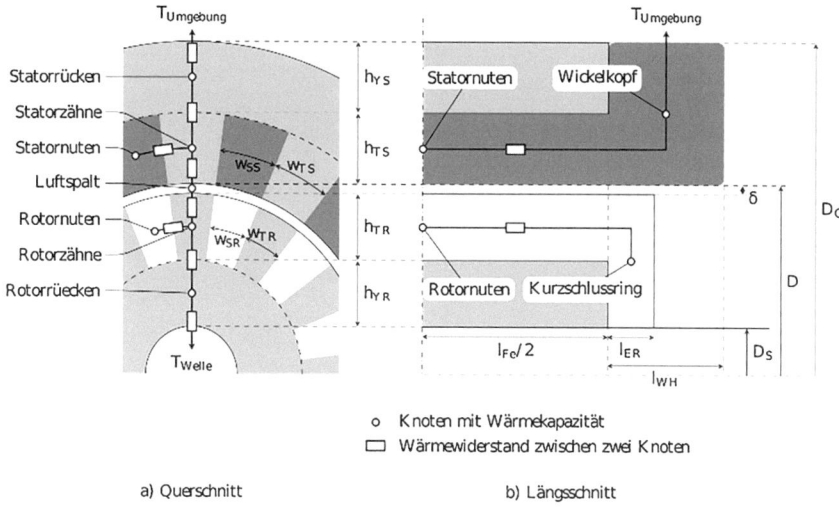

Abb. 1 Thermisches Modell eines Asynchronmotors

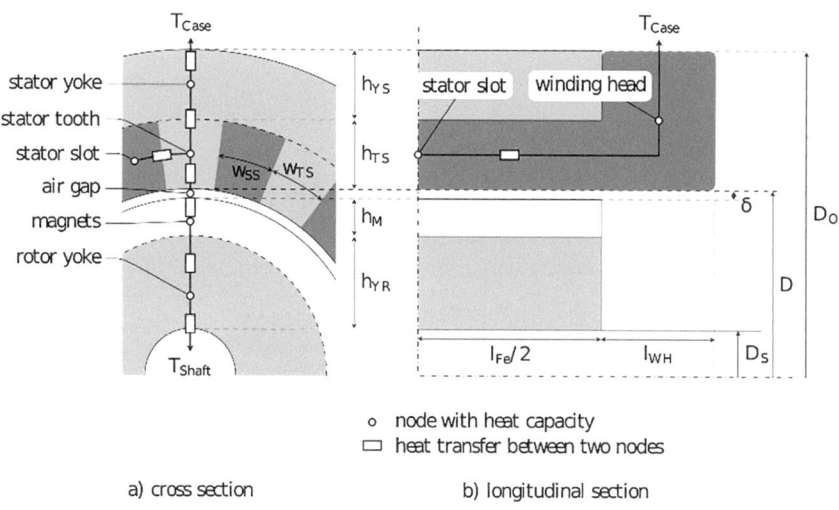

Abb. 2 Thermisches Modell eines Synchron-Servomotors

3 Parametrierung des Motormodells

3.1 Motorabmessungen

Für die Modellparametrierung sind zunächst die Hauptabmessungen von Stator und Rotor erforderlich. Sind diese nicht gegeben, müssen sie aus den gegebenen Daten, wie dem Gehäusedurchmesser, geschätzt werden. Aus einem Vergleich der

Angaben verschiedener Hersteller (siehe KMMP 2015; Sycotec 2015) konnten für das Fallbeispiel die nachfolgenden geometrischen Verhältnisse bezogen auf den Außendurchmesser des Stators D_O, ermittelt werden.

- Außendurchmesser des Gehäuses: $D_C = 1{,}15 \cdot D_O$
- Innendurchmesser des Stators: $D = 0{,}65 \cdot D_O$
- Länge des Blechpakets: $l_{Fe} = 0{,}89 \cdot D_O$
- Länge des Wickelkopfs: $l_{WH} = 0{,}21 \cdot D_O$
- Wellendurchmesser: $D_S = 0{,}4 \cdot D_O$ für Spindelmotoren
- und $D_S = 0{,}225 \cdot D_O$ für Standardmotoren
- Länge der Luftspalts: $\frac{\delta}{\text{mm}} = 0{,}25 \cdot \sqrt[4]{\frac{P_N}{\text{kW}}} \geq 0{,}2$ mm, , nach (Müller et al. 2008)

In Abb. 3 sind für eine Vielzahl verschiedener Motoren unterschiedlicher Hersteller der Gehäusedurchmesser D_C, der Statorinnendurchmesser D, die Blechpaketlänge l_{Fe} und die Wickelkopflänge l_{WH} in Abhängigkeit des Statoraußendurchmessers D_O aufgetragen.

Beim Wellendurchmesser D_S macht sich wegen der Werkzeugspanneinrichtung eine Unterscheidung in Spindelmotoren und Standardmotoren erforderlich. Es zeigt sich deutlich, dass bei der überwiegenden Mehrzahl der untersuchten Motoren die genannten Parameter in ganz bestimmten Verhältnissen zu einander stehen. Da zumeist der Gehäusedurchmesser bekannt ist, lassen sich die übrigen Parameter in guter Näherung abschätzen.

Sobald die Hauptabmessungen von Stator und Rotor ermittelt sind, lässt sich daraus die Nutgeometrie ableiten.

Beim Entwurf der Nutgeometrie geht es im Wesentlichen darum, genug Nutfläche bereit zu stellen, um die Wicklung unterzubringen und dafür zu sorgen, dass das Blechpaket gleichmäßig magnetisch beansprucht wird. In der Regel lassen sich daraus die nachfolgenden Verhältnisse für die Nutgeometrie (s. Abb. 1 und 2) ableiten.

Im Stator ist das Joch genauso hoch, wie die Zähne bzw. die Nuten, dies gilt für beide Motortypen

- $h_{YS} = h_{TS} = h_{SS} = \frac{D_O - D}{4}$

Die Statornuten in beiden Motoren sind etwa so breit wie die Statorzähne

- $w_{SS} = w_{TS} = \frac{(D + h_{SS}) \cdot \pi}{2 \cdot N_S}$

Für den Asynchronmotor gelten im Rotor ähnlich Verhältnisse wie im Stator

- $h_{YR} = h_{TR} = h_{SR} = \frac{D - D_S - 2 \cdot \delta}{4}$
- $w_{SR} = w_{TR} = \frac{(D - h_{SR} - 2 \cdot \delta) \cdot \pi}{2 \cdot N_R}$

Bei Servomotoren gelten durch die Magnete andere Verhältnisse

- Höhe der Magnete $h_M = 0{,}1 \cdot \frac{D - D_S - 2 \cdot \delta}{2}$
- Höhe des Rotorjochs $h_{YR} = 0{,}9 \cdot \frac{D - D_S - 2 \cdot \delta}{2}$

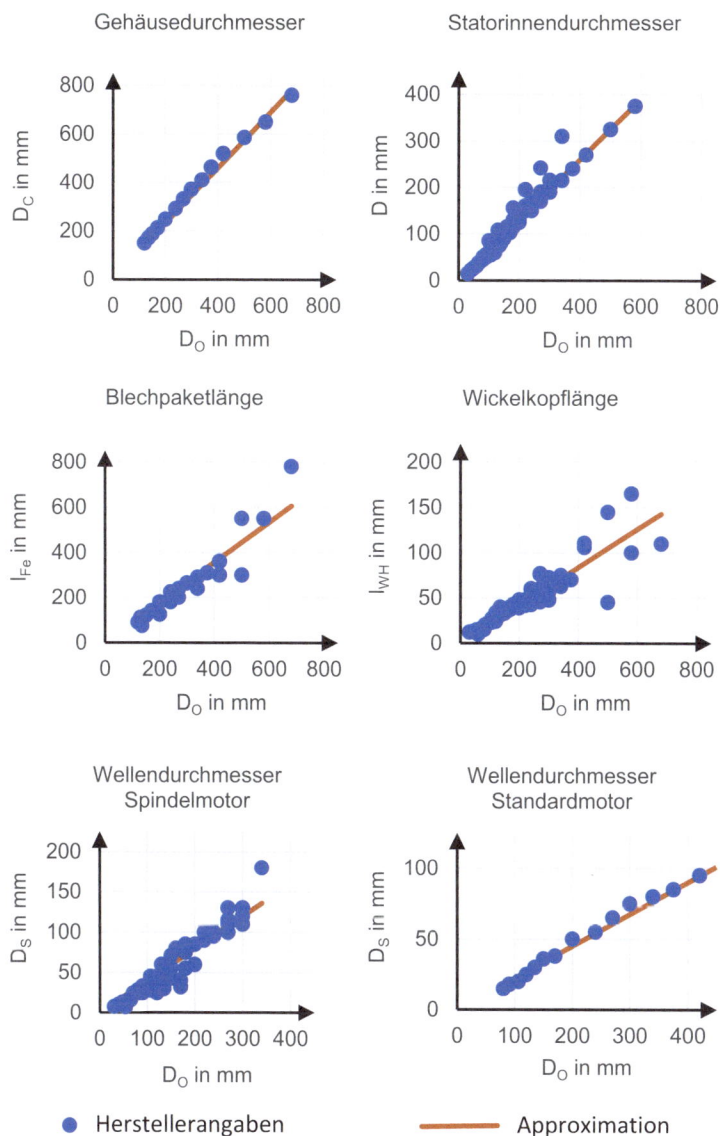

Abb. 3 Abmessungen rotierender Motoren in Abhängigkeit vom Statoraußendurchmesser D_O

Als letzter Punkt zur Bestimmung der Nutgeometrie muss die Anzahl der Nuten ermittelt werden. Die Anzahl der Nuten pro Pol und Strang q sollte möglichst größer als 2 sein (vgl. Müller et al. 2008). Gleichzeitig sollte die Zahnbreite möglichst groß sein, damit es nicht zu Komplikationen bei der Fertigung kommt. In den meisten Fällen wird daher $q = 3$ gewählt. Bei vier Polen ergibt sich damit:

- Anzahl der Statornuten $N_S = 36$

Die Anzahl der Rotornuten bei einem Asynchronmotor sollte sich von der Anzahl der Statornuten unterscheiden. Hochtourigen Spindelmotoren sind meist mit einer

- Anzahl der Rotornuten $N_R = 32$

ausgestattet.

3.2 Materialkennwerte

Ein Elektromotor ist aus verschiedenen Werkstoffen zusammengesetzt. Neben homogenen Stoffen wie dem Kurzschlusskäfig aus Kupfer oder den Magneten aus NdFeB, deren Kennwerte der Literatur zu entnehmen sind, sind vor allem die Stoffgemische in der Wicklung und im Blechpaket von Bedeutung.

Abb. 4 zeigt den prinzipiellen Aufbau der Wicklung (a) und des Blechpaketes (b). Das Blechpaket ist in axialer Richtung eine Reihenschaltung der Widerstände R_{th} (vgl. Gl. 1). Bei der Wicklung in axialer Richtung handelt es sich ebenso wie beim Blechpaket in radialer Richtung um eine Parallelschaltung, bei der sich die Leitwerte L_{th} der reinen Stoffe addieren (vgl. Gl. 2). In radialer Richtung muss der Wärmestrom der Wicklung abwechselnd durch Kupfer und Isolierung fließen. Dafür lassen sich nur bedingt gültige Näherungen finden, vgl. (Gotter 1954).

$$R_{\text{th,res}} = \sum_i \frac{l_i}{\lambda_i \cdot A} \quad (1)$$

$$L_{\text{th,res}} = \sum_i \frac{\lambda_i \cdot A_i}{l} \quad (2)$$

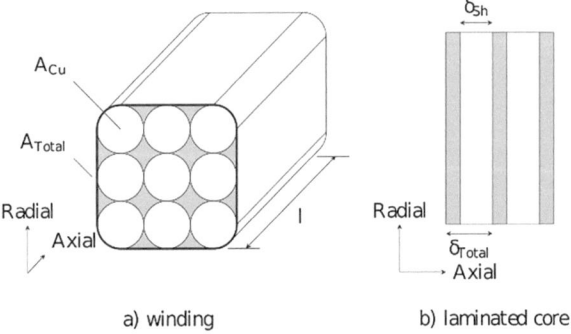

Abb. 4 Aufbau der Wicklung und des Blechpakets

Tab. 1 Materialparameter der Stoffgemische in elektrischen Motoren

	Wicklung axial	Wicklung radial	Blechpaket axial	Blechpaket radial
Wärmeleitfähigkeit in $\frac{W}{m \cdot K}$	171,16	0,86	2,28	42,76
Spez. Wärmekapazität in $\frac{J}{kg \cdot K}$	391,4		470	
Dichte in $\frac{kg}{m^3}$	4564		7650	

Tab. 2 Eingangsgrößen der thermischen Modelle

Knotenpunkte für beide Modelle	Eingangsgröße
Statornut	$P_{V,W,S} \cdot (1 - \varphi_{WH})$
Wickelkopf	$P_{V,W,S} \cdot \varphi_{WH}$
Statorzahn	$0,5 \cdot P_{V,Fe}$
Statorjoch	$0,5 \cdot P_{V,Fe}$
Luftspalt	$P_{V,R,Gas}$
Rotorjoch	0
Knotenpunkte nur Asynchronmotoren	**Eingangsgröße**
Rotornut	$0,9 \cdot P_{V,W,R}$
Kurzschlussring	$0,1 \cdot P_{V,W,R}$
Rotorzahn	$P_{V,Z}$
Knotenpunkte nur permanent-erregte Synchronmaschine	**Eingangsgröße**
Magnet	$P_{V,Z}$

Mit typischen Werten (vgl. Müller et al. 2008) für

- den Nutfüllfaktor $\varphi_W = \frac{A_{Cu}}{A_{Total}} = 0,45$ und
- dem Eisenfüllfaktor $\varphi_{Fe} = \frac{\delta_{Sh}}{\delta_{Total}} = 0,95$

ergeben sich die in Tab. 1 gezeigten Materialparameter.

3.3 Verlustverteilung

Neben den Wärmekapazitäten und –übergängen ist es entscheidend, in welche Knotenpunkte des thermischen Motormodells die unterschiedlichen Verlustleistungskomponenten eingeleitet werden.

Die Stromwärmeverluste $P_{V,W,S}$, die aufgrund des Stromflusses in den Wicklungen entstehen, werden den Statornuten und dem Wickelkopf zugeordnet. Dies gilt für beide Motortypen. Welcher Anteil der Verluste in den Nuten und welcher im Wickelkopf entsteht, hängt von der Länge der Wicklung ab. Die Länge der Wicklung in den Nuten entspricht der Blechpaketlänge. Die Länge des Wickelkopfs ergibt sich nach (Müller et al. 2008) näherungsweise zu

$$l_{\text{WH}} = 1{,}3 \cdot \frac{D \cdot \pi}{2 \cdot p} + \left(0{,}03 + 0{,}02 \cdot \frac{U_{\text{N}}}{\text{kV}}\right) \text{m} \tag{3}$$

Daraus ergibt sich die relative Wickelkopflänge

$$\varphi_{\text{WH}} = \frac{l_{\text{WH}}}{l_{\text{WH}} + l_{\text{Fe}}}. \tag{4}$$

Bei Asynchronmotoren entstehen im Rotor ebenfalls Stromwärmeverluste $P_{\text{V,W,R}}$ Diese entstehen zu etwa 90 % in den Rotornuten und zu etwa 10 % in den Kurzschlussringen.

Die Ummagnetisierungsverluste $P_{\text{V,Fe}}$, die aufgrund der Änderung des Magnetfelds im Blechpaket entstehen, werden ebenfalls für beide Motortypen zu gleichen Teilen auf die Statorzähne und das Statorjoch aufgeteilt. Diese Annahme ist berechtigt, da die Induktion in den Zähnen höher ist als im Joch. Dadurch werden mehr Verluste in einem bestimmten Volumen zumindest teilweise wieder ausgeglichen.

Im Luftspalt sind nur die Gasreibungsverluste $P_{\text{V,R,Gas}}$ relevant.

Die Zusatzverluste $P_{\text{V,Z}}$ werden größtenteils durch Oberwellen im Luftspaltfeld hervorgerufen und daher den Rotorzähnen bei Asynchronmotoren bzw. den Magneten bei Synchronmotoren zugerechnet (Tab. 2).

3.4 Vergleich von Simulation und Messung

Die Genauigkeit der erstellten Modelle wird durch Messungen überprüft.

Eine erste Messung erfolgt mit einer wassergekühlten 30 kW-Motorspindel, deren Rotor ausgebaut wurde (vgl. Abb. 5a). Eine Speisung mit Gleichstrom stellt zusätzlich sicher, dass nur Stromwärmeverluste in den Wicklungen auftreten. Damit ist es möglich, das Modell in einer vereinfachten Form zu überprüfen.

Der Spindelstator hat vier Temperaturmesspunkte: an einer Statornut, am Wickelkopf, am Gehäuse und für die mittlere Temperatur des Kühlwassers.

Bis auf die Gehäusetemperatur kann das Modell den Messwerten an allen Messpunkten sehr gut folgen, vgl. Abb. 6.

Die Kühlung ist eine Randbedingung für das Motormodell. Der Wärmeübergang zum Kühlwasser ist daher im Modell stark vereinfacht und so ausgelegt, dass er der Kühlwassertemperatur folgt. Dies führt dazu, dass die Gehäusetemperatur zu niedrig berechnet wird.

Eine Messung zur Überprüfung des kompletten Motormodells wird mit einem luftgekühlten 22 kW Standard-Asynchronmotor durchgeführt (vgl. Abb. 5b). Als Messpunkte dienen die mittlere Wicklungstemperatur und die Gehäusetemperatur.

Um die Wicklungstemperatur zu messen, wird der Motor für etwa 30 s ausgeschaltet. Während dieser Zeit ist der Lüfter nicht in Betrieb, was zu einem kurzen Anstieg der Gehäusetemperatur führt. Die Stillstandzeiten sind viel kleiner als die

Der Elektroantrieb als thermo-energetische Blackbox 113

a) Stator eines Spindelmotors
P = 30 kW
D_C = 190 mm
(Gehäusedurchmesser)
l_C = 138 mm (Gehäuselänge)

b) Standardmotor
P = 22 kW
D_C = 320 mm
l_C = 355 mm

Abb. 5 Motoren für den Modellabgleich

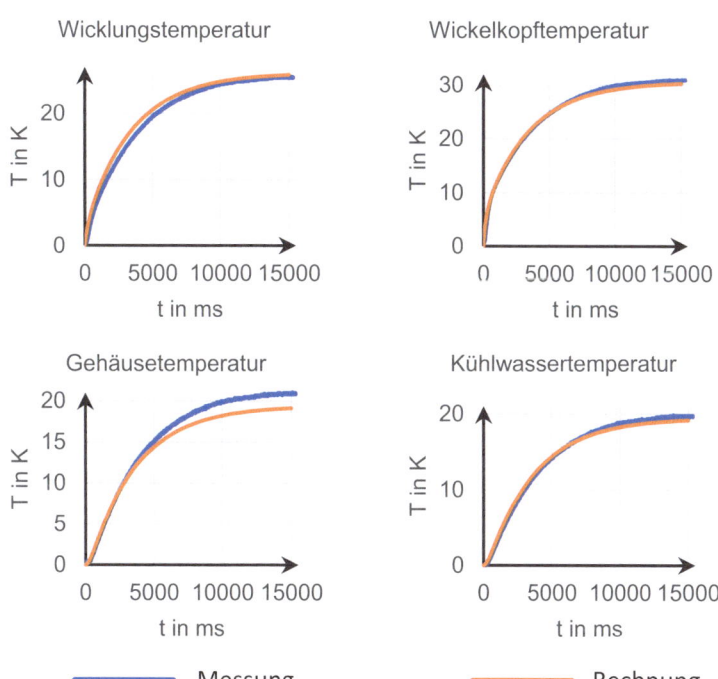

Abb. 6 Vergleich der Temperaturdifferenz zur Umgebungstemperatur zwischen Rechnung und Messung für den 30 kW-Spindelstator

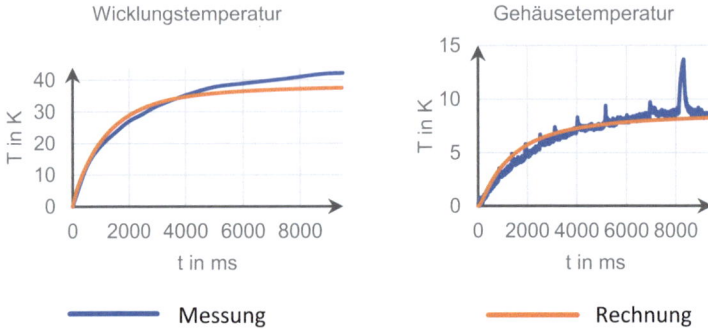

Abb. 7 Vergleich der Temperaturdifferenz zur Umgebungstemperatur zwischen Rechnung und Messung für den 22 kW-Standardmotor

thermische Zeitkonstante des Motors, sodass sie im Modell nicht berücksichtigt werden und daher im Diagramm der simulierten Temperatur nicht zu sehen sind (vgl. Abb. 7).

Das vollständige Modell wurde ohne Kenntnis der internen Motorgeometrie und ohne Messkalibrierung berechnet. Die Temperaturabweichung ist bis zu 5 K höher als bei dem vereinfachten Modell. Dennoch kann das Modell der Motortemperatur recht gut folgen. Wenn es notwendig sein sollte, kann die Genauigkeit des Modells durch einen messtechnisch gestützten Modellabgleich weiter erhöht werden.

In den Diagrammen der Abb. 6 und 7 werden jeweils die Temperaturdifferenzen T zwischen dem betreffenden Motorteil und der Umgebung dargestellt.

4 Zusammenfassung

Bei der Berechnung des thermischen Verhaltens von elektrischen Antriebsmotoren in Werkzeugmaschinen benötigt man Kenntnisse über deren inneren Aufbau. Die Geometriedaten der inneren Motorstrukturen sind jedoch in den meisten Fällen nicht verfügbar. Der Beitrag zeigt, wie die wesentlichen Geometriedaten der im Werkzeugmaschinenbau eingesetzten Antriebsmotoren in guter Näherung durch feste Verhältnisse leicht bestimmt werden können, welche aus einer Vielzahl untersuchter Motoren ermittelt wurden. Damit wird es möglich, für jeden Motortyp geometrisch ähnliche, aber frei skalierbare Modelle zu entwickeln. Unter Berücksichtigung der thermischen Eigenschaften häufig vorkommender Stoffgemische lassen sich mit einigen leicht bestimmbaren Hauptabmessungen und ohne Kenntnis der inneren Motorgeometrie hinreichend genaue Wärmequellennetze entwickeln. Diese Wärmequellennetze sind sowohl für die Antriebe in Werkzeugmaschinen als auch für Standardmotoren geeignet.

Literatur

Gotter G (1954) Erwärmung und Kühlung elektrischen Maschinen. Springer, Berlin

Kessler A (1964) Zur Theorie des Wärmequellennetzes. Archiv für Elektrotechnik 49:109–123

KMMP, Kurt Maier Motor-Press GmbH [online]. http://www.kmmp.de. Zugegriffen: 25. Juli 2015

Müller G, Vogt K, Ponick B (2008) Berechnung elektrischer Maschinen. Wiley VCH

Sycotec GmbH & Co. KG, sycotec.eu [online]. Available: http://www.sycotec.eu/. Zugegriffen: 25. Juli 2015

Wiedemann E, Kellenberger W (1967) Konstruktion elektrischer Maschinen. Heidelberg, Springer, Berlin

Winkler S (2019) Modellierung und Optimierung des thermischen Verhaltens elektrischer Antriebe in Werkzeugmaschinen. Chemnitz

Winkler S (2018a) Verlustbestimmung und Leistungsmessung an elektrischen Antrieben. Presented at the Dresdner Fluidtechnische Kolloquien, Dresden

Winkler S (2018b) Verlustbestimmung und Leistungsmessung an elektrischen Antrieben

Winkler S, Werner R (2018) The electric drive as a thermo-energetic black box, in: Conference on Thermal Issues in Machine Tools. Presented at the CIRP sponsored Conference on Thermal Issues in Machine Tools, Wissenschaftliche Scripten, Auerbach/Vogtl, S 107–116

Open Access Dieses Kapitel wird unter der Creative Commons Namensnennung 4.0 International Lizenz (http://creativecommons.org/licenses/by/4.0/deed.de) veröffentlicht, welche die Nutzung, Vervielfältigung, Bearbeitung, Verbreitung und Wiedergabe in jeglichem Medium und Format erlaubt, sofern Sie den/die ursprünglichen Autor(en) und die Quelle ordnungsgemäß nennen, einen Link zur Creative Commons Lizenz beifügen und angeben, ob Änderungen vorgenommen wurden.

Die in diesem Kapitel enthaltenen Bilder und sonstiges Drittmaterial unterliegen ebenfalls der genannten Creative Commons Lizenz, sofern sich aus der Abbildungslegende nichts anderes ergibt. Sofern das betreffende Material nicht unter der genannten Creative Commons Lizenz steht und die betreffende Handlung nicht nach gesetzlichen Vorschriften erlaubt ist, ist für die oben aufgeführten Weiterverwendungen des Materials die Einwilligung des jeweiligen Rechteinhabers einzuholen.

Modellierung von Kühlschmierstoffwirkung im Zerspanprozess

Marc Bredthauer, Hui Liu, Thorsten Helmig, Lukas Topinka, Steffen Brier, Joachim Regel, Patrick Mattfeld, Thomas Bergs, Sebastian Barth, Markus Meurer und Reinhold Kneer

---

T. Helmig · R. Kneer
Lehrstuhl für Wärme- und Stoffübertragung, Aachen, Deutschland
E-Mail: helmig@wsa.rwth-aachen.de

R. Kneer
E-Mail: kneer@wsa.rwth-aachen.de

L. Topinka · S. Brier · J. Regel
Professur Produktionssysteme und -prozesse, Chemnitz, Deutschland
E-Mail: lukas.topinka@mb.tu-chemnitz.de

S. Brier
E-Mail: steffen.brier@mb.tu-chemnitz.de

J. Regel
E-Mail: joachim.regel@mb.tu-chemnitz.de

H. Liu · P. Mattfeld · T. Bergs (✉) · M. Meurer
Manufacturing Technology Institute (MTI) der RWTH Aachen, Aachen, Deutschland
E-Mail: t.bergs@mti.rwth-aachen.de

P. Mattfeld
E-Mail: p.mattfeld@mti.rwth-aachen.de

M. Meurer
E-Mail: m.meurer@mti.rwth-aachen.de

M. Bredthauer · S. Barth
Rheinisch-Westfälische Technische Hochschule (RWTH) Aachen, Aachen, Deutschland
E-Mail: marc.bredthauer@rwth-aachen.de

S. Barth
E-Mail: sebastian.barth@rwth-aachen.de

© Der/die Autor(en) 2025
C. Brecher, *Thermo-energetische Gestaltung von Werkzeugmaschinen*,
https://doi.org/10.1007/978-3-658-45180-6_8

1 Einleitung

Bei Zerspanungsprozessen wird die mechanische Energie in den Scher- und Reibzonen zwischen Werkzeug und Werkstück weitgehend in Wärme umgewandelt. Dadurch entstehen außerordentlich hohe mechanische und thermische Spannungen, die zu einer thermisch bedingten Verschiebung der Werkzeugspitze und damit zu einer geringeren Bearbeitungsgenauigkeit führen (Klocke 2011). Während der Zerspanung verursacht die Prozesswärme einen erheblichen Wärmeeintrag in das Werkzeug und sein Spannsystem. Dieser beläuft sich auf 10 % der gesamten Prozessenergie (Pabst 2008). Nach dem Stand der Technik wird von thermischen Werkzeugverformungen bis zu einigen zehn Mikrometern berichtet (Bräunig 2015). Für viele Bearbeitungsaufgaben ist die Verwendung von Kühlschmierstoffen aufgrund ihrer hohen Wärmekapazität und der Verringerung der Reibung, die eine höhere Kühlwirkung gewährleistet, unerlässlich (Helmig et al. 2019). Bislang existieren jedoch keine Ansätze um die Wärmeströme in Abhängigkeit von dem Bearbeitungsprozess und von dem Kühlschmierstoff vorherzusagen. Insbesondere die Kopplung der entstehenden Wärme im Zerspanprozess und der Wärmeübergang zu Maschinenkomponenten, die bei einer Erwärmung zur Verlagerung des Tool-Center-Points (TCP) führen, wurde bislang nicht untersucht.

Dieses Kapitel zeigt die Möglichkeiten zur Modellierung der Wärmestromverteilung innerhalb des Werkzeugs und des Werkstücks unter Berücksichtigung von der Kühlschmierstoffzufuhr. Mithilfe einer gekoppelten FE-CFD-Simulation wird der konvektive Wärmeübergang zwischen dem Kühlschmierstoff und der Schneidzone sowie die Wärmestromverteilung auf der Werkzeugoberfläche während des Zerspanungsprozesses untersucht.

Mithilfe der entwickelten Modelle und Methoden können ortsaufgelöste konvektive Kühleffekte in Abhängigkeit von den Stellgrößen des Kühlschmierstoffsystems ermittelt und als thermische Randbedingung an das nachgelagerte Modell zur Vorhersage der thermischen Belastung des Werkzeughalters weitergegeben werden (siehe Abb. 1). Das bedeutet, dass eine Vorhersage der Wärmeströme möglich ist

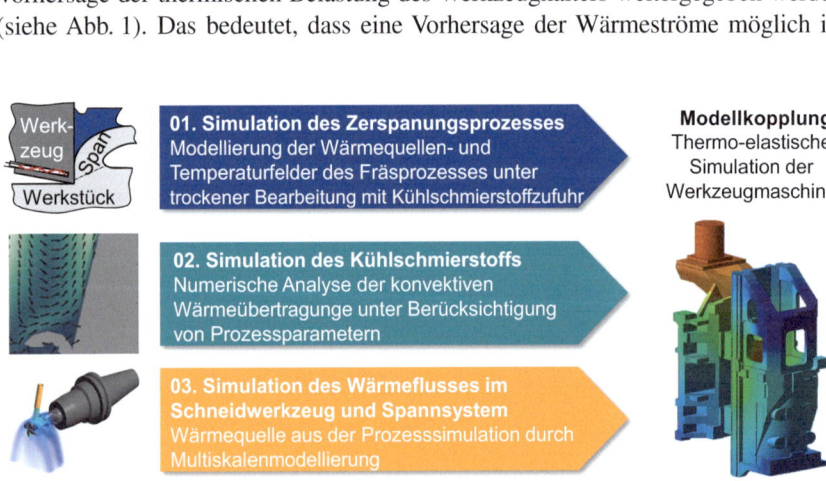

Abb. 1 Modellübersicht für die Simulation der werkzeugseitigen thermischen Belastung

und eine Korrektur der Kühlschmierstoffstrategie auf Basis der Wärmestromberechnungen erfolgen kann, sodass eine Verlagerung von Maschinenkomponenten verhindert oder kompensiert werden kann. Der Kühlschmierstoff kann demnach bedarfsgerecht eingesetzt werden: zum einen hinsichtlich des Kühlbedarfs für den Bearbeitungsprozess an sich und zum anderen zur Korrektur oder Kompensation von thermisch bedingten Verlagerungen in Maschinenkomponenten.

2 Prozessmodellierung unter Berücksichtigung des Kühlschmierstoffeffekts

Um die Temperaturfelder im Werkzeug sowie die Wärmestromverteilung im Prozess präziser abbilden zu können, wird der Einfluss des Kühlschmierstoffs auf die Werkzeugtemperatur in Analogieversuchen in Form eines Orthogonaldrehens grundlegend untersucht. Die anschließende Modellierung erfolgt durch numerische Modellierungsansätze, bei denen eine Spanbildungssimulation mit einer Strömungssimulation gekoppelt wird. Letztendlich wird der ermittelte Wärmestrom unter Berücksichtigung der Kühlschmierstoffwirkung im analytischen Modell zur Abbildung der Temperaturverteilung im Fräsprozess verwendet.

2.1 Versuchsanordnung

Um eine Datenbasis für die Modellvalidierung zu schaffen, wurden Orthogonalschnitte auf einer CNC-Drehmaschine DMG NEF 600 durchgeführt. Dabei wurde der Einfluss des Kühlschmierstoffdrucks auf die Spanform und die Werkzeugtemperatur ermittelt. Abb. 2 zeigt den Versuchsaufbau. Als Kühlschmierstoff wurde ein wasserlösliches Kühlschmiermittel Vasco TP 519 der Firma Blaser Swisslube AG mit einer Konzentration von 10 % verwendet. Der Volumenstrom und der Zufuhrdruck des Kühlschmierstoffs werden von Sensoren erfasst. Während des Versuchs wurden sowohl die Schnittkraft F_c als auch die Vorschubkraft F_t mit dem Dynamometer gemessen. Die Prozesskräfte werden als Validierungsparameter für die Simulation verwendet. Eine detaillierte Beschreibung der verwendeten Sensoren sowie der Werkzeug- und Werkstückcharakterisierung sind in der Veröffentlichung (Liu 2021) zu finden.

Die Werkzeugtemperatur T_{tool} in der Nähe der Schneidkante wird mit einem Quotientenpyrometer gemessen. Zu diesem Zweck ist eine Glasfaser in das Werkzeug eingebaut. Die Infrarotstrahlung gelangte durch die Glasfaser zum Pyrometer. Abb. 3 zeigt die Einbaulage der Glasfaser. Die Späne werden nach jedem Schnitt gesammelt. Der Einfluss des Kühlmitteldrucks auf den Spanbildungsvorgang wird durch den Vergleich der Spanformen ermittelt. Im Folgenden sind die Spanform bei der Zerspanung von C45 mit einer Schnittgeschwindigkeit von

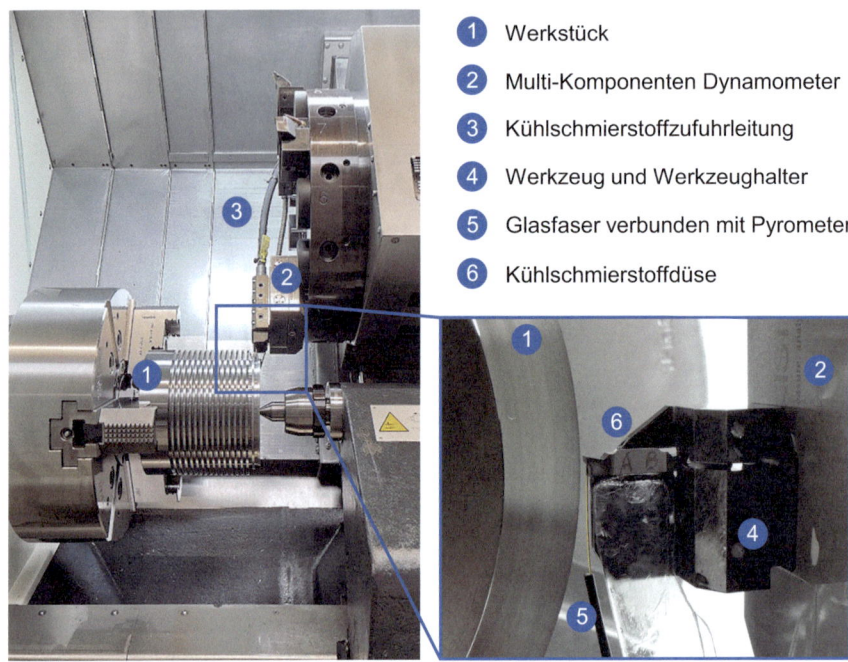

Abb. 2 Versuchsaufbau des Orthogonaldrehversuchs

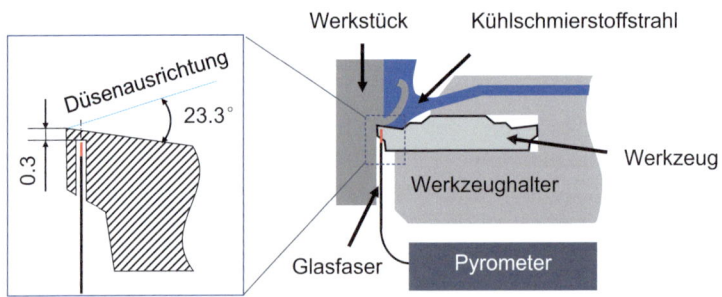

Abb. 3 Einbaulage der Glasfaser

$v_c = 60$ m/min und einer Spanungshöhe von h = 100 μm unter verschiedenen Kühlschmierstoffdrücken dargestellt.

Abb. 4 zeigt die gemessene Spangröße bei einem Druck von $p_{kss} = 80$ bis 216 bar. Mit zunehmendem Kühlmitteldruck verringern sich Außendurchmesser und Länge der Späne. Die Änderung der Spangröße ist nicht linear mit dem Kühlschmierstoffdruck. Bei Drücken über $p_{kss} = 160$ bar ändert sich die Spangröße nicht mehr. Die beobachtete mechanische Wirkung des Kühlschmierstoffs wird

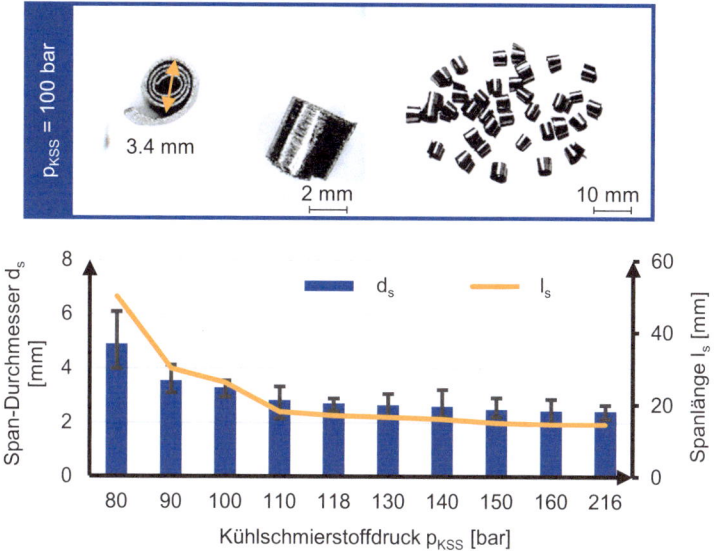

Abb. 4 Spanform unter Hochdruck-Kühlschmierstoffbedingungen. (Liu 2021)

durch ein numerisches Modell abgebildet. Das Funktionsprinzip des Modells wird im Folgenden erläutert.

2.2 Spanbildungssimulation unter Berücksichtigung der Kühlschmierstoffwirkung

Zur Modellierung des Zerspanungsprozesses mit der Kühlschmierstoffwirkung wird die gekoppelte Euler-Lagrangian (CEL)-Methode verwendet, wobei das Werkstück und der Kühlschmierstoff im Eulerschen Bereich definiert sind und das Werkzeug mit Lagrangeschen Netzen diskretisiert ist.

Abb. 5 zeigt den Modellaufbau. In der Simulation wird das Werkzeug als starrer Körper betrachtet und somit der Werkzeugverschleiß vernachlässigt. Die Werkzeugposition bleibt während der Simulation unverändert und das Werkstück bewegt sich mit der Schnittgeschwindigkeit auf das Werkzeug zu. Der Kühlschmierstoff tritt durch einen kreisförmigen Einlass ein, der der Ausrichtung und dem Durchmesser der Düse entspricht. Die Einlassgeschwindigkeit des Kühlschmierstoffs wird aus der gemessenen Durchflussmenge abgeleitet.

Abb. 6 zeigt die Simulationsergebnisse. Der Kühlschmierstoff wird bei einem Spandurchmesser von $d_s = 3{,}4$ mm appliziert. Bei $p_{kss} = 120$ und 160 bar verursachen die Kühlmittelstrahlen innerhalb einer Prozesszeit von $t_s = 1{,}6$ ms Spanbruch, während bei $p_{kss} = 80$ bar kein sofortiger Spanbruch auftritt. Dies stimmt gut mit den in Abb. 3 dargestellten experimentellen Ergebnissen überein.

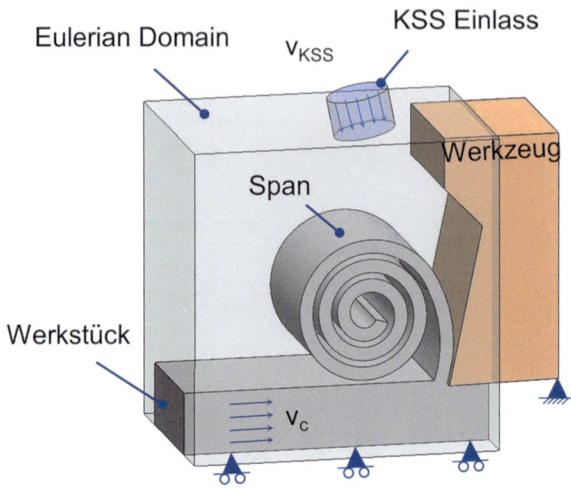

Abb. 5 Konzept und Mesh-Typ des gekoppelten Euler-Lagrange-Modells für die 3D-Zerspansimulation unter Berücksichtigung der Kühlschmierstoffwirkung. (Liu 2021)

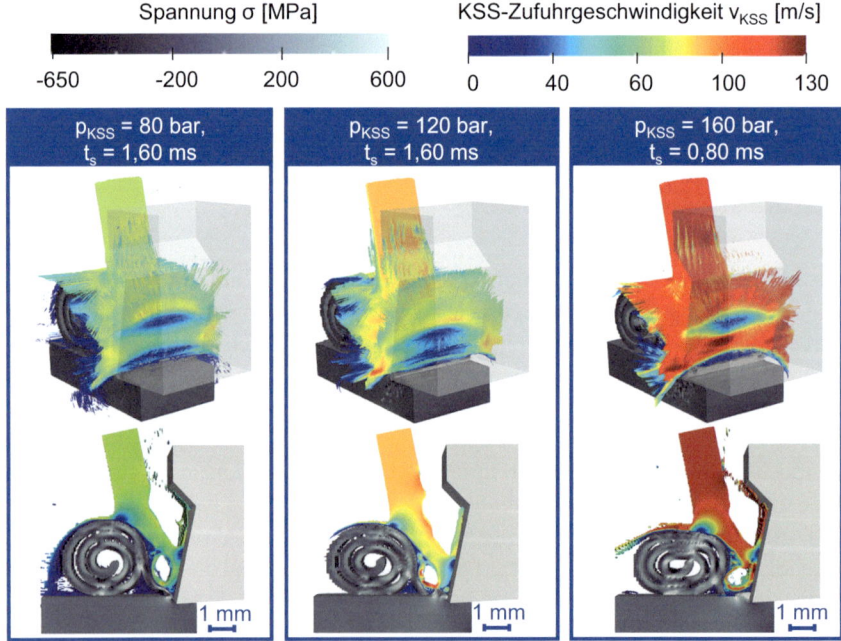

Abb. 6 Stromlinie des Kühlschmierstoffs aus der 3D-Simulation. Liu (2021b)

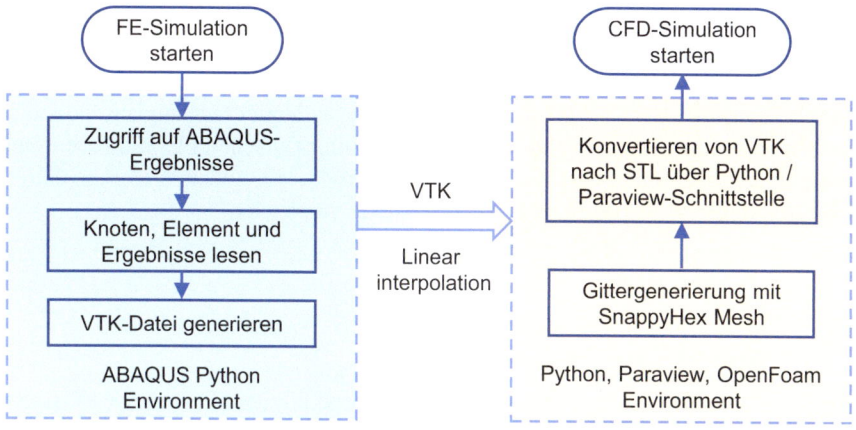

Abb. 7 Arbeitsabläufe des Schnittstellenprogramms

Die CEL-Simulation ist geeignet, um die mechanische Wirkung des Kühlschmierstoffs zu analysieren. Die konvektive Kühlung kann jedoch aufgrund der unzureichenden Auflösung der Festkörpergrenzzone nicht direkt gelöst werden. Die thermische Analyse wird dann in der numerischen Strömungsmechanik (CFD)-Simulation durchgeführt. Die CEL-Simulation generiert geometrische und thermische Randbedingungen für die CFD-Simulation. Der Datenaustausch zwischen beiden Simulationen wird durch ein Schnittstellenprogramm realisiert. Der Arbeitsablauf des Programms ist in Abb. 7 dargestellt.

Das Schnittstellenprogramm verwendet Python zum Einlesen der ABAQUS-Simulationsergebnisse und generiert eine VTK-Datei, die die physikalischen Ergebnisse und die Geometrie der Teile enthält. Basierend auf der VTK-Datei wird die für die CFD-Simulation benötigte Volumengeometrie mit der Open-Source-Software Paraview erzeugt. Da sich das für die CFD-Simulation benötigte Randschichtnetz von dem der FE-Simulation unterscheidet, werden keine Netzinformationen übertragen. In der CFD-Simulation wird ein neues Netz auf Basis des geometrischen Modells mit dem Netzgenerator snappyHexMesh erstellt.

3 Thermische Modellierung der Kühlschmierstoffströmung in der Zerpanzone

Im Folgenden wird die Methodik zur thermischen Modellierung des Kühlschmierstoffs exemplarisch für die Zerspanzone im Orthogonalschnitt beschrieben. Grundsätzlich handelt es sich hierbei um ein multiphysikalisches Problem, bei dem mechanische Prozesse wie die Spanbildung und Verformung aber auch die Kontaktwärmeübergänge zwischen Werkzeug und Werkstück sowie konvektive

Wärmeübergänge zwischen Kühlschmierstoff und Werkzeug/Werkstück berücksichtigt werden müssen. Aufgrund der Komplexität dieses Phänomens und der thermo-mechanischen Interaktion existieren bisher keine Gesamtansätze, welche sowohl Thermik als auch Mechanik mit zufriedenstellender Genauigkeit modellieren können. Aus diesem Grund wird eine Kopplung zwischen FE-Simulation und strömungsmechanischer Simulation realisiert, um die individuellen Stärken der jeweiligen Methode zu nutzen und Synergieeffekte zu erzielen.

3.1 Generierung des Rechengitters und Modellannahmen

Der derzeitige Entwicklungsstand der CFD-Methodik nutzt ein statisches Rechengitter, dementsprechend werden kontinuierliche Spanbildungsprozesse durch die Modellierung mehrerer diskreter Spanzustände berücksichtigt. Die hierfür notwendigen Geometrieinformationen zur Generierung des Rechengitters werden über die zuvor durchgeführte FEM-Simulation bereitgestellt. Als Dateiformat für den Geometrietransfer bietet insbesondere das „stl" (**S**tandard **T**riangulation/Tesselation **L**anguage) Vorteile, da dieses Format von vielen CAD-Programmen, aber auch kommerziellen Tools und Freeware CFD-Software zur Gittergenerierung genutzt werden kann. Ein kritischer Punkt bei der Gittergenerierung ist eine ausreichend hohe Auflösung der Strömungsgrenzschicht, um den Wärmeübergang hinreichend genau abbilden zu können.

Abb. 8 zeigt typische Randbedingungen für den untersuchten Fall. Neben der Geometrie wird der berechnete Wärmestrom von der FEM-Simulation an die CFD

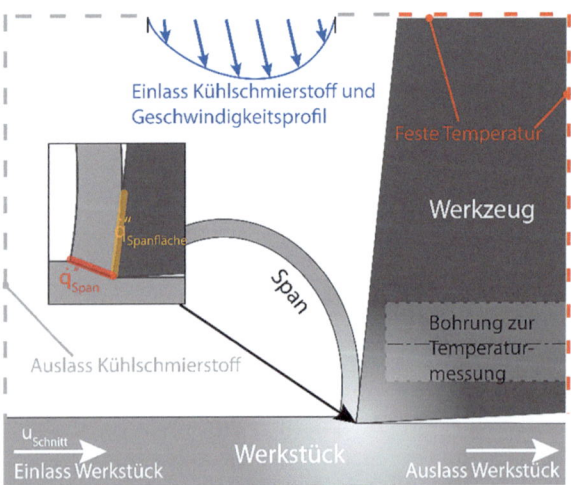

Abb. 8 Typische Wahl der Randbedingungen einer strömungsmechanischen Untersuchung in der Zerspanzone (Helmig et al. 2019)

übergeben und entlang des Kontaktbereichs aufgeprägt (siehe Abb. 8). Als Dateiformat können hier beispielsweise Tabellen oder Vektorformate gewählt werden, welche in Abhängigkeit von der Ortskoordinate den Wärmestrom definieren und vom CFD-Programm entsprechend eingelesen werden können. Des Weiteren besteht die Möglichkeit, Anteile gasförmiger Umgebungsluft in der Simulation zu vernachlässigen, da Voruntersuchungen gezeigt haben, dass ein Großteil des Fluiddomäne durch den Kühlschmierstoff bedeckt wird. Die thermophysikalischen Eigenschaften von Fluid und Feststoff werden zunächst als konstant angenommen. Zur Entwicklung und Etablierung der Methode wird eine Überflutungskühlung mit moderaten Geschwindigkeiten (ca. 10 m/s) untersucht. Die entsprechende Reynoldszahl am Düsenaustritt liegt bei ca. 2300 und somit noch im laminaren Regime.

Im Folgenden werden exemplarische Ergebnisse der Strömungssimulation vorgestellt und diskutiert.

3.2 Exemplarische Ergebnisse der Strömungssimulation

Abb. 9 zeigt das Geschwindigkeitsfeld des Kühlschmierstoffs in der Zerspanzone. Im Bereich zwischen Werkzeug und Span bildet sich ein „Totwassergebiet" aus, in dem es nur zu geringem Austausch des Kühlmediums kommt. Oberhalb der

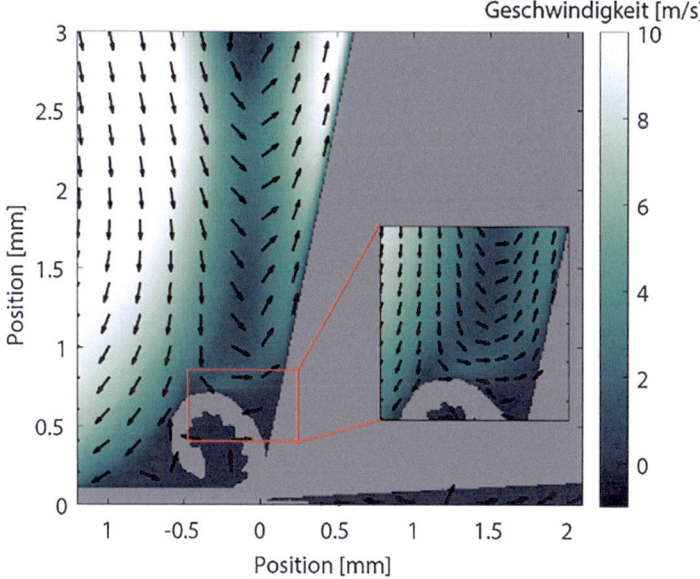

Abb. 9 Resultierendes Geschwindigkeitsfeld des Kühlschmierstoffes aus der CFD Simulation (Liu et al. 2021a, b)

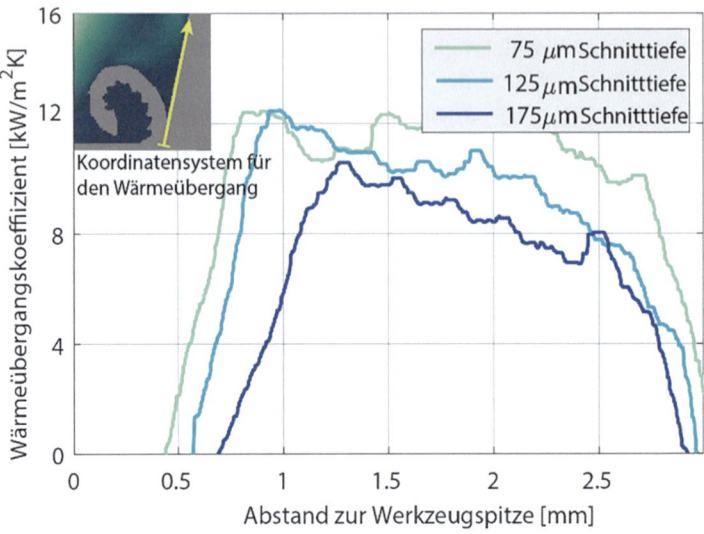

Abb. 10 Wärmeübergangskoeffizient entlang der Werkzeugschneide für verschiedene Schnitttiefen (Liu et al. 2021a, b)

unmittelbaren Zerspanzone beschleunigt der Kühlschmierstoff jedoch wieder und verläuft parallel zur Werkzeugschneide.

Die geringen Geschwindigkeiten in der Stauzone führen zu einem geringen Wärmetransport. Dies ist in Abb. 10 zu erkennen, in welcher der ortsaufgelöste Wärmeübergang entlang der Werkzeugschneide darstellt wird. Erst in einem Abstand von 0,5 mm zur Werkzeugspitze kann ein deutlicher Anstieg des Wärmeübergangs verzeichnet werden. Dieser geht in ein Plateau über, bevor gegen Ende ein abfallende Trend zu erkennen ist. Zudem wird deutlich, dass höhere Schnitttiefen zu einem verzögerten Anstieg im Wärmeübergang führen. Dies ist insbesondere durch die größeren Späne zu begründen, welche ein Eindringen des Kühlschmierstoffs in die Zerspanzone zusätzlich erschwert. Insgesamt können als erste Näherung mittlere Wärmeübergangskoeffizienten zwischen 8–10 kW/m^2K angenommen werden.

4 Modellierung des Wärmeflusses in den Werkzeughalter

Im Anschluss an die zweidimensionale Betrachtung der Spanentstehung und Wärmestrompartitionierung erfolgt eine dreidimensionale Makromodellierung des thermo-elastischen Verhaltens von Werkzeug und Werkzeughalter. Mit dieser

Makrobetrachtung kann die thermisch induzierte Verformung von Werkzeug und Spannsystem bzw. die Verlagerung des Werkzeugs unter Berücksichtigung des Wärmeeintrags aus dem Zerspanungsprozess und verschiedener Kühlstrategien ermittelt werden.

4.1 Simulationsmodellbeschreibung

Um den Einfluss der Kühlmethoden auf das Temperaturregime des Schneidwerkzeugs und seiner Aufnahme zu simulieren und somit die thermisch bedingten Verformungen zu erfassen, wird ein CFD-Simulationsmodell unter Verwendung von ANSYS CFX eingesetzt. Im ersten Schritt werden nur das Fräswerkzeug und die Werkzeugaufnahme ohne das Werkstück simuliert, um vereinfachte Randbedingungen zu definieren. Außerdem enthält es eine Düse zur Ausrichtung der zugeführten Kühlmittel sowie die umgebenden Luftbereiche. Aufgrund der nicht rotationssymmetrischen Form des Fräswerkzeugs und der damit verbundenen Notwendigkeit einer transienten Vernetzung aufgrund der Rotation wird ein zylindrischer Luftbereich um das Werkzeug herum erstellt, der die Rotation der Komponenten ohne transiente Vernetzung ermöglicht. Für jede Komponente bzw. Luftbereich wird im Simulationssetup eine Domäne definiert, in der die Materialparameter und Schnittstelleneinstellungen festgelegt werden. Dieses Simulationsmodell ist in Abb. 11 dargestellt.

Der zuvor simulativ ermittelte Wärmeeintrag in den Fräser, der mittels Kalibrierung durch Daten aus einem realen Zerspanungsprozess (äquivalente Prozessparameter) verifiziert wurde, wird als thermische Randbedingung auf den kleinen Flächen an den Schneidkanten des Schaftfräsers appliziert. Diese Kontaktbereiche

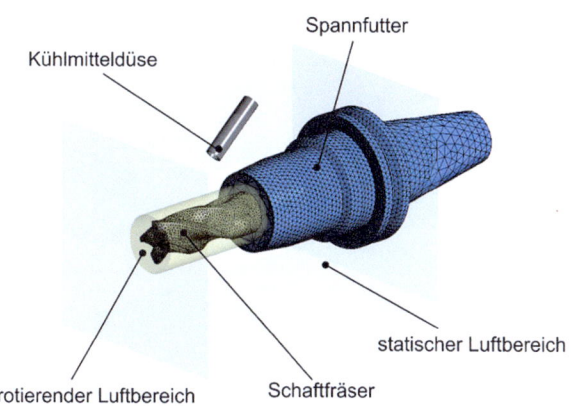

Abb. 11 3D-Makrosimulationsmodell der untersuchten Komponenten (Topinka et al. 2021)

mit dem Span entsprechen flächenmäßig dem Wärmeeintragsbereich, wie er bei einem realen Fräsprozess vorliegt.

4.2 Kühlmittelströmung um das Werkzeug

Um die Kühlwirkung des flüssigen Kühlmittels zu simulieren, wird in dem entwickelten CFD Simulationsmodell für Vollstrahl- und Mindermengenkühlung der Einsatz von Kühlschmiermittel in einer Zweiphasenströmung realisiert. Dies beinhaltet die Definition der beiden auftretenden Phasen, wie Luft- und Kühlmittelphase, und der Beziehungsparameter zwischen ihnen. In der unmittelbaren Umgebung des Zerspanungswerkzeugs entsteht aufgrund der Rotation des spiralförmigen Werkzeugs eine turbulente und verwirbelte Strömung. Daher erfordert dieser Bereich eine feinere Vernetzung im Vergleich zum äußeren Luftraum. Außerdem wird ein Shear-Stress-Transport-Turbulenzmodell (SST) angewendet, um diese nicht laminare Strömung korrekt abzubilden und somit eine korrekte Berechnung des Wärmeübergangs in diesem Bereich zu gewährleisten. Mit der definierten Wärmequelle an den Schneidkanten und der Kühlwirkung durch umströmendes Kühlmittel berechnet das CFX-Modell die Wärmebilanz und das resultierende Temperaturfeld des Werkzeugs und seiner Aufnahme. Dieses inkludiert die räumlich und zeitlich nicht konstanten Wärmeübertragungskoeffizienten, welche aufgrund der Rotation des Werkzeugs und der auftretenden intensiven Turbulenzen und Wirbel nicht a priori abgeschätzt werden können. Ein Beispiel für die simulierte Kühlmittelströmung um das Schaftfräswerkzeug (links) und das resultierende Temperaturfeld nach Erreichen eines stationären thermischen Zustands (rechts) ist in Abb. 12 zu sehen.

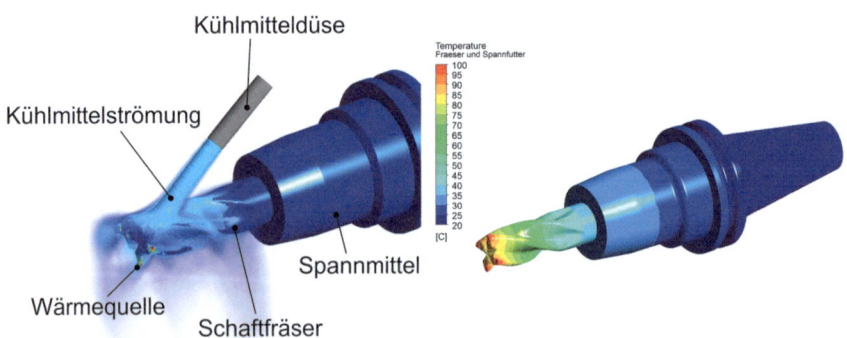

Abb. 12 CFD-Simulation der Kühlmittelströmung um das Schaftfräswerkzeug (links) und berechnetes Temperaturfeld (rechts)

5 Zusammenfassung

In diesem Kapitel wird eine Methodik vorgestellt, die die Vorhersage und Korrektur der Verschiebung am TCP in Abhängigkeit vom Zerspanungsprozess und den Kühlschmierstoffbedingungen mittels einer Multiskalensimulation ermöglicht. Zu diesem Zweck werden Simulationsmodelle kombiniert, um die Wärmequellen und -senken sowohl im Schneidprozess an der Schneide als auch im Werkzeughalter zu bestimmen. Mithilfe des entwickelten Modellansatzes kann das transiente Temperaturfeld im Werkzeug für definierte Prozessparameter vorhergesagt werden. Darüber hinaus ist der Ansatz in der Lage, die lokalen und globalen Auswirkungen der transienten Wärmequelle auf die Temperatur im Werkzeug zu simulieren, wobei die Kühlschmierstoff-Effekte berücksichtigt werden. Der entwickelte Ansatz kann auf verschiedene Fräsprozesse angewendet werden und bietet die Möglichkeit, die Prozessparameter zu optimieren sowie als Eingangsparameter für die Korrektur der TCP-Verschiebung verwendet zu werden.

Literatur

Bräunig M, Semmler U, Schmidt G, Wittstock V, Putz M, (2015) Model-Based Representation of Thermoenergetic Effects in Cutting Tools and Part Clamping Devices. In: Großmann K (Hrsg) Thermoenergetic design of machine tools. Springer International Publishing, S 13–25

Bräunig M, Regel J, Richter C Putz M (2018) Industrial relevance and causes of thermal issues in machine tools. In: 1st Conference on Thermal Issues in Machine Tools, Dresden

Chorin A, Marsden JE (2000) A mathematical introduction to fluid mechanics. Springer Verlag

Helmig T, Peng B, Ehrenpreis C, Augspurger T, Frekers Y, Kneer R, Bergs T (2019) A coupling approach combining computational fluid dynamics and finite element method to predict cutting fluid effects on the tool temperature in cutting processes. J Manufac Sci Eng 141(10)

Klocke F (2011) Manufacturing processes 1. Springer-Verlag, Berlin Heidelberg

Liu H, Helmig T, Augspurger T, Nhat N, Kneer R, Bergs T (2021a) Modeling the cooling effect of the cutting fluid in machining using a coupled FE-CFD Simulation. 2nd International Conference on Thermal Issues in Machine Tools

Liu H, Peng B, Meurer M, Schraknepper D, Bergs T (2021b) Three-dimensional multi-physical modelling of the influence of the cutting fluid on the chip formation process. Procedia CIRP 102:216–221

Pabst R (2008) Mathematische Modellierung der Wärmestromdichte zur Simulation des thermischen Bauteilverhaltens bei der Trockenbearbeitung [Dissertation]. Universität Karlsruhe

Putz M, Oppermann C, Bräunig M (2018) Enhancement and analysis of multidimensional characteristic diagrams for correction of TCP-displacements caused by thermal tool displacement", 8th CIRP Conference on High Performance Cutting (HPC 2018), Procedia CIRP 77:553–556

Topinka L, Bräunig M, Regel J, Putz M, Dix M (2021) Multi-phase simulation of the liquid coolant flow around rotating cutting tool. MM Science 5:5148–5153

Open Access Dieses Kapitel wird unter der Creative Commons Namensnennung 4.0 International Lizenz (http://creativecommons.org/licenses/by/4.0/deed.de) veröffentlicht, welche die Nutzung, Vervielfältigung, Bearbeitung, Verbreitung und Wiedergabe in jeglichem Medium und Format erlaubt, sofern Sie den/die ursprünglichen Autor(en) und die Quelle ordnungsgemäß nennen, einen Link zur Creative Commons Lizenz beifügen und angeben, ob Änderungen vorgenommen wurden.

Die in diesem Kapitel enthaltenen Bilder und sonstiges Drittmaterial unterliegen ebenfalls der genannten Creative Commons Lizenz, sofern sich aus der Abbildungslegende nichts anderes ergibt. Sofern das betreffende Material nicht unter der genannten Creative Commons Lizenz steht und die betreffende Handlung nicht nach gesetzlichen Vorschriften erlaubt ist, ist für die oben aufgeführten Weiterverwendungen des Materials die Einwilligung des jeweiligen Rechteinhabers einzuholen.

Thermische Modellierung von Verbindungsstellen

Thorsten Helmig, Faruk Al-Sibai und Reinhold Kneer

1 Einleitung

Zur Beschreibung des thermischen Verhaltens von Werkzeugmaschinen ist die Modellierung eines thermischen Systems notwendig, welches die wirkenden thermischen Randbedingungen mit der resultierenden Temperaturverteilung im untersuchten Bauteil verknüpft. Eine häufig auftretende thermische Randbedingung stellen insbesondere Kontaktwärmeübergänge zwischen Maschinenkomponenten dar.

Bei Kontaktwärmeübergängen entspricht die reale Kontaktfläche zweier Bauteile aufgrund fertigungsbedingter Oberflächenrauigkeiten nur einem Bruchteil der nominellen Fläche. Hierdurch entsteht ein thermischer Widerstand, welcher zu einem Temperatursprung an der Verbindungsstelle führt. Neben der Kontaktfläche wird dieser Widerstand ebenfalls durch veränderliche Anpressdrücke, fluide Zwischenmedien sowie durch makroskopische Krümmung der Kontaktpartner beeinflusst. Die genaue Kenntnis dieser Wärmetransportmechanismen ist somit für die exakte Beschreibung des thermischen Verhaltens von Maschinenkomponenten entscheidend.

T. Helmig · F. Al-Sibai · R. Kneer (✉)
Lehrstuhl für Wärme- und Stoffübertragung, RWTH Aachen, Aachen, Deutschland
E-Mail: kneer@wsa.rwth-aachen.de

T. Helmig
E-Mail: helmig@wsa.rwth-aachen.de

F. Al-Sibai
E-Mail: al-sibai@wsa.rwth-aachen.de

2 Grundlagenphänomene

Für einen eindimensionalen stationären Wärmetransport ohne Kontaktstelle kann der Temperaturverlauf im Körper mithilfe des Fourier Gesetz beschrieben werden. Das resultierende Temperaturprofil ist hierbei linear (Abb. 1 links). Im Gegensatz dazu tritt an Füge- und Kontaktstellen zwischen den Bauteilen ein Kontaktwärmewiderstand auf, welcher zu einem Temperatursprung über die Grenzfläche führt.

Zurückzuführen ist dieser Temperatursprung auf das Oberflächenprofil der Kontaktpartner, welches fertigungsbedingt mikroskopische Oberflächenrauigkeiten und Strukturen aufweist. Demzufolge herrscht nicht über die gesamte Fläche Kontakt, sondern lediglich über einen Bruchteil der nominellen Fläche. Die Querschnittsveränderung führt zu einer Einschnürung des Wärmestroms und letztendlich einem messbaren Temperatursprung über die Grenzfläche. Die integrale mathematische Modellierung erfolgt über den Kontaktwärmeübergangskoeffizienten.

3 Analytisch-theoretische Beschreibung der Kontaktwärmeübergänge

Bereits in den 1960er wurden erste analytische Ansätze zur Vorhersage von Kontaktwärmeübergangskoeffizienten vorgestellt. Aufgrund der begrenzten Rechenleistung damaliger Computer nutzen diese Ansätze vielmals Reihenentwicklungen zur Modellierung des Temperaturfeldes. Für einen grundlegenden Überblick der Thematik werden die wichtigsten Korrelationen vorgestellt.

Insbesondere die Arbeit von (Cooper et al. 1969) ist hier zu nennen, welche Wärmeübergänge ohne Zwischenmedien an makroskopisch planaren Kontaktflächen beschreibt:

$$\alpha_c = 1{,}45 \lambda \left(\frac{m}{R_q}\right) \left(\frac{p}{H}\right)^{0{,}985} \tag{1}$$

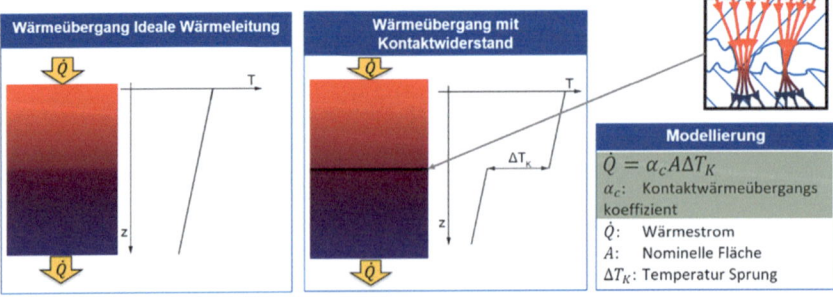

Abb. 1 Grundlagenphänomen Kontaktwärme

Hierbei entspricht k der Wärmeleitfähigkeit, m der Flankensteigung, R_q der Oberflächenrauigkeit, p dem applizierten Druck und H der Materialhärte. Die Ergebnisse zeigen eine lineare Abhängigkeit des Wärmeübergangs zum aufgeprägten Druck. Diese Gleichung beinhaltet einfach zu bestimmende integrale Kraft- und Oberflächenkenngrößen und kann für eine erste Abschätzung des Wärmeübergangs genutzt werden. Bei Werkzeugmaschinen ist hierbei noch insbesondere der Einfluss von Zwischenmedien, sowie der Effekt makroskopischer Krümmungen, beispielsweise bei Wälzkörpern und Profilschienen, von Interesse. Eine qualitative Darstellung dieses Phänomens ist in Abb. 2 gezeigt:

Bahrami et al. (2004) haben umfassende theoretische Arbeiten im Bereich makroskopischer Krümmungen geleistet und beschreiben den Gesamtwärmeübergang als Reihenschaltung von thermischen Widerständen. Diese umfassen zum einen den makroskopischen Widerstand durch Krümmung und zum anderen den mikroskopischen Widerstand durch das Rauheitsprofil der Oberfläche. Dies ergibt für den Gesamtwiderstand:

$$R_{ges} = R_{mic} + R_{mac} \qquad (2)$$

Ausgeschrieben führt dies somit zu:

$$R_{ges} = \left(\frac{1}{1,57k}\right)\left(\frac{R_q}{m}\right)\left(\frac{H}{F_{nom}}\right) + \left(\frac{1 - (a_{mac}/b_{mac})^{1,5}}{2ka_{mac}}\right) \qquad (3)$$

F_{nom} beschreibt die nominelle Kraft und der Geometrieparameter a_{mac} entspricht hierbei der Kontaktbreite und b_{mac} dem Probenradius (siehe Bahrami et al. 2004).

Insgesamt können die aufgezeigten Korrelationen für eine relativ schnelle Bestimmung des Wärmeübergangs genutzt werden. Die Ergebnisse sind allerdings nur als eine Abschätzung zu werten, da die getroffenen Annahmen, wie homogene

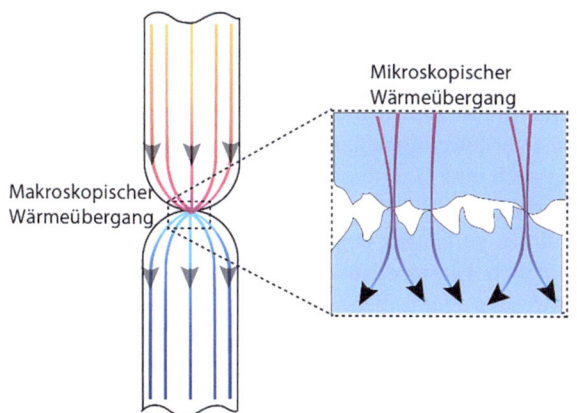

Abb. 2 Qualitative Darstellung der Kontaktgeometrie bei makroskopischen Unebenheiten nach (Helmig et al. 2022)

Verteilung der Kontaktstellen und vereinfachte Modellierung durch Wärmestromzylinder, zu einer Überschätzung des Wärmeübergangs führen.

Für eine Validierung der berechneten Werte sollten daher experimentelle Untersuchungen durchgeführt werden. Hier stehen verschiedene Konzepte mit variierendem Aufwand zur Auswahl. Zwei davon werden im Folgenden vorgestellt.

4 Experimentelle Bestimmung von Kontaktwärmeübergangskoeffizienten

In den vergangenen Jahrzehnten wurden eine Vielzahl von unterschiedlichen Methoden zur Bestimmung von Kontaktwärmeübergangskoeffizienten entwickelt und getestet. Eine umfassende Übersicht dieser Methoden wird in der Arbeit von (Xian et al. 2018) vorgestellt und entsprechende Vor- und Nachteile der Methode sowie Größe und Kontext der untersuchten Materialen diskutiert.

Bezüglich Werkzeugmaschinen sind besondere zwei Ansätze von Interesse. Die erste vorgestellte Methodik ist wenig kostenintensiv, beinhaltet einen einfachen experimentellen Aufbau bei guter Genauigkeit und ist dementsprechend für einen praxisnahen Einsatz in der Industrieanwendung geeignet. Der zweite Ansatz greift auf kostenintensive Infrarot-Messtechnik zurück, benötigt einen komplexeren Aufbau und ist demzufolge eher für einen grundlagenorientieren bzw. akademischen Einsatz geeignet.

Die erste Methodik ist in Abb. 3 dargestellt. Hier wird eine obere und untere Probe bei einer konstanten Last verpresst und ein definierter stationärer Wärmestrom aufgeprägt. Das resultierende stationäre Temperaturprofil (Abb. 3, rechts) wird anschließend genutzt, um den Kontaktwärmeübergangskoeffizient zu bestimmen. Die Wartezeiten für ein stationäres Temperaturprofil können dabei mehrere Stunden betragen. Für die Temperaturerfassung werden Thermoelemente entlang der Probenkörper platziert und der berechnete Temperaturgradient bis zur Kontaktstelle extrapoliert, um den Temperatursprung und den Wärmeübergang zu bestimmen. Allerdings reagiert dieses Verfahren empfindlich auf Messungenauigkeiten, dementsprechend ist auf eine möglichst exakte Positionierung der Messstellen und genaues Erfassen der jeweiligen Temperaturdaten zu achten. Deshalb sollte neben der Auswertung auch eine Unsicherheitsanalyse erfolgen, um die Genauigkeit des Ergebnisses einschätzen zu können.

Der Vorteil dieses Verfahrens liegt bei der einfachen und kostengünstigen Messtechnik, da lediglich Thermoelemente genutzt werden und keine leistungsstarke Mess- und Auswertemethodik benötigt wird. Eine ausführliche Beschreibung ist beispielsweise in der Arbeit von (Gopal 2013) zu finden.

Um die Nachteile einer langen Wartezeit der genannten Methodik zu kompensieren, wurde das oben genannte Konzept weiterentwickelt und ist folgend in Abb. 4 zu sehen.

Thermische Modellierung von Verbindungsstellen 135

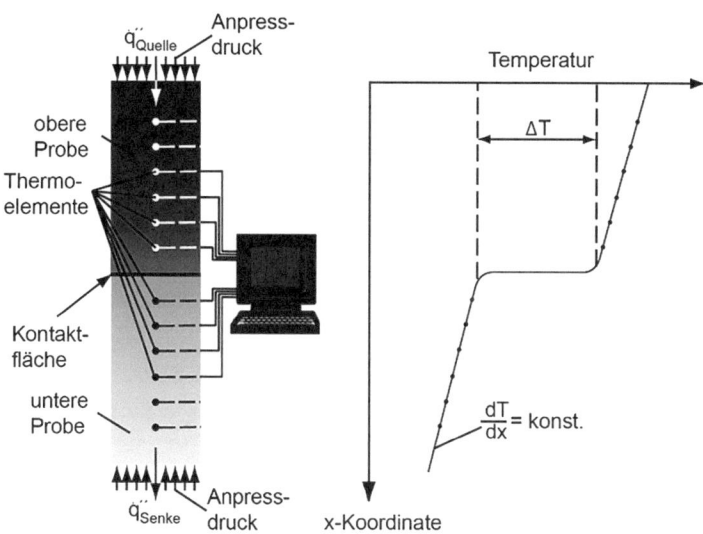

Abb. 3 Messaufbau zur stationären Bestimmung von Kontaktwärmeübergangskoeffizienten (Fieberg und Kneer 2008)

Bei diesem Aufbau wird statt Thermoelementen eine High Speed Infrarotkamera eingesetzt, welche örtlich und zeitlich hochauflösen-de Temperaturinformation bereitstellt. Hierbei werden zunächst Proben mit vorher definierten Oberflächenparametern wie mittlere Flankensteigung und Rauigkeit hergestellt. Für die Untersuchung werden diese in die Prüfpresse eingespannt, auf unterschiedliche Temperaturniveaus vorgeheizt und anschließend miteinander verpresst. Der folgende transiente Temperaturausgleich der Proben wird mit der Infrarotkamera erfasst und anschließend in einem inversen Auswerteverfahren ausgewertet.

Das inverse Auswerteverfahren basiert auf der Lösung von thermischen Erhaltungsgleichungen. Durch Abgleich der simulierten Temperaturdaten mit gemessenen Werten erfolgt eine Optimierung der thermischen Randbedingung bis eine maximale Übereinstimmung zwischen numerischen und experimentellen Werten erreicht wird. Eine detaillierte Erläuterung der entwickelten Methode ist in der Arbeit von (Burghold et al. 2015) zu finden. Das inverse Auswerteverfahren ist dabei nicht nur auf den gewählten Pressenprüfstand beschränkt, sondern kann auf eine Vielzahl thermischer Probleme mit unbekannter Randbedingung im Bereich der Werkzeugmaschine angewandt werden (Ozisik 2002). Im Kontext von Werkzeugmaschinen ist hier z. B. der Transfer der Methode zur Bestimmung von Wärmeübergangskoeffizienten bei Wälzkörpern und Lagerkomponenten zu nennen (Helmig et al. 2021).

Insgesamt ist die höhere Genauigkeit des Messverfahrens allerdings mit einem höheren, weitaus komplexeren Auswerteaufwand verbunden und erfordert eine hohe Expertise des durchführenden Ingenieurs, um Randeffekte und Fehlerquellen in der Auswertung und im Ergebnis korrekt einschätzen zu können.

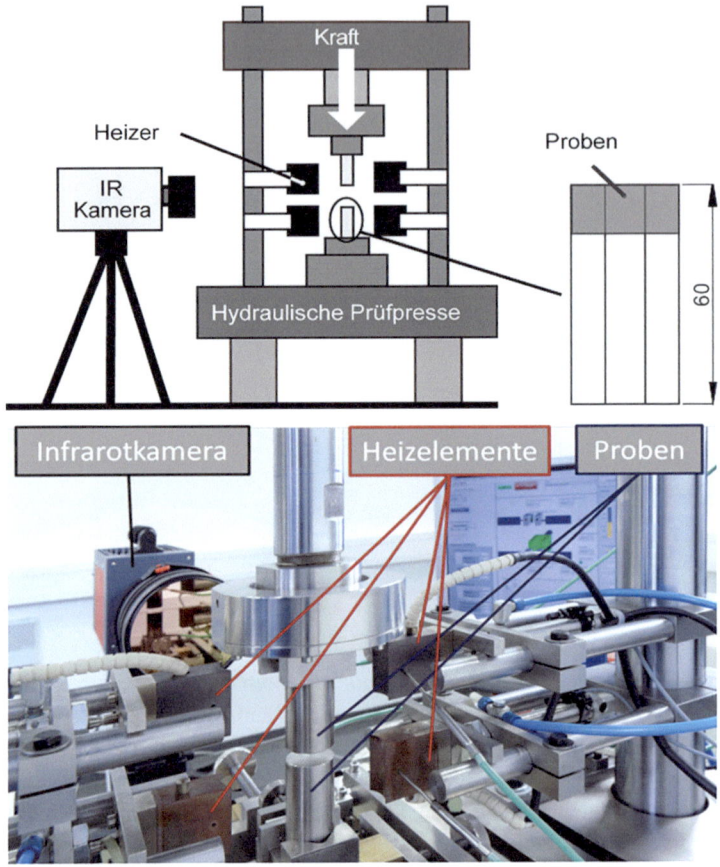

Abb. 4 Messaufbau zur instationären Bestimmung von Kontaktwärmübergangskoeffizienten (Burghold et al. 2015)

5 Numerische Bestimmung von Kontaktwärmeübergangskoeffizienten

Die Entwicklung leistungsstarker Computersysteme in den vergangenen Jahren hat die Grundlage für numerische Lösungsansätze gelegt. Analog zu den bereits vorgestellten theoretisch-analytischen Ansätzen müssen auch in der Numerik die Hauptaspekte Oberflächengeometrie, Kontaktmechanik und Thermik berücksichtigt werden.

Nach derzeitigem Stand der Forschung sind wenige kommerzielle Softwaretools erhältlich, die alle drei Themenbereiche sowie deren Verknüpfung in einer zufriedenstellenden Genauigkeit abbilden (Frekers et al. 2017). Es existieren jedoch derzeit prototypische Ansätze. Auf die genauen mathematischen Zusammenhänge wird an dieser Stelle nicht im Detail eingegangen, sondern es werden vielmehr die grundlegenden Herausforderungen bei der Modellentwicklung dargestellt.

Oberflächengeometrie
Die Oberflächengeometrie stellt eine notwendige Eingangsgröße für mechanische Modellierung dar und kann entweder über statistische Ansätze generiert oder über real vermessene Oberflächen bestimmt werden. Letzteres hat eine höhere Genauigkeit, erfordert allerdings einen hohen Messaufwand sowie den Einsatz sehr kostenintensiver Oberflächenvermessungstechnik. Alternativ können isotrope Oberflächen mithilfe integraler Größen, wie Rauigkeit oder mittlere Flankensteigung generiert werden. Die generierten Oberflächen berücksichtigen allerdings nicht die fertigungstypische Rillenstrukturen real gefertigter Oberflächen und führen somit zu einem veränderten Ergebnis.

Mechanische Modellierung
Zur Bestimmung der Kontaktstellen und Geometrie für die thermische Modellierung muss zunächst die Oberflächenverformung berechnet werden. Dies kann z. B. mithilfe von Finite-Element-Methoden (FEM) erfolgen. Um die Rauheitsprofile und Oberflächengeometrie exakt abbilden zu können, ist jedoch eine hohe räumliche Auflösung der Kontaktpartner notwendig. Dies führt zu einer hohen Speicherlast und bedingt einen Kompromiss zwischen Auflösung und Größe des betrachteten Oberflächensegments, (Murashov et al. 2015) und (Sidaapa und Tariq 2020). Alternativ zur klassischen FE-Modellierung können auch elasto-plastische Halbraummodelle eingesetzt werden, welche die lokale Oberflächenhöhe z in Abhängigkeit der Ortskoordinaten x und y abbilden ($z = f(x,y)$). Diese Methode führt zu einer deutlichen Reduktion der Rechenzeit. Bezüglich ausführlicher Literatur sei hier auf die Arbeit von Willner (2004) und Goerke (2010) verwiesen.

Thermische Modellierung
Für die finale Bestimmung des Kontaktwärmeübergangs wird die dreidimensionale Temperaturgleichung gelöst:

$$k\frac{\partial^2 T}{\partial x^2} + k\frac{\partial^2 T}{\partial y^2} + k\frac{\partial^2 T}{\partial z^2} \tag{4}$$

Die Lösung von Wärmeleitproblemen stellt in den meisten kommerziellen Software Programmen eine moderate physikalische Herausforderung dar. Jedoch ist darauf zu achten, die Oberflächengeometrie mit einer hohen Zellauflösung abzubilden, um Ungenauigkeiten im resultierenden Temperaturfeld und daraus abgeleiteten Wärmeübergangskoeffizienten zu vermeiden. Abb. 5 zeigt hierzu einen exemplarischen Querschnitt des resultierenden Temperaturfelds aus einer drei-dimensionalen Simulation.

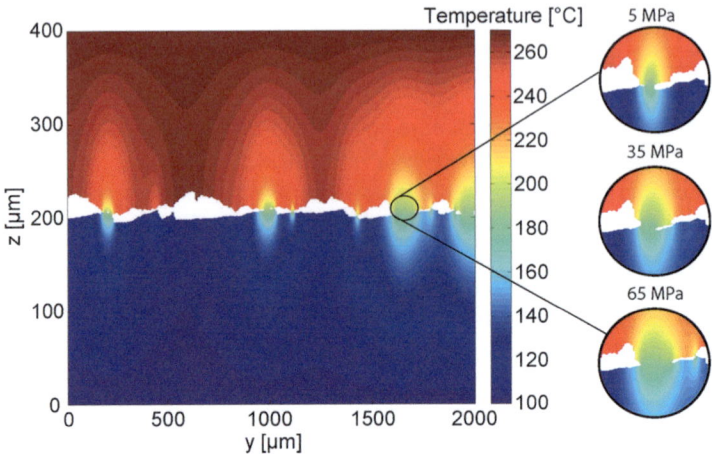

Abb. 5 Exemplarischeres Temperaturprofil sowie der Lasteinfluss auf die Größe der Kontaktstellen für eine Pressung von 65 MPa (Frekers et al. 2017)

6 Vorstellung exemplarischer Ergebnisse und Diskussion

Im Folgenden werden repräsentative Ergebnisse aus theoretischen, numerischen und experimentellen Untersuchungen von Kontaktwärmeübergängen vorgestellt und diskutiert. Diese sollen zunächst ein Gefühl für die Größenordnung und Verlauf geben.

6.1 Einfluss von Rauheit und Oberflächenausrichtung

Abb. 6 zeigt Kontaktwärmeübergänge einer exemplarischen Oberflächenpaarung mit einer Rauheit $R_q = 20$ μm in Abhängigkeit der aufgeprägten Last p. Deutlich erkennbar ist, dass die analytische Korrelation von Mikic (1974) im Vergleich zu numerischen und experimentellen Ergebnissen den Wärmeübergang erheblich überschätzt. Lediglich bei relativ geringen Lasten ($< 5\ MPa$) ist eine hohe Übereinstimmung erkennbar. Des Weiteren sind numerische Ergebnisse für generierte und real vermessene Oberflächen dargestellt. Bemerkenswert sind hierbei die deutlichen Unterschiede bei mittleren und hohen Lasten, welche auf die unterschiedlichen Oberflächenstrukturen von generierten und gemessenen Oberflächen zurückzuführen sind. Theoretische Ansätze gehen von einer isotropen Oberflächenstruktur aus und können fertigungstechnisch bedingte Wellenstrukturen nicht abbilden.

Isotrope Oberflächen führen zu einer eher gleichmäßigen Verteilung der mikroskopischen Kontaktstellung im Gegensatz zu Oberflächen mit Wellenstrukturen.

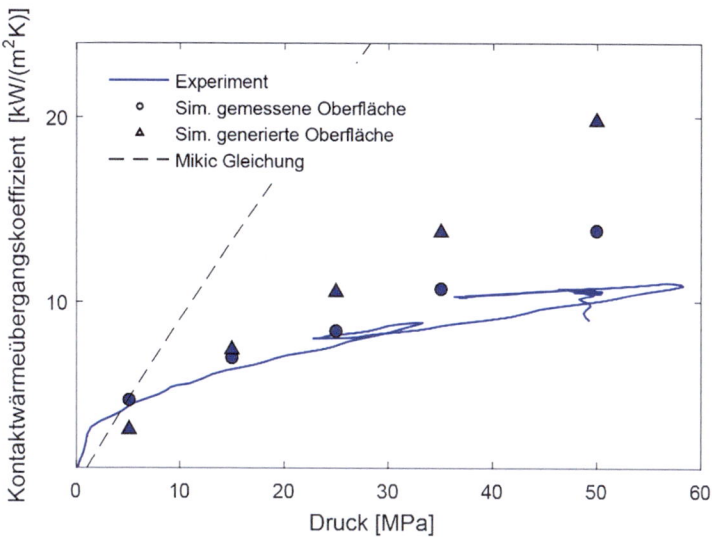

Abb. 6 Exemplarische Ergebnisse für experimentelle, numerische und analytisch bestimmte Kontaktwärmeübergänge (Frekers et al. 2017)

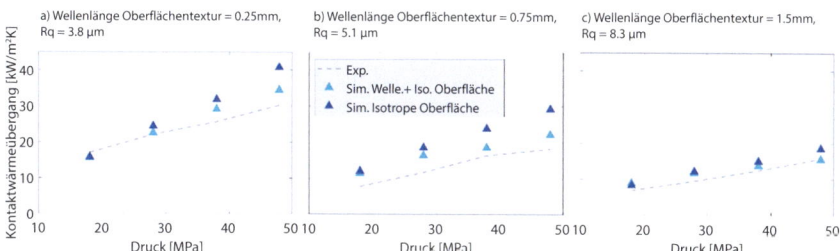

Abb. 7 Vergleich zwischen experimentellen und numerischen Daten verschiedener Oberflächengenerierungsansätze (Helmig et al. 2021)

Dies führt letztendlich zu einer Überschätzung des Wärmeübergangs. Das Phänomen ist auch in Abb. 7 dargestellt, welche experimentelle Daten mit den numerischen Ergebnissen isotroper und strukturierter Oberflächen vergleicht. Die hier dargestellten experimentellen und numerischen Untersuchungen zeigen eine deutliche Abnahme des Wärmeübergangs mit steigender Oberflächenrauigkeit.

Des Weiteren existieren bei Oberflächen mit einer Wellenstruktur je nach Orientierung der Kontaktpartner verschiedene Eingriffsszenarien. Dies ist in Abb. 8 für experimentelle Untersuchungen von Oberflächen mit derselben Rauigkeit und variierender Orientierung der Oberflächenstrukturen gezeigt. Während in der linken Abbildung Oberflächen mit derselben Orientierung dargestellt sind, zeigt der rechte Teil Ergebnisse von Oberflächen mit einer gegensätzlichen Orientierung.

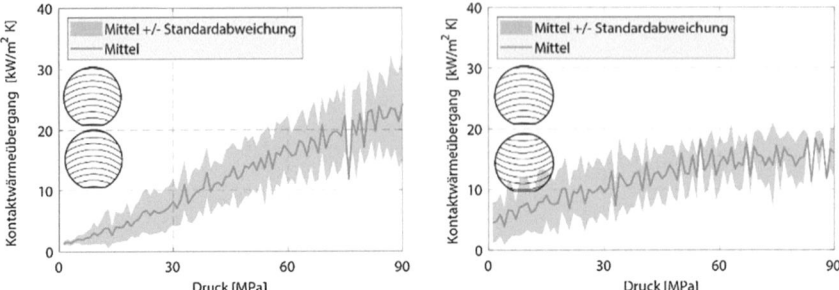

Abb. 8 Einfluss der Ausrichtung der Oberflächenstrukturen auf den Kontaktwärmeübergang (Helmig et al. 2020)

Diese weisen einen deutlich kleineren Wärmeübergang als Kontaktpaarungen mit gleicher Orientierung auf.

Insgesamt sollen diese exemplarischen Ergebnisse die Komplexität und das Zusammenspiel vieler Faktoren bei der Bestimmung des Kontaktwärmeübergangs verdeutlichen und unterstreichen, dass bereits viel wissenschaftliche Grundlagenarbeit in dieser Thematik erfolgt ist, jedoch bei der Bestimmung und Vorhersage dennoch Unsicherheiten auftreten können. Hinsichtlich der Anwendung auf die Werkzeugmaschine bieten die gewonnenen Erkenntnisse jedoch eine ausreichend hohe Genauigkeit, da eine Variation des Kontaktwärmeübergangs in den gezeigten Bereichen nur einen geringen Einfluss auf das resultierende Temperaturfeld hat.

6.2 *Einfluss von Zwischenmedien*

In den bisher dargestellten Ergebnissen werden insbesondere Kontaktwärmeübergänge ohne Zwischenmedien gezeigt. In vielen Bereichen der Werkzeugmaschine kommen allerdings Kühl- und/oder Schmierstoffe zwischen den Kontaktpartnern zum Einsatz, welche zu einer signifikant höheren Wärmeleitfähigkeit in den Kavitäten führen. Hierzu zeigt Abb. 9 experimentell und numerisch ermittelte Kontaktwärmeübergänge unter Berücksichtigung verschiedener Zwischenmedien wie Öle, Luft oder auch Wasser. Grundsätzlich zeigen Experiment und Simulation eine gute Übereinstimmung.

Der Einsatz von Zwischenmeiden somit eine Möglichkeit, um den Wärmeübergang zwischen den einzelnen Komponenten zu erhöhen (Bräunig et al. 2019). Der Einsatz von Zwischenmedien soll hierbei jedoch nicht als universelles Mittel zur Erhöhung des Wärmeübergangs betrachtet werden. Insbesondere Öle unterliegen Alterungsprozesse und sollten dementsprechend regelmäßig erneuert werden. Bei hohen Temperaturen können außerdem Teile des Zwischenmediums verdampfen. Die signifikant kleinere Wärmeleitfähigkeit des Dampfes führt dann zu einem geringen Wärmeübergang.

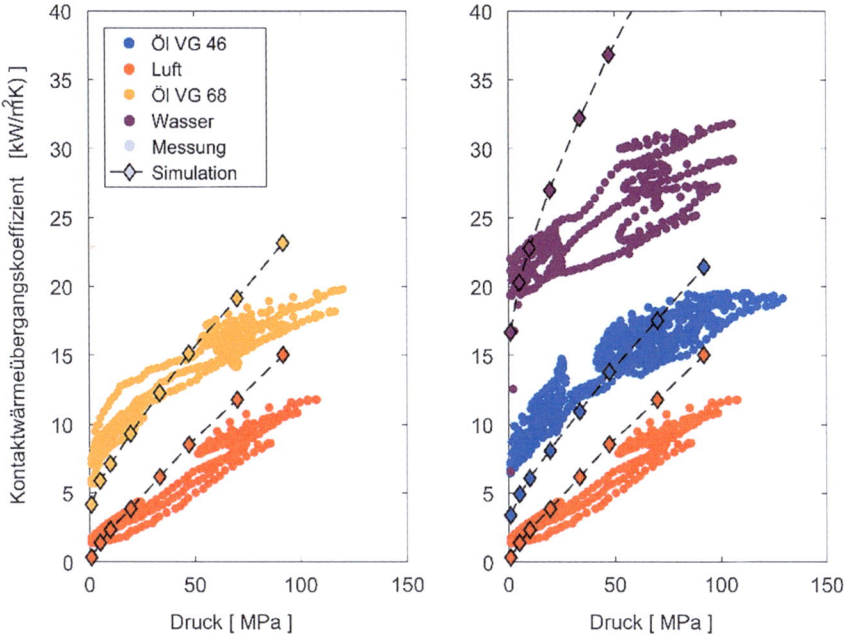

Abb. 9 Kontaktwärmeübergang in Abhängigkeit ausgewählter fluider Zwischenmedien (Frekers und Kneer 2018)

6.3 Einfluss von makroskopischer Krümmung

Als Letztes wird in diesem Kapitel der Einfluss von makroskopischen Unebenheiten auf den Gesamtwärmeübergang diskutiert. Neben dem thermischen Widerstand durch die Oberflächenrauheit wird durch die makroskopische Krümmung der Kontaktflächen ein weiterer thermischer Widerstand induziert. Dieser fließt als zusätzliche Größe in den Gesamtwärmeübergang ein. Dementsprechend gilt:

$$R_{ges} = R_{mac} + R_{mic} \tag{5}$$

Hier entspricht R_{ges} den Gesamtwiderstand, R_{mac} dem makroskopischen und R_{mic} den mikroskopischen Anteil.

Ergebnisse für variierende Krümmung und Drücke sind in Abb. 10 zu sehen. Die untersuchten Oberflächen weisen hierbei alle eine Rauheit von ca. 1,5 μm auf. Deutlich wird hier, dass in dem untersuchten Parameterbereich mikroskopischer und makroskopischer Wärmewiderstand in ähnlichen Teilen zum Gesamtwärmewiderstand beitragen. Während der makroskopische Widerstand kaum Veränderung durch eine Erhöhung der Last zeigt, kann beim mikroskopischen Widerstand eine deutliche Verringerung durch Lasterhöhung beobachtet werden.

Hinsichtlich des Einflusses des Oberflächenradius wird ein gegenteiliges Verhalten deutlich. Der makroskopische Widerstand zeigt einen leicht abfallenden

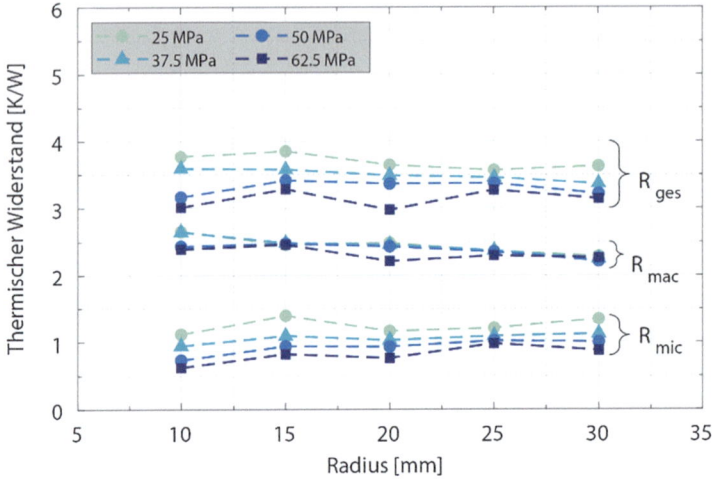

Abb. 10 Mikroskopische, makroskopische und Gesamtkontaktwiderstand als Funktion des Oberflächenradius und des applizierten nominellen Drucks (Helmig et al. 2022)

Trend bei höheren Radien, während beim mikroskopischen Widerstand aufgrund der Streuung der Werte zunächst kein eindeutiger Trend erkennbar ist. Insgesamt verdeutlicht Abb. 10, dass bei gekrümmten Oberflächenkontakten zusätzliche Wärmewiderstände entstehen, welche in derselben Größenordnung liegen wie der mikroskopische Widerstand. Bei der Modellierung von Gesamtmaschinen ist dementsprechend zu berücksichtigen, ob durch interne oder externe mechanische Lasten makroskopische Verformungen an Kontaktpaarungen auftreten können und diese zu einem höheren thermischen Gesamtwiderstand führen.

7 Zusammenfassung und Ausblick

In der Literatur existieren eine Vielzahl von theoretischen und analytischen Ansätzen zur Beschreibung der Kontaktwärmeübergänge. Aufgrund der getroffenen Annahmen überschätzen diese allerdings den realen Kontaktwärmeübergang häufig und können zu Ungenauigkeiten im Gesamtmodell führen. Alternativ können Literaturdaten aus bereits durchgeführten experimentellen Untersuchungen genutzt und zur Abschätzung des Wärmeübergangs angewandt werden. Für die individuelle Bestimmung von Kontaktwärmeübergängen wurden experimentelle Methoden vorgestellt. Der stationäre Aufbau mit taktilen Sensoren wie Thermoelementen kann mit verhältnismäßig wenig Konstruktions- und Kostenaufwand nachgebaut werden und bietet eine moderate Genauigkeit. Zudem existieren hierfür auch umfassende Literaturdaten.

Insgesamt zeigen die Ergebnisse, dass sowohl Anpressdruck als auch die Wahl des Zwischenmediums wirkungsvolle Maßnahmen darstellen, um den Wärmeübergang zwischen einzelnen Maschinenkomponenten zu erhöhen. Für eine erste Abschätzung des Druckeinflusses können die gezeigten analytischen Korrelationen genutzt werden. Alternativ bieten experimentelle Ergebnisse von (Burghold et al. 2015; Frekers et al. 2017; Helmig et al. 2020) ein Nachschlagewerk. Für die Abschätzung des Einflusses fluider Zwischenmedien auf den Wärmeübergang kann auch vereinfachend zunächst auch ein linearer Einfluss der Wärmeleitfähigkeit des Zwischenmediums angenommen werden.

Literatur

Bahrami MMYM, Culham JR, Yovanovich MM, Schneider GE (2004) Thermal contact resistance of nonconforming rough surfaces, part 2: thermal model. J Thermophys Heat Transfer 18(2):218–227

Bräunig M et al (2019) Effects of cooling lubricant on the thermal regime in the working space of machine tools. Procedia Manufacturing 33(2019):327–334

Burghold EM, Frekers Y, Kneer R (2015) Determination of time-dependent thermal contact conductance through IR-thermography. Int J Therm Sci 98:148–155

Cooper MG, Mikic BB, Yovanovich MM (1969) Thermal contact conductance. Int J Heat Mass Transf 12(3):279–300

Fieberg C, Kneer, R (2008) Determination of thermal contact resistance from transient temperature measurements. Int J Heat Mass Transf 51:1017–1023

Frekers Y, Helmig T, Burghold EM, Kneer R (2017) A numerical approach for investigating thermal contact conductance. Int J Therm Sci 121:45–54

Frekers Y, Kneer R (2018) Numerical investigation on the influence of interstitial fluids on thermal contact conductance. *International Heat Transfer Conference Digital Library*. Begel House Inc.

Görke D (2010) Experimentelle und numerische Untersuchung des Normal- und Tangentialkontaktverhaltens rauer metallischer Oberflächen. Dissertation

Gopal V, Whiting MJ, Chew JW, Mills S (2013) Thermal contact conductance and its dependence on load cycling. Int J Heat Mass Transf 66:444–450

Helmig T, Burghold M, Al-Sibai F, Kneer R (2020) Investigating the influence of macroscopic surface structures on the thermal contact conductance using infrared thermography. *Proceedings of the 5th h World Congress on Momentum, Heat and Mass Transfer (MHMT'20)*

Helmig T, Göttlich T, Kneer R (2021) A novel approach to generate non-isotropic surfaces for numerical quantification of thermal contact conductance. *Submitted to the Eurotherm 2021 Conference*

Helmig T, Göttlich T, Kneer R (2022) An infrared thermography based experimental method to quantify multiscale thermal resistances at non-conforming interfaces. Int J Heat Mass Transf 186:122399

Mikić BB (1974) Thermal contact conductance; theoretical considerations. Int J Heat Mass Transf 17(2):205–214

Murashov MV, Panin SD (2015) Numerical modelling of contact heat transfer problem with work hardened rough surfaces. Int J Heat Mass Transf 90:72–80

Ozisik MN, Orlande HRB, Kassab AJ (2002) Inverse heat transfer: fundamentals and applications. Appl Mech Rev 55(1):B18–B19

Siddappa PG, Tariq A (2020) Contact area and thermal conductance estimation based on the actual surface roughness measurement. Tribol Int 148:106358

Willner K (2004) Elasto-plastic normal contact of three-dimensional fractal surfaces using half-space theory. J Trib 126(1):28–33

Xian Y, Zhang P, Zhai S, Yuan P, Yang D (2018) Experimental characterization methods for thermal contact resistance: a review. Appl Therm Eng 130:1530–1548

Open Access Dieses Kapitel wird unter der Creative Commons Namensnennung 4.0 International Lizenz (http://creativecommons.org/licenses/by/4.0/deed.de) veröffentlicht, welche die Nutzung, Vervielfältigung, Bearbeitung, Verbreitung und Wiedergabe in jeglichem Medium und Format erlaubt, sofern Sie den/die ursprünglichen Autor(en) und die Quelle ordnungsgemäß nennen, einen Link zur Creative Commons Lizenz beifügen und angeben, ob Änderungen vorgenommen wurden.

Die in diesem Kapitel enthaltenen Bilder und sonstiges Drittmaterial unterliegen ebenfalls der genannten Creative Commons Lizenz, sofern sich aus der Abbildungslegende nichts anderes ergibt. Sofern das betreffende Material nicht unter der genannten Creative Commons Lizenz steht und die betreffende Handlung nicht nach gesetzlichen Vorschriften erlaubt ist, ist für die oben aufgeführten Weiterverwendungen des Materials die Einwilligung des jeweiligen Rechteinhabers einzuholen.

Modellierung von Umgebungseinflüssen

Tharun Suresh Kumar, Christian Naumann, Alexander Geist und Janine Glänzel

1 Einleitung

Die Quantifizierung der Umgebungseinflüsse, als eine der Hauptquellen thermischer Fehler, ist für ein zuverlässiges System zur Korrektur und Kompensation ebenfalls erforderlich. Die Abschätzung der Wirkung veränderlicher Umgebungseinflüsse kann je nach Komplexität des Modells und der Berechnungskapazität mehrere Wochen oder sogar Monate dauern. Mithilfe von Vorhersagealgorithmen, die mit CFD-Simulationen trainiert und durch experimentelle Validierung in einer Klimazelle überprüft wurden, wird eine effiziente Alternative aufgezeigt. Besonderes Augenmerk wird auf die Wärmeübertragung durch natürliche und erzwungene Konvektion unter realistischen Produktionsbedingungen gelegt.

T. S. Kumar (✉) · C. Naumann · A. Geist · J. Glänzel
Fraunhofer-Institut für Werkzeugmaschinen und Umformtechnik IWU, Chemnitz, Deutschland

A. Geist
E-Mail: Alexander.Geist@iwu.fraunhofer.de

J. Glänzel
E-Mail: Janine.Glaenzel@iwu.fraunhofer.de

2 Parametrierung von Umwelteinflüssen

2.1 Problembeschreibung

Die Umgebung stellt neben inneren Verlustleistungsquellen, dem Bearbeitungsprozess und Kühlsystemen eine der größten Einflüsse auf das thermische Verhalten von Werkzeugmaschinen dar. Sofern eine Maschine nicht dauerhaft in einer sehr gut klimatisierten Umgebung ohne starke Strahlungsquellen betrieben wird, ist der Einfluss veränderlicher Umgebungsbedingungen in jedem Fall zu untersuchen. Selbst dann sind jedoch die wechselnden Wärmeübergänge zwischen Maschine und Umgebung auf Grund von Achsbewegungen oder dem Einsatz von Kühlschmierstoff wesentlich für das thermische Verhalten der Maschine. Bei der Bewertung des thermischen Verhaltens von Werkzeugmaschinen werden diese beiden Aspekt in der Regel separat untersucht. Wie verhält sich die Maschine 1. bei unterschiedlichen inneren Lasten unter konstanten Umgebungsbedingungen und 2. bei wechselnden äußeren Umgebungsbedingungen (z. B. über einen Tag-Nacht-Zyklus hinweg)? Diese Untersuchung und Bewertung kann messtechnisch durch Temperatur- und Verlagerungsmessungen (idealerweise in einer Klimakammer) oder simulativ durch thermo-elastische und/oder thermo-fluidische (CFD) Simulationen erfolgen. Wenn das Umgebungsverhalten der Maschine am Produktionsstandort keine hinreichend genaue Bearbeitung zulässt, ist eine Thermokorrektur in der Regel sinnvoll. Um die Wirkung der Umgebungseinflüsse auf den thermischen Fehler in den Korrekturmodellen abbilden zu können, müssen diese korrekt modelliert und parametriert werden. Die herkömmlichen Methoden zur Untersuchung und Parametrierung von Umgebungseinflüssen, wie die messtechnische Analyse und CFD-Simulationen, sind insbesondere dann nicht praktikabel, wenn die erwartete Bandbreite an Umgebungsbedingungen sehr groß wird. Sie sind zeitintensiv, fehleranfällig und insbesondere Messungen können ohne sehr hohe Aufwände nicht alle Einsatzszenarien berücksichtigen. Bei Werkzeugmaschinen mit Umhausung ist der Komplexitätsgrad aufgrund der getrennten Umgebungen innerhalb und außerhalb der Umhausung noch höher. Diese Umgebungen haben unterschiedliche Eigenschaften und Verhaltensweisen. Die in diesem Kapitel beschriebene Entkopplungsmethode kombiniert daher die Vorteile von CFD-Simulationen und Vorhersagealgorithmen wie künstliche neuronale Netze (KNN) oder Kennfelder, um eine ganzheitliche Parametrierungsmethode zu formulieren. Die Trainingsdaten aus CFD-Simulationen werden mithilfe eines Clustering-Algorithmus optimiert.

2.2 Entkopplungsansatz bei der Parametrierung

Um die langen Rechenzeiten bei komplexen gekoppelten CFD-thermo-elastischen Simulationen umgehen zu können, wird in (Glänzel et al. 2016) ein Entkopplungsansatz mit Kennfeldern vorgestellt. Bei diesem Ansatz werden die konvektiven

Umgebungseinflüsse in Abhängigkeit der Parameter Lufttemperatur, Luftgeschwindigkeit und Luftströmungsrichtung beschrieben. Mithilfe dieser Variablen zur Definition einzelner Umgebungslastfälle wird mit Kennfeldern zwischen diesen Lastfällen interpoliert. So kann mit einer moderaten Anzahl von Trainingssimulationen eine Datenbasis geschaffen werden, aus der ein Satz von Kennfeldern die Wärmeübergangskoeffizienten aller relevanten Umgebungsszenarien in Echtzeit ähnlich genau abschätzen kann, wie eine lastfallspezifische CFD-Simulation diese liefern würde.

Die Validität dieses Ansatzes wurde zunächst an einer einfachen U-förmigen Geometrie demonstriert (Glänzel et al. 2016) und anschließend an einem stationären Werkzeugmaschinenständer (Auerbach ACW630) mit variierenden Lufttemperaturen und Luftgeschwindigkeiten getestet (Glänzel et al. 2017). Glänzel et al. (2018a, b) zeigten, dass die vorgeschlagene Simulationsentkopplungsstrategie auch bei wechselnden Luftströmungsrichtungen funktioniert. Diese scheinbar kleine Ergänzung war besonders herausfordernd, weil sie für jede Luftrichtung neue Diskretisierungen des die Werkzeugmaschine (WZM) umgebenden Fluids erfordert und die Verteilung der Wärmeübergangskoeffizienten über alle Maschinenoberflächen komplett verändert, was deren Interpolation erheblich erschwert. Die Möglichkeit, auch unterschiedliche Luftströmungsrichtungen zu interpolieren, stellt das fehlende Element dar, um die erzwungene Konvektion von bewegten Baugruppen in Kennfeldern abzubilden und damit den Entkopplungsansatz zu vervollständigen. Eine Clustering-Technik mit genetischem Algorithmus (Glänzel et al. 2019; Unger 2018) vereinfacht die Erhebung der Daten für das Training der Kennfelder erheblich, indem Umgebungsparameter auf Wärmeübergangskoeffizienten an wenigen optimalen FE-Knoten abgebildet werden. Diese Variante eliminiert die Notwendigkeit, das geometrische Gitter der Werkzeugmaschinenoberflächen in die Kennfeldgitter einzubeziehen. Eine experimentelle Validierung des Entkopplungsansatzes mit Clustering-Technik (Abs. 2.5) wird0in (Kumar et al. 2020) gezeigt.

2.2.1 Vorgehensweise bei der Entkopplung

Der Entkopplungsansatz eliminiert die Abhängigkeit der thermo-mechanischen Simulationen von den CFD-Simulationen, indem der Clustering-Algorithmus und die auf den Clusterknoten berechneten Kennfelder zwischen den beiden Simulationsabläufen eingefügt werden, wie in Abb. 1 dargestellt ist.

Als Vorbereitung für die Entkopplung der fluidischen und thermo-elastischen Simulationen werden die HTCs (Wärmeübergangskoeffizienten, heat transfer coefficient) als *.csv-Dateien für jede Maschinenfläche bzw. die gesamte Maschinenoberfläche unter verschiedenen Umgebungslastfällen (Lufttemperatur, Luftgeschwindigkeit und Luftströmungsrichtungen) aus ANSYS-CFX exportiert. Der Ansatz mit der Reduktion von Geometrieknoten mittels Radialen Basisfunktionen (RBFs) als Vorbereitungsschritt für die Interpolation mittels Kennfeldern wird in

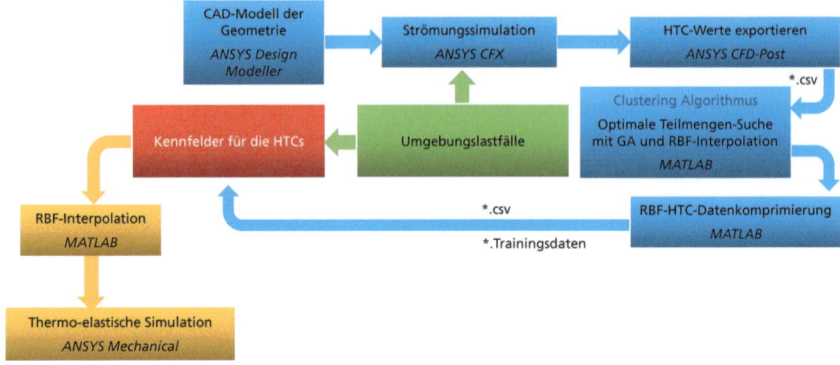

Abb. 1 Entkopplungsansatz mit Clustering-Algorithmus – Workflow

den Arbeiten von Buhmann (2003) und Glänzel et al. (2017) diskutiert. Sie ermöglicht eine geeignete Clusterung der Umgebungsparameter, sodass in Bereichen mit großen Änderungen, z. B. entlang der Kanten, mehr Werte gewählt werden und in Bereichen mit kleinen Änderungen weniger. Die Berechnung der Kennfelder für RBF-Knoten macht die Einbeziehung der Koordinaten der Knoten überflüssig und reduziert damit die Anzahl der Eingangsvariablen der Kennfelder. Bei komplexen Geometrien wird dieser Ansatz jedoch rechnerisch sehr aufwändig, da mit wachsender Anzahl an RBF-Knoten auch immer mehr Kennfelder trainiert werden müssen und sich diese Anzahl vervielfacht, wenn bewegliche Maschinenkomponenten berücksichtigt werden.

Um diesen Aufwand zu reduzieren, kommt die Clustering-Technik mit genetischem Algorithmus zum Einsatz. Die Vereinigung benachbarter RBF-Knoten zu Knoten-Clustern ermöglicht es, Kennfelder nur noch für jedes Cluster anstatt für alle RBFs im Cluster zu berechnen, ohne dadurch große Genauigkeitsverluste zu erzeugen. Beide Operationen werden mit MATLAB-Skripten durchgeführt. Wie in Abb. 1 dargestellt, werden die HTC-Exportdaten aus ANSYS-CFX für das Clustering verwendet. Das Suchkriterium für die optimale Teilmenge ist, dass sie den geringsten Interpolationsfehler zwischen den aktuellen und den RBF-interpolierten HTCs für jede Fläche und alle betrachteten Lastfälle ergibt.

Für jeden optimalen Knotenpunkt werden Kennfelder berechnet, die in der Lage sind, HTCs für benutzerdefinierte Lastfälle basierend auf den Trainingssimulationen vorherzusagen. Die vorhergesagten HTCs für die optimalen Teilmengen dienen zur Interpolation der HTCs für die gesamten Flächen der Maschine. Diese fließen dann als Konvektionsrandbedingungen in thermische Simulationen ein.

2.2.2 Optimale Clusterung mit genetischem Algorithmus

Das Funktionsprinzip eines genetischen Algorithmus (GA), der für das Clustering verwendet wird, ist in Abb. 2 dargestellt. Der GA beginnt die Suche nach einer

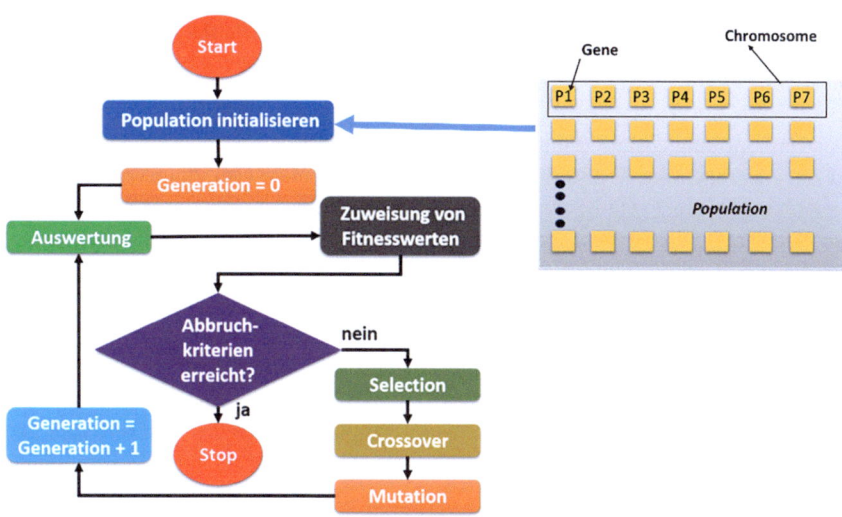

Abb. 2 Funktionsprinzip des Genetischen Algorithmus

optimalen Teilmenge an RBF-Knoten mit einer zufälligen Anfangspopulation von Lösungen. Für die optimale Teilsatzsuche bilden die zufälligen FE-Knoten (Gene) auf einer bestimmten Maschinenoberfläche (2D oder 3D) die Population. Jedem Satz von FE-Knoten (Chromosom) wird ein Fitnesswert zugewiesen. Dieser basiert auf der Ziel-/Fitnessfunktion, die die Abweichungen zwischen den tatsächlichen HTCs (erhalten aus der Simulation) und den RBF-interpolierten HTCs unter Verwendung eines bestimmten Chromosoms berechnet.

Der jedem Chromosom zugewiesene Fitnesswert basiert auf dem „Optimal Subset Problem", das in (Unger et al. 2018) und (Glänzel et al. 2019) beschrieben ist. Die Chromosomen werden nach aufsteigenden Fitnesswerten sortiert. Niedrige Fitness bedeutet dabei einen geringen Interpolationsfehler und damit eine gute Lösung. Anhand der aktuell besten Lösung (Zeile 1 nach Sortierung) wird der Abbruch des Algorithmus entschieden. Wenn das Abbruchkriterium erfüllt ist, wird der GA gestoppt. Das Abbruchkriterium könnte die Erreichung einer maximalen Anzahl von Generationen oder der maximal zulässigen Fitness sein. Wenn das Abbruchkriterium nicht erfüllt ist, werden Änderungen an der Population mithilfe genetischer Operatoren – Selektion, Rekombination (Crossover) und Mutation – vorgenommen. Im Allgemeinen erfolgt die Verarbeitung der aus der GA-Suche gewonnenen Informationen durch den Selektions- und Crossover-Mechanismus (Bezdek et al. 1984), während die Erkundung neuer Regionen des Suchraums durch die Mutationsoperation erfolgt, wie in (Soni und Kumar 2014) diskutiert wurde (siehe Abschn. 2.4, 3 und 4.2).

2.3 Validierung des Entkopplungsansatzes anhand gekoppelter Simulationen

Der Entkopplungsansatz (Glänzel et al. 2019) wird mit gekoppelten Simulationen an der Auerbach ACW 630 3-Achs-WZM validiert. Die Grundlage für diese Untersuchung ist ein CAD-Modell der ACW in einer achteckigen Strömungskammer, die eine Simulation unterschiedlicher Strömungsrichtungen (Luftein- und -auslass) um die WZM ermöglicht (Abb. 3).

Das Ziel der Simulation erzwungener Konvention ist einerseits die Quantifizierung von Zuglufteffekten, wie sie beispielsweise beim Öffnen eines Hallentores auftreten können, und andererseits die exaktere Abbildung der geschwindigkeitsabhängigen Konvektion beim Verfahren der Maschinenachsen.

Zur Reduktion der Rechenzeit der CFD-Simulation wird das CAD-Modell geometrisch vereinfacht, u. a. durch das Entfernen von Einschnitten, Verrundungen, Fasen, usw., die sich nur minimal auf den Wärmeaustausch mit der Umgebung auswirken. Das endgültige Finite-Volumen-Netz innerhalb der Fluidhülle besitzt noch 1.483.864 Elemente und 554.053 Knoten. Die Wärmequellen für die thermische Simulation sind an Motoren, Führungen und Schlitten mit experimentell ermittelten Verlustleistungen definiert.

Für die Validierung wird die Strömungsrichtung von der linken Seite der Maschine nach rechts festgelegt. Für das Training der Kennfelder wird die folgende Diskretisierung der Umgebungstemperaturen T_{air} und der Luftströmungsgeschwindigkeiten $|v|$ verwendet.

$$T_{air} \in \{10, 20, 30, 40\}\,°C \tag{1}$$

$$|v| \in \{1, 3, 6, 9\}\,m/s \tag{2}$$

Es wird ein Testfall mit einer Temperatur von 25°C und einer Geschwindigkeit von 4 m/s gewählt (unterschiedlich zu den Trainingsdaten, aber innerhalb der Trainingsgrenzen), um den Entkopplungsansatz mit gekoppelten Simulationen zu vergleichen. Die Validierung erfolgt am Tool-Center-Point (TCP) der WZM.

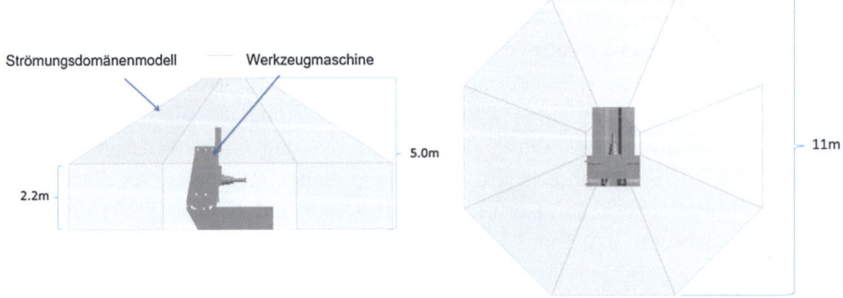

Abb. 3 Achteckige Strömungskammer mit prismatischer Decke um die ACW 630

Tab. 1 Temperatur am TCP bei seitlicher Anströmung

Region	Gekoppelt [K]	Entkoppelt [K]	$\Delta T_{Gekoppelt}$ [K]	$\Delta T_{Entkoppelt}$ [K]	Fehler [K]	Relativer Fehler [%]
TCP	295,636	295,633	0,486	0,483	0,0023	0,47

Tab. 2 Thermische Verlagerung am TCP bei seitlicher Anströmung

Orientierung	Gekoppelt [µm]	Entkoppelt [µm]	Differenz [µm]	Relativer Fehler [%]
X	2,10	2,55	0,45	21,3
Y	2,36	2,18	0,17	7,4
Z	3,08	3,12	0,04	1,2

Die Ergebnisse werden aus der transienten thermischen Analyse von ANSYS nach 360 s mit Zeitschritten von 12 s gewonnen. Die Temperaturmesswerte am TCP für gekoppelte und entkoppelte Simulation sowie die Differenz zwischen ihnen sind in Tab. 1 aufgeführt. Die Temperaturabweichung am TCP aus dem gekoppelten Ansatz beträgt lediglich 0,5 %.

Die Temperaturfelder werden in die statische Struktursimulation von ANSYS importiert. Die maximale Abweichung der Verlagerungswerte vom gekoppelten Ansatz wird in X-Richtung (gleich Strömungsrichtung) im Bereich des TCP beobachtet. An dem ausgewählten Knoten, der den TCP repräsentiert, werden nach 360 s Abweichungen von 21,3 %, 7,4 % und 1,2 % für die Verschiebungen in X-, Y- und Z-Richtung festgestellt. Die Ergebnisse des Vergleichs sind in Tab. 2 dargestellt.

Diese Untersuchung wurde für eine einzelne feste kinematische Konfiguration der WZM bei konstanten Strömungsrichtungen durchgeführt. Für bewegliche Maschinenkomponenten und wechselnde Strömungsrichtungen müssen lastfallunabhängige optimale Teilmengen von RBF-Knoten (Erläuterung in Abschn. 3 und Umsetzung in Abschn. 4) gefunden und zum Training der Kennfelder verwendet werden.

Die Validierungsergebnisse demonstrieren die Machbarkeit des Entkopplungsansatzes mit Clustering. Damit können für unterschiedliche Strömungslastfälle die zugehörigen Konvektionsparameter über HTC-Kennfelder in Echtzeit für thermische Simulationen bereitgestellt werden. Die Implementierung und Machbarkeit des Ansatzes werden in Abschn. 4 ausführlich erläutert.

2.4 Parallelisierung bei der Automatisierung der Entkopplung

Kennfelder, ähnlich wie andere maschinelle Lernalgorithmen, benötigen eine beträchtliche Menge an Trainingsdaten für eine möglichst genaue Vorhersage der Ausgangsgrößen. D. h., für komplexe Werkzeugmaschinengeometrien mit verschiedenen Achskonfigurationen müssen zur Entkopplung der Simulation eine große Menge an CFD-Simulationsdaten für das Training bereit gestellt werden.

Werden im einfachen Fall separate Koppelkennfelder je Strömungsrichtung erstellt, so muss die Suche nach der optimalen RBF-Teilmenge für jede relative Abweichung der Anströmungsrichtung der Maschinenoberflächen durchgeführt werden. Beide Vorgänge sind sehr zeitaufwendig, abhängig von der geforderten Genauigkeit der Ergebnisse. Eine einzelne stationäre CFD-Simulation für eine WZM kann (ohne Hochleistungsrechner) etwa eine Stunde in Anspruch nehmen. Für ein umfassende s Koppelkennfeld können z. B. 158 stationäre CFD-Simulationen erforderlich sein (Glänzel et al. 2018a, b). Somit wären für die Durchführung aller CFD-Simulationen auf einem normalen PC etwa sechs Tage erforderlich. Die Geschwindigkeit, mit der optimale Knotenpunkte auf Werkzeugmaschinenflächen gefunden werden, hängt von der Komplexität der Flächen und den gewählten GA-Parametern ab. Für eine Fläche mit 2000 FE-Knoten werden etwa 10.000 Generationen benötigt, um die Teilmenge der FE-Knoten effektiv zu optimieren. Dieser Prozess erfordert ebenfalls mehrere Stunden an Rechenzeit. Diese beiden Vorgänge könnten in Kombination zehn bis fünfzehn Tage Berechnungszeit für eine normale 3- oder 5-Achs-WZM erfordern. Eine mögliche Abhilfe für dieses Problem ist die im Folgenden beschriebene Parallelisierung.

Ein möglicher Parallelisierungsworkflow ist in Abb. 4 dargestellt (Glänzel et al. 2020). Die erste Stufe der Parallelisierung ist die separate Durchführung der CFD-Simulationen und der HTC-Export an jeder betrachteten Maschinenfläche. Durch den Einsatz von Hochleistungs-Rechenclustern können alle oder die meisten Simulationen parallel ausgeführt werden, was die Gesamtzeit für die CFD-Simulationen erheblich reduziert. Dies ermöglicht eine schnelle Bestimmung der HTCs für das Clustering und das Training von Kennfeldern. In der zweiten

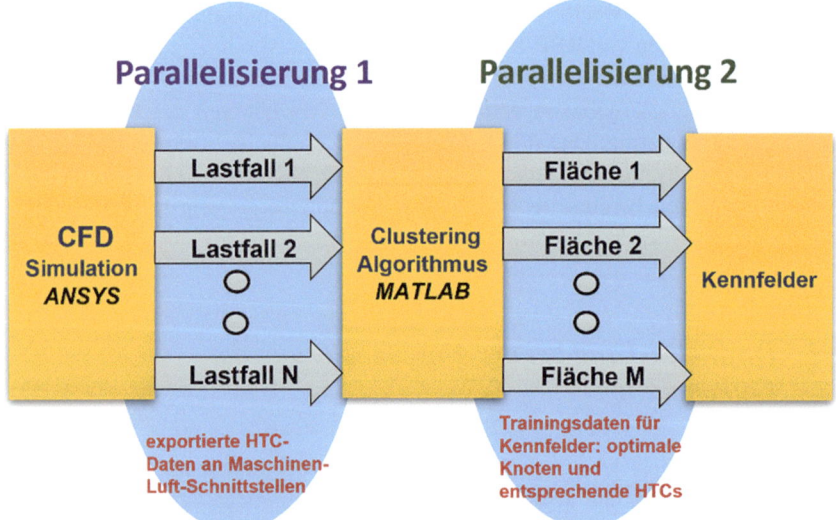

Abb. 4 Parallelisierung bei der Entkopplung

Stufe der Parallelisierung werden an jeder Werkzeugmaschinenfläche gleichzeitig optimale Teilmengen von FE-Knoten ermittelt. Jedem optimalen Knoten wird ein entsprechendes Kennfeld zugeordnet, das in der Lage ist, auf Basis der Trainingsdaten HTCs für benutzerdefinierte Lastfälle vorherzusagen. Für das Beispiel des Maschinenständers ACW 630 wurde unter Verwendung dieses Workflows am Rechencluster der TU Chemnitz eine Rechenzeit von 2043s bei paralleler Ausführung mit drei Kernen im Vergleich zur seriellen Ausführung mit 5082s gebraucht. Dieser Speedup von 2,5 war auf Grund eines Bottlenecks auch mit weiteren Kernen nicht mehr zu steigern.

2.5 *Experimentelle Validierung des Entkopplungsansatzes*

Der in Abschn. 2.2.1 genannte Entkopplungsansatz wurde anhand von Messungen in der Klimazelle des Fraunhofer IWU in Chemnitz experimentell validiert (Kumar et al. 2020) (Abb. 5).

Die folgende Messtechnik wurde in der Klimazelle für Temperatur- und Wegmessungen an der Werkzeugmaschine ACW 630 eingesetzt:

1. thermostabile Messstangen aus Invar-Stahl (Abb. 6(b))
2. High-Definition Thermografiekamera (s. beispielhaftes Wärmebild in Abb. 7(a))
3. Wirbelstrom-Wegsensoren (berührungslos) (Abb. 6(a))
4. Platin-Widerstandstemperatursensoren PT100 (Abb. 7(b, c))
5. Eine Windmaschine mit großem Durchmesser (Axialventilator) zur Erzeugung von erzwungener Konvektion (durchschnittliche Geschwindigkeit: 2,3 m/s) (Abb. 9)

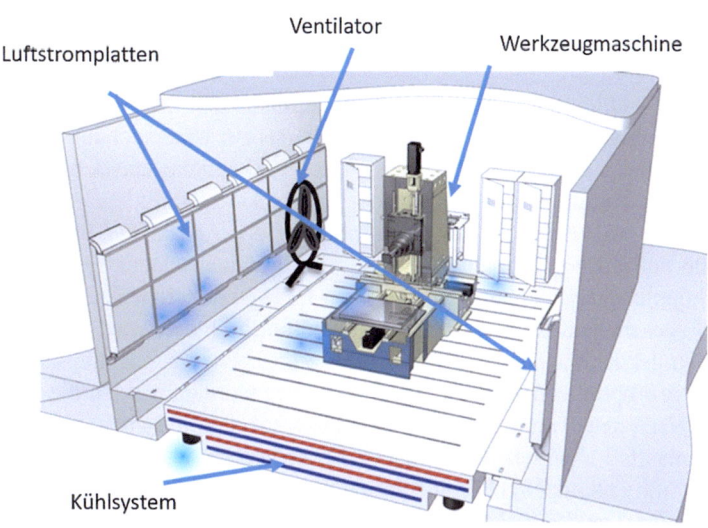

Abb. 5 Klimazelle am Fraunhofer IWU, Chemnitz

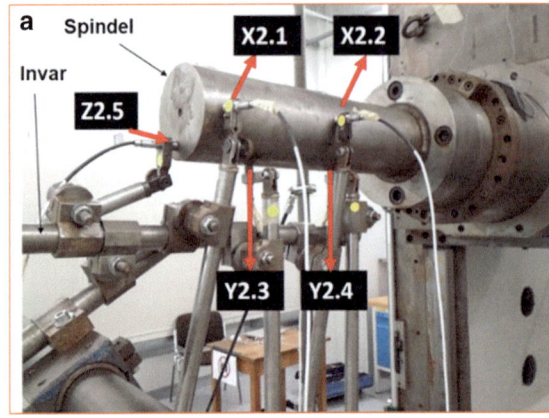 

Abb. 6 a Aufbau von Wirbelstrom-Wegsensoren **b** Invar-Montagestangen

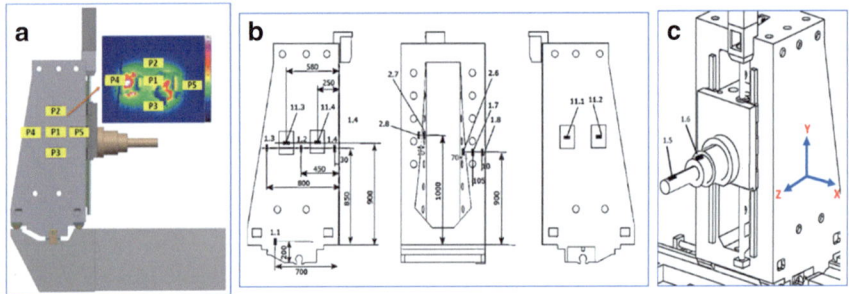

Abb. 7 a Anordnung der Thermografiekamera; **b** Positionen der Temperatursensoren am Maschinenständer **c** Positionen der Temperatursensoren am Spindeldummy

Es wird ein detailliertes, gekoppeltes Simulationsmodell des ACW 630 innerhalb der Klimakammer erstellt (Kumar et al. 2020), das zur Untersuchung der Entkopplung verwendet wird. Für die Validierung des Entkopplungsansatzes werden drei Sätze von GA-Parametern untersucht, wie in Tab. 3 dargestellt ist.

Die Gene pro Fläche in Tab. 3 entsprechen der Anzahl der optimalen Knotenpunkte auf jeder untersuchten Fläche am Maschinenständer. Für das Training der Entkopplungskennfelder werden in den CFD-Simulationen nur Lufttemperatur- und -geschwindigkeit variiert. Die Strömungsrichtung wird konstant gehalten (gleich der Klimazelle). Nachdem für die gegebenen Umgebungseinflüsse die HTCs an den optimalen Knotenpunkten simuliert wurden, werden die Kennfelder trainiert. Nach dem Training werden die HTCs auf den Maschinenoberflächen für einen Testlastfall ermittelt. Für den GA-Parametersatz 1 zeigten die experimentellen und die entkoppelten Temperaturen an den Messpositionen (Abb. 7) einen abweichenden Trend auf. Als Gründe für die großen Abweichungen werden eine

Tab. 3 GA-Parametersätze, die für die optimale Teilmengensuche verwendet werden

Parametersatz	Gene pro Fläche	Populationsgröße	Generationen	Crossover-Wahrscheinlichkeit	Mutations-Wahrscheinlichkeit
1	8	400	1000	0,8	0,1
2	10	500	5000	0,8	0,08
3	10	300	20.000	0,8	0,008

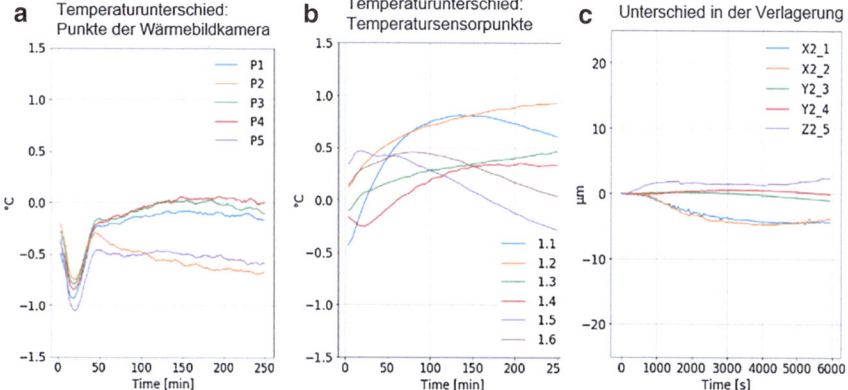

Abb. 8 Unterschied in den Ergebnissen von GA-Set 3 **a** Thermografiepunkte **b** Temperatursensorpunkte **c** Wegsensorpositionen

zu hohe Populationsgröße, zu wenige Generationen und eine zu große Mutationswahrscheinlichkeit angenommen.

Im GA-Parametersatz 2 wird die optimale Teilmengensuche mit mehr Generationen und größerer Population durchgeführt, was zu besseren Ergebnissen führt. Die Differenzen zu den Messdaten sind deutlich stabiler, mit Temperaturabweichungen kleiner ± 1 K und Verlagerungsabweichungen innerhalb ± 15 μm. Der maximale relative Fehler in der Verlagerung nach 6000 s (am Ende) beträgt 32 %.

Im GA-Parametersatz 3 wird eine geringere Populationsgröße (besser geeignet für kleinere Flächen mit geringerer Anzahl von FE-Knoten) mit 20.000 Generationen durchlaufen, was zu optimalen Teilmengen mit noch besseren Fitnesswerten führt. Die darauf trainierten Kennfelder liefern bessere Interpolationsergebnisse, die letztlich zu den in Abb. 8 gezeigten Kurvenverläufen führen. Die Unterschiede in der Verlagerung haben einen weitaus besseren Trend, mit Fehlern innerhalb von ± 7 μm, was zu einem maximalen relativen Fehler von 16 % führt. Diese Studie zeigt, dass die mit dem Entkopplungsansatz vorhergesagten und interpolierten Wärmeübergangskoeffizienten zur Vorhersage der thermischen Verschiebungen mit guter Genauigkeit verwendet werden können. Es wird festgestellt, dass eine höhere Anzahl von Genen, mehr Generationen und geringere Mutationswahrscheinlichkeiten die Vorhersage von Temperatur und Verlagerung ermöglichen.

Neben geeigneten Trainingsdaten ist die automatisierte Optimierung der GA-Parameter die wichtigste Voraussetzung zur Umsetzung dieses Entkopplungsansatzes.

In den nächsten Abschn. 3 und 4 werden Weiterentwicklungen des Entkopplungsansatzes am Beispiel einer 5-Achs-Werkzeugmaschine mit Umhausung vorgestellt. Um die zunehmenden Komplexitäten und Nichtlinearitäten zu berücksichtigen, werden künstliche neuronale Netze bei der Entkopplung eingesetzt.

3 Lastfallunabhängige Clusterung der Wärmeübergangskoeffizienten

Der entwickelte Clustering-Algorithmus beschränkte sich zunächst auf konstante Strömungsrichtungen und vernachlässigte deren Einfluss auf die Bestimmung der optimalen Knotenpunkte. Die Strömungsrichtungen bzw. die relative Position von Maschinenkomponenten im Strömungsfeld haben jedoch einen großen Einfluss auf die HTCs auf der Werkzeugmaschinenoberfläche. Die HTC-Konturen und damit die Platzierung der optimalen Knotenpunkte, die durch das Clustering gefunden werden, variieren für jede Strömungsrichtung erheblich. Zur Lösung dieses Problems werden lastfallunabhängig optimale Knotenpunkte gesucht.

Für die Untersuchung dieser Problemstellung wird ein CFD-Simulationsmodell des achteckigen Strömungsraums mit einer prismatischen Lufthülle um die komplette Maschinenstruktur der Demonstratormaschine DMU 80 eVo erstellt. Mithilfe solcher Strömungsdomänen werden die HTCs an den quasi bewegten Komponenten berechnet. Das heißt, es ist nicht notwendig, die tatsächliche Bewegung der Maschinenachsen zu simulieren, um das HTC-Profil aufgrund von Achsbewegungen auf einer Oberfläche zu erhalten. Eine schnellere und effizientere Alternative ist es, die Luftströmung um eine Maschine für verschiedene Achskonfigurationen zu modellieren und die erhaltenen HTCs zu verwenden, um ein Vorhersagemodell (wie KNN, Kennfelder) zu trainieren. Dieses Modell kann dann wiederum die HTC-Konturen für jede relative Anströmung der sich bewegenden Luft und der sich bewegenden Maschinen-Baugruppe vorhersagen. Diese Methodik wird bei der 5-Achs-Maschine mit Umhausung angewandt und in Abschn. 4 ausführlich erläutert.

Die Schwierigkeit bei der Simulation sich bewegender Komponenten während einer Strömungssimulation besteht in der Verschiebung der FE-Netze von Festkörpern und Fluid, was die Rechenkomplexität erhöht. Zunächst werden lokal optimale Teilmengen an der Schnittstelle Maschine-Luft für jede Strömungsrichtung bestimmt. Unter Verwendung dieser lokal optimalen Teilmengen wird eine neue Population im GA erstellt. Aus dieser Population werden dann die global optimalen Knoten ermittelt.

Für die diskutierten Untersuchungen wurden 16 CFD-Simulationen mit unterschiedlichen Strömungsrichtungen durchgeführt. Zum Vergleich der Vorhersagegenauigkeit lastfallunabhängiger Knoten wird ein Testlastfall gewählt, der sich von den Lastfällen, die zur Ermittlung der optimalen Knoten verwendet wurden, deutlich unterscheidet. Abb. 9 (a) zeigt die HTC-Kontur, die für den Testfall mit ANSYS CFX berechnet wurde. Der Fehler zwischen CFD und interpolierten HTC-Konturen beträgt 29 %, wenn 100 optimale Knotenpunkte verwendet werden (Abb. 9(b)). Dieser Fehler reduziert sich auf 15 %, wenn 200 optimale Knotenpunkte verwendet werden (Abb. 9(c)). Für beide Fälle werden 1000 Generationen im GA ausgeführt.

Der zweite Fall mit 200 global optimalen Teilmengen ist in der Lage, HTC-Konturen vorherzusagen, die den ANSYS-Ergebnissen ähnlich sind. Es wird erwartet, dass eine größere Anzahl von Strömungsrichtungen und mehr optimale Teilmengen diesen Fehler weiter reduzieren können, was jedoch mehr Simulationen und Rechenzeit erfordert. Für 1000 Generationen im GA, für 16 Strömungsrichtungen und 200 optimale Knotenpunkte werden allerdings fast 7 Tage benötigt, um die optimalen Teilmengen zu finden. Dieser Prozess ist aber dank der Entkopplungsmethode nur ein einmaliger Rechenaufwand und erlaubt anschließend über Koppelkennfelder die Parametrierung nahezu beliebiger Strömungszustände in thermischen FE-Simulationen.

Bei einer Änderung der Positionen der Werkzeugmaschinenkomponenten (Maschinenpose) und bei jeder neuen Achsbewegung ändert sich in der Regel auch das FE-Netz im CFD-Simulationsmodell. Das heißt, die optimalen Knotenpositionen ändern sich ebenfalls. Um dieses Problem zu lösen, kann der Algorithmus so modifiziert werden, dass ein Offset zu den optimalen Knotenpunkten in Abhängigkeit von der Bewegung der Komponenten vorgenommen wird.

Natürlich liefern die individuell für jede Strömungsrichtung gefundenen optimalen Knoten die besten Interpolationsergebnisse. Im Vergleich dazu interpolieren lastfallunabhängige optimale Knoten die HTCs mit 5 - 7 % geringerer Genauigkeit. Dies wird aber durch den eingesparten Berechnungsaufwand bei lastunabhängigen Knoten mehr als kompensiert. Wenn eine größere Anzahl optimaler Knoten gewählt wird (z. B. 500 für das DMU 80 eVo-Modell), kann diese HTC-Abweichung weiter auf 2,7 % reduziert werden.

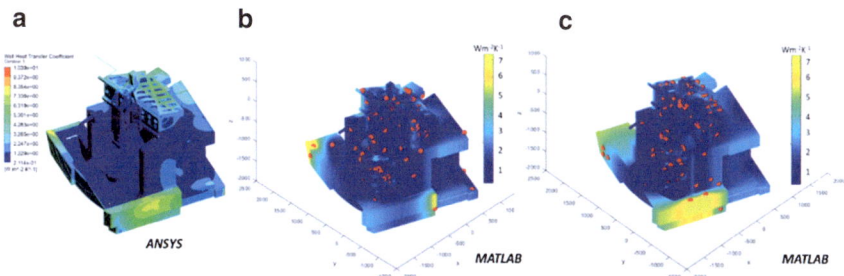

Abb. 9 **a** CFX-simulierte HTCs **b** HTCs interpoliert mit 100 optimalen Knoten **c** HTCs interpoliert mit 200 optimalen Knoten

4 Modifizierter Entkopplungsansatz für interne und externe Umgebungseinflüssen

Neben der Berücksichtigung externer Umgebungseinflüsse ist vor allem auch die Untersuchung der Vorgänge im Arbeitsraum unter Produktionsbedingungen wichtig. Dabei spielen u. a. Kühlschmierstoff (IKZ – innere Kühlmittelzufuhr und AKZ – äußere Kühlmittelzufuhr), Späne und andere Wärmequellen/-senken und deren Auswirkungen auf die Wärmeübertragung eine Rolle.

Zur Vereinfachung der Modellierung der Umgebungswechselwirkungen werden getrennte Simulationsmodelle für die Betrachtung des Arbeitsraumes innerhalb der Umhausung und der Oberflächen mit Kontakt zur externen Umgebung erstellt. Wie in der ersten Abb. 10 (a) zu sehen ist, wird das Luftvolumen der Klimazelle um die WZM mit Umhausung erzeugt. Im zweiten Modell (Abb. 10 (b)) wird ein Luft-KSS (Kühlschmierstoff)-Mehrphasenvolumen vom Arbeitsraum erzeugt. Die Berücksichtigung beider Umgebungen in einem einzigen Modell ist äußerst zeitaufwendig und kompliziert. Daher wird das Trainingsverfahren für die Vorhersagealgorithmen, einschließlich der Suche nach optimalen Teilmengen, für jedes Modell separat geplant. Die in Abschn. 3 erläuterten lastfallunabhängigen optimalen Knoten sind bei der Betrachtung der Innenflächen besonders wichtig, da diese in der Regel starken Änderungen der Strömungsrichtung aufgrund von Achsbewegungen, Kühlmittelzufuhr und Absauganlage ausgesetzt sind.

Ein beispielhaftes Simulationsergebnis mit den Wärmeübergangskoeffizienten (HTCs) als Konturplot innerhalb des inneren Modells (Abb. 10b) bei äußerer Kühlmittelzufuhr ist in Abb. 11 dargestellt. Ebenfalls erkennbar ist die 3D-Phasengrenze zwischen der Luft und dem flüssigen KSS, welche als lila eingefärbte Isofläche in Abb. 11(a) dargestellt ist.

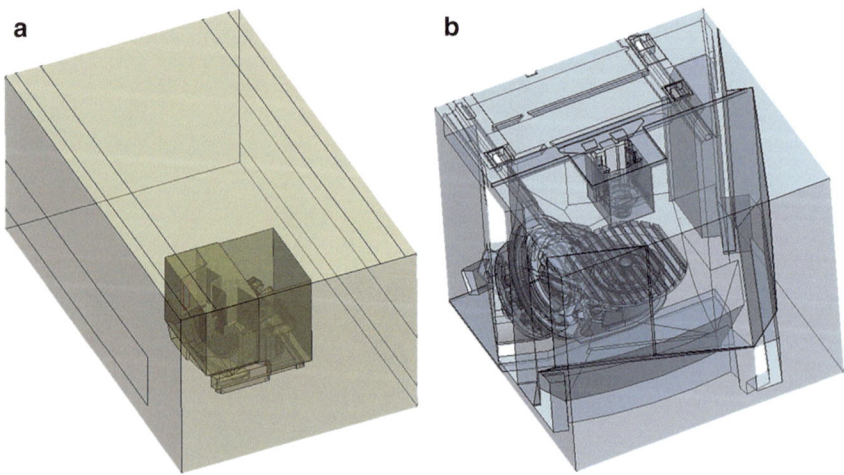

Abb. 10 **a** CFD-Modell für Außenflächen **b** CFD-Modell für Arbeitraumflächen

Modellierung von Umgebungseinflüssen

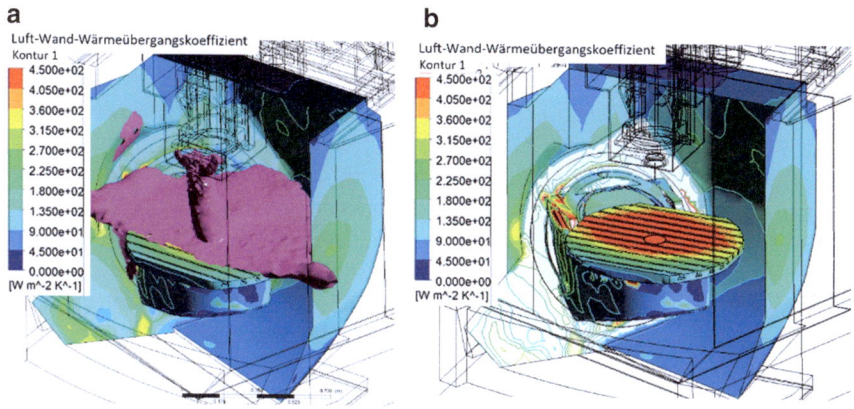

Abb. 11 Wärmeübergangskoeffizienten im Arbeitsraum bei AKZ **a** mit KSS-Verteilung, **b** mit ausgeblendetem KSS

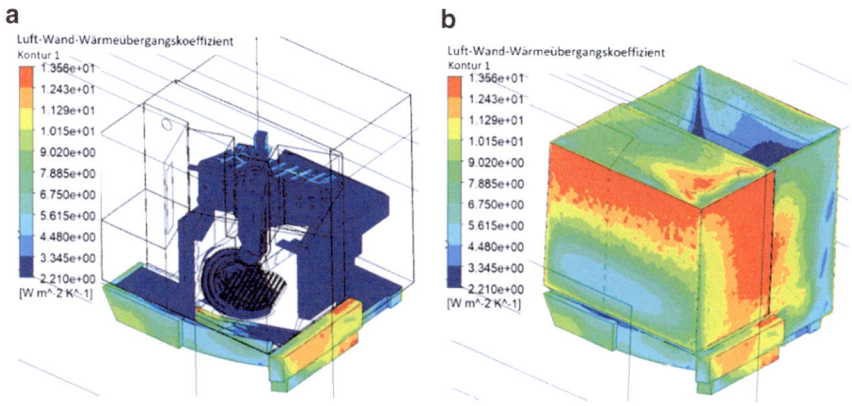

Abb. 12 Wärmeübergangskoeffizientenkontur – extern **a** Außenflächen, **b** Umhausung

Abb. 12 zeigt die HTC-Konturen an den Außenflächen und an der Umhausungswand. Optimale Teilmengen können auf diesen Innen- und Außenflächen separat berechnet und zur Abbildung der Umgebungseinflüsse auf die Wärmeübergangskoeffizienten verwendet werden. Für diese Abbildung können KNN oder Kennfelder eingesetzt werden (Abschn. 4.1).

Im Modell (Abb. 12), das die Außenflächen berücksichtigt, liegt der Schwerpunkt auf der freien Konvektion. Bei den Festkörpern sind die inneren Wärmequellen und die Oberflächentemperatur wichtige Faktoren. Erzwungene Konvektion wird hier vernachlässigt, kann aber bei Bedarf ebenfalls berücksichtigt werden (z. B. für den Fall einer äußeren Maschinenumströmung durch Zuglufteffekte). Hier sind die Temperatur der Umgebungsluft, die Luftströmungsgeschwindigkeit und die Strömungsrichtungen die Eingangsparameter für das KNN bzw. Kennfeld.

Im zweiten Modell, bei dem die inneren Oberflächen (Arbeitsraum) betrachtet werden, steht die erzwungene Konvektion im Mittelpunkt. Da die HTCs der erzwungenen Konvektion nur von den Fluideigenschaften abhängen, werden feste Körper in dem Modell nicht berücksichtigt. Stattdessen werden „no-slip"-Wände (feste Wände ohne Bewegung) als Begrenzung verwendet, um die Fluidströmung durch die Maschinenoberflächen zu verhindern. Kurz gesagt, wird in diesem Modell nur das KSS-Luft-Multiphasen-Fluidvolumen verwendet. Die Modelle der IKZ- und AKZ-Düsen sowie des Absaugungsauslasses werden dem DMU 80 eVo-Modell hinzugefügt. Anschließend werden Messungen an der Maschine vorgenommen wurden, um die Strömung vom KSS im Arbeitsraum zu modellieren und die konvektiven HTCs an den Oberflächen zu erhalten.

Im Arbeitsraum sind die HTCs bei erzwungener Konvektion aufgrund der turbulenten Mehrphasenströmung von KSS und Absaugung deutlich höher und liegen in der Größenordnung von 400 bis 900 W/m^{2}K. Die Werte der freien Konvektion liegen im Bereich von 3 bis 30 W/m^{2}K.

Neben den Strömungsparametern sind die Positionen der fünf Achsen und die Lastfälle des Maschinenzustandes, die als „trocken" (ohne Kühlmittel), „nass" (mit Kühlmittel) oder „Lageregelung" (Standby ohne KSS) für die Abbildung der Abkühlphase bezeichnet werden, die Eingabeparameter für das KNN.

Das geteilte Simulationsmodell (siehe Abschn. 4.3) ist besonders in der Nassphase der Bearbeitung von Vorteil. Für die Trockenbearbeitung und die Abkühlphase kann ein einziges CFD-Modell der gesamten Maschine für die Schätzung und Abbildung der HTCs und das anschließende Training der KNN verwendet werden.

4.1 Abbildung von internen und externen Umwelteinflüssen mithilfe künstlicher neuronaler Netze

Wenn eine CFD-basierte Quantifizierung der Umgebungswechselwirkungen angestrebt wird, müssen die vorherrschenden bzw. erwarteten Umgebungseinflüsse möglichst exakt transient modelliert werden. Dieser Nachteil kann mit Hilfe von KNN, die eine große Bandbreite von Lastfällen auf die zugehörigen HTCs abbilden können, effektiv verringert werden. Eine Maschine, die in Deutschland (kalt und trocken) betrieben wird, hat z. B. völlig andere Umweltbedingungen als eine Maschine in Vietnam (heiß und feucht). Die auf Werksmessungen basierenden Trainingsdaten aus Deutschland könnten sich in Vietnam als unwirksam erweisen. Das simulationsbasierte Training kann dieses Problem entschärfen, indem mit den KNN-interpolierten HTCs neue thermische Konfigurationen an der WZM simuliert werden. Im konkreten Fall werden mehrschichtige neuronale Feed-Forward-Netze verwendet (Kumar et al. 2021). Für das Training des Netzes wird der Back-Propagation-Algorithmus verwendet, der die Gewichte von Neuronen und Bias im KNN anhand der bereitgestellten Trainingsdaten optimiert (Rumelhart et al. 1986).

4.2 Trainingsdatenmodell

Zur Beschreibung einer erzwungenen, laminaren Luftströmung sind die Lufttemperatur (T_{air}), die Luftströmungsgeschwindigkeit ($|v|$) und die Luftströmungsrichtung ($v_{azimuth}$ und $v_{elevation}$ als Polarkoordinaten) die wesentlichen Parameter (Luftfeuchte und Luftdichte werden ignoriert).

Abb. 13 zeigt diese zur Beschreibung der Umgebungsbedingungen außerhalb der Umhausung verwendeten Parameter. Um die KNN für verschiedene Strömungsrichtungen zu trainieren, wird wieder das achteckige Strömungskammermodell verwendet. Die für das Training dieses KNN verwendete Diskretisierung der möglichen Umgebungszustände (zu simulierende Lastfälle) wird im Folgenden dargestellt:

$$T_{air}\{10\,°C, 40\,°C\}$$

$$|v|\{0\text{m/s}, 2\text{m/s}, 4\text{m/s}\}$$

$$v_{azimuth}\{0°, 45°, 90°, 135°, 180°, 225°, 270°, 315°\}$$

$$v_{elevation}\{0°, 45°\}$$

Die Gesamtanzahl der Simulationen, die aus dieser Diskretisierung resultiert, beläuft sich auf 2*3*8*2=96. Streng genommen reichen 2 + 2*2*8*2 = 66, weil bei Geschwindigkeit 0m/s keine Strömungsrichtung existiert.

Für die Darstellung der Umgebungseinflüsse im Arbeitsraum wird neben den Bewegungen der X-, Y-, Z-, B- und C-Achse ein zusätzlicher Index für den Bearbeitungszustand eingeführt (trocken=0, nass=1, Abkühlung=2). Die für das Training des KNN (Abb. 14) verwendete Diskretisierung ist unten dargestellt:

$$Translation_X\{-430, 0, 430\}\,\text{mm}$$

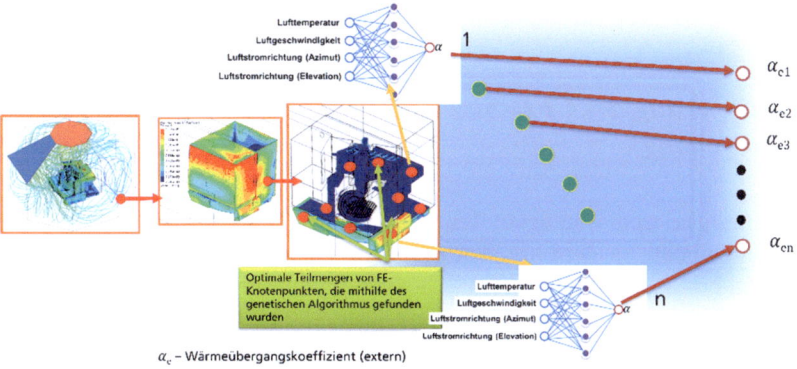

Abb. 13 KNN-Architektur zur Abbildung von externen Umwelteinflüssen

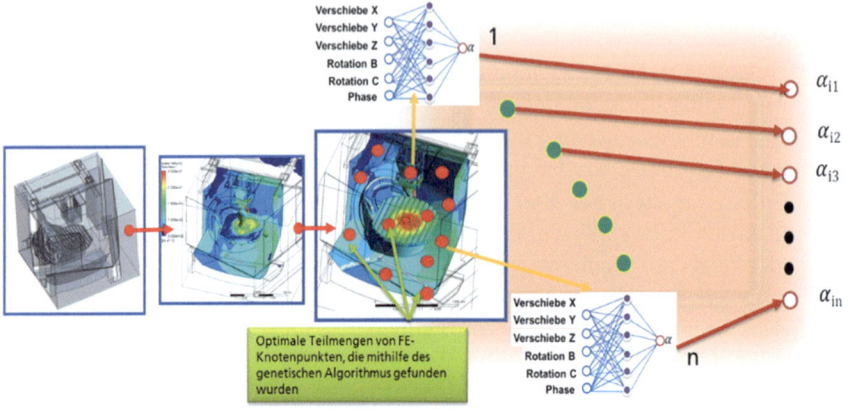

Abb. 14 KNN-Architektur für die Abbildung von internen Umwelteinflüssen

$$Translation_Y \{-418, 0, 298\} \text{ mm}$$

$$Translaton_Z \{-248, 0, 354\} \text{ mm}$$

$$Rotation_B \{0°, 120°\}$$

$$Rotation_C \{0°, 90°\}$$

$$Phase\{0, 1, 2\}$$

Einige der auf der Grundlage dieser Diskretisierung für Achsbewegungen erstellten Simulationsergebnisse (HTCs) sind in Abb. 15 zu sehen. Die Gesamtzahl der Simulationen, die auf der Diskretisierung der Achsbewegungen und der Phasenzahl basieren, beträgt 324 (3*3*3*2*2*3).

4.3 Validierung des CFD-Simulationsmodells (interne Umgebung)

Der schwierigste und wichtigste Teil des geteilten Simulationsmodells ist das Arbeitsraummodell, in dem die Wärmeübergangskoeffizienten bei erzwungener Konvektion bestimmt und den thermischen FE-Simulationen zur Berechnung des Temperaturfeldes zur Verfügung gestellt werden.

In (Kumar et al. 2021) wurden die Auswirkungen äußerer Umgebungseinflüsse (siehe Abb. 13) auf die HTCs und letztlich auf das Temperatur- und Verlagerungsfeld untersucht. In diesem Abschnitt wird das Temperaturfeld, das durch

Modellierung von Umgebungseinflüssen

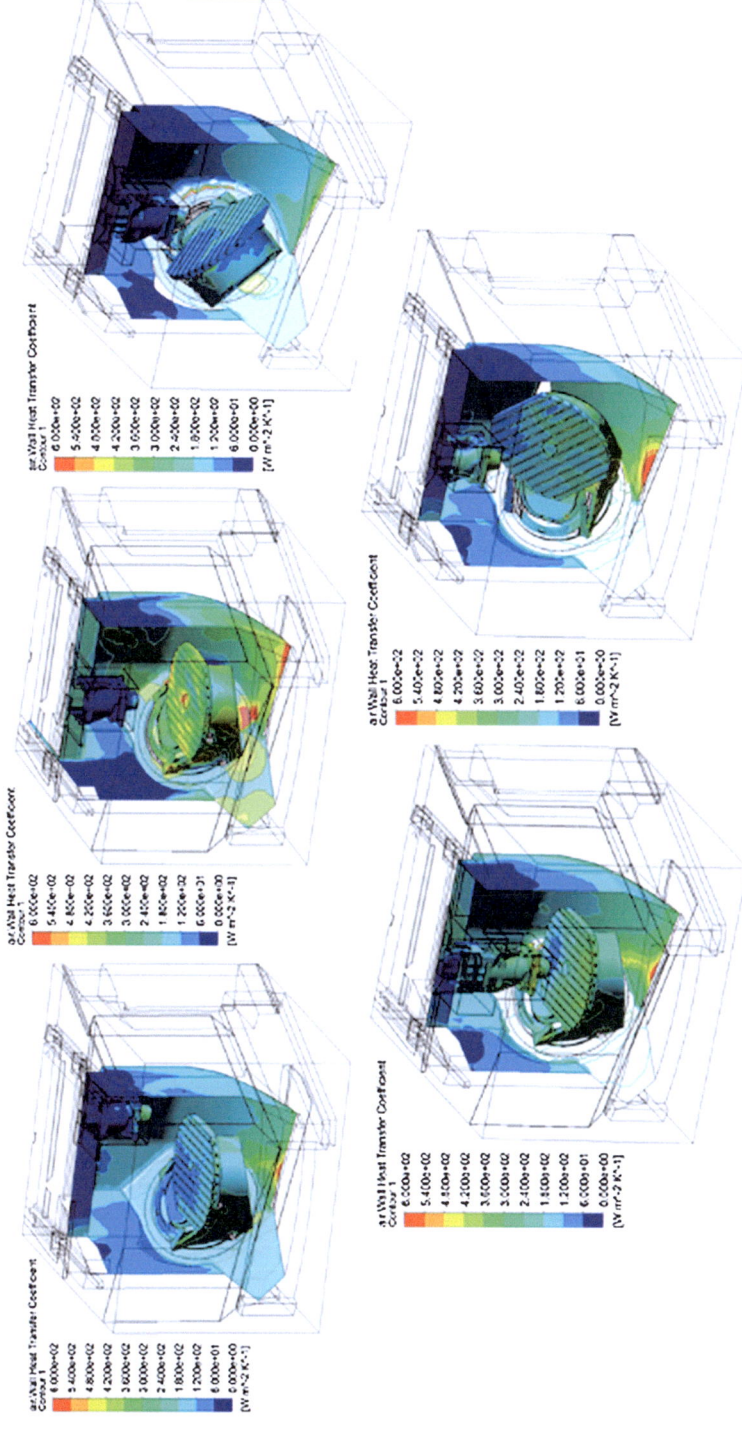

Abb. 15 Beispielhafte HTCs aus ANSYS CFX im Arbeitsraum der DMU 80 eVo für unterschiedliche Konfigurationen

innere Umgebungseinflüsse wie sich bewegende Achsen, Kühlmittelzufuhr, Absaugung usw. entsteht, qualitativ und quantitativ anhand von Thermografie- und Temperatursensormessungen validiert. Um das simulierte Temperaturfeld in der Maschine zu erhalten, wird das gekoppelte CFD-FE-Modell verwendet. Andere thermische Parameter wie Wärmeeinträge an Oberflächen, volumenbezogene Wärmeströme usw. werden direkt im thermischen FE-Modell definiert. Sobald dieses gekoppelte Simulationsmodell validiert ist, kann der CFD-Teil zum Training der KNN unter Verwendung der in Abschn. 2.2 erwähnten Entkopplungsmethode verwendet werden.

4.3.1 Validierung mit Thermografiekamera

An der DMU 80 eVo wurde eine Reihe von Thermografiemessungen durchgeführt, um die Temperaturverteilung entlang der Arbeitsraum- und Maschinentischoberflächen während der einzelnen und kombinierten Bewegungen der Achsen (X, Y, Z, B, C) unter fünf verschiedenen Betriebsbedingungen (Trockenbearbeitung, IKZ, AKZ, IKZ+AKZ, IKZ+AKZ+Absaugung) zu ermitteln.

An einem Versuchstag kann eine Messung von einem Umfang von bis zu 4 h erfolgen, da die Maschine zunächst mindestens zwei Stunden lang auf eine stabile Temperatur aufgewärmt werden muss, die der Trockenbearbeitung entspricht. Für jede Anwendung von IKZ, AKZ, IKZ+AKZ oder IKZ+AKZ+Absaugung wird ein NC-Programm geschrieben, das die einzelnen Achsen (auch in Kombination) mit einer vordefinierten Vorschubgeschwindigkeit zyklisch verfährt (von min. bis max. des jeweiligen Achsverfahrweges) und die Maschine nach jeweils 30 min für eine Thermografiemessung stoppt. Für die Messaufnahme wird die Haupttür entriegelt, manuell geöffnet und ein Wärmebild aufgenommen. Die Bilder werden bis zu zwei Stunden jeweils in 30 min-Intervallen für jeden Betriebszustand (IKZ, AKZ usw.) aufgezeichnet. Die Innenbeleuchtung der Maschine wird so weit wie möglich abgedeckt, um Reflexionen bei der Aufnahme von Wärmebildern zu vermeiden. Um die Reflexion weiter zu verringern, werden an bestimmten Messpunkten matt-schwarze Klebebänder aufgeklebt.

Die Maschine und die Messkonfigurationen für verschiedene Achsbewegungen sind in Abb. 16 zu sehen. Die Thermografiebilder entsprechen den thermischen Zuständen im Arbeitsraum, die am Ende von 4 h nach gleichzeitiger Anwendung von IKZ, AKZ und Absaugung aufgenommen wurden.

Für die qualitative Validierung wird die komplexeste Bewegung, die alle fünf Achsen umfasst, ausgewählt (letzte Spalte in Abb. 16). Die Abb. 17 und 18 zeigen den Vergleich zwischen den Temperaturfeldern aus den ANSYS-Simulationen und den Thermografiemessungen nach 120 min Trockenbearbeitung (Abb. 21) und nach 120 min mit AKZ und Absaugung (Abb. 22). Für neun Messstellen wurden die gemessenen Temperaturwerte (T-Wert) den simulierten Temperaturwerten

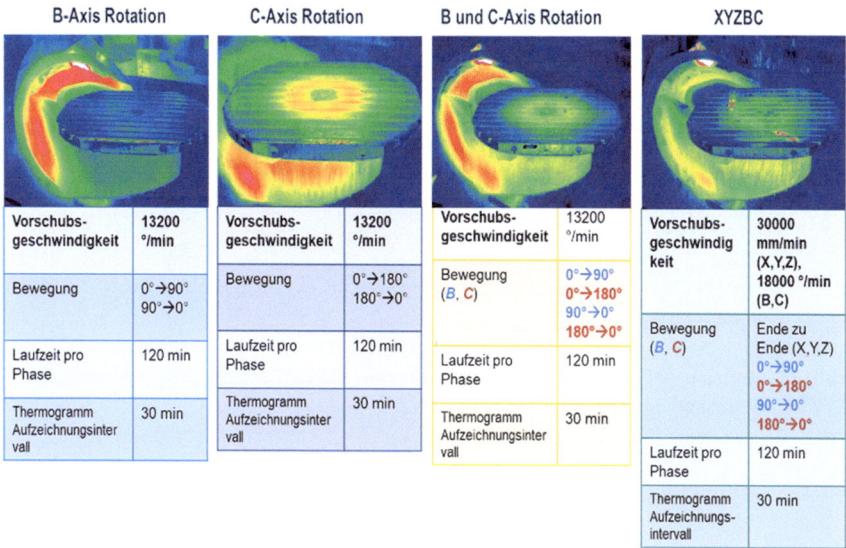

Abb. 16 Maschinenkonfigurationen für jede kombinierte/einzelne Achsbewegung

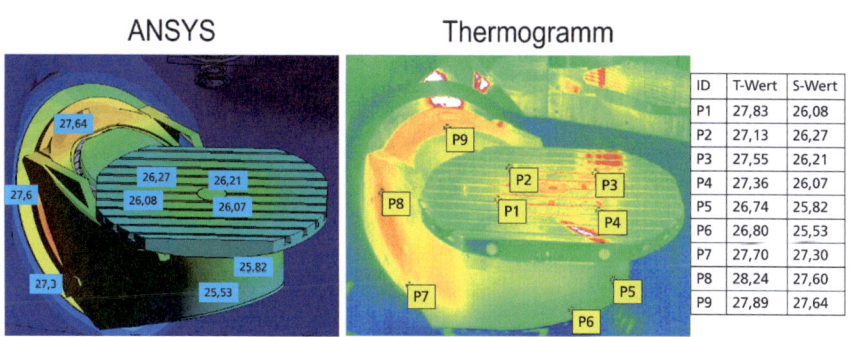

Abb. 17 Vergleich ANSYS Thermal zu Thermogramm: bei t=120 min (Trocken) für XYZBC-Bewegung

(S-Wert) in einer Tabelle gegenübergestellt. Die Ergebnisse zeigen, dass die Simulation das Temperaturfeld gut abbildet.

Das Tageslicht, das während der Thermografiemessungen von oben eingefallen ist, erzeugt Reflexionen und erhöht scheinbar die gemessenen Temperaturen. Daher gibt es bei den Thermogrammen im Vergleich zu den ANSYS-Simulationen Abweichungen im Bereich von [0 °C, +1,4 °C].

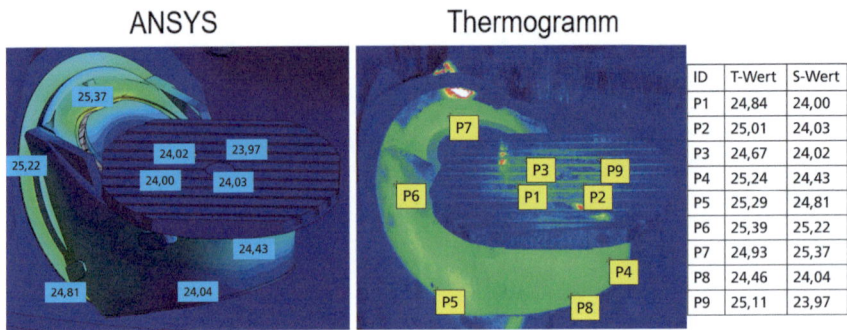

Abb. 18 Vergleich ANSYS Thermal zu Thermogramm: bei t=120 min (AKZ+Absaugung) für XYZBC-Bewegung

4.3.2 Validierung mit berührenden Temperatursensoren

Neben den Thermografie-Messungen wurden 20 in die DMU 80 eVo integrierte Temperatursensoren an verschiedenen Teilen der WZM eingesetzt. Einige der Sensorpositionen, die sich in der Nähe des Arbeitsraumes befanden, sind in Abb. 19 gezeigt. Diese Sensormessungen helfen nicht nur bei der quantitativen Validierung des Simulationsmodells, sondern auch bei der Kalibrierung der Thermogramme. Aus Abb. 20 geht hervor, dass das gekoppelte CFD-FE-Simulationsmodell das Temperaturfeld (für Trocken- und Nassbearbeitung) mit einer maximalen Abweichung von ±0,8 °C vorhersagt, was unter den Abweichungen liegt, die mit der Thermografie ermittelt wurden. Dies zeigt, dass der Simulationsansatz im untersuchten Fall gute Vorhersagen der Temperaturverteilung im Arbeitsraum ermöglicht.

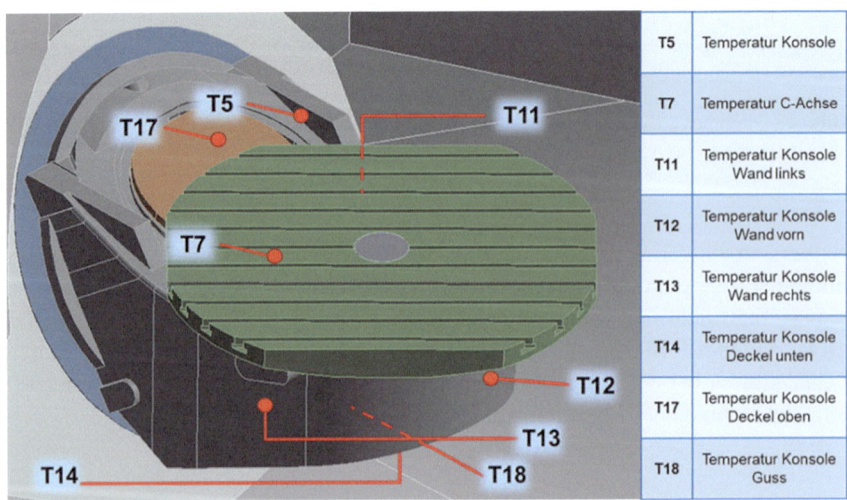

Abb. 19 Positionen der Temperatursensoren auf der Konsole und dem Arbeitstisch

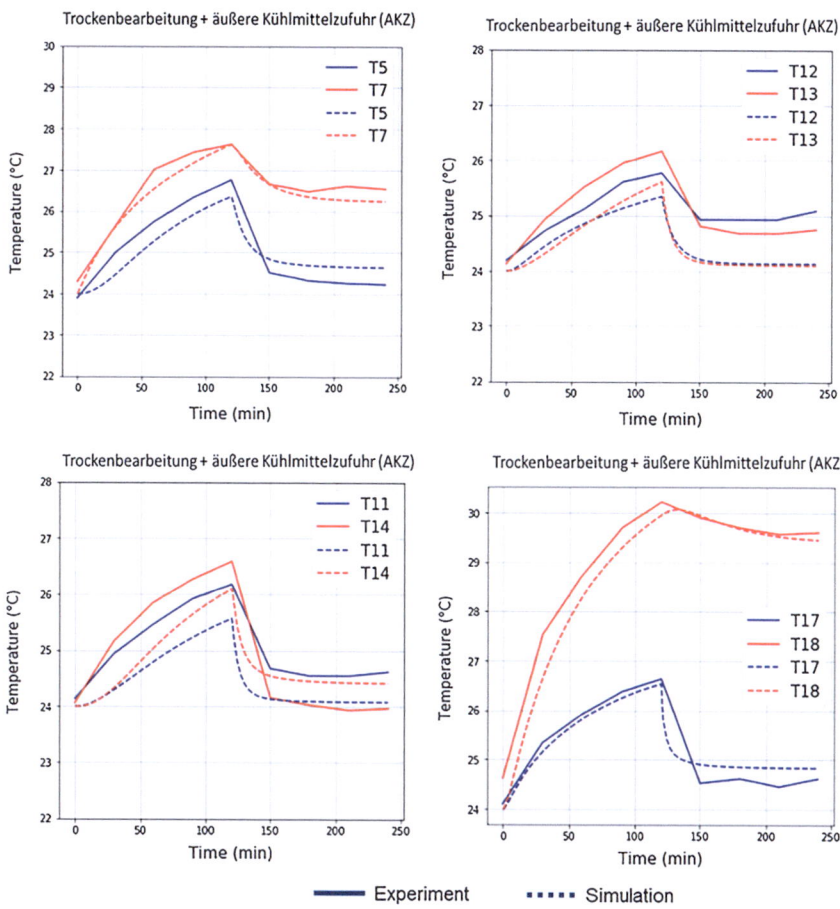

Abb. 20 Diagramme: CFD-FE gekoppelte Simulation vs. Temperatursensor-Messwerte

4.3.3 Validierung der KNN-basierten Entkopplung mit experimentellen Messwerten

In den vorangegangenen Abschnitten wurde gezeigt, dass die Temperaturfelder, die sich aus den mit gekoppelten Simulationen berechneten HTCs ergeben, mit den experimentellen Messwerten näherungsweise übereinstimmen. Der nächste Schritt ist die Entkopplung der Simulationen mit der KNN-Struktur und den Diskretisierungsverfahren, wie in Abschn. 4.2 beschrieben wurde. Das KNN wird zur Vorhersage der HTCs für verschiedene Posen verwendet, wie in Tab. 4 dargestellt ist. Zur Bewertung wird im Folgenden exemplarisch die Pose P1 gewählt. Das sich ergebende Temperaturfeld für die Bewegungen aller fünf Achsen mit 75 % ihrer jeweiligen Maximalgeschwindigkeit wird mit experimentellen Messdaten und gekoppelten Simulationswerten verglichen. Hier steht die Phase

Tab. 4 Maschinenposen, die für die Validierung verwendet wurden: Gekoppelte vs. entkoppelte Simulationen vs. Messungen

Pose	Rotation C	Rotation B	Translation Y	Translation X	Translation Z
Einheit	Grad	Grad	mm	mm	mm
P0	0	0	260	–133	75
P1	0	0	–345	–165	–125
P2	0	0	–345	70	25
P6	0	0	51	373	325
P7	0	0	43	–413	325
P3	91	119	–49	–74	320
P4	91	119	98	163	320
P5	91	119	–102	229	–185

mit KSS (nur AKZ) im Mittelpunkt, da das interne Modell hauptsächlich zur Vorhersage von erzwungenen HTCs aufgrund von bewegter Luft und KSS innerhalb des Arbeitsraums verwendet wird (Abb. 14). Zum Vergleich werden wieder einige der Temperaturmesspunkte in Abb. 19 ausgewählt.

Wie aus den Abb. 21 und 22 hervorgeht, liegen die mit dem Entkopplungsansatz vorhergesagten Temperaturen (dicke Linien) im Bereich der gekoppelten Werte (gestrichelt) und der Messungen (gepunktet). Die Abweichung liegt wiederum im Bereich von $\pm 0{,}8$ °C und ist besonders groß beim Einsatz von AKZ, wo auch die höchsten HTCs vorliegen.

Das für die Ergebnisse angewandte Entkopplungsverfahren ist das gleiche wie in Abschn. 2.2.1, mit dem einzigen Unterschied, dass KNN anstelle von Kennfeldern verwendet wurden.

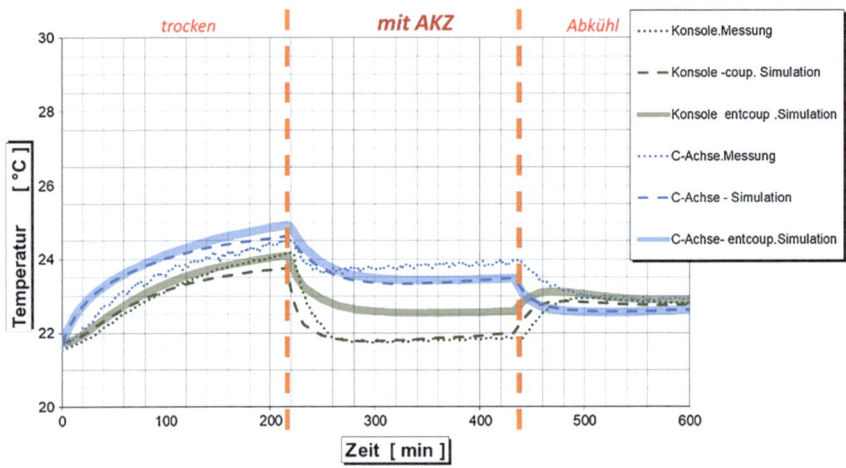

Abb. 21 CFD-FE gekoppelte Simulation vs. Temperatursensor-Messwerte vs. entkoppelte Simulation (T5 und T7)

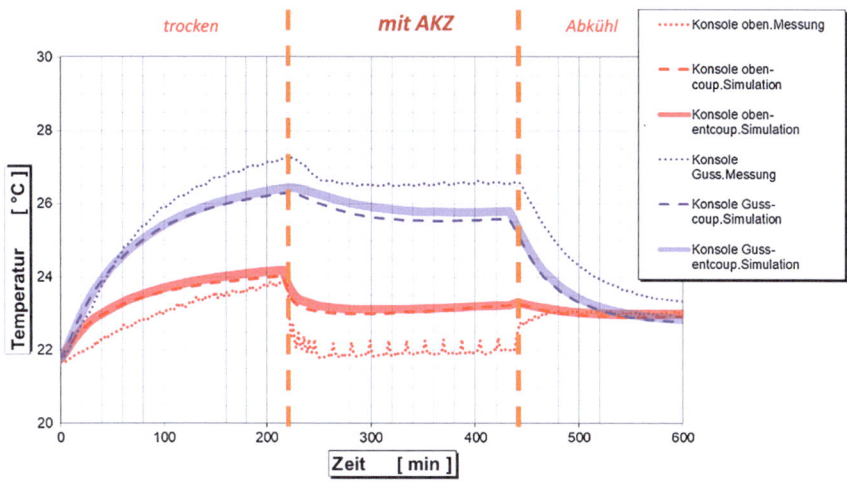

Abb. 22 CFD-FE gekoppelte Simulation vs. Temperatursensor-Messwerte vs. entkoppelte Simulation (T17 und T18)

5 Zusammenfassung

Zur effizienteren Parametrierung der thermischen Simulationsmodelle wurde eine kennfeldbasierte Methodik zur Entkopplung der Strömungs- (CFD) und thermo-elastischen Simulation entwickelt. Basierend auf vorausberechneten CFD-Simulationen interpolieren Kennfelder die aktuellen Wärmeübergangskoeffizienten, die von der Strömungsgeschwindigkeit, der Strömungsrichtung, der Umgebungstemperatur und der Maschinengeometrie abhängen. Dies ermöglicht eine genauere und effizientere Abbildung von instationären Strömungen (z. B. Zugluft in Maschinenhallen, Achsbewegung, Absaugung), die Berücksichtigung der gesamten Werkzeugmaschine (WZM) zuzüglich Fundament und Umhausung und vor allem vom Kühlschmierstoff-Einfluss in thermischen FE-Simulationen.

Der Ansatz zur Entkopplung der Strömungs- und thermo-elastischen Simulation wurde im Anschluss für die echtzeitfähige Parametrierung der erzwungenen Konvektion bei bewegten Maschinenbaugruppen weiterentwickelt. Dazu wurden lastfallunabhängige Clustering-Techniken in Kombination mit CFD-Simulationen und KNN-basierten Metamodellen eingesetzt, die die HTCs an der Schnittstelle Maschine-Luft interpolieren. Das Entkopplungsverfahren kann zum einen für eine genauere Parametrierung der Umgebungseinflüsse in thermo-elastischen Simulationen und zum anderen für die Ableitung von Konstruktionsrichtlinien (z. B. für die Umhausung) für thermisch robustere Werkzeugmaschinen genutzt werden.

Es zeigt sich, dass die KNN-basierten Vorhersagealgorithmen in der Lage sind, konvektive HTCs für neue Lastfälle hinreichend genau vorherzusagen, ohne weitere CFD-Simulationen durchführen zu müssen. Dies ermöglicht es, die thermo-elastischen Simulationen von den CFD-Simulationen zu entkoppeln, wodurch die konvektiven HTCs in Echtzeit mit KNN ermittelt werden können. Das lastfallunabhängige Clustering (implementiert zwischen CFD-Simulationen und KNN) reduziert die erforderliche Menge an Trainingsdaten für die KNN erheblich. Darüber hinaus kann der gesamte Arbeitsablauf über geeignete Programmierskripte halbautomatisiert erfolgen.

Die Verwendung von separaten CFD-Modellen für die innere und äußere Umgebung kann den erforderlichen Rechenaufwand für die CFD-Simulationen deutlich reduzieren. Angesichts der stark nichtlinearen Beziehung zwischen den Umgebungseinflüssen (Inputs) und den HTCs (Outputs) werden KNN verwendet. Für die inneren und äußeren Umgebungsmodelle werden separate Netze eingesetzt, d. h. die HTCs werden für Außen- und Innenflächen getrennt vorhergesagt und schließlich miteinander kombiniert. Mit diesem neuen Ansatz ist es nun möglich, Umgebungseinflüsse auch für komplexe Werkzeugmaschinenmodelle in thermischen Simulationsmodellen präzise transient abzubilden.

Die KNN-Architektur, die derzeit auf Umgebungseinflüsse beschränkt ist, kann um weitere Parameter wie maschineninterne und produktionsbezogene Wärmequellen erweitert werden. Damit ist ein vollständig simulationsbasiertes Metamodell möglich, das die thermischen Verformungen an Werkzeugmaschinen auch unter komplexen, wechselnden Umgebungseinflüssen vorhersagen kann. Ein derartiges dreistufiges KNN könnte aus den vorherrschenden Umgebungsbedingungen die Wärmeübergänge an die Umgebung bestimmen, mit diesen und den inneren thermischen Lasten das Temperaturfeld der Maschine vorhersagen und daraus dann wiederum die Verlagerung ableiten. Die schrittweise Entwicklung derartiger komplexer KNN-Modelle ist jedoch noch ein aktueller Schwerpunkt in laufenden Forschungsarbeiten.

Für die industrielle Anwendung sind fundiertes Know-how (Datenquellen, Kommunikationsschnittstellen, NC-Konfiguration, SPS-Programmierung, Datenbankmanagement usw.) und Infrastruktur (Hardware, Software, Netzwerk, Daten, Sicherheit usw.) erforderlich, um den Korrekturalgorithmus auf der numerischen Steuerung der Maschine echtzeitfähig einzusetzen. Gängige Software für maschinelles Lernen (z. B. TensorFlow, Keras, Apache, Shogun) sowie robuste Daten-Management-Systeme (z. B. MongoDB, Azure, AWS) müssen integriert werden, um die Daten effizient zu erfassen und zu verarbeiten. Darüber hinaus sind ein vollständiges CAD-Modell der WZM sowie die von den Herstellern und Anwendern erhaltenen Daten über die Randbedingungen (Motoren, Kühlsysteme, Spindel, etc.) wichtige Voraussetzungen. Effizientere Automatisierungsstrategien in Verbindung mit einer grafischen Benutzeroberfläche werden die Übertragbarkeit der beschriebenen Methoden auf neue Maschinen in Zukunft deutlich vereinfachen.

Literatur

Abdulshahed A, Longstaff AP, Fletcher S, Mayers A (2013) Comparative study of ANN and ANFIS prediction models for thermal error compensation on CNC machine tools. Laser Metrology and Machine PerformanceX, Buckinghamshire 2013:79–88

Bräunig M, Putz M, Richter C, Regel J (2018) Industrial consideration of thermal issues in machine tools. German Academic Society for Production Engineering (WGP)

Bryan J (1990) International status of thermal error research. CIRP Annals Manufacturing Technology 39(2):645–656

Bezdek C, Ehrlicher R, Full W (1984) The fuzzy c-means clustering algorithm. Comput Geosci 10(2–3):191–203

Buhmann MD (2003) Radial basis functions: theory and implementations. Cambridge University Press (S 271)

Chen J, Yuan J, Ni J (1996) Thermal error modelling for real-time error compensation. Int J Adv Manuf Technol 12:266–275

Drossel WG, Grossmann K, Ihlenfeldt S, Schroeder S, Zwingenberger C, (2013) Modellierung des Wärmeaustauschs Maschine-Umgebung, Tradition und Gegenwart bei der Analyse des thermischen Verhaltens spanender Werkzeugmaschinen, 16, Dresdner Werkzeugmaschinen-Fachseminar

Ess M (2012) Simulation and Compensation of Thermal Errors of Machine Tools, Dissertation, ETH Zurich

Glänzel J, Ihlenfeldt S, Neugebauer R, Richter C, Zwingenberger C (2015) Modelling of thermal interactions between environment and machine tool, Thermo-energetic Design of Machine Tools, Lecture Notes in Production Engineering, Springer, 111–124

Glänzel J, Ihlenfeldt S, Naumann C, Putz M (2016) Decoupling of fluid and thermo-elastic simulations of machine tools using characteristic diagrams, Procedia CIRP 62(2017):340–345. https://www.doi.org/10.1016/j.procir.2016.06.068

Glänzel J, Ihlenfeldt S, Naumann C (2017) Effiziente Quantifizierung der Konvektion durch Entkoppelte Strömungs- und Strukturmechanische Simulation, Beispielhaft am Maschinenständer, 5. Kolloquium SFB/TR96, Chemnitz

Glänzel J, Naumann C, Ihlenfeldt S, Putz M (2018) Efficient quantification of free and forced convection via the decoupling of thermo-mechanical and thermo-fluidic simulations of machine tools. J Mach Eng 18(2):41–53, ISSN 1895-7595

Glänzel J, Unger R, Ihlenfeldt (2018) Clustering by optimal subsets to describe environment interdependencies, Conference on Thermal Issues in Machine Tools, Dresden

Glänzel J, Kumar TS, Naumann C, Putz M (2019) Parameterization of environmental influences by automated characteristic diagrams for the decoupled fluid and structural-mechanical simulations. J Mach Eng 19(1):98–113, ISSN 1895-7595

Glänzel J, Naumann A, Kumar TS, Putz M (2020) Parallel computing in automation of decoupled fluid-thermostructural simulation approach. Journal of Machine Engineering, 20(2):39–52. https://doi.org/10.36897/jme/117785

Jian B, Wang C (2019) Predicting spindle displacement caused by heat using the general regression neural network. Int J Ad Manufac Tech 104:4665–4674

Kauschinger B, Müller J, Riedel M, Thiem X (2016) Principle and verification of a structure model based correction approach. Procedia CIRP 46:111–114. https://doi.org/10.1016/j.procir.2016.03.169

Kumar TS, Glänzel J, Tehel R, Putz M (2020) Experimental validation of characteristic diagram-parameterization for environment-induced thermal interactions on machine tools in a climate chamber, Procedia CIRP, vol. 99, pp. 63–68. https://doi.org/10.1016/j.procir.2021.03.011

Kumar TS, Glänzel J, Bergmann M, Putz M (2021 July) Prediction of thermal errors in machine tools through decoupled simulations using genetic algorithm and artificial neural networks, MM Sci J. https://www.doi.org/10.17973/MMSJ.2021_7_2021076

Longstaff A, Fletcher S (2003) Practical experience of thermal testing with reference to ISO 230 Part 3. Laser metrology and machine performance VI, Southampton 2003:473–483

Mayr J et al (2012) Thermal issues in machine tools. CIRP Annals 61(2):771–791

Nasr N, Hafez H, Naggar H, Nakhla G (2013) Application of artificial neural networks for modelling of biohydrogen production. Int J Hydrogen Energy 38:3189–3195

Rumelhart DE, Hiton GE, Williams RJ (1986) Learning internal representations by error propagation. Parallel Distributed Processing, 1, MIT Press, Cambridge, S 318–362

Santos M, Batalha G (2018) Numerical and experimental modeling of thermal errors in a five-axis CNC machining center. Int J Ad Manufac Tech 96:2619–2642

Soni N, Kumar T (2014) Study of various mutation operators in genetic algorithms. Int J Comp Sci Info Tech 5(3):4519–4521

Verein Deutscher Ingenieure (VDI), 2006, VDI-Wärmeatlas – Berechnungsblätter für den Wärmeübertrag. VDI Verlag Berlin

Wang K, Shen H (2019) Sensing and compensating the thermal deformation of a computer-numerical-control grinding machine using a hybrid deep-learning neural network scheme. Sens Mater 31(2):399–409

ZIH HPC Compendium, https://tu-dresden.de/zih/hochleistungsrechnen

Zwingenberger C (2014) Beitrag zur Verbesserung der Simulationsgenauigkeit bei der Bestimmung des thermischen Verhaltens von Werkzeugmaschinen, Dissertation, TU Chemnitz

Open Access Dieses Kapitel wird unter der Creative Commons Namensnennung 4.0 International Lizenz (http://creativecommons.org/licenses/by/4.0/deed.de) veröffentlicht, welche die Nutzung, Vervielfältigung, Bearbeitung, Verbreitung und Wiedergabe in jeglichem Medium und Format erlaubt, sofern Sie den/die ursprünglichen Autor(en) und die Quelle ordnungsgemäß nennen, einen Link zur Creative Commons Lizenz beifügen und angeben, ob Änderungen vorgenommen wurden.

Die in diesem Kapitel enthaltenen Bilder und sonstiges Drittmaterial unterliegen ebenfalls der genannten Creative Commons Lizenz, sofern sich aus der Abbildungslegende nichts anderes ergibt. Sofern das betreffende Material nicht unter der genannten Creative Commons Lizenz steht und die betreffende Handlung nicht nach gesetzlichen Vorschriften erlaubt ist, ist für die oben aufgeführten Weiterverwendungen des Materials die Einwilligung des jeweiligen Rechteinhabers einzuholen.

Aufwandsarmer Abgleich parametrischer Maschinenmodelle: Parameterabgleich im Betrieb

Hajo Wiemer, Manfred Benesch und Jens Müller

1 Einführung

Viele Verfahren für die Korrektur von thermisch bedingten Ungenauigkeiten von Werkzeugmaschinen (WZM) setzen auf die Verwendung von Maschinenmodellen, welche das thermo-elastische Verhalten der realen Maschinen simulieren und auf diese Weise nicht direkt messbare thermisch induzierte Abweichungen des TCP bestimmen können. Diese simulierten Abweichungen bilden die Grundlage für die Korrekturverfahren und benötigen deswegen eine hohe Modellgüte, d. h., sie müssen dem Verhalten der realen Maschine so genau wie möglich entsprechen. Die hierfür eingesetzten Maschinenmodelle haben üblicherweise eine Vielzahl Parameter, die für eine exakte Abbildung des realen Maschinenverhaltens durch das Maschinenmodell sehr genau bestimmt werden müssen.

Viele dieser Parameter unterscheiden sich bei verschiedenen Exemplaren eines Maschinentyps nicht. Diese zeitinvarianten und nicht exemplarischen Parameter, wie z. B. Materialkonstanten oder Motorverlustleistungen, brauchen demzufolge nur einmalig bestimmt werden und können dann als konstant angesehen werden.

Problematischer sind Modellparameter, welche sich bei jedem Maschinenexemplar stark genug unterscheiden, um einen signifikanten Einfluss auf die

---

H. Wiemer (✉) · J. Müller
Professur für Werkzeugmaschinenentwicklung und adaptive Steuerungen, TU Dresden, Dresden, Deutschland
E-Mail: hajo.wiemer@tu-dresden.de

J. Müller
E-Mail: jens.mueller@tu-dresden.de

M. Benesch
Institut für Angewandte Informatik, TU Dresden, Dresden, Deutschland
E-Mail: manfred.benesch@tu-dresden.de

© Der/die Autor(en) 2025
C. Brecher, *Thermo-energetische Gestaltung von Werkzeugmaschinen*,
https://doi.org/10.1007/978-3-658-45180-6_11

Simulationsergebnisse des Modells zu haben, sodass sich das Maschinenmodell hinreichend stark von seiner realen Maschine unterscheidet. Dies können z. B. Wärmeverluste von Spindellagern sein, deren Vorspannung von der Montage abhängt. Einige dieser exemplarischen Parameter sind zudem zeitvariant, d. h. sie können sich über die Zeit durch z. B. Alterungserscheinungen verändern und bedürfen deswegen einer regelmäßigen Überwachung und ggf. Nachführung während der Lebensdauer der WZM. Im Vergleich zu den als konstant ansehbaren, nicht exemplarischen Parametern sind dies jedoch verhältnismäßig wenige Parameter.

Für eine möglichst realitätsnahe Abbildung des Maschinenverhaltens durch das WZM-Modell ist eine Anpassung bzw. Optimierung der Modell-Parameter notwendig. Diese Anpassungen erfolgen üblicherweise durch den Vergleich von Mess- und simulierten Daten. Durch die iterative Variation der gesuchten Modellparameter wird anhand eines passenden Gütekriteriums ein optimaler Parametersatz ermittelt.

Als Gütekriterium wird sehr oft der mittlere quadratische Fehler zwischen den berechneten Modellausgangsdaten und den experimentell ermittelten Daten für die gleichen Maschineneinstellungen bzw. Lastfällen verwendet:

$$e = \sqrt{\frac{1}{N}\sum_{i=1}^{N}(y_m[i] - y_s[i])^2} \tag{1}$$

Im einfachsten Falle werden dabei alle Modellausgänge mit den ihnen entsprechenden Messdaten verglichen. Dieses Vorgehen eignet sich, um die „Gesamt-Modell-Güte" zu bestimmen.

Für die Optimierung der Modellparameter kann der Bewertungsaufwand stark reduziert werden, wenn bekannt ist, welche Modellausgänge durch den jeweils gerade variierten Modellparameter beeinflusst werden. Da alle anderen Modellausgänge nicht beeinflusst werden, brauchen diese nicht in das Gütekriterium mit einbezogen zu werden. Je nach Parameter unterscheiden sich jedoch die beeinflussten Modellausgänge, was jeweils zu einer anderen Zusammensetzung des Gütekriteriums führt.

Eine solche Modellparameter-Optimierung (Modellparameter-Fit) ist verhältnismäßig aufwendig, da sowohl die Anzahl möglicher Parameter sehr hoch sein kann als auch der Aufwand für die Optimierung an sich hoch ist. Dies betrifft nicht nur den Rechenaufwand des Maschinenmodells und der Parameteroptimierung, sondern vor allem auch den Aufwand für die notwendigen Experimente an der Maschine, welche die für die Optimierung verwendeten Messwerte bereitstellen.

2 Abstrakte Maschinenmodellbeschreibung

Für die nachfolgend beschriebene Vorgehensweise zur automatisierten Ermittlung optimaler Modellparameter aus Messdaten sind sowohl ein geeigneter Workflow als auch eine abstrakte Beschreibung des zu optimierenden Maschinenmodells

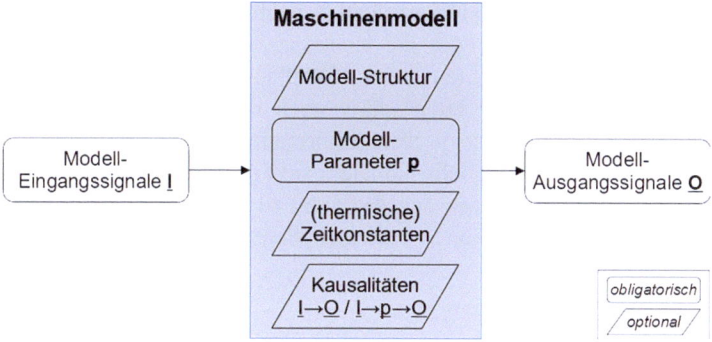

Abb. 1 Abstrakte Maschinenmodellbeschreibung

notwendig, in welche nach und nach gefundene Zusammenhänge und optimale Parameter aufgenommen werden können.

Die o. g. abstrakte Beschreibung ist in Abb. 1 dargestellt. Sie beinhaltet sowohl obligatorische als auch optionale Informationen. Unumgänglich ist die Angabe, welche Signale das Modell als Anregung bzw. Eingang verwendet und welche Signale vom Maschinenmodell berechnet und ausgegeben werden (Modellausgänge). Die Modelleingangssignale sind beispielsweise Bewegungsvorgaben und Lastdaten aus dem Prozess, welche an der realen Maschine für einen bestimmten Lastfall verwendet wurden. Die Modellausgangsdaten entsprechen hingegen den an der Maschine gemessenen Signalen – im thermischen Zusammenhang meistens Temperaturen an verschiedenen Stellen der Maschine oder die Verlagerung des TCP.

Als weitere notwendige Information ist die Angabe der vorhandenen Maschinenmodellparameter notwendig, welche im späteren Verlauf ggf. angepasst werden sollen, um das Verhalten des Maschinenmodells dem realen Verhalten der Maschine besser anzupassen. Neben dem Namen des Parameters können hierbei sowohl mögliche Wertegrenzen als auch der initiale Wert des Parameters angegeben werden.

Neben diesen notwendigen Informationen können auch optionale Informationen in der Modellbeschreibung enthalten sein. Mithilfe dieser optionalen Elemente kann ein deutlicher Mehrwert bei der Verwendung des Maschinenmodells während der Optimierung erreicht werden. So kann die Struktur des Maschinenmodells, welche oft an die Struktur der Maschine angelehnt ist, beispielsweise die Maschine ausgehend von der Gesamtmaschine über Maschinenteile bis hin zu einzelnen Baugruppen unterteilen. Diese Strukturierung dient nicht nur der Übersichtlichkeit in komplexen Maschinenmodellen, indem Ein- und Ausgangssignale bzw. Parameter gruppiert und ihren jeweiligen Baugruppen zugeordnet werden können. Sie kann auch dazu verwendet werden, das Modell auf thermisch unabhängige Teilstrukturen zu untersuchen. Dieses Wissen kann im späteren Verlauf dann genutzt werden, um beispielsweise gleichzeitig Modellparameter verschiedener Teilstrukturen des Maschinenmodells zu optimieren und damit den Aufwand zu reduzieren.

Die Modellbeschreibung kann zusätzlich auch noch mit Informationen über (thermische) Zeitkonstanten oder die kausalen Zusammenhänge zwischen Eingangssignalen, Modellparametern und Modellausgängen angereichert werden. Diese Informationen können auch später noch bestimmt werden, jedoch kann allgemein gesagt werden, dass, je mehr Informationen von vornherein in der Beschreibung des Maschinenmodells enthalten sind (a priori), umso mehr Möglichkeiten bieten sich im Workflow, den Aufwand zu reduzieren sowie die Optimierung beratend zu unterstützen und zu automatisieren.

3 Strukturiertes Vorgehensmodell

Mit solch einer abstrakten Beschreibung des Maschinenmodells (vgl. Abb. 2) kann ein aus mehreren Teilen bestehender Workflow abgearbeitet werden, welcher als übergeordnetes Ziel die Verbesserung der Maschinenmodellgüte hat, (s. Abb. 2).

Dabei können einzelne Schritte des Workflows übersprungen werden, wenn die in diesen zu gewinnenden Erkenntnisse bereits vorhanden sind. Wenn z. B. bereits bekannt ist, welche Parameter einen signifikanten Einfluss auf das Maschinenmodell bzw. dessen Modellausgänge haben, kann ggf. die Sensitivitätsanalyse übersprungen werden. So kann bei ausreichenden bzw. schon ermittelten Informationen in der Maschinenmodellbeschreibung auch direkt die aktuelle Modellgüte bestimmt werden, um z. B. eine zeitliche Veränderung der Parameter während der Betriebsphase zu bestimmen.

Die einzelnen Elemente des Workflows können, je nach Lebensphase der WZM, in unterschiedlicher Kombination verwendet werden (s. Abb. 3).

Während der Entwicklung einer WZM sowie des zugehörigen Maschinenmodells steht die Abbildung des grundlegenden Verhaltens der WZM durch das Maschinenmodell im Vordergrund, sodass hier die Schritte der Sensitivitätsanalyse

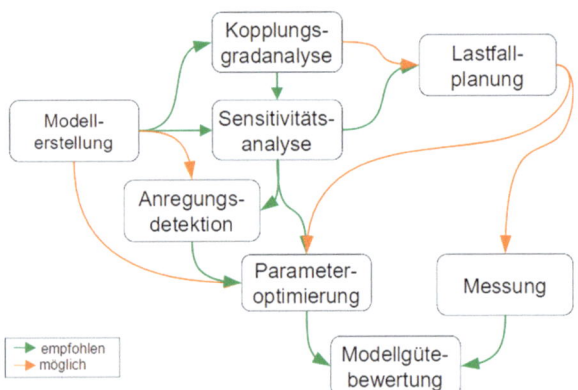

Abb. 2 Workflow zur Parameteroptimierung

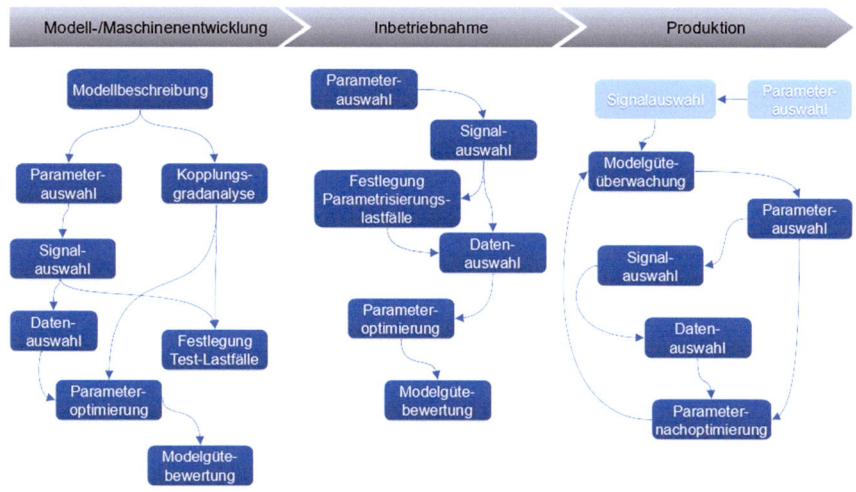

Abb. 3 Parameteroptimierungs-Workflow in Abhängigkeit der Betriebsphase der WZM

und des Kopplungsgrades von Interesse sind. Die dabei gewonnenen Informationen, gefundene Kausalitäten oder angepasste Modellparameterwerte werden innerhalb der Maschinenbeschreibung für spätere Phasen bzw. Nutzungen des Maschinenmodells abgelegt.

Während der Inbetriebnahme der WZM sind entsprechende Erkenntnisse aus der Entwicklungsphase schon bekannt und entsprechend in der Modellbeschreibung hinterlegt, sodass während dieser Phase vorrangig die Optimierung von maschinenspezifischen Parametern verfolgt wird. Dafür werden die Erkenntnisse aus den Analysen während der Entwicklungsphase wiederverwendet, um diese Optimierung vereinfachen zu können (z. B. automatische Auswahl der notwendigen Modell-Ein- und -Ausgangssignale, je nach zu optimierendem Modellparameter).

Entsprechend ist während der Betriebsphase der WZM auch nur noch die Bestimmung der Modellgüte und ggf. eine erneute Optimierung einzelner spezifischer Modellparameter nach Detektion ausreichender Anregung in den Signalen notwendig.

Die komplette Parameteroptimierung wird in mehrere Schritte aufgeteilt. Die dadurch erzielte Strukturierung des Workflows ermöglicht es, die Schritte an die jeweils aktuellen Anforderungen an die Parameteroptimierung anzupassen. In jedem Fall wird davon ausgegangen, dass bereits Experimente an der WZM durchgeführt wurden und gemessene Signale (Anregungsdaten sowie Maschinenreaktionen, z. B. Temperaturen) vorliegen, welche als Eingangsdaten für das Maschinenmodell bzw. Vergleichswerte für die Modellausgänge verwendet werden können. Der gesamte Workflow samt der Beratungs- und Koordinierungsfunktionalität wird als Erweiterung des Prozessanalyse- und Systemmodellierungswerkzeugs

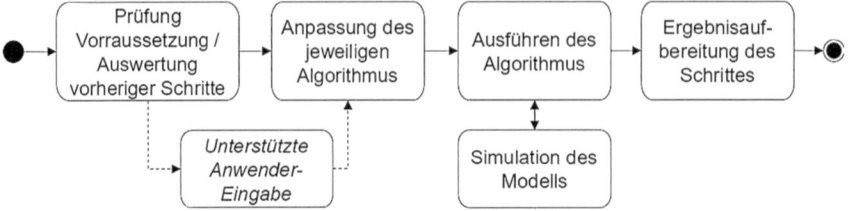

Abb. 4 Grundsätzlicher Ablauf eines Schrittes

ADM (Advisory Data Modeling)[1] umgesetzt. Dieses stellt den Ausführungsrahmen, die grundlegende Beratungsfunktionalität und z. B. Möglichkeiten des heterogenen Datenzugriffs, der zielgerichteten Datenvorverarbeitung und der Auswertung von Analyseergebnissen mittels Reportprotokollen und Grafiken zur Verfügung. Dabei ist das Tool streng auf die Unterstützung des Anwenders und seine Beratung ausgerichtet (vgl. Kubin et al. 2009a, b).

Ausgangspunkt der Optimierung mittels ADM ist immer eine abstrakte Maschinenmodellbeschreibung, welche im einfachsten Fall nur Basisinformationen, wie Modellein- und -ausgänge, vorhandene Parameter und Informationen über die Struktur der WZM/des Modells enthält. Die einzelnen Schritte des Workflows erkennen selbstständig, welche Informationen bereits in der Beschreibung enthalten sind und passen ihre Beratungsentscheidungen entsprechend an.

Jeder einzelne Schritt entscheidet selbstständig, ob die notwendigen Voraussetzungen für dessen Ausführung in Abhängigkeit des aktuellen Analysefortschritts erfüllt sind. Der grundsätzliche interne Aufbau der einzelnen Schritte ist in der nachfolgenden Abb. 4 dargestellt. So wird beispielsweise die Kopplungsgradanalyse, welche untersuchen soll, ob es strukturierte Teile im Modell gibt, die thermisch unabhängig voneinander sind, nur dann sinnvoll ausgeführt werden können, wenn die Strukturinformation des Modells auch mehrere Modellteile/Baugruppen enthält, deren Abhängigkeit geprüft werden kann.

Da jeder Schritt andere Voraussetzungen benötigt, ist deren Prüfung und Bewertung in jedem einzelnen Workflowschritt, jeweils an den Schritt angepasst, umgesetzt. Ebenso können vorhandene Informationen und Ergebnisse vorgelagerter Schritte die jeweilige Ausprägung der einzelnen Schritte beeinflussen. Wenn z. B. das verwendete Maschinenmodell in der Art umgesetzt ist, dass es seine Eingangsdaten selbst bereitstellt und diese nicht von außen übergeben werden können (also keine Modelleingangsdaten in der Maschinenmodellbeschreibung angegeben wurden), so kann keine Sensitivitätsanalyse bezüglich der Wirkung der Modelleingänge auf die Modellausgänge durchgeführt werden, da die dafür notwendige

---

[1] ADM (Advisory Data Modeling) ist ein Softwarepaket zur Identifikation statischer, dynamischer Prozesse und von Zeitreihen bei technologisch orientiertem Datenzugang mit Beratung und Gedächtnis.

Variation der Modelleingangssignale nicht möglich ist. In analoger Weise sind in allen Algorithmen und Schritten entsprechende Prüfungen vorhanden, welche das Verhalten jedes Schrittes im Workflow steuern.

Ausgehend von einem neuen Maschinenmodell ohne zusätzliche Informationen könnte während der Entwicklungsphase der in Abb. 5 dargestellte Durchlauf durch den Workflow zustande kommen.

Bei diesem Workflow geht es grundsätzlich um das Kennenlernen des Maschinenmodells, dem Sammeln von Informationen über dieses und dem finalen Optimieren von ausgewählten Parametern.

Die Grundlage für die Abarbeitung des Workflows im ADM stellt die abstrakte Maschinenmodellbeschreibung dar, welche unabhängig von der Art der Modellierung ist. Das Modell kann, sofern vorhanden, direkt in das ADM-Tool geladen oder durch eine grafische Oberfläche von Hand erstellt werden. Sowohl Signale (Modell-Ein- und Ausgangssignale) als auch Parameter können beliebig benannt werden. Strukturinformationen über das Modell werden in Form einer hierarchischen Baumstruktur abgespeichert. Dies ist in Abb. 6 beispielhaft dargestellt. In diesem Schritt wird auch die Zuordnung der an der WZM gemessenen Signale zu den Maschinenmodellein- und -ausgängen hergestellt (z. B. Lagertemperatur 1 in Abb. 6). Somit wird hier festgelegt, welche Messdaten (Messkanal) an welchen Modelleingang des Modells zur Verfügung gestellt werden. Gleichzeitig werden

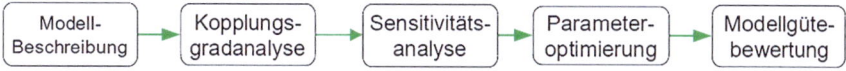

Abb. 5 Workflow während der Entwicklungsphase einer WZM

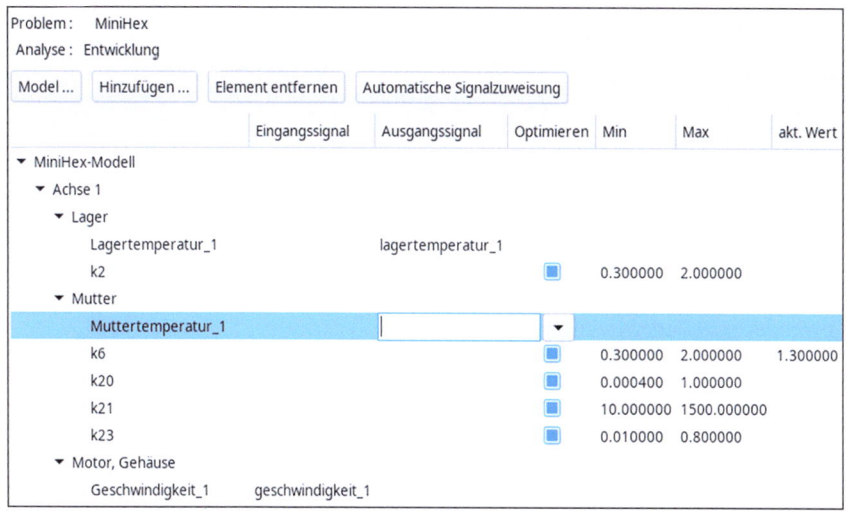

Abb. 6 Beispiel einer Modellbeschreibung in ADM

die Modellausgänge mit den jeweiligen real gemessenen Maschinendaten verknüpft, sodass der simulierte Modellausgang mit den hier angegebenen Messdaten verglichen werden kann.

ADM bietet Möglichkeiten, Signale vorzuverarbeiten, um beispielsweise in den Signalen nach aktiven Bereichen zu suchen, welche zu einer Anregung des Modells führen.

Wenn die Modellbeschreibung komplett ist, wird das Modell unter Zuhilfenahme der Beschreibung ausgeführt, um zu verifizieren, dass ausreichend Modelleingangs- und Ausgangssignale angegeben wurden, dass das Maschinenmodell korrekt ausführbar ist und dass die Ausführung idempotent ist. Hierzu wird das Modell mit den angegebenen Signalen und Parametern zweimalig ausgeführt und die Simulationsergebnisse verglichen. Sofern das Modell keine inneren Zustände über mehrere Ausführungen hinweg enthält, sollten identische Simulationsergebnisse zurückgegeben werden. Diese Prüfung stellt somit sicher, dass eine Ausführung des Modells keinen Einfluss auf die nächste oder eine spätere Ausführung hat und somit jeder Lauf unabhängig von den anderen ist. Wenn dies nicht gewährleistet werden kann, können keine korrekten Optimierungen durchgeführt werden, da spätere Anpassungen der internen Modellparameter immer durch vorhergehende beeinflusst werden. Bei erfolgreicher Ausführung werden im ADM das Modell, die Zuordnungen der Signale und die Ergebnisse der Idempotenzprüfung inklusive einiger statistischer Werte im Ergebnisprotokoll erfasst und aufbereitet.

Die möglichen nachfolgenden Workflowschritte – die Kopplungsgradanalyse und die Sensitivitätsanalyse (vgl. Abb. 3) – haben einen ähnlichen analytischen Hintergrund, aber unterschiedliche Zielstellungen. Während durch die Kopplungsgradanalyse versucht wird, thermisch unabhängige (Teil-)Komponenten innerhalb der Modellstruktur zu finden (z. B. Baugruppen oder Struktureinheiten innerhalb des Modells laut Modellbeschreibung), ist der Hauptzweck der Sensitivitätsanalyse die Untersuchung, welche Modelleingangssignale und welche Parameter einen signifikanten Einfluss auf das Modell bzw. die Modellausgänge besitzen. Jede der dabei erlangten Informationen über das Modellverhalten kann beispielsweise für eine Effizienzsteigerung der weiteren Optimierung herangezogen werden. Bei den Ergebnissen der Sensitivitätsanalyse ist dies offensichtlich: nur bei Modellparametern, die einen signifikanten Einfluss haben, lohnt sich eine Optimierung, sodass alle anderen von einer aufwendigen Optimierung ausgeschlossen werden können, was den Rechenaufwand für die Bestimmung optimaler Parameter und auch den experimentellen Aufwand an der WZM enorm reduzieren kann. Dies wird durch das System automatisch vorgeschlagen, kann jedoch durch den Anwender geändert werden.

Während dieser beiden Analyseschritte werden automatisiert die jeweiligen Eingangssignale und Parameter variiert, sodass eine entsprechende Anregung des Maschinenmodells erreicht wird. Die Simulationsergebnisse der Modellausgänge werden automatisch bewertet und so wird schrittweise für alle zu analysierenden Eingangssignale bzw. Modellparameter ihre Wirkung auf die Modellausgänge erfasst. Entsprechend der Anzahl der Eingangssignale und Parameter sowie der Laufzeit des Modells ist dies ein recht aufwendiger Analyseschritt. Da jedoch die einzelnen Simulationen in diesem Schritt unabhängig voneinander sind, kann durch gleichzeitiges Ausführen mehrerer unabhängiger Modell-Simulationen mittels zusätzlicher Rechenkapazitäten Zeit gespart werden.

Um die Effizienz zu steigern, werden Simulationsdurchläufe mit gleichen Eingangsdaten und Modellparametern, die bereits in anderen Analyseschritten durchgeführt wurden, nicht doppelt ausgeführt. Weiterhin kann die Kenntnis über die thermische Unabhängigkeit von Struktureinheiten bzw. Baugruppen im späteren Verlauf zur Reduzierung des Aufwandes führen, da sich diese Teile separat innerhalb eines Simulationsdurchlaufes betrachten lassen. Somit kann während einer Simulation des Maschinenmodells gleichzeitig mehr als ein Parameter angepasst werden, was wiederum die Gesamtdauer reduziert und die Effizienz steigert.

Die Kenntnis über thermisch unabhängige Baugruppen kann aber auch genutzt werden, experimentelle Untersuchungen an der WZM zu verkürzen, indem diese Baugruppen zeitgleich Lastregime ausführen und somit eine Stimulation für mehr Fälle in kürzerer Zeit ermöglichen.

Für die Analysen stehen verschiedene Ansätze zur Verfügung. Für die Sensitivitätsanalyse gibt es eine Vielzahl möglicher Verfahren, von denen eines in Abhängigkeit von der Anzahl zu prüfender Modellparameter und der Aufwändigkeit eines Simulationsdurchlaufes des Modells auszuwählen ist. So können z. B. abweichungsbasierte Methoden mit der Methode von Morris kombiniert werden, ebenso wie eine Monte-Carlo-Filterung zum Einsatz kommen könnte. Nach (Cariboni et al. 2017) gibt es weitere Verfahren, die situationsgerecht verwendet werden sollten. Durch die Integration mehrerer dieser Verfahren im ADM können sowohl Vorschläge für die sinnvolle Wahl unterbreitet werden als auch automatisiert festgelegt werden. Durch Bereitstellung bzw. automatische Auswahl der Verfahren über Entscheidungsbäume können diese auch verwendet werden, ohne dass jedes Verfahren im Detail dem Anwender bzw. Technologen bekannt ist.

Während der Durchführung der einzelnen Analyseschritte wird das Modell mit verschiedenen Einstellungen bzw. Parametern immer wieder berechnet. Die dabei gewonnene Datenbasis kann für weitergehende Untersuchungen verwendet werden. So lässt sich aus den Ergebnissen z. B. abschätzen, welche Parameter welche Modell-Ausgangssignale beeinflussen. Auf diese Weise lassen sich kausale Wirkungsketten bestimmen, mit denen in späteren Schritten weitere Beratungsfunktionen ermöglicht bzw. eine höhere Stufe der Automatisierung erreicht werden können, was wiederum den Aufwand senkt und die Bedienung nachgelagerter Analyseschritte vereinfacht. Beispielsweise wird die automatische Bestimmung von zu vergleichenden Modellausgängen für bestimmte Parameter ermöglicht, die bei der Optimierung eines Parameters notwendigen Eingangssignale zu bestimmen, sodass in diesen nach ausreichend Anregung für eine Optimierung gesucht werden kann.

Wenn diese Kausalitäten jedoch schon im Vorfeld bekannt sind, ist es sinnvoll, diese gleich während der Modellbeschreibung mit zu erfassen, sodass diese nicht extra ermittelt werden müssen. Offen bleibt hier zunächst die Frage, ob alle oder hinreichend viele Zusammenhänge bekannt sind. Hier kann der Ansatz gewählt werden, dass es als ausreichend gilt, wenn jeder Parameter in einer kausalen

Wirkungskette enthalten ist. Auch kann eine Entscheidung des Anwenders eingeholt werden, ob auf weitere Zusammenhänge geprüft werden soll – vor allem, wenn die Analysen, die dazu eine Aussage treffen, sowieso ausgeführt werden sollen.

Mit dem Wissen, welche Modellparameter einen entscheidenden Einfluss auf die Modellausgänge haben und wie ggf. das Maschinenmodell segmentiert werden kann, kann der Versuch einer abstrakten Lastfallplanung unternommen werden. Hierbei ist z. B. auch die Kenntnis der kausalen Wirkungsketten von Vorteil, da so, ausgehend von den zu optimierenden Parametern, automatisch bestimmt werden kann, welche Eingangssignale die notwendigen Anregungen liefern, um die jeweiligen Parameter zu optimieren. Dadurch kann recht einfach zugeordnet werden, welche Steuersignale der WZM für die jeweiligen Lastfälle verwendet werden müssen, um die erforderlichen Reaktionen hervorzurufen. Ebenso ist die Kenntnis der thermischen Zeitkonstanten von Vorteil, da so recht genau ermittelt werden kann, wie lange der jeweilige Lastfall ausgeführt werden muss, bevor eine ausreichende Reaktion eintritt, mit der eine Parameter-Optimierung durchgeführt werden kann. Dies zeigt recht deutlich, dass zusätzliche Information die Möglichkeiten nachgelagerter Schritte deutlich verbessern können.

Die Umsetzung der vorgeschlagenen Lastfälle für die experimentelle Maschinenuntersuchung ist nicht mehr Bestandteil des ADM. Hierfür werden entsprechend Vorschläge durch den WZM-Technologen bereitgestellt (z. B. Erstellung entsprechender NC-Programme).

Hierbei ist zusätzlich auf die Restriktionen der jeweiligen WZM zu achten. So kann die vorgeschlagene Parallelität der Lastfälle womöglich nicht realisiert werden, da die thermisch unabhängigen Baugruppen bzw. Maschinenteile nicht mechanisch entkoppelt sind oder sich gegenseitig bedingen. Um solche Einschränkungen berücksichtigen zu können, wären zu viele weitere Informationen innerhalb der Modellbeschreibung notwendig, sodass diese nicht mit betrachtet werden und lediglich möglichst effiziente – im Sinne von parallelen und zeiteffizienten – Lastfälle vorgeschlagen werden, deren Umsetzung bzw. Umsetzbarkeit nachfolgend durch den Anlagenbetreiber zu prüfen sind.

Wenn aber beispielsweise alle drei thermisch unabhängigen Achsen einer Dreiachsmaschine gleichzeitig verwendet werden können, kann sich die Dauer notwendiger Experimente auf ein Drittel verkürzen und somit die Zeit für die Abgleichexperimente deutlich reduziert werden.

Derzeit ist noch ungeklärt, ob immer zwingend zusätzliche Sensorik für die Experimente notwendig ist. Idealerweise soll der Parameterabgleich lediglich durch Nutzung von in der WZM schon verbauten Sensoren durchgeführt werden. Dies kann jedoch nicht gelingen, wenn beispielsweise keine oder unzureichende Informationen über Temperaturen an relevanten Stellen vorhanden sind. In diesen Fällen müssen mindestens für die Experimente zusätzliche Sensoren angebracht werden, was jedoch wieder zusätzliche Kosten verursacht und damit die Wirtschaftlichkeit verringert. Sofern diese zusätzlichen Sensoren jedoch dauerhaft verwendet werden können, um die Präzision der WZM zu erhöhen, kann dies die Wirtschaftlichkeit sogar steigern.

Nach den Experimenten lässt sich die anschließende Optimierung der exemplarischen Parameter effizient umsetzen. Je nachdem, wie viel Wissen bereits in der Modellbeschreibung vorhanden ist, lässt sich dies sehr gut automatisieren. Durch Kenntnis der Modellparameter, die eine Anpassung benötigen, und der kausalen Wirkungsketten können automatisch die notwendigen Ein- und Ausgangssignale bestimmt werden. Um den Selektionsprozess der aktiven Messdatenbereiche zu beschleunigen bzw. komplett zu automatisieren, kann eine Anregungsdetektion verwendet werden, welche die Messdaten nach Informationen, welche auf Aktivität hinweisen, filtern. Dabei muss sichergestellt werden, dass eine ausreichend große bzw. lange Stimulation vorhanden ist, sodass eine Reaktion in den Modellausgängen generiert wird. Hierbei kann die Anregungsdetektion durch Kenntnis der Zusammenhänge zwischen Ein- und Ausgangssignalen auch direkt die Reaktion beurteilen und damit bestimmen, ob eine ausreichende große Anregung vorhanden ist. Hierbei muss jedoch auch die thermische Totzeit beachtet werden, da sich eine Reaktion auf die Simulation der Eingangssignale erst nach dieser Dauer in den Ausgangssignalen widerspiegelt. Gleichzeitig kann geprüft werden, ob eine ausreichend lange Anregung stattgefunden hat, sodass nur Daten verwendet werden, wenn diese ausreichend sind.

Wenn so geeignete Messdaten selektiert wurden, kann die eigentliche Anpassung der Parameter erfolgen. Hierbei wird das Modell mit den entsprechenden Eingangssignalen und Parametern ausgeführt und die dabei entstehenden Modellausgänge mit den an der WZM gemessenen Maschinensignalen (z. B. Temperaturen) verglichen. Dies ist das anfangs erwähnte Prüfkriterium, dessen Fehler zu minimieren ist. Mittlerweile gibt es eine Vielzahl an Optimierungsalgorithmen, welche für diesen Vorgang zum Einsatz kommen können. Dabei können sowohl etablierte Verfahren, wie der Algorithmus von Levenberg–Marquardt, als auch neuere Ansätze, wie beispielsweise evolutionäre Optimierungsalgorithmen, verwendet werden. Da die Einbindung der Algorithmen im ADM flexibel mittels Erweiterungsschnittstellen (Plugins) umgesetzt ist, können jederzeit neue Algorithmen ergänzt werden. Dabei ist aber zu beachten, dass ggf. auch Hinweise zur Verwendung einzubetten sind, um Anwendern, die keine Optimierungsexperten sind, eine Hilfe zu geben, unter welchen Voraussetzungen die Algorithmen am besten verwendet werden. Je nach Algorithmus sind ggf. noch zusätzliche Einstellungen vorzunehmen, die idealerweise durch jede Algorithmen-Erweiterung selbst eine Beratung erfahren und so die korrekte Verwendung ermöglichen. Nach der Auswahl und Einstellung des gewünschten Algorithmus wird dieser dann durch Verwendung des Modells autonom die ausgewählten Parameter optimieren.

Hierbei ist die Information der kausalen Zusammenhänge innerhalb des Modells wieder von Nutzen. Die meisten Optimierungsalgorithmen können mehrere Parameter innerhalb eines Optimierungsvorgangs handhaben. Jedoch führt dies zu einem teilweise riesigen Suchraum, in dem die optimalen Parameter zu finden sind. Wird vereinfachend angenommen, dass im Maschinenmodell p Modellparameter zu optimieren sind und jeder Parameter N mögliche Werte einnehmen kann, ergeben sich daraus N^p mögliche Lösungen. Durch Nutzung der kausalen Zusammenhänge kann dieser Suchraum reduziert werden, indem nicht alle

Parameter in einem Durchlauf optimiert werden, sondern diese aufgeteilt werden, wenn diese keine gemeinsam beeinflussten Modellausgänge haben. Angenommen, es können zwei Gruppen von Parametern $p_{1..k}$ und $p_{k+1..P}$ gebildet werden, so wird der Suchraum in zwei kleinere aufgeteilt, was den gesamten Suchraum auf $N^{p_{1..k}} + N^{p_{k+1..P}}$ reduziert. Je kleiner die dabei möglichen Gruppen von Parametern werden, umso kleiner wird der jeweilige Suchraum und umso schneller kann eine optimale Lösung für die jeweiligen Modellparameter gefunden werden. Das kann im Extremfall dazu führen, dass jeder Parameter gesondert optimiert werden kann. Dies führt dann zu einem maximal reduzierten Aufwand von lediglich N*p anstatt N^p möglichen Parameterwerten.

Durch die Reduktion eines globalen auf mehrere kleinere Suchräume wird auch die Gefahr verringert, nur ein lokales Optimum des gesuchten globalen optimalen Parametersatz gefunden zu haben.

Trotz dieser möglichen – teils enormen – Aufwandsreduktion für die Simulation des Modells für die Parameteroptimierung sind nach wie vor zahlreiche Durchläufe notwendig, um die Suche der jeweiligen Optimierungsalgorithmen nach optimalen Parametern zu ermöglichen. Hier kann dann durch das Ausnutzen von thermisch unabhängigen Baugruppen eine Parallelisierung der Optimierung mehrerer Parameter vorgenommen werden, indem mit einem Simulationsdurchlauf in jeder unabhängigen Baugruppe ein Parameter angepasst wird. Die vom jeweiligen Parameter beeinflussten Modellausgänge werden dann automatisch – mithilfe des Wissens über die kausalen Zusammenhänge der Parameter und Modellausgänge (z. B. ermittelt während der Sensitivitätsanalyse) – für den jeweiligen Optimierungsalgorithmus herangezogen.

In Abb. 7 wird das dazu verwendete Schema illustriert. Ein globaler Koordinator verwaltet dabei die einzelnen Modellparameter (-gruppen) und steuert die jeweilige Optimierung. Da es zu unterschiedlich vielen Schritten in der Optimierung kommen kann, können dabei einzelne Optimierungen auch schon früher abgeschlossen sein, während andere noch weitere Schritte durchführen müssen. Für jede Optimierungsgruppe können dabei auch unterschiedliche Optimierungsalgorithmen verwendet werden.

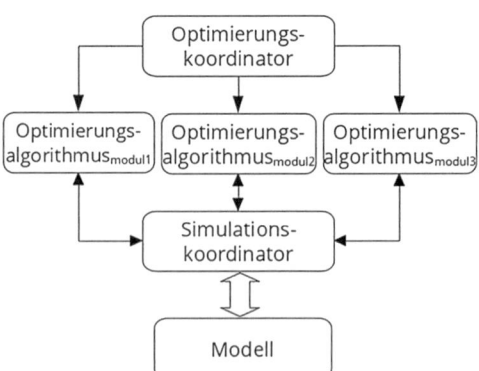

Abb. 7 Schema der parallelen Parameteroptimierung

In jeder Gruppe wird für jeden Schritt ein neuer Parametersatz ermittelt. Sobald sämtliche Optimierungsalgorithmen dies erledigt haben, werden die Parameter zusammengestellt und über den Simulationskoordinator an das Modell übergeben. Die ermittelten Simulationsergebnisse werden dann entsprechend aufgeteilt und dem jeweiligen Algorithmus zur Verfügung gestellt, sodass dieser seinen nächsten Optimierungsschritt durchführen kann.

Sofern die Simulationsmodelle die Fähigkeit haben, von außen konfiguriert zu werden, wäre es auch vorstellbar, dass Teile der Simulation deaktiviert werden, um Rechenzeit zu sparen, sobald die Parameter dieser Teile optimiert wurden. Da die bisher verwendeten Modelle dies jedoch so nicht unterstützten, wurde diese Möglichkeit bisher nicht umgesetzt.

Letztendlich ist nach jedem Optimierungsvorgang die Güte des (Teil-)Modells anhand der Modellausgangsdaten zu prüfen, welche durch die zu optimierenden Modellparameter beeinflusst werden. Das genutzte Gütekriterium ist für den Optimierungsvorgang nur für die notwendigen Ausgangssignale zu bestimmen. Für die Modellgüte hingegen sind mehrere, wenn nicht sämtliche Modellausgänge zu berücksichtigen.

Hierfür ist ein kombiniertes Gütekriterium notwendig. Im einfachsten Fall wird eine gemittelte quadratische Abweichung aller Modellausgänge mit den jeweiligen Messsignalen verwendet:

$$Güte_{Modell} = \frac{1}{Signalanzahl} \sum_{j=1}^{Signalanzahl} \sqrt{\frac{1}{N} \sum_{i=1}^{N} \left(y_{mj}[i] - y_{sj}[i]\right)^2}$$

Falls notwendig, könnte dies noch durch eine Wichtung einzelner Signale ergänzt werden, sodass bestimmte Signale einen stärkeren Einfluss auf die Modellgüte bekommen. Dies kann beispielsweise für Signale sinnvoll sein, welche einen stärkeren Einfluss auf die thermische Verformung haben. Da dies jedoch zusätzliche Informationen benötigt, wird standardmäßig der obenstehende einfache Ansatz verwendet.

Somit kann für jedes Modell mit einem bestimmten Satz an Parametern eine Gesamt-Modellgüte bestimmt werden und diese ggf. mit anderen Parametersätzen verglichen werden. Somit ist eine Verbesserung oder Verschlechterung der Modellgenauigkeit leicht bestimmbar.

4 Parameterabgleich während der Inbetriebnahme und im Betrieb von WZM

Wurde bereits bei der während der Entwicklung der WZM ein Maschinenmodell erstellt und eine Parameteroptimierung durchgeführt, können die dabei gewonnenen Erkenntnisse genutzt werden, um den Inbetriebnahmeaufwand zu reduzieren. Zum einen sind dann nur noch wenige Modellparameter für das jeweilige

WZM-Exemplar anzupassen (modellexemplarische Parameter), und es liegen hierfür schon optimierte Werte als Ausgangsbasis vor. Zum anderen kann die Parameteroptimierung durch das Wissen über die inneren Zusammenhänge im Modell bzw. der WZM weiter automatisiert bzw. Aufwand reduziert werden.

Durch Kenntnis der thermischen Abhängigkeiten zwischen Baugruppen und Maschinenteilen kann in dieser Phase ggf. sowohl eine parallele Optimierung von Parametern stattfinden, als auch die Versuchszeit an der Maschine reduziert werden, indem thermisch unabhängige Baugruppen und Maschinenteile parallel belastet werden. Vorschläge für diese parallelen Lastfälle wurden in der Entwicklungsphase erstellt und abhängig von den Freiheitsgraden der Maschinen-Konstruktion und -Steuerung in entsprechende Lastfälle überführt. Diese Lastfälle können für alle Exemplare der WZM verwendet werden, ebenso wie das Maschinenmodell mit den voroptimierten Modellparametern.

Nach der Inbetriebnahmephase werden Werkzeugmaschinen üblicherweise über lange Zeit für die Produktion verwendet. Einige der exemplarischen Parameter sind jedoch zeitvariant und können sich während der Betriebszeit verändern. Dies kann auf Alterungserscheinungen bzw. Verschleiß zurückgeführt werden. Auch können sich ändernde Umgebungsbedingungen dazu beitragen. In allen Fällen beeinflusst der Grad der Veränderung die Genauigkeit der Vorhersagen des Maschinenmodells und somit auch darauf basierende Korrekturverfahren.

Aus diesen Gründen ist eine Überwachung der Modellgüte über die Zeit sowie ggf. eine erneute Parameteroptimierung während der Betriebszeit unumgänglich. Hierfür muss das verwendete Modell bzw. dessen errechnete Ausgangssignale regelmäßig mit den real gemessenen Werten verglichen und jeweils aktuelle Modellgüte bewertet werden. Wenn die Modellgüte unter einen festzulegenden Schwellwert fällt, sind die einzelnen Ausgangssignale dahingehend zu untersuchen, welche Signale zu der Verschlechterung geführt haben. Unter Zuhilfenahme des Wissens über die kausalen Wirkungsketten innerhalb des Maschinenmodells bzw. der WZM kann damit geschlussfolgert werden, welche Parameter nicht mehr optimal sind und eine entsprechende erneute Optimierung benötigen.

Sofern noch alle Sensoren wie während der Inbetriebnahme vorhanden sind, kann der Optimierungsprozess für die nicht mehr optimalen Parameter durchgeführt werden. Dabei ist jedoch das Problem zu lösen, dass es während der Produktion keine speziellen Abgleichsexperimente gibt, mit denen die Modellparameter optimiert werden können. Demzufolge ist idealerweise aus den während der Produktion aufgenommen Daten entsprechendes Datenmaterial zu bestimmen, mit dem ein erneuter Optimierungslauf durchgeführt werden kann. Die dabei verwendete Anregungsdetektion muss ausreichende Datenmengen (zeitlich) ausfindig machen, die unter Beachtung der thermischen Zeitkonstanten genügend Anregung verursachen. Wenn keine ausreichenden Anregungen detektiert werden konnten, muss ggf. eine Modellwartungsphase eingeplant werden, in der spezielle Lastfälle ausgeführt werden, welche die Grundlage für die Parameteroptimierung bilden.

Wenn ausreichende Datenmengen gefunden wurden, kann, dem algorithmischen Workflow folgend, die (Teil-)Optimierung erneut begonnen werden. Die vorgelagerten Schritte der Sensitivitätsanalyse oder der Analyse des Kopplungsgrades sind hierbei nicht nötig, da die Ergebnisse dieser Stufen bereits vorliegen bzw. in die Modellbeschreibung integriert wurden. Nachdem angepasste Modellparameter bestimmt wurden, müssen diese in das zu überwachende Maschinenmodell eingefügt werden.

Da das Simulationsmodell ständig neu berechnet wird, um darauf aufbauende Korrekturverfahren zu ermöglichen, kann die Bestimmung der Modellgüte auch vorlaufend durch Nutzung der so erhaltenen Daten erfolgen und muss nur noch gegen einen entsprechenden Schwellwert geprüft werden. Für diesen kann jedoch kein universeller Wert vorgegeben werden, und es muss ein jeweils modellspezifischer Wert bestimmt und verwendet werden, je nachdem welche Genauigkeit des Modells notwendig ist. Dabei ist zu beachten, dass eine höhere Genauigkeit auch eine häufigere Nachjustage zur Folge haben kann.

5 Zusammenfassung

In jeder Lebensphase der WZM finden Optimierungen der Modellparameter statt. Jedoch unterscheiden sich der jeweilige Aufwand und die zu beachtenden Parameter teils erheblich. Der größte Aufwand ist während der Entwicklungsphase notwendig. Das dabei erworbene Wissen über das Maschinenmodell und die darin enthaltenen Parameter wird für alle späteren Phasen gesichert und bei nachfolgenden Optimierungen wiederverwendet. Damit kann durch die Integration aller Schritte in das Software-Tool ADM, welches den kompletten Workflow abbilden kann, ein sehr hoher Grad an Automatisierung und Unterstützung erreicht werden und der Aufwand für die Parameteroptimierung teils erheblich gesenkt werden. Dies führt somit auch zu einer Effizienzsteigerung des kompletten Abgleichprozesses und damit zur Steigerung der Wirtschaftlichkeit des kompletten Vorgehens.

Literatur

Cariboni J, Gatelli D, Liska R, Saltelli A (2017) The role of sensitivity analysis in ecological modelling. Ecol Model 203(1–2):167–182. https://doi.org/10.1016/j.ecolmodel.2005.10.045

Kubin H, Benesch M, Dementjev A, Kabitzsch K, Unkelbach T, Nyderle R, Metzner C (2009a) ADM – process identification tool for experts and technologists. In: 35th annual conference of IEEE industrial electronics, S 1444–1449. https://doi.org/10.1109/IECON.2009.5414724

Kubin H, Unkelbach T, Benesch M, Rögner F, Dementjev A, Kabitzsch K, Metzner C (2009b). Identification of process models and controller design for vacuum coating processes with a long dead time using an identification tool with advisory support. https://doi.org/10.1109/ETFA.2009.5347078

Open Access Dieses Kapitel wird unter der Creative Commons Namensnennung 4.0 International Lizenz (http://creativecommons.org/licenses/by/4.0/deed.de) veröffentlicht, welche die Nutzung, Vervielfältigung, Bearbeitung, Verbreitung und Wiedergabe in jeglichem Medium und Format erlaubt, sofern Sie den/die ursprünglichen Autor(en) und die Quelle ordnungsgemäß nennen, einen Link zur Creative Commons Lizenz beifügen und angeben, ob Änderungen vorgenommen wurden.

Die in diesem Kapitel enthaltenen Bilder und sonstiges Drittmaterial unterliegen ebenfalls der genannten Creative Commons Lizenz, sofern sich aus der Abbildungslegende nichts anderes ergibt. Sofern das betreffende Material nicht unter der genannten Creative Commons Lizenz steht und die betreffende Handlung nicht nach gesetzlichen Vorschriften erlaubt ist, ist für die oben aufgeführten Weiterverwendungen des Materials die Einwilligung des jeweiligen Rechteinhabers einzuholen.

Datenassimilation und optimale Sensorplatzierung

Andreas Naumann, Ilka Riedel und Roland Herzog

1 Einleitung

In Kap. „Strukturmodelle von Werkzeugmaschinen" wird das thermo-elastische Verhalten von Werkzeugmaschinen im Detail beschrieben. Eine Maßnahme zur Beherrschung des thermischen Verhaltens sind steuerungsintegrierte Korrekturverfahren (Mayr et al. 2012). Diese Verfahren nutzen ein Modell, um die thermisch bedingten Verlagerungen der Maschine nachzubilden.

Mit den berechneten Verlagerungen werden steuerungsgestützt Korrekturbewegungen über die Vorschubachsen erzeugt und damit die Bewegungsfehler verringert.

Eine Variante dieser Korrekturmethode basiert auf der Rekonstruktion des aktuellen Temperaturfeldes mittels Temperaturmessungen, aus dem die zugehörigen Verlagerungen an der Maschine unter Nutzung des thermo-elastischen Modells aus Kap. „Strukturmodelle von Werkzeugmaschinen" bestimmt werden können. Eine Schwierigkeit besteht dabei darin, dass das Modell viele Parameter enthält. Einige dieser Parameter sind konstant und können messtechnisch abgeglichen werden. Andere Parameter hingegen, beispielsweise der Wärmeübergangskoeffizient zur Beschreibung des Wärmeaustauschs zwischen Maschinenoberfläche und Umgebung, können sich im Laufe des Betriebs ändern oder hängen von den äußeren Bedingungen ab. Daher ist es sinnvoll, diese Parameter mitzuschätzen, um das zugrunde liegende Modell stets aktuell zu halten.

A. Naumann (✉) · I. Riedel · R. Herzog
Professur Numerische Mathematik (Partielle Differentialgleichungen), TU Chemnitz, Chemnitz, Deutschland
E-Mail: Andreas-Naumann@gmx.net

R. Herzog
E-Mail: roland.herzog@iwr.uni-heidelberg.de

Abb. 1 Demonstrationsobjekt Maschinenständer

Wie diese simultane Zustands- und Parameterschätzung realisiert werden kann, wird im Folgenden beschrieben. Da die Güte der Schätzung bzw. der Rekonstruktion stark von der Platzierung der verwendeten Temperatursensoren abhängt, folgt im Anschluss noch ein Abschnitt zur optimalen Sensorplatzierung sowie ihre exemplarische Anwendung auf das Demonstrationsobjekt Maschinenständer (Abb. 1).

2 Datenassimilation

Die Datenassimilation ist eine Klasse numerischer Verfahren, die numerische Modelle mit Messdaten kombinieren. Im einfachsten Fall werden Modellparameter von einem numerischen Verfahren so berechnet, dass ausgewählte Messreihen optimal vom transienten Modell vorhergesagt werden. Beispielsweise können die Parameter der Modelle aus Kap. „Strukturmodellbasierte Korrektur" anhand der prozessaktuellen Temperaturmesswerte an das aktuelle Verhalten der Maschine angepasst werden. Mit den angepassten Parametern wird die Genauigkeit der Prognose des TCP im Korrekturmodell erhöht.

Das thermische Verhalten der Maschine lässt sich durch eine partielle Differentialgleichung für das Temperaturfeld T abhängig von der Zeit t beschreiben:

$$\rho C_p \dot{T} - div(\lambda \nabla T) = 0 \quad in \ \Omega \times (0, t_f)$$
$$\lambda \frac{\partial T}{\partial_n} + \alpha(x)(T - T_{ref}) = r(x,t) \quad auf \ \Gamma \times (0, t_f) \quad (1)$$
$$T(x,0) = T_0(x) \quad in \ \Omega \times (0, t_f)$$

Dabei bezeichnet Ω die Geometrie der Maschine und Γ deren Oberfläche. Weiterhin sind ρ die Dichte, c_p die spezifische Wärme-kapazität, λ die Wärmeleitfähigkeit und α der Wärmeübergangskoeffizient. Die Wärmelasten auf der Oberfläche, welche zum Beispiel durch Antriebe erzeugt werden, werden mit r(x,t) bezeichnet. In diesem Beitrag werden die Wärmelasten und alle Parameter bis auf den Wärmeübergangskoeffizienten α als bekannt vorausgesetzt.

Durch Ortsdiskretisierung mittels der Finite-Elemente-Methode und geeignete Zeitdiskretisierung, etwa durch das implizite Eulerverfahren, lassen sich die Temperaturfelder T_n zum Zeitpunkt t_n prinzipiell rekursiv berechnen:

$$T_n = f(t, T_{n-1}, \alpha) \quad (2)$$

Die zugehörige Verlagerung des Tool Center Points (TCP) kann dann durch Lösen einer linearen Elastizitätsgleichung ermittelt werden.

Um das Temperaturfeld T und den Parameter α im zugrunde liegenden Modell (1) mit dem tatsächlichen Zustand der Maschine abzugleichen, sind Temperaturmessungen an der Maschine nötig. Die Messungen zum Zeitpunkt t_k werden mit z_k bezeichnet.

Eine geeignete Methode zur Online-Zustands- und Parameteridentifikation ist das Verfahren der Datenassimilation (Law et al. 2015). Dieses beruht auf dem sogenannten *moving-horizon*-Prinzip. Dabei werden in jedem Schritt die Temperaturmesswerte z_k der vergangenen N Messzeitpunkte genutzt, um den Wärmeübergangskoeffizienten und das Anfangstemperaturfeld in diesem Zeitfenster zu schätzen, siehe Abb. 2 oben. Die Schätzung entspricht der Lösung eines Optimierungsproblems, dessen Lösung die optimierten Parameter und Zustände sind. Mit diesen Daten kann dann unter Nutzung des Modells (1, 2) auch das Temperaturfeld zum aktuellen Zeitpunkt und daraus die gesuchte Verlagerung berechnet werden. Hierbei wird angenommen, dass der Wärmeübergangskoeffizient innerhalb des Zeithorizonts konstant ist.

Im nächsten Zeitschritt wird das Zeitfenster um Δt verschoben (siehe Abb. 2 unten). Damit fällt der erste Messwert des vorherigen Schrittes weg und es kommt ein neuer Messwert zum aktuellen Zeitpunkt hinzu. Dann können erneut der Anfangszustand des verschobenen Zeitfensters und der Wärmeübergangskoeffizient rekonstruiert werden. Dieses Vorgehen sorgt dafür, dass das zugrunde liegende Modell (1, 2) stets aktuell bleibt und den tatsächlichen Zustand der Maschine beschreibt.

Die Rekonstruktion der Anfangstemperatur und des Wärmeübergangskoeffizienten lässt sich als mathematisches Optimierungsproblem formulieren:

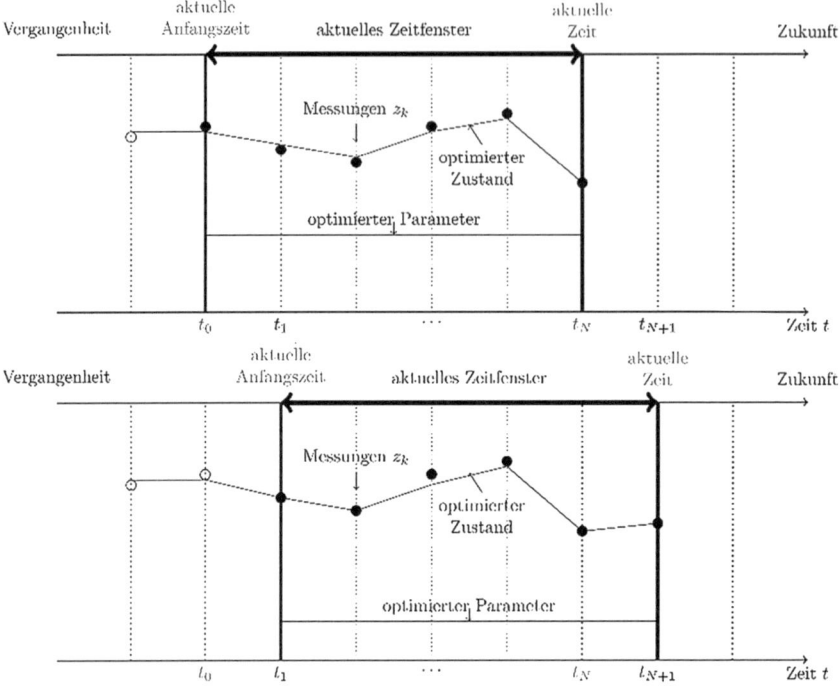

Abb. 2 Prinzip der Datenassimilation

$$\min_{T_0,\alpha} \gamma_T \left| T_0 - T_0^b \right|^2_{W_T} + \gamma_\alpha \left| \alpha - \alpha^b \right|^2_{W_\alpha} + \sum_{n=0}^{N} |CT_n - z_n|^2_\Sigma \quad (3)$$

sodass $T_{n+1} = f(t, T_n, \alpha)$

Der letzte Term in der Zielfunktion sorgt dafür, dass die Messwerte möglichst gut getroffen werden. Charakteristisch für die Aufgabe ist, dass die Anzahl der zu identifizierenden Größen (T_0 und α) größer ist als die Anzahl der Messwerte. Das liegt darin, dass T_0 das gesamte Temperaturfeld darstellt, welche je nach Größe des Bauteils und Feinheit der Finite-Elemente-Diskretisierung sehr hochdimensional sein kann. Im Gegensatz dazu können aber nur wenige Temperaturmessungen vorgenommen werden. Aufgrund dieser Tatsache ist es notwendig, eine Regularisierung einzuführen, dies sind die ersten beiden Terme der Zielfunktion (3). Diese sorgen zum einen für die eindeutige Lösbarkeit des Problems, zum anderen aber auch für die Selbstkalibrierung des Verfahrens. Hierbei sind T_0^b und α^b Hintergrundinformationen für die Anfangstemperatur und den Wärmeübergangskoeffizienten. Hier können beispielsweise zu Beginn des Verfahrens die Raumtemperatur für T_0^b und aus der Literatur bekannte Durchschnittswerte des Wärmeübergangskoeffizienten für α^b genutzt werden.

Die Größen W_T und W_α sind dabei geeignet zu wählende Gewichtungsmatrizen und Σ bezieht sich auf die Messgenauigkeit der Temperatursensoren. Details dazu findet man in (Herzog et al. 2018).

Durch Einsetzen der Nebenbedingung in die Zielfunktion erhält man ein sogenanntes gewichtetes Kleinste-Quadrate-Problem, welches mit dem Levenberg–Marquardt-Verfahren (Nocedal und Wright 2006) gelöst werden kann.

3 Optimale Sensorplatzierung

Da alle Messungen fehlerbehaftet sind, werden auch die durch (3) rekonstruierten bzw. geschätzten Größen und letztendlich auch die ermittelte thermo-mechanische Verlagerung am TCP fehlerbehaftet sein. Wie stark sich die Messfehler auf den Fehler in der TCP-Verlagerung auswirken, hängt wesentlich von der gewählten Platzierung der Temperatursensoren an der Maschinenoberfläche ab.

Da die Oberfläche von Werkzeugmaschinen in der Regel eine sehr komplizierte Struktur hat, ist es praktisch unmöglich, die Sensoren frei auf der Oberfläche der Maschine zu platzieren. Stattdessen wird vorab eine diskrete Menge von möglichen Sensorpositionen gewählt, von denen dann die bestmögliche Kombination bestimmt wird. Als mögliche Positionen bieten sich zum Beispiel die Knoten des Finite-Elemente-Netzes an. Dann wird jeder möglichen Sensorposition x_i ein Messgewicht w_i zugeordnet, welche 0 oder 1 sein können. Am Ende werden alle Sensorpositionen gewählt, welche ein Messgewicht von 1 haben.

Um die Güte der Schätzung bewerten zu können, muss zunächst die sogenannte Kovarianz des Schätzers *Cov* berechnet werden. Eine große Kovarianz bedeutet dabei, dass die Schätzung der TCP-Verlagerung stark von Messfehlern der Temperaturmessungen beeinflusst wird. Ist sie hingegen klein, so haben Messfehler einen deutlich geringeren Einfluss auf die Qualität der Schätzung. Daher ist es das Ziel, die Kovarianz *Cov(w)* zu minimieren, welche wiederum von der Platzierung der Temperatursensoren (ausgedrückt durch die Messgewichte) abhängt.

Die Kovarianz hängt zum einen von den Sensitivitäten der Messungen bezüglich der Anfangstemperatur und des Wärmeübergangskoeffizienten ab, zum anderen aber auch von der Abhängigkeit der TCP-Verlagerung von Anfangstemperatur und Wärmeübergangskoeffizient. Details zur Berechnung der Kovarianz findet man in (Herzog et al. 2018).

Da die TCP-Verlagerung 3-dimensional ist (x-, y- und z-Richtung), ist die Kovarianz eine 3×3-Matrix. Um solche Matrizen vergleichen zu können, wird ein Funktional benötigt, welches die Matrix auf eine Zahl abbildet. Mögliche Funktionale sind hier

$$\begin{aligned}\psi_A(Cov(w)) &= \text{trace}(Cov(w)) = \mu_1 + \mu_2 + \mu_3 \\ \psi_D(Cov(w)) &= \ln \det(Cov(w)) = \ln \mu_1 + \ln \mu_2 + \ln \mu_3 \\ \psi_E(Cov(w)) &= \max\{\mu_1, \mu_2, \mu_3\}\end{aligned} \quad (4)$$

wobei μ_i die Eigenwerte der Kovarianzmatrix sind, siehe etwa (Atkinson et al. 2007).

Damit lässt sich das Optimierungsproblem zur optimalen Sensorplatzierung wie folgt formulieren:

$$\min_{w} \psi(Cov(w)) \tag{5}$$

sodass $w_i = 0$ oder $w_i = 1$ und $\sum_i w_i = m$

Für m wird hier die gewünschte Anzahl an Sensoren eingesetzt und ψ ist eines der in (4) vorgestellten Funktionale.

Durch die Einschränkung der Messgewichte ist dieses Problem kombinatorischer Natur und dadurch schwer zu lösen. Daher werden für die Optimierung auch Gewichte zwischen 0 und 1 zugelassen und am Ende wieder gerundet. Ein mögliches Verfahren zur Lösung dieses Problems (5) ist die sogenannte Simplicial-Decomposition-Methode, welche hier nicht näher erläutert werden soll. Details findet man in (Patriksson 1999) und (Herzog et al. 2018).

Die Optimierung der Sensorpositionen für einen nominalen, repräsentativen Maschinenzustand erfordert die einmalige Lösung der Wärmeleitungsgleichung (1), die Berechnung der Sensitivitäten bzgl. der Anfangstemperatur und des Wärmeübergangskoeffizienten sowie die Berechnung der Kovarianzmatrix in jedem Optimierungsschritt und kann damit sehr rechenintensiv sein, je nach Größe des verwendeten Finite-Elemente-Netzes. Allerdings muss diese Optimierung nur einmal vor Inbetriebnahme durchgeführt werden. Die Lösung des Datenassimilationsproblems (3) und damit auch die prozessaktuelle Schätzung der TCP-Verlagerung lässt sich durch Verwendung der Sensitivitäten deutlich schneller berechnen.

Es muss erwähnt werden, dass die optimale Sensorplatzierung aufgrund der Nichtlinearität des Problems von dem vorab gewählten Nominalwert für die zu schätzenden Größen abhängt (Atkinson et al. 2007), hier also von der Anfangstemperatur und dem Wärmeübergangskoeffizienten. Eine robuste Optimierung, welche für einen größeren Bereich von Parametern und Anfangstemperaturen gültig ist, ist ebenfalls möglich, erfordert allerdings die Lösung eines weitaus schwierigeren, geschachtelten Optimierungsproblems. Dies ist Gegenstand der aktuellen Forschung.

Die optimale Sensorplatzierung wird exemplarisch am Demonstrationsobjekt Maschinenständer gezeigt (Abb. 1), wobei 10 Sensoren platziert werden. Es werden zwei Wärmequellen am Maschinenständer angenommen, eine oben am Motorflansch und eine unten an der Spindelmutter, siehe Abb. 3, links. Weiterhin zeigt Abb. 3, links die Nominalwerte für den Wärmeübergangskoeffizienten. Dabei wird je ein Wert für alle vertikalen, alle horizontalen nach oben gerichteten, alle horizontalen nach unten gerichteten und alle inneren Flächen gewählt. Als Nominalwert für die Anfangstemperatur wird ein konstantes Temperaturfeld gleich der Umgebungstemperatur gewählt.

Der y-Schlitten mit der Werkzeugspindel selbst wird nicht mitmodelliert. Stattdessen wird die TCP-Verlagerung aus den Verlagerungen an den vier

Datenassimilation und optimale Sensorplatzierung 195

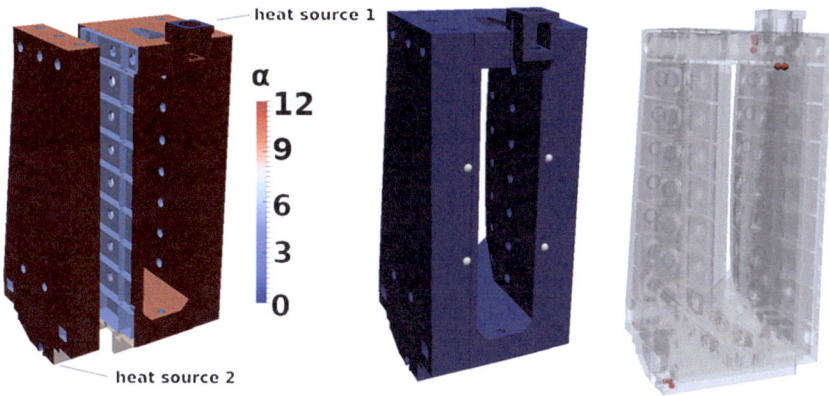

Abb. 3 Wärmeübergangskoeffizienten, TCP-Position und optimale Sensorpositionen am Demonstrationsobjekt Maschinenständer

Aufhängungspunkten des Schlittens approximiert, siehe Abb. 3, Mitte. Mit dieser Konfiguration ergeben sich optimale Sensorpositionen wie in Abb. 3, rechts zu sehen.

Es zeigt sich (nicht unerwartet), dass die Sensoren lt. Rechnung in der Nähe der Wärmequellen platziert werden, da dort hohe Temperaturen auftreten. Um die örtliche Konzentration von Sensoren zu vermeiden, könnte auch noch eine Beschränkung des Mindestabstandes zwischen Sensoren eingeführt werden. Für diesen Zweck müssen die Nebenbindungen in (5) um Ungleichungen der Form $|x_i - x_j| \geq d$ mit Mindestabstand d erweitert werden.

Weiterhin wird ein Test zur Validierung der optimalen Sensorpositionen durchgeführt. Dafür werden simulativ Messwerte an den optimalen sowie an zufällig gewählten Sensorpositionen ermittelt. Um die Beeinflussung durch Messfehler zu untersuchen, werden die ermittelten exakten Messwerte mit normalverteilten Messfehlern beaufschlagt und damit jeweils 20 Sets an gestörten Messwerten erzeugt. Mit diesen wird dann exemplarisch das Datenassimilationsproblem (3) gelöst und letztendlich die jeweils resultierende geschätzte TCP-Verlagerung bestimmt. Abb. 4 links zeigt nochmals die optimal platzierten Sensorpositionen in Rot sowie 10 zufällig platzierte Sensoren in blau. In Abb. 4 rechts sieht man zunächst die exakte TCP-Verlagerung in Rot sowie die ermittelten Verlagerungen für die Messungen an den optimalen Sensorpositionen (grün) und an den zufälligen Sensorpositionen (blau).

Es ist zu erkennen, dass die Schätzungen der TCP-Verlagerungen unter Nutzung der optimal platzierten Sensoren genauer sind und zudem weniger streuen als bei den zufällig platzierten Sensoren, was einen geringeren Einfluss der Messfehler zeigt. Der Test wurde auch für andere zufällige Sensorkonfigurationen wiederholt, wobei das Ergebnis qualitativ stets das gleiche war.

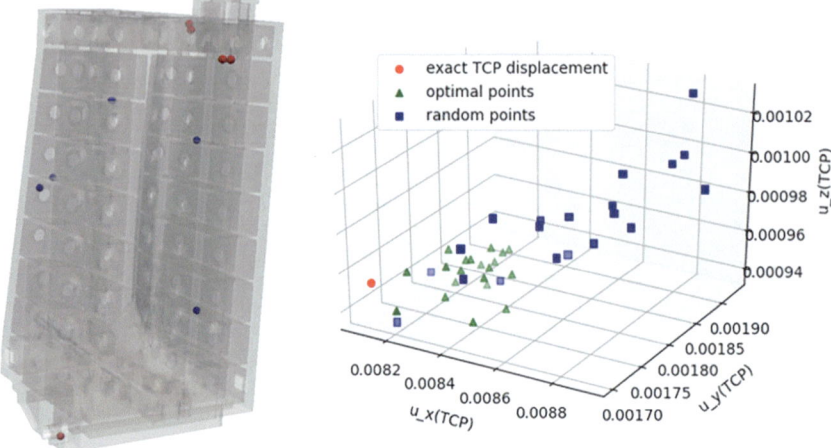

Abb. 4 Vergleich der ermittelten TCP-Verlagerung in mm (rechts) mit optimalen (rot) und zufälligen (blau) Sensoren (links)

4 Zusammenfassung

Für eine strukturmodellbasierte Korrektur, die im Kap. „Strukturmodellbasierte Korrektur" vorgestellt wird, wird das thermo-elastische Modell der Maschine im laufenden Betrieb mitgerechnet. Zur Qualitätssicherung ist es notwendig, im Modell enthaltene Parameter stets aktuell zu halten. Einige dieser Parameter, beispielsweise der Wärmeübergangskoeffizient α, können sich im laufenden Betrieb ändern, aber es ist nicht möglich, diese Parameter direkt zu messen. Daher ist es sinnvoll, diese aus aktuellen Temperaturmessungen zu schätzen. Dies kann mit dem Verfahren der Datenassimilation geschehen.

Die Güte der Schätzung hängt dabei wesentlich von den verwendeten Sensorplatzierungen ab. Somit ist es sinnvoll, diese Sensorpositionen zu optimieren. In Folge der verbesserten Platzierung sind sowohl die prognostizierte Verlagerung als auch die prozessaktuellen Parameter von höherer Güte. Von der optimalen Sensorplatzierung profitieren somit insbesondere die Korrekturmethoden.

Die hier vorgestellte Datenassimilation und optimale Sensorplatzierung erfordern ein tiefgreifendes Verständnis des Strukturmodells. Daher hängt der Aufwand stark von der Modellierungsmethodik, wie sie im Kap. „Strukturmodelle von Werkzeugmaschinen" vorgestellt wird, ab. Bei strukturierter Modellentwicklung dominiert der Rechenaufwand den Implementierungsaufwand.

Die bisher vorgestellten Ergebnisse konzentrierten sich auf die Schätzung räumlich konstanter Wärmeübergangskoeffizienten. In (Naumann und Herzog 2021) wird das Datenassimilationsproblem und die Sensorplatzierung auf die Schätzung von räumlich stochastischen Wärmequellen, wie zum Beispiel Spanabrieb erfolgreich erweitert. Dies ermöglicht den Einfluss des örtlich unbekannten

Wärmeeintrag durch Spanabrieb auf die TCP-Verlagerung zu schätzen und zu korrigieren.

Die effiziente Berechnung der optimalen Sensorplatzierung hängt wesentlich von der schnellen Berechnung der Kovarianzmatrix des TCPs ab. Zur Steigerung der Effizienz ist die Approximation der Kovarianzmatrix unter Ausnutzung der Tensorstruktur des Datenassimilationsproblems aktueller Forschungsgegenstand.

Literatur

Atkinson A, Donev A, Tobias R (2007) Optimum experimental designs, with SAS. Oxford University Press, Oxford. ISBN 9780199296590

Herzog R, Riedel I, Uciński D (2018) Optimal sensor placement for joint parameter and state estimation problems in large-scale dynamical systems with applications to thermo-mechanics. In: Optimization and engineering. Springer. https://doi.org/10.1007/s11081-018-9391-8

Law K, Stuart A, Zygalakis K (2015) Data assimilation – a mathematical introduction. In: Texts in applied mathematics. Springer. https://doi.org/10.1007/978-3-319-20325-6

Mayr J, Jedrzejewski J, Uhlmann E, Donmez MA, Hartig F, Wendt K, Morwaki T, Shore P, Schmitt R, Brecher C, Wurz T, Wegener K (2012) Thermal issues in machine tools. CIRP Ann 61:771–791

Naumann A, Herzog R (2021) Optimal sensor placement for thermo-elastic coupled machine models. Proc Appl Math Mech 20(1). https://doi.org/10.1002/pamm.202000255

Nocedal J, Wright S (2006) Numerical optimization, 2. Aufl. Springer. https://doi.org/10.1007/978-0-387-40065-5

Patriksson M (1999) Nonlinear programming and variational inequality problems: a unified approach. In: Applied optimization. Kluwer Academic, Dordrecht. ISBN 978-1-4419-4806-9

Open Access Dieses Kapitel wird unter der Creative Commons Namensnennung 4.0 International Lizenz (http://creativecommons.org/licenses/by/4.0/deed.de) veröffentlicht, welche die Nutzung, Vervielfältigung, Bearbeitung, Verbreitung und Wiedergabe in jeglichem Medium und Format erlaubt, sofern Sie den/die ursprünglichen Autor(en) und die Quelle ordnungsgemäß nennen, einen Link zur Creative Commons Lizenz beifügen und angeben, ob Änderungen vorgenommen wurden.

Die in diesem Kapitel enthaltenen Bilder und sonstiges Drittmaterial unterliegen ebenfalls der genannten Creative Commons Lizenz, sofern sich aus der Abbildungslegende nichts anderes ergibt. Sofern das betreffende Material nicht unter der genannten Creative Commons Lizenz steht und die betreffende Handlung nicht nach gesetzlichen Vorschriften erlaubt ist, ist für die oben aufgeführten Weiterverwendungen des Materials die Einwilligung des jeweiligen Rechteinhabers einzuholen.

Rechenzeitsparende Modellierung

Julia Vettermann, Quirin Aumann, Jens Saak und Peter Benner

1 Einleitung

Prädiktive Simulationsmodelle, die auch als digitale Zwillinge bezeichnet werden, finden sowohl in der Designphase als auch während des Betriebs von Werkzeugmaschinen zunehmend Verwendung. Für die jeweiligen Simulationen werden Teil- bzw. Gesamtmaschinenmodelle benötigt, wie sie üblicherweise in der FEM entstehen. Der Einsatz dieser hochdimensionalen Modelle ist allerdings auch mit hohen Rechenzeiten sowie großen Speicheranforderungen und einer daraus resultierenden kostenintensiven Nutzung verbunden. An dieser Stelle leistet die Modellordnungsreduktion (MOR) einen wichtigen Beitrag zur Einsatzfähigkeit dieser Modelle in der Praxis. Hierbei werden anhand theoretisch gesicherter Fehlermaße wesentliche Gleichungen identifiziert, Redundanzen entfernt und damit Matrixdimensionen drastisch verringert. Die so entstehenden reduzierten Modelle ersetzen dann die hochauflösenden FE-Modelle in obigen Berechnungen. Neben dem weit geringeren Speicherbedarf der niedrigdimensionalen Ersatzmodelle, der einen

---

J. Vettermann (✉) · Q. Aumann
Forschungsgruppe Mathematik in Industrie und Technik, TU Chemnitz, Chemnitz, Deutschland
E-Mail: julia.vettermann@mathematik.tu-chemnitz.de

Q. Aumann
E-Mail: aumann@mpi-magdeburg.mpg.de

J. Saak · P. Benner
Forschungsgruppe Computational Methods in Systems and Control Theory, MPI für Dynamik Komplexer Technischer Systeme, Magdeburg, Deutschland
E-Mail: saak@mpi-magdeburg.mpg.de

P. Benner
E-Mail: benner@mpi-magdeburg.mpg.de

Einsatz direkt auf der Maschinensteuerung ermöglichen kann, zeigt sich die thermische Echtzeitfähigkeit dieser Modelle von großem Nutzen. Daraus ergeben sich vielfältige Einsatzmöglichkeiten, wie die beschleunigte Optimierung im Zuge von Parameter- und Designstudien, onlinefähige Parameter- und Zustandsschätzungen oder die prozessbegleitende Korrektur des thermisch induzierten Fehlers am Tool Center Point (TCP), die in Kap. „Strukturmodellbasierte Korrektur" detailliert beschrieben wird.

Die Brücke zur Anwendung der vorgestellten Methoden wird über ein MOR-Tool auf Basis von MATLAB geschlagen, das mit der im Kap. „Strukturmodelle von Werkzeugmaschinen" vorgestellten Modellspezifikation arbeitet und in die dort vorgestellte ANSYS-Erweiterung eingebunden ist. Abb. 1 verdeutlicht den Eingriffspunkt der MOR innerhalb dieser Toolchain. Weitere Details hierzu werden in (Sauerzapf et al. 2020) sowie (Vettermann et al. 2021) erläutert. Ebenso können die für das Zustandsraummodell (vgl. Abschn. 2) benötigten Matrizen über anderweitige FE-Software generiert und exportiert und somit für die MOR in MATLAB bereitgestellt werden. Hier obliegt es dem Anwender zu prüfen, inwiefern die genutzte Software dies unterstützt.

2 Grundlagen

Als Grundlage für die Simulation von hochkomplexen Gesamtmaschinen dienen die in Kap. „Strukturmodelle von Werkzeugmaschinen" beschriebenen FEM-Netzwerkmodelle, die als Eingangs-Ausgangssysteme dargestellt sind. Ausgangspunkt für die hier betrachteten systemtheoretischen MOR-Verfahren ist somit ein lineares zeitinvariantes System (englisch: linear time invariant, kurz: LTI) in Zustandsraumdarstellung

$$\begin{aligned} \mathbf{E}\dot{x}(t) &= \mathbf{A}x(t) + \mathbf{B}u(t), \\ y(t) &= \mathbf{C}x(t) + \mathbf{D}u(t). \end{aligned} \quad (1)$$

Dabei beschreibt $x \in \mathbb{R}^n$ den Zustand, der bei der Betrachtung des thermo-elastischen Verhaltens von Werkzeugmaschinen das Temperaturfeld bzw. das verknüpfte Temperatur- und Verformungsfeld repräsentiert. Externe Einflüsse wie z. B. Umgebungstemperaturen oder Wärmeströme gehen über den Eingang $u \in \mathbb{R}^m$ in das System ein. Die Ausgänge $y \in \mathbb{R}^p$ umfassen wichtige Beobachtungsgrößen, wie bspw. Temperaturen in Punkten, an denen entsprechende Sensoren angebracht sind oder die Verschiebung am TCP in den gekoppelten thermo-elastischen Systemen. Die Matrizen $\mathbf{E}, \mathbf{A} \in \mathbb{R}^{n \times n}$ werden als Masse- und System- bzw. Steifigkeitsmatrix bezeichnet und beschreiben die Dynamik des Systems, während die Eingangsmatrix $\mathbf{B} \in \mathbb{R}^{n \times m}$ und die Ausgangsmatrix $\mathbf{C} \in \mathbb{R}^{p \times n}$ die Kommunikation des Systems mit der Umgebung abbilden. Die Durchgangsmatrix $\mathbf{D} \in \mathbb{R}^{p \times m}$ wird nur dann benötigt, wenn ein direkter Einfluss der Eingänge u auf die Ausgrößen y existiert. Diese wird bei der Behandlung der thermo-elastischen Systeme in Abschn. 3.1 noch eine Rolle spielen.

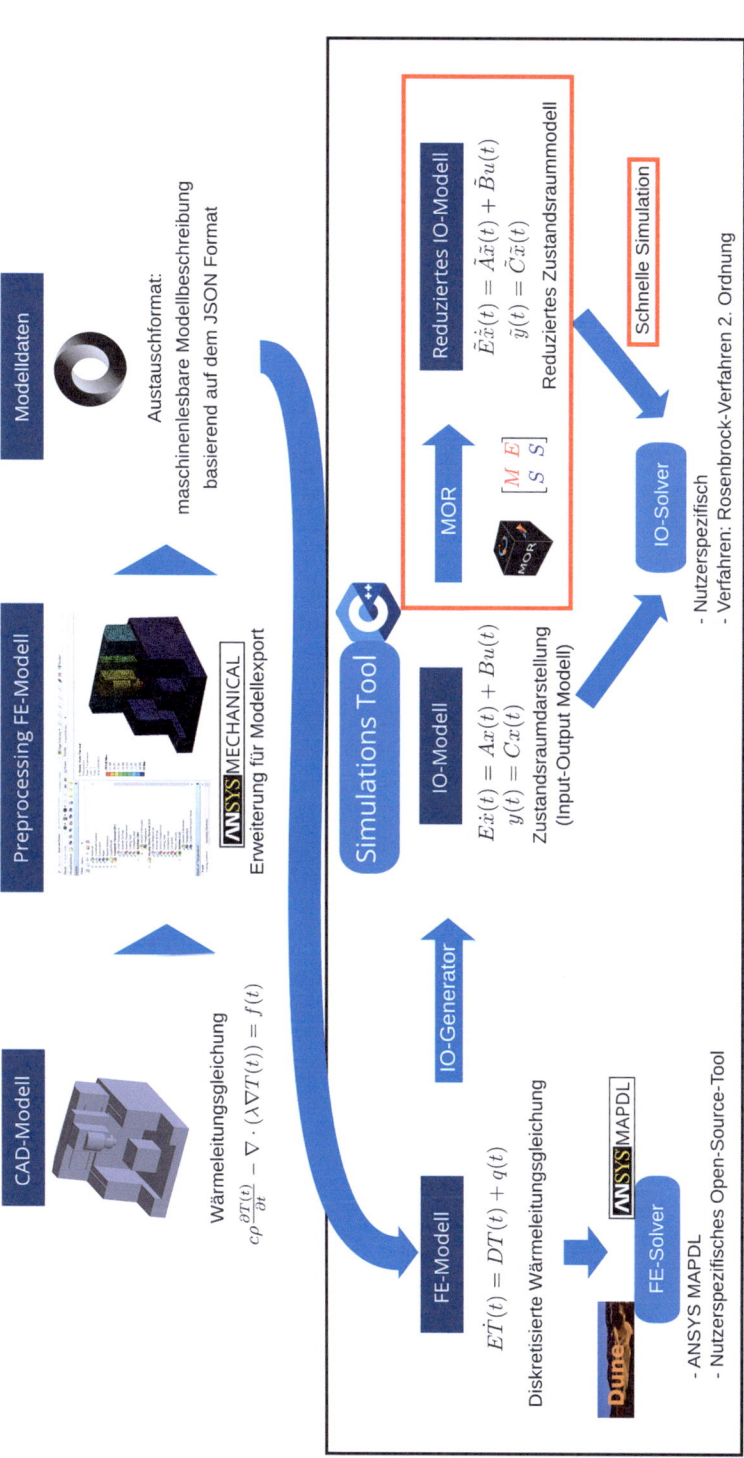

Abb. 1 Workflow für die Simulation unter Nutzung von MOR am Beispiel eines thermischen Modells. (Siehe hierzu auch Kap. „Strukturmodelle von Werkzeugmaschinen")

Das Ziel der projektionsbasierten MOR ist die Bestimmung von Projektionsbasen in den Matrizen $\mathbf{V}, \mathbf{W} \in \mathbb{R}^{n \times r}$, die eine Repräsentation der hochaufgelösten Modelle (mit einer sehr großen Anzahl an Freiheitsgraden (FHG) n) mittels möglichst strukturgleicher niedrigdimensionaler Ersatzmodelle mit $r \ll n$ FHGen erlauben.

Mit den reduzierten Matrizen $\tilde{\mathbf{E}} := \mathbf{W}^T \mathbf{E} \mathbf{V}$, $\tilde{\mathbf{A}} := \mathbf{W}^T \mathbf{A} \mathbf{V}$, $\tilde{\mathbf{B}} := \mathbf{W}^T \mathbf{B}$ und $\tilde{\mathbf{C}} := \mathbf{C} \mathbf{V}$, dem reduzierten Zustand $\tilde{x} \in \mathbb{R}^r$ und den approximierten Ausgängen $\tilde{y} \approx y \in \mathbb{R}^p$ ergibt sich ein reduziertes System (englisch: reduced order model, kurz: ROM) der Form

$$\tilde{\mathbf{E}}\dot{\tilde{x}}(t) = \tilde{\mathbf{A}}\tilde{x}(t) + \tilde{\mathbf{B}}u(t),$$
$$\tilde{y}(t) = \tilde{\mathbf{C}}\tilde{x}(t) + \mathbf{D}u(t). \tag{2}$$

Die essenzielle Information über das Ein- und Ausgangsverhalten des Systems soll dabei derart erhalten bleiben, dass bei identischem Belastungsregime $u(t)$ für das volle Modell Σ und das reduzierte Modell $\tilde{\Sigma}$ eine möglichst genaue Übereinstimmung der Systemausgänge y und $\tilde{y}$ erzielt wird. Der Ausgangsfehler $||y - \tilde{y}||$ wird dabei von verschiedenen Verfahren, in einer jeweils geeigneten Norm, an gegebene Genauigkeitsanforderungen angepasst. Abb. 2 fasst den grundlegenden Prozess der MOR für LTI-Systeme anschaulich zusammen.

Für die MOR wird eine Schnittstelle geschaffen, die die hochdimensionalen Modelle für das Reduktionswerkzeug in MATLAB zugänglich macht. Der Nutzer legt dann entsprechende Optionen für die MOR, wie bspw. das Reduktionsverfahren sowie eine Fehlertoleranz bzw. maximale Größe des reduzierten Systems fest. Dafür werden verschiedene MOR-Methoden eingebunden: sowohl das balancierte Abschneiden (englisch: balanced truncation, kurz: BT), die Padé-Approximation als auch der iterative rationale Krylov-Algorithmus (IRKA) stehen zur Verfügung. An dieser Stelle kommen Implementierungen der M-M.E.S.S. Toolbox (Benner et al. 2021a, b; Saak et al. 2022) zum Einsatz.

Diese Verfahren unterscheiden sich in der Art, wie die Transformationsmatrizen $\mathbf{V}$ und $\mathbf{W}$ generiert werden. Neben der energiebasierten Betrachtung des Systems beim balancierten Abschneiden erfreuen sich Techniken, die auf Basis von Krylov-Unterräumen arbeiten, wie Moment Matching und rationale Interpolation, großer Beliebtheit. Eine besonders hervorzuhebende Eigenschaft von BT stellt die

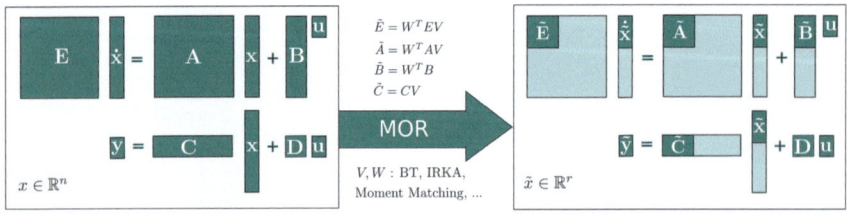

Abb. 2 Grundlegendes Prinzip der Modellordnungsreduktion für LTI-Systeme

a priori Fehlerschranke dar, die eine weitestgehend automatisierte Generierung reduzierter Modelle entsprechender Güte ermöglicht. Im Gegensatz dazu muss bei den wesentlich günstigeren Krylov-Verfahren mit a posteriori Fehlerschätzern gearbeitet werden und entsprechende Anpassungen des reduzierten Modells werden notwendig, wenn Gütemaße noch nicht erfüllt sind.

Eine weitere Klasse von MOR-Methoden bilden die trainingsbasierten Techniken, wie z. B. Proper Orthogonal Decomposition (POD) und die Reduzierte-Basen-Methode (RB). Nachteile dieser Methoden sind die gegebenenfalls rechenintensiven Trainingssimulationen auf Basis des Originalsystems sowie die Abhängigkeit des damit erzeugten reduzierten Modells von den Trainingslastfällen. Bei einer Abweichung von diesen Lastfällen ist mit einer schlechteren Approximationsgüte des reduzierten Modells zu rechnen. Anderseits erlauben diese Methoden dafür oft eine deutlich kleinere Anzahl r an Freiheitsgraden im reduzierten Modell.

Das modale Abschneiden, welches in verschiedenen FE-Tools, wie bspw. als modale Analyse in ANSYS, verfügbar ist, stellt eine weitere Option zur Generierung eines reduzierten Ersatzmodells dar. Während diese Methode insbesondere für mechanische Anwendungen erfolgreich eingesetzt wird, zeigt sich das Verfahren als weniger geeignet für thermische Probleme, siehe (Benner 2006). Weitere Informationen zu den verschiedenen Verfahren der MOR, insbesondere in Bezug auf das grundlegende Prinzip, Berechnungsalgorithmen, Stabilitätsbetrachtung und Fehlerschranken finden sich z. B. in (Antoulas 2005) sowie (Benner et al. 2021a, b). Ein Vergleich der systemtheoretischen MOR-Methoden mit POD für den Anwendungsfall der optimalen Sensorplatzierung (siehe Kap. „Datenassimilation und optimale Sensorplatzierung") kann in (Benner et al. 2019) nachgelesen werden. Darüber hinaus werden untersucht: Lineare zeitvariante Systeme (LTV), die eine Zeitabhängigkeit in mindestens einer der Matrizen $\mathbf{E}, \mathbf{A}, \mathbf{B}, \mathbf{C}$ aufweisen, sowie lineare parametrische Systeme, bei denen diese Matrizen parameterabhängig sein können. Ein solcher Parameter kann bspw. eine sich ändernde Materialeigenschaft darstellen bzw. zur Abbildung einer Relativbewegung von Bauteilen im Modell genutzt werden, siehe bspw. (Lang et al. 2014). Bei der Behandlung dieser Systemklassen in der MOR wird jedoch häufig eine Rückführung auf (mehrere) LTI-Systeme, z. B. in Parameterstützstellen oder Subsystemen geschalteter Systeme, verwendet. Dadurch können die hier beschriebenen MOR-Verfahren für LTI-Systeme ebenfalls als Grundlage für die Reduktion solcher Systeme genutzt werden. Ein detaillierter Überblick zu parametererhaltenden MOR-Verfahren (PMOR) ist z. B. in (Benner et al. 2015) gegeben.

3 MOR für Netzwerkmodelle

Die Gesamtmaschinenmodelle werden als gekoppelte Netzwerkmodelle (vgl. Kap. „Strukturmodelle von Werkzeugmaschinen") aufgebaut. Die unterschiedlichen Arten der Kopplung der Einzelbaugruppen innerhalb des Netzwerkmodells, wie sie in (Vettermann et al. 2021) beschrieben werden, bringen verschiedene Vor- und

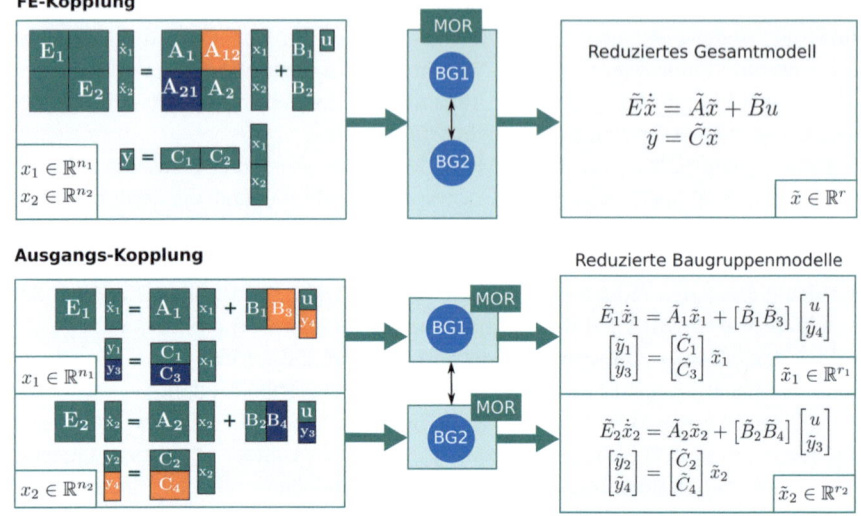

Abb. 3 Kopplungsvarianten und resultierender MOR-Prozess am Beispiel eines Modells mit 2 Baugruppen. Hierbei gilt der Zusammenhang $\mathbf{A}_{12} = \mathbf{B}_3\mathbf{C}_4$ sowie $\mathbf{A}_{21} = \mathbf{B}_4\mathbf{C}_3$

Nachteile für den Reduktionsprozess und das daraus resultierende ROM mit sich. Abb. 3 illustriert sowohl die Ausgangs-Kopplung als auch die FE-Kopplung sowie die anschließende MOR an einem Modell mit zwei Baugruppen. Zur Wahrung der Übersichtlichkeit wird die Durchgangsmatrix **D** in dieser Abbildung weggelassen, da sie im hier betrachteten MOR-Prozess keine Rolle spielt. Im Folgenden werden die beiden Kopplungsvarianten hinsichtlich ihrer Vor- und Nachteile verglichen und entsprechende Einsatzempfehlungen aus Sicht der MOR abgeleitet.

Die Kopplung über die Ein- und Ausgänge der Einzelbaugruppen erlaubt ihre separate Behandlung innerhalb der MOR. Dies ermöglicht einerseits die Wahl einer problemspezifischen Reduktionsmethode für jede Baugruppe sowie andererseits ein späteres Austauschen eines einzelnen reduzierten Baugruppenmodells, wenn etwa im Entwurfsprozess der Maschine einzelne Baugruppen ersetzt werden. Auch Simulationen verschiedener Kombinationen von reduzierten Einzelbauteilen, welche bspw. über eine Datenbank zugänglich gemacht und über vorhandene Ein- und Ausgänge gekoppelt werden, sind hiermit innerhalb des Design- und Optimierungsprozesses von Werkzeugmaschinen möglich. Beim Reduktionsprozess selbst zeigt sich die im Vergleich zur FE-Kopplung geringe Dimension der Einzelbaugruppen insofern als vorteilhaft, dass dadurch der Gesamtrechenaufwand und damit die offline Berechnungszeit im Vergleich zur Reduktion des hochdimensionalen Gesamtmaschinenmodells deutlich verringert werden kann. Dabei zeigt sich allerdings die vergleichsweise große Anzahl an Ein- und Ausgängen der einzelnen Baugruppenmodelle als deutlicher Nachteil dieser Kopplungsvariante. Aufgrund der erhöhten Eingangs-Ausgangsverknüpfung ergeben sich weniger Redundanzen, die entfernt werden können, was zu einer entsprechend größeren reduzierten Ordnung des letztlich betrachteten, aus reduzierten Einzelbaugruppen gekoppelten, Gesamtsystems führen kann. Im Hinblick auf die Anwendbarkeit des reduzierten Modells in einer Maschinensteuerung können sich damit, je nach Anwendungsproblem und zugrunde liegender Rechnerarchitektur, leicht Speicherplatzprobleme ergeben.

Die zweite Kopplungsvariante erfolgt auf Ebene der FEM Freiheitsgrade und resultiert in zusätzlichen Koppelblöcken innerhalb der Gesamtsystemmatrix $\mathbf{A}$. Dafür müssen in diesem Fall keine zusätzlichen Ein- und Ausgänge für die Kopplung der Einzelsysteme genutzt werden, was zu einer vergleichsweise geringen Anzahl an Ein- und Ausgängen des Gesamtsystems führt. Daraus ergibt sich häufig auch eine im Vergleich zur Ausgangs-Kopplung geringere Dimension für das reduzierte Gesamtmodell. Dazu trägt zusätzlich der Fakt bei, dass Baugruppen, die bei der Betrachtung des dynamischen Ein-Ausgangsverhaltens des Gesamtsystems eine untergeordnete Rolle spielen, nur bei der Reduktion des FE-gekoppelten Gesamtmaschinenmodells detektiert und als direkte Folge im reduzierten Modell aufgrund ihrer Redundanz vernachlässigt werden können. Dies wirkt sich positiv auf den Speicherbedarf sowie die online Berechnungszeiten bei der Simulation aus. Jedoch erlaubt diese Darstellung nur noch die Reduktion des gekoppelten Gesamtsystems (insbesondere für eine fixierte Pose der Maschine), da die Systeme der Einzelbaugruppen nicht mehr separiert vorliegen. Dies resultiert in einem höheren offline Rechenaufwand bei der Generierung des niedrigdimensionalen Ersatzmodells. Weiterhin geht die Baugruppenstruktur durch diesen Prozess verloren. Daher besteht die Notwendigkeit, den Reduktionsprozess bei jeder Änderung eines Teilmodells bzw. für eine neue Kombination von Teilbaugruppen zu wiederholen.

Über die beiden beschriebenen grundlegenden Kopplungsvarianten hinaus kann außerdem eine Hybridvariante eingesetzt werden. Dabei werden mithilfe der FE-Kopplung verschiedene Baugruppen-Cluster gebildet, die über die Ausgangs-Kopplung mit anderen Baugruppen-Clustern verbunden werden. Folglich werden die Baugruppen-Cluster separat reduziert. Bei dieser Vorgehensweise kann eine gewisse Balance der beschriebenen Vor- und Nachteile der Kopplungsarten erreicht werden. Kriterien für eine effiziente Gruppierung der Einzel-Baugruppen unterliegen dabei verschiedensten Anwendungsanforderungen. Zum Beispiel können Systemstrukturmerkmale (zeitinvariante/zeit-/parametervariante Baugruppen), eine maximal gewünschte Original- bzw. reduzierte Dimension sowie geometrische Verknüpfungen der Baugruppe als Gruppierungskriterien herangezogen werden. Speziell bei der Modellierung einer Relativbewegung innerhalb des Systems ist die Ausgangs-Kopplung zwischen diesen relativ bewegten Baugruppen-Clustern empfehlenswert.

Ein Vergleich der beiden vorgestellten Koppelvarianten für das thermische Modell des Versuchsträgers MAX findet sich in (Vettermann et al. 2021). Darin werden die hier diskutierten Vor- und Nachteile der jeweiligen Koppelvarianten noch einmal deutlich. Gerade im Falle der FE-Kopplung konnte eine nennenswerte Reduktion der Systemdimension von über 1,2 Mio. Freiheitsgraden, je nach Ansatz zur Behandlung der vorhandenen inhomogenen Anfangsbedingung (vgl. Abschn. 3.2), auf 196 bzw. 174 reduzierte Freiheitsgrade erreicht werden.

3.1 Behandlung gekoppelter thermo-elastischer Modelle

In diesem Abschnitt soll die Behandlung einseitig gekoppelter thermo-elastischer Modelle in der MOR, wie sie bei der Werkzeugmaschinenmodellierung vorkommen, genauer beleuchtet werden. Bei diesen Systemen der Form

$$\begin{bmatrix} 0 & 0 \\ 0 & \mathbf{E}_{\text{th}} \end{bmatrix} \begin{bmatrix} \dot{x}_{\text{el}} \\ \dot{x}_{\text{th}} \end{bmatrix} = \begin{bmatrix} \mathbf{A}_{\text{el}} & \mathbf{A}_{\text{el,th}} \\ 0 & \mathbf{A}_{\text{th}} \end{bmatrix} \begin{bmatrix} x_{\text{el}} \\ x_{\text{th}} \end{bmatrix} + \begin{bmatrix} \mathbf{B}_{\text{el}} \\ \mathbf{B}_{\text{th}} \end{bmatrix} u_{\text{el,th}},$$
$$y_{\text{el,th}} = \mathbf{C}_{\text{el}} x_{\text{el}} + \mathbf{C}_{\text{th}} x_{\text{th}} \tag{3}$$

handelt es sich um differentiell-algebraische Systeme mit Index 1. Dabei entsprechen die Bezeichnungen el und th den zugehörigen Teilen des elastischen bzw. thermischen Systems, wobei die Matrix $\mathbf{A}_{\text{el,th}}$ die Koppelmatrix des Temperaturfeldes x_{th} in Richtung des Verformungsfeldes x_{el} darstellt. Der Einfluss der Deformation auf das Temperaturfeld kann in dieser Anwendung vernachlässigt werden und wird daher zu Null gesetzt. Diese spezielle Struktur wird im Folgenden bei der Reformulierung als System auf Basis einer gewöhnlichen Differentialgleichung ausgenutzt.

Unter der Voraussetzung, dass $\mathbf{A}_{\text{el}}$ invertierbar ist, kann die erste Blockzeile von (3) nach x_{el} aufgelöst und dadurch eliminiert werden. Es gilt

$$x_{\text{el}} = -\mathbf{A}_{\text{el}}^{-1} \mathbf{A}_{\text{el,th}} x_{\text{th}} - \mathbf{A}_{\text{el}}^{-1} \mathbf{B}_{\text{el}} u_{\text{el,th}}.$$

Das Einsetzen in die Ausgangsgleichung von (3) liefert die gewünschte Darstellung als System gewöhnlicher Differentialgleichungen in Verbindung mit einer erweiterten Ausgangsgleichung

$$\mathbf{E}_{\text{th}} \dot{x}_{\text{th}} = \mathbf{A}_{\text{th}} x_{\text{th}} + \mathbf{B}_{\text{th}} u_{\text{el,th}},$$
$$y = \mathbf{C}_{\text{el}} (-\mathbf{A}_{\text{el}}^{-1} \mathbf{A}_{\text{el,th}} x_{\text{th}} - \mathbf{A}_{\text{el}}^{-1} \mathbf{B}_{\text{el}} u) + \mathbf{C}_{\text{th}} x_{\text{th}} \tag{4}$$
$$= (\mathbf{C}_{\text{th}} - \mathbf{C}_{\text{el}} \mathbf{A}_{\text{el}}^{-1} \mathbf{A}_{\text{el,th}}) x_{\text{th}} - \mathbf{C}_{\text{el}} \mathbf{A}_{\text{el}}^{-1} \mathbf{B}_{\text{el}} u_{\text{el,th}}.$$

Dabei bleibt die Information über das elastische Modell vollständig in der Ausgangsgleichung erhalten.

Bei genauer Betrachtung der Struktur dieses Systems wird deutlich, dass durch die Festlegung $\mathbf{E} = \mathbf{E}_{\text{th}}$, $\mathbf{A} = \mathbf{A}_{\text{th}}$, $x = x_{\text{th}}$, $\mathbf{B} = \mathbf{B}_{\text{th}}$, $\mathbf{C} = \mathbf{C}_{\text{th}} - \mathbf{C}_{\text{el}} \mathbf{A}_{\text{el}}^{-1} \mathbf{A}_{\text{el,th}}$ und $\mathbf{D} = -\mathbf{C}_{\text{el}} \mathbf{A}_{\text{el}}^{-1} \mathbf{B}_{\text{el}}$ ein Standard LTI-System (1) entsteht. An dieser Stelle werden zwei wichtige Dinge erreicht. Einerseits wird die Systemdimension auf den thermischen Anteil reduziert, was, ausgehend von der Verwendung des gleichen Netzes und der gleichen Ansatzfunktionen in der FE-Formulierung des thermischen und elastischen Modells, bereits einer Reduktion auf 1/4 der ursprünglichen Größe entspricht. Damit kann der Rechenaufwand für den anschließenden MOR-Prozess stark verringert werden. Andererseits ist es nun möglich, dieses System mit den Standard MOR-Methoden für LTI-Systeme, die weiter oben beschrieben wurden, weiter zu reduzieren. Dabei hilft die nun deutlich einfachere Struktur der rein thermischen Dynamik die Reduktionsverfahren in der Rechenzeit weiter zu beschleunigen.

Weitere Details sowie Ergebnisse für ein Ständer-Spindelstock-Modell können (Lang et al. 2014) entnommen werden.

3.2 Berücksichtigung inhomogener Anfangsbedingungen

Die in Abschn. 2 vorgestellten Reduktionsmethoden setzen üblicherweise eine Anfangsbedingung voraus, die identisch Null ist. Dies ist ein oft vernachlässigter Aspekt in der MOR, der aber gerade im Hinblick auf eine Anwendung im Kontext von Werkzeugmaschinen einen wichtigen Stellenwert einnehmen sollte. Vor allem bei Änderungen innerhalb des Produktionsprozesses, z. B. in der Einzelfertigung oder Kleinserie, ist mit verschiedenartigen inhomogenen Anfangszuständen der Maschine zu rechnen. Daher werden hier auch Strategien zur Behandlung dieser Systeme in der MOR aufgezeigt. Diese sind ebenfalls in das MOR-Werkzeug integriert und stehen dem Anwender somit zur Verfügung. Die adäquate Einbeziehung von inhomogenen Anfangsbedingungen in der MOR bedingt deren Inklusion in die niedrigdimensionalen Approximationsräume, die innerhalb des Reduktionsprozesses erzeugt werden. Das kann über zwei Zugänge realisiert werden. Einerseits ist eine Berücksichtigung der Anfangsbedingungen über zusätzliche Eingänge im System möglich. Weiterhin kann die Einbindung über eine 2-Phasen-Reduktion erfolgen, bei der die Anfangsbedingungen in einem zusätzlichen zu reduzierenden System eingehen und in der anschließenden Simulation mittels Superposition der beiden reduzierten Modelle gearbeitet wird. Eine detailliertere Beschreibung dieser Zugänge sowie Ergebnisse zur Anwendung dieser Methoden in Kombination mit der Untersuchung der oben aufgezeigten Koppelvarianten für das thermische Modell der Experimentalmaschine MAX (siehe Abschn. „Charakteristik der Versuchsanlagen") sind in (Vettermann et al. 2021) dargestellt.

3.3 Strategien der MOR für relativ bewegte Baugruppen

Bei der Behandlung von relativ bewegten Baugruppen in der MOR kommen spezielle Strategien zur Abbildung der Bewegung im Zustandsraummodell (1) zum Einsatz. Eine Möglichkeit stellt die bereits erwähnte Kopplung über die Systemein- und -ausgänge dar, welche jedoch gerade bei relativ bewegten Baugruppen zu einer sehr großen Anzahl an Ein- und Ausgängen führen kann. In (Lang et al. 2014) werden zwei weitere erfolgreiche MOR-Techniken für die Behandlung von Systemen mit wandernder Last vorgestellt. Einerseits können mehrere Posen als Subsysteme des Modells zu einem geschalteten System Σ_α (Abb. 4) zusammengefasst werden. Dabei bestimmt das Schaltsignal $\alpha(t)$ das jeweils aktive Subsystem zu Zeitpunkt t. Für jedes dieser Subsysteme muss dann ein separates lokales ROM generiert werden. Weiterhin kann die Bewegung auch über eine Beschreibung als parametrisches System berücksichtigt werden. In (Benner et al. 2015) werden

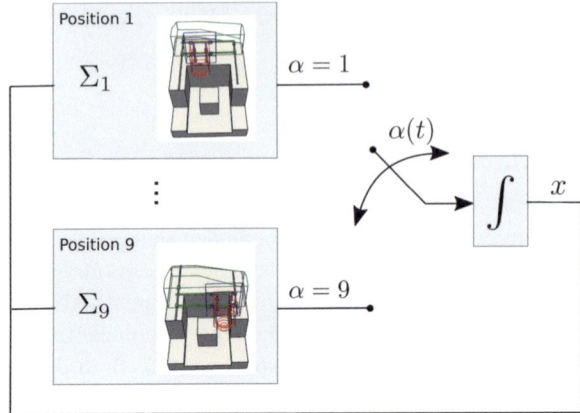

Abb. 4 Schematische Darstellung eines geschalteten Systems Σ_α mit 9 Subsystemen und Schaltsignal α(t)

auch geeignete Methoden der parametrischen MOR aufgezeigt, mit denen ein global gültiges reduziertes Modell berechnet werden kann, was hinsichtlich des online Rechenaufwandes innerhalb der Simulation von Vorteil ist.

4 Praktische Hinweise zur Auswahl geeigneter MOR-Strategien

In diesem Abschnitt wird auf weitere relevante Aspekte eingegangen, die sich in der praktischen Anwendung der MOR von Werkzeugmaschinen gezeigt haben.

Rechenaufwand MOR
Die Generierung eines reduzierten Modells bedarf eines gewissen Rechenaufwands, den sogenannten Offline-Kosten, welche sich abhängig von der gewählten Methode unterscheiden. Der Einsatz der MOR lohnt sich immer dann, wenn die Summe aus Offline-Kosten und Online-Kosten während der Simulation mit dem ROM geringer ist als die Kosten der Simulation mit dem vollen Modell. Dies ist vor allem in Anwendungen, die wiederholte Simulationen verlangen, der Fall. Für sehr große Modelle kann sich die MOR bereits bei einer einmalig benötigten Simulation auszahlen. Weiterhin kann der Einsatz von reduzierten Modellen in Anwendungen, in denen nur begrenzter Speicherplatz für Modell und Simulation zur Verfügung steht, wie bspw. beim Einsatz direkt auf der Steuerung einer Werkzeugmaschine, unabhängig von den Offline-Kosten notwendig sein.

Thermische Modelle
Für thermische Modelle sollte das balancierte Abschneiden dem modalen Abschneiden vorgezogen werden, da sich Letzteres weniger für thermische Probleme

eignet, vgl. (Benner 2006). Dies gilt auch für einseitig gekoppelte thermo-elastische Modelle, die, wie in Abschn. 3.1 beschrieben, mittels Indexreduktion auf thermische Modelle mit angepasster Ausgangsgleichung, in der die Information des mechanischen Modells erhalten bleibt, zurückgeführt werden.

Sehr große Modelle
Bei sehr großen Modellen mit einer Dimension von mehreren Millionen Freiheitsgraden hat sich eine zweistufige Reduktion über den Zwischenschritt einer Reduktion mittels eines Moment Matching Verfahrens und anschließender weiterer Reduktion unter Nutzung des balancierten Abschneidens bewährt, vgl. (Lehner und Eberhard 2007). Somit können die Vorteile beider Methoden ausgenutzt werden: Der geringere Rechenaufwand des Moment Matching, der insbesondere bei sehr großen Systemen ins Gewicht fällt, wird mit der a priori Fehlerschranke sowie der Stabilitätserhaltung des balancierten Abschneidens kombiniert. Dabei erfolgt zunächst die Reduktion unter Nutzung von Entwicklungspunkten aus einem relevanten Frequenzbereich $\Omega = [\omega 1, \omega 2] \cup [-\omega 2, -\omega 1]$ auf eine Systemdimension der Ordnung 10^3 bzw. 10^4, die hohen Genauigkeitsanforderungen genügt. Für die weitere Reduktion kommt eine Variante des balancierten Abschneidens, beschränkt auf den gewählten Frequenzbereich Ω, zum Einsatz. Eine Implementierung, die für diese dichtbesetzten Systeme mittlerer Dimension geeignet ist, findet sich bspw. in der MORLAB Toolbox, vgl. (Benner und Werner 2019).

Lokale Nichtlinearitäten
Bei der realitätsnahen Modellierung von Lagern werden nichtlineare Effekte berücksichtigt, die auf der Tatsache beruhen, dass eine Temperaturänderung in den Führungsschienen einer Werkzeugmaschine zu einer messbaren Änderung der statischen Steifigkeit führen kann. Dabei handelt es sich um geometrisch bedingte lokale Nichtlinearitäten, die sich nur auf einen kleinen Teil der Steifigkeitsmatrix des Gesamtsystems auswirken. An dieser Stelle bietet es sich an, den nichtlinearen Anteil zu separieren und so durch ein cleveres Preprocessing lediglich den linearen Anteil des Systems mit Standardmethoden für LTI-Systeme zu reduzieren. Eine detaillierte Darstellung der Modellierungstechnik sowie der Vorgehensweise bei der MOR am Beispiel des Z-Schiebers einer DMU 40 kann (Vettermann et al. 2022) entnommen werden.

Stark variierende Parameter
Werden reduzierte Modelle für Simulationen benötigt, die Bearbeitungsphasen mit plötzlich stark variierenden Parametern beinhalten, wie beispielsweise beim Umschalten von Trocken- zu Nassbearbeitung, sind geschaltete Systeme anderen Varianten der parametrischen MOR, die eine globale Basis nutzen, vorzuziehen. Hier muss allerdings beachtet werden, dass bei jedem Schalten zwischen den lokalen reduzierten Modellen eine Transformation des aktuellen reduzierten Zustands auf die Koordinaten des Subsystems, in das geschaltet wird, erfolgen muss, vgl. hierzu auch (Lang et al. 2014).

Datengetriebene Modellreduktion
Insbesondere beim Einsatz von kommerziellen Modellierungslösungen können die für die projektionsbasierte Modellreduktion benötigten Matrizen meist nicht oder

nur unter großem Aufwand extrahiert werden. Methoden der datengetriebenen Modellreduktion, beispielsweise das Loewner-Framework (Mayo und Antoulas 2007), benötigen hingegen nur Eingangs- und Ausgangsdaten des ursprünglichen Modells, um reduzierte Modelle der Form (2) zu berechnen. Diese Daten können ohne weiteres auch aus kommerzieller, geschlossener Simulationssoftware gewonnen werden. Der Einsatz solcher Methoden erlaubt demnach die flexible Integration von MOR in bereits bestehende Modellierungsabläufe. Ein Vergleich von datengetriebener Reduktion und balanciertem Abschneiden findet sich in (Aumann et al. 2023).

Elastische Mehrkörpersimulation
Die elastische Mehrkörpersimulation (EMKS) stellt eine Alternative zur in Abschn. 3.3 beschriebenen Betrachtung von Werkzeugmaschinen als geschaltetes System dar. Durch das Entkoppeln von Starrkörperverschiebungen und elastischen Verformungen können Relativbewegungen zwischen einzelnen Subsystemen modelliert werden. Hierzu muss die Massenträgheit des Systems berücksichtigt werden und demnach (3) um die elastische Masse erweitert werden. Für die Anwendung von EMKS in Verbindung mit MOR stehen Software-Tools zur Verfügung, die teilweise auch Anbindungen an etablierte kommerzielle Modellierungslösungen bieten. Siehe unter anderem (Fehr et al. 2018; Spescha et al. 2020).

5 Zusammenfassung

In diesem Kapitel wurden verschiedene Aspekte der Modellordnungsreduktion, die speziell im Kontext der Betrachtung und Simulation von thermo-elastischen Werkzeugmaschinenmodellen von Bedeutung sind, aufgezeigt. Die so generierten reduzierten Modelle kommen in verschiedenen weiterführenden Anwendungen, die auf die schnelle Simulation angewiesen sind, zum Einsatz. Je nach Anwendung muss stets eine Balance zwischen den Genauigkeitsanforderungen an das reduzierte Modell und der maximalen reduzierten Ordnung, gerade im Hinblick auf den Einsatz eines ROM auf einer Maschinensteuerung, gefunden werden.

Literatur

Antoulas AC (2005) Approximation of large-scale dynamical systems, Adv. des. control. SIAM, Philadelphia. https://doi.org/10.1137/1.9780898718713

Aumann Q, Benner P, Saak J, Vettermann J (2023) Model order reduction strategies for the computation of compact machine tool models. In: Ihlenfeldt, S. (eds) 3rd International Conference on Thermal Issues in Machine Tools (ICTIMT2023). ICTIMT 2023. Lecture Notes in Production Engineering. Springer, Cham. https://doi.org/10.1007/978-3-031-34486-2_10

Benner P (2006) Numerical linear algebra for model reduction in control and simulation. GAMM-Mitteilungen 29:275–296. https://doi.org/10.1002/gamm.201490034

Benner P, Grivet-Talocia S, Quarteroni A, Rozza G, Schilders WHA, Silveira LM (eds) (2021) Model order reduction. Volume 1: system- and data-driven methods and algorithms. De Gruyter, Berlin. https://doi.org/10.1515/9783110498967

Benner P, Gugercin S, Willcox K (2015) A survey of projection-based model reduction methods for parametric dynamical systems. SIAM Rev 57:483–531. https://doi.org/10.1137/130932715

Benner P, Herzog R, Lang N, Riedel I, Saak J (2019) Comparison of model order reduction methods for optimal sensor placement for thermo-elastic models. Eng Optim 51:465–483. https://doi.org/10.1080/0305215X.2018.1469133

Benner P, Köhler M, Saak J (2021) Matrix equations, sparse solvers M-M.E.S.S. – 2.0.1 – philosophy, features and applications for (parametric) model order reduction. In: Benner P, Breiten T, Faßbender H, Hinze M, Stykel T, Zimmermann R (Hrsg) Model reduction of complex dynamical systems. International series of numerical mathematics 171. Birkhäuser, Cham, S 369–392. https://doi.org/10.1007/978-3-030-72983-7_18

Benner P, Werner SWR (2019) MORLAB – Model Order Reduction LABoratory (5.0). Zenodo. https://doi.org/10.5281/zenodo.3332716

Fehr J, Grunert D, Holzwarth P, Fröhlich B, Walker N, Eberhard P (2018) Morembs – a model order reduction package for elastic multibody systems and beyond. In: Keiper W, Milde A, Volkwein S (Hrsg) Reduced-Order Modeling (ROM) for Simulation and Optimization. Springer, Cham. https://doi.org/10.1007/978-3-319-75319-5_7

Lang N, Saak J, Benner P (2014) Model order reduction for systems with moving loads. at-Automatisierungstechnik 62:512–522. https://doi.org/10.1515/auto-2014-1095

Lehner M, Eberhard P (2007) A two-step approach for model reduction in flexible multibody dynamics. Multibody Syst Dyn 17(2–3):157–176. https://doi.org/10.1007/s11044-007-9039-5

Mayo AJ, Antoulas AC (2007) A framework for the solution of the generalized realization problem. Linear Algebra Appl 425:634–662. https://doi.org/10.1016/j.laa.2007.03.008

Saak J, Köhler M, Benner P (2022) M-M.E.S.S. – the matrix equation sparse solver library (2.2). Zenodo. https://doi.org/10.5281/zenodo.5938237

Sauerzapf S, Vettermann J, Naumann A, Saak J, Beitelschmidt M, Benner P (2020) Simulation of the thermal behavior of machine tools for efficient machine development and online correction of the Tool Center Point (TCP)-displacement. In: Proceedings of the Euspen special interest group on thermal issues. https://www.euspen.eu/knowledge-base/TI20125.pdf

Spescha D, Weikert S, Wegener K (2020) Simulation in the design of machine tools. In: Yan XT, Bradley D, Russell D, Moore P (Hrsg) Reinventing mechatronics. Springer, Cham. https://doi.org/10.1007/978-3-030-29131-0_11

Vettermann J, Sauerzapf S, Naumann A, Saak J, Benner P, Beitelschmidt M, Herzog R (2021) Model order reduction methods for coupled machine tool models. MM Science Journal, Special Issue ICTIMT 2021. https://doi.org/10.17973/MMSJ.2021_7_2021072

Vettermann J, Steinert A, Brecher C, Benner P, Saak J (2022) Compact thermo-mechanical models for the fast simulation of machine tools with nonlinear component behavior. at-Automatisierungstechnik 70(8):692–704. https://doi.org/10.1515/auto-2022-0029

Open Access Dieses Kapitel wird unter der Creative Commons Namensnennung 4.0 International Lizenz (http://creativecommons.org/licenses/by/4.0/deed.de) veröffentlicht, welche die Nutzung, Vervielfältigung, Bearbeitung, Verbreitung und Wiedergabe in jeglichem Medium und Format erlaubt, sofern Sie den/die ursprünglichen Autor(en) und die Quelle ordnungsgemäß nennen, einen Link zur Creative Commons Lizenz beifügen und angeben, ob Änderungen vorgenommen wurden.

Die in diesem Kapitel enthaltenen Bilder und sonstiges Drittmaterial unterliegen ebenfalls der genannten Creative Commons Lizenz, sofern sich aus der Abbildungslegende nichts anderes ergibt. Sofern das betreffende Material nicht unter der genannten Creative Commons Lizenz steht und die betreffende Handlung nicht nach gesetzlichen Vorschriften erlaubt ist, ist für die oben aufgeführten Weiterverwendungen des Materials die Einwilligung des jeweiligen Rechteinhabers einzuholen.

Sicherheitsmechanismen des Cloud-Computings zur Verwendung in Korrekturverfahren

Robert Krahn und Christof Fetzer

1 Einleitung

Das folgende Kapitel liefert einen Überblick zu wissenschaftlichen Arbeiten im Bereich Confidential Cloud-Computing und zeigt Möglichkeiten auf, wie im industriellen Bereich computerbasierte Anwendungen, z. B. steuerungsbasierte Korrekturverfahren, sicher auf verteilten Servern ausgeführt werden können.

Die stetige Kostenreduktion von Computerhardware und der allgemeine technische Fortschritt ermöglichen es seit zwei Jahrzehnten, komplexe Berechnungen problemlos auf verteilten Computersystemen auszuführen. Durch das Aufkommen des Cloud-Computings ist es heutzutage mit geringem Aufwand möglich, enorme Rechenkapazität zu verwenden, ohne eigene Server oder ein Rechenzentrum betreiben zu müssen. Obwohl Anforderungen wie Ausfall- und Datensicherheit durchaus berücksichtigt werden können, nutzen viele Unternehmen bisher die Angebote von Cloud-Anbietern jedoch nur für unbedenkliche Aufgaben.

Ein Grund für die Zurückhaltung bei der Nutzung von gemieteter Rechenleistung (Cloud-Computing) ist der geringe Aufwand, mit dem Cloud-Anbieter auf sensible Daten ihrer Kunden zugreifen könnten. Darüber hinaus spielt die Frage nach der Datensouveränität eine entscheidende Rolle bei der Akzeptanz des Cloud-Computings. Es sollen dabei sowohl sensible Daten nicht in falsche Hände gelangen als auch die Verwendung der Daten stets unter der Kontrolle des Eigentümers bleiben.

Weiterhin müssen für die intensive Nutzung der Hardware bei Cloud-Anbietern und der Verwendung von kostengünstiger Massenware geeignete Verfahren und

R. Krahn (✉) · C. Fetzer
Professur für Systems Engineering, TU Dresden, Dresden, Deutschland
E-Mail: robert.krahn@tu-dresden.de

C. Fetzer
E-Mail: christof.fetzer@tu-dresden.de

Prozesse bereitgestellt werden, durch die sich Fehleranfälligkeit und Verschleiß der Hardware nicht auf die Ausführung sicherheitskritischer Anwendungen der Kunden auswirken.

Die aus den genannten Gründen entstehenden Bedenken bezüglich Daten- und Ausfallsicherheit lassen sich oft nicht endgültig ausräumen und veranlassen viele Unternehmen zum Betreiben eigener Server oder Rechenzentren beziehungsweise zu einer zögerlichen Verwendung gemieteter Rechenleistung in kritischen Szenarien.

In Bezug auf die kryptografische Sicherheit von Anwendungen und Daten wurden in den letzten Jahren jedoch Technologien und Verfahren entwickelt, die mithilfe moderner, auf dem Markt verfügbaren Prozessoren die Sicherheit von Anwendungen drastisch erhöhen können.

Mehrheitlich stützt sich das Kapitel auf Artikel, die in englischer Sprache bereits publiziert wurden. Diese sind in Teilen frei übersetzt, zusammengefasst oder werden in Ausschnitten präsentiert. Auf die Publikationen wird an geeigneter Stelle verwiesen.

2 Grundlegende Begriffe

2.1 *Verteiltes Rechnen*

Verteiltes Rechnen ist ein Begriff, der durch Rechenzentren geprägt, jedoch heutzutage weitläufig verwendet wird. Mechanismen und Anwendungen, die Rahmen des verteilten Rechnens entstanden sind, lassen sich unabhängig von der tatsächlich eingesetzten Menge an Servern nutzen. Sie erlauben es auf unterschiedliche Bedürfnisse mit vielen aber auch einzelnen Servern einzugehen, während Lösungen z. B. zum Thema Sicherheit und Replikation verwendet werden können.

Entscheidend für den Erfolg des Cloud-Computings beziehungsweise die Nutzung von Ressourcen in einem Rechenzentrum ist die Möglichkeit, die Datenverarbeitung auf viele Computer zu verteilen und somit bei Bedarf auf ein enormes Reservoir an Rechenleistung zugreifen zu können. Gleichzeitig kann die Verwendung von Ressourcen in einem Rechenzentrum auf den Bedarf dynamisch angepasst werden. Dadurch kann sich eine effiziente Auslastung der verwendeten Ressourcen ergeben.

2.2 *Virtualisierung mittels Container*

Docker Container[1] stellen eine leichtgewichtige, jedoch performante Alternative zu virtuellen Maschinen dar. Ähnlich wie virtuelle Maschinen enthalten Docker

---

[1] https://www.docker.com

Container alle essentiellen Daten, Programmdateien und Bibliotheken, um eine gewünschte Anwendung auszuführen. Im Gegensatz zu virtuellen Maschinen wird in einem Container kein eigenes Betriebssystem (Kernel) gestartet. Das Betriebssystem des übergeordneten Computers (Host) übernimmt die Aufgaben des Betriebssystems auch innerhalb eines Containers. Dadurch kann einerseits eine Kapselung von Anwendungen und Diensten und andererseits ein ressourcenschonender Betrieb erreicht werden.

Entscheidend für die Portabilität von Docker Container ist einerseits die Möglichkeit einen gesamten Container mithilfe einer sehr kleinen Datei (Dockerfile) zu initialisieren und andererseits der stapelartige Aufbau der eigentlichen Container-Daten (Dockerimage). Während virtuelle Maschinen (VM) typischerweise als eine große Datei (mehrere Gigabyte) abgespeichert werden, lassen sich Dockerimages nach Installationsschritten aufteilen und bedarfsorientiert einsetzen.

Werden mehrere Server im Verbund betrieben und sollen Anwendungen mit mehreren Komponenten automatisiert verwaltet und verteilt werden, wird häufig die Containerverwaltungssoftware Kubernetes[2] verwendet.

Kubernetes ist eine Orchestrierungssoftware, die neben der Zuteilung von Containern auf Server auch die Sicherstellung der Fehlertoleranz und die Ausführungsüberwachung übernimmt. Container können durch Kubernetes bei Bedarf automatisch mehrfach gestartet, im Fehlerfall neu gestartet und bei hoher Auslastung umverteilt werden.

2.3 On-Premise/Off-Premise

Cloud-Computing Mechanismen lassen sich heutzutage flexibel in verschiedenen Arrangements nutzen. Firmen können eigene Server besitzen und diese auf dem Firmengelände betreiben, jedoch auch den Betrieb an einen Dienstleister auslagern. Gleichzeitig lassen sich Server auch flexibel bei einem Dienstleister mieten.

Im industriellen bzw. wirtschaftlichen Umfeld wird in diesem Zusammenhang eine Unterteilung in „On-Premise" und „Off-Premise" vorgenommen. Diese Begriffe beschreiben, ob, im übertragenen Sinn, die Rechenleistung auf dem Firmengelände angesiedelt ist oder nicht.

Ausgehend von Entwicklungen und Forschung im Bereich des Cloud-Computings für Rechenzentren großer Dienstleister wie Microsoft, Google oder Amazon („Off-Premise") können Technologien und Mechanismen in Bezug auf kryptografische Sicherheit, Ausfallsicherheit und Fehlertoleranz auch in kleinerem Maßstab auf firmeneigenen Computern genutzt werden, um kritische Szenarien (z. B. Produktion) zu unterstützen.

---

[2] https://kubernetes.io/de

Im Folgenden werden Forschungsarbeiten und Technologien erläutert, die sowohl in der Cloud als auch im firmeneigenen Betrieb genutzt werden können. Unabhängig von der Lokalität der Server stellt die kryptografische Sicherheit eines der aktuell zentralen Themen dar.

2.4 Verschlüsselung

Neben der dynamischen Verteilung von Last und der Replikation von kritischen Prozessen auf mehrere Server ist die Verschlüsselung eines der zentralen Themen des Cloud-Computings in den letzten Jahren. Im wissenschaftlichen Bereich werden aus Sicht des Softwarenutzers der Betreiber oder Eigentümer von Servern (Rechenzentrum oder Dienstleister) sowie andere Anwendungen auf den genutzten Servern grundsätzlich als nicht vertrauenswürdig angesehen. Daraus ergibt sich ein Ansatz, in dem das Rechenzentrum die Server zur Verfügung stellt, jedoch gleichzeitig keinerlei Zugriff auf Daten und Programme erhalten soll, die auf den Servern ausgeführt werden. Zugriff auf Daten und Prozesse soll ausschließlich nur möglich sein, wenn es explizit gewünscht ist. Dem Betreiber der Server soll es in diesem Konstrukt möglich sein, mehreren Nutzern (und Anwendungen) gleichzeitig die Verwendung der Server zu ermöglichen, während die kryptografische Sicherheit aller einzelnen Anwendungen gewährleistet und z. B. Datenmanipulation ausgeschlossen wird.

Um dieses Ziel zu erreichen, kommt Verschlüsselung an drei Stellen zum Einsatz: Verschlüsselung der Kommunikation, Verschlüsselung gespeicherter Daten und die Verschlüsselung der Berechnung bzw. der Anwendung während des Betriebs. Das verschlüsselte Berechnen (Confidential Computing) sowie die Kombination der Verschlüsselung in den drei Bereichen Kommunikation, Speicher und Anwendung sind ein wichtiger Bestandteil aktueller Forschung und werden nachfolgend näher erläutert.

3 Confidential Computing

Bei der Ausführung von Programmen auf einem Computer unterscheidet man grundlegend in privilegierte und nicht privilegierte Programme. Privilegierte Programme können andere Programme steuern, manipulieren und ggf. Daten aus dem Arbeitsspeicher auslesen, die einem anderen nicht privilegierten Programm gehören. In Szenarien, in denen andere Programme als potenziell nicht vertrauenswürdig eingestuft werden, beschreibt das Confidential Computing einen Lösungsansatz. Dieser Ansatz kann entweder durch Methoden der Softwaretechnik (z. B. homomorphe Verschlüsselung) oder durch Verwendung bestimmter Hardware verfolgt werden.

3.1 Schutz von Software[3]

Der Schutz von Programmen und ihrer Daten ist bereits seit fast zwei Jahrzehnten fester Bestandteil der Forschung. Initiale Arbeiten wie NGSCB (Peinado et al. 2004) oder Proxos (Ta-Min et al. 2006) nutzen Virtualisierung mit einem vertrauenswürdigen Betriebssystem, um sicherheitskritische Programme gekapselt auszuführen. Nachfolgende Arbeiten, wie Overshadow (Chen et al. 2008), SP3 (Yang and Shin 2008), InkTag (Hofmann et al. 2013) oder Virtual Ghost (Criswell et al. 2014) konzentrieren sich darauf, den gekapselten Bereich (Trusted Computing Base – TCB) zu verkleinern, indem sie direkt den Arbeitsspeicher der zu schützenden Anwendung vor unbefugtem Zugriff absichern.

SEGO (Kwon et al. 2016) erweitert diesen Ansatz auf den Datenaustausch zwischen Geräten. Minibox (Li et al. 2014) ist ein auf Virtualisierung basierender Sandkasten-Ansatz, der bidirektionalen Schutz zwischen Programmen und dem Betriebssystem bereitstellt.

Die zuvor genannten Arbeiten gehen davon aus, dass Virtualisierung (virtuelle Maschinen) einen ausreichenden Schutz bieten kann. Dies ist heutzutage jedoch nicht der Fall. Einerseits wird häufig selbst der Administrator (physischer Zugriff auf den Computer) des Computers als nicht vertrauenswürdig eingestuft, andererseits muss davon ausgegangen werden, dass Sicherheitslücken in der Virtualisierungssoftware ausgenutzt werden können, um die Kontrolle über andere Software zu übernehmen.

Zusammenfassend müssen Ansätze zur Sicherung von Software und ihrer Daten (Vertraulichkeit und Integrität) Angriffe über das Netzwerk aber auch von Komponenten auf derselben Plattform oder von einem Gegner mit physischem Zugang einbeziehen.

Vertrauenswürdige Hardware kann genutzt werden, um sicherheitskritische Anwendungen zu schützen. Sichere Co-Prozessoren (Dyer et al. 2001) bieten manipulationssichere Isolation ohne Einschränkungen in der Softwareausführung, sind jedoch oft teuer und bieten nur reduzierte Rechenleistung. Einsatzbereiche finden sich in der Sicherung von kryptografischen Schlüsseln (Amazon 2022) oder in der teilweisen Verwendung in Datenbanken (Bajaj and Sion 2011, 2013).

Ein Trusted Platform Module (TPM) (Trusted Computing Group 2011) bietet außerdem spezifische Möglichkeiten, die Sicherheit von Computersystemen zu erhöhen, und kann eingesetzt werden, um kleine Datenmengen sicher zu speichern, Daten zu signieren und das System (Computer und Software) aus der Ferne zu identifizieren. Die Lese- und Schreibrate von TPMs ist jedoch im Allgemeinen so gering, dass Leistungseinbußen z. B. durch Verwendung mehrerer verteilter TPMs toleriert oder inkorporiert werden müssen (Martin et al. 2021).

---

[3] In Teilen freie Übersetzung und Zusammenfassung (Arnautov et al. 2016).

Im Vergleich zu TPM als zusätzliches Hardware-Modul verfügen moderne Prozessoren bereits ab Werk über Befehlssätze, mit denen sich die Sicherheit von Anwendungen gewährleisten bzw. steigern lässt.

3.2 Trusted Execution Environment (TEE)[4]

Unter dem Begriff „Trusted Execution Environment" versteht man Hardware-gestützte Umgebungen zur gesicherten Ausführung von Anwendungen. Trusted Execution Environments lassen sich mit Produkten verschiedener Hersteller (z. B. Intel, ARM oder AMD) realisieren.

Die Sicherheitsziele von TEEs können wie folgt zusammengefasst werden (Schneider et al. 2022):

1. Initialisierung der Anwendung, sodass eine entfernte Entität Manipulationsfreiheit überprüfen kann.
2. Isolation der Anwendung im Betrieb zum Schutz der Vertraulichkeit und Wahrung der Integrität.
3. Vertrauenswürdiger Input/Output (E/A) für sicheren Zugriff auf Peripheriegeräte.
4. Sichere Speicherung von Daten, die nur autorisiert verfügbar gemacht werden dürfen.

Die nachweisbare Initialisierung (1) wird in der Regel durch die Einrichtung eines Root of Trust for Measurement (RTM) erreicht. Die anschließende Nutzung zur Messung des Zustands des Programmcodes innerhalb der TEE und schließlich die Bereitstellung dieser Messung zur Überprüfung (Attestierung) wird durch einen anderen Prozess erreicht.

Die Isolation (2) erfolgt typischerweise durch Ressourcenpartitionierung und/oder durch Mechanismen der Prozessoren.

E/A-Lösungen für den Einsatz mit TEEs (3) haben sich in den letzten Jahren von der reinen Unterstützung hin zu vielfältigen Hardware-Beschleunigern entwickelt. Die meisten vertrauenswürdigen E/A-Lösungen umfassen zwei Hauptkomponenten: einen vertrauenswürdigen Pfad zum Gerät und eine vertrauenswürdige Gerätearchitektur, um sicherheitsrelevante Daten zu schützen.

Sichere Speicherung (4) beinhaltet die Sicherstellung, dass vertrauliche Daten, die persistiert wurden, nur für autorisierte Stellen zugänglich sind. Dieses Konzept wird oft als „Sealing" bezeichnet. Aktuelle Arbeiten in der Forschung untersuchen diesbezüglich geeignete Methoden, um z. B. Datenmigration zwischen TEEs zu ermöglichen oder um das Zurücksetzen von Daten (Rollback-Angriffe) zu verhindern.

---

[4] In Teilen freie Übersetzung und Zusammenfassung (Schneider et al. 2022).

3.2.1 TEE von Intel[5]

Intel entwickelte als Vorreiter in der Industrie als Erstes frei verfügbare Prozessoren, die es Anwendungen ermöglichen, hardwaregestützte Integritätssicherung und Verschlüsselung von Daten vorzunehmen, auch wenn das Betriebssystem oder der Hypervisor kompromittiert wurden. Dabei werden ganze Anwendungen in einer sicheren sogenannten Enklave auf dem Hauptprozessor ausgeführt (Costan and Devadas 2016; Intel Corporation 2018).

Der Befehlssatz in Intel-Prozessoren wird Software Guard Extensions (Intel SGX) genannt und stellt einen Meilenstein sowie Grundlage für weitere Entwicklungen in der Forschung dar.

Unter der Annahme, dass der Prozessor physisch unangetastet bleibt, kann Intel-SGX auch vor Angreifern mit physischem Zugang zum Arbeitsspeicher oder der Festplatte schützen.

Neben Möglichkeiten der Attestierung, der Integritätssicherung und der Verschlüsselung durch den Prozessor kann die gesicherte Programmausführung genutzt werden, um Anwendungen vor dem Auslesen und Manipulieren von Daten durch andere privilegierte Programme im Betrieb zu schützen. Insbesondere der Schutz während des Betriebs ließe sich ohne SGX nur mit sehr großem Aufwand bewerkstelligen.

Software-Frameworks wie SCONE (Arnautov et al. 2016) und Haven (Baumann et al. 2015) zielen darauf ab, bestehende Anwendungen ohne aufwendige Anpassungen in einer von SGX bereitgestellten sicheren Enklave ausführbar zu machen und somit die Transition von industrie-typischen nicht-vernetzten Insellösungen hinzu sicherem Cloud-Computing zu vereinfachen. Exemplarisch stellt die Überführung von bereits existierenden Matlab- und Python-Programmen einen Schwerpunkt der Forschungsarbeiten dar.

Intel-SGX stellt eine als Enklave bezeichnete Ausführungsumgebung bereit, für die der Programmcode in einer durch die Hardware verschlüsselten Region im Arbeitsspeicher (dem Enclave Page Cache – EPC) gehalten wird. Der Prozessor überwacht und kontrolliert jeglichen Zugriff auf diese Region. Programmcode außerhalb der Enklave kann nicht auf Daten der Enklave zugreifen, jedoch kann der Programmcode innerhalb der Enklave auf Daten im Arbeitsspeicher außerhalb der Enklave zugreifen.

Daten, die aus dem EPC in andere Teile des Arbeitsspeichers transferiert werden, verschlüsselt der Prozessor automatisch. Es liegt in der Verantwortung des Programmcodes in der Enklave, das Einlesen von Daten, die von außerhalb der Enklave stammen, sicher zu gestalten bzw. zu überprüfen.

Beim Start eines Programms in einer Enklave berechnet der Prozessor eine Hash-Summe, die es ermöglicht, zu überprüfen, ob genau der erwartete Programmcode geladen beziehungsweise der Programmcode nicht manipuliert wurde.

---
[5] In Teilen freie Übersetzung und Zusammenfassung (Arnautov et al. 2016).

Durch einen Prozess namens „remote attestation" ist dies auch über Netzwerkverbindungen hinweg möglich und erlaubt es somit aus der Ferne zu überprüfen, ob ein Programm in einer sicheren Umgebung ausgeführt wird.

Während der von Intel entwickelte Befehlssatz (SGX) die Sicherheit von Anwendungen verbessern kann, führen die zusätzlichen Operationen und Einschränkungen zu Leistungseinbußen. Maßgeblich sind dafür der EPC und die daran geknüpften Verschlüsselungsmechanismen verantwortlich.

In Intel-Prozessoren der Skylake Serie (Intel Corporation 2015) beträgt die Größe des geschützten Arbeitsspeichers (EPC) zwischen 64 MB und 128 MB. In aktuellen Intel-Prozessoren der Icelake-Serie entfällt diese Beschränkung.

Selbst mit eingeschränktem EPC ist es Anwendungen möglich, den gesamten Arbeitsspeicher des Computers zu nutzen. Die CPU transferiert dazu transparent Daten aus dem unverschlüsselten Teil des Arbeitsspeichers in den EPC und umgekehrt. Diese Operationen erfordern jedoch Verschlüsselungsoperationen, die sich durch Leistungseinbußen des Programmcodes bemerkbar machen.

Ein weiterer Grund für Leistungseinbußen ist der Umstand, dass Programmcode in der Enklave keine Systemaufrufe (z. B. für das Schreiben von Daten auf die Festplatte) durchführen kann. Diese Instruktionen müssen an geeignete Mechanismen außerhalb der Enklave delegiert werden. Weiterhin ist es nötig, das Lesen und Schreiben von Daten auf die Festplatte und über das Netzwerk abzusichern.

Zusammenfassend formuliert, stellt Intel-SGX einige Anforderungen an die auszuführende Software. Diese Anforderungen können einerseits direkt bei der Softwareentwicklung berücksichtigt werden, indem Softwareentwickler geeignete SGX-Mechanismen selbst entwickeln und/oder in die Software integrieren. Andererseits können für bereits existierende Software Frameworks (z. B. SCONE) genutzt werden, die Intel-SGX Mechanismen transparent zur Verfügung stellen und so Software sicher ausführen, obwohl dies bei der Entwicklung nicht vorhergesehen wurde.

Aufgrund der technischen Gegebenheiten ist festzustellen, dass die Sicherheit von Intel SGX mit Leistungseinbußen einhergeht, die jedoch zukünftig nach zusätzlicher Forschung und Entwicklung ausgeglichen werden können.

3.3 Attestierung von Software

Die Verwendung von Prozessoren zur hardwarebasierten Verschlüsselung von Programmen zur Laufzeit (z. B. mittels Intel-SGX) bildet die Grundlage für modernes Confidential Cloud-Computing. Ein weiterer wichtiger Aspekt ist die Attestierung bzw. die Validierung, dass ein Programm tatsächlich durch bestimmte Hardware gesichert ausgeführt wird und dass es sich um genau das gewünschte Programm handelt. Dadurch soll verhindert werden, dass z. B. ein Serviceanbieter Vorgaben zur Sicherheit macht, diese jedoch nicht einhält und somit die Sicherheitsmaßnahmen unterlaufen werden.

Intel hat für Prozessoren mit dem SGX-Befehlssatz geeignete Protokolle entwickelt, um lokal, aber insbesondere auch aus der Ferne zu überprüfen, ob es sich um einen vertrauenswürdigen Prozessor handelt und ob ein Programm innerhalb einer SGX-Enklave ausgeführt wird (Local und Remote Attestation) (Anati et al. 2013; Intel Corporation 2022).

Das Angreifer-Modell von Intel-SGX nimmt an, dass die einzig vertrauenswürdigen Komponenten in einem System der (Intel-)Prozessor und von Intel erstellte und signierte System-Enklaven sind. Diese System-Enklaven verwenden Signaturen und Schlüssel, die bei der Fertigung des Prozessors im Chip unwiderruflich „eingebrannt" werden. Der Prozessor und die System-Enklaven stellen die Vertrauensbasis des SGX-Systems eines Computers dar.

Durch die System-Enklaven wird sichergestellt, dass bestimmte Softwareanweisungen genau die von Intel implementierte Prozedur abbilden und so z. B. die Identifizierung des Prozessors oder einer anderen Software anhand von Hashsummen richtig durchgeführt wird.

Remote Attestation beschreibt im Rahmen von SGX einen Prozess, in dem sich ein „Herausforderer" (Benutzer) und ein „Prüfer" (Systemenklave) verschlüsselt austauschen, um die Authentizität einer Programmenklave sicherzustellen.

Die zu prüfende Programmenklave erstellt dazu einen Bericht, der alle relevanten Details zum in der Enklave ausgeführten Programm in Form von Hash-Summen enthält. Darüber hinaus werden Informationen eingepflegt, die Rückschlüsse auf die Authentizität des Prozessors zulassen. Die Systemenklave („Prüfer"/„Quoting Enclave") signiert abschließend den Bericht so, dass es dem Herausforderer möglich ist, zu prüfen, ob der Bericht tatsächlich von einer Systemenklave auf einem echten Intel-Prozessor signiert und versendet wurde und dass der Bericht von einer Enklave auf einem Intel-Prozessor erstellt wurde.

3.4 Gesichertes Ausführen von Software mit SCONE[6]

Das am Lehrstuhl Systems Engineering der Fakultät Informatik (TU Dresden) entstandene SGX-Framework SCONE zielt darauf ab, Anwendungen für Linux, insbesondere Anwendungen, die in Docker Containern ausgeführt werden, mithilfe von Intel-SGX im kryptografischen Sinne gesichert auszuführen und darüber hinaus Einschränkungen der Hardware zu adressieren.

Unter anderem durch die Verwendung von asynchronen Systemaufrufen reduziert SCONE die durch die Verschlüsselungsroutinen der Hardware entstehenden Leistungseinbußen und stellt gleichzeitig eine transparente Verschlüsselung der Netzwerkkommunikation sowie der gespeicherten Daten auf der Festplatte für Anwendungen bereit.

---

[6] Abschnitt frei übersetzt und zusammengefasst (Arnautov et al. 2016).

Neben der Verwendung von Linux-Container (Rosen 2014) oder Docker (Merkel 2014) zur Isolation und Docker-Swarm (Docker Inc. 2022) oder Kubernetes (Kubernetes 2022) für Verwaltung und Bereitstellung von Anwendungen ist es möglich, Anwendungen darüber hinaus mittels SCONE abzusichern und sie im Kontext von Confidential Cloud-Computing zu verwenden. Ein essentieller Vorteil des SCONE-Frameworks ist die Möglichkeit, reguläre bzw. existierende Anwendungen ohne Anpassungen so auszuführen, dass die Intel-SGX-Befehlssätze transparent genutzt werden. Ein aufwändiger Transformationsprozess oder Neuentwicklungen entfallen somit.

SCONE nutzt dazu eine angepasste C-Bibliothek (musl libc), die beim Kompilieren einer Anwendung mit „einkompiliert" wird. In dieser Bibliothek implementiert SCONE u. a. die Verarbeitung von Systemaufrufen von Anwendungen in einer SGX-Enklave. Weil durch Restriktionen der Hardware Systemaufrufe nicht direkt innerhalb der SGX-Enklave ausgeführt werden können, muss ein Teil der Anwendung innerhalb der Enklave und ein Teil außerhalb der Enklave ausgeführt werden. Befehle, z. B. zum Schreiben von Daten auf die Festplatte, werden von der Anwendung im Inneren der Enklave erstellt, durch einen asynchronen Mechanismus an den Programmteil außerhalb der Enklave übergeben und dort ausgeführt. Für die eigentliche Anwendung ist dieses Prozedere transparent und erzwingt keine Anpassungen der Anwendung. SCONE übernimmt dabei auch die Absicherung bzw. Ver- und Entschlüsselung der Daten, die z. B. auf die Festplatte geschrieben werden sollen. Ebenfalls transparent kann SCONE den Netzwerkverkehr der Anwendung schützen und diesen verschlüsseln. Anwendungen, die mit SCONE ausgeführt werden, verhalten sich für das Betriebssystem des Computers wie reguläre Anwendungen. Dies gilt auch für Container, die SCONE-Anwendungen ausführen.

Zusammenfassend formuliert sind keine Anpassungen in der Umgebung der Anwendung nötig. SCONE benötigt lediglich einen Prozessor, der den Intel-SGX Befehlssatz enthält. Diese Prozessoren sind seit 2015 auf dem Markt und sowohl im Server-Bereich als auch im Endkundenbereich etabliert.

Abb. 1 zeigt einen Überblick der Architektur des SCONE-Frameworks: SCONE stellt ein Interface von der Enklave zum Host-Betriebssystem zum Ausführen von Systemaufrufen bereit. Zusätzlich führt SCONE „Sanity"-Überprüfungen der Systemaufrufe durch und kann sämtliche Daten integritätssichern und/oder verschlüsseln. Ein m:n Threading ist implementiert, um unnötige und kostspielige Transitionen von der Enklave zum Host-Betriebssystem zu vermeiden. Auf der Seite der Anwendung innerhalb der Enklave stehen dabei den m Threads, n Threads außerhalb der Enklave gegenüber. Das Systemcall-Interface ist asynchron implementiert und nutzt shared memory, um Argumente von Systemaufrufen weiterzuleiten und Return-Werte entgegenzunehmen. Wenn eine Anwendung in der Enklave mittels einer der m internen Threads einen Systemaufruf auslöst, wird dieser an einen der n äußeren Threads übergeben und dort ausgeführt.

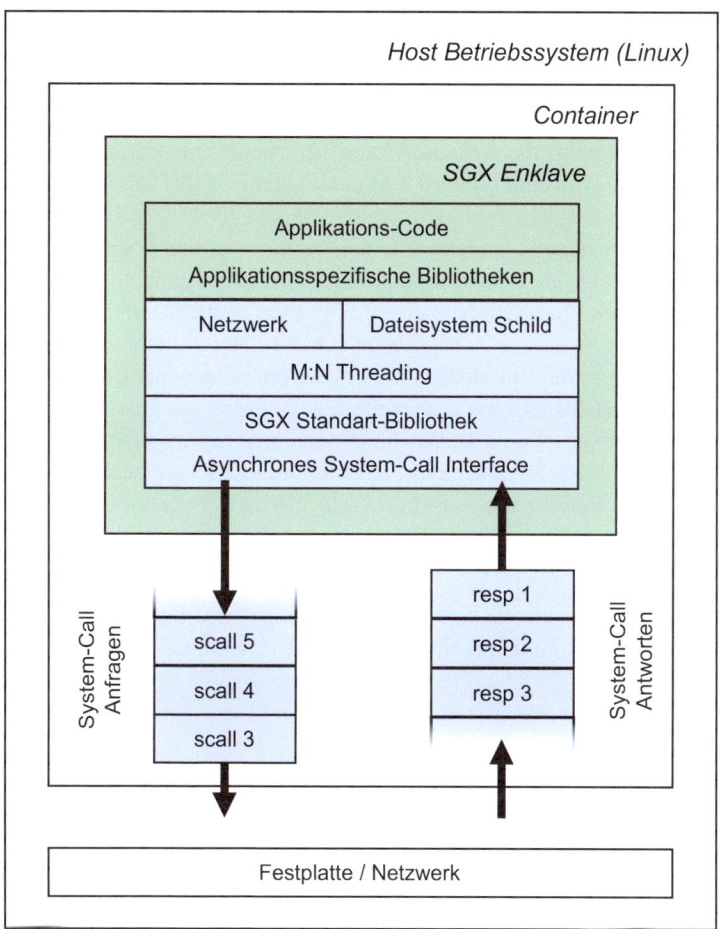

Abb. 1 SCONE Architektur (Arnautov et al. 2016)

3.5 Verwaltung vertraulicher Daten mit Palaemon[7]

Wie zuvor beschrieben, kann die Authentizität einer SGX Enklave und des darin gestarteten Programms überprüft werden. Im Kontext von Confidential Cloud-Computing besteht ein zusätzlicher Forschungsschwerpunkt darin, Anwendungsdaten (Konfigurationen, Zugangsdaten, etc.) sicher zu verwalten und einer SGX-Anwendung zuzuführen.

In Entwicklung und Betrieb von Anwendungen sind im Allgemeinen mehrere Parteien involviert, wie zum Beispiel Entwickler, Administratoren und Service-

---

[7] Abschnitt frei übersetzt und zusammengefasst (Gregor et al. 2020).

anbieter, denen unter Umständen nur eingeschränkt vertraut werden kann und die ggf. kooperieren könnten, um Vorteile oder vertrauliche Daten zu erlangen.

Beispielhaft soll folgendes Szenario einen Anwendungsfall verdeutlichen: Ein in „Machine-Learning" (ML) spezialisierter Softwareanbieter stellt ein Programm zur Verfügung, das Trainingsdaten verarbeitet, um daraus ein Modell zu generieren. Diese Anwendung wird von einem Anbieter für ML-Modelle verwendet (Nutzer). Der Softwareanbieter möchte einerseits den Code für seine Software schützen (geheim halten), andererseits soll er nicht in der Lage sein, Trainingsdaten oder Modelle des Nutzers einzusehen. Weiterhin möchte der Softwareanbieter sicherstellen, dass der Nutzer die Anwendung nicht auf einen älteren Zustand zurücksetzt, etwa um Zählerstände für die Lizenzierung zu umgehen. Soll die ML-Anwendung nun in einem Rechenzentrum ausgeführt werden, nimmt der Betreiber des Rechenzentrums eine Rolle ein, in der er weder Zugang zum Code noch zu den Daten erhalten soll. Der Softwareanbieter muss außerdem in der Lage sein, Updates für seine Software einzuspielen und dabei sicherstellen können, dass der Betreiber des Rechenzentrums diese tatsächlich auch nutzt.

Der „Trust management service" Palaemon stellt in diesem Szenario eine Software dar, die u. a. folgende Probleme aufgreift:

- Sichere Verwaltung von Geheimnissen in unsicheren Umgebungen
- Sicherstellung von Geheimhaltung, Integrität und Aktualität der Anwendungsdaten
- Sicheres Einspielen von Anwendungsupdates

3.5.1 Verwaltung von Geheimnissen

Eine der Hauptaufgaben von Palaemon ist das Übermitteln von Geheimnissen an Anwendungen, nachdem diese attestiert bzw. sichergestellt wurde, dass diese gesichert (verschlüsselt) ausgeführt werden.

Jede Anwendung wird dabei in einer SGX-Enklave ausgeführt und einer Sicherheitsrichtlinie zugeordnet. Die Sicherheitsrichtlinie definiert Tripel aus Anwendung, Geheimnissen (Konfigurationen) sowie Prozessor. So werden durch Palaemon Geheimnisse an Anwendungen und ihren Ausführungsort gebunden.

Das SCONE Framework ist so aufgebaut, dass SGX-Anwendungen zwischen dem Laden der Anwendung und der eigentlichen Ausführung unterbrochen werden. In dieser Unterbrechung wird eine Verbindung zu einer Palaemon-Instanz aufgebaut, die eine SGX-Attestierung durchführt. Nur wenn diese Vorbedingungen erfüllt sind, wird die Programmausführung fortgesetzt und Konfigurationen, Passwörter oder Datenspeicher dem Programm zugeteilt.

3.5.2 Geheimhaltung, Datenintegrität und Datenfrische

Der Palaemon-Service übernimmt bei der Attestierung von SGX- Enklaven stellvertretend die Rolle des Programmeigentümers, der seine Software ausführen möchte. Diese Stellvertreterrolle wird dadurch ermöglicht, dass Paleamon selber in einer SGX-Enklave ausgeführt wird, die vom Nutzer verifizierbar ist. Der Nutzer kann somit Programmkonfigurationen und Geheimnisse, z. B. Passwörter zur Entschlüsselung von Daten, einmalig hinterlegen und diese dem gewünschten Programm zuordnen. Im Anschluss gewährleistet Paleamon die gesicherte Ausführung und gesicherte Parametrierung der Anwendung. Insbesondere im Aspekt, dass im Zusammenspiel vom SCONE-Framework und Paleamon eine Anwendung in einer SGX-Enklave geladen, die Sicherheit überprüft (attestiert) und erst danach parametriert wird, liegt der Vorteil der Verwendung von Paleamon. Die beschriebenen Schritte erfolgen dabei transparent für die eigentliche Anwendung und benötigen keine Änderungen am Programmcode. Weiterhin ist Paleamon in der Lage, Geheimnisse ohne Kenntnis eines Nutzers oder Administrators zu generieren und einer zu startenden Anwendung zuzuteilen, um u. a. „social engineering" Angriffe zu verhindern. Zum zusätzlichen Schutz gegenüber Veränderungen an Anwendungsparametern und Geheimnissen kann Paleamon eine Mehrheitsentscheidung erzwingen, zur der mehrere Nutzer Änderungen zustimmen müssen.

Während und nach dem Betrieb einer Anwendung müssen die auf eine Festplatte geschriebenen Daten besonders geschützt werden, wofür die Verschlüsselung nur eine von mehreren Maßnahmen darstellt. SCONE und Paleamon ergänzen sich dahingehend, dass zusätzlich die Datenintegrität und Datenaktualität gewährleistet werden. Bei einem Neustart der Anwendung lässt sich so überprüfen, ob Daten eventuell auf einen alten Stand („Rollback Angriff") zurückgesetzt oder anderweitig korrumpiert wurden.

3.6 Leistungsanalyse in verschiedenen Umgebungen[8]

Im Rahmen von Arbeiten zur Auslagerung von rechenintensiven Simulationen, z. B. der Berechnung von Temperaturmodellen wird untersucht, ob sich diese in einer Intel-SGX Umgebung ausführen lassen und welche Leistungseinbußen verschiedene Umgebungen verursachen. Leistungseinbußen beschreiben in diesem Zusammenhang eine Verlängerung der Berechnungsdauer für Temperaturmodelle.

Zur Erstellung einer gesicherten Umgebung mit Intel-SGX wird das SCONE-Framework (Arnautov et al. 2016) verwendet. Das erstellte Python Programm berechnet dabei das Temperaturfeld einer Werkzeugmaschine für den Verlauf einer Stunde in Schritten von 10 s.

Für die Untersuchung wird ein Server mit einer Ubuntu 20.04 Umgebung genutzt. Anschließend wird das Python-Programm in verschiedenen Varianten gestartet und die Berechnungsdauer gemessen. Zur Virtualisierung wird Docker (siehe Abschn. 2.2) eingesetzt.

---

[8] Abschnitt frei übersetzt und zusammengefasst (Thiem et al. 2023).

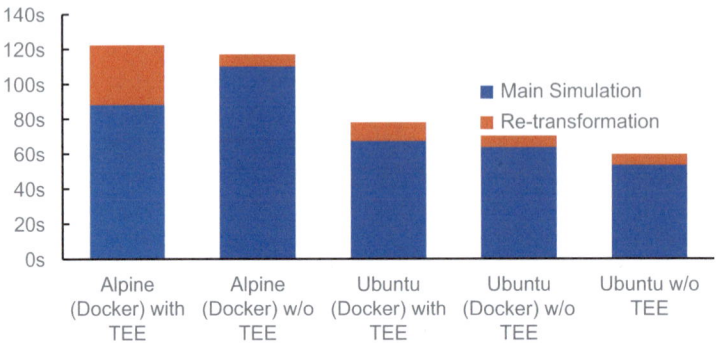

Abb. 2 Leistungsvergleich bzgl. der Berechnung von Temperaturmodellen in virtualisierten Umgebungen

Abb. 2 zeigt die Ausführungsdauer der Python-Anwendung in verschiedenen Docker-Containern und ohne Virtualisierung. Zusätzlich wird der Einfluss von Intel-SGX mit SCONE auf die Berechnungsdauer dargestellt. Die Balken der Grafik sind aufgeteilt in die Berechnung des Temperaturmodells mit Ordnungsreduktion („Main Simulation") und die Rücktransformation des reduzierten Modells in ein volles Model („Re-transformation").

Die schnellste Berechnung wird in der dargestellten Messung mit der Variante ohne Virtualisierung und ohne SGX erreicht. Sie dauert 53,4+6,2 s. Durch die Ausführung in einem Docker-Container mit Ubuntu Linux als Betriebssystem (im Container) vergrößert sich die Berechnungsdauer um 17 % auf 70,2 s. Die Ausführung innerhalb eines „Trusted Execution Environments" mit SGX, SCONE und Docker führt zu einer zusätzlichen Verzögerung um 10 % auf 77,8 s (bzw. 30 % in Summe).

Das SCONE Framework wurde ursprünglich entwickelt, um Anwendungen in einem Docker Container mit Alpine Linux als Betriebssystem auszuführen. Docker-Container mit Alpine Linux gelten als performant und ressourcenschonend (z. B. Arbeitsspeicher) und eignen sich somit gut, um Anwendungen auf mehreren Servern (auf denen weitere Anwendungen gestartet wurden) auszuführen.

Entgegen der Erwartung und wie in der Auswertung dargestellt, hat Alpine Linux jedoch einen besonders starken Einfluss auf die Berechnungsdauer und kann fast zu einer Verdopplung dieser führen. Während der Arbeiten wurde festgestellt, dass Alpine Linux und Ubuntu Linux sich stark in Bezug auf die Verwaltung des Arbeitsspeichers unterscheiden. Insbesondere bei Anwendungen, die viel Arbeitsspeicher nutzen (wie z. B. die Simulation von Temperaturmodellen) führt dieser Unterschied zu großen Leistungseinbußen.

Während dieser Untersuchungen wurde deutlich, dass es verschiedene Bereiche gibt, in denen die Leistung verbessert werden kann. Einerseits kann durch Anpassungen von Parametern die Leistung der Docker-Umgebung gegenüber der Variante ohne Virtualisierung erhöht werden. Andererseits wird die Implementierung des SCONE Frameworks Verbesserungen erfahren, die zu mehr Leistung führen werden. Zusätzlich ist es möglich, MATLAB gesichert auszuführen, wodurch Berechnungen im Vergleich zu Python schneller ablaufen.

4 Sicheres und Automatisiertes Starten von Verteilten Anwendungen

Die technische Realisierung, Anwendungen kryptografisch sicher auszuführen, stellt einen wichtigen Baustein zur Ausführung von Korrekturverfahren und Simulationen für Werkzeugmaschinen dar. Oft werden Korrekturverfahren oder Simulationen in Form von Quellcode (z. B. für Python oder MATLAB) abgelegt und dienen als Ausgangsbasis. Ein weiterer wichtiger Aspekt der sicheren Ausführbarkeit von Korrekturverfahren in einem verteilten System ist das Deployment (Starten) der Anwendung. Dafür soll sichergestellt werden, dass Anwendungscode und Daten vor dem Start der Anwendung nicht verändert und ggf. geheim gehalten werden.

Der Entwickler bzw. Eigentümer einer Anwendung kann zwar den Programmcode bereitstellen, muss ihn aber in geeigneter Weise auf einen Server kopieren und dort ausführen. Bei Nutzung von Virtualisierungs- und Orchestrierungssoftware wie zum Beispiel Kubernetes wird letztendlich das Ausführen des Programms von einer Software übernommen.

Alternative Orchestrierungsanwendungen sind OpenStack[9] und Docker Swarm. OpenStack ist Kubernetes sehr ähnlich, erweitert die Verwaltung jedoch um eine Unterscheidung zwischen privaten und öffentlichen Clouds. Docker Swarm ist hingegen einfacher gehalten und richtet sich an kleine Deployments mit wenigen Komponenten. Kubernetes hat sich aufgrund der Anpassbarkeit, Flexibilität und Nutzerzahlen als gängige Option etabliert.

Unter Berücksichtigung der Möglichkeiten gesicherter Ausführung (siehe Confidential Computing) soll es möglich sein, Programmcode automatisch auf einem oder mehreren Servern zu starten, sodass die kryptografische Sicherheit gewährleistet wird und das Deployment für den Benutzer transparent bleibt. Manuelle Schritte sollten hierbei vermieden werden. In der Kombination aus Kubernetes für die Orchestrierung von Anwendungen und SCONE zur kryptografischen Absicherung von Anwendungen lässt sich hierzu ein automatisierter Prozess erstellen, der potenzielle Angriffe mit dem Ziel der Korruption von Code und Daten verhindert.

---

[9] https://www.openstack.org

4.1 Deployment mit Kubernetes und SCONE

Kubernetes übernimmt die Planung, das Management, das automatische Deployment und die Skalierung von Anwendungen. Im Vergleich zu einem Anwendungsdeployment mit Docker überwindet Kubernetes die Limitierung auf einzelne Server und erweitert die Anwendungsverwaltung um Abstraktionen wie persistente Datenhaltung und Replikation. So soll die Verlässlichkeit von Deployments und deren Wiederholbarkeit sichergestellt werden.

Die Kubernetes Software besteht ihrerseits aus einem „Master", der verteilten Datenhaltung und den „Nodes" (Servern), die Anwendungen ausführen. Die Anwendungen werden dabei in „Pods" gekapselt. Zur Verwaltung der Pods nutzt Kubenertes Manifests (JSON oder YAML Dateien), die den angestrebten Zustand (Replikation, Ressourcenzuteilung, etc.) von Anwendung beschreiben.

Der Prozess zum sicheren Anwendungsdeployment stützt sich auf drei zentrale Schritte: 1) Herunterladen der Anwendung aus einem Repository des Benutzers, 2) kryptografische Absicherung der Anwendung mit dem SCONE-Framework und 3) Deployment mit Kubernetes.

Für das Herunterladen der Anwendung stellt ein Anbieter einen Web-Service bereit, den der Benutzer authentifizieren kann. Mithilfe von Mechanismen wie Remote Attestation (Teil von Intel-SGX) lässt sich durch den Benutzer überprüfen, ob der Web-Service genau die Anwendung ist, die erwartet wird (Rückschluss auf den Quellcode) und ob sie kryptografisch sicher ausgeführt wird.

Der Web-Service benötigt vom Benutzer einen Authentifizierungs-Token und eine Internet-Adresse, die es erlaubt, die Ziel-Anwendung herunterzuladen. Der Web-Service ist so entwickelt, dass die heruntergeladene Ziel-Anwendung verschlüsselt gespeichert wird, ohne das Passwort weiterzugeben. Die Zielanwendung kann in Form eines Docker Images oder als Quellcode zur Verfügung gestellt werden.

Unter Verwendung von SCONE wird einerseits der Web-Service in einer SGX-Enclave ausgeführt, andererseits wird der Palaemon-Service (siehe „Verwaltung von Geheimnissen") verwendet, um den Web-Service zu attestieren und anschließend die Geheimnisse des Benutzers zu übermitteln. Der Benutzer teilt somit dem Palaemon-Service den Authentifizierungs-Token und eine Internet-Adresse mit. Der Palaemon-Service erstellt und verwaltet außerdem den Schlüssel zur Verschlüsselung der Ziel-Anwendung auf der Festplatte.

SCONE wird ebenfalls genutzt, um die eigentliche Anwendung abzusichern. Nachdem die Ziel-Anwendung gespeichert ist, wird diese automatisch so modifiziert, dass die SGX Umgebung von Intel genutzt wird. Dies kann auf Basis des Quellcodes der Zielanwendung, aber auch auf Basis eines Docker-Containers erfolgen, der die Zielanwendung enthält. Die Modifikation durch das SCONE-Framework führt zusätzlich dazu, dass die Zielanwendung ihre Daten ebenfalls ausschließlich verschlüsselt ablegt. Die Ver- und Entschlüsselung geschieht für die Anwendung transparent. Weiterhin kann eine ähnliche Funktionalität für die Netzwerkkommunikation genutzt werden.

Als Resultat der Schritte 1 und 2 liegt auf einem Server in verschlüsselter Form eine Ziel-Anwendung bereit, die im Betrieb SGX nutzt, um die in vorhergehenden Kapiteln beschriebenen Sicherheitsaspekte zu realisieren. In einem dritten Schritt kann die modifizierte Ziel-Anwendung nun mithilfe von Kubernetes verwaltet und gestartet werden.

4.2 Verwendung existierender Helm-Charts zum Deployment sicherer Anwendungen

Wie zuvor beschrieben, kann das SCONE-Framework genutzt werden, um reguläre, bereits existierende Anwendungen ohne manuelle Anpassungen des Quellcodes in eine kryptografisch sichere Software zu überführen. Die dabei oft genutzte Umgebung Docker bzw. Kubernetes ermöglicht die Verwaltung und Kompartimentierung von Containern (bzw. Pods). Mit einer steigenden Anzahl an zu verwaltenden Anwendungen ergeben sich oft wiederkehrende Anwendungen, die sich nur wenig unterscheiden. Als vereinfachtes Beispiel sei ein Webserver genannt, der im Kern gleich bleibt, jedoch je nach Bedarf unterschiedliche Webseiten darstellt.

Helm[10] stellt eine Erweiterung für Kubernetes dar, um die Ausführungseigenschaften von Anwendungen in Form von Helm-Charts (Deployment Vorlagen und separat konkrete Werte) zu definieren. Ein Chart stützt sich auf eine Template-Sprache, die es Kubernetes erlaubt, während des Deployments Konfigurationen anzupassen und z. B. Servernamen oder Speicherorte für Daten anzugeben.

Dies vereinfacht die Wiederverwendbarkeit und mögliche Anpassungen von Kubernetes Deployments über verschiedene Projekte und längere Laufzeiten hinweg. Mittels Helm Charts können neben einzelnen Anwendungen auch hochkomplexe Anwendungen (z. B. Online-Shops) oder Test- und Produktivinstanzen derselben Anwendung einfach beschrieben werden.

Bezüglich Confidential Cloud-Computing ist die Verwendung von Helm jedoch problematisch, weil sensible Informationen in den Helm Charts enthalten sein könnten. Dies kann, zum Beispiel, ein Passwort sein, dass die Anwendung benötigt, um auf ein Netzlaufwerk zuzugreifen.

Um dennoch die Verwendung von Helm zu ermöglichen und auch die Konfigurationen der Anwendungen vor Manipulation und Diebstahl zu schützen, kann der Palaemon Service (siehe Abschn. 3.5) genutzt werden.

Dabei werden vor dem Deployment sensitive Werte aus den Konfigurationsdateien (Helm Charts) entfernt und an Paleamon übermittelt. Das Deployment der Anwendung wird anschließend mit Kubernetes durchgeführt. Die durch das SCONE-Framework angepasste Anwendung wird im Anschluss regulär gestartet, jedoch

---

[10] https://helm.sh

kommuniziert das SCONE-Framework während des Startvorgangs mit Palaemon um 1) die Attestierung durchzuführen (siehe Abschn. 3.3) und bei Erfolg 2) die Konfigurationswerte abzufragen (siehe Abschn. 3.5). So wird stellvertretend für den Benutzer die Anwendung bzgl. ihrer Sicherheit überprüft und konfiguriert, ohne dass geheime Informationen in Kubernetes oder Konfigurationsdateien sichtbar werden.

5 Anwendungsbeispiel

Um den Nutzen von Trusted Execution Environments und das Zusammenspiel von SCONE und Palaemon in beispielartig aufzuzeigen, wird nachfolgend ein Szenario (Multiple Stakeholder Computation) erläutert, in dem mehrere Parteien kooperieren, jedoch sich nicht vollkommen vertrauen wollen.

Komplexe Maschinen, zum Beispiel Werkzeugmaschinen, bestehen aus Baugruppen verschiedener Hersteller. Wollte man ein digitales Modell der kompletten Maschine erstellen, um z. B. das thermische Verhalten zu simulieren, das Zusammenspiel der Einzelteile zu zeigen oder andere baugruppenübergreifende Berechnungen durchzuführen, müsste man die Daten (z. B. CAD-Modelle) aller Einzelteile erhalten und kombinieren. Insbesondere CAD-Modelle sind für die Hersteller jedoch Daten, die typischerweise nur bedingt weitergegeben werden. Die teilweise auf die Einbaumaße und äußeren Abmessungen reduzierten Modelle eignen sich nicht zur Modellierung des thermischen Verhaltens.

Das Szenario Multiple Stakeholder Computation beschreibt, wie Berechnungen in einzelne Anwendungen gekapselt und die Ergebnisse kombiniert werden können. Die Hoheit einer einzelnen Anwendung und deren Daten liegt beim Eigentümer der Anwendung, z. B. dem Hersteller einer Baugruppe. So soll das geistige Eigentum geschützt werden und die Eigentümer können regeln, welche Ergebnisse weitergegeben werden.

Exemplarisch ist es denkbar, dass ein Simulationsschritt für ein bestimmtes Bauelement unter Verwendung von zu schützenden Daten des Herstellers berechnet wird, um anschließend die Ergebnisse mit Simulationsschritten anderer Bauelemente (anderer Hersteller) zu kombinieren.

Jeder Hersteller würde in diesem Beispiel eine Anwendung mit Daten bereitstellen, die eine Berechnung für sein jeweiliges Bauelement durchführt. Die Kombination der Ergebnisse kann wiederum durch eine Anwendung erfolgen, die einem Nutzer zugeordnet ist. Dieser Nutzer soll ebenfalls nicht auf die Anwendungen und Daten der Hersteller Zugriff haben, jedoch die Berechnungsergebnisse erhalten.

Ohne die Verwendung spezieller Schutzmechanismen weist das Szenario Multiple Stakeholder Computation mehrere Schwachstellen auf:

1. Ein Angreifer mit privilegierten Zugriffsrechten kann die Daten oder Modelle leicht aus dem Arbeitsspeicher oder der Festplatte auslesen.
2. Ein Angreifer könnte versuchen, Daten, Ergebnisse oder Modelle zu ersetzen.

3. Die Kombination von Teilergebnissen lässt unter Umständen Rückschlüsse auf zu schützende Daten einzelner Partner zu.
4. Mehrere Parteien könnten zusammenarbeiten, um lokale Daten oder Modelle anderer Parteien offenzulegen.

Um die Schwachstellen (1) und (3) zu handhaben, verlassen sich Lösungen nach dem Stand der Technik auf Mechanismen wie Differential Privacy (DP) oder Multiparty Computation (MPC). Der Nachteil von DP besteht darin, dass dieser Ansatz nicht für alle Aufgaben verwendbar ist, weil die Daten „verrauscht" werden und dadurch u. U. an Genauigkeit verlieren. Lösungen, die auf MPC basieren, zeigen erhebliche Leistungseinbußen bzgl. ihrer Berechnungsgeschwindigkeit.

Eine Möglichkeit, diese Einschränkungen zu überwinden, ist der Aufbau eines vertraulichen Systems unter Verwendung von TEEs, z. B. Intel-SGX.

TEEs können u. a. eine Ende-zu-Ende-Verschlüsselung bereitstellen. Außerdem verschlüsselt diese Lösung eingegebene Daten und Code (z. B. Python-Code) und führt alle Berechnungen innerhalb von TEE-Enklaven aus. Somit können Angreifer mit privilegierten Zugriffen die Integrität und Vertraulichkeit der einzelnen Daten, der Codes und der Modelle nicht verletzen. Die Aktualität der Daten und Modelle (Schwachstelle 2) kann sichergestellt werden, indem ein Dienst für asynchrone monotone Zähler auf Basis von TPMs verwendet wird (Martin et al. 2021).

Schwachstellen (3) und (4) können zusätzlich durch die Verwendung von Palaemon (siehe Abschn. 3.5) behoben werden. Palaemon stellt die Integrität von Daten und Code sicher, sodass Berechnungen mit korrektem Code, korrekten Eingabedaten ausgeführt und nicht von irgendjemandem, z. B. einem Angreifer oder böswilligen Partner, modifiziert werden.

Palaemon überwacht und bestätigt auch die Einhaltung vordefinierter Vereinbarung durch die Teilnehmer, bevor sie zusammenarbeiten. Diese Vereinbarungen (Policies) definieren Richtlinien zur gegenseitigen Authentifizierung und Details zum Deployment sowie Datenaustausch (Gregor et al. 2020; Singh et al. 2021). Unsere vorläufige Bewertung zeigt, dass die Vertraulichkeit und Integrität von Multiple Stakeholder Computation sichergestellt werden kann.

6 Zusammenfassung

Die Ergebnisse der Forschung und Entwicklung im Bereich verteilter Systeme (Cloud-Computing) ermöglichen es bereits Anwendungen fehlertolerant, repliziert und ausfallsicher auszuführen. Im letzten Jahrzehnt ist nunmehr die kryptografische Sicherheit ins Zentrum der Forschung getreten. Lösungen aus dem Kontext des Confidential Cloud-Computings sind jedoch nicht großen Rechenzentren vorbehalten, sondern lassen sich auch in kleinem Maßstab einsetzen, um die Sicherheit sowohl auf firmeneigenen Computern aber auch in gemieteten und gemeinsam genutzten Servern zu gewährleisten. Auf Servern mit mehreren Anwendungen und Nutzern erlaubt der Einsatz von leichtgewichtiger Virtualisierung (Docker) und Orchestrierungs-Software (Kubernetes) die vorhandenen Ressourcen (Server) effizient sowie flexibel zu nutzen. Um gleichzeitig die kryptografische Absicherung der Anwendungen zu gewährleisten, verfügen moderne Prozessoren über spezielle Befehlssätze (z. B. Intel-SGX oder AMD-SEV), die es ermöglichen Anwendungen sogar während der Ausführung zu sichern (engl. Trusted Execution Environments). Darüber hinaus kann aus der Ferne sichergestellt werden, dass Anwendungen manipulationsfrei und in einer gesicherten Umgebung gestartet wurden (Remote Attestation).

Anwendungen, die nicht primär für den Einsatz im Confidential Cloud-Computing programmiert wurden, können unter Verwendung bestimmter Frameworks (z. B. SCONE) automatisch modifiziert werden, um die Verschlüsselung der Daten auf der Festplatte, während der Kommunikation und selbst während der Berechnung zu nutzen. Eine Transition nativer Anwendungen (wie z. B. Datenbanken, eigene Java- oder Python-Anwendungen) zu kryptografisch sicheren Anwendungen ist somit ohne Neuentwicklung möglich. Mit dem vorgestellten Ansatz können komplexe Berechnungen zur Erstellung von Temperaturmodellen für Werkzeugmaschinen oder die Ausführung von Korrekturverfahren während des Betriebs auf entfernten Rechnern kryptografisch abgesichert ausgeführt werden.

Literatur

Amazon (2022) AWS CloudHSM [WWW Document]. Amaz. Web Serv. Inc. https://aws.amazon.com/cloudhsm/. Zugegriffen: 10. Aug 2022

Anati I, Gueron S, Johnson S, Scarlata V (2013) Innovative technology for CPU based attestation and sealing. In: Proceedings of the 2nd international workshop on hardware and architectural support for security and privacy. ACM, New York

Arnautov S, Trach B, Gregor F, Knauth T, Martin A, Priebe C, Lind J, Muthukumaran D, O'Keeffe D, Stillwell ML, Goltzsche D, Eyers D, Kapitza R, Pietzuch P, Fetzer C (2016) SCONE: secure Linux containers with Intel SGX. In: Presented at the 12th USENIX symposium on operating systems design and implementation (OSDI 16), S 689–703

Bajaj S, Sion R (2011) TrustedDB: a trusted hardware based database with privacy and data confidentiality. In: Proceedings of the 2011 ACM SIGMOD international conference on management of data, SIGMOD'11. Association for Computing Machinery, New York, S 205–216. https://doi.org/10.1145/1989323.1989346

Bajaj S, Sion R (2013) CorrectDB: SQL engine with practical query authentication. Proc VLDB Endow 6:529–540. https://doi.org/10.14778/2536349.2536353

Baumann A, Peinado M, Hunt G (2015) Shielding applications from an untrusted cloud with haven. ACM Trans Comput Syst 33:1–26. https://doi.org/10.1145/2799647

Chen X, Garfinkel T, Lewis EC, Subrahmanyam P, Waldspurger CA, Boneh D, Dwoskin J, Ports DR (2008) Overshadow: a virtualization-based approach to retrofitting protection in commodity operating systems. ACM SIGOPS Oper Syst Rev 42:2–13

Costan V, Devadas S (2016) Intel SGX explained. Cryptol. EPrint Arch. https://eprint.iacr.org/2016/086

Criswell J, Dautenhahn N, Adve V (2014) Virtual ghost: protecting applications from hostile operating systems. ACM SIGARCH Comput Archit News 42:81–96. https://doi.org/10.1145/2654822.2541986

Docker Inc. (2022) Swarm mode overview [WWW Document]. Docker Doc. https://docs.docker.com/engine/swarm. Zugegriffen: 10. Aug 2022

Dyer JG, Lindemann M, Perez R, Sailer R, van Doorn L, Smith SW (2001) Building the IBM 4758 secure coprocessor. Computer 34:57–66. https://doi.org/10.1109/2.955100

Gregor F, Ozga W, Vaucher S, Pires R, Le Quoc D, Arnautov S, Martin A, Schiavoni V, Felber P, Fetzer C (2020) Trust management as a service: enabling trusted execution in the face of byzantine stakeholders. In: 2020 50th annual IEEE/IFIP international conference on dependable systems and networks (DSN). Presented at the 2020 50th annual IEEE/IFIP international conference on dependable systems and networks (DSN), S 502–514. https://doi.org/10.1109/DSN48063.2020.00063

Hofmann OS, Kim S, Dunn AM, Lee MZ, Witchel E (2013) InkTag: secure applications on an untrusted operating system. In: Proceedings of the eighteenth international conference on architectural support for programming languages and operating systems, ASPLOS'13. Association for Computing Machinery, New York, S 265–278. https://doi.org/10.1145/2451116.2451146

Intel Corporation (2015) Product change notification 114074-00

Intel Corporation (2018) Intel® software guard extensions (Intel® SGX) developer guide [WWW Document]. Intel. https://www.intel.com/content/www/us/en/content-details/671334/intel-software-guard-extensions-intel-sgx-developer-guide.html. Zugegriffen: 10. Aug 2022

Intel Corporation (2022) Attestation services for Intel® software guard extensions [WWW Document]. Intel. https://www.intel.com/content/www/us/en/developer/tools/software-guard-extensions/attestation-services.html. Zugegriffen: 10. Sept 2022

Kubernetes (2022) Production-grade container orchestration [WWW Document]. Kubernetes. https://kubernetes.io/. Zugegriffen: 10. Aug 2022

Kwon Y, Dunn AM, Lee MZ, Hofmann OS, Xu Y, Witchel E (2016) Sego: pervasive trusted metadata for efficiently verified untrusted system services. ACM SIGARCH Comput Archit News 44:277–290. https://doi.org/10.1145/2980024.2872372

Li Y, McCune J, Newsome J, Perrig A, Baker B, Drewry W (2014) MiniBox: a two-way sandbox for x86 native code. In: Presented at the 2014 USENIX annual technical conference (USENIX ATC 14), S 409–420

Martin A, Lian C, Gregor F, Krahn R, Schiavoni V, Felber P, Fetzer C (2021) ADAM-CS: advanced asynchronous monotonic counter service. In: 2021 51st annual IEEE/IFIP international conference on dependable systems and networks (DSN). Presented at the 2021 51st annual IEEE/IFIP international conference on dependable systems and networks (DSN), S 426–437. https://doi.org/10.1109/DSN48987.2021.00053

Merkel D (2014) Docker: lightweight linux containers for consistent development and deployment. Linux J

Peinado M, Chen Y, England P, Manferdelli J (2004) NGSCB: a trusted open system. In: Wang H, Pieprzyk J, Varadharajan V (Hrsg) information security and privacy, lecture notes in computer science. Springer, Berlin, S 86–97. https://doi.org/10.1007/978-3-540-27800-9_8

Rosen R (2014) Linux containers and the future cloud. Linux J 240:86–95

Schneider M, Masti RJ, Shinde S, Capkun S, Perez R (2022) SoK: hardware-supported trusted execution environments. ArXiv Prepr. ArXiv220512742

Singh J, Cobbe J, Quoc DL, Tarkhani Z (2021) Enclaves in the clouds: legal considerations and broader implications. Commun ACM 64:42–51. https://doi.org/10.1145/3447543

Ta-Min R, Litty L, Lie D (2006) Splitting interfaces: making trust between applications and operating systems configurable. In: Proceedings of the 7th symposium on operating systems design and implementation, OSDI'06. USENIX Association, USA, S 279–292

Thiem X, Krahn R, Rudolph H, Ihlenfeldt S, Fetzer C, Müller J (2023) Adaptive thermal model for structure model based correction. In: Presented at the 3rd international conference on thermal issues in machine tools (ICTIMT2023), Dresden

Trusted Computing Group (2011) TPM 1.2 main specification [WWW Document]. Trust. Comput. Group. https://trustedcomputinggroup.org/resource/tpm-main-specification/. Zugegriffen: 10. Aug 2022

Yang J, Shin KG (2008) Using hypervisor to provide data secrecy for user applications on a per-page basis. In: Proceedings of the fourth ACM SIGPLAN/SIGOPS international conference on virtual execution environments, VEE'08. Association for Computing Machinery, New York, S 71–80. https://doi.org/10.1145/1346256.1346267

Open Access Dieses Kapitel wird unter der Creative Commons Namensnennung 4.0 International Lizenz (http://creativecommons.org/licenses/by/4.0/deed.de) veröffentlicht, welche die Nutzung, Vervielfältigung, Bearbeitung, Verbreitung und Wiedergabe in jeglichem Medium und Format erlaubt, sofern Sie den/die ursprünglichen Autor(en) und die Quelle ordnungsgemäß nennen, einen Link zur Creative Commons Lizenz beifügen und angeben, ob Änderungen vorgenommen wurden.

Die in diesem Kapitel enthaltenen Bilder und sonstiges Drittmaterial unterliegen ebenfalls der genannten Creative Commons Lizenz, sofern sich aus der Abbildungslegende nichts anderes ergibt. Sofern das betreffende Material nicht unter der genannten Creative Commons Lizenz steht und die betreffende Handlung nicht nach gesetzlichen Vorschriften erlaubt ist, ist für die oben aufgeführten Weiterverwendungen des Materials die Einwilligung des jeweiligen Rechteinhabers einzuholen.

Effiziente transiente thermo-elastische Simulation von Werkzeugmaschinen

Andreas Naumann

1 Einleitung

Das Design und die prozessspezifische Optimierung von Werkzeugmaschinen erfordern eine detaillierte Modellierung des thermischen Verhaltens der Maschinenkomponenten. Insbesondere der Produktionsprozess, aber auch die zugehörigen Umgebungsbedingungen sind ein wesentlicher Bestandteil dieser Modelle. Die Kopplung der Maschinenkomponenten und die Parametrierung der Kopplungsmodelle stellen dabei eine besondere Herausforderung dar.

Die geometrische Kopplung der Maschinenkomponenten und die physikalische Kopplung der Wärmeleitung mit der (stationären) linearen Elastizität erfordern angepasste numerische Verfahren für die Simulation der Temperatur- und Verformungsfelder. Kopplungen relativ bewegter Baugruppen führen zu zeit- und ortsabhängigen Wärmeübergängen. Die Auswertung der zugehörigen mathematischen Ausdrücke ist relativ zur Wärmeleitung teuer. Angepasste Verfahren nutzen diese Blockstruktur aus und werten nur Teilausdrücke aus.

Die Grundlage der Simulation ist die Ortsdiskretisierung der Wärmeleitungsgleichung mit finiten Elementen. In (Vettermann et al. 2021) wird gezeigt, dass unterschiedliche Kopplungsstrategien zwischen den Maschinenkomponenten die Struktur und Eigenschaften der nachfolgenden Simulation maßgeblich beeinflussen. Beispielsweise können thermischen Kopplungen sowohl direkt diskretisiert als auch über Mittelungen im Ort unabhängig von der Diskretisierung approximiert werden.

A. Naumann (✉)
Professur Numerische Mathematik (Partielle Differentialgleichungen), TU Chemnitz, Chemnitz, Deutschland
E-Mail: Andreas-Naumann@gmx.net

Während die Parallelisierung im Ort mittels Gebietszerlegungsverfahren heutzutage Standard ist, sind die parallelen Verfahren zur Diskretisierung der Zeit noch Forschungsgegenstand. Allerdings erzielen die linear-impliziten Methoden bereits gute Genauigkeitsgewinne bei gleicher Laufzeit gegenüber Verfahren erster Ordnung im Werkzeugmaschinenkontext.

Die Anpassung numerischer Verfahren auf die konkrete thermo-elastische Simulation gekoppelter Werkzeugmaschinen erfordert sowohl den Zugang zu realistischen Modellen in frei zugänglicher Software als auch die Möglichkeit zur Vereinfachung der Modelle für die numerische Analyse. Zur systematischen Untersuchung der gekoppelten Modelle, wie im Kap. „Strukturmodelle von Werkzeugmaschinen" vorgestellt, wird eine gemeinsame Modellbeschreibung eingesetzt. Diese Modellbeschreibung erlaubt sowohl die Simulation der gekoppelten Maschinenmodelle als auch deren Reduktion mit Methoden aus dem Kap. „Rechenzeitsparende Modellierung", Dokumentation und die Analyse der Parametersensitivitäten (Kap. „Datenassimilation und optimale Sensorplatzierung").

Die Entwicklung und Optimierung aktueller Werkzeugmaschinen erfordert eine detaillierte Kenntnis des thermo-mechanischen Verhaltens unter unterschiedlichen Einsatzszenarien. Die Szenarien unterscheiden sich beispielsweise hinsichtlich

- der Verfahrprofile,
- der thermischen Leistung am Werkzeug und Werkstück,
- den zur Verfügung stehenden Kühltechnologien.

Insbesondere bei einer Massenproduktion mit regelmäßiger und häufiger Produktion gleicher Werkstücke über lange Zeiträume entsprechen die Wiederholungen periodischen Prozessen. Werkzeugmaschinen bestehen aus massiven Teilkomponenten mit relativ großen Dichten und Wärmekapazitäten. Daraus folgt, dass die thermischen Konstanten die Größenordnung von vielen Stunden besitzen und somit eine Simulation auf der Zeitskala vieler wiederholter Prozesse effizienter ist als die zeitliche Auflösung der Bewegungen.

Effiziente Verfahren zur transienten Simulation von Werkzeugmaschinen nutzen daher die Separation der Zeitskalen aus, in dem ausschließlich die Terme der schnellen Skala häufiger ausgewertet werden. Gerade die zeitabhängigen Wärmeübergänge zwischen den Maschinenkomponenten stellen eine zusätzliche Herausforderung dar. Es wird hierbei angenommen, dass der Wärmeaustausch ausschließlich im aktuellen Koppelbereich stattfindet. Dies impliziert, dass die Koppelflächen, und somit auch die Wärmeübergangsbedingungen, von der prozessaktuellen Pose der Maschine abhängen. Da allerdings von kurzen Bearbeitungsprozessen mit hohen Geschwindigkeiten ausgegangen wird, sind die Wärmeübergangsbedingungen zur schnellen Zeitskala zuzuordnen.

Gleichzeitig hängen die oftmals linearen Wärmeübergangsbedingungen von den prozessaktuellen Temperaturfeldern innerhalb der Maschine ab.

Die zugehörigen Wärmeübergangskoeffizienten beeinflussen somit die zulässige Zeitschrittweite für die Simulation. Infolgedessen müssen die zeitabhängigen Wärmeübergänge ebenfalls gesondert behandelt werden.

In den folgenden Kapiteln werden die zwei Aspekte der effizienten transienten Simulation und die dafür notwendige Beschreibung von Maschinenmodellen näher beleuchtet. Im Abschn. 3 werden die Grundlagen für die thermo-mechanischen Modelle beschrieben. Darauf aufbauend werden in Abschn. 4 parallele Verfahren und Mehrskalenverfahren vorgestellt, die die vorgenannten Eigenschaften der thermischen Werkzeugmaschinenmodelle ausnutzen.

2 Thermo-mechanisches Modell einer WZM

Die thermo-elastische Modellierung einer WZM wird im Detail im Kap. „Strukturmodelle von Werkzeugmaschinen" erklärt. Hier wird ausschließlich der thermische Anteil im Kontext der transienten Simulation des Temperaturfeldes im Detail betrachtet.

Die Abb. 1 (a) stellt ein vereinfachtes Modell einer DMU dar. Die Farben Rot, Grün, Blau und Grau repräsentieren in dieser Reihenfolge die Baugruppen Bett (mit Tisch) und die X-, Y- und Z-Schlitten. Am Z-Schlitten befindet sich auch das Werkzeug. Auf den Schienen sind die Schlitten über die Führungsschuhe mit einander verbunden. Aufgrund der Bewegung sind die thermischen Belastungen der Kontaktflächen zeitabhängig. Des Weiteren wird angenommen, dass diese Flächen mit der Reibleistung belastet sind.

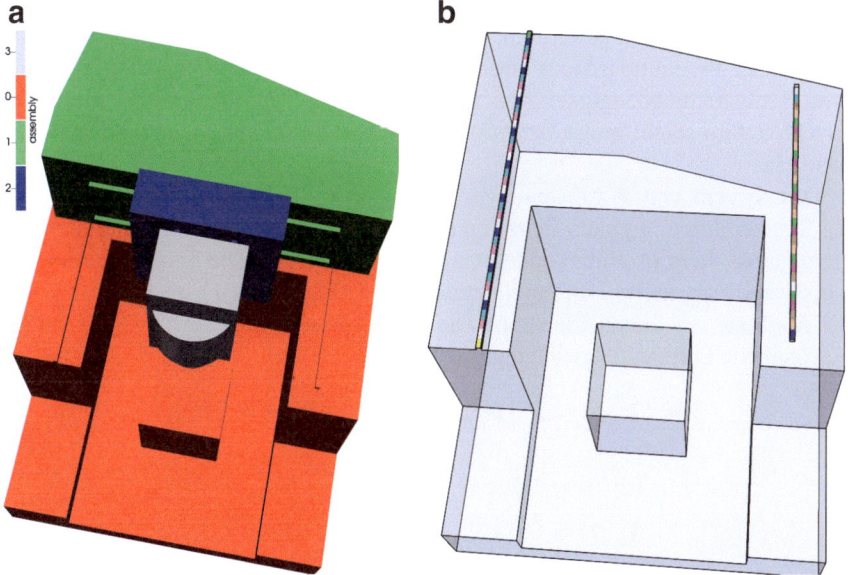

Abb. 1 Vereinfachtes Modell einer DMU. **a** Färbung nach den bewegten Teilbaugruppen, **b** Segmentierung der Schiene auf dem Bett

Diese Flächen werden in Teilflächen entsprechend der farblichen Hervorhebung in Abb. 1 (b) unterteilt. Die Größe und somit auch die Anzahl der Teilflächen bestimmt die Genauigkeit der Diskretisierung des pose-abhängigen Reibwärmestroms. Zusätzlich wird der Verlauf der Temperaturmittelwert auf jeder dieser Teilflächen beobachtet.

Die Grundlage der transienten thermo-elastischen Simulation bildet die Diskretisierung des Systems von Wärmeleitungsgleichungen

$$\rho^{(i)} C_p^{(i)} \dot{T}^{(i)} - \nabla \cdot \lambda \nabla T^{(i)} = Q^{(i)}(t, x)$$
$$n \cdot \lambda \nabla T = q_s^{(i)}\left(t, T^{(i)}, T^{(j)}\right) \quad (1)$$
$$y_o = B(T)$$

zur Beschreibung der Temperaturfelder $T^{(i)}$ in Baugruppe i. Die Materialparameter Dichte $\rho^{(i)}$, Wärmekapazität $C_p^{(i)}$ und Wärmeleitfähigkeit $\lambda^{(i)}$ werden als bereichsweise konstant angenommen, um verschiedene Materialien abzubilden. Diese Formulierung erlaubt mit der letzten Gleichung im System (1) die Definition von Temperaturmesspunkten oder Verformungsvektoren an ausgewählten Stellen.

Die Terme $Q^{(i)}$ und $q_s^{(i)}$ beschreiben die Volumen und Randquellen. Im dargestellten Fall existieren keine Volumenquellen, sodass dieser Term konstant 0 ist. Die vorher angesprochenen Wärmeübergänge und Reibwärmeeinträge werden mit den Randquellen $q_s^{(i)}$ modelliert. Die Wärmeübergänge zwischen den Baugruppen i und j auf einer Fläche mit dem Index s werden mit einem Wärmestrom mit konstantem Wärmeübergangsparameter $\alpha_s^{(i)}$ und geschwindigkeitsabhängiger Verlustleistung modelliert. Eine Verlustleistung in Form von Reibungswärme wird mit einer zeit- und geschwindigkeitsabhängigen Funktion $q_{f,s}^{(i)}(t)$ modelliert. Diese Funktionen sind periodisch, mit der Periodenlänge ε. Die Periode entspricht in etwa der Produktionsdauer eines Werkstücks. Die Randquellen sind bezüglich ihrer Temperaturabhängigkeit von gegensätzlichem Typ. Dieser strukturelle Unterschied wird später in der Betrachtung der Zustandsraumsysteme nochmals verdeutlicht.

Das System von Wärmeleitungsgleichungen (Gl. 1) beschreibt das Verhalten der Temperaturen in jedem Punkt und zu jedem Zeitpunkt. Zur Lösung der Gleichung muss diese im Raum und Ort diskretisiert werden. Die Semidiskretisierung des Systems partieller Differentialgleichungen (PDE) (Gl. 1) im Ort erfolgt mit der Methode der finiten Elemente. Die Semidiskretisierung im Ort führt auf die gewöhnliche Differentialgleichung (ODE)

$$M^{(i)} \dot{\mathbf{T}}^{(i)}(t) = A^{(i)} \mathbf{T}^{(i)}(t) + \sum_j A^{(i,j)} \mathbf{T}^{(j)} + B^{(i)} \mathbf{u}^{(i)}(t)$$
$$\mathbf{T}^{(i)}(0) = \mathbf{T}_0^{(i)} \quad (2)$$
$$\mathbf{y}_o^{(i)}(t) = C^{(i)} \mathbf{T}^{(i)}$$

in dem die Einträge der Vektoren $T^{(i)}(t)$ gerade den Temperaturen in den Gitterpunkten entsprechen. Die Massematrizen $M^{(i)}$ beinhalten die Wärmekapazitäten und Dichten der jeweiligen Baugruppe i und die Koeffizientenmatrizen $A^{(i)}$ sind die Summe aus dem diskretisieren Laplaceoperator $\nabla \cdot \lambda^{(i)} \nabla T^{(i)}$ und den diskretisierten Wärmeübergängen $\alpha_s^{(i)} \left(T^{(s_j)} - T^{(i)} \right)$. Die Diskretisierungsmöglichkeiten der Übergänge werden in der Literatur (Sauerzapf et al. 2020) detaillierter beschrieben. Insbesondere kann die starke Kopplung der Systeme über die Kopplungsmatrizen $A^{(i,j)}$ in die Ausgänge $\mathbf{y}_o^{(i)}$ verschoben werden. In diesem Fall repräsentieren die Ausgänge aber ausschließlich die Temperaturmittelwerte an den Koppelflächen.

Die Koeffizientenmatrizen der Eingänge, $B^{(i)}$, zusammen mit den Eingängen $u^{(i)}(t)$, repräsentieren die diskreten Reibleistungen, und die Randbedingungen zu den Umgebungstemperaturen, skaliert mit den zugehörigen Wärmeübergangskoeffizienten.

Die gewöhnliche Differentialgleichung (Gl. 2) bildet zusammen mit den Anfangswerten $\mathbf{T}_0^{(i)}$ das Anfangswertproblem (AWP). Die komponentenweise Diskretisierung der einzelnen Baugruppen führt zu dem Blocksystem

$$\begin{aligned} M\dot{\mathbf{T}} &= A\mathbf{T} + B\mathbf{u}(t) \\ \mathbf{T}(0) &= \mathbf{T}_0 \\ \mathbf{y}_o(t) &= CT \end{aligned} \quad (3)$$

in dem die Vektoren $\mathbf{T}$ aus den einzelnen Vektoren $T^{(i)}$ zusammen gesetzt sind. Analog sind die Koeffizientenmatrizen M und B gerade die Blockdiagonalmatrizen aus den Teilsystemen. Jede einzelne Baugruppe bildet bereits ein System. Die (thermischen) Kopplungen der Baugruppen erzeugen ein Gesamtsystem, in dem die Koppelmatrizen $A^{(i,j)}$ gerade die Außerdiagonalblöcke der Blockmatrix A sind.

3 Effiziente Zeitintegration

Die transiente Simulation der Temperaturfelder erfordert die Lösung der Gleichung (Gl. 2) mindestens in den gewünschten Zeitpunkten. Klassische Verfahren zur Lösung von AWPs propagieren sukzessiv von Zeitpunkt zu Zeitpunkt. Adaptive Verfahren schätzen zusätzlich den Fehler und passen dementsprechend die Schrittweite an (Strehmel et al. 2012). Allen Verfahren gemein ist die sequentielle Natur der Zeit: Der Zustand im neuen Zeitpunkt hängt vom vorherigen Zustand ab.

Des Weiteren löst jedes numerische Verfahren das AWP 2 mit einem numerischen Fehler. Das Ziel ist es, diesen numerischen Fehler unterhalb des Modellierungsfehlers zu halten und gleichzeitig den Rechenaufwand zu minimieren. Das beste Verfahren ist also so genau wie nötig und so schnell wie möglich.

In grober Annäherung bestehen die klassischen Verfahren aus der gewichteten Aufdatierung der Auswertungen der rechten Seite f an adäquaten Zwischenstellen t_i und Zwischenzuständen $\widetilde{\vec{T}}$. Die Genauigkeit eines Verfahrens hängt sowohl von den Zwischenstellen und den Gewichten als auch den Zeitskalen des zu lösenden Problems ab.

Im Falle der diskreten Wärmeleitung werden die großen (langen) Zeitskalen von der Koeffizientenmatrix A, also der Wärmeleitung und den statischen Randbedingungen, und die kleinen (kurzen) Skalen von den Eingängen u, also den Bearbeitungsprozessen und der Bewegung, erzeugt. Ein klassisches Verfahren kann seine Genauigkeit nur mit Schrittweiten kleiner als die kleinste Skala beibehalten. In diesem Fall impliziert dies auch eine extrem feine zeitliche Auflösung der Wärmeleitung. Im nun folgenden Abschn. 3.1 wird ein Verfahren vorgestellt, welches die schnelle Skala und die lineare Natur des Problems ausnutzt.

Ein alternativer Weg ist die Parallelisierung der Verfahren. Ist im Bereich der FE-Methoden die Gebietszerlegung ein Standardweg zur Reduktion der Laufzeit, ist diese Parallelisierung in der Zeit noch Gegenstand aktueller Forschung. Die Schwierigkeit in der Parallelisierung der Zeitdiskretisierung besteht in der sequentiellen Natur der Zeit. Eine gleichzeitige Berechnung früherer und späterer Zeitpunkte wird beispielsweise durch iterative Ansätze zur Steigerung der Genauigkeit ermöglicht. Beispiele hierfür sind ParaReal (Lions et al. 2001), PFASST (Emmett und Minion 2012) und die PEER-Methoden von (Weiner et al. 2004).

Der alternative Ansatz (Gander und Güttel 2013) nutzt die Linearität des Systems (Gl. 2) aus. Die Basis für den Ansatz ist das Superpositionsprinzip, sodass der inhomogene und der homogene Anteil mit unterschiedlichen Schrittweiten parallel berechnet werden kann. Dieses Verfahren wird im Abschn. 3.2 detailliert vorgestellt und untersucht.

3.1 Defect corrected averaging (DCA)

Die Grundidee hinter der Defektkorrektur zur effizienten Zeitintegration ist die Suche nach einem Ersatzproblem, welches

1. auf einer möglichst großen Makroschrittweite H gelöst werden kann und
2. in definierten Zeitpunkten τ_k nahe an der Lösung der originalen Gl. (2) ist.

Das einfachste Beispiel für die erste Anforderung besteht im Ersatz der zeitabhängigen Eingänge $u(t)$ durch konstante Eingänge u_c.

Die zweite Anforderung führt auf ein Problem der Form

$$y_c(\varepsilon; u_c) = y(\varepsilon) \qquad (4)$$

bei dem der Vektor $\vec{u}_c$ gesucht wird. Auf der rechten Seite der Gl. (4) steht die exakte Lösung des originalen Problems, auf der linken die exakte Lösung des Ersatzproblems. In der praktischen Anwendung müssen daher noch die Lösungen auf beiden Seiten durch ihre numerische Approximation ersetzt werden. Die Konvergenzanalyse der Methode ist in (Naumann und Wensch 2013) ausführlich beschrieben.

Das Grundprinzip der Methode wird anhand der Abb. 2 erklärt. Die blauen Kurven repräsentieren jeweils die Lösungen y_o mit den zeitabhängigen Eingängen. Im Gegensatz dazu repräsentiert die grüne Kurve die Lösungen des

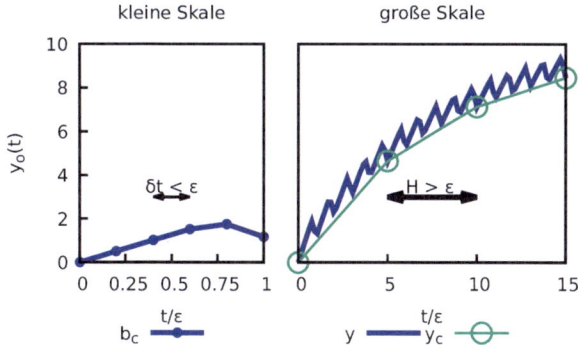

Abb. 2 Grundprinzip des Defect corrected averaging

makroskopischen Problems, die mit einer deutlich größeren Schrittweite als der Periode berechnet wird. An diesem Bild werden auch die gewählten Zeitpunkte $\tau_k = k\varepsilon$ deutlich.

In Abschn. 3.3 wird die Methode anhand eines Dummy-Modells mit den klassischen Verfahren hinsichtlich Laufzeit und Genauigkeit verglichen.

3.2 Parallele Zeitintegrationsverfahren (PARAeXP)

Die Geschwindigkeitszuwächse aktueller Rechenarchitekturen entstehen vor allem durch die Hinzunahme weiterer CPU-Kerne. Diese Zuwächse können daher fast ausschließlich durch parallele Verfahren ausgenutzt werden. Zeitintegrationsverfahren müssen daher die sequentielle Natur der Zeit umgehen.

Ein Weg dafür ist die Ausnutzung der Lösungsstruktur linearer Differentialgleichungen. Das Modellproblem (2) gehört zur Klasse der linearen Differentialgleichungen mit konstanten Koeffizienten. Die analytische Lösung

$$y_o(t) = y_o^{\text{hom}}(t) + y_o^{\text{inhom}}(t) \qquad (5)$$

von Problemen dieser Klasse ist die Superposition der Lösung des homogenen Problems mit den partikulären Lösungen. Diese Struktur nutzt das Verfahren, analysiert und entwickelt von (Gander und Güttel 2013), aus.

Die Abb. 3 stellt die Aufteilung der Teillösungen auf die Prozessoren für dieses Verfahren dar. Der Zeitraum $[0, t_e]$, der zum Beispiel die Herstellung eines Werkstücks repräsentiert, wird in einzelne Abschnitte $[t_k, t_{k+1}]$ für jede CPU k aufgeteilt. Auf jeden Abschnitt $[t_k, t_{k+1}]$ wird dann das inhomogene Teilproblem mit Anfangswert 0 und Zeitschrittweiten $\delta t \ll \varepsilon$ gelöst. Dies liefert die Teillösungen auf den Teilintervallen. Im Anschluss wird die homogene Lösung y_o^{hom} auf dem restlichen Zeitintervall $[t_k, t_e]$ mit einer Zeitschrittweite $\delta t \gg \varepsilon$.

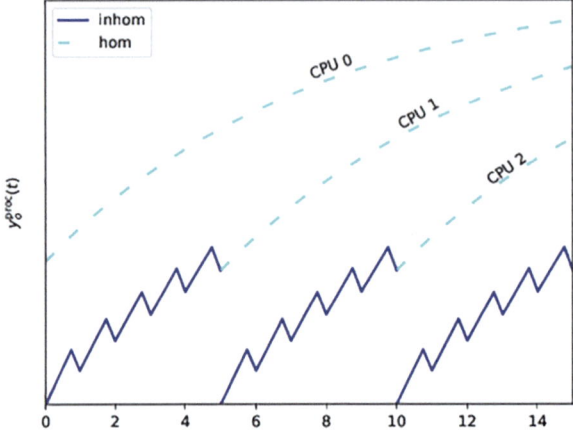

Abb. 3 Aufteilung der Lösung in homogene (hellblau) und partikuläre Lösung (dunkelblau). Die vertikale Achse repräsentiert eine Teillösung und die horizontale die Zeit

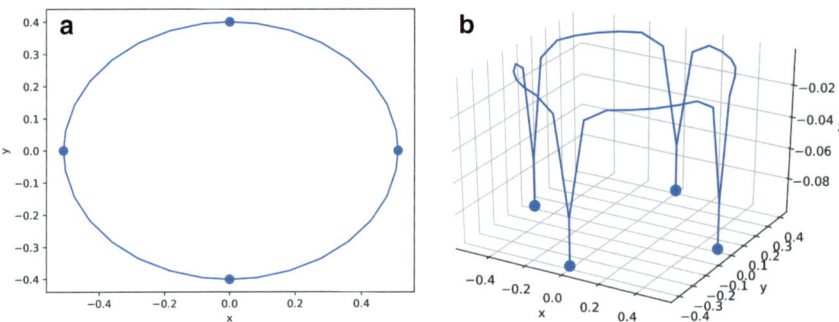

Abb. 4 Periodisches Bewegungsprofil mit vier Löchern alle 90° Die Achsen repräsentieren die Achsposition in Metern. **a** Sicht von oben in negative Z-Richtung, **b** 3D-Ansicht der Positionen des TCPs

3.3 Laufzeitvergleiche

Die Effizienz der Methoden wird anhand des vereinfachten Modells mit dem exemplarischen Bewegungsprofil in Abb. 4 untersucht. Des Weiteren wird der Wärmeaustausch zwischen den Baugruppen ignoriert. Daher sind die Koeffizientenmatrizen das Zustandsraumsystem (3) unabhängig von der Zeit und die Lösung des homogenen Problems kann mit großen Zeitschrittweiten erfolgen.

Zum Vergleich werden die relativen Fehler in Abhängigkeit von der Laufzeit im doppelt-logarithmischen Plot in Abb. 5 gegenübergestellt. Die Linienarten repräsentieren die Verfahrensklassen. Unterschiedliche Farben dagegen repräsentieren

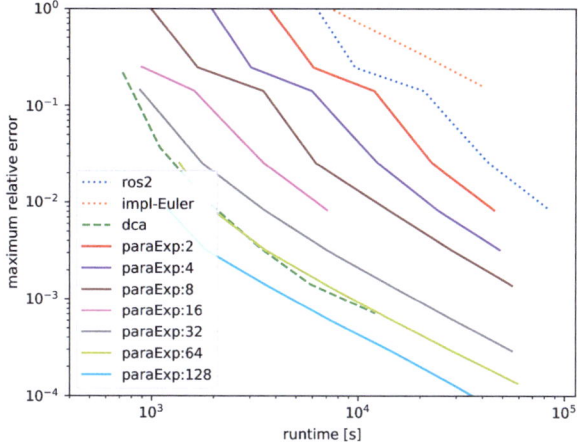

Abb. 5 Effizienz der numerischen Verfahren. Die klassischen Verfahren sind mit gepunkteten Linien, die parallelen mit durchgezogenen Linien und das Problem-angepasste Verfahren DCA in gestrichelten Linien dargestellt. Die Zahl am Verfahren paraExp entspricht der Anzahl der Prozessoren

unterschiedliche Verfahrensparameter. Die vertikale Achse entspricht dem maximalen relativen Fehler über alle Ausgänge im Endzeitpunkt, die horizontale Achse der Laufzeit.

Alle parallelen Verfahren sind mit wachsender Anzahl an Prozessoren und gleicher Laufzeit genauer. Dies ist in der feineren Auflösung der Quellen begründet.

Das Problem-angepasste Verfahren DCA, dargestellt in der gestrichelten grünen Linie, erreicht mit einer CPU ähnliche Genauigkeiten bei gleicher Laufzeit wie ParaExp mit 64 Kernen. Darin zeigt sich die erfolgreiche Ausnutzung der periodischen Bewegung.

4 Zusammenfassung

Die Effizienz thermo-elastischer Simulationen von Werkzeugmaschinen kann mit problem-angepassten Verfahren um Größenordnungen gesteigert werden. Insbesondere erlaubt die Ausnutzung periodischer Prozesse die Reduktion der Laufzeit bei gleichbleibender Genauigkeit um mehr als eine Größenordnung.

Aktuelle Prozessoren beinhalten immer mehrere Rechenkerne. Diese können mit parallelen Verfahren in der Zeit effizienter ausgenutzt werden. Insbesondere Maschinenmodelle mit zeitlich konstanten Koeffizienten, also konstanten Wärmeübergangskoeffizienten zwischen Baugruppen, können mit diesen Verfahren bei gleicher Genauigkeit um den Faktor 4 schneller gelöst werden, als mit klassischen Methoden.

Literatur

Emmett M, Minion ML (2012) Toward an efficient parallel in time method for partial differential equations. Commun Appl Math Comput Sci 7:105–132. https://doi.org/10.2140/camcos.2012.7.105

Gander MJ, Güttel S (2013) PARAEXP: a parallel integrator for linear initial-value problems. SIAM J Sci Comput 35:C123–C142

Lions J-L, Maday Y, Turinici G (2001) A "parareal" in time discretization of PDE's. Comptes Rendus de l'Académie des Sciences – Series I – Mathematics 332:661–668

Naumann A, Wensch J (2013) Defect corrected averaging for parabolic PDEs. PAMM 13:509–510. https://doi.org/10.1002/pamm.201310247

Sauerzapf S, Vettermann J, Naumann A, Saak J, Beitelschmidt M, Benner P (2020) Simulation of the thermal behavior of machine tools for efficient machine development and online correction of the tool center point (TCP)-displacement. Gehalten auf der euspen Special Interest Group Meeting: Thermal Issues, Aachen, Germany, S 135–138

Strehmel K, Weiner R, Podhaisky H (2012) Numerik gewöhnlicher Differentialgleichungen: nichtsteife, steife und differential-algebraische Gleichungen. Springer Science & Business Media

Vettermann J, Sauerzapf S, Naumann A, Saak J, Benner P, Beitelschmidt M, Herzog R (2021) Model order reduction methods for coupled machine tool models. MM Sci J. https://doi.org/10.17973/MMSJ.2021_7_2021072

Weiner R, Schmitt BA, Podhaisky H (2004) Parallel 'peer' two-step W-methods and their application to MOL-systems. Appl Numer Math 48:425–439. https://doi.org/10.1016/j.apnum.2003.10.005

Open Access Dieses Kapitel wird unter der Creative Commons Namensnennung 4.0 International Lizenz (http://creativecommons.org/licenses/by/4.0/deed.de) veröffentlicht, welche die Nutzung, Vervielfältigung, Bearbeitung, Verbreitung und Wiedergabe in jeglichem Medium und Format erlaubt, sofern Sie den/die ursprünglichen Autor(en) und die Quelle ordnungsgemäß nennen, einen Link zur Creative Commons Lizenz beifügen und angeben, ob Änderungen vorgenommen wurden.

Die in diesem Kapitel enthaltenen Bilder und sonstiges Drittmaterial unterliegen ebenfalls der genannten Creative Commons Lizenz, sofern sich aus der Abbildungslegende nichts anderes ergibt. Sofern das betreffende Material nicht unter der genannten Creative Commons Lizenz steht und die betreffende Handlung nicht nach gesetzlichen Vorschriften erlaubt ist, ist für die oben aufgeführten Weiterverwendungen des Materials die Einwilligung des jeweiligen Rechteinhabers einzuholen.

Energieeffiziente Systeme zur aktiven Steuerung von Wärmeflüssen

Immanuel Voigt und Welf-Guntram Drossel

1 Einleitung

Maßnahmen zur Kompensation und Korrektur thermischer Fehler in Werkzeugmaschinen gehen in der Regel mit einem erhöhten Energieeinsatz oder hohem Modellierungs- und Messaufwand einher. Ein neuartiger Ansatz zur Reduzierung der Auswirkungen von Wärmeströmen auf die Maschinengenauigkeit ist der Einsatz von Komponenten, die eine Umverteilung der Wärme in der Maschine ohne zusätzliche Hilfsenergie ermöglichen. Eine derartige Wärmeumverteilung hat zum Ziel, durch variable thermische Lasten induzierte Temperaturfelder so zu verändern, dass die Verlagerung des TCP in ihren zeitlichen Schwankungen reduziert wird.

Die untersuchte Kompensationsmethodik umfasst zwei Konzeptgruppen:

Zum einen wird der Einsatz von Latentwärmespeichern zur **zeitlichen Steuerung von Wärmeströmen** beschrieben. Dabei wird die hohe Energiedichte von Phasenwechselmaterialien (PCM) während deren Phasenumwandlung genutzt, um thermische Lastspitzen in der Maschine zu tilgen und in Speicherkomponenten zu binden. Die gespeicherte Wärme kann in Pausenzeiten zurück in die Maschine gespeist werden, um der Maschinenabkühlung entgegenzuwirken. Dadurch wird eine Reduzierung des Einflusses zeitlich variabler Wärmeströme erreicht.

I. Voigt (✉) · W.-G. Drossel
Professur Adaptronik und Funktionsleichtbau, Technische Universität Chemnitz, Chemnitz, Deutschland
E-Mail: Immanuel.Voigt@mb.tu-chemnitz.de

W.-G Drossel
E-Mail: Welf-Guntram.Drossel@iwu.fraunhofer.de

W.-G. Drossel
Fraunhofer-Institut für Werkzeugmaschinen und Umformtechnik IWU, Dresden, Deutschland

Die zweite Konzeptgruppe beinhaltet Lösungsmaßnahmen, die auf dem Einbringen von Wärmeübertragern zur **örtlichen Wärmeumverteilung** basieren. Hier wird vor allem auf Heatpipes zurückgegriffen, die einen passiven Zweiphasenkreislauf nutzen, um hocheffizient Wärme zu transportieren. Durch in die Maschine eingebrachte Heatpipes wird ein Wärmeaustausch zwischen verschiedenen Maschinenkomponenten, Wärmespeichern und Kühlkörpern ermöglicht und somit eine Homogenisierung der Temperaturfelder erreicht.

Für beide Konzeptgruppen werden im Folgenden entsprechende Systeme beschrieben und deren Modellierungs- und Auslegungsmethodik erörtert. Auf Basis von Ergebnissen aus experimentellen Arbeiten wird gezeigt, wie die vorgestellten Systeme auf den Wärmehaushalt der Werkzeugmaschine einwirken und für welche Szenarien der Einsatz dieser Komponenten besonders geeignet ist.

Am Beispiel einer realen Werkzeugmaschine werden die Simulation, Konstruktion und Erprobung verschiedener Kompensationskomponenten diskutiert und Richtlinien zur Integration in den Entwicklungsprozess von Werkzeugmaschinen abgeleitet.

2 Zeitliche Beeinflussung von Wärmeströmen

Die in der Werkzeugmaschine wirkenden Wärmequellen weisen mitunter eine hohe zeitliche Variabilität auf. Dies trifft vor allem auf die Einzelteilfertigung zu, bei der sich Pausen und Umrüstzeiten häufen und daher vermehrt Wechsel zwischen Last- und Abkühlphasen auftreten. Es ergeben sich instationäre Temperaturfelder, die Maßnahmen zur Kompensation des thermischen Fehlers erheblich erschweren können. Der hier diskutierte Lösungsansatz basiert auf dem Einsatz von PCM, die Wärmeanteile aufnehmen können, ohne dabei signifikant ihre eigene Temperatur zu ändern.

2.1 *Latentwärmespeicherung*

Ein Wärmeeintrag geht im Allgemeinen mit einer messbaren Temperaturerhöhung einher (sensible Wärme). Im Bereich des Phasenwechsels jedoch, beispielsweise beim Schmelzen eines Stoffes, wird Energie dazu genutzt, um das Materialgefüge zu ändern. In dem Zusammenhang wird von latenter, also verborgener Wärme gesprochen. Abb. 1 zeigt schematisch entsprechende Temperaturverläufe für sensible und latente Wärmespeicherung sowie typische PCM, deren hohe Phasenwechselenthalpie beim Schmelzen und Erstarren zur Kompensation genutzt wird. Für den Einsatz in Werkzeugmaschinen eignen sich vor allem organische, paraffinbasierte PCM, da sie kompatibel mit metallischen Strukturen sind und kongruent

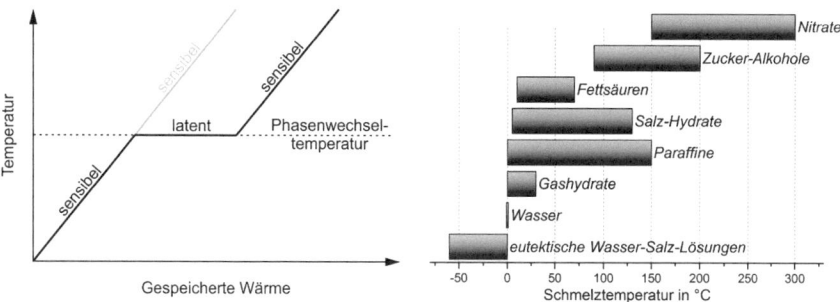

Abb. 1 Exemplarische Temperaturverläufe für Materialien mit und ohne Phasenwechsel (links) und typische Phasenwechselmaterialien (rechts)

Tab. 1 Erprobte Ansätze zur Erhöhung der thermischen Leitfähigkeit von PCM-Strukturen

Lösungsansatz	Leitfähigkeit des Verbunds
Nanographitpartikel	1 W/(m K)
Offenporiger Aluminiumschaum	20 W/(m K)
Geschlossenporiger Aluminiumschaum	57 W/(m K)

aufschmelzen, d. h. während des Phasenwechsels nicht in ihre chemischen Bestandteile zerfallen. Der Temperaturbereich für den Phasenwechsel von Paraffinen kann je nach chemischer Zusammensetzung nahezu beliebig zwischen 0 °C und 150 °C eingestellt werden. Die hier betrachteten PCM weisen im Schmelz- und Erstarrungsbereich eine spezifische Phasenwechselenthalpie von etwa 210 kJ/kg auf. Bei einem beispielhaften Volumen von 500 ml können diese PCM im Phasenwechselbereich folglich 100 W über eine Zeitspanne von 15 min bei konstanter Temperatur aufnehmen oder abgeben. Prozesse, die zu wiederholten Phasenwechseln führen, erhöhen die Sinnhaftigkeit eines Latentwärmespeichers zur Reduktion zeitlicher Temperaturschwankungen.

Der hohen Wärmespeicherfähigkeit von PCM steht meist eine niedrige Wärmeleitfähigkeit entgegen. Für paraffinbasierte PCM liegt diese im Bereich von 0,2 W/(m K). Um den Wärmetransport in Latentwärmespeichern zu verbessern, kann das PCM mit hochleitfähigen Materialien kombiniert werden. Neben der Möglichkeit, Partikel (z. B. Nanographitpartikel) in das PCM zu mischen, stellt die Nutzung einer metallischen Matrix eine interessante Option dar. Tab. 1 fasst untersuchte Ansätze zur Erhöhung der effektiven Leitfähigkeit zusammen.

Das je nach Anwendungsfall optimale Verhältnis aus thermischer Leitfähigkeit und Speicherkapazität kann über die Porosität des Metallschaums eingestellt werden. Experimentelle und numerische Untersuchungen von Aluminiumschaumstrukturen mit infiltriertem PCM sind in (Ohsenbrügge et al. 2015) und (Ohsenbrügge et al. 2016) detailliert dargestellt.

2.2 Anwendung in Vorschubachsen

Durch die Integration von Latentwärmespeichern in Werkzeugmaschinen kann thermischen Lasten mit hoher zeitlicher Varianz entgegengewirkt werden. Derartige veränderlichere Verluste treten besonders in den Vorschubachsen auf, die folglich einen geeigneten Ort zur Einbringung entsprechender Komponenten darstellen. Im Folgenden werden die Erkenntnisse aus Untersuchungen an typischen Vorschubantrieben, dem Lineardirektantrieb und dem Kugelgewindetrieb, vorgestellt.

2.2.1 Szenario Lineardirektantrieb

Lineardirektantriebe weisen im Betrieb hohe Wärmeverluste auf. Die Arten und Berechnung der Verluste sind in (Winkler et al. 2016) und (Voigt et al. 2017) zusammengefasst. Um dem hohen Wärmeeintrag aus dem Primärteil in die angrenzende Schlittenstruktur effektiv entgegenzuwirken, gilt es, die Kompensationskomponenten in den Bereich der höchsten Wärmestromdichte zu integrieren. Untersuchungen haben gezeigt, dass der Kompensationseffekt am deutlichsten ist, wenn die Speicherkomponenten direkt zwischen Linearmotor und Schlittenstruktur platziert sind. Da hierbei sämtliche Verlustwärmeströme durch das PCM geleitet werden, kann der Wärmefluss effektiv manipuliert werden. Im Vergleich dazu führt eine Anbringung an einer freien Oberfläche dazu, dass nur ein Teil der Verlustwärmeströme in den Speicher fließt. Auftretende Lastspitzen können in diesem Fall nur bedingt kompensiert werden.

Die Homogenisierung von Temperaturverläufen mittels einer Latentwärmespeicherkomponente konnte an einer Werkzeugmaschine experimentell verifiziert werden. Im Vergleich zwischen kompensiertem und nicht kompensiertem Antrieb konnten die zeitlichen Temperaturschwankungen an der Schnittstelle zwischen Motor und Schlitten bei variabler Last um etwa 2 K reduziert werden (s. Abb. 2). Dabei wurde ein PCM-Volumen von etwa 100 g in einem quaderförmigen Stahlgehäuse

Abb. 2 In Vorschubachse integrierter Latentwärmespeicher und Vergleich der Temperaturprofile mit ungefüllter Vergleichskomponente bei wechselnder Last

mit Aluminiumschaumstruktur genutzt. Parallel zu den Versuchen konnte die Reduzierung der Temperaturschwankungen auch mittels Simulation in FE-Modellen abgebildet werden. Simulativ konnte gezeigt werden, dass eine Erhöhung des Speichervolumens zu einer weiteren Reduzierung der Temperaturschwankungen führt.

2.2.2 Szenario Kugelgewindetrieb

In Antrieben mit Kugelgewindetrieb stellen die Wälzkörperkontakte signifikante Wärmequellen dar. Analog zur Kompensation am Linearmotor können die Verlustwärmeströme am Kugelgewindetrieb in Latentwärmespeicherkomponenten geleitet werden, um deren Effekt zu mindern. An einer Vorschubachse mit Kugelgewindetrieb wurde eine Komponente untersucht, die als Schalenkörper radial an die Mutter angebracht wird. Die simulativ gestützte Auslegung und die Versuchsdurchführung sind in (Voigt et al. 2019) beschrieben.

Für die Versuche wurden 264 g eines im Bereich 32…37 °C schmelzenden PCM genutzt. Die Temperaturschwankungen der Mutter konnten im Phasenwechselbereich sowohl während des Aufheizens als auch während der Abkühlung um bis zu 4 K reduziert werden (s. Abb. 3).

2.3 Thermische Schalter

Neben dem starken Anstieg der Wärmekapazität im Phasenwechselbereich führt die Integration von Wärmespeicherkomponenten auch im Bereich der sensiblen Wärme zu einer höheren thermischen Masse. Da eine erhöhte thermische Trägheit in bestimmten Situationen wie etwa der Aufheizphase der Werkzeugmaschine mitunter

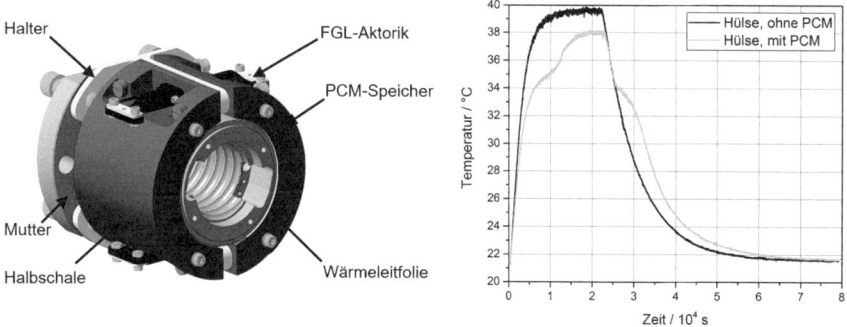

Abb. 3 Konstruktion einer Wärmespeicherkomponente (links) und Temperaturverläufe im Experiment mit und ohne infiltriertes PCM (rechts)

unerwünscht ist, wurden Möglichkeiten zur variablen Anbindung von Strukturkomponenten an Wärmequellen untersucht. Thermische Schalter können eingesetzt werden, um Kompensationskomponenten bedarfsgerecht thermisch mit der Werkzeugmaschinenstruktur zu verbinden oder von dieser zu entkoppeln.

Ein Ansatz zur Umsetzung einer solchen Schaltfunktion ist die Nutzung von thermischen Formgedächtnislegierungen (FGL), die je nach mechanischem und thermischem Belastungszustand in unterschiedlichen Phasen vorliegen können. Da sich diese Phasen durch eine stark unterschiedliche mechanische Steifigkeit auszeichnen, können in Abhängigkeit der Temperatur Stellwege realisiert werden, mit denen ein thermischer Kontakt hergestellt oder gelöst wird. In (Schneider et al. 2016) wird eine solche Anordnung auf Basis von FGL-Drahtaktoren vorgestellt, siehe Abb. 4. Die Aktoren kontrahieren bei einer über die Vorspannung eingestellten Temperatur und schließen den Kontakt autark. Ein ähnlicher Mechanismus wurde in (Voigt et al. 2018a, b) zur flexiblen Anbindung eines Wärmespeichers untersucht.

Bewegliche Komponenten an thermischen Schaltern führen mitunter zu Schwierigkeiten bei der konstruktiven Umsetzung an realen Maschinenstrukturen. Des Weiteren ist die Wärmeübertragung im EIN-Zustand nicht optimal, da die von den Aktoren hervorgerufene Kontaktpressung begrenzt ist. Dieses Problem wird umgangen, wenn sich die beweglichen Komponenten innerhalb des Rohres befinden. Eine intern schaltbare Heatpipe wird in (Voigt et al. 2022) vorgestellt. Abb. 5 zeigt den Aufbau sowie die Temperaturkurven an der schaltbaren Heatpipe bei wiederholtem Ein- und Ausschalten. Ein solches System hat den Vorteil, nahezu energieneutral und unabhängig von der Temperatur auf eine Wärmeübertragung einzuwirken. Extern angebundene Komponenten können dadurch gesteuert werden.

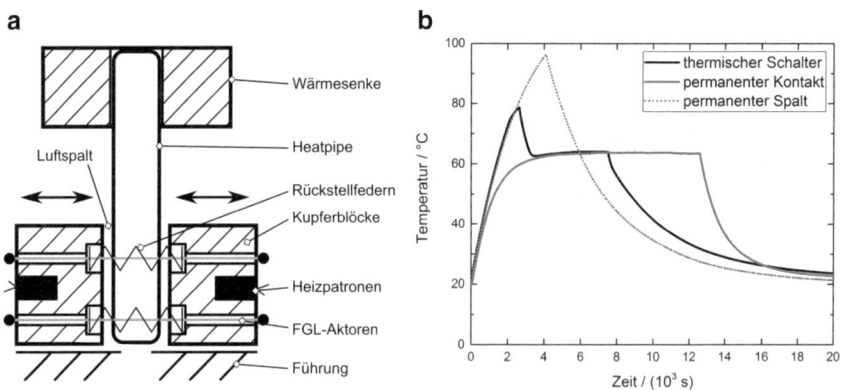

Abb. 4 Anordnung zur schaltbaren Wärmeübertragung zwischen einer Wärmequelle und Wärmesenke (links) und gemessene Temperaturen an der Wärmequelle für verschiedene Testszenarien

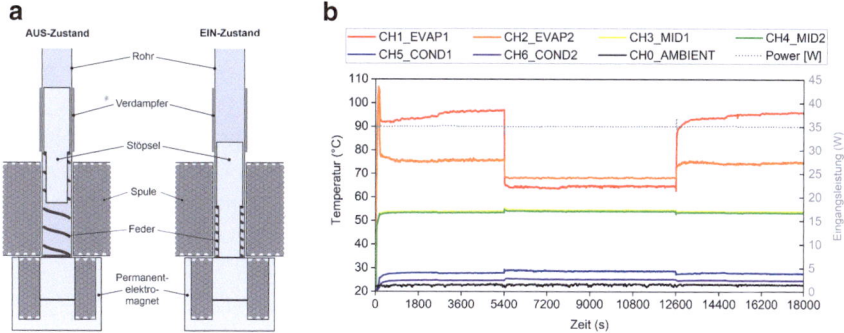

Abb. 5 Heatpipe-interner Schaltmechanismus mit Magnetaktor (links) und Temperaturverläufe bei wiederholtem Schalten (EIN nach 5400 s, AUS nach 12.600 s)

3 Örtliche Beeinflussung von Wärmeströmen

Während Latentwärmespeicher und thermische Schalter auf einen Wärmeaustausch auf zeitlicher Ebene abzielen, bieten Komponenten mit hoher effektiver thermischer Leitfähigkeit die Möglichkeit, den örtlichen Wärmeaustausch in und an der Werkzeugmaschine zu verbessern. Mit dem Ziel, den Energiehaushalt der Maschine nicht zusätzlich zu belasten, werden an dieser Stelle ausschließlich Strukturen betrachtet, die im Gegensatz zu aktiven Kühlsystemen keine Zusatzenergie benötigen. Besonders geeignet sind in diesem Zusammenhang Heatpipes, deren Nutzung in Werkzeugmaschinen im Folgenden diskutiert wird.

3.1 Funktionsweise von Heatpipes

Bei einer Heatpipe handelt es sich um ein hermetisch verschlossenes Rohr, dass eine geringe Menge eines Arbeitsfluides im Unterdruck enthält. Dabei wird oft Wasser verwendet. Sobald der Heatpipe auf einer Seite, dem Verdampferbereich, Wärme zugeführt wird, verdampft das Arbeitsfluid und fließt aufgrund der entstehenden Druckdifferenz zum anderen Ende des Rohres, wo es kondensiert (Kondensatorbereich). Das Kondensat wiederum fließt entweder schwerkraftunterstützt oder mithilfe einer in das Rohr eingebrachten Kapillarstruktur zurück zum Verdampferbereich. Es entsteht ein Zweiphasenkreislauf, der sich je nach definiertem Unterdruck bereits bei niedrigen Temperaturen einstellt. Die effektive thermische Leitfähigkeit von Heatpipes kann Werte in der Größenordnung von 10^5 W/(m K) erreichen. Die höchste Leitfähigkeit liegt in der Regel bei vertikalem Wärmetransport mit untenliegendem Verdampfer vor. Bei davon abweichenden Orientierungen spielt die Kapillarstruktur eine entscheidende Rolle, da diese den Rücktransport des Kondensats aufrechterhalten muss. Als Kapillare werden oft Sinter-, Netz- oder Rillenstrukturen eingesetzt. Bezüglich der übertragbaren Wärme wird die Leistung der Heatpipe durch verschiedene Einflüsse begrenzt, wobei in der Praxis meist die sogenannte Kapillarkraftgrenze entscheidend ist. Diese gibt den Wärmestrom an, ab welchem die Kapillarkraft nicht mehr ausreicht, um das kondensierte Arbeitsfluid zum Verdampfer zurückzutransportieren. In der Folge kommt es zum Austrocknen des Verdampfers und zum Erliegen der Zweiphasenströmung.

3.2 Charakterisierung von Heatpipes

Die effektive thermische Leitfähigkeit von Heatpipes ist in der Regel stark nichtlinear und von Parametern wie Ausrichtung, Wärmestrom und Bewegungszustand abhängig. Charakterisiert werden sie meist über ihren thermischen Widerstand

$$R_t = \frac{\Delta T}{\dot{Q}} \qquad (1)$$

bei einer Temperaturdifferenz ΔT und dem Wärmestrom $\dot{Q}$. Daneben wird oft das Wärmestromlimit angegeben, bis zu welcher der innere Fluidkreislauf aufrecht erhalten bleibt.

Für den Einsatz von Heatpipes in Werkzeugmaschinen wurden Experimente an einem Versuchsstand durchgeführt, um den thermischen Widerstand und die Leistungsgrenze von Heatpipes verschiedener Kapillarstrukturen in Abhängigkeit der geometrischen und physikalischen Parameter zu erfassen. Die experimentellen Untersuchungen dazu sind in (Voigt und Drossel 2021) beschrieben. In Tab. 2 sind Ergebnisse dieser Versuche für verschiedene Neigungen δ zusammengefasst. Diese dienen als Grundlage für die Abbildung von Heatpipes in thermischen Modellen.

Tab. 2 Thermischer Widerstand und übertragbarer Wärmestrom untersuchter Heatpipes (Werte bei periodischer Beschleunigung von 5 m²/s in Klammern)

Typ	δ	Maximaler Wärmestrom		Minimaler Widerstand	
		$\dot{Q}$ in W	R_t in K/W	$\dot{Q}$ in W	R_t in K/W
Sinter	90°	85 (85)	0,51 (0,47)	25 (25)	0,1 (0,09)
	0°	38 (42)	0,79 (0,63)	14 (18)	0,2 (0,16)
	−90°	12 (12)	2,18 (1,98)	5 (5)	0,38 (0,38)
Netz	90°	180 (180)	0,13 (0,13)	180 (180)	0,13 (0,13)
	0°	50 (20)	0,2 (0,19)	50 (20)	0,2 (0,19)
	−90°	2 (0,5)	7,43 (6,69)	0,5 (1,0)	6,76 (6,21)
Rillen	90°	220 (250)	0,05 (0,04)	220 (250)	0,05 (0,04)
	0°	40 (220)	0,1 (0,05)	30 (220)	0,1 (0,05)
	−90°	− (−)	>10 (>10)	− (−)	>10 (>10)

Die experimentell ermittelte Charakteristik der einzelnen Heatpipetypen erlaubt die Eingrenzung der Vorzugsvarianten je nach Bewegungsszenario und Orientierung der Heatpipe. Gegen die Schwerkraft arbeiten Sinter-Heatpipes beispielsweise wesentlich besser als Netz- oder Rillen-Heatpipes. Bei der Auswahl von Heatpipes für die horizontale Lage gilt zu beachten, dass Netz-Heatpipes unter periodischer Translation eine reduzierte Leistungsfähigkeit zeigen, während Rillen-Heatpipes durch die Bewegung positiv beeinflusst werden und im dynamischen Zustand größere Wärmemengen übertragen können.

3.3 Einsatz von Kühlkörpern

Werkzeugmaschinen weisen in der Regel eine große Oberfläche auf, über die sie in Wechselwirkung mit der Umgebung treten. Im Lastfall nimmt vor allem der konvektive Wärmetransport an der Oberfläche eine zentrale Rolle ein, da dadurch signifikante Wärmeanteile an die Umgebung abgegeben werden. Um die konvektive Wärmeabgabe weiter zu erhöhen, bietet sich der Einsatz von Kühlkörpern an. Diese zeichnen sich durch eine hohe Oberfläche aus, die sich häufig in einer Rippenstruktur äußert. Da Kühlkörper vor allem bei hohen Strömungsgeschwindigkeiten effektiv Wärme abführen können, eignen sich schnell bewegte Vorschubachsen für deren Einbau.

Um die Wirkung eines Kühlkörpers in einer bewegten Baugruppe exemplarisch zu beschreiben, wird ein Kühlkörper betrachtet, der mittels Drahterosion hergestellt wurde und eine Oberfläche von 1.616 cm^2 aufweist, s. Abb. 6. Bei thermischer Belastung des Kühlkörpers an der zentralen Bohrung wurde dessen thermische Charakteristik im Stillstand und unter zyklischer Translation aufgezeichnet. Der thermische Widerstand zwischen dem Ort der Wärmeeinleitung und der umgebenden Luft dient hierbei als Maß für die Wärmeleitung innerhalb des Kühlkörpers sowie die Konvektion an dessen Oberfläche. Die statischen und dynamischen Eigenschaften des Kühlkörpers sind in Tab. 3 zusammengefasst. Die Versuchsdurchführung sowie die Bestimmung der Größen sind in (Voigt und Drossel 2022) beschrieben. Die Ergebnisse zeigen, dass die Übertemperatur der Wärmequelle

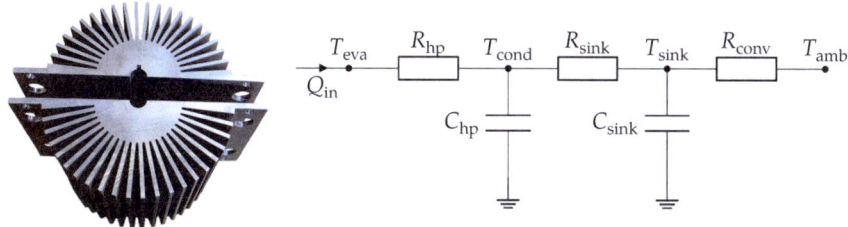

Abb. 6 Mittels Drahterosion hergestellter Kühlkörper und thermische Netzwerkdarstellung einer Heatpipe-Kühlkörper-Baugruppe

Tab. 3 Experimentell ermittelte thermische Charakteristik des untersuchten Kühlkörpers (Werte bei periodischer Beschleunigung von 5 m²/s in Klammern)

$\dot{Q}$ in W	$T_{cond} - T_{amb}$ in K	$R_{sink,conv}$ in K/W	α_{eff} in W/(m² K)
10	19,03 (6,50)	1,90 (0,65)	2,9 (9,5)
20	35,50 (13,29)	1,77 (0,66)	2,2 (9,5)
40	62,92 (26,58)	1,57 (0,66)	3,5 (9,5)

(bezogen auf die Umgebungstemperatur) durch den Einfluss der Bewegung um 54 bis 60 % gesenkt wird.

Die ermittelten Widerstandswerte $R_{sink,conv}$ und die zugehörigen effektiven konvektiven Wärmeübergangseffizienten α_{eff} können zur Abschätzung des Effekts entsprechender Kühlkörper in bestehenden Werkzeugmaschinenmodellen genutzt werden (vgl. Abschn. 4.1).

4 Kombination der Einzelkomponenten zu Kompensationsnetzwerken

Latentwärmespeicher und Heatpipes können im Rahmen von vier grundlegenden Ansätzen in eine Werkzeugmaschine zur Beeinflussung der Wärmeströme integriert werden (s. Abb. 7):

- Die unmittelbare Einbindung eines Latentwärmespeichers zwischen der maschineninternen Wärmequelle und der angrenzenden Maschinenstruktur ist die effektivste Methode, um Wärmestromanteile durch den Phasenwechsel zu eliminieren. Nachteilig an dem Ansatz ist die mangelnde Flexibilität, da keine Schaltung des fest verbauten Speichers möglich ist.

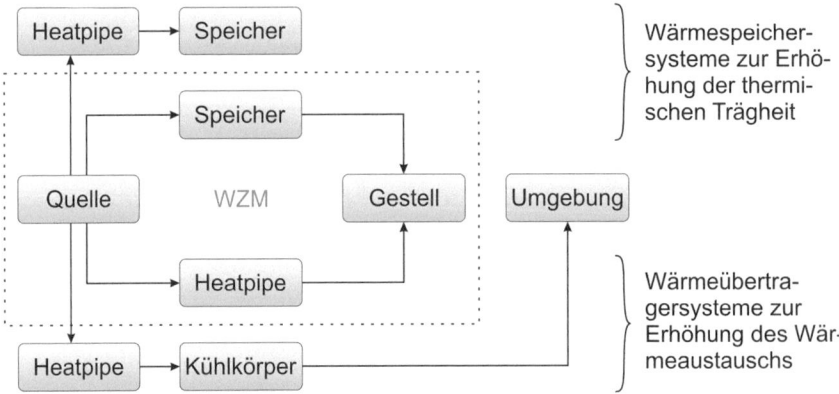

Abb. 7 Kombinationsmöglichkeiten passiver Komponenten zur zeitlichen und örtlichen Beeinflussung von Wärmeströmen

- Die Anbindung eines Latentwärmespeichers über Heatpipes umgeht das Problem des oftmals stark begrenzten verfügbaren Bauraums an den Wärmequellen, indem der Speicher extern platziert wird. Damit einher geht der Vorteil, ein solches System schaltbar ausführen zu können. Nachteilig ist die verringerte Effektivität eines solchen Systems durch den zusätzlichen Wärmewiderstand zwischen Quelle und Speicher.
- Zur Erhöhung des Wärmeaustauschs innerhalb der Maschine können Heatpipes unmittelbar zwischen Wärmequellen und als Senke fungierenden Gestellkomponenten verbaut werden. Dabei bieten sich vor allem Komponenten mit einer hohen Oberfläche an, da diese die Wärmeverluste konvektiv an die Umgebung abgeben können.
- Da eine Erwärmung der Gestellkomponenten oft nicht erwünscht ist, können alternativ Kühlkörper an der Maschine vorgesehen werden, welche die über Heatpipes zugeführte Wärme an die Umgebung abgeben. Dieser Ansatz ist vor allem bei hohen Vorschubgeschwindigkeiten effektiv, da in diesen Fällen hohe Wärmeübergangskoeffizienten zwischen Festkörperoberfläche und Umgebung erreicht werden.

Dabei können jene Kompensationssysteme, die Heatpipes beinhalten, um einen thermischen Schalter (vgl. Abschn. 2.3) ergänzt werden. Dies ist vor allem für Werkzeugmaschinen relevant, die im Einsatz verschiedenen Bearbeitungszyklen und damit unterschiedlichen thermischen Lasten ausgesetzt sind.

4.1 Auslegung mittels gemischt-dimensionaler FE-Modellierung

Zur Auslegung entsprechender Systeme wird auf eine Modellierungsmethodik zurückgegriffen, die eine reduzierte Darstellung der Kompensationskomponenten im Rahmen dreidimensionaler FE-Modelle erlaubt. Das Anliegen dieser Methodik ist es, eine simulative Auslegung der Komponenten zu ermöglichen, ohne dabei das CAD-Modell und die darauf aufbauende 3D-Diskretisierung ändern zu müssen. Folglich stellt der Modellierungsansatz eine Möglichkeit dar, passive Kompensationskomponenten in abstrahierter Form an den in Frage kommenden Wirkflächen eines bestehenden Maschinenmodells abzubilden.

Im Rahmen dieser Methode werden niederdimensionale Elemente genutzt. Für hochleitfähige Komponenten kann in vielen Fällen auf eine räumliche Auflösung verzichtet werden, sodass diese auf eine Punktmasse reduziert werden können. Als Entscheidungskriterium, ob dies zulässig ist, dient die Vorschrift

$$\text{Bi} = \frac{R_{\text{leit}}}{R_{\text{konv}}} < 0{,}1 = \text{Bi}_{\text{krit}}. \tag{2}$$

Die Biot-Zahl Bi wird hierbei als Maß für die Inhomogenität der in einem Festkörper auftretenden Temperaturfelder verstanden. Bi ist definiert als das Verhältnis aus dem Wärmeleitwiderstand innerhalb eines Körpers zu dem konvektiven Wärmeübergangswiderstand an dessen Grenzen zur Umgebung.

In der Regel erfüllen Heatpipes und Kühlkörper dieses Kriterium und können folglich in ihrem zeitlichen Verhalten als einzelne, räumlich nicht aufgelöste Wärmekapazität abgebildet werden. Für die Implementierung entsprechender Punktmassen stehen in FE-Umgebungen eindimensionale Masseelemente zur Verfügung (z. B. MASS71 in Ansys). Für die Abbildung der Wärmeübertragung müssen dagegen die mitunter stark nichtlinearen Zusammenhänge (vgl. Abschn. 3.2 und 3.3) berücksichtigt werden. Um die experimentell ermittelten Widerstandskurven in das Modell zu übertragen, eignen sich Linienelemente, die in Analogie zu nichtlinearen Federkennlinien mittels Werten für den Temperaturgradienten in Abhängigkeit des Wärmestroms definiert werden (z. B. COMBIN39 in Ansys). Das Vorgehen zur Modellierung einer Heatpipe-Kühlkörper-Baugruppe wird in (Voigt und Drossel 2022) beschrieben. Die numerischen Ergebnisse zeigen am Beispiel eine hohe Übereinstimmung mit den experimentell ermittelten Temperaturverläufen.

Für Latentwärmespeicher können diese starken Vereinfachungen meist nicht getroffen werden, da sie aufgrund ihrer niedrigen Wärmeleitfähigkeit Temperaturfelder mit einem weitaus höheren Grad an Inhomogenität aufweisen. Um Komponenten mit Phasenwechsel dennoch ohne die Verwendung von Kontinuumselementen zu modellieren, hat der Einsatz von Volumen-Schalenelementen gute Ergebnisse gezeigt. Im bestehenden FE-Modell einer Werkzeugmaschine können entsprechende Elemente je nach Kompensationsszenario einseitig oder zweiseitig angebunden werden. Ist die Komponente an einer freien Außenfläche vorgesehen, dann treten die Schalenelemente an die Stelle der bisher definierten Konvektionsrandbedingung. Im Falle einer beidseitigen Anbindung wird zunächst die Kontaktformulierung an der Wirkfläche gelöscht und durch die Schalenersatzmodellierung ersetzt. In der FE-Umgebung Ansys können dabei beispielsweise die Elementtypen SHELL131 und SHELL132 zur Anwendung kommen. Abb. 8 skizziert das Vorgehen während des simulationsgestützten Auslegungsprozesses.

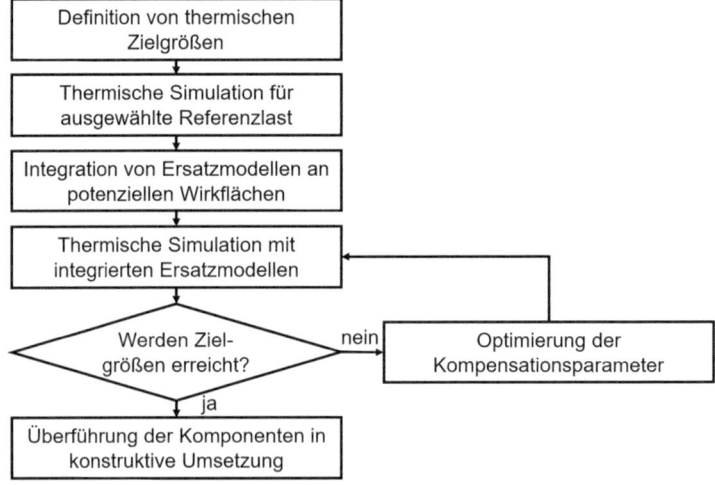

Abb. 8 Simulationsgestützter Auslegungsprozess für passive Kompensationskomponenten

4.2 Exemplarisches Kompensationsszenario

Während die Auswirkungen betrachteter Komponenten auf Temperaturfelder durch die vorgestellten Simulationsmethoden gut beschreibbar sind, stellt die Simulation von deren Einfluss auf die Verlagerungen eine große Herausforderung dar. Gründe dafür sind unter anderem die komplexen Bauteilinteraktionen an den Kontakt- und Befestigungsstellen sowie die Wechselwirkungen mit der Umgebung. Aus diesem Grund werden Versuche durchgeführt, um den Einfluss von Latentwärmespeichern und Heatpipe-Kühlkörper-Systemen in einem beispielhaften Szenario zu erfassen. Dazu werden im Versuchsträger MAX Komponenten an der Schnittstelle der Y-Antriebe und der angrenzenden Schlittenstruktur integriert. Durch den Einbau wird eine Reduzierung des Wärmeeintrages in die Schlittenstruktur verfolgt. Die Verlustwärme fließt durch den Latentwärmespeicher, wo sie im Phasenwechsel umgesetzt wird. Parallel dazu wird ein Teil der Verlustwärme über Heatpipes an Kühlkörper geleitet, die auf dem Schlitten platziert sind (s. Abb. 9).

Die Bestimmung der durch die Wärmespeicher, Heatpipes und Kühlkörper veränderten Verlagerungen im Versuchsträger MAX erfolgte durch Feinzeigermessungen, die im Referenzzustand der Maschine sowie mit eingebauten Komponenten durchgeführt wurden. Die Ergebnisse (s. Abb. 10) demonstrieren eine

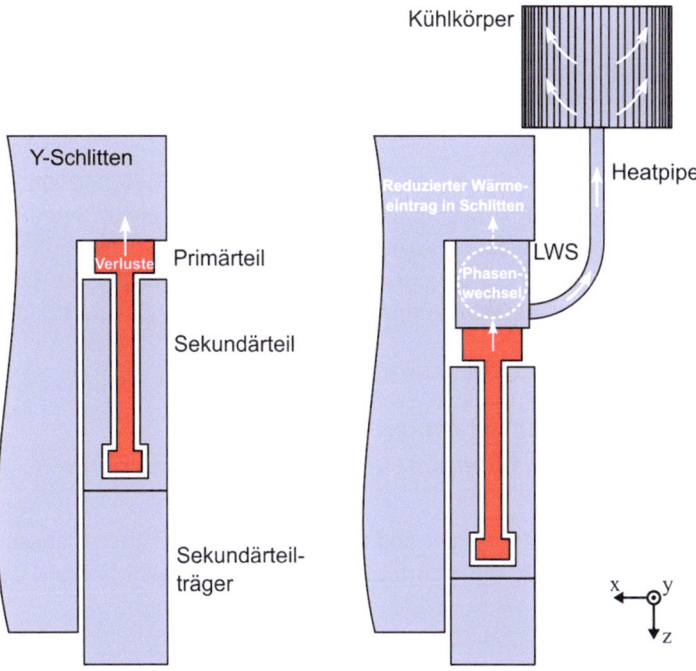

Abb. 9 Konzept der Wärmestrommanipulation am Y-Antrieb der betrachteten Experimentalmaschine

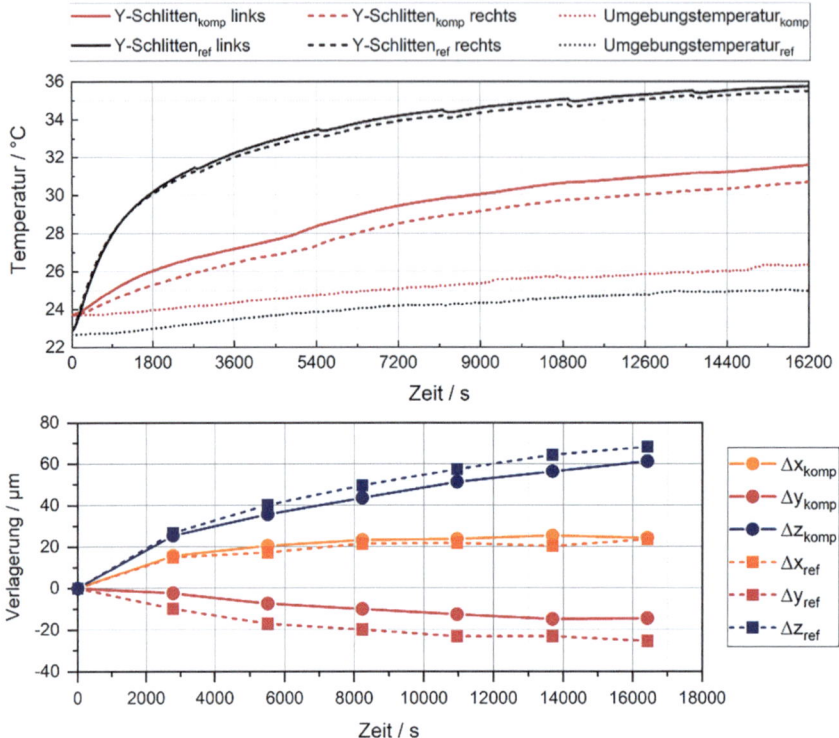

Abb. 10 An Experimentalmaschine MAX messtechnisch ermittelter Einfluss der Kompensationskomponenten auf Temperaturen und Verlagerungen

Reduktion der Übertemperatur im y-Schlitten um etwa 50 % und ein Absenken der thermisch bedingten Verlagerungen in y-Richtung um etwa 10 µm. Durch die Versuche konnte nachgewiesen werden, dass eine partielle Kompensation des thermischen Fehlers mittels der eingesetzten Komponenten möglich ist. Das genaue Vorgehen und weitere Ergebnisse sind in (Voigt et al. 2023) dokumentiert.

4.3 Richtlinien für die Integration von Kompensationskomponenten in Werkzeugmaschinen

Auf Grundlage der experimentell und numerisch durchgeführten Untersuchungen lassen sich allgemeine Richtlinien für die Gestaltung passiver Kompensationssysteme ableiten:

- Auswahl des Wirkprinzips: Heatpipe-basierte Systeme können zur Reduzierung lokaler Temperaturgradienten sowohl in der Einzelteilfertigung als auch der Serienfertigung zur Anwendung kommen. Für Prozesse, die durch häufige Wechsel von Last- und Pausenzeiten charakterisiert sind (Einzelteilfertigung), eignen sich zudem Latentwärmespeicher zur Verstetigung der zeitlichen Temperaturverläufe in der Maschine.
- Bestimmung des Wirkorts: Die Kompensationskomponenten werden vorrangig zwischen eine Wärmequelle und die angrenzende Struktur eingebunden. Empfohlen wird die Kompensation an Vorschubantrieben.
- Gestaltung von Latentwärmespeichern: Es wird empfohlen, paraffinbasiertes PCM in geschlossenporigen Metallschaum zu infiltrieren oder alternativ mit Nanopartikeln zu versetzen. Um die Dichtheit des Speichers zu gewährleisten, ist die Volumenzunahme während des Schmelzvorgangs von etwa 12 % zu berücksichtigen. Über den verfügbaren Bauraum und die Referenzwärmeströme an der Wirkstelle kann mittels der Phasenwechselenthalpie eine Grobdimensionierung bezüglich der benötigten Menge an PCM durchgeführt werden.
- Gestaltung von Heatpipe-Systemen: Generell ist für Heatpipes die schwerkraftunterstützte Ausrichtung empfohlen. Zudem eignen sich horizontal ausgerichtete Heatpipes mit Rillenstruktur bei zyklischer Bewegung in axialer Richtung. Beim Einsatz entgegen der Schwerkraft sind Sinter-Heatpipes zu wählen. Die optimale Anzahl der parallel zu schaltenden Heatpipes kann entsprechend der Widerstandscharakteristik und den erwarteten Wärmeströmen bestimmt werden.
- Gestaltung thermischer Schalter: Wird eine Aktivierung angebundener Komponenten bei einer definierten Temperatur verfolgt, eignen sich Kontaktschaltungen auf Basis von thermischen Formgedächtnislegierungen. Für flexible Schaltszenarien wird die Verwendung von Heatpipes mit internem Schaltmechanismus empfohlen.

Da die Ausgestaltung entsprechender Systeme stark von der Struktur der betrachteten Maschine abhängt, wird für die Feinauslegung die simulative Optimierung der Kompensationsparameter gemäß der entwickelten Simulationsmethodik empfohlen.

5 Zusammenfassung

Durch passiv wirkende Komponenten können Wärmeströme in Werkzeugmaschinen derart beeinflusst werden, dass die veränderten Temperatur- und Verlagerungsfelder eine Reduzierung des thermischen Fehlers nach sich ziehen. Experimentelle Untersuchungen zeigen den Einfluss entsprechender Systeme auf die thermischen Verlagerungen. Die betrachteten Komponenten zeichnen sich zum einen durch eine hohe Energiedichte aus und zum anderen dadurch, dass sie ohne elektrische Hilfsenergie operieren. Latentwärmespeicher erhöhen die thermische Steifigkeit in einem bestimmten Temperaturbereich, indem sie Wärme aufnehmen oder abgeben, ohne dabei ihre Temperatur maßgeblich zu verändern. Werden entsprechende Speicher zwischen Wärmequellen und der angrenzenden Struktur eingebracht, wird eine Teilkompensation des durch die Verluste erzeugten thermischen Fehlers erreicht.

Heatpipes ergänzen diesen Ansatz um die Möglichkeit, Verlustwärme effektiv umzuleiten, etwa an zusätzlich montierte Kühlkörper. Dadurch wird ein höherer Anteil der Verlustwärme an die Umgebung abgegeben, wodurch der Temperaturanstieg der Struktur unter Last reduziert wird. Durch in die Heatpipe integrierte Schaltmechanismen können Heatpipe-basierte System zudem gesteuert werden.

Die Kompensation mittels Latentwärmespeichern eignet sich bei instationären Prozessen wie der Einzelteilfertigung, die sich durch zeitlich stark variable thermische Lasten und häufigen Pausenzeiten auszeichnen. Durch den Einsatz von Heatpipe-basierten Systemen dagegen kann auch der thermische Fehler in stationären Prozessen wie der Serienfertigung reduziert werden. Die Ausgestaltung der Kompensationskomponenten erfolgt auf Basis eines Referenzzustandes und repräsentativer Lastprofile. Für die Auslegung werden reduzierte Beschreibungsformen im Rahmen thermischer FE-Modelle genutzt.

Die untersuchte Kompensationsmethodik kann aktive Kühlmaßnahmen unterstützen und wirkt sich vorteilhaft auf die Energiebilanz einer Werkzeugmaschine aus, da kein elektrischer Energieeinsatz benötigt wird. Die Funktion passiver Kompensationssysteme erfordert im Einsatz weder zusätzliche Modelle noch Sensorik. Zudem ist aufgrund der Zyklenstabilität der Komponenten ein wartungsarmer Einsatz möglich. Grenzen der Methodik ergeben sich durch den notwendigen Bauraum für die entsprechenden Komponenten. Weiterhin muss für die Nutzung der Latentwärmespeicher gewährleistet sein, dass diese nach Aktivierung in ausreichend langen Pausenzeiten rekuperieren können.

Literatur

Ohsenbrügge C, Drossel W-G, Bucht A (2015) Modelling and design of systems for active control of temperature distribution in frame subassemblies. In: Großmann K (Hrsg) Thermo-energetic design of machine tools. Lecture notes in production engineering. Springer, Cham, S 199–208. https://doi.org/10.1007/978-3-319-12625-8_17

Ohsenbrügge C, Marth W, Navarro y de Sosa I, Drossel W-G, Voigt A (2016) Reduced material model for closed cell metal foam infiltrated with phase change material based on high resolution numerical studies. Appl Therm Eng 94:505–512. https://doi.org/10.1016/j.applthermaleng.2015.09.102

Schneider D, Lauer M, Voigt I, Drossel W-G (2016) Development and examination of switchable heat pipes. Appl Therm Eng 99:857–865. https://doi.org/10.1016/j.applthermaleng.2016.01.086

Voigt I, Drossel W-G (2021) Examination of heat pipe based systems for energy-efficient reduction of thermally induced errors in machine tools. In: Proceedings of the 2nd international conference on thermal issues in machine tools 2021

Voigt I, Drossel W-G (2022) Characterization and modelling of heat pipe based thermal management systems for moving assemblies. In: Proceedings of the 16th international conference on heat transfer, fluid mechanics and thermodynamics, S 230–235

Voigt I, Drossel W-G, Winkler S, Werner R, Bucht A (2017) Thermische Modellierung von Lineardirektantrieben und aktive Steuerung der Wärmeströme unter Einsatz von Latentwärmespeichern. Tagungsband 5. Kolloquium zum SFB/Transregio 96

Voigt I, Drossel W-G, Bucht A, Winkler S, Werner R (2018a) Latent heat storage with shape memory alloy thermal switch for thermal error compensation on linear direct drive. In: Proceedings of the 16th mechatronics forum international conference

Voigt I, Winkler S, Bucht A, Drossel W-G, Werner R (2018b) Thermal error compensation on linear motor based on latent heat storage. In: Proceedings of the CIRP sponsored conference on thermal issues in machine tools 2018

Voigt I, Navarro y de Sosa I, Wermke B, Bucht A, Drossel W-G (2019) Increased thermal inertia of ball screws by using phase change materials. Appl Therm Eng 155:297–304. https://doi.org/10.1016/j.applthermaleng.2019.03.079

Voigt I, Lütke N, Winkler M, Thüsing K, Drossel W-G (2022) Development and examination of an internally switchable thermosiphon. Energies 15(3891):1–11. https://doi.org/10.3390/en15113891

Voigt I, Fickert A, Wiemer H, Drossel W-G (2023) Experimental investigation of passive thermal error compensation approach for machine tools. In: Proceedings of the 3rd international conference on thermal issues in machine tools 2023

Winkler S, Werner R, Bucht A, Drossel W-G, Weber J, Weber J, Voigt I (2016) Analyse der Wärmeentstehung im Antrieb und Temperierung von Strukturen und Antrieben am Beispiel von Werkzeugmaschinen. Tagungsband 4. Kolloquium zum SFB/Transregio 96

Open Access Dieses Kapitel wird unter der Creative Commons Namensnennung 4.0 International Lizenz (http://creativecommons.org/licenses/by/4.0/deed.de) veröffentlicht, welche die Nutzung, Vervielfältigung, Bearbeitung, Verbreitung und Wiedergabe in jeglichem Medium und Format erlaubt, sofern Sie den/die ursprünglichen Autor(en) und die Quelle ordnungsgemäß nennen, einen Link zur Creative Commons Lizenz beifügen und angeben, ob Änderungen vorgenommen wurden.

Die in diesem Kapitel enthaltenen Bilder und sonstiges Drittmaterial unterliegen ebenfalls der genannten Creative Commons Lizenz, sofern sich aus der Abbildungslegende nichts anderes ergibt. Sofern das betreffende Material nicht unter der genannten Creative Commons Lizenz steht und die betreffende Handlung nicht nach gesetzlichen Vorschriften erlaubt ist, ist für die oben aufgeführten Weiterverwendungen des Materials die Einwilligung des jeweiligen Rechteinhabers einzuholen.

Kompensationslösung fluidische Kühlung

Juliane Weber, Christoph Steiert und Jürgen Weber

1 Einleitung

Die Wissenschaft hat sich dem Thema Effizienzsteigerung in der Produktionstechnik angenommen und veröffentlicht regelmäßig Entwicklungstrends und Erkenntnisse zum Stand der Forschung. In vielen Fällen hat sich gezeigt, dass das größte Energieeinsparpotenzial in der Optimierung der Nebenaggregate und deren Schaltverhalten liegt (Brecher 2012). Bei den Nebenaggregaten gilt dies insbesondere für Systeme, in denen Fluide als Energieträger genutzt werden. Typische fluidtechnische Komponenten einer Werkzeugmaschine (WZM) im Sinne des hier beschriebenen Lösungsansatzes sind z. B. die Temperiereinrichtungen von Spindeln und Elektromotoren sowie Pumpen und Wärmetauscher. In den meisten Anwendungen besteht die Aufgabe des Fluids darin, der Wirk-/Durchflutungsstelle Wärme zu entziehen, um den Prozess zu sichern oder die Funktionalität der Komponente zu gewährleisten. Beispiele hierfür sind Kühlschmierstoff- und Kühl-/Rückkühlaggregate. Durch vorangegangene systematische Optimierung der Aggregate konnten die energetischen Verluste in den Teilsystemen (elektrisch, fluidisch) reduziert und damit der Gesamtwirkungsgrad im Arbeitspunkt verbessert werden (Abele et al. 2010; Augstein et al. 2012; Brecher 2012). Häufig sind diese Systeme in Standby-Schaltungen eingebunden, sodass sie nur im Bedarfsfall aktiviert werden.

J. Weber (✉) · C. Steiert · J. Weber
Professur für Fluid-Mechatronische Systemtechnik, TU Dresden, Dresden, Deutschland
E-Mail: juliane.weber@tu-dresden.de

C. Steiert
E-Mail: christoph.steiert@tu-dresden.de

J. Weber
E-Mail: juergen.weber@tu-dresden.de

© Der/die Autor(en) 2025
C. Brecher, *Thermo-energetische Gestaltung von Werkzeugmaschinen*,
https://doi.org/10.1007/978-3-658-45180-6_17

Fluidische Systeme sind ein elementarer Bestandteil von Werkzeugmaschinen. Sie lassen sich grundsätzlich in vier Gruppen einteilen. Das hydraulische System dient zum Spannen und Lösen von Werkzeugen. Das Kühlschmierstoffsystem kühlt das Werkzeug und Werkstück direkt während des Zerspanprozesses durch den gezielten Einsatz am Tool Center Point (TCP). Schmiermittelsysteme versorgen Lager- und Führungsstellen mit ausreichend Schmierstoff, um Verschleiß vorzubeugen. Das Kühlsystem versorgt die Werkzeugmaschine in einem geschlossenen System mit Kühlleistung. Es fördert Kühlmittel durch Wärmequellen und/oder angrenzende Komponenten, um die Wärme durch die Werkzeugmaschine und aus ihr heraus zu transportieren. Die Kühlmaßnahmen haben das Ziel, die Arbeitsprozesse zu stabilisieren und somit die Bearbeitungsqualität zu verbessern. Sie greifen damit aktiv in die thermo-elastische Wirkungskette (Kap. „Einführung") ein. An dieser Stelle soll der Fokus auf dem Kühlsystem liegen und wie es an den Arbeitsprozess angepasst werden kann bzw. wie Komponenten so gestaltet werden können, dass eine gute Wärmeübertragung möglich ist.

Tab. 1 zeigt beispielhaft den üblichen Energiebedarf von fluid-technischen Systemen und deren Anteile am Gesamtbedarf. Dabei spielen Pumpensysteme eine große Rolle, da sie für einen großen Anteil der aufgenommenen elektrischen Energie verantwortlich sind.

Im Hinblick auf die Produktivität und Energieeffizienz bietet eine ganzheitliche Abstimmung der Temperiersysteme auf die Verbraucher jedoch weiteres Verbesserungspotenzial. Hierbei darf die thermische Stabilität der WZM nicht außer Acht gelassen werden, da sich Änderungen am Temperiersystem ebenso auf die Fertigungsgenauigkeit auswirken wie der Wärmeeintrag aus dem Prozess.

Thermische Messungen an WZM zeigen immer wieder, dass trotz thermo-symmetrischer Bauweise ein gleichmäßiger Lasteintrag oft nicht erreicht werden kann. Ursachen hierfür sind z. B. einseitig angeordnete Antriebe an ansonsten symmetrischen Strukturen, externe Wärmequellen (Sonneneinstrahlung, Abwärme von Maschinen etc.) oder der lokal variierende Prozess im Arbeitsraum. Um diesen Effekt und die daraus resultierende TCP-Verlagerung zu kompensieren, muss der Wärmestrom aus dem Antrieb möglichst effizient abgeführt werden. Üblicherweise werden dazu Kühlkreisläufe in aktive Komponenten und passive Strukturen integriert, die in der Regel nach der Temperatur der Struktur geführt werden. Im Bereich der Umformtechnik konnte bereits gezeigt werden, dass die Wärmeabfuhr im

Tab. 1 Elektrischer Energiebedarf fluidtechnischer Teilsysteme des Bearbeitungszentrums Scharmann DBF630 für einen definierten Lastzyklus (Weber und Weber 2014)

Teilsystem	Verbrauch Teilsystem	Verbrauch, gesamt
Achsantrieb		45,1 %
Kühlschmierstoffsystem	16,0 %	43,8 %
Getriebeschmierung	12,3 %	
Kühlsystem	11,7 %	
Hydrauliksystem	3,8 %	
Nebenverbraucher		11,1 %

Werkzeug über kleine Querschnitte der Kühlkanäle nahe der Wirkstelle maximiert wird. So konnten sehr gute Kühlergebnisse erzielt werden (Müller et al. 2014).

2 Kühlsysteme in Werkzeugmaschinen

2.1 Stand der Technik

Um das Verständnis und die Wirkungsweise der Werkzeugmaschinenkühlung zu verbessern, wurden beispielhafte Kühlsysteme eingehend untersucht. Dabei spielen zwei Aspekte eine wichtige Rolle: zum einen das thermische Verhalten und zum anderen der Energiebedarf des Kühlsystems. Gerade der Energiebedarf wird in Zukunft eine immer wichtigere Rolle spielen, um Werkzeugmaschinen ressourceneffizient und kostengünstig betreiben zu können. Hierzu wurden in (Abele et al. 2012, 2013; Denkena et al. 2015) Untersuchungen durchgeführt, mit dem Ergebnis, dass vermehrt Standby-Schaltungen eingesetzt werden sollen, um den Energiebedarf zu senken. Aus der Analyse in (Weber et al. 2016b) geht hervor, dass Kühlsysteme in Werkzeugmaschinen ausreichend Kühlleistung bereitstellen, um die Prozesswärme aus dem System zu transportieren, diese Kühlleistung aber unabhängig vom Bedarf bereitgestellt wird. Zwar werden Kältemaschinen eingesetzt und entsprechend geregelt, um die Vorlauftemperatur innerhalb eines Temperaturbands zu halten, der Volumenstrom zu den einzelnen Verbrauchern ist jedoch ungeregelt. In der Folge werden alle zu kühlenden Komponenten mit einem nahezu konstanten Volumenstrom versorgt. Dies hat zur Folge, dass der Energieverbrauch des eingesetzten Kühlsystems unnötig hoch ist und durch geeignete Maßnahmen, wie eine lastabhängige Kühlung reduziert werden kann.

Die Auslegung von Kältemaschine und Kühlmittelversorgungssystem erfolgt durch die Werkzeugmaschinenhersteller anhand überschläger Berechnungen des Maximalbedarfs.

2.2 Kühlsystemstrukturen

Ausgehend von der Analyse von Kühlsystemen in Werkzeugmaschinen wurden neue Systemstrukturen entwickelt, die das Temperaturfeld weiter homogenisieren und gleichzeitig den Energiebedarf des Kühlsystems senken.

Unter Berücksichtigung des Fourierschen Gesetzes

$$\dot{Q} = \alpha \cdot A \cdot (\vartheta_{Wand} - \vartheta_{Fluid})$$

ist zu erkennen, dass es eine begrenzte Anzahl an variablen Größen gibt, die während des Betriebs der Maschine beeinflusst werden können. Die Fläche A, an der die Wärmeübertragung stattfindet, ist konstant. Die Wandtemperatur ϑ_{Wand} hängt vom Prozess ab und kann nur indirekt beeinflusst werden. Mit der Fluidtemperatur ϑ_{Fluid} gibt es eine Größe, die beeinflussbar ist, allerdings nur gleichzeitig für alle Verbraucher, wodurch sich das gesamte thermische Niveau der Werkzeugmaschine verschiebt. Mit der Absenkung der Vorlauftemperatur steigt zugleich auch der Energieeinsatz, was sich negativ auf die Energieeffizienz der Maschine auswirkt.

Bei näherer Betrachtung des Wärmeübertragungskoeffizienten α ist festzustellen, dass dieser von verschiedenen dimensionslosen Kennzahlen abhängt. Der mittlere Wärmeübertragungskoeffizient lässt sich durch $\alpha_m = \frac{\lambda}{L} \cdot \mathrm{Nu}(\mathrm{Re}, \mathrm{Pr})$ beschreiben (vgl. Stephan et al. 2019). Insbesondere die Reynoldszahl Re ist dabei von der Strömungsgeschwindigkeit und damit vom Volumenstrom abhängig. Die Grundidee ist, den Volumenstrom bedarfsgerecht zu den einzelnen Verbrauchern zu fördern. Dazu ist es notwendig, den Volumenstrom im Betrieb variieren zu können. Mögliche Methoden sind drehzahlvariable Pumpen, Proportionalventile oder eine Kombination aus beidem, mit denen der Volumenstrom bedarfsabhängig eingestellt werden kann. Mögliche Ausführungen sind in Abb. 1 zu sehen.

2.2.1 Ableitung regelbarer Kühlsystemstrukturen

Ausgehend von der konventionellen Kühlstruktur, bei der eine Pumpe mit konstanter Drehzahl und konstantem Verdrängervolumen eingesetzt wird und der Volumenstrom nicht variabel ist, werden weitere Kühlstrukturen abgeleitet, bei denen der Volumenstrom für jeden Kühlkreislauf zeitlich variabel eingestellt werden kann. Dies ermöglicht eine weitreichende Eingriffsmöglichkeit in das thermische Verhalten von Werkzeugmaschinen. Die Kühlstruktur 1 (Abb. 1) kombiniert eine drehzahlvariable Pumpe mit Regelventilen. Die aktiv gesteuerte Pumpe sorgt dafür, dass genügend Volumenstrom für das Gesamtsystem zur Verfügung steht, während die Ventile den Volumenstrom auf die einzelnen Kühlkreisläufe verteilen. Alle Kühlkreisläufe werden aus einem zentralen Tank und dem dazugehörigen Kühlaggregat gespeist. In der Kühlstruktur 2 werden die Regelventile durch

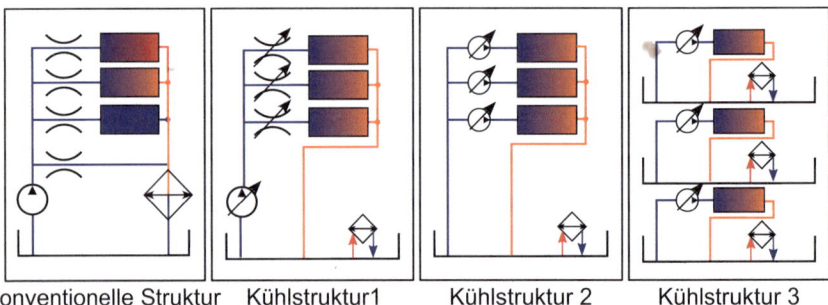

Abb. 1 Übersicht über die entwickelten Kühlstrukturen

drehzahlvariable Pumpen ersetzt, wodurch die Anzahl der Stellelemente in diesem Fall von vier auf drei reduziert wird. Jeder Kühlkreislauf wird nun direkt über die Pumpen angesteuert. In der Kühlstruktur 3 werden die einzelnen Kreise dezentralisiert, sodass sie jeweils einen eigenen Tank mit einem entsprechenden Kühlaggregat besitzen und somit die Möglichkeit besteht, die einzelnen Komponenten mit unterschiedlichen Vorlauftemperaturen zu betreiben. Dadurch lassen sich die einzelnen Komponenten (Pumpen, Kühlaggregate) besser auf die Last der einzelnen Kühlkreisläufe abstimmen. Der Einsatz eines Tanks in jedem Kühlkreislauf erhöht allerdings auch den Platzbedarf. Hier sind die Kosten gegeneinander abzuwägen. Es sind auch Zwischenstufen möglich, sodass beispielsweise zwei oder drei relativ ähnlich belastete Komponenten mit dem gleichen Volumenstrom durchströmt werden können, was den zu realisierenden Aufwand (Stellglied wie Pumpen und Ventile sowie Regelung) reduziert. In diesem Fall muss zusätzlich entschieden werden, ob die einzelnen Kühlkreisläufe in Reihe angeordnet oder parallelgeschaltet werden sollen.

Die Umsetzung von bedarfsgerechten Kühlstrategien erfordert nicht nur konstruktive Eingriffe in die Werkzeugmaschine, sondern auch in die Maschinensteuerung. So ist es u. a. notwendig, den thermischen Zustand der Werkzeugmaschine zu identifizieren. Dies kann auf der Basis von Sensorik oder auf Grundlage eines digitalen Zwillings (Kap. „Strukturmodelle von Werkzeugmaschinen") erfolgen. Aus dem thermo-elastischen Zustand lassen sich Sollwertvorgaben für die Regelung ableiten. Dies können Temperaturwerte an verschiedenen Komponenten oder Volumenstromvorgaben einer übergeordneten Regelung sein. Eine übergeordnete Regelung kann z. B. auf einer thermischen Vorsteuerung basieren, bei der die eingetragene Wärmelast auf Grundlage des NC-Programms berechnet (Kap. „Thermische Vorsteuerung") und anschließend durch das Kühlsystem kompensiert wird. Eine ausführliche Beschreibung und Herleitung der Kühlsystemstrukturen findet sich in (Shabi 2020).

2.2.2 Regelungskonzepte für die vorgeschlagenen Kühlsystemstrukturen

Es empfiehlt sich, eine kaskadierte Regelung mit einem schnellen inneren Regelkreis, der den Volumenstrom regelt, und einem langsamen äußeren Regelkreis zur Temperaturregelung zu verwenden. Mit diesem Regelungskonzept können die Unterschiede in den Zeitkonstanten des thermischen und des fluidischen Systems separat berücksichtigt werden. Der äußere thermische Regelkreis gibt dabei den Sollwert für den fluidischen Regelkreis vor, z. B. durch Vorgabe eines Volumenstroms oder der Kühlleistung. In Abb. 2 ist ein solcher Regelkreis dargestellt. Am Beispiel eines Maschinenbettes wird die Auswahl der entsprechenden Temperatursensoren und ihre Gewichtung in Kap. „Optimierte Temperierung von Maschinengestellen für unsymmetrische Lasteinträge" gezeigt.

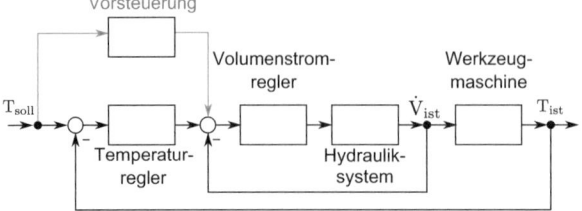

Abb. 2 Kaskadierte Temperaturregelung mit Vorsteuerung

2.2.3 Volumenstromregelung

Für die einzelnen Kühlsystemstrukturen müssen unterschiedliche Regelungskonzepte des Volumenstromes angewendet werden, um auf die individuellen Eigenschaften der Stellglieder und der Struktur eingehen zu können. Hier ist vor allem die gegenseitige Beeinflussung der einzelnen Kühlkreisläufe zu nennen, die von den verwendeten Aktuatoren und der Systemstruktur abhängt.

Kühlstruktur 1
In Kühlstruktur 1 wird das gesamte Kühlsystem von einer Pumpe angetrieben und die Verteilung des Volumenstroms auf die einzelnen Kanäle erfolgt über Regelventile. In dem System gibt es, wie in Abb. 1 zu sehen, eine Pumpe und drei Regelventile zur Einstellung des Volumenstroms in den drei Kanälen. Entsprechend gibt es vier Stellglied für drei Regelgrößen, sodass das System überaktuiert ist. Der dadurch entstehende Freiheitsgrad kann genutzt werden, um weitere Eigenschaften des Systems zu beeinflussen. Da der energetische Aspekt eine wichtige Rolle spielt, soll der Energiebedarf des Systems so gering wie möglich gehalten werden. Dabei bezieht sich der Energiebedarf auf die aufgewendete hydraulische Leistung. Um den Energiebedarf zu senken, müssen die Strömungswiderstände minimiert werden. Eine Möglichkeit besteht darin, das Regelventil in dem Kühlkreislauf mit dem größten Volumenstrombedarf vollständig zu öffnen. Die Pumpendrehzahl wird so geregelt, dass sich in diesem Kreislauf der geforderte Volumenstrom einstellt. Dadurch reduziert sich der hydraulische Widerstand und die eingesetzte Energie. Dieses Vorgehen stellt sicher, dass das gesamte System auf dem kleinstmöglichen Druckniveau arbeitet. Die beiden anderen Ventile werden so geregelt, dass sich der angeforderte Volumenstrom einstellt. Je nach Lastsituation kann sich die Position des voll geöffneten Ventils ändern. Um die dynamischen Anforderungen an die Volumenstromregelung zu erfüllen, ist es notwendig, Regelventile mit entsprechend schnellen Stellzeiten einzusetzen. Zu langsame Ventile öffnen möglicherweise nicht schnell genug und verursachen dadurch unerwünschte Schwingungseffekte. Die Regler für die Pumpe und die Ventile können PI-Regler mit einer übergeordneten Logik sein. Diese weist je nach Lastsituation den Zustand als vollständig geöffnetes Ventil zu. Insgesamt erfordert diese Kühlstruktur den größten Regelungsaufwand.

Kühlstruktur 2

Der Regelalgorithmus für die zweite Kühlstruktur kann einfacher gestaltet werden als im Fall der Kühlstrategie 1. Hier ist für jeden Kühlkreislauf ein Aktor (Pumpe) vorgesehen. Dadurch kann jeder Volumenstrom separat über die Pumpendrehzahl geregelt werden, ohne den Zustand der anderen Kühlkreise zu berücksichtigen. Die durch die gemeinsamen Leitungen auftretenden Quereinflüsse sind aus Sicht jedes Kühlkreises eine Störgröße, die ausgeregelt werden kann. Zur Regelung der Pumpendrehzahl können ebenfalls PI-Regler eingesetzt werden. Die Regelparameter können hierbei mitilfe des Modells (Kap. „Fluidische Kühlung") oder experimentell bestimmt werden.

Kühlstruktur 3

Für die Kühlstruktur 3 kann der Volumenstrom ebenso einfach geregelt werden wie für die Kühlstruktur 2. Für jeden Kühlkreis kann ein Single–Input–Single–Output-System aufgestellt werden. Abhängig von den fluidischen Eigenschaften (insbesondere den Druckverlusten) der jeweiligen Kreisläufe müssen die Parameter jedoch entsprechend angepasst werden. Da die Kühlkreisläufe voneinander getrennt sind (vgl. Abb. 1), besteht die Möglichkeit die Tank- bzw. Vorlauftemperaturen in den Kühlkreisläufen unterschiedlich auszulegen. Dies bietet auch das Potenzial für weitere Energieeinsparungen, da z. B. das Fluid nicht in jedem Tank so stark gekühlt werden muss. Wie oben erwähnt, muss dieser Vorteil gegen den größeren Platz- und Hardwarebedarf abgewogen werden.

Für alle Strukturen gilt, dass die Volumenstromregelung durch eine Vorsteuerung unterstützt werden kann. Bei Kühlstruktur 1 und Kühlstruktur 2 sind jedoch die Druckabhängigkeit und die gegenseitige Beeinflussung der einzelnen Kreisläufe zu beachten. Überlegungen hierzu und eine Umsetzung sind in (Shabi 2020) beschrieben.

2.2.4 Temperaturregelung

Für die Temperaturregelung der Werkzeugmaschine müssen entsprechende Sensoren in der Maschinenstruktur vorgesehen werden, deren Messwert als Regelgröße verwendet werden können. Weiterhin muss die Struktur der Werkzeugmaschine näher betrachtet werden. So ist beispielsweise entscheidend, ob sich der Kühlkanal in einer thermisch isolierten Baugruppe, wie z. B. der Motorspindel, oder in einer größeren Struktur befindet, in der sich die Wärmeströme ausbreiten können, wie z. B. dem Maschinenbett. Im Fall der thermisch isolierten Baugruppe beeinflusst ein Kühlkreislauf nur diese und die Baugruppe kann separat betrachtet werden, was die Regelung vereinfacht. Im Fall thermisch gekoppelter Strukturen mit mehreren Kühlkreisläufen muss von einem Multi-Input-Multi-Output-System ausgegangen werden (siehe Abb. 3). Die einzelnen Kühlkreisläufe können einen unterschiedlich starken Einfluss auf das thermische Verhalten der gesamten Struktur haben. Um die Temperaturregelung entsprechend auslegen zu können, muss zunächst das thermische Verhalten identifiziert werden. Das thermische Verhalten

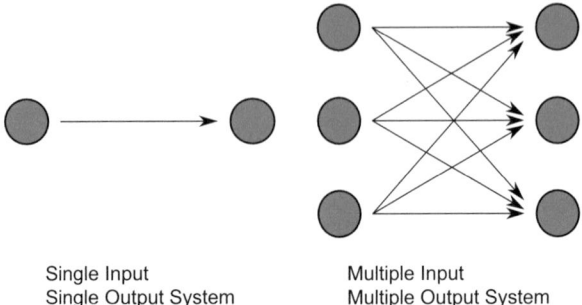

Abb. 3 Prinzipdarstellung zu Single-Input-Single-Output-System und Multiple-Input-Multiple-Output-System

wird dabei durch unterschiedliche Faktoren, wie die Position und geometrische Beschaffenheit der Kühlkanäle, sowie die thermische Kapazität der Maschinenstruktur beeinflusst. Durch experimentelle Versuche oder Simulationen kann das System-verhalten bestimmt werden. Eine gute Methode zur Ermittlung des thermischen Verhaltens ist es, die Maschinenstruktur mit einem warmen Fluid zu durchströmen, bis die Struktur im Beharrungszustand eine konstante Temperatur erreicht. Während des gesamten Vorgangs sollten die Fluidtemperatur am Ein- und Auslass, der Volumenstrom und die Temperatur in der Maschinenstruktur gemessen werden. Daraus lässt sich die thermische Kapazität der Maschinenstruktur abschätzen und über das zeitliche Verhalten auch die thermische Zeitkonstante bestimmen.

Für die Temperaturregelung bietet sich auch die Verwendung einer Vorsteuerung an. Dazu ist es allerdings notwendig, die durch den Prozess eingetragene Last zu kennen, um zeitnah darauf reagieren zu können (Kap. „Thermische Vorsteuerung").

2.3 Bewertung der Kühlstrukturen

Welche Kühlstruktur gewählt wird, hängt von unterschiedlichen Kriterien ab. Alle vorgestellten Kühlstrukturvarianten (Abb. 1) bieten die Möglichkeit, die Werkzeugmaschine thermisch zu stabilisieren. Sie unterscheiden sich jedoch in den verwendeten Komponenten (Pumpen und Ventile) sowie dem benötigten Bauraum. Bei Verwendung von drehzahlvariablen Pumpen ist es notwendig, die einzelnen Kühlkreisläufe möglichst nah am Tank zu verzweigen, da das Kühlmedium direkt aus dem Tank angesaugt werden muss und sich dann auf die einzelnen Kühlkreisläufe verteilt. Werden Ventile verwendet, so ist es möglich, eine Pumpe direkt am Tank zu platzieren und die Ventile weiter hinten im Kühlsystem anzuordnen. Dies erhöht die Flexibilität bei der Integration einer solchen Struktur in die

Werkzeugmaschine, da die Ventile an nahezu jeder beliebigen Position im Strang positioniert werden können. Beim Einsatz der Ventile ist darauf zu achten, dass sie ausreichend schnell verstellt werden können. Der Energieverbrauch dieser Systeme unterscheidet sich kaum, mit leichten Vorteilen der Kühlstruktur 1 (Pumpe mit Ventilen). Im Vergleich zur konventionell eingesetzten Struktur lassen sich jedoch insbesondere im Teillastbereich erhebliche Energieeinsparpotentiale realisieren. Finanziell sollte sich der Einsatz eines lastabhängigen Kühlsystems innerhalb weniger Jahre amortisieren.

3 Komponentenoptimierung am Beispiel der Kühlhülse einer Motorspindel

Vor allem bei der Hochgeschwindigkeitszerspanung (High-Speed-Cutting HSC) haben thermo-elastische Verformungen und daraus resultierende TCP-Verlagerungen einen negativen Einfluss auf die Bearbeitungsgenauigkeit und damit letztlich auf die Produktivität des Fertigungsprozesses. Eine gezielte Steuerung der Temperaturverteilung durch Fluidkühlsysteme – insbesondere innerhalb der Motorspindel, deren thermo-elastische Verformungen einen direkten Einfluss auf den TCP haben – ist eine Grundvoraussetzung für die hochpräzise Bearbeitung. Im Hinblick auf die Effektivität der Fluidkühlung in Werkzeugmaschinen gibt es bisher jedoch nur wenig wissenschaftlich fundierte Untersuchungen. Um diese Lücke zu schließen, konzentriert sich dieses Kapitel auf die simulative Untersuchung unterschiedlicher Kühlstrukturen in Motorspindeln. Besonderes Augenmerk gilt dabei den Anforderungen an die numerischen Simulationsmodelle, speziell, wenn turbulente Strömungsvorgänge und der Wärmetransport in Fluid und angrenzendem Festkörper zu berücksichtigen sind. Ein wesentlicher Aspekt der Untersuchung ist zum einen die notwendige Gitterfeinheit zur Auflösung der viskosen Randschicht an der Wand. Nur mit einer sehr feinen Diskretisierung ($y^+ \approx 1$) kann der Wärmeübergang genau genug abgebildet werden, um belastbare Ergebnisse zum Wärmeübergangskoeffizienten liefern zu können. Darüber hinaus wird neben einer standardmäßigen CFD-Simulation der Fluiddomäne in weiteren Modellen auch die Wärmeleitung im Festkörper in sogenannten CHT-Simulationen (Conjugate Heat Transfer) untersucht.

3.1 Konstruktionstechnische Details

3.1.1 Konstruktiver Aufbau von Motorspindeln

Als Hauptspindeln für die Hochgeschwindigkeitsbearbeitung werden vorzugsweise Motorspindeln eingesetzt. Ihren prinzipiellen Aufbau einschließlich der

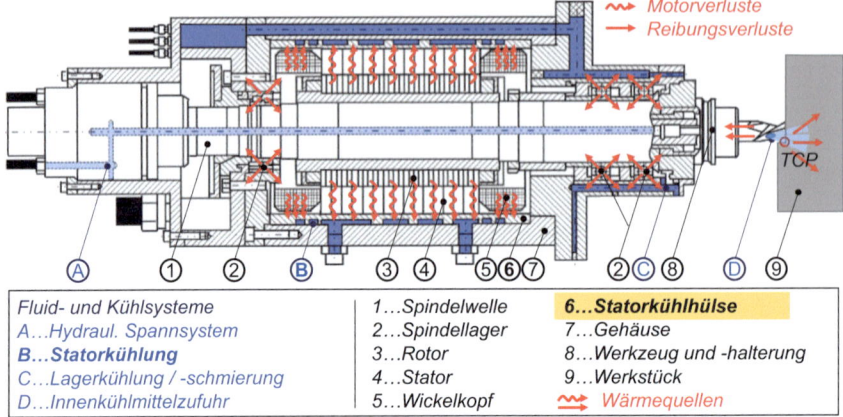

Abb. 4 Aufbau von Motorspindeln. (Nach Weber und Weber 2013a, 2014; Weber et al. 2016a)

wichtigsten Fluidsysteme und Wärmequellen zeigt Abb. 4. Die Hauptwärmequellen sind die Spindellager (2), der Motor – bestehend aus Rotor (3), Stator (4) und Wickelköpfen (5) – und der prozessbedingte Wärmeeintrag über das Werkzeug (8) und die Spindelwelle (1). Wie in (Bossmann und Tu 1999) detailliert beschrieben, entsteht ein Verlustwärmeeintrag

- in Abhängigkeit von Drehzahl und Drehmoment durch den eingebauten Motor aufgrund von Kupfer-, Eisen- und Streuverlusten;
- in Abhängigkeit von Drehzahl, Vorspannung und Schmierung durch die Lager und
- durch die viskose Reibung der von den rotierenden Elementen verwirbelten Luft.

Der Stator ist in eine Kühlhülse eingepresst, deren Außenmantel von einer Kühlflüssigkeit umströmt wird. Die Kühlhülse selbst besteht aus einem gut wärmeleitenden Material und kann zusätzlich Rippenstrukturen aufweisen, um den Wärmeübergang zwischen Wandung und Fluid zu verbessern. Abb. 5 zeigt typische Bauformen von Statorkühlhülsen (Festkörper-Domäne) mit den daraus resultierenden Strömungsvolumen und -pfaden.

3.1.2 Experimenteller Versuchsaufbau zur Untersuchung von Statorkühlhülsen

Zur thermischen und energetischen Analyse der Statorkühlung sowie Validierung der Simulationsmodelle wurde ein Versuchsstand entwickelt, welcher in (Weber und Weber 2013a, b; Weber et al. 2016a, 2018) detailliert beschrieben ist. Im Vergleich zur konventionellen Motorspindelkonstruktion (siehe Abb. 4) ersetzt hier ein Heizelement alle internen Komponenten wie Spindelwelle (1), Lager (2) und

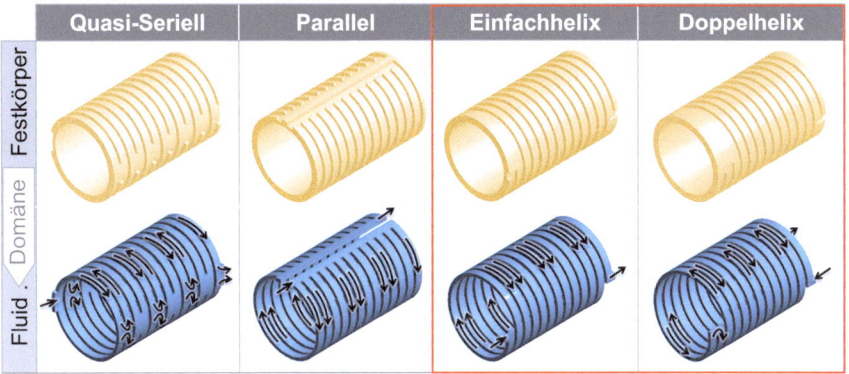

Abb. 5 Typischer Aufbau von Statorkühlhülsen mit resultierenden Strömungsvolumen und -pfaden. (Nach Weber et al. 2016a, 2018)

Motor, bestehend aus Rotor (3), Stator (4) und Wickelköpfen (5). Das Heizelement besteht aus einem Aluminiumzylinder mit zwei konzentrisch angeordneten Heizpatronen. Die Leistung kann für jede Heizpatrone separat eingestellt werden. Mit dieser Vereinfachung kann der Wärmeeintrag über die eingestellte Leistung an den Heizpatronen genau bestimmt werden, im Gegensatz zu den meist unbekannten Lager- und Motorverlustwärmeeinträgen. Darüber hinaus wird der Einfluss der äußeren Umgebungsbedingungen durch eine thermische Isolierung der gesamten Stirnflächen verringert. Der Versuchsstand ermöglicht somit die Messung der Fluid- und Oberflächentemperaturen verschiedener Statorkühlhülsen unter definierten Randbedingungen:

- Die Fluidtemperatur am Einlass wird mit einem Wärmetauscher konstant auf 20 °C gehalten.
- Die zugeführte Wärmemenge wird über die Leistung der Heizpatronen eingestellt und entspricht in den hier betrachteten Fällen einer maximalen Leistung von 1400 W pro Heizpatrone.
- Der Volumenstrom wird über ein Drosselventil zwischen 0 l/min und 15 l/min variiert und zusätzlich mit einem Turbinendurchflusszähler gemessen.

3.2 Modellbildung und Simulation

3.2.1 Grundlegende Betrachtungen

Neben der quasi-seriellen Kanalstruktur (vgl. Abb. 5) werden zur Kühlung von Motorspindeln sehr häufig gewendelte Strömungskanäle eingesetzt. Der Hauptgrund dafür ist der gute Wärmeübergang zwischen Wand und Fluid durch trägheitsinduzierte Sekundärströmungen, die durch die Krümmung des Strömungskanals entstehen. Wie in (Schmidt 1967; Stephan et al. 2019; Yoo et al. 2012) erläutert, führen diese Sekundärströmungen zu einer stärkeren Durchmischung der Strömung. Dadurch steigt einerseits die kritische Reynoldszahl Re_{krit} mit zunehmendem Krümmungsverhältnis (d/D) und der Übergang von laminarer zu turbulenter Strömung verschiebt sich von $Re_{krit} = 2300$ für gerade Rohre zu höheren Werten gemäß Gl. (1) (Schmidt 1967; Stephan et al. 2019). Andererseits nehmen aber auch die Druckverluste Δp im gekrümmten Rohr zu.

$$Re_{krit} = 2300 \cdot \left(1 + 8{,}6 \left(\frac{d}{D}\right)^{0{,}45}\right) \qquad (1)$$

Abb. 6 zeigt in vereinfachter Form die Geometrie der untersuchten Einfach- und Doppelhelixstruktur mit den wichtigsten Parametern. Der hydraulische Durchmesser d wird für einen rechteckigen Querschnitt nach Gl. (2) berechnet. Der mittlere Krümmungsdurchmesser D, der als Divisor in das Krümmungsverhältnis eingeht, berechnet sich für Rohrwendel nach Gl. (3) aus dem Windungsdurchmesser D_W und der Helixsteigung k (in Stephan et al. 2019). Die Reynoldszahl Re ist definiert als der Quotient aus der Strömungsgeschwindigkeit w, dem hydraulischen Durchmesser d und der kinematischen Viskosität ν (s. Gl. 4).

$$d = \frac{2 \cdot b \cdot h}{b + h} \qquad (2)$$

$$D = D_W \left[1 + \left(\frac{k}{\pi \cdot D_W}\right)^2\right] \qquad (3)$$

$$Re = \frac{w \cdot d}{\nu} \qquad (4)$$

Übertragen auf die Strömungsgeometrie der Einfach- und Doppelhelix ergeben sich kritische Reynoldszahlen Re_{krit} von ca. 7300. Demnach wird der Übergang von laminarer zu turbulenter Strömung bei einem „kritischen" Volumenstrom $\dot{V}_{krit}$

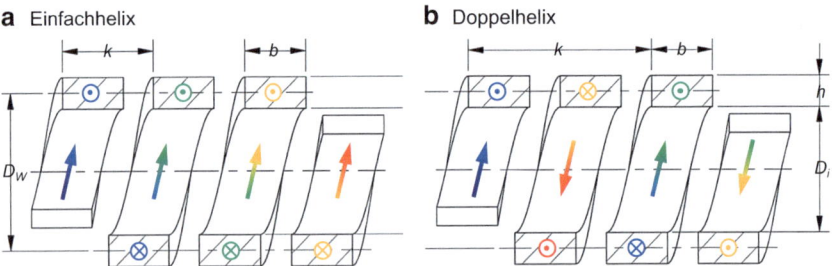

Abb. 6 Geometrieparameter und Strömungspfade (Weber et al. 2016a)

von ca. 4,0 l/min erreicht. Bei einem Volumenstrom $\dot{V}$ von 14 l/min, wie er für die Simulationen angenommen wurde, liegt die Reynoldszahl Re in beiden Fällen über der kritischen Reynoldszahl Re_{krit}, sodass von einer voll ausgebildeten turbulenten Strömung auszugehen ist.

3.2.2 Berücksichtigung temperaturabhängiger Werkstoffeigenschaften

Wie in (Weber und Weber 2013a, b) beschrieben, ändert sich die Dichte ρ in dem betrachteten Temperaturbereich von 20 °C bis 50 °C für Wasser mit 25 % Antifrogen®N nur geringfügig, sodass im Simulationsmodell inkompressibel mit einer konstanten mittleren Dichte ρ_m gerechnet werden kann. Im Gegensatz dazu ist die dynamische Viskosität η stark von Temperaturänderungen abhängig, für Wasser mit 25 % Antifrogen®N beträgt die Änderung 51,3 % (siehe Abb. 7). Diese Abhängigkeit wird im Modell über eine CEL (CFX Expression Language) mit der sogenannten Andrade-Gleichung (5) und den zugehörigen stoffabhängigen Parametern A und b berücksichtigt (siehe Tab. 2).

$$\frac{\eta}{[mPa\,s]} = e^{A+\frac{b}{T}} \qquad (5)$$

Zusammengefasst lassen sich die Stoffparameter wie folgt vereinfachen:
- Die spezifische Wärmekapazität c_p und die Dichte ρ des Fluids sind unabhängig von der Temperatur,
- während die Temperaturabhängigkeit der dynamischen Viskosität η berücksichtigt werden muss.
- Die physikalischen Eigenschaften der Feststoffe (Heizelement, Kühlhülse und Spindelstock) sind homogen, isotrop und unabhängig von der Temperatur.
- Schwerkraft und Auftriebseffekte können vernachlässigt werden.

Tab. 2 Parameter zur Definition der temperaturabhängigen Viskosität (Weber und Weber 2013a, b)

Material	A [−]	b [K]
Water	−6,5679	1925,3918
+20 % Antifrogen N	−6,9557	2207,4815
+25 % Antifrogen N	−7,0477	2271,5032
+30 % Antifrogen N	−7,1632	2344,5675
+50 % Antifrogen N	−7,7253	2687,0412

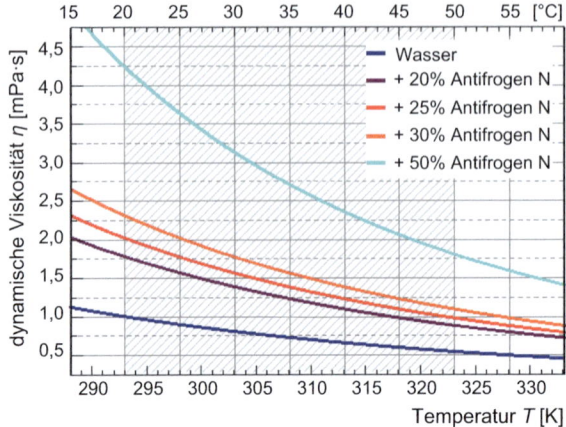

Abb. 7 Temperaturabhängige dynamische Viskosität η verschiedener Wasser-Antifrogen®N-Gemische. (Nach Clariant 2016; Lemmon und Bell 2016)

3.2.3 Hochauflösende Simulation mithilfe numerischer Strömungsmechanik

Abb. 8 fasst die wichtigsten Schritte bei der Erstellung und Lösung von numerischen Simulationsmodellen zusammen. Grundsätzlich kann der Workflow in die drei Hauptphasen Pre-Processing, Lösung und Post-Processing unterteilt werden. Im Pre-Processing liegt ein besonderes Augenmerk auf der Vernetzungsqualität. Wie im folgenden Abschnitt zur Diskretisierung des Strömungsvolumens zusammengefasst und in (CADFEM 2013; Weber et al. 2016a) erläutert, bestehen hohe

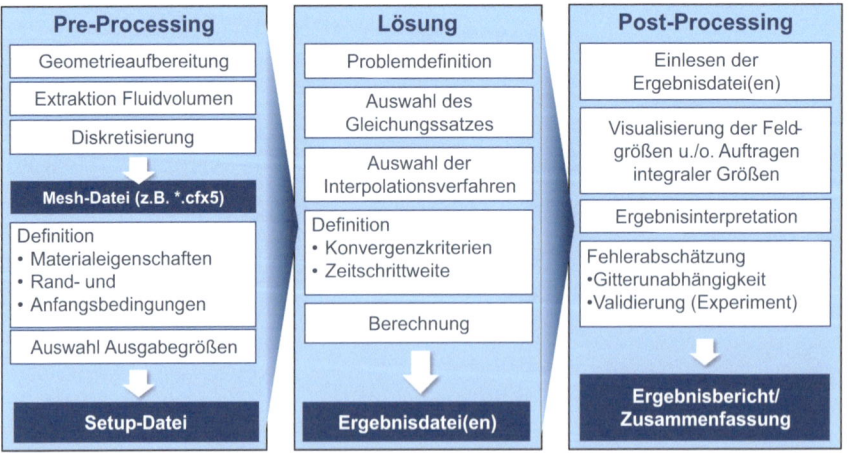

Abb. 8 Methodik zur Durchführung numerischer CFD-Berechnungen

Anforderungen an die Diskretisierung wandnaher Bereiche, in denen große Geschwindigkeits- und Temperaturgradienten auftreten. Für die erstellte Mesh-Datei sind in ANSYS CFX-Pre Materialparameter (vgl. Abschn. 3.2.2) sowie Rand- und Anfangsbedingungen zu definieren. Vor dem Start des eigentlichen Lösungsprozesses müssen entsprechend der jeweiligen Problemstellung ein geeigneter Solver und ein geeignetes Interpolationsverfahren ausgewählt sowie die Konvergenzkriterien und die Zeitschrittweite festgelegt werden.

Diskretisierung des Strömungsvolumens

Besonders in Regionen mit großen Gradienten hat die Gitterfeinheit einen wesentlichen Einfluss auf die Genauigkeit und Qualität der Berechnungsergebnisse. Dies betrifft z. B. wandnahe Bereiche vor oder nach Störstellen wie Strömungsumlenkungen. Neben der Anzahl und Art der Gitterelemente ist auch ihre Verteilung ein wichtiges Kriterium. Um Rechenkapazität zu sparen, sollte in Bereichen ohne große Gradienten eine gröbere Diskretisierung angestrebt werden. Um die Gitterabhängigkeit der Berechnungsergebnisse zu untersuchen, wird das Strömungsvolumen mit ANSYS Meshing und ICEM CFD in unterschiedlichen Detailierungsgraden vernetzt. Während mit ANSYS Meshing die Diskretisierung mit geringem Aufwand in entsprechend kurzer Zeit möglich ist, bietet die Blocking-Methode in ICEM CFD wesentlich mehr Eingriffsmöglichkeiten, z. B. zur Anpassung des Gitterwachstums in der Grenzschicht. Außerdem kann die Elementanzahl durch die Verwendung einer sogenannten O-Grid-Struktur weiter reduziert werden. Eine Übersicht über die verwendeten Gittertypen ist in Abb. 9 dargestellt, ihre Eigenschaften einschließlich der Gitterqualität sind in (Weber et al. 2016a) zusammengefasst.

Modellumfang und Solver-Einstellungen

Wie in Abschn. 3.2.1 gezeigt, ist für beide Strömungsgeometrien ab einem Volumenstrom von ca. 4 l/min ein turbulentes Strömungs-verhalten anzunehmen. Für die Strömungsberechnung wird daher das SST-Turbulenzmodell (Shear Stress Transport) verwendet. Die Übergangsmethodik des SST-Modells zwi-

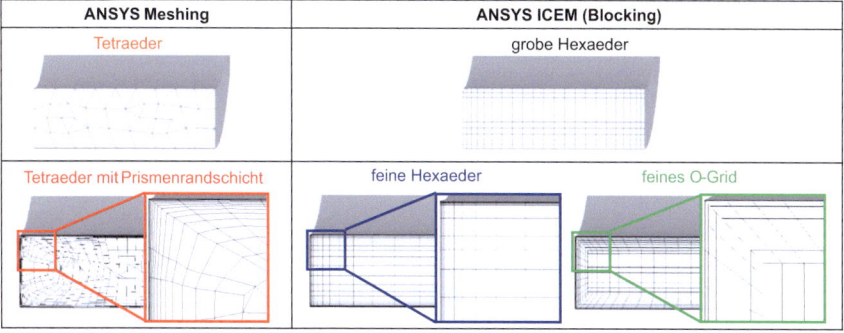

Abb. 9 Übersicht der verwendeten Gittertypen, Darstellung im Querschnitt des Strömungsvolumens der einfach gewendelten Statorkühlhülse

schen k-ω-Modell, das sich besonders für Strömungssimulationen in der viskosen Grenz-schicht eignet, und k-ε-Modell, das in wandfernen Regionen genauere Vorhersagen liefert, führt gerade bei Anwendungen mit hohen Genauigkeitsanforderungen innerhalb der Grenzschicht (z. B. Turbulenz und Wärmeübertragung) zu einem Vorteil. Weitere Informationen zur numerischen Modellierung und Solver-Theorie stellen (ANSYS 2014a, b; Sigloch 2009; Weber und Weber 2013a) bereit.

Um die Temperatur innerhalb der Strömung vorherzusagen, muss der Wärmeübergang berücksichtigt werden. Dazu wird zusätzlich zu den Navier–Stokes-Gleichungen die Energietransportgleichung innerhalb des Fluids in Form berücksichtigt. In weiteren Simulationsmodellen, wie dem CHT-Modell (Conjugate Heat Transfer, s. Abb. 10), wird neben der erzwungenen Konvektion im Fluid (CFD-Modell) auch der Wärmeübergang zu und die Wärmeleitung in den Festkörpern (Heizelement, Kühlmantel und Spindelstock) berücksichtigt. Dazu wird die Energietransportgleichung auch in den Festkörpern gelöst, die als starr und ohne innere Quellen berücksichtigt werden.

Abb. 11 zeigt die an der Innenwand (Wärmequelle) und Außenwand ermittelten Wärmeübergangskoeffizienten. Zwischen CFD und CHT- Simulation sind deutliche Unterschiede zu erkennen, welche ihre Ursache in der Berücksichtigung der Wärmeleitung zwischen Kühlhülse und Gehäuse haben. In der CHT-Simulation wird ein Teil der Wärme über diesen Festkörperkontakt direkt an das Gehäuse geleitet (vgl. Weber et al. 2018). Folglich kann das Fluid auch an der Außenwand Wärme vom Gehäuse aufnehmen (höherer Wärmeübergangskoeffizient als in der CFD-Simulation), während in der reinen CFD-Simulation aufgrund der nicht zugänglichen Informationen direkt freie Konvektion mit der Umgebung angenommen werden muss. Folglich führt die Aufteilung der Wärmeströme in einen Gehäuse- und einen Kühlhülsenanteil in der CHT-Simulation zu einem kleineren Wärmeübergangskoeffizient an der Innenwand des Fluids (Kontaktfläche zur Kühlhülse).

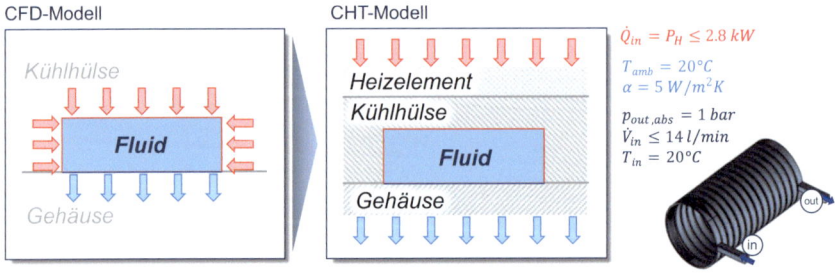

Abb. 10 Simulationsmodelle mit ihren Randbedingungen im Vergleich

Kompensationslösung fluidische Kühlung

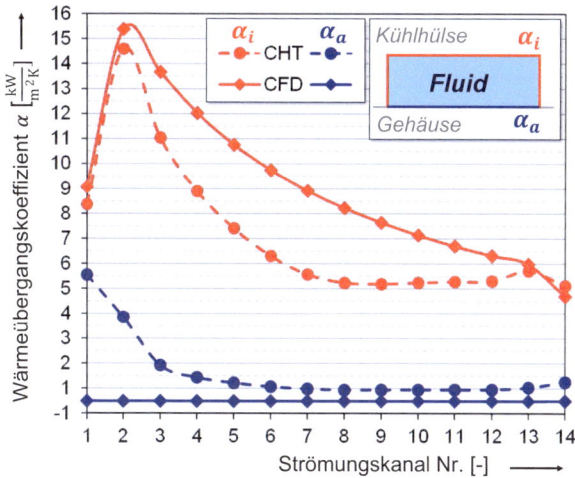

Abb. 11 Mittlerer Wärmübergangskoeffizient an der Fluidinnenwand α_i und -außenwand α_a, Vergleich zwischen CFD- und CHT-Modell am Beispiel der Einfachhelix

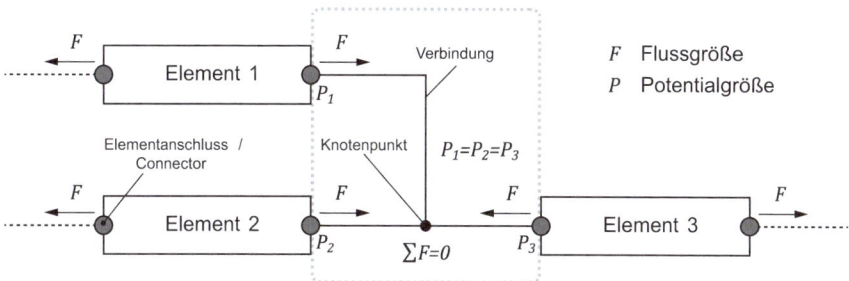

Abb. 12 Aufbau der physikalisch-objektorientierten Netzwerkmodellierung

3.2.4 Schnelle Berechnung mithilfe abstrahierter Netzwerkmodelle

Zur Abbildung und Optimierung des thermischen Verhaltens wird zusätzlich ein abstrahiertes, physikalisch-objektorientiertes Simulationsmodell aufgebaut. Hierbei werden verschiedene Prozesselemente miteinander verknüpft (Knoten-Element-Modellierung) und zu einem thermo-hydraulischen Netzwerkmodell zusammengestellt (siehe Abb. 12). Durch die akausale Modellierungsart sind den jeweiligen Elementen keine fest definierten Ein- und Ausgänge zugeordnet. Die Wirkrichtung der physikalischen Größen ist abhängig von den in den Elementen

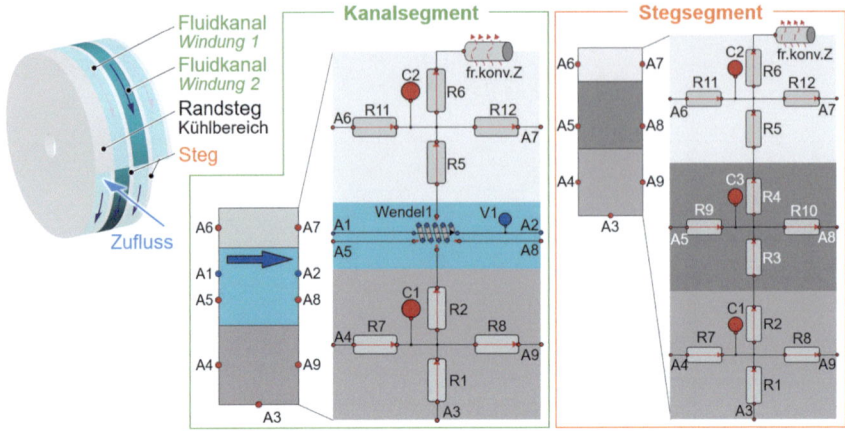

Abb. 13 Diskretisierung der Kanalwindung (Ausschnitt der Kühlhülse) und abgeleitete Compounds für ein Kanal- und Stegsegment

hinterlegten Zustands- und Erhaltungsgleichungen, die auf physikalischen Gesetzmäßigkeiten beruhen. Mit Potenzial- und Flussgrößen gibt es zwei verschiedene Arten von Variablen. Dabei gilt, dass alle miteinander verbundenen Elemente an den entsprechenden Anschlüssen das gleiche Potenzial aufweisen und die Flussgrößen in den Knotenpunkten die Bilanzgleichungen erfüllen.

Auch bei der Netzwerkmodellierung spielt die Diskretisierung der Geometrie eine wichtige Rolle für eine exakte Vorhersage des thermo-energetischen Verhaltens. Die Windungen der Statorkühlhülse werden so diskretisiert, dass ein Rohrwendel-Element genau eine Windung der Helix abbildet (siehe Abb. 13). Somit entspricht die Anzahl der Windungen der Statorkühlhülse auch der Anzahl der Rohrwendel-Elemente im Simulationsmodell. Eine gröbere Diskretisierung führt zu fehlerhaften Ergebnissen, da diese die Wärmeübertragung zwischen benachbarten Kanälen nicht berücksichtigen kann. Eine feinere Diskretisierung ist aufgrund des höheren Aufwands für die Modellerstellung stets kritisch im Hinblick auf die jeweilige Fragestellung zu hinterfragen.

Um eine möglichst übersichtliche Modellstruktur zu erreichen, werden die diskretisierten Windungen von Strömungskanal und Steg mit den darunter und darüber liegenden Festkörperbereichen zu je einem Compound zusammengefasst. Den detaillierten Aufbau zeigt Abb. 13 für das Kanal- und Stegelement. Der untere grau schattierte Bereich repräsentiert den Kühlmantel mit seiner Wärmekapazität C1. Die Anschlüsse A1/3 dienen der Anbindung an die Wärmequelle und A4/9 sind jeweils mit dem Kühlmantel des benachbarten Segments verbunden. Die radiale Wärmeleitung von Wärmequelle in Richtung Fluidkanal/Steg wird durch die Widerstände R1/2 und die axiale Wärmeleitung durch R7/8 abgebildet. Der Bereich des Spindelstocks (oben hellgrau) wird durch die Wärmekapazität C2 modelliert und enthält Wärmeleitelemente in radialer (R5/6) und axialer (R11/12) Richtung. Zusätzlich wird die freie Konvektion am zylindrischen Außenmantel des

Spindelstocks berücksichtigt. Über die Anschlüsse A6/7 ist der Bereich mit den angrenzenden Segmenten des Spindelstocks verbunden. Im Kanalsegment wird der segmentierte Fluidkanal (blau) als Rohrwendelelement (Wendel1) und hydraulische Kapazität (V1) modelliert. Die Anschlüsse A1/2 (blau) dienen der hydraulischen Verbindung mit den vor-/ nachgelagerten Fluidkanälen im Kanalsegment. Der Wärmestrom von den Kanalwänden wird über die vier roten Thermik-Anschlüsse des Rohrwendelelements an das Fluid übertragen. Das Kanalsegment enthält die Innen- und Außenwand des Kanals, welche über die Widerstände R2/5 am Rohrwendelelement angeschlossen sind. Die Seitenwände (Stege) sind über die Anschlüsse A5/8 mit den benachbarten Stegsegmenten verbunden.

3.3 Optimierung des thermo-energetischen Verhaltens

Auf Basis dieser Modelle können detaillierte Analysen zur optimalen Gestaltung der Kühlung innerhalb der Motorspindel durchgeführt werden. Abb. 14 fasst in diesem Zusammenhang zunächst die gesamten Einflüsse auf das thermo-energetische Verhalten von Motorspindeln in einem Ishikawa-Diagramm zusammen. Im Bereich der Kühlung lassen sich die Einflussfaktoren in die Bereiche Betriebsverhalten, Fluideigenschaften, Kanal- und Systemdesign klassifizieren. Mithilfe analytischer sowie erweiterter, vollparametrischer Modelle in numerischen CFD- und Netzwerksimulationen können diese eingehend untersucht werden.

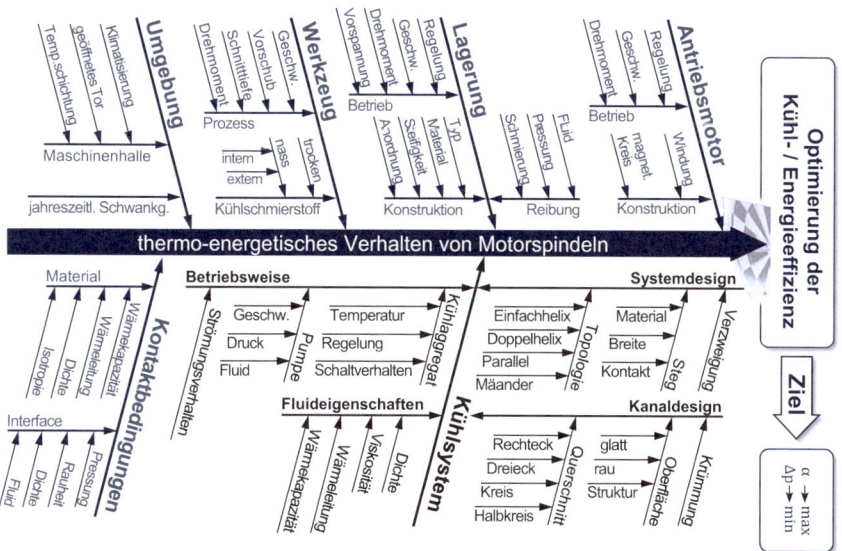

Abb. 14 Ursache-Wirkungsdiagramm für das thermo-elastische Verhalten von Motorspindeln unter dem Aspekt der Kühlung

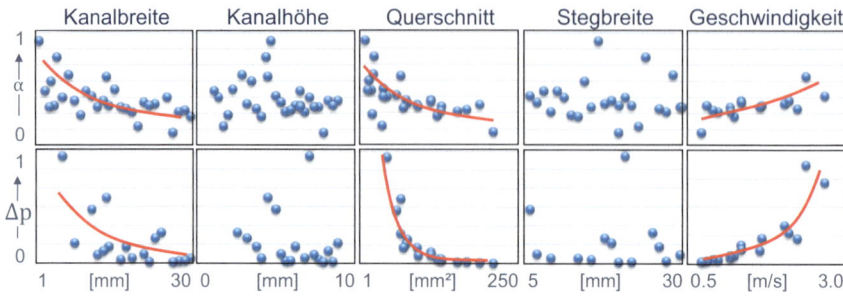

Abb. 15 Ausgewählte Parametersensitivitäten der Statorkühlung

Ausgewählte Ergebnisse dieser Sensitivitätsanalyse sind in Abb. 15 dargestellt. Zu den Haupteinflüssen auf die Wärmeaufnahme des Fluids und den Druckverlust im Kühlsystem gehören

- der Kanalquerschnitt, wobei die Kanalbreite einen größeren Einfluss als die Kanalhöhe hat, und
- die Strömungsgeschwindigkeit (beeinflusst durch den Volumenstrom und den Kanalquerschnitt).

Die Analysen zeigen, dass sich zum Erreichen eines maximalen Wärmeübergangskoeffizienten α bzw. eines minimalen Druckverlustes Δp die Eingangsparameter gegenläufig verhalten. So führt eine Verringerung des Kanalquerschnitts bzw. eine Erhöhung des Volumenstroms zu einer Steigerung des Wärmeübergangskoeffizienten aufgrund der größeren Fluiddurchmischung bei turbulenter Strömung. Gleichzeitig steigen aber auch die Druckverluste im Strömungskanal, was einen höheren Energiebedarf der Pumpen zur Folge hat.

Als weiteres Ergebnis zeigt Abb. 16 den großen Einfluss der Oberflächenstruktur des Kühlkanals. Da die aus der Literatur bekannten Rechenvorschriften nicht auf den Sonderfall eines gewendelten Kanals mit rauer Oberfläche anwendbar sind, wurden für unterschiedliche Kanalstrukturen detaillierte CFD-Simulationen zur Ermittlung der Druckverluste und der Wärmeübergangskoeffizienten durchgeführt. Durch die höhere Wandrauigkeit wird die wandnahe Strömung gestört, sodass das Fluid im Kanal besser durchmischt und damit der Wärmeübergang zum Fluid deutlich verbessert wird (Weber et al. 2018). Gleichzeitig steigen jedoch die Druckverluste durch die zusätzlichen Turbulenzen in der Strömung. Eine Ausnahme bildet die quasi-serielle Kühlstruktur: Hier teilt sich der Volumenstrom innerhalb eines Segments zu gleichen Teilen auf, sodass der Kanal nur mit halber Geschwindigkeit (im Vergleich zur einfach und doppelt gewendelten Kanalstruktur) durchströmt wird. Da die Druckverluste u. a. quadratisch von der Strömungsgeschwindigkeit abhängen, ist der rauheitsabhängige Anstieg des Druckverlusts im Vergleich deutlich geringer.

Neben der Kanaltopologie wurden verschiedene Varianten der Kühlhülsengeometrie hinsichtlich geometrischer Parameter wie der Kanalbreite und der zu-

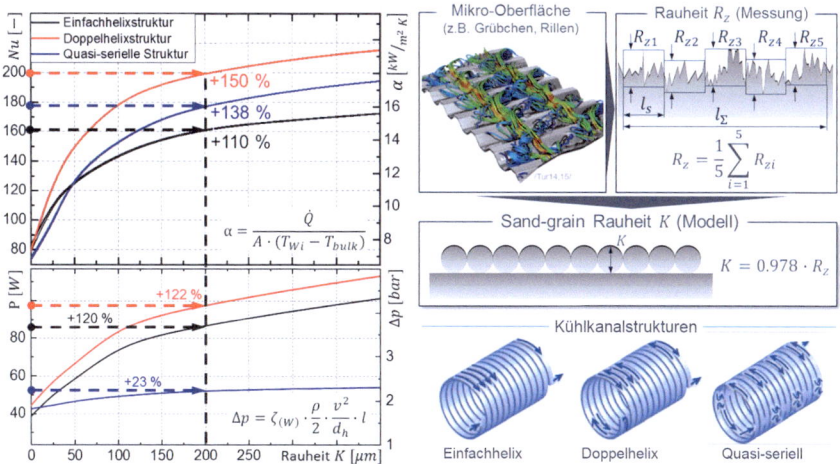

Abb. 16 Einfluss der Oberflächenstruktur im Kühlkanal

gehörigen Anzahl an Windungen analysiert, um den Wärmeübergang zu optimieren. Grundlegende geometrische Abmessungen, wie die Länge der Kühlhülse und des Kühlbereichs, der Innenradius der Kühlhülse, die Stegbreite und die Höhe des Strömungskanals wurden nicht verändert. Ziel dieser Variantenbildung war es, den Temperaturgradienten an der Innenwand des Fluidkanals zu reduzieren, um eine Homogenisierung des Temperaturfelds zu erreichen. Dadurch können Biegeverformungen vermieden werden, was die thermische Ausdehnung auf ein lineares Verhalten in xyz-Richtung beschränkt und eine Anwendung von Korrekturverfahren in der WZM-Steuerung ermöglicht.

Für die Abbildung und Optimierung des thermischen Verhaltens bei variierenden Geometrieparametern ist das in Abschn. 3.2.4 vorgestellte Netzwerkmodell besser geeignet als numerische Strömungssimulationen (CFD), bei denen der Strömungsraum bei jeder Geometrieänderung aufwendig neu diskretisiert werden müsste. Darüber hinaus wurden die verwendeten Netzwerkmodelle dahingehend erweitert, dass auch eine helikale Wärmeleitung berücksichtigt wird (s. Abb. 17). Diese zusätzliche Windungsdiskretisierung erlaubt eine höhere Abbildungsgenauigkeit der Temperaturverteilung auch im Netzwerkmodell und eröffnet zusätzlich die Möglichkeit, das Temperaturverhalten an der Kühlhülse dreidimensional abzubilden. Für die Geometrievariationen wurde die Windungsdiskretisierung zusätzlich an die Anzahl der Windungen des Fluidkanals angepasst – je geringer die Anzahl, desto höher die Diskretisierung der Windungen.

Im Folgenden wurden verschiedene Modellvarianten mit unterschiedlichen Windungszahlen im Bereich von 8 bis 16 Windungen und mit linear abnehmender Kanalbreite analysiert. Im Vergleich zur Referenz wurden bei den folgenden Analysen weder Volumenstrom noch Einlasstemperatur des Kühlmediums verändert. Wie Abb. 18 zeigt ermöglicht die Erhöhung der Windungszahl bei konstanter Ka-

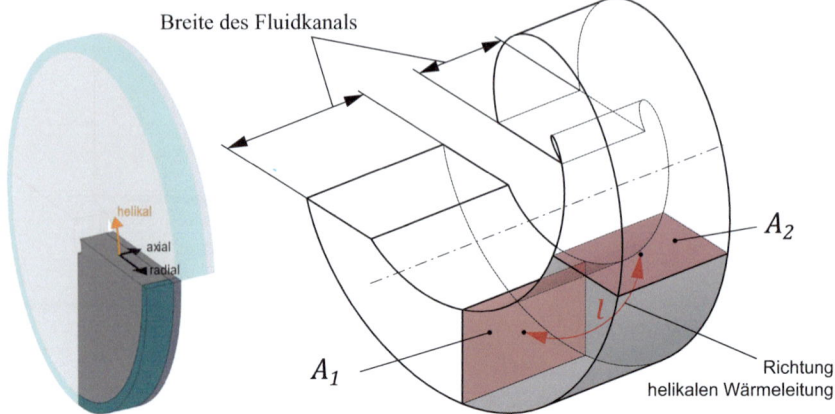

Abb. 17 Richtungsdefinitionen (links), Windungselement mit gekennzeichneten Stirnflächen für die helikale Wärmeleitung (rechts)

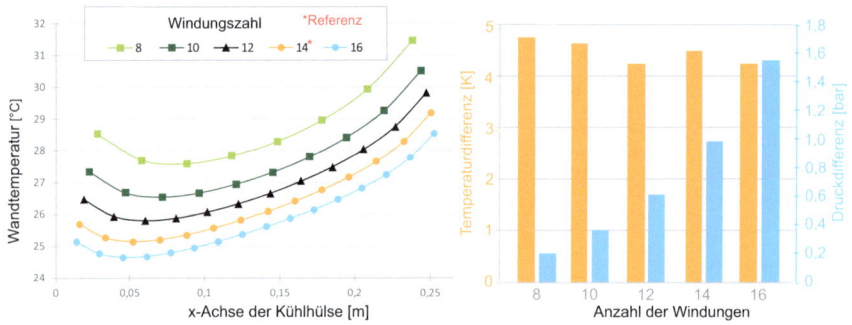

Abb. 18 Fluidkanal mit konstanter Kanalbreite und variierender Windungszahl (bei 8,5 l/min): axialer Verlauf der Wandtemperatur (links), max. Temperatur- und Druckdifferenz (rechts)

nalbreite eine Verringerung der Temperaturdifferenz, jedoch steigt die Druckdifferenz dabei aufgrund der erhöhten Turbulenz und der Verlängerung des Fluidkanals erheblich an.

Für die Analyse von sich verringernden Kanalbreiten wurde die minimale Breite b_{min} am Auslass mit 8 mm vorgegeben. Abb. 19 zeigt rechts den Temperaturverlauf an der Innenwand bei einem Volumenstrom von 8,5 l/min. Als Referenz ist zusätzlich die Variante mit 14 Windungen konstanter Kanalbreite, wie sie im Experiment untersucht wurde, in orange dargestellt. Es ist zu erkennen, dass bei allen Modellen die minimale Wandtemperatur erst nach mindestens drei Windungen auftritt. Je weniger Windungen vorhanden sind, desto weiter verschiebt sich das Minimum in Richtung Auslass. Der nachfolgende Temperaturanstieg nach dem Minimum fällt bei den Modellvarianten im Verhältnis zum Referenzmodell

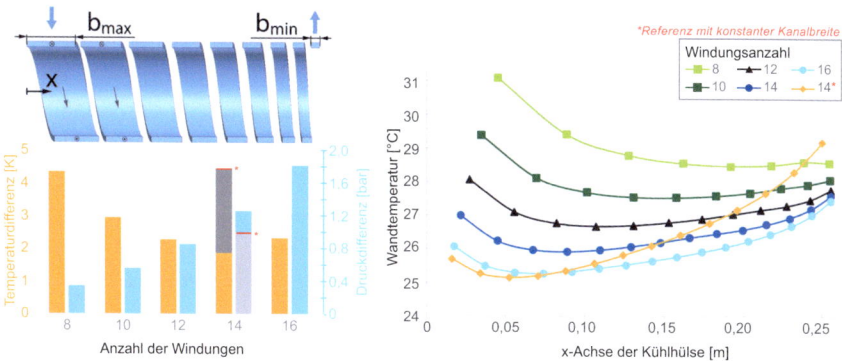

Abb. 19 Fluidkanal mit linear verkleinernder Kanalbreite ($b_{min} = 8$ mm) und variierender Windungszahl (bei 8,5 l/min): axialer Verlauf der Wandtemperatur (links), max. Temperatur- und Druckdifferenz (rechts)

geringer aus. Bei zehn Windungen (dunkelgrün) beträgt dieser nur 0,6 K, während dieser beim Referenzmodell mit 4,1 K deutlich höher liegt. Die maximale Differenz der Wandtemperatur und der Druckverlust sind in Abb. 19 links dargestellt. Bei einem Volumenstrom von 8,5 l/min erreicht die Modellvariante mit 12 Windungen eine Temperaturdifferenz an der Kanalinnenwand von 2,3 K und liegt damit 2,2 K unter dem Referenzwert. Außerdem ist hier der Druckverlust mit 0,9 bar um 0,1 bar geringer als im Referenzkanal mit 14 Windungen. Bei 14 Windungen entsteht für die Temperaturdifferenz ein lokales Minimum von 1,9 K. Im Vergleich zum Referenzmodell ist diese um 2,6 K geringer, der Druckverlust jedoch um 0,3 bar höher. In der Konsequenz kann mit einer Verjüngung der Kanalbreite entlang des Windungsverlaufs eine deutliche Reduzierung des Temperaturgradienten bei gleichzeitiger Reduzierung der Druckverluste im Strömungskanal erreicht werden.

4 Zusammenfassung

In diesem Abschnitt wurden zwei Aspekte zur Verbesserung der fluidischen Temperierung von Werkzeugmaschinen vorgestellt. Diese beziehen sich auf das Systemverhalten auf der einen Seite und die Gestaltung der Kühlhülse für die Hauptspindel auf der anderen Seite. Für die systemischen Aspekte wird die Verwendung von lastabhängigen dezentralen Kühlstrukturen als sinnvoll erachtet, um auf der einen Seite die Werkzeugmaschine gut zu temperieren und auf der anderen Seite die Energieaufnahme der fluidischen Systeme zu reduzieren, da diese einen erheblichen Anteil an der Gesamtenergieaufnahme der Werkzeugmaschine ausmachen.

Bei der Gestaltung der Kühlhülse ist darauf zu achten, dass die beiden Hauptaspekte: Steigerung des Wärmeübergangskoeffizient und Reduzierung der (Druck-)

Verluste gegeneinander abgewogen werden. Ein wichtiger Aspekt für einen hohen Wärmeübergangskoeffizient ist die Strömungsform des Fluids innerhalb der Kühlhülse. Diese sollte möglichst im turbulenten Bereich sein, um thermische Grenzschichten zu verhindern. Weiterhin ermöglicht die Reduzierung der Kanalbreite entlang der Strömung eine deutliche Reduzierung des Temperaturgradienten bei gleichzeitiger Reduzierung der Druckverluste im Strömungskanal erreicht werden.

Literatur

Abele E, Dittrich M, Eisele C, Kessing O, Köblen W, Rudolph M, Rummel W (2012) Energieeffiziente Produktionsmaschinen durch Simulation in der Produktentwicklung – Ergebnisbericht des BMBF Verbundprojekts eSimPro. PTW TU Darmstadt, Darmstadt

Abele E, Kuhrke B, Rothenbücher S (2010) Entwicklungstrends zur Erhöhung und Bewertung der Energieeffizienz spanender Werkzeugmaschinen in *Energieeffiziente Produkt- und Prozessinnovationen in der Produktionstechnik: eniPROD*; Tagungsband = Energy-efficient product and process innovation in production engineering, p. 99–120

Abele E, Sielaff T, Beck M (2013) Schlussbericht zum Projekt Maxiem – Maximierung der Energieeffizienz spanender Werkzeugmaschinen. Darmstadt

Ansys (2014a) ANSYS CFX solver modeling guide. Canonsburg USA

Ansys (2014b) ANSYS CFX solver theory guide. Canonsburg USA

Augstein E, Nelles J, Wurm A (2012) Energieeffiziente Kühlsysteme für Werkzeugmaschinen. wt Werkstattstechnik online Jahrgang 102 Ausgabe 5 p. 306–311

Bossmann B, Tu JF (1999) A thermal model for high speed motorized spindles. Int J Mach Tools Manuf 39:1345–1366. https://doi.org/10.1016/S0890-6955(99)00005-X

Brecher C (2012) Effizienzsteigerung von Werkzeugmaschinen durch Optimierung der Technologien zum Komponentenbetrieb – *EWOTeK*: Verbundprojekt im Rahmenkonzept „Forschung für die Produktion von morgen", „Ressourceneffizienz in der Produktion" des Bundesministeriums für Bildung und Forschung (BMBF). Apprimus Verlag, Aachen

CADFEM GmbH (2013) Heat transfer calculation with ANSYS CFX. Seminar Notes

Clariant International GmbH (2016) Clariant antifrogen online calculator [WWW Document]. www.clariant.com. URL www.clariant.com

Denkena B, Doreth K, Noske H, Davis R (2015) LEANERGIE – Lebenszyklusorientierte Lösungen und Dienstleistungen für Gestaltung und Betrieb energieeffizienter Werkzeugmaschinen. Institut für Fertigungstechnik und Werkzeugmaschinen, Leibniz Universität Hannover, Hannover

Lemmon EW, Bell IH (2016) Thermophysical properties of fluid systems. NIST Chemistry Web Book

Müller B, Gebauer M, Hund R, Kotzian M, Malek R, Polster S (2014) Ressourceneffiziente Blechwarmumformung durch innovative Werkzeugtemperierung mittels laserstrahlgeschmolzener Werkzeugaktivkomponenten in Innovationsallianz. Green „Carbody Technologies" – InnoCaT: Forschung für die Energie-und Ressourceneffizienz im Automobilbau. p. 88–91, Fraunhofer Verlag, Stuttgart

Schmidt EF (1967) Wärmeübertragung und Druckverlust in Rohrschlangen. Chem Ing Tech 39:781–789

Shabi L (2020) Themo-energetisch optimierte Fluid-Systeme für Werkzeugmaschinen (Dissertation). Technische Universität Dresden, Dresden

Sigloch H (2009) Technische Fluidmechanik, 7. Aufl. Springer, Berlin

Stephan P, Kind M, Schaber K, Wetzel T, Mwews D, Kabelac S (2019) VDI-Wärmeatlas, 11., bearb. und erw. Aufl. Springer, Wiesbaden

Weber J, Weber J (2013a) Thermo-energetic analysis and simulation of the fluidic cooling system of motorized high-speed spindles. In: Presented at the 13th Scandinavian international conference on fluid power, Linköping, Schweden

Weber J, Weber J (2013b) Analyse und Simulation der fluidischen Kühlung einer einfach gewendelten Motorspindelkühlhülse. O+P J 3:4–15

Weber J, Weber J (2014) Thermo-energetic modelling of fluid power systems. Thermo-energetic design of machine tools. In: Thermo-energetic design of machine tools. Springer International Publishing, S 49–60

Weber J, Shabi L, Weber J (2016a) Thermal impact of different cooling sleeve's flow geometries in motorized high-speed spindles of machine tools. In: Proceedings of the ASME 2016 9th FPNI Ph.D symposium on fluid power. Presented at the 9th FPNI Ph.D symposium on fluid power, Florianópolis, Brazil

Weber J, Weber J, Shabi L, Lohse H (2016b) Energy, power and heat flow of the cooling and fluid systems in a cutting machine tool. In: Procedia Cirp. Presented at the 7th HPC 2016 – CIRP conference on high performance cutting, S 99–102. https://doi.org/10.1016/j.procir.2016.03.177

Weber J, Shabi L, Weber J (2018) State of the art and optimization of the energy flow in cooling systems of motorized high-speed spindles in machine tools. In: Procedia CIRP. Presented at the 11th CIRP conference on intelligent computation in manufacturing engineering, S 81–86

Yoo G, Choi H, Dong W (2012) Fluid flow and heat transfer characteristics of spiral coiled tube: effects of Reynolds number and curvature ratio. J Cent South Univ 19:471–476

Open Access Dieses Kapitel wird unter der Creative Commons Namensnennung 4.0 International Lizenz (http://creativecommons.org/licenses/by/4.0/deed.de) veröffentlicht, welche die Nutzung, Vervielfältigung, Bearbeitung, Verbreitung und Wiedergabe in jeglichem Medium und Format erlaubt, sofern Sie den/die ursprünglichen Autor(en) und die Quelle ordnungsgemäß nennen, einen Link zur Creative Commons Lizenz beifügen und angeben, ob Änderungen vorgenommen wurden.

Die in diesem Kapitel enthaltenen Bilder und sonstiges Drittmaterial unterliegen ebenfalls der genannten Creative Commons Lizenz, sofern sich aus der Abbildungslegende nichts anderes ergibt. Sofern das betreffende Material nicht unter der genannten Creative Commons Lizenz steht und die betreffende Handlung nicht nach gesetzlichen Vorschriften erlaubt ist, ist für die oben aufgeführten Weiterverwendungen des Materials die Einwilligung des jeweiligen Rechteinhabers einzuholen.

Optimierte Temperierung von Maschinengestellen für unsymmetrische Lasteinträge

Christoph Steiert, Juliane Weber, Arvid Hellmich, Alexander Geist, Sarah Mater, Janine Glänzel, Jürgen Weber und Steffen Ihlenfeldt

1 Einführung

Die in Kap. 18 vorgestellte Methodik zum Betrieb von Kühlsystemen in Werkzeugmaschinen wird in diesem Kapitel exemplarisch am Beispiel eines Maschinengestells angewandt. Es wurde in der Vergangenheit die verformungsgerechte Temperierung von Gestellstrukturen aus Polymerbeton untersucht und dabei mehrere Einzelkreisläufe, die einzeln oder gekoppelt betrieben wurden eingesetzt

---

C. Steiert (✉) · J. Weber · J. Weber
Professur für Fluid-Mechatronische Systemtechnik, TU Dresden, Dresden, Deutschland
E-Mail: christoph.steiert@tu-dresden.de

J. Weber
E-Mail: juliane.weber@tu-dresden.de

J. Weber
E-Mail: juergen.weber@tu-dresden.de

A. Hellmich · S. Mater
Fraunhofer-Institut für Werkzeugmaschinen und Umformtechnik IWU, Dresden, Deutschland
E-Mail: arvid.hellmich@iwu.fraunhofer.de

A. Geist · J. Glänzel
Fraunhofer-Institut für Werkzeugmaschinen und Umformtechnik IWU, Chemnitz, Deutschland
E-Mail: Alexander.Geist@iwu.fraunhofer.de

J. Glänzel
E-Mail: Janine.Glaenzel@iwu.fraunhofer.de

S. Ihlenfeldt
Professur für Werkzeugmaschinenenentwicklung und adaptive Steuerungen, TU Dresden, Dresden, Deutschland
E-Mail: steffen.ihlenfeldt@tu-dresden.de

© Der/die Autor(en) 2025
C. Brecher, *Thermo-energetische Gestaltung von Werkzeugmaschinen*,
https://doi.org/10.1007/978-3-658-45180-6_18

(Schneider 2013). Dabei wurden TCP-Hauptverlagerungen gemessen und um mindestens 50 % reduziert, wodurch sich die Bearbeitungsgenauigkeit von Prüfwerkstücken verbesserte. Energetische Aspekte wurden in diesem Zusammenhang nicht betrachtet. Aus diesem Grund wird der Einsatz solcher Systeme mit Bezug zu thermo-energetischen Fragestellungen weiter untersucht und die Ergebnisse nachfolgend dargestellt.

Ein auf WZM übertragbarer Ansatz zur energetischen Optimierung von Temperierkreisläufen kommt aus der Haustechnik. In einem Konzept der Firma WILO versorgen dezentrale Miniaturpumpen, die am Rücklauf von Heizkörpern installiert sind, Räume nur bei Bedarf mit Wärme und ermöglichen so eine energieeffiziente Beheizung von Gebäuden. Dabei ersetzen sie die üblicherweise vorhandene zentrale Pumpe der Heizungsanlage. Die Regelung erfolgt über einen zentralen Server, der die vorhandene Raumtemperatur mit einem Sollprofil vergleicht. Wird Wärme benötigt, steuert der Server die Drehzahlen der einzelnen Pumpen und gibt der Therme eine Vorlaufsolltemperatur und Sollabsenkungszeiten vor. Auf diese Weise konnte im Langzeitversuch eine Einsparung von 19 % der Heizenergie nachgewiesen werden (Sinnesbilcher et al. 2010).

Im folgenden Abschnitt wird eine Methodik zur Modellierung gezeigt, mit deren Anwendung auf das Maschinengestell eine verbesserte thermische Stabilität und Energieeffizienz erzielt werden kann.

2 Methodik zur thermischen und energetischen Optimierung von Maschinengestellen

2.1 Parametrisches Simulationsmodell

Unter Berücksichtigung der Anforderungen und Fähigkeiten der unterschiedlichen Simulationsumgebungen wird zunächst eine ganzheitliche Modellierungsmethodik für die Erstellung eines parametrischen Simulationsmodells des Maschinengestells entwickelt (s. Abb. 1). Die Methodik berücksichtigt sowohl die Vorgehensweise innerhalb der jeweiligen Simulationsumgebung (spaltenweise dargestellt) als auch die zwischen den verschiedenen Modelltypen ausgetauschten Informationen. Im Ergebnis liegen modellspezifisch unterschiedliche Zielsetzungen vor: Mit FE- und CFD-Simulationen werden die thermischen, thermo-elastischen und strömungsmechanischen Prozesse in hoher räumlicher Auflösung simuliert, um im weiteren Verlauf optimale Designparameter (z. B. Kanalgestaltung und -positionierung) ableiten zu können. Diese Methoden sind jedoch vergleichsweise aufwendig in Setup und Berechnung und können jeweils nur für einen begrenzten Teil des Gesamtsystems eingesetzt werden. Sie bilden aber die Grundlage für die Ableitung eines ganzheitlichen Netzwerkmodells, das weniger Rechenleistung benötigt und kürzere Simulationszeiten aufweist, sodass der Modellumfang auch auf unterschiedliche physikalische Domänen und instationäre Randbedingungen (wie z. B. prozessabhängige

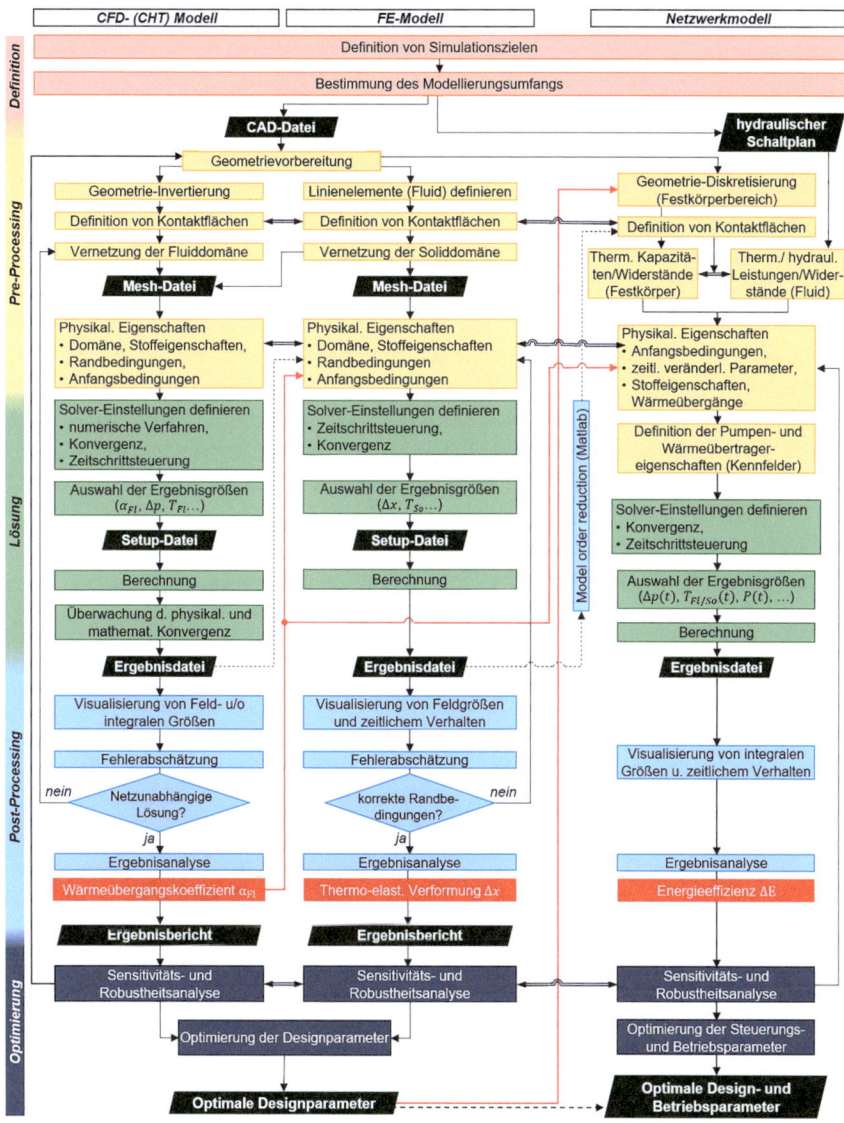

Abb. 1 Überblick zur Modellierungsmethodik und den zwischen den Simulationsumgebungen ausgetauschten Parametern, nach (Weber et al. 2018a)

Schwankungen von Verlustleistungen, Variation der Durchflussmengen) erweitert werden kann. Erst die gemeinsame Beschreibung von Maschinengestell und fluidischen Temperiersystemen einschließlich deren Regelung im parametrischen, thermo-hydraulischen Gesamtmodell (vgl. Abb. 3, rechts unten) ermöglicht die Systemauslegung und Entwicklung von Regelungsstrategien, um die Temperiersysteme auch in ihren Betriebsparametern hinsichtlich Energieeffizienz und größtmöglicher Homogenität des Temperaturfeldes optimal auszulegen.

Problemdefinition

Im ersten Arbeitsschritt wird auf Basis von bereitgestellten CAD-Daten von Maschinengestell und Bearbeitungseinheit sowie den hydraulischen Schaltplänen der Fluidsysteme ein vereinfachtes, parametrisches Entwurfsmodell entwickelt. Abb. 2 fasst die vorgenommenen Vereinfachungen in Bezug auf Modellgeometrie und -umfang des Maschinenbettes sowie die wesentlichen Designparameter der Temperiersysteme zusammen.

Pre-Processing

Im Zuge des Pre-Processings werden Kontaktflächen separiert und nach einer einheitlichen Nomenklatur benannt, um zum einen die Randbedingungen entsprechend der entwickelten Belastungsszenarien definieren zu können. Zum anderen dienen sie als Schnittstellen zwischen den verschiedenen Modelltypen und ermöglichen so einen automatischen Austausch der jeweiligen Ergebnisgrößen. Darüber hinaus ist es notwendig, die erforderliche Diskretisierung (Ergebnisgenauigkeit vs. Elementanzahl) der Festkörper- und Fluiddomänen näher zu analysieren. Gerade bei der Analyse der Wärmeübergänge (Fluid-Festkörper) können in wandnahen Bereichen infolge turbulenter Strömungsverhältnisse hohe Gradienten auftreten, weshalb diese außerordentlich fein vernetzt werden müssen (s. Abb. 3).

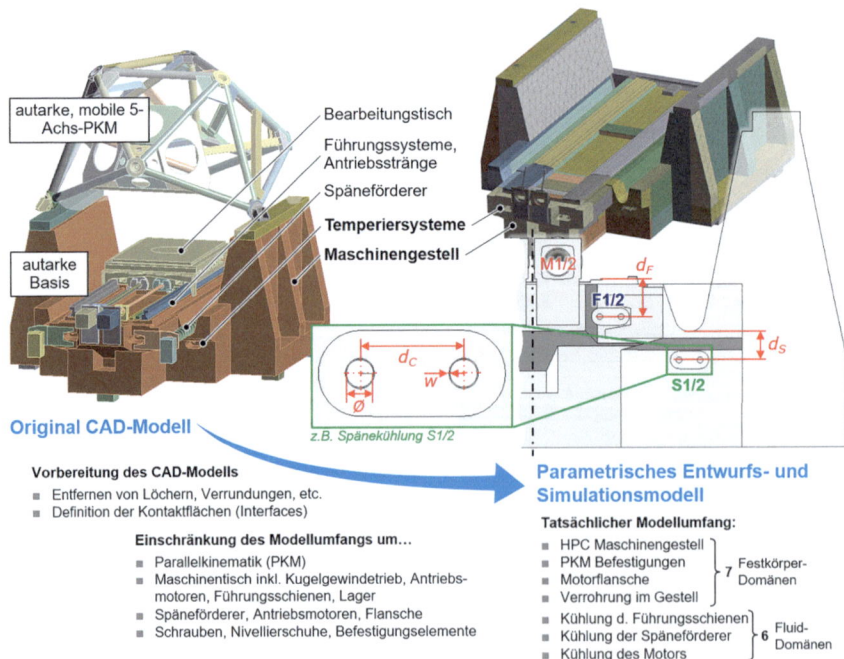

Abb. 2 CAD-Datenbasis und Modellumfang des parametrischen Entwurfs- und Simulationsmodells

Optimierte Temperierung von Maschinengestellen … 293

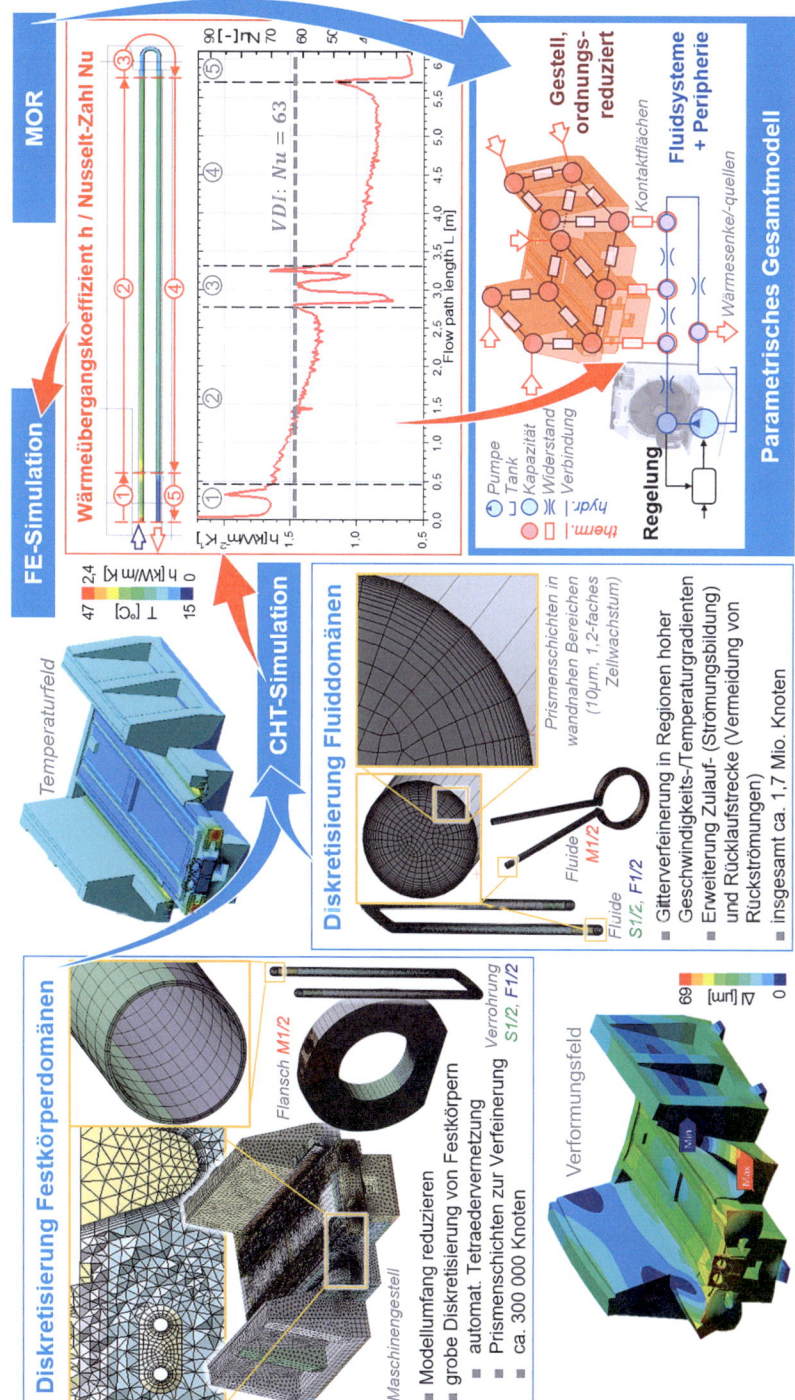

Abb. 3 Erstellung des parametrischen Simulationsmodells unter Berücksichtigung der Wechselwirkungen zwischen Maschinengestell, Fluidsystem und Regelung, nach (Weber et al. 2018b)

Zu diesem Zweck werden detaillierte Untersuchungen zur Gitterabhängigkeit und den Wechselwirkungen zwischen Fluid und Maschinengestell durchgeführt. Es wird ein konjugiertes Wärmeübergangsmodell (Conjugate Heat Transfer CHT) aufgebaut, welches neben der Fluidströmung auch den Wärmeübergang und die Wärmeleitung in den Festkörperdomänen berücksichtigt. Auf diese Weise kann der Wärmeübergangskoeffizient h in Abhängigkeit von Kanalgeometrie, Strömungsgeschwindigkeit und Wärmeeintrag als Kennfeld bestimmt werden. Da der Wärmeübergangskoeffizient andernfalls nur anhand empirischer Gleichungen abgeschätzt werden kann, die für wenige Spezialfälle gelten (z. B. konstante Temperatur oder Wärmestromdichte über der gesamten Wand) und in diesem komplexen Fall nicht zutreffen, liefert dieses Vorgehen eine zusätzliche Datenbasis für die FE- und Netzwerkmodellierung.

Das FE-Modell berücksichtigt das Maschinengestell und hinsichtlich der Wärmeübertragung relevante Anbauteile wie z. B. die integrierte Verrohrung des Temperiersystems (s. Festkörperdomänen in Abb. 2 rechts). Die Bearbeitungseinheit ist nicht Bestandteil dieses FE-Modells, da diese Komponente über ein eigenes, separat betriebenes Kühlsystem verfügt.

Um die rechnerische Effizienz des FE-Modells zu maximieren, wird eine Studie zum Einfluss des notwendigen Detaillierungsgrads der relevanten Baugruppen durchgeführt. Ein Schwerpunkt ist die in den Mineralbeton eingebrachte Stahlarmierung, die zu anisotropen Materialeigenschaften des Maschinengestells führt. Dazu wird ein Ersatzmodell zur iterativen Bestimmung der angepassten Materialdaten auf Basis unterschiedlicher Armierungsdichten ermittelt. Dies erlaubt eine hinreichend genaue Abbildung des thermischen Verhaltens, ohne jedoch die Strukturen im Detail modellieren zu müssen. Die entsprechende Methodik ist in Abb. 4 dargestellt und in (Glänzel et al. 2020) ausführlich beschrieben.

Zur weiteren Vereinfachung werden die Fluide aller Temperiersysteme (Motor-, Späne- und Führungsschienen) mit Linienelementen (Fluid116) modelliert, welche anhand von Strömungsquerschnitt, Massenstrom und den aus der CHT-Simulation ermittelten Wärmeübergangskoeffizienten parametriert werden. Anschließend lässt sich das FE-Modell des Maschinengestells mit den in Kap. „Rechenzeitsparende Modellierung" entwickelten Methoden der Modellordnungsreduktion in ein

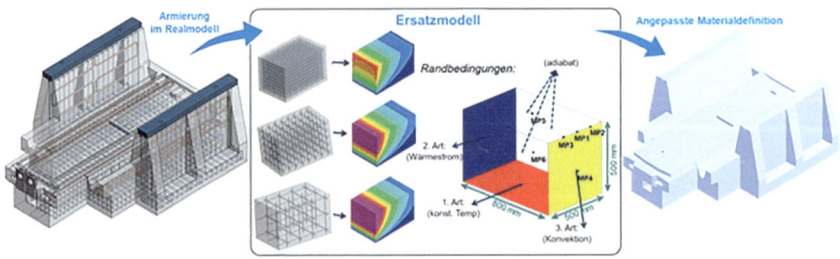

Abb. 4 Materialdefinition zur Berücksichtigung der Armierung im Gestell auf Grundlage eines Ersatzmodells, nach (Glänzel et al. 2019)

Netzwerkmodell überführen. Parallel dazu kann auf Basis der numerischen Ergebnisse ein kombiniertes thermo-hydraulisches Netzwerkmodell entwickelt werden, welches neben den im Maschinengestell eingebetteten Temperierkreisläufen auch sämtliche funktionsrelevante Peripherie (wie Behälter, Pumpen, Ventile, Wärmeübertrager, Verrohrung, s. Abb. 5) und deren Ansteuerung/Regelung beinhaltet (s. Abschn. „Zusammenfassung" Simulation und (Steiert et al. 2020). Im weiteren Vorgehen können die so entstandenen Modelle in einer gemeinsamen Simulationsumgebung (z. B. Matlab/Simulink) zu einem Gesamtmodell kombiniert werden.

Post-Processing
Den Abschluss der Modellierung bildet ein Modellabgleich für das Temperatur- und Verlagerungsfeld am Gestell sowie für die hydraulischen und thermischen Größen in den Fluidkreisläufen anhand vergleichender simulativer Analysen (FEM-CHT-Netzwerk) und experimenteller Untersuchungen. Die Ergebnisse werden in geeigneter Form dargestellt, um die sich anschließende Optimierung zu erleichtern und die richtigen Schlüsse zu ziehen.

2.2 Anwendung der Methodik zur Optimierung eines Maschinengestells aus Mineralbeton

Modellbildung
Zur Anwendung der in Abschn. 2.1 vorgestellten Methodik auf ein Maschinengestell aus Mineralbeton (High Performance Concrete HPC) werden im Pre-Processing zunächst die technischen Parameter der verschiedenen Domänen erfasst. Die hydraulischen Kenndaten des Verteil- und Temperiersystems ergeben sich aus den Datenblättern. Weiterhin werden die Sensorpositionen und die Materialparameter

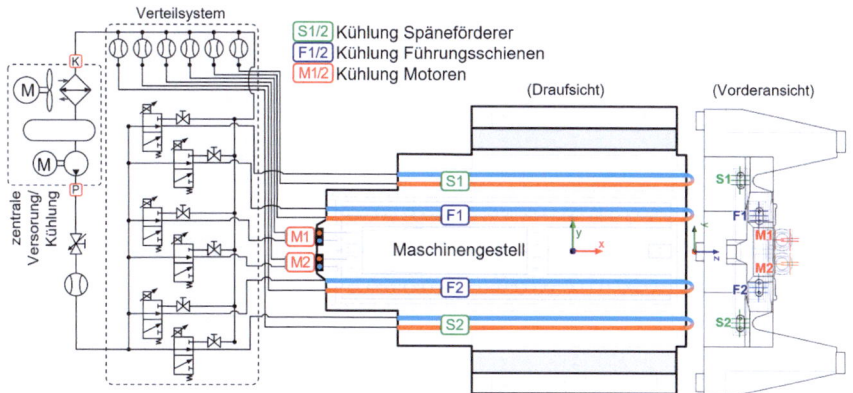

Abb. 5 HPC-Maschinengestell und Aufbau der fluidischen Temperiersysteme inkl. Peripherie, nach (Weber et al. 2018a)

der einzelnen Baugruppen des HPC-Maschinengestells erfasst. Hierbei sind speziell die Materialparameter des Maschinengestells detailliert zu untersuchen, um den Einfluss der im Gestell eingebetteten Stahlarmierung zu quantifizieren. Ihr Einfluss wird anhand einer angepassten Materialdefinition im Simulationsmodell berücksichtigt, deren Ermittlung (Glänzel et al. 2019) beschreibt. Das HPC-Maschinengestell hat ein Gewicht von 18 t und verfügt über 23 integrierte Temperatursensoren. Durch die zusätzliche Anbindung von Spänefördereinheiten, Linearführungen, einem Bearbeitungstisch und einer parallelkinematischen Bearbeitungseinheit der Firma Metrom sind reale Fertigungsprozesse möglich.

Der Aufbau des fluidischen Systems ist in Abb. 5 dargestellt. Es besteht aus sechs Temperierkreisläufen, wobei M1/2 die beiden Motoraufnahmen für den Antrieb des Bearbeitungstischs, F1/2 die Führungsschienen und S1/2 die Kanäle unterhalb der Spänefördereinheiten temperieren. Die Versorgung erfolgt durch ein separat aufgestelltes Fluid-Luft-Kühlsystem (FLKS) mit integrierter Umwälzpumpe. Die Verteilung des Volumenstroms auf die einzelnen Temperierkreisläufe erfolgt über Regelventile, die durch einen Steuerungs-PC angesteuert werden. Die Modellierung erfolgt mit der in Abschn. „Zusammenfassung". Simulation vorgestellten Modellierungsmethodik.

Mit Hilfe von Lastdaten werden typische industrielle Belastungsfälle abgeleitet und einzelne Lastbereiche quantifiziert, die im Post-Processing zum Modellabgleich verwendet werden. Es werden sechs Lastfälle für die Temperierung des HPC-Maschinengestells über das Fluid definiert, um die Datenbasis für nachfolgende Simulationen zu liefern. Ein beispielhafter Abgleich kann in (Steiert et al. 2020) nachgeschlagen werden. Um der Unsicherheit der Umgebungstemperatur zu begegnen, werden zusätzliche Temperatursensoren in unterschiedlichen Höhen installiert, die die Temperatur der einzelnen Luftschichten und die Temperaturänderungen im Tages- und Nachtzyklus aufzeichnen (Abb. 6).

Damit liegt für das HPC-Maschinengestell ein parametrisches Simulationsmodell inklusive Temperierkreisläufen und Steuerung vor, welches die thermo-energetischen Wirkzusammenhänge ganzheitlich beschreibt und die Untersuchungsbasis für weitere Analysen bildet. In Summe können 23 Geometrieparameter in

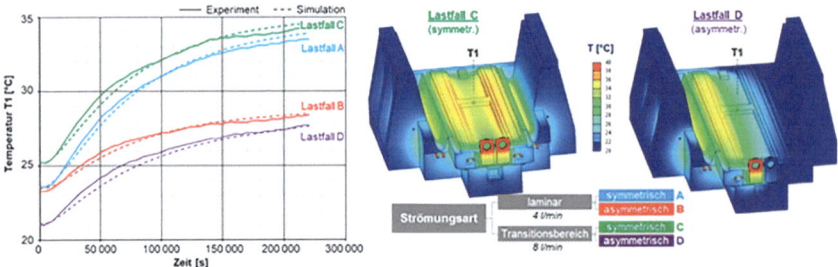

Abb. 6 Validierung der Simulation am Temperaturmesspunkt T1 für laminare/turbulente Strömung sowie symmetrische/asymmetrische Temperierung

bestimmten Grenzen variiert werden. Die Parameter umfassen vor allem die Lageparameter der einzelnen Fluidkanäle (Späneförderer, Führungsschienen, Wangenkreisläufe) sowie Formparameter des Kanals selbst (Wandstärke, Innendurchmesser, Rohrabstand, etc.). Eine Übersicht über die analysierten Geometrieparameter zeigt Abb. 7.

Optimierung
Ziel der modellgestützten Sensitivitätsanalyse und Untersuchung zum optimalen Arbeitspunkt ist es, den Einfluss der Lage der Fluidkanäle auf das zeitliche Temperaturfeld im Maschinengestell zu ermitteln. Die Gestalt der Fluidkanäle (Durchmesser, Abstand, Wandstärke) beeinflusst den Wärmedurchgang vom Fluid über die Kanalwandung an das Maschinengestell. Die Ergebnisse der Sensitivitätsanalyse dienen als Grundlage und Empfehlung für die Gestaltung und Auslegung der Kanäle im späteren Funktionsdemonstrator. In der Variantenrechnung wurden jeweils die Maxima und Minima der Positionsparameter berechnet und mit dem Ausgangsmodell verglichen. Im Hinblick auf ein thermisch stabiles Gestell wird als Zielgröße die Standardabweichung aller 23 Temperaturmessstellen minimiert. Bei der Bestimmung des optimalen Rohrdurchmessers werden unterschiedliche Nenndurchmesser im Bereich von 6 bis 60 mm betrachtet. Dabei zeigt sich, dass kleinere Durchmesser bei gleichem Volumenstrom einen besseren Wärmeübergang aufweisen als größere Durchmesser, da die höhere Strömungsgeschwindigkeit infolge der turbulenteren Strömung und besseren Fluiddurchmischung zu einem höheren Wärmeübergangskoeffizienten führt. Dies geht jedoch zulasten der Pumpenleistung aufgrund des höheren Druckverlustes, der durch die zunehmende viskose Reibung im Fluid entsteht (Abb. 8).

Der Einfluss der Turbulenz als Funktion des Rohrinnendurchmessers für einen bestimmten Volumenstrom ist in Abb. 9 zu sehen. Die besten Ergebnisse werden mit Rohrinnendurchmessern zwischen 10 und 18 mm erzielt. Zu geringe Durchmesser führen wiederum zu schlechteren Ergebnissen, da die wirksame Übertragungsfläche im Verhältnis zum Wärmeübergangskoeffizienten zu stark abnimmt.

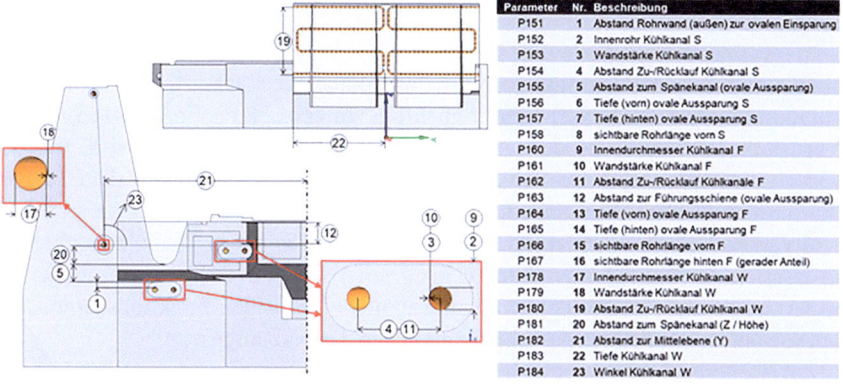

Abb. 7 Übersicht aller Geometrieparameter in der Sensitivitätsanalyse

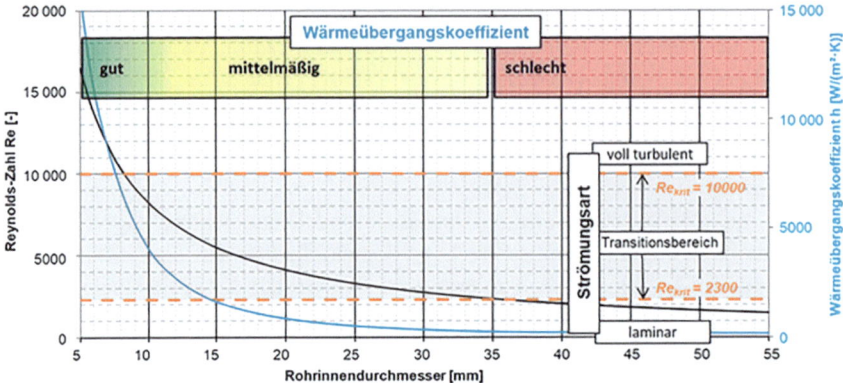

Abb. 8 Verlauf der Reynolds-Zahl Re und des Wärmeübergangskoeffizienten h für eine Rohrströmung als Funktion des Rohrinnendurchmessers bei konstantem Volumenstrom von 3,7 l/min

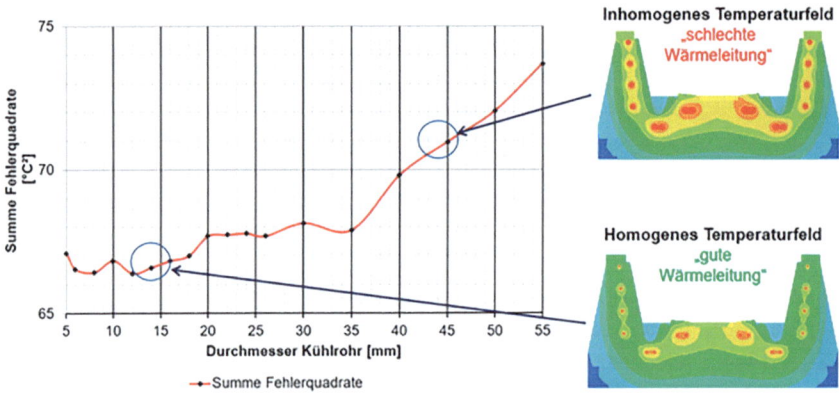

Abb. 9 Homogenität des Temperaturfeldes in Abhängigkeit des Rohrinnendurchmessers (kleine Summe aller Fehlerquadrate = homogeneres Temperaturfeld)

Auch steigt der Druckverlust ab einem kritischen Wert sehr stark an. Zu große Rohrdurchmesser (>35 mm) führen ebenfalls zu schlechten Ergebnissen, da der Wärmeübergang aufgrund der laminaren Strömung stark gehemmt wird. Als Bewertungskriterium wird die Summe aller Fehlerquadrate gegenüber dem Temperaturmittelwert aller 23 Temperaturmesspunkte gewählt. Anhand der Ergebnisse wird vorgeschlagen, einen zusätzlichen Temperierkreislauf in Mäanderausführung im Bereich der Gestellunter-seite zu integrieren, um die Temperaturhomogenität weiter zu steigern. Diese Idee wird im Rahmen eines neuen Funktionsdemonstrators sowohl im Modell als auch in einem realen Aufbau umgesetzt.

Zur weiteren Verbesserung bezüglich der Homogenisierung des Temperaturfeldes wird zusätzlich eine Wangentemperierung in das Modell integriert. Damit stehen vier weitere Temperierkreise als Freiheitsparameter für die Gestelltemperierung zur Verfügung. Im realen HPC-Maschinengestell ist diese Wangentemperierung nicht vorhanden, sodass für die Experimente nur sechs Fluidkreisläufe zur Verfügung standen. In den Experimenten treten an den oberen Wangenpunkten Verlagerungen von insgesamt bis zu 1,2 mm in Y-Richtung auf. Dies ist auf den inhomogenen Wärmeeintrag und den langen Wirkhebelarm der Wange zurückzuführen. Im Modell konnte gezeigt werden, dass durch die zusätzlichen Wangenfluidkreisläufe ein deutlich homogeneres Temperaturfeld erzeugt werden kann, was sich auch positiv auf die Gesamtverlagerung auswirkt (s. Abb. 9).

Aus den Erfahrungen mit dem HPC-Maschinengestell leiten sich bestimmte konstruktive Anpassungen für den optimierten Funktionsdemonstrator ab. Es ist wichtig, die Temperatursensoren in ausreichendem Abstand zu Gestellwerkstoffen mit hoher Wärmeleitfähigkeit (Armierungsrippen, Blechteile) zu platzieren, da sonst eine hohe Dynamik in der Temperatur gemessen wird, die so bspw. nur in der Armierung auftritt. Dies kann zu falschen Reaktionen des fluidischen Temperiersystems führen und damit einen negativen Einfluss auf die Produktionsgenauigkeit haben.

Auf Basis der Simulationsergebnisse werden weitere konstruktive Anpassungen hinsichtlich der Anzahl und Anordnung der Fluidkanäle vorgenommen. Auf Grundlage der Sensitivitätsanalyse in Abschn. 2.3 wird der Innendurchmesser der Fluidkanäle auf 14 mm festgelegt. Die Fluidkanäle temperieren drei Bereiche. Im Aufstellbereich wird eine bifilare Spirale verwendet, wie sie auch in Fußbodenheizungen eingesetzt wird. Diese dient der thermischen Entkopplung zwischen Maschinengestell und Hallenboden. Der zweite Bereich umfasst die Wangen des Gestells. In jeder der beiden Wangen werden zwei in Mäandern verlaufende Temperierkanäle eingesetzt, welche dezentral angesteuert werden können. Mit der Temperierung der Wangen kann auf Schwankungen der Umgebungsbedingungen reagiert werden (z. B. Hallentemperatur, Sonneneinstrahlung). Der letzte Bereich befindet sich zentral unter der Späne-aufnahme. Hier werden ebenfalls zwei Temperierkanäle mäanderförmig integriert. Diese sollen vor allem die Wärme, die durch die Späne in das Maschinengestell eingetragen wird, aus dem Gestell wieder austragen. Das Maschinengestell besitzt eine Stahlhülle, die mit Hydropol® ausgegossen ist. Aufgrund der höheren Wärmeleitfähigkeit der Stahlhülle besitzt das Maschinengestell im Oberflächenbereich eine bessere Wärmeverteilung und ermöglicht damit eine Homogenisierung des Temperaturfelds. Um dem Maschinengestell definierte Wärmelasten aufzuprägen, werden 20 Heizfolien aus Polyamid mit einem Wärmeleitkleber im Innenraum des Maschinengestells angebracht. Zusätzlich wird ein Infrarotstrahler installiert, um z. B. die Sonneneinstrahlung zu simulieren (s. Abb. 11). Diese Maßnahmen sind notwendig, da für die experimentellen Untersuchungen keine Bearbeitungseinheit auf dem Maschinengestell installiert werden kann.

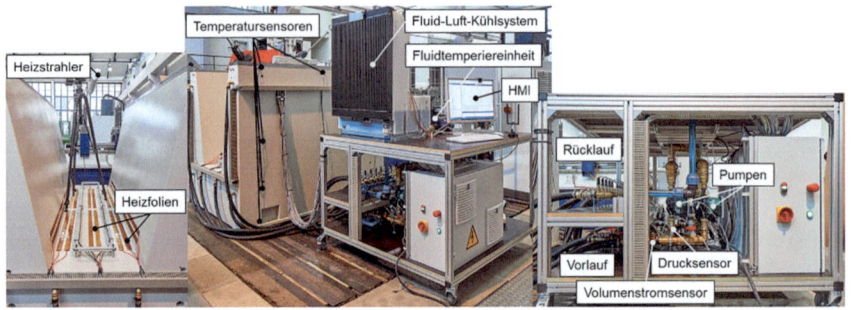

Abb. 10 Versuchsaufbau neuer Funktionsdemonstrator mit FRAMAG-Maschinengestell und HYDAC Kühlsystem

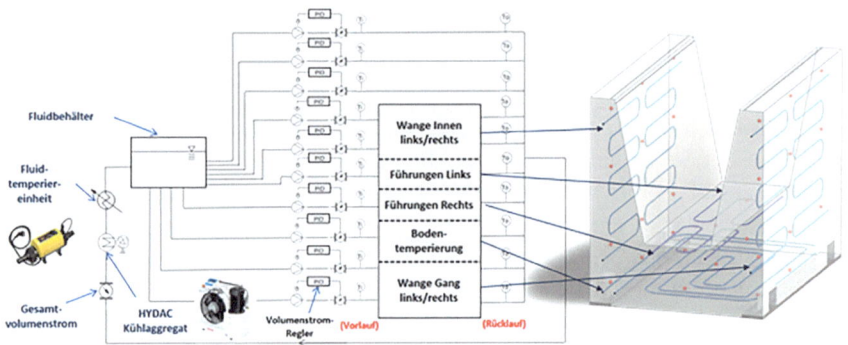

Abb. 11 Aufbau des optimierten Funktionsdemonstrators

Fluidsystem

Das Fluidsystem stellt das für die Temperierung notwendige Fluid bereit. Es besteht aus einem Fluid-Luft-Kühlsystem (FLKS) der Firma Hydac mit einer spezifischen Kühlleistung von 1 kW/K bei 70 l/min. Dieses ermöglicht eine effiziente Temperierung des Fluids, ist allerdings nicht in der Lage, das Fluid unter die Umgebungstemperatur zu kühlen. Hier muss mit dem Anwender geprüft werden, ob eine solche Kühlung notwendig ist und ein Kälteaggregat eingesetzt werden muss oder ob ein FLKS ausreichend ist. Die Umwälzung des Fluids übernehmen Hocheffizienzpumpen, wie sie im Heizungsbau verwendet werden. Dabei wird für jeden Temperierkreislauf eine Pumpe vorgesehen, sodass eine dezentrale Temperierung des Maschinengestells ermöglicht wird, da die Temperierkreisläufe unabhängig voneinander mit Fluid durchströmt werden können. Zusätzlich sind in jedem Kreislauf Druck, Temperatur und Volumenstromsensoren integriert, die zur Regelung und Überwachung des Systemzustands notwendig sind (Abb. 10).

3 Umsetzung der Temperaturregelung

3.1 Entwicklung von geeigneten Regelungsstrategien

Für den Funktionsdemonstrator ergeben sich sieben zu regelnde Temperierkreisläufe, wobei die Regelgröße der Mittelwert aller dem Temperierkreislauf zugeordneten Temperatursensoren ist. Die Führungsgröße kann über eine Mensch-Maschine-Schnittstelle ausgewählt werden. Zu berücksichtigen ist jedoch die Notwendigkeit einer Volumenstromregelung für jeden Temperierkreislauf. Daher wird eine kaskadierte Temperaturregelung mit unterlagerter Regelung des Volumenstroms entworfen. Die Volumenstromregelung bildet den inneren Regelkreis der Kaskade. Die einzelnen Fluidkreisläufe werden dabei als unabhängig voneinander betrachtet, was den Reglerentwurf vereinfacht (Hellmich et al. 2018b). Die durch gemeinsam genutzte Teilsysteme (Vorlauf, Rücklauf, Fluid-Luft-Kühlsystem) entstehenden Querkopplungen werden als Störgrößen betrachtet und müssen durch den Regler korrigiert werden. Es werden PI-Regler eingesetzt. Die Bestimmung der Reglerparameter erfolgt auf Basis experimenteller Verfahren (Ihlenfeldt und Hellmich 2018, Hellmich et al. 2018a).

Die Temperaturregelung bildet den äußeren Regelkreis der Kaskade. Aufgrund der gegenüber dem HPC-Maschinengestell stark modifizierten konstruktiven Gestalt des Funktionsdemonstrators wird das Maschinengestell als das zu regelnde System durch Sprungantworten identifiziert, aus dem ein vereinfachtes Modell für den Entwurf der Regler aufgebaut wird. Dabei ist das System als Mehrgrößensystem mit auftretenden Kopplungseinflüssen zwischen den einzelnen Temperierkreisläufen zu betrachten. Davon ausgehend werden zwei Regelungsstrategien untersucht, eine dezentrale PID-Eingrößenregelung und eine PID-Mehrgrößenregelung. Da die dezentrale Eingrößenregelung die auftretenden Kopplungseinflüsse nicht berücksichtigt, wird bei dieser Regelungsstrategie zusätzlich eine harmonische Stellgrößenbegrenzung integriert. Beide Reglerstrukturen werden im vereinfachten Modell umgesetzt (Mater et al. 2021). Für die Parameteroptimierung der Reglerstrukturen werden verschiedene empirische Einstellkriterien und Optimierungsverfahren erprobt und anhand mehrerer Gütekriterien miteinander verglichen. Dabei erreicht die hybride Optimierung (Partikel-Schwarm-Optimierung kombiniert mit dem Nelder-Mead-Verfahren) die höchste Regelgüte. Entsprechend werden die Parameter der hybriden Optimierung für die Messungen am Funktionsdemonstrator übernommen.

3.2 Vergleichsmessung und Ergebnisbeurteilung

Abschließend werden weitere Messungen durchgeführt, die das Potenzial der erarbeiteten Methoden dokumentieren. Abb. 11 zeigt den neuen Funktionsdemonstrator, an dem die gewonnenen Erkenntnisse umgesetzt werden. Im Fluidsystem ist diesbezüglich vor allem die Implementierung von drehzahlvariablen Antriebseinheiten zu nennen, die die Fördermenge lastabhängig anpassen. Dadurch entfällt auch die Notwendigkeit eines Bypasses, der am HPC-Maschinengestell notwendig war, um zu viel gefördertes Fluid wieder in den Tank zurückzuführen. Ein weiterer nennenswerter Unterschied ist die Reduzierung des Innendurchmessers der Fluidkanäle auf 14 mm. Diese Entscheidung wird durch die Sensitivitätsanalyse (vgl. Abschn. 2.3) gestützt.

Am optimierten Funktionsdemonstrator werden vergleichende Messungen zur Untersuchung verschiedener Regelungsstrategien durchgeführt. Dabei werden für die Temperaturregelung eine dezentrale Eingrößenregelung mit harmonischer Stellgrößenbegrenzung und eine Mehrgrößenregelung im Vergleich zu einer Zweipunktregelung als Referenzmessung untersucht.

Aus der Auswertung anhand von Integralkriterien geht hervor, dass beide Regelungsstrategien zu einer Homogenisierung des Temperaturfeldes führen. Im Vergleich zu einer zentralen Zweipunktregelung mit Hysterese ergeben sich in den Homogenitätskriterien für die dezentrale Eingrößenregelung Verbesserungen von durchschnittlich 11,5 %. Für die Mehrgrößenregelung zeigen sich Verbesserungen dieser Kriterien von durchschnittlich 18 %. Bei der Betrachtung des maximalen Temperaturfensters über den gesamten Versuch ergibt sich für die dezentrale Eingrößenregelung eine Verbesserung von 0,2 K im Vergleich zur Referenzmessung. Bei der Mehrgrößenregelung stellt sich keine Verbesserung dieses Kriteriums ein.

4 Zusammenfassung

Am Fallbeispiel „Maschinengestelle mit unsymmetrischen Lasteinträgen" können die Vorteile der dezentralen lastabhängigen Temperierung gezeigt werden. Mit der lastabhängigen Temperierung ist es möglich, das Maschinengestell trotz variierender Lastsituationen mit einem zeitlich konstanten Temperaturfeld zu betreiben. Durch den Einsatz von drehzahlvariablen Pumpen, kann der Energieeinsatz im Vergleich zu Konstantpumpen deutlich reduziert werden. Weiter ergibt sich bei der Verwendung von Fluid-Luft-Kühlsystemen ein Einsparpotenzial für die eingesetzte Energie, da diese unter der Randbedingung, dass das Fluid nicht unter Umgebungsbedingung gekühlt werden kann, effektiver arbeiten, als Kälteaggregate.

Literatur

Glänzel J, Geist A, Hellmich A, Ihlenfeldt S (2020) Simulation-based approach for optimized tempering of concrete machine frames by thermo-elastic FEM and model coupling. Presented at the SIG on Thermal Issues, EUSPEN, Aachen

Glänzel J, Geist A, Ihlenfeldt S (2019) Simulation-based investigation for heat transfer behavior of steel reinforcements in concrete machine frames and their thermal effects. J Mach Eng. Karpacz, Poland.

Hellmich A, Glänzel J, Pierer A (2018a) Analyzing and optimizing the fluidic tempering of machine tool frames. In Conference on thermal issues in machine tools. In Presented at the conference on thermal issues in machine tools, Wissenschaftliche Scripten, Auerbach/Vogtl, S 195–210

Hellmich A, Mater S, Glänzel J, Weber J, Ihlenfeldt S (2018b) Mehrwert Cyber-physischer Produktionssysteme durch domänenübergreifende Modellierung. ZWF 113:692–696

Ihlenfeldt S, Hellmich A (2018) Optimal tempering of machine tools by interconnected components and processes. Presented at the 4. Wiener Produktionstechnik Kongress – WPK 2018, Wien, Österreich

Mater S, Hellmich A, Popken J, Ihlenfeldt S (2021) Control approaches for tempering machine tool frames with multiple fluid channels and limited, jointly used actuating variable. Presented at the ICTIMT 2021, Prag

Schneider M (2013) Das „intelligente" Mineralgussbett. VDI-Z Integrierte Produktion 155

Sinnesbilcher H, Schade A, Eberl M (2010) Vergleichende messtechnische Untersuchung zwischen einer Heizungsanlage mit dezentralen Heizungspumpen (WILO Geniax) und einer konventionellen Heizungsanlage (No. ESB-003/2010 H5KI)

Steiert C, Weber J, Galant A, Glänzel J, Weber J (2020) Fluid-thermal co-simulation for a high performance concrete machine frame. In: 12th international fluid power conference (12. IFK). Presented at the 12th international fluid power conference, Technische Universität Dresden, Dresden, S 533–540. https://doi.org/10.25368/2020.6

Weber J, Glänzel J, Popken J, Shabi L, Weber J (2018a) Combined and fast computable thermal models for situationally optimal tempering of machine components. In: 12th CIRP conference on intelligent computation in manufacturing engineering. https://doi.org/10.1016/j.procir.2019.02.081

Weber J, Weber J, Hellmich A (2018b). Gekoppelte, parametrische Modelle zur Berechnung von Temperatur- und Verformungsfeldern in Maschinengestellen aus Mineralbeton. In: CADFEM GmbH (Hrsg) (2018) 36. CADFEM ANSYS simulation conference, Leipzig. Presented at the 36. CADFEM ANSYS Simulation Conference 2018

Open Access Dieses Kapitel wird unter der Creative Commons Namensnennung 4.0 International Lizenz (http://creativecommons.org/licenses/by/4.0/deed.de) veröffentlicht, welche die Nutzung, Vervielfältigung, Bearbeitung, Verbreitung und Wiedergabe in jeglichem Medium und Format erlaubt, sofern Sie den/die ursprünglichen Autor(en) und die Quelle ordnungsgemäß nennen, einen Link zur Creative Commons Lizenz beifügen und angeben, ob Änderungen vorgenommen wurden.

Die in diesem Kapitel enthaltenen Bilder und sonstiges Drittmaterial unterliegen ebenfalls der genannten Creative Commons Lizenz, sofern sich aus der Abbildungslegende nichts anderes ergibt. Sofern das betreffende Material nicht unter der genannten Creative Commons Lizenz steht und die betreffende Handlung nicht nach gesetzlichen Vorschriften erlaubt ist, ist für die oben aufgeführten Weiterverwendungen des Materials die Einwilligung des jeweiligen Rechteinhabers einzuholen.

Eigenschaftsmodellbasierte Korrektur

Robert Spierling, Mathias Dehn, Franziska Plum und Christian Brecher

1 Einleitung

Die eigenschaftsmodellbasierte Korrektur ist eine sogenannte Grey-Box-Korrektur. Sie zeichnet sich durch einen mittleren Abstraktionsgrad aus und weist noch einen Bezug zu den für thermo-elastische Fehler ursächlichen physikalischen Phänomenen der Wärmelehre auf. Der Bezug wird durch die Verwendung von Verzögerungsgliedern niedriger Ordnung (PT-Glieder) als Ansatzfunktion zur Abbildung des Maschinenverhaltens hergestellt, vgl. Abb. 1.

Der mittlere Abstraktionsgrad sichert einerseits eine eingeschränkte Fähigkeit zur Extrapolation über den parametrierten Wertebereich hinaus. Gleichzeitig ist andererseits ein geringerer Aufwand zur Parametrierung notwendig als bei White-Box-Korrekturmethoden, die auf viele einzeln zu parametrierende Submodelle zurückgreifen.

Eingangsgrößen der eigenschaftsmodellbasierten Korrektur sind maschineninterne Daten (z. B. Achsgeschwindigkeiten). Vorteil dieses Vorgehens ist, dass für Fehlerursachen, denen maschineninterne Daten zugeordnet werden können, keine zusätzliche Messtechnik notwendig ist. Dadurch fallen keine Kosten zum Kauf und Aufwände zur Einrichtung der Messtechnik an. Darüber hinaus wäre Messtechnik eine mögliche, zusätzliche Fehlerursache an der Maschine mit aktiver Korrektur.

R. Spierling · M. Dehn (✉) · F. Plum · C. Brecher
Werkzeugmaschinenlabor, Lehrstuhl für Werkzeugmaschinen, RWTH Aachen,
Aachen, Deutschland

F. Plum
E-Mail: F.Plum@wzl.rwth-aachen.de

C. Brecher
E-Mail: C.Brecher@wzl.rwth-aachen.de

© Der/die Autor(en) 2025
C. Brecher, *Thermo-energetische Gestaltung von Werkzeugmaschinen*,
https://doi.org/10.1007/978-3-658-45180-6_19

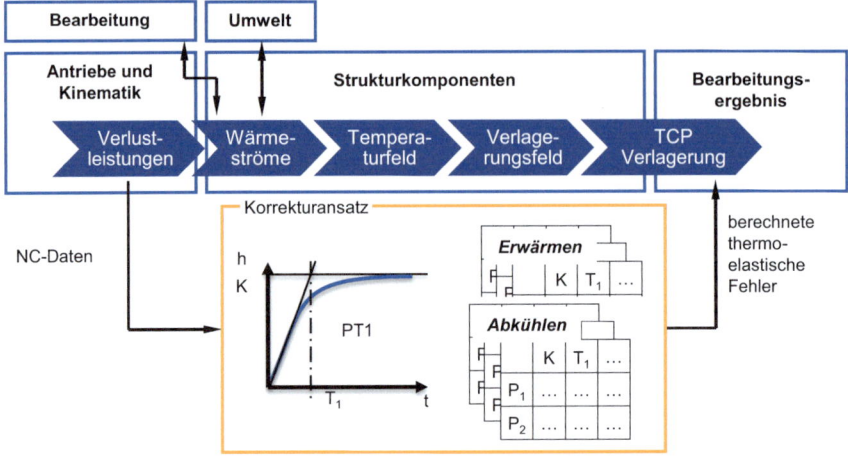

Abb. 1 Vorgehen der eigenschaftsmodellbasierten Korrektur (Grossmann 2015)

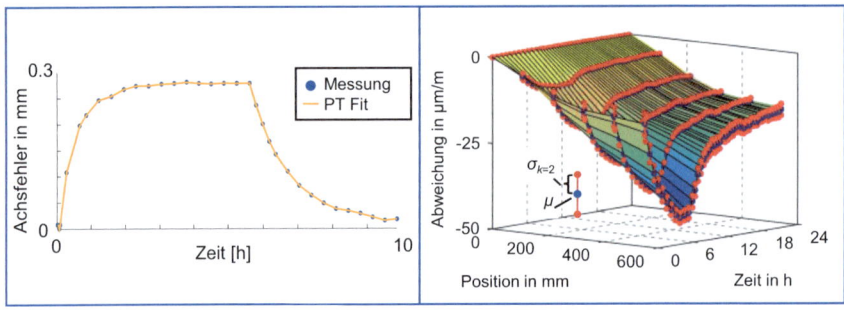

Abb. 2 Thermo-elastische Längung eines KGTs (links) (Naumann et al. 2017); Aufbau eines volumetrischen Gierfehlers (rechts) (Wennemer 2018)

Wird ein thermo-elastischer Fehler einer Achse an einem Punkt auf der Achse gemessen, resultiert ein Messschrieb wie in Abb. 2 (links) dargestellt. Eine Beschreibung mit einem PT-Glied ist im Bild ebenfalls gezeigt. Im Folgenden wird ein Ansatz beschrieben, der eine volumetrische Korrektur der thermo-elastischen Fehler ermöglicht. Die von der Maschinenpose abhängigen Anteile der Fehler werden also ebenfalls berücksichtigt, da Fehler ein über die Achslänge veränderliches Profil aufweisen können, siehe Abb. 2 (rechts).

Dieser volumetrische thermo-elastische Fehler muss sowohl räumlich (Aufbau über die Achslänge) als auch zeitlich (infolge des thermo-elastischen Verhaltens der Maschine) beschrieben werden. Dieses Vorgehen erfordert gemessene volumetrische Verlagerungsdaten für die Parametrierung der Korrektur, was mit erheblichem Aufwand für teure Messtechnik und die Auswertung verbunden ist.

Dieser Beitrag zeigt im Folgenden die Grundlagen der eigenschaftsmodellbasierten Korrektur (Abschn. 2), eine exemplarische Umsetzung der Korrektur (Abschn. 3) und eine Zusammenfassung (Abschn. 4).

2 Grundlagen der eigenschaftsmodellbasierten Korrektur

Die Entwicklung einer eigenschaftsmodellbasierten Korrektur für eine spezifische Werkzeugmaschine gliedert sich in sechs Schritte (Abb. 3).

Zuerst ist zu prüfen, welche Möglichkeiten bestehen, Korrekturmodelle in der Maschinensteuerung zu hinterlegen. Es ist zu klären, ob transiente Korrekturwerte auf der Steuerung berechnet werden können oder ob die Berechnung auf externer Hardware durchgeführt werden muss.

Dann sind geeignete Eingangsgrößen für die Korrektur zu identifizieren. Für einen konkreten Anwendungsfall lassen sich diese Eingangsgrößen aus der thermo-energetischen Wirkungskette ableiten. Ein Abgleich mit in der Steuerung verfügbaren Werten grenzt die potenziellen Eingangsdaten ein.

Im nächsten Schritt ist festzulegen, durch welches Messverfahren Verlagerungsdaten zur Parametrierung des Modells erfasst werden. Diese sind während der entsprechenden Versuche zusammen mit den ausgewählten Steuerungsdaten aufzuzeichnen. Eine umfangreiche Übersicht über mögliche Messmittel ist in (Brecher und Weck 2017) gegeben.

Für diese Versuche müssen im vierten Schritt Lastregime für die zu untersuchenden Einflüsse definiert werden. Eine vollumfängliche Abdeckung aller denkbaren Lastfälle ist dabei aufgrund des großen Versuchsumfangs aus ökonomischen Gründen oft nicht möglich. In diesem Fall ist eine geeignete Auswahl der häufigsten zu erwartenden Lastfälle zu treffen. Nicht berücksichtige Lastfälle können einen kleinen Anteil der Validierung einnehmen, um sicherzustellen, dass diese

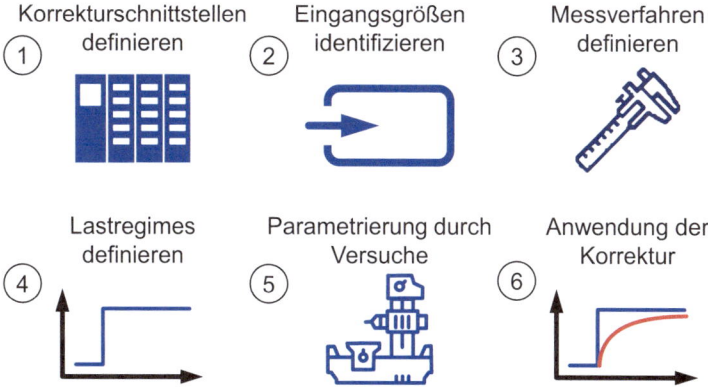

Abb. 3 Schritte zur Anwendung einer eigenschaftsmodellbasierten Korrektur

keine Verschlechterung des Maschinenverhaltens hervorrufen. Exemplarisch sind ein Lastspektrum sowie die resultierende Verlagerung und der resultierende Temperaturgang der Maschine in Abb. 4 dargestellt. Der Verlauf der Temperatur und der Verlagerung ergibt sich aus dem gewählten Lastspektrum. Hierbei wurde im ersten Teil ein variabler Verlauf der Last und im zweiten Teil eine konstante Last in Kombination mit längeren Abkühlphasen gewählt.

Nach der Durchführung der Versuche werden die Verzögerungsglieder niedriger Ordnung parametriert. Für viele Anwendungsfälle ist bereits ein Verzögerungsglied erster Ordnung (PT1) ausreichend. Gl. 1 zeigt die lineare Differentialgleichung des PT1-Glieds.

$$T \cdot \dot{y}(t) + y(t) = K \cdot u(t) \tag{1}$$

Für jeden in den Versuchen zur Parametrierung berücksichtigten Eingangswert werden dabei die Werte der Koeffizienten des PT-Glieds bestimmt. Abschließend kann eine Ausgleichsfunktion für die Koeffizienten in Abhängigkeit der Eingangsgröße bestimmt werden, wie in (Naumann et al. 2017) gezeigt, siehe Abb. 5. Dabei sind insbesondere Aufwärmphasen der Maschine und Abkühlphasen durch verschiedene PT-Glieder zu modellieren, da sich ohne die für die Aufwärmung ursächliche Last andere Zeit- und Sprungkonstanten der PT-Glieder für das thermo-mechanische System „Maschine" ausbilden.

Werden mehrere Eingangsgrößen ausgewählt, sind nacheinander je Eingangsgröße einzelne Verzögerungsglieder zu parametrieren. Dabei wird das nächste Verzögerungsglied aus dem Restfehler des vorherigen PT-Glieds erstellt. Weisen im Versuchsspektrum berücksichtigte Eingangsgrößen keinen relevanten Einfluss auf,

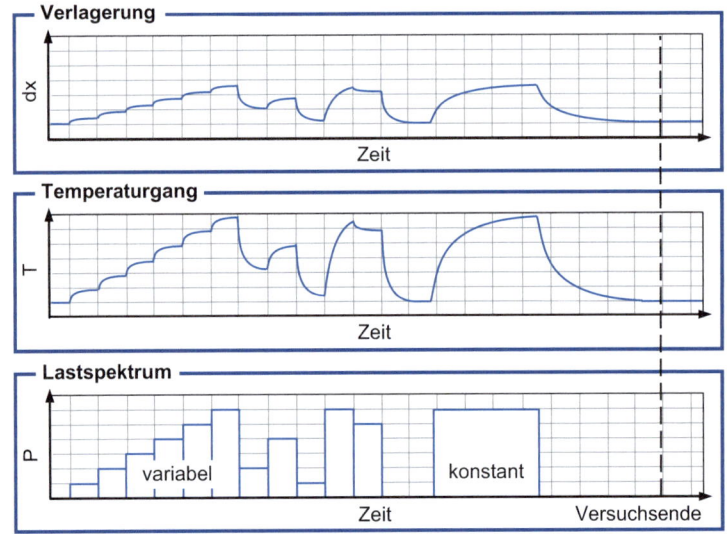

Abb. 4 Verlagerungen, Temperaturgang und Lastspektrum eines Versuchs

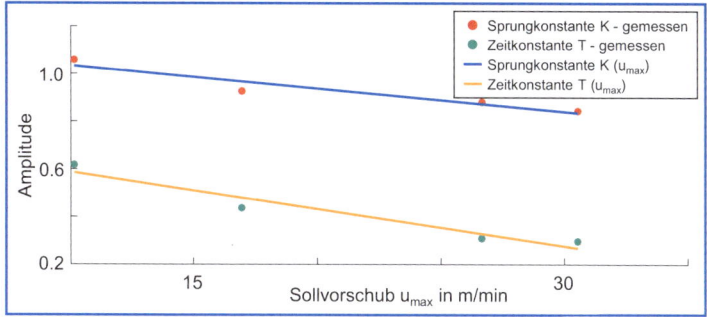

Abb. 5 PT1-Koeffizienten in Abhängigkeit des Sollvorschubs (Naumann et al. 2017)

können sie vernachlässigt werden. Dies reduziert die Komplexität der Korrektur und den Auswerteaufwand für zukünftige Versuche.

Als letzter Schritt ist nach der Parametrierung die Korrektur auf der Maschine über die im ersten Schritt identifizierten Schnittstellen zu applizieren und durch Versuche zu validieren. Der Wertebereich der Validierungsversuche sollte sowohl in der Parametrierung verwendete Werte nutzen als auch davon abweichende Werte. Die bekannten Werte belegen die erreichbare Genauigkeit der Parametrierung der Korrektur. Die nicht berücksichtigten Werte prüfen die Fähigkeit der Korrektur zur Inter- bzw. Extrapolation. Zusammen belegen sie die Wirksamkeit der Korrektur.

3 Anwendung der Korrektur

Nachfolgend wird exemplarisch erst die Korrektur einer einzelnen Drehachse nach (Brecher et al. 2018) beschrieben und dann die Korrektur einer linearen 3-Achs-Kinematik nach (Wennemer 2018) erläutert.

Die Beispiele sind entlang der im vorherigen Kapitel vorgestellten Schritte strukturiert. Der erste Schritt muss spezifisch für die konkrete Maschinensteuerung durchgeführt werden. Beispielsweise kann bei einer Sinumerik-Steuerung die Durchhangskompensation oder das *Volumetric Compensation System* (VCS) verwendet werden. Da diese Steuerungsoptionen jedoch für die Kompensation von Geometriefehlern und nicht von thermo-elastischen Fehlern ausgelegt sind, ist die Verwendung weiterer Softwarebausteine notwendig. An Steuerungen anderer Hersteller kann andere Software zur Kompensation notwendig sein.

3.1 Korrektur einer Drehachse

Ein Standardmessaufbau zur Untersuchung des thermo-elastischen Verhaltens von Werkzeugmaschinen ist in der ISO 2303 (2007) beschrieben. Der Messaufbau mit einem tischseitigen Messnest inkl. fünf Verlagerungssensoren und einem in der Spindel montierten Dorn ist in Abb. 6 (links) dargestellt. Aus den Ergebnissen der fünf Verlagerungssensoren können die Fehler des Tool-Center-Points (TCP) in den drei Koordinatenrichtungen sowie zwei Winkelfehler bestimmt werden. Die Fehler sind dann für die TCP-Position am jeweiligen Dorn gültig. Es wird empfohlen den Dorn und das Messnest aus Invar (Eisen-Nickel Legierung mit sehr geringer thermo-elastischer Dehnung – $\alpha_{th} = 1{,}7$ µm/(m · K)) zu fertigen, damit eine thermo-elastische Dehnung des Messequipments nicht als Maschinenfehler interpretiert wird.

Für die Validierung der Korrektur der Drehachse besteht der Messaufbau aus einer angepassten Variante. Er umfasst ein spindelseitig appliziertes Sensornest mit fünf Verlagerungssensoren sowie fünf auf dem Tisch fixierte Dorne. Für die Korrektur kommt der im Zentrum des Tisches platzierte Dorn zum Einsatz. Mittels der anderen Dorne wird zusätzlich die Ebenheit der Tischoberfläche überwacht. Da diese jedoch im vorliegenden Fall keine nennenswerte Schwankung aufweist, werden die Ergebnisse nicht für die Korrektur berücksichtigt.

Mögliche für die Drehachse relevante Verlustleistungen sind die Verlustleistung des im Tisch verbauten Motors und die Reibleistung der Lagerung der Drehachse. Da der Motor im vorliegenden Fall wassergekühlt ist, wird seine Verlustleistung durch die Kühlung als möglicher Einfluss eliminiert. Die Kühlung selbst als Wärmesenke könnte einen Einfluss haben, was hier jedoch nicht der Fall war. Die Reibleistung der Achslagerung ist abhängig von der jeweiligen Lagerlast und der Drehzahl bzw. dem Achsvorschub. Da die Lagerlasten nicht ohne größeren Aufwand aus maschineninternen Daten gewonnen werden können, wird hier der Soll-Vorschub der Achse als Eingangsgröße gewählt.

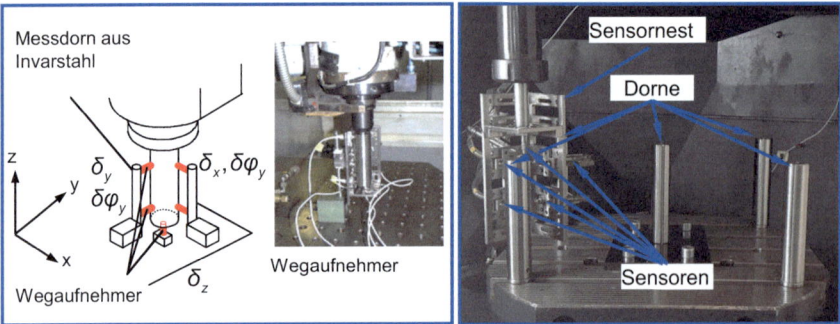

Abb. 6 Verlagerungsmessung per Messnest (links) (Brecher und Weck 2017) Messaufbau Drehachsmessung (rechts) (Naumann et al. 2017)

Zwecks Parametrierung des Modells werden drei verschiedene Vorschübe (5000 min[1], 10.000 min[1] und 15.000 min[1]) sowie die Abkühlung untersucht, um die Koeffizienten eines PT1-Glieds in Abhängigkeit des Soll-Vorschubs zu bestimmen, wie in (Naumann et al. 2017) beschrieben.

Die erreichte Korrekturqualität ist in Abb. 7 dargestellt. Der maximale Fehler kann auf 14 μm begrenzt werden. Für die Beispielmaschine stellt dies eine Reduktion des Fehlers um 50 % dar. Weiteres Verbesserungspotenzial zeigt sich für die zeitaufwendige Parametrierung. Durch die Untersuchung neuer Parametrierungsstrategien kann hier die benötigte Zeit zur Parametrierung verkürzt und somit die der Aufwand der Parametrierung reduziert werden. Bei langsamen Vorschüben weist die Korrektur die größten Fehler auf. Dies ist darauf zurückzuführen, dass der Messfehler nicht linear mit der Messgröße ansteigt, sondern konstant ist.

Bei kleineren Vorschubgeschwindigkeiten ist somit der prozentuale Fehler groß wodurch die parametrierten Faktoren der Verzögerungsglieder einen höheren Fehler aufweisen. In einem solchen Fall können zusätzliche Versuche die Korrekturgüte steigern.

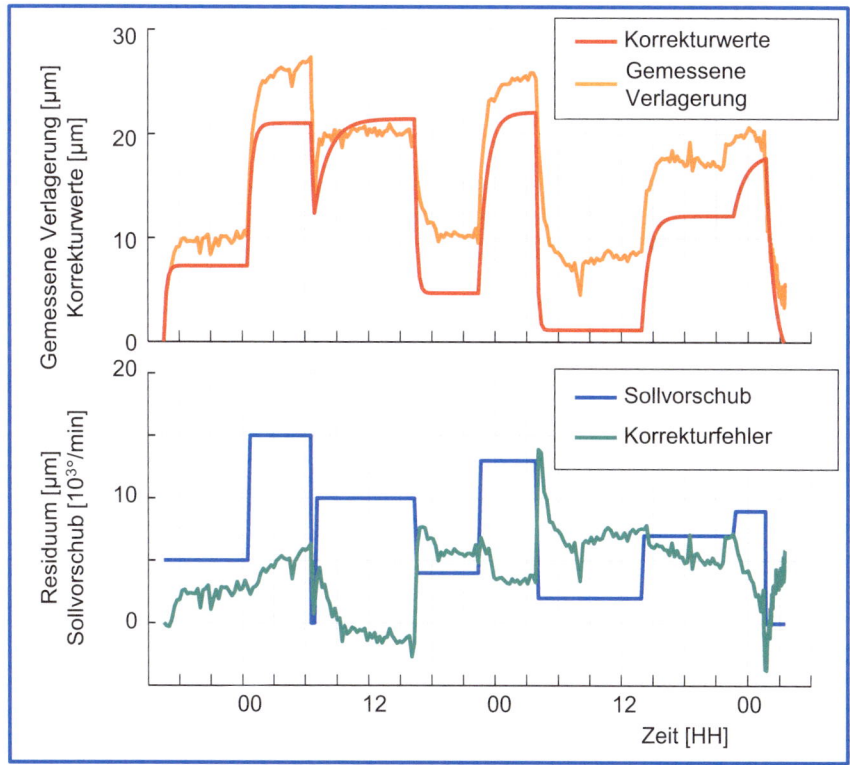

Abb. 7 Korrekturergebnis Drehachse (Brecher et al. 2018)

3.2 Korrektur einer 3-Achs Kinematik

Die in diesem Unterkapitel vorgestellte Korrektur ist für die in Abb. 8 (links) dargestellte 3Achs-Maschinenkinematik erarbeitet worden.

Zur Messung der Verlagerungen kamen Lasertracer zum Einsatz (Schwenke et al. 2005). Vier Lasertracer wurden in einen Aufbau aus Karbon integriert, siehe Abb. 8 (rechts). Dieser Aufbau kann 17 von 21 thermo-elastischen Fehlern der 3-Achs Kinematik mit hoher Genauigkeit volumetrisch messen. Da der Aufwand für die Messungen mit diesem Aufbau sehr groß ist und sein Einsatz durch den wissenschaftlichen Erkenntnisgewinn motiviert war, sei an dieser Stelle zusätzlich auf den im vorherigen Kapitel genutzten Messaufbau aus der ISO 2303 (2007) verwiesen. Er stellt einen einfachen Standard-Messaufbau zur Erfassung von Korrekturwerten dar und kann für Linearachsen den thermo-elastischen Fehler an einer Achsposition mit deutlich geringerem Aufwand bestimmen.

Die infolge der Achsbewegungen anfallenden Verlustleistungen in Motoren, KGTs (Muttern und Lager) sowie Führungselementen sind von einer Vielzahl von Faktoren abhängig. Für den vorliegenden Fall hat sich jedoch die alleinige Nutzung der Achsgeschwindigkeit als Eingangsgröße für die Abbildung des thermo-elastischen Fehlers der Achse bewährt.

Das Versuchsspektrum für die 3-Achs Kinematik umfasst jeweils einen Versuch zu jeder Achse. Dabei werden unterschiedliche Belastungshöhen (Vorschübe) genutzt, um ein mögliches nichtlineares Verhalten der Maschine zu identifizieren. Konkret werden in den Versuchen für die Einzelachsen jeweils Vorschübe von 5, 10, 15 und 30 m/min sowie die Abkühlung berücksichtigt.

Die für die 3-Achs-Kinematik erreichte Korrekturgüte ist in Abb. 9 illustriert. Es zeigt sich, dass die Korrektur der Linearachsen die resultierenden Verlagerungen im gesamten Arbeitsraum der untersuchten WZM um bis zu 71 % reduzieren kann. Der $MPE_{L,k=2}$, bestimmt nach dem Diagonaltest gem. ISO 230-6, kann bei der Werkzeugmaschine über alle Versuche von 24,5 µm ± 8 µm auf 12,1 µm ± 2,8 µm reduziert werden.

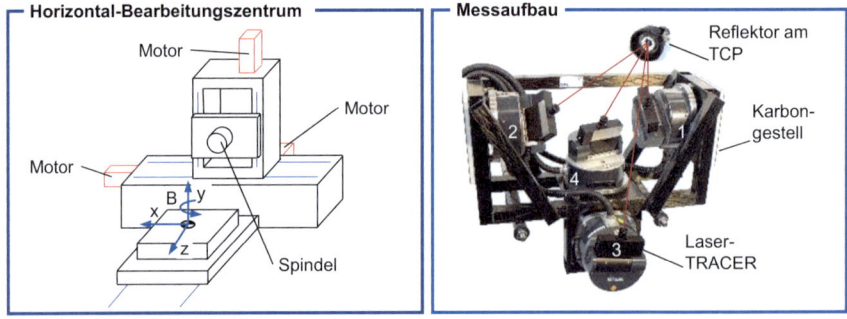

Abb. 8 Demonstratormaschine (links) (Wennemer 2018) Messaufbau mit vier Lasertracern (rechts) (Wennemer 2018)

Eigenschaftsmodellbasierte Korrektur

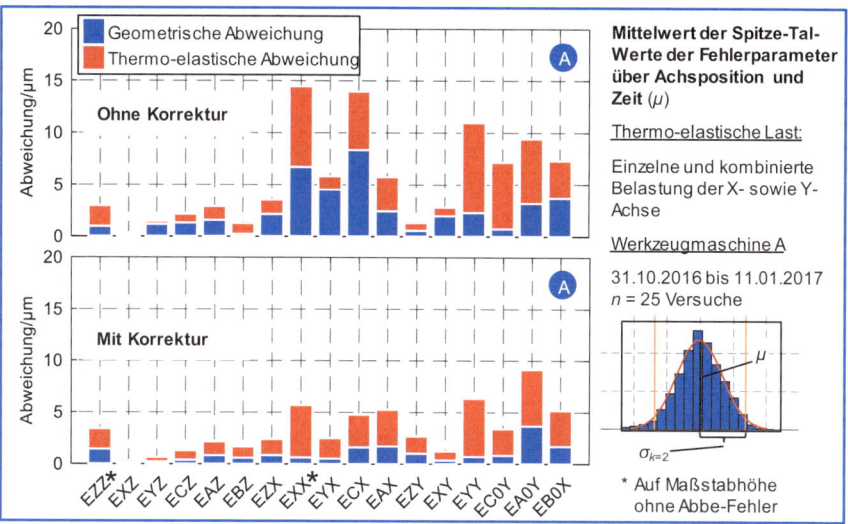

Abb. 9 Mittelwert der Spitze-Tal-Werte vor und nach der Korrektur (Wennemer 2018)

Zusätzlich kann eine Spindelkorrektur für die Maschine entwickelt werden. Das Kapitel Effiziente Parametrierung von Korrekturmodellen in diesem Buch fokussiert das Thema.

4 Zusammenfassung

Der vorliegende Artikel fasst die Grundlagen der eigenschaftsmodellbasierten Korrektur für den Einsatz in der Praxis zusammen. Der Ansatz kann verwendet werden, um den thermo-elastischen Fehler einer Werkzeugmaschine zu reduzieren. Ein Vorteil des dargestellten Ansatzes ist die Anwenderfreundlichkeit und die Flexibilität. Die Korrektur kann mit jeglichen Messmitteln parametriert werden. So können hierfür auch simple Messmittel verwendet werden, die in der Regel in Firmen vorhanden sind. Ein Anwender kann aber auch durch das Heranziehen von komplexeren Messmitteln eine umfangreichere Korrektur mit der vorgestellten Methode ohne softwareseitigen Mehraufwand umsetzen. Ein Nachteil der hierdurch steigenden Komplexität kann jedoch eine gleichzeitig steigende Parametrierungszeit und steigende Kosten der Messmittel sein.

Literatur

Brecher C, Weck M (2017) Werkzeugmaschinen Fertigungssysteme: Konstruktion, Berechnung und messtechnische Beurteilung, Springer Berlin, ISBN 978-3-662-46567-7

Brecher C, Spierling R, Fey M (2018) A new calibration approach for a grey-box model for thermal error compensation of a C-Axis. In Conference on thermal issues in machine tools proceedings, ISBN 978-3-86780-586-5

Grossmann K (2015) Thermo-energetic design of machine tools. Springer, Cham, ISBN 978-3-319-12624-1

ISO 230, Test code for machine tools – Part 3 (2007) Determination of thermal effects. ISO copyright office, Genf. ICS 25.080.01

Naumann C, Ihlenfeld S, Spierling R et al (2017) Experimentelle Analyse modellbasierter Korrekturverfahren für thermo-elastische Verformungen im online-Einsatz an einer Demonstratormaschine. In Christian Brecher (Hrsg) Thermo-energetische Gestaltung von Werkzeugmaschinen. 5. Kolloquium zum SFB/TR 96, Dresden

Schwenke H, Franke M, Hannaford J, Kunzmann H (2005) Error mapping of CMMs and machine tools by a single tracking interferometer. CIRP Ann Manuf Technol 54(1):475–478. 10.1016/S0007-8506(07)60148-6

Wennemer M (2018) Methode zur messtechnischen Analyse und Charakterisierung volumetrischer thermo-elastischer Verlagerungen von Werkzeugmaschinen. Apprimus Verlag, Aachen. ISBN: 978-3-86359-592-0

Open Access Dieses Kapitel wird unter der Creative Commons Namensnennung 4.0 International Lizenz (http://creativecommons.org/licenses/by/4.0/deed.de) veröffentlicht, welche die Nutzung, Vervielfältigung, Bearbeitung, Verbreitung und Wiedergabe in jeglichem Medium und Format erlaubt, sofern Sie den/die ursprünglichen Autor(en) und die Quelle ordnungsgemäß nennen, einen Link zur Creative Commons Lizenz beifügen und angeben, ob Änderungen vorgenommen wurden.

Die in diesem Kapitel enthaltenen Bilder und sonstiges Drittmaterial unterliegen ebenfalls der genannten Creative Commons Lizenz, sofern sich aus der Abbildungslegende nichts anderes ergibt. Sofern das betreffende Material nicht unter der genannten Creative Commons Lizenz steht und die betreffende Handlung nicht nach gesetzlichen Vorschriften erlaubt ist, ist für die oben aufgeführten Weiterverwendungen des Materials die Einwilligung des jeweiligen Rechteinhabers einzuholen.

Strukturmodellbasierte Korrektur

Jens Müller, Xaver Thiem und Steffen Ihlenfeldt

1 Einleitung

Ziel der strukturmodellbasierten Korrektur ist es, thermo-elastische Fehler an Werkzeugmaschinen steuerungsintegriert zu korrigieren. Sie wird in Abb. 1 anhand der thermo-elastischen Wirkungskette eingeordnet. Die strukturmodellbasierte Korrektur nutzt physikalisch basierte Modelle, das können z. B. Finite-Element-Modelle oder Knotenpunktmodelle sein. Diese Modelle bilden das thermo-elastische Verhalten der Werkzeugmaschine inklusive ihrer Strukturvariabilität ab. Als Modelleingangsgrößen werden in der Maschinensteuerung vorhandene Daten genutzt, das sind z. B. Achsgeschwindigkeiten und Motorströme. Darüber hinaus werden Temperaturmesswerte zur Beschreibung der Maschinenumgebung benötigt. Durch dieses Vorgehen wird insgesamt nur eine geringe Anzahl an Temperatursensoren benötigt. Für den Parameterabgleich des physikalischen Modells ist der notwendige Versuchsumfang geringer als für datengetriebene Korrekturansätze, wie z. B. die kennfeldbasierte Korrektur (Kap. 21) oder die eigenschaftsmodellbasierte Korrektur (Kap. 19).

J. Müller (✉) · X. Thiem · S. Ihlenfeldt
TU Dresden, Professur für Werkzeugmaschinenenentwicklung und adaptive Steuerungen, Dresden, Deutschland
E-Mail: jens.mueller@tu-dresden.de

X. Thiem
E-Mail: xaver_thiem@tu-dresden.de

S. Ihlenfeldt
E-Mail: steffen.ihlenfeldt@tu-dresden.de

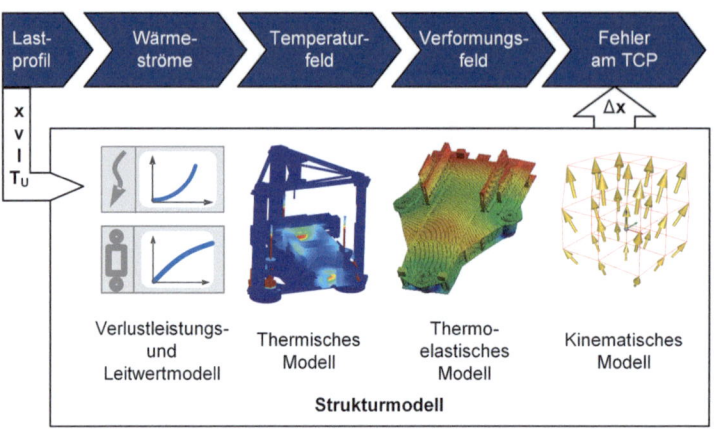

Abb. 1 Thermo-elastische Wirkungskette abgebildet durch Strukturmodell, nach (Großmann 2012)

Ziel ist es, eine Modellgenauigkeit und damit Korrekturqualität zu erreichen, die weitestgehend unabhängig vom spezifischen Lastfall ist. Infolgedessen ist dieser Korrekturansatz auch für Werkzeugmaschinen geeignet, die sehr variablen Belastungen ausgesetzt sind. Veränderliche Belastungen können insbesondere in der Einzelteil- und Kleinserienfertigung auftreten.

2 Grundlagen

2.1 Strukturmodell als Abbildung der Wirkungskette

Das Strukturmodell bildet die Elemente der thermo-elastischen Wirkungskette durch verschiedene Teilmodelle ab (Thiem et al., 2014a, b). Die Wirkungskette ist in Kap. 1 näher beschrieben. In Abb. 1 sind die thermo-elastische Wirkungskette und die Teilmodelle des Strukturmodells dargestellt. Die Eingangsgrößen des Strukturmodells sind in der Steuerung erfassbare Daten, die indirekt den Einfluss der Belastung auf den thermischen Zustand der Maschine beschreiben. Zu diesen Größen gehören typischerweise die Achspositionen x, die Achsgeschwindigkeiten v und die Motorströme I. Als weitere Eingangsgröße wird die Umgebungstemperatur T_U benötigt, um den Umgebungszustand der Maschine im Modell zu beschreiben. Mithilfe von Verlustleistungs- und thermischen Leitwertmodellen werden aus diesen Daten die in die Maschinenkomponenten eingeprägten Wärmeströme berechnet. Die Verlustleistungs- und Leitwertmodelle sind häufig empirische Funktionen, wie z. B. in (Jungnickel 2010; Winkler 2018; Brecher et al. 2017; Frekers 2019; Kauschinger und Schroeder 2016). Auf Grundlage der eingeprägten Wärmeströme wird das Temperaturfeld der Maschine in einem thermischen Modell berechnet. Hierfür werden physikalisch basierte Modelle wie z. B. Knotenpunktmodelle (Jungnickel 2010) oder Finite-Element-Modelle (FE-Modelle) (Ess 2012) verwendet. Im thermo-elastischen Modell wird aus dem Temperaturfeld das Verformungsfeld der Maschine und damit der Fehler am Tool Center Point (TCP) ermittelt.

Das thermo-elastische Modell wird für verschiedene Achspositionen berechnet, um ein Stützpunktgitter mit thermisch bedingten Fehlern am TCP im Arbeitsraum der Maschine aufzuspannen. Auf Grundlage dieses Stützpunktgitters wird der Fehler am TCP in Abhängigkeit der aktuellen Achspositionen in der Maschinensteuerung interpoliert und die Achskorrektur mithilfe eines kinematischen Modells, z. B. auf Basis von homogenen Transformationsmatrizen (Kim and Kim 1991; Srivastava et al. 1995), berechnet. Die Achskorrekturwerte werden schließlich auf die Achssollwerte aufgeschaltet, um den Fehler am TCP zu korrigieren.

2.2 *Anforderungen an die Umsetzung*

An die Umsetzung der Teilfunktionen der Korrektur werden verschiedene Anforderungen gestellt, die detailliert in (Thiem et al. 2015) beschrieben sind.

Die Auflösung der Eingangsdaten ist so zu wählen, dass für die Verlustleistungs- und Leitwertberechnung relevanten Lastspitzen erfasst werden. Des Weiteren muss die Auflösung eine Ortszuordnung der Belastung bei relativ zueinander bewegten Baugruppen zu dem betreffenden Strukturbereich im Modell ermöglichen. Solche Baugruppen sind z. B. Wagen und Schiene einer Profilschienenführung. Die Eingangsdaten müssen schließlich für einen Lastschritt des thermischen Modells geeignet zusammengefasst werden.

Neben der Forderung nach einer möglichst hohen Modellgenauigkeit gibt es Anforderungen an die Berechnungszeit der Modelle. Das Stützpunktgitter mit thermisch bedingten Fehlern am TCP muss berechnet werden, bevor verformungsrelevante Änderungen am Temperaturfeld der Maschine auftreten. In diesem Zeitfenster müssen alle Teilmodelle des Strukturmodells berechnet werden. Insbesondere die Berechnung des thermischen und thermo-elastischen Modells stellt hierbei eine Herausforderung dar, da der zu lösende Freiheitsgrad der Systeme insbesondere bei Verwendung von FE-Modellen groß ist.

Die Achskorrekturwerte schließlich sind von der aktuellen Position des TCP im Arbeitsraum abhängig. Deshalb müssen diese im Idealfall im Interpolationstakt der Steuerung neu berechnet werden. Die Wahl der hierfür verwendeten Anzahl an Stützpunkten ist ein Kompromiss zwischen Rechenlast und Genauigkeit.

3 Lösung

3.1 Echtzeitbereiche und modularisierter Korrekturansatz

Die Funktionen der strukturmodellbasierten Korrektur lassen sich drei Echtzeitbereichen zuordnen. Die für die Echtzeitbereiche bestimmende Eigenschaft ist in Abb. 2 skizziert. Für den Echtzeitbereich der Lastdatenerfassung sind das die Anstiegszeiten der Lastgrößen. Insbesondere bei den Motorströmen können relevante Änderungen im Bereich von Millisekunden auftreten.

Der zweite Echtzeitbereich umfasst die Modellberechnung und wird hier als thermische Echtzeit bezeichnet. Dieser Echtzeitbereich ist gekennzeichnet durch die thermischen Zeitkonstanten der Maschinenkomponenten. Das thermische Zeitverhalten der Komponenten kann mit Verzögerungsgliedern erster Ordnung (PT1-Glied) approximiert werden. Die Zeitkonstante des PT1-Gliedes wird hier als thermische Zeitkonstante τ bezeichnet. Die Zeitkonstante wird durch die Wärmekapazität und die thermischen Leitwerte bestimmt. Für einen gleichmäßig erwärmten Körper der Wärmekapazität C, der über mehrere Leitwerte L_k mit der Umgebung verbunden ist (Abb. 3), ergibt sich die Zeitkonstante aus (1). Typischerweise liegen die Zeitkonstanten der Maschinenkomponenten von Werkzeugmaschinen im Bereich von mehreren Minuten bis Stunden. Aus diesem Grund ist es möglich auch komplexe Modelle mit hohem Rechenaufwand für die Korrektur zu verwenden.

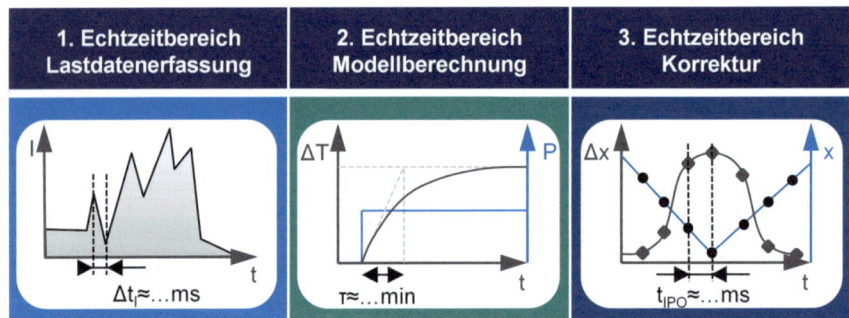

Abb. 2 Echtzeitbereiche des Korrekturansatzes, nach (Thiem et al. 2015)

Abb. 3 Minimalbeispiel aus einem Knoten mit Leitwerten

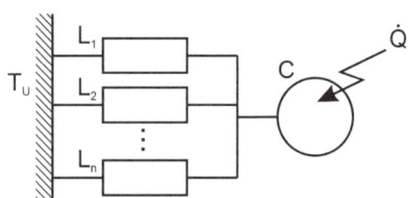

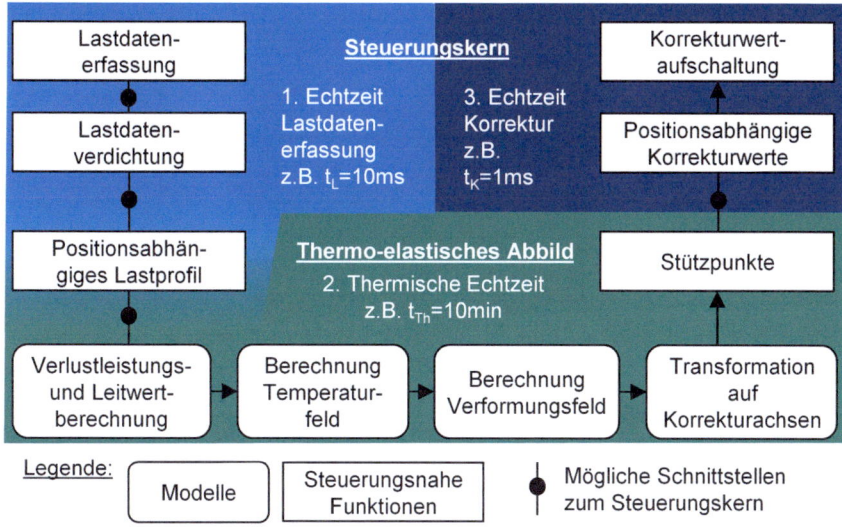

Abb. 4 Module der strukturmodellbasierten Korrektur, nach (Thiem et al. 2015)

$$\tau = \frac{C}{\sum_{k=1}^{n} L_k} \qquad (1)$$

Der dritte Echtzeitbereich bezieht sich auf die positionsaktuelle Berechnung und Aufschaltung der Korrekturwerte. Da sich die Korrekturwerte mit den Achspositionen im Interpolationstakt der Steuerung ändern, liegen die Echtzeitanforderungen hier wieder im Bereich von Millisekunden.

Die Module der strukturmodellbasierten Korrektur sind in Abb. 4 dargestellt. Zu den Modellen und den Funktionen zur Lastdatenerfassung und Korrekturwertaufschaltung kommen Funktionen, die dem Übergang zwischen den Echtzeitbereichen dienen. Der Übergang zwischen dem ersten und zweiten Echtzeitbereich wird durch Lastdatenverdichtung und dem Bilden von positionsabhängigen Lastprofilen erreicht. Ziel ist es, das Lastprofil (siehe Abschn. 3.2) für jeden Simulationszeitschritt des Modells zu bestimmen.

Die Ergebnisse des Strukturmodells werden in Form von Stützpunkten in einer Korrekturtabelle zusammengefasst. Diese Korrekturtabelle wird in thermischer Echtzeit zyklisch aktualisiert und in die Steuerung geschrieben. Auf Grundlage dieser Tabelle werden im Interpolationstakt die positionsaktuellen Korrekturwerte berechnet (siehe Abschn. 3.4).

3.2 Eingangsdatenverarbeitung

Unabhängig von der Art des verwendeten Modells (z. B. FE-Modell, FEM-MOR oder Knotenpunktmodell) werden dieselben Eingangsdaten benötigt. Der für die

Tab. 1 Berechnung des Abtasttaktes der Eingangsdaten

Ruck	Beschleunigung	Geschwindigkeit	Position
	$a \sim I$, a_{max}, $\Delta t_a \approx \Delta t_I$	v_{max}, Δt_v	L_{Seg}, Δt_x
Anstiegszeit	$\Delta t_I = a_{max}/j_{max}$	$\Delta t_v = v_{max}/a_{max}$	$\Delta t_x = L_{Seg}/v_{max}$
Abtasttakt	$t_{Abt,I} \leq \Delta t_I/10$	$t_{Abt,v} \leq \Delta t_v/10$	$t_{Abt,x} \leq \Delta t_x/10$

Lastdaten notwendige Abtasttakt kann anhand der Bewegungsgrenzwerte der Achsen (Ruck j_{max}, Beschleunigung a_{max}, Geschwindigkeit v_{max}) ermittelt werden (Thiem et al., 2014a, b). Die Berechnung der Anstiegszeiten und des daraus resultierenden Abtasttaktes für die Lastdaten ist in Tab. 1 aufgeführt. Für den Motorstrom wird angenommen, dass er mit der Beschleunigung korreliert. Damit hängt die Anstiegszeit des Stroms Δt_I von der maximalen Achsbeschleunigung und dem maximalen Ruck ab. Die Anstiegszeit für die Achsgeschwindigkeit Δt_v wird in ähnlicher Weise aus maximaler Geschwindigkeit und Beschleunigung berechnet. Für die Berechnung der Anstiegszeit der Achsposition Δt_x wird die Länge L_{Seg} der überfahrenen Segmente im Modell und die maximale Achsgeschwindigkeit herangezogen. Die Segmentlänge muss berücksichtigt werden, um im Modell eine ortsbezogene Zuordnung der Belastung zu ermöglichen. Der Abtasttakt für die jeweilige Lastgröße wird im nächsten Schritt pragmatisch mit einem Zehntel der Anstiegszeit in Anlehnung an das Shannonsche Abtasttheorem gewählt.

Für die Implementierung der Lastdatenerfassung kann es praktikabel sein, alle Lastgrößen mit dem gleichen Abtasttakt zu erfassen. In diesem Fall ist der kleinste Abtasttakt zu wählen.

Im Anschluss werden die Lastdaten für einen Lastschritt des thermischen Modells zusammengefasst. Bei der Lastdatenverdichtung ist die Potenz p, mit der die Lastgröße in die empirischen Verlustleistungs- und Leitwertansätze eingeht, zu beachten. Die Verlustleistung an einem Motor kann z. B. nach der Gl. (2) berechnet werden (Winkler 2018). In der Formel sind Nenngrößen mit dem Index N gekennzeichnet. Die Verlustleistung hängt in diesem Ansatz von dem Strom I und der Drehzahl n ab. Der Strom geht quadratisch in die Gleichung ein. Deshalb müssen größere Stromwerte stärker gewichtet werden als kleine Werte. Hierfür ist das Hölder-Mittel (Hölder 1889; Bullen 2003) geeignet, siehe (3).

$$P_V = \left(P_{V,W_N} + P_{V,Z_N}\right) \cdot \left(\frac{I}{I_N}\right)^2 + P_{V,K_N} \cdot \frac{n}{n_N} \qquad (2)$$

$$\bar{x}_p = \left(\frac{1}{i} \sum_{n=1}^{i} x_n^p\right)^{\frac{1}{p}} \qquad (3)$$

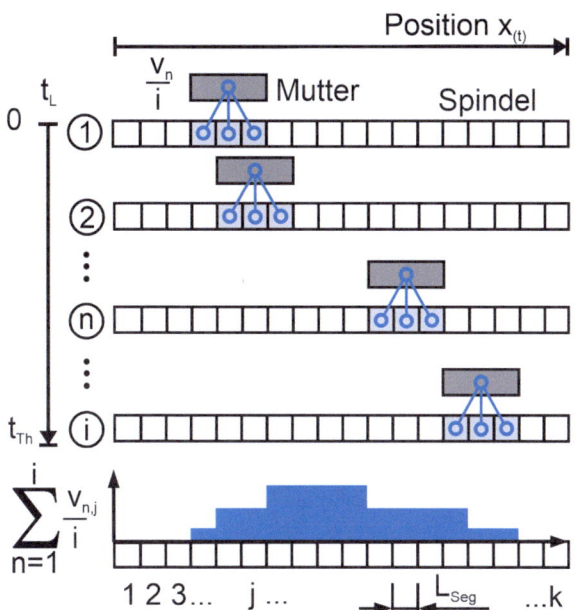

Abb. 5 Lastprofil am Beispiel eines Spindel-Mutter-Kontaktes eines Kugelgewindetriebs, nach (Großmann et al. 2014)

Für zueinander bewegte Baugruppen der Maschine werden die Lastgrößen in Form eines Lastprofils für die Dauer eines Lastschrittes (t_{Th}) zusammengefasst. Das Vorgehen ist in Abb. 5 beispielhaft für den Spindel-Mutter-Kontakt eines Kugelgewindetriebes dargestellt. Im thermischen Modell wird die Gewindespindel durch k Segmente der Länge L_{Seg} abgebildet. Von der Verfahrgeschwindigkeit der Mutter ist die Verlustleistung (Reibung) und der thermische Leitwert im Spindel-Mutter-Kontakt abhängig. Aus diesem Grund muss das Lastprofil für die Geschwindigkeit ermittelt werden. Die Geschwindigkeit wird über die Lastschrittweite des thermischen Modells t_{Th} für die Segmente der Gewindespindel in Abhängigkeit von den durch die Mutter überdeckten Spindelsegmenten gemittelt. Daraus ergibt sich das in Abb. 5 unten skizzierte Lastprofil über der Länge der Gewindespindel.

3.3 Strukturmodelle für die Korrektur

Detaillierte FE-Modelle (1 in Abb. 6) von Werkzeugmaschinen sind in der Regel nicht in thermischer Echtzeit berechnungsfähig. Aus diesem Grund müssen Maßnahmen ergriffen werden, um die Rechenlast durch die Modelle zu verringern. Eine Möglichkeit besteht darin, vor der Vernetzung im CAD-Modell Details, wie

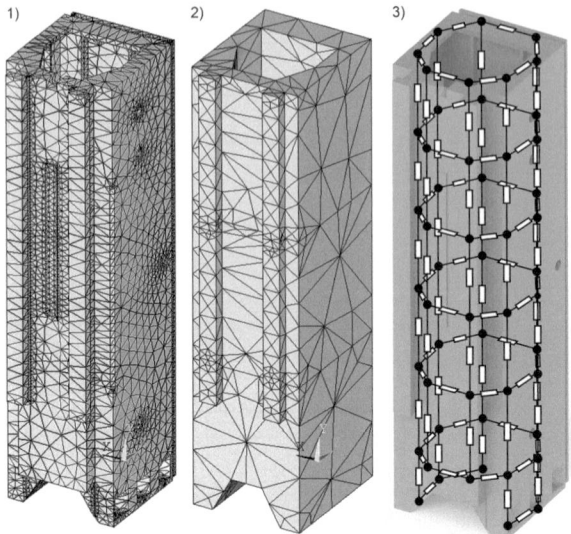

Abb. 6 Mögliche Modelltypen für Korrektur: 1) Detailliertes FE-Modell, 2) entfeinertes FE-Modell, 3) Knotenpunktmodell, nach (Großmann et al. 2012)

z. B. Bohrungen und Phasen, zu entfernen und kleine Körper zu größeren Körpern mit homogenisierten Materialparametern zusammenzufassen. Das so entfeinerte Modell kann im Anschluss mit weniger Elementen vernetzt werden (2 in Abb. 6). Das detaillierte FE-Modell kann auch mit mathematischen Methoden in seiner Modellordnung reduziert (FEM-MOR siehe Kap. 2, 3 und 13) werden. Alternativ können auch Knotenpunktmodelle (3 in Abb. 6) als thermisches Modell verwendet werden. Durch die grobe Unterteilung der Maschine in Wärmekapazitäten und Leitwerte entstehen ebenfalls kleine Systeme, die effizient berechnet werden können. Der Rechenaufwand von Knotenpunktmodellen ist so gering, dass sie z. B. zum prozessparallelen Optimieren von Modellparametern genutzt werden können (Thiem et al. 2018).

Die drei beschriebenen Möglichkeiten für die Erstellung thermischer Modelle mit geringer Rechenlast sind in (Großmann et al. 2012) am Beispiel eines Maschinenständers dargestellt. Die Ergebnisse sind in Tab. 2 zusammengefasst. In dem Beispiel wurde das transiente Temperaturfeld für 16,5 h Realzeit berechnet. In allen drei Varianten konnte die Berechnungszeit gegenüber der Referenz stark reduziert werden. Die Abweichungen zur Referenz sind sowohl im Mittel als auch in den Maximalwerten für die FEM-MOR deutlich geringer als für das entfeinerte FE-Modell oder das Knotenpunktmodell. Deshalb wird die Variante FEM-MOR für die strukturmodellbasierte Korrektur favorisiert. Der Arbeitsablauf für die Erstellung eines Gesamtmaschinenmodells der Werkzeugmaschine unter Verwendung von Methoden zur Modellordnungsreduktion ist im Kap. 2 beschrieben.

Tab. 2 Vergleich von Modelltypen für die Simulation von 16,5 h Realzeit, siehe (Großmann et al. 2012)

	1) Referenz FE-Modell	2) Entfeinertes FE- Modell	3) Knotenpunktmodell	FEM-MOR
Anzahl Gleichungen	16.626	2.106	56	100
Berechnungszeit	3 h 12 min	~8 min	52 s	27.5 s
Mittlere Abweichung	–	2,3 %	1,0 %	0,03 %
Maximale Abweichung	–	13,8 %	4,9 %	0,6 %

3.4 Volumetrische Korrektur

Drei Varianten für die kombinierte thermo-elastische und geometrische volumetrische Korrektur sind in (Thiem et al. 2021) ausführlich beschrieben. Die drei Varianten „Bestimmen der Fehlerparameter", „Interpolation des aktuellen ΔTCP" und „Interpolation der Achskorrekturwerte" sind in Abb. 7 komprimiert dargestellt. Mit grünem Rahmen sind die Funktionen gekennzeichnet, die in thermischer Echtzeit berechnet werden müssen. Funktionen, die in der „harten" Echtzeit der Steuerung berechnet werden müssen, sind mit einem blauen Rahmen markiert. In der

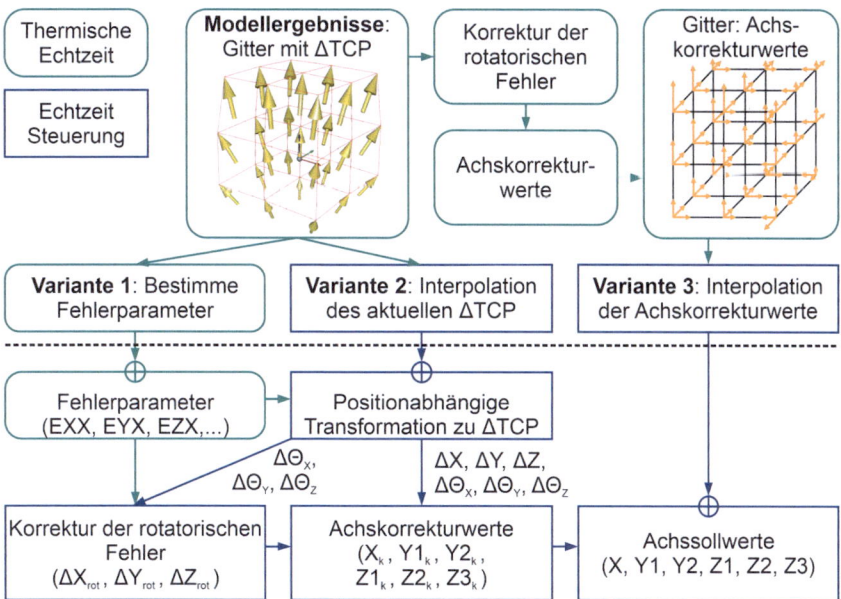

Abb. 7 Varianten für die kombinierte thermo-elastische und geometrische volumetrische Korrektur, nach (Thiem et al. 2021)

unteren Hälfte der Abbildung ist der Ablauf der geometrischen Korrektur dargestellt. Diese nutzt die Achs*fehlerparameter* nach ISO230-1 (2012, p. 230) (Notation in der Form EZX, E... Fehler, Z... Fehlerrichtung, X... betrachtete Achse). Mithilfe eines kinematischen Modells auf Basis von homogenen Transformationsmatrizen wird anhand der aktuellen Achspositionen und der Achsfehlerparameter der Fehler am TCP (ΔTCP) berechnet. Dieser Fehler umfasst alle 6 Freiheitsgrade, also sowohl die translatorischen (Positionsfehler) als auch die rotatorischen Fehleranteile (Orientierungsfehler). Diese werden mit der „Entkopplungsmethode" (Hsu and Wang 2007) korrigiert. In dieser Methode werden zunächst die Achskorrekturwerte für die Korrektur der rotatorischen Fehleranteile berechnet. Für die daraus resultierenden translatorischen Fehler am TCP werden zusammen mit den ursprünglichen translatorischen Fehlern am TCP die Achskorrekturwerte ermittelt. Die Achskorrekturwerte werden schließlich auf die Achssollwerte aufgeschaltet.

Ausgangspunkt für die drei Varianten für die volumetrische Korrektur des thermo-elastischen Fehlers ist ein Stützpunktgitter mit den Fehlern am TCP im Arbeitsraum der Maschine. Die Fehler werden mithilfe des Strukturmodells zyklisch berechnet. In der ersten Variante werden die thermisch bedingten Achsfehlerparameter aus den Fehlern im Stützpunktgitter bestimmt und zu den geometrischen Achsfehlerparametern addiert. Es ist ausreichend, die Tabelle mit den Achsfehlerparametern in thermischer Echtzeit zu aktualisieren.

In der zweiten Variante wird der thermisch bedingte Fehler am TCP auf Grundlage der aktuellen Achspositionen im Arbeitsraum interpoliert und auf den durch die geometrische Korrektur berechneten Fehler am TCP addiert.

Die dritte Variante schließlich verschiebt die Funktionen zur Ermittlung der Achskorrekturwerte in die thermische Echtzeit, um ein Stützpunktgitter mit Achskorrekturwerten zu berechnen. Dieses Stützpunktgitter wird als Tabelle an die Steuerung übertragen und dort der aktuelle Achskorrekturwert anhand der Achspositionen interpoliert und auf die Achssollwerte addiert.

Die Auswirkung der Stützpunktanzahl im Gitter und der gewählten Variante (siehe Abb. 7) auf die Korrekturgenauigkeit kann mithilfe der Monte-Carlo-Methode abgeschätzt werden (Thiem et al. 2021). Das Vorgehen hierfür ist in Abb. 10 skizziert. Die Grundlage für die Abschätzung ist ein Referenzstützpunktgitter mit zufälligen generierten typischen thermisch bedingten Fehlern am TCP. Dies geschieht auf Basis von Literaturwerten für thermisch bedingte Achsfehlerparameter von Maschinen mit einer Arbeitsraumgröße von 0,5 m $\times$ 0,4 m $\times$ 0,35 m bis 1 m $\times$ 1 m $\times$ 1 m (Thiem et al. 2021). Aus den Achsfehlerparametern wird mithilfe eines kinematischen Modells der Fehler am TCP berechnet. Die Achsfehlerparameter ändern sich in Abhängigkeit von der Achsposition und der Zeit. Sie liegen typischerweise im Bereich von ± 80 µm bzw. ± 80 µm/m. Als grundlegende Charakteristik zeigt sich in den Achsfehlerparametern eine im Wesentlichen lineare Änderung der Fehlerparameter über der Achsposition. Die Nichtlinearitäten bewegen sich für Positionier- und Winkelfehler der Achsen im Bereich von ± 4 µm bzw. ± 4 µm/m. Wenn die linearen Anteile der Geradheitsfehler in Form der Rechtwinkligkeitsfehler (Lagefehler der Achsen) berücksichtigt werden, dann liegen die verbleibenden Geradheitsfehler im Bereich der Nichtlinearitäten von ±10 μm. Die Fehlerparameter über der Achsposition werden in zwei Schritten zufällig generiert. Zunächst wird eine lineare Funktion mit gleichverteiltem Anstieg und Offset im oben genannten Bereich erstellt. Zu diesem Verlauf werden in einem zweiten Schritt an bis zu fünf zufälligen Punkten entlang der Achse die Nichtlinearitäten (gleichverteilt in oben genannten Bereichen) addiert. Zwischen den so entstandenen Stützpunkten wird mithilfe von formerhaltenden kubisch Hermiten Polynomen interpoliert (Fritsch and Carlson 1980). Durch diese Interpolation wird ein Überschwingen der resultierenden Kurve verhindert und ein realitätsnaher Verlauf der Fehlerparameter über der Achsposition ($F_{(x)}$) erreicht. Der zeitliche Verlauf der Fehlerparameter wird durch die Sprungantwort eines PT1-Gliedes abgebildet. Die Zeitkonstante des PT1-Gliedes wird zufällig gleichverteilt im Bereich von 0,3 h bis 6,8 h (Literaturwerte) gewählt. Es wurde die Sprungantwort gewählt, da sie den höchstmöglichen Anstieg des Fehlerparameters über der Zeit enthält. Damit ergibt sich der gesamte Achsfehler $F_{gesamt(x,t)}$ über der Position und der Zeit aus (4).

$$F_{gesamt(x,t)} = F_{(x)} \cdot \left(1 - exp\left(\frac{t}{\tau}\right)\right) \quad (4)$$

In Abb. 8 ist beispielhaft ein zufällig generierter Positionierfehler über die Dauer von 6 h und über eine Achslänge von einem Meter dargestellt. Zum Startzeitpunkt wird davon ausgegangen, dass der thermisch bedingte Positionierfehler Null ist.

Mithilfe eines kinematischen Modells der Maschine auf Basis von homogenen Transformationsmatrizen wird aus den generierten Achsfehlerparametern der Fehler am TCP auf einem hochaufgelösten Referenzstützpunktgitter berechnet.

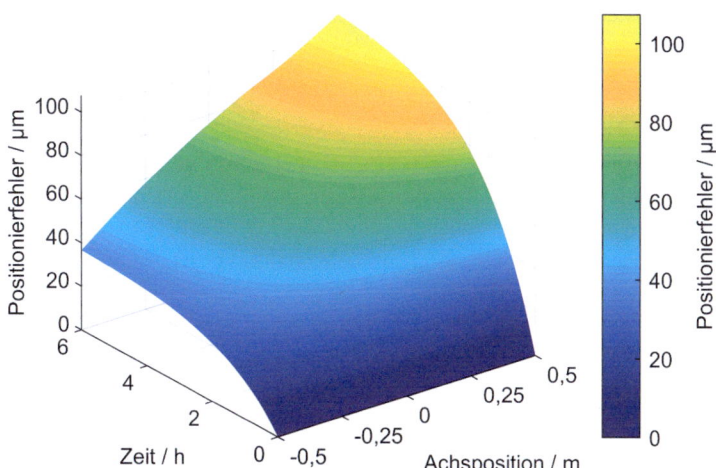

Abb. 8 Beispiel für zufällig generierten typischen thermischen Positionierfehler

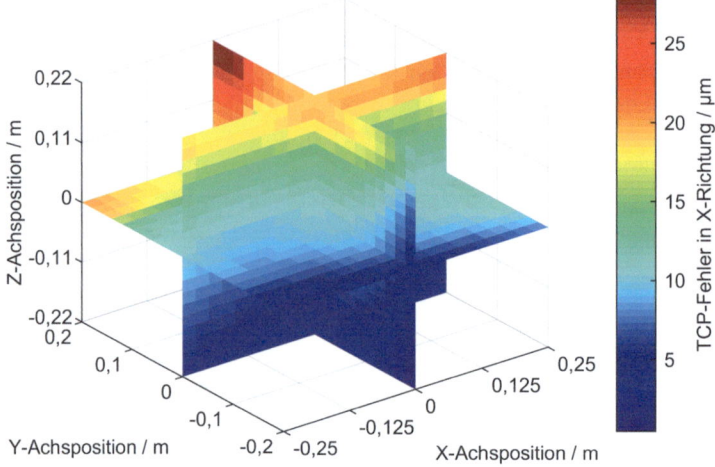

Abb. 9 Generierte typische thermo-elastische Fehler am TCP in X-Richtung

Ein solches Referenzstützpunktgitter ist beispielhaft in Abb. 9 für den Fehler in X-Richtung am TCP für einen Zeitpunkt dargestellt. Aus Gründen der Übersichtlichkeit wird sich hier auf die X–Y-, Y–Z- und X–Z-Ebene beschränkt.

Das Referenzstützpunktgitter bildet im Weiteren die Grundlage für die Abschätzung des Einflusses der Stützpunktanzahl und der Variante der volumetrischen Korrektur (Abb. 7) auf die Korrekturgenauigkeit (Abb. 10).

Das Ergebnis des Strukturmodells (z. B. 27 Stützpunkte) wird durch eine Teilmenge des Referenzstützpunktgitters emuliert. Die Stützpunkte werden den drei Varianten (siehe Abb. 7) für die volumetrische Korrektur übergeben. Der resultierende Restfehler am TCP wird für alle Stützpunkte des Referenzgitters bestimmt. Die Auswertung erfolgt in einer Zeitschrittweite, die kleiner ist als die kleinste thermische Zeitkonstante τ_{min} der Maschinenkomponenten. Für die Restfehler werden zwei Kennzahlen gebildet ($k_{max,trans}$ für translatorische Fehler und $k_{max,rot}$ für rotatorische Fehler). Die translatorischen Fehler an einem Punkt im Arbeitsraum werden mit der euklidischen Norm zusammengefasst (siehe (5)). Das Ergebnis entspricht dem Abstand zwischen Soll- und Ist-Position. Anschließend wird der maximale Restfehler ($TCP_{ResF,trans}$) ins Verhältnis gesetzt zum maximalen Referenzfehler ($TCP_{RefF,trans}$), siehe (6).

$$TCP_{F,trans} = \sqrt{x_F^2 + y_F^2 + z_F^2} \tag{5}$$

$$k_{max,trans} = \frac{\left\| TCP_{ResF,trans} \right\|_{max}}{\left\| TCP_{RefF,trans} \right\|_{max}} \tag{6}$$

Strukturmodellbasierte Korrektur

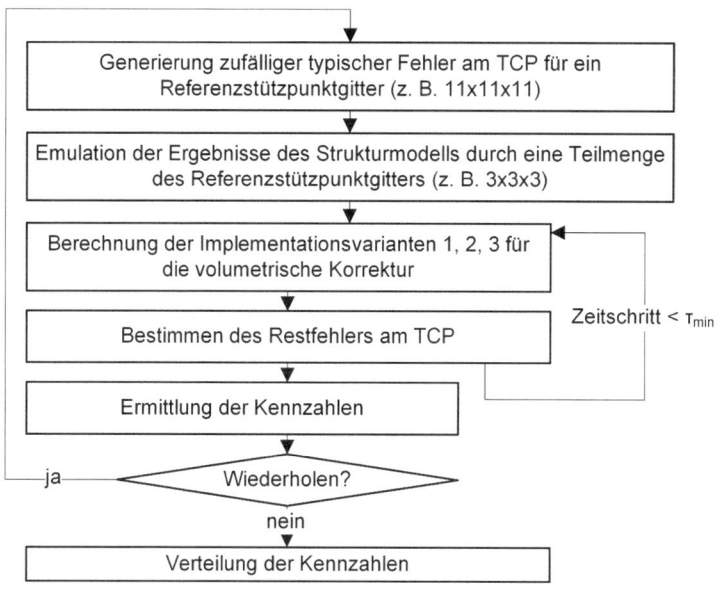

Abb. 10 Vorgehen zur Bestimmung der Verteilung der Kennzahlen für die Variante der volumetrischen Korrektur und gegebene Stützpunktanzahl, nach (Thiem et al. 2021)

Die rotatorischen Fehleranteile werden mit der Summennorm zusammengefasst (siehe (7)). Die Kennzahl $k_{max,rot}$ wird auch hier anhand des Verhältnisses von maximalem Restfehler ($TCP_{ResF,rot}$) zu maximalen Referenzfehler ($TCP_{RefF,rot}$) bestimmt (siehe (8)).

$$TCP_{F,rot} = |\theta_{X,F}| + |\theta_{Y,F}| + |\theta_{Z,F}| \qquad (7)$$

$$k_{max,rot} = \frac{\|TCP_{ResF,rot}\|_{max}}{\|TCP_{RefF,rot}\|_{max}} \qquad (8)$$

Das Vorgehen wird für verschiedene Referenzstützpunktgitter wiederholt, um eine Verteilung der Kennzahlen zu ermitteln. In Abb. 11 ist beispielhaft die Verteilung von $k_{max,trans}$ dargestellt. Die Kennzahlen folgen einer logarithmischen Normalverteilung. Logarithmische Normalverteilungen sind typisch für multiplikative Effekte (Limpert et al. 2001), wie sie auch in diesem Fall durch die thermisch bedingten Fehler entlang der kinematischen Kette der Werkzeugmaschine auftreten. Die Verteilung der Kennzahlen kann durch den Erwartungswert μ und die zwei Sigma-Grenzen 2σ der logarithmischen Normalverteilung charakterisiert werden. Mit diesen beiden Werten kann der Einfluss der Stützpunktanzahl und der Variante der volumetrischen Korrektur auf die Korrekturgenauigkeit beurteilt werden.

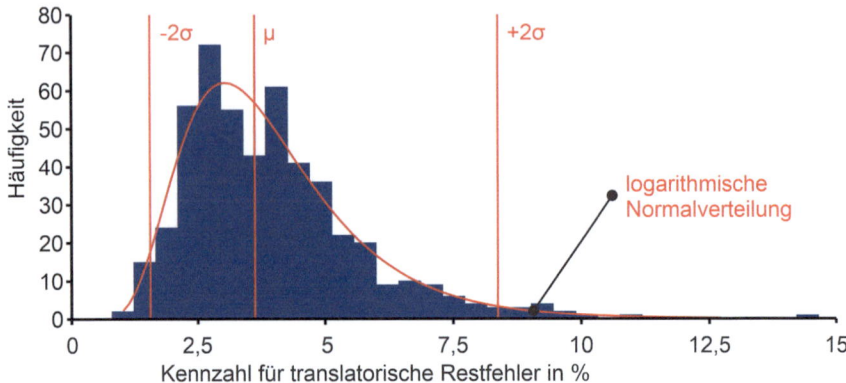

Abb. 11 Beispiel für Verteilung der Kennzahl für translatorischen Restfehler

4 Untersuchung der Varianten für volumetrische Korrektur am Beispiel

Im Folgenden soll der Einfluss der Stützpunktanzahl und der Implementationsvariante auf die Genauigkeit der volumetrischen Korrektur thermisch bedingter Fehler am Beispiel der seriellen 3-Achs-Maschine Versuchsträger MAX untersucht werden. Der Versuchsträger ist in Kap. 2 (Abb. 8) bzw. Kap. 1 (Abb. 9) dargestellt.

Die kinematische Kette des Versuchsträgers ist vereinfacht in Abb. 12 dargestellt. Der Versuchsträger kann Fehler in sechs Freiheitsgraden korrigieren. Der Z-Schlitten wird von drei Kugelgewindetrieben angetrieben. Festkörpergelenke verbinden den Z-Schlitten mit den Muttern der Kugelgewindetriebe und den Führungswagen der Profilschienenführungen in Z-Richtung. Deshalb kann der Z-Schlitten in kleinen Winkeln bis zu 10 mrad um die X- und Y-Richtung gekippt werden. Der Y-Schlitten wird durch zwei parallele lineare Direktantriebe

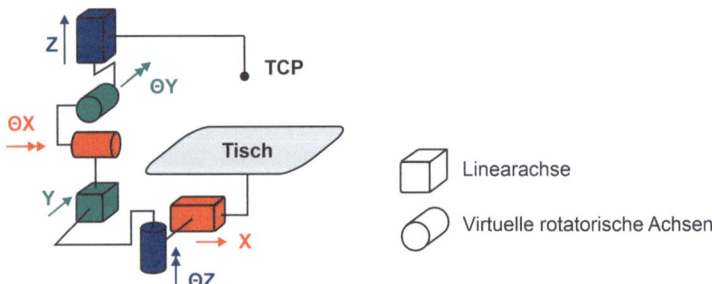

Abb. 12 Vereinfachte Darstellung der kinematischen Kette des Versuchsträgers MAX, nach (Ihlenfeldt et al. 2020)

verfahren. Der Y-Schlitten ist über Festkörpergelenke mit den Führungswagen in Y-Richtung verbunden. Auf diese Weise kann der Y-Schlitten um die Z-Richtung bis zu 1,6 mrad gekippt werden. Da die Neigungswinkel klein sind, sind die rotatorischen Achsen in Abb. 12 als virtuell bezeichnet. (Ihlenfeldt et al. 2020).

4.1 Kinematisches Modell

Die Basis für die Abschätzung des Einflusses der Stützpunktanzahl und Implementationsvarianten für die volumetrische Korrektur auf die Korrekturgenauigkeit ist das kinematische Modell der Maschine. Für den Versuchsträger MAX wird ein Modell aus homogenen Transformationsmatrizen (Siciliano and Khatib 2008) verwendet, siehe (9). Der Index oben links an der Transformationsmatrix T gibt das Basiskoordinatensystem und der Index unten rechts das Zielkoordinatensystem an. Die Indizes X, Y, Z beziehen sich auf den X-, Y- bzw. Z-Schlitten. Die Lagefehler werden mit LF und die positionsabhängigen Fehlerparameter der Achsen mit F bezeichnet. Pos steht für die Achsposition. Die Koordinatensysteme in den Drehpunkten sind mit DP und die Drehungen um die Achsen mit ΘX, ΘY und ΘZ gekennzeichnet. Mit $Tisch$ wird der Maschinentisch und mit TCP der Tool-Center-Point bezeichnet.

$$^{\text{Tisch}}T_{\text{TCP}} = {}^{\text{Tisch}}T_{\text{XLF}}{}^{\text{XLF}}T_{\text{XPos}}{}^{\text{XPos}}T_{\text{XF}}{}^{\text{XF}}T_{\text{YDP}}{}^{\text{YDP}}T_{\Theta Z}{}^{\Theta Z}T_{Y} \\ {}^{Y}T_{\text{YLF}}{}^{\text{YLF}}T_{\text{YPos}}{}^{\text{YPos}}T_{\text{YF}}{}^{\text{YF}}T_{\text{ZDP}}{}^{\text{ZDP}}T_{\Theta X, \Theta Y}{}^{\Theta X, \Theta Y}T_{Z} \qquad (9) \\ {}^{Z}T_{\text{ZLF}}{}^{\text{ZLF}}T_{\text{ZPos}}{}^{\text{ZPos}}T_{\text{ZF}}{}^{\text{ZF}}T_{\text{TCP}}$$

4.2 Abschätzung der Korrekturgenauigkeit

Im Folgenden wird das Vorgehen aus Abschn. 3.4 auf den Versuchsträger MAX angewendet. Mit diesem Vorgehen wird die Auswirkung der gegebenen Stützpunktanzahl und der Implementationsvariante der volumetrischen Korrektur auf die Korrekturgenauigkeit abgeschätzt. Es wurde die Verteilung der Kennzahl „maximaler relativer Restfehler" (siehe Gl. (6) und (8)) für 500 verschiedene zufällig generierte typische thermische Fehler am TCP bestimmt. Die Verteilungen für 27 und 125 gegebene Stützpunkte im Arbeitsraum (äquidistantes Gitter) und die drei beschriebenen Implementationsvarianten sind in Abb. 13 und 14 dargestellt. In den Abbildungen sind der Erwartungswert µ und die 1-Sigma-Grenzen σ der logarithmischen Normalverteilung markiert. Die Verteilung ist für die drei Implementationsvarianten ähnlich. Der Erwartungswert der Kennzahl für die translatorischen Restfehler reduziert sich von ca. 18 % für 27 Stützpunkte auf 12 % für 125 Stützpunkte. Für die rotatorischen Restfehler reduziert sich der Erwartungswert von ca. 5 % auf 3 %. Die rotatorischen Restfehler sind für die Variante 2 und 3 fast identisch.

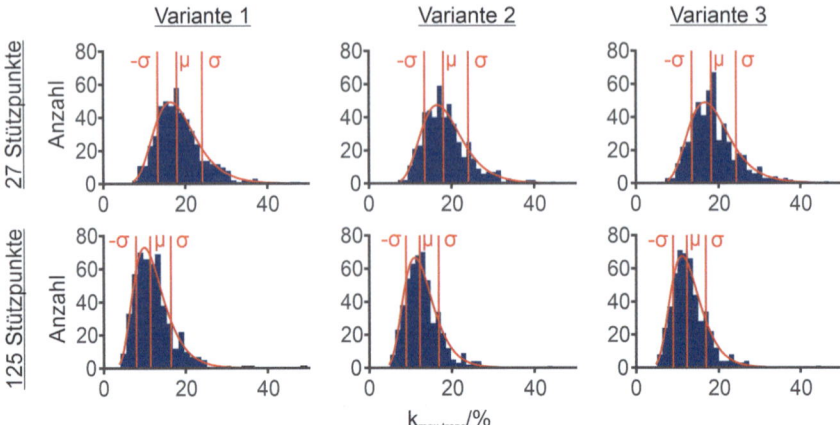

Abb. 13 Verteilung der relativen translatorischen Restfehler für 27 und 125 Stützpunkte im Arbeitsraum für die in Abb. 7 vorgestellten Implementationsvarianten

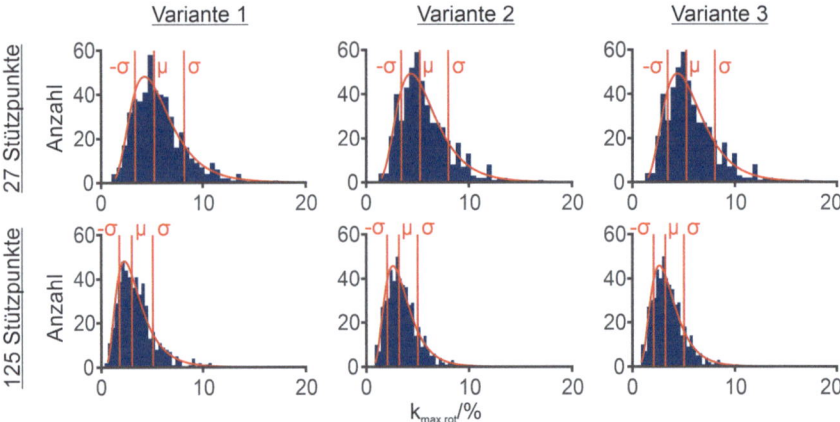

Abb. 14 Verteilung der relativen rotatorischen Restfehler für 27 und 125 Stützpunkte im Arbeitsraum für die in Abb. 7 vorgestellten Implementationsvarianten

In Abb. 15 und 16 sind die Erwartungswerte und die 1-Sigma-Grenzen der Kennzahl über der Stützpunktanzahl aufgetragen. Die Erwartungswerte und die 1-Sigma-Grenzen nehmen mit steigender Stützpunktanzahl asymptotisch ab. Der Genauigkeitsgewinn für mehr als 64 Stützpunkte im Arbeitsraum ist gering. Damit wird sich der zusätzliche Rechenaufwand zur Berechnung weiterer Stützpunkte mithilfe des Strukturmodells in den meisten Fällen nicht lohnen.

Die Werte für die drei Implementationsvariante unterscheiden sich nur geringfügig. Damit hängt die Wahl der Implementationsvariante in erster Linie von den steuerungsspezifischen Funktionen ab, die für die volumetrische Korrektur zur

Strukturmodellbasierte Korrektur

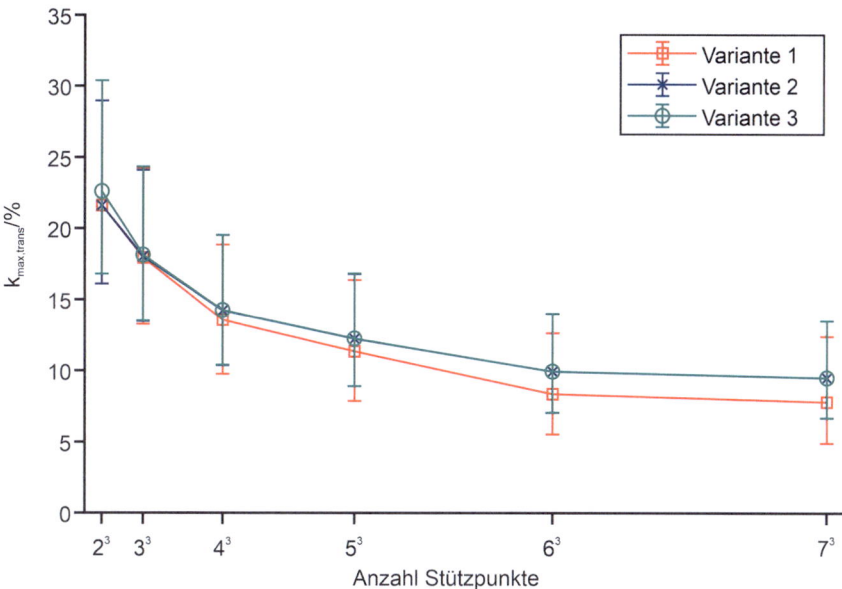

Abb. 15 Maximaler relativer translatorischer Restfehler-Erwartungswert und 1-Sigma-Grenze, nach (Thiem et al. 2021)

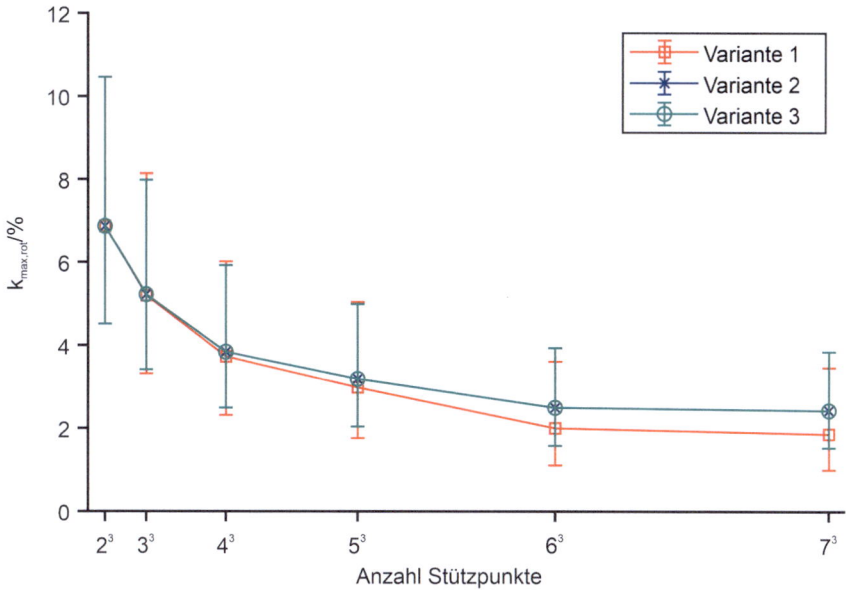

Abb. 16 Maximaler relativer rotatorischer Restfehler Erwartungswert und 1-Sigma-Grenze, nach (Thiem et al. 2021)

Verfügung stehen. Am Versuchsträger MAX wird die Implementationsvariante 2 verwendet, das die Bestimmung der thermischen Achsfehlerparameter in der Variante 1 mit höherem Rechenaufwand verbunden ist als die Interpolation des Fehlers am TCP im Arbeitsraum.

5 Umsetzung der Korrektur für Hexapoden

In diesem Abschnitt wird die strukturmodellbasierte Korrektur exemplarisch auf den Hexapod „MiniHex" angewandt und verifiziert.

5.1 Steuerungsanbindung

Die Implementation der Korrektur mit ihrer Steuerungsanbindung ist in Abb. 17 dargestellt. Die drei in 3.1 beschriebenen Echtzeitbereiche sind entsprechend farbig markiert.

Das System besteht aus einem Steuerungsrechner (Industrie-PC) mit Beckhoff TwinCAT 3 und einem externen PC, auf dem die Modelle berechnet werden. Es wird ein separater Rechner für die Modellberechnung verwendet, um den Steuerungsrechner nicht durch die aufwendige Berechnung des thermischen Modells zu belasten. Bei dem externen PC handelt es sich um einen handelsüblichen Bürorechner (Intel Core i7-4770, 16 GB Arbeitsspeicher, GeForce GTX 1050).

Die Erfassung der Lastdaten Achspositionen, -geschwindigkeiten, Motorströme sowie der Umgebungstemperatur erfolgt in einer SPS (Speicherprogrammierbare

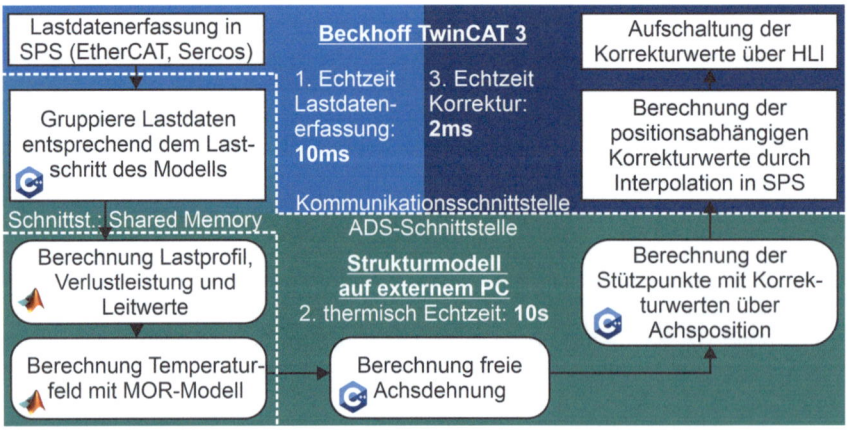

Abb. 17 Implementation der strukturmodellbasierten Korrektur am Hexapod mit Beckhoff TwinCAT 3 Steuerung

Steuerung) in der Steuerung. Hierfür werden die Daten einheitlich mit einem Abtasttakt von 10 ms erfasst und in einer Variablen vom Typ „Struct" abgelegt. Auf diese SPS-Variable wird mithilfe der von Beckhoff bereitgestellten ADS-Schnittstelle (**A**utomation **D**evice **S**pecification) im Takt von 10 ms zugegriffen. Der Zugriff erfolgt von einem C++-Programm auf dem externen PC. In dem Programm werden die Daten für die Dauer eines Lastschrittes des Modells von 10 s gesammelt und zu einem Datenpaket zusammengefasst. Über einen geteilten Speicherbereich (Named Shared Memory) wird das Datenpaket an MATLAB weitergeleitet. Von MATLAB aus wird auf den Speicherbereich mithilfe einer in C geschriebenen MEX-Funktion (**M**atlab **ex**ecutable) zugegriffen. Der Zugriff auf den Speicherbereich wird durch einen Timer gesteuert und durch ein Mutex-Objekt (**mut**ual **ex**clusion) synchronisiert. In MATLAB werden die Lastprofile für einen Lastschritt des Modells gebildet und Verlustleistungen, thermische Leitwerte und das thermische Modell selbst berechnet. Das Temperaturfeld wird wiederum über einen geteilten Speicherbereich weitergegeben an ein C++-Programm, das den thermo-elastischen Fehler berechnet und das Ergebnis in Form einer Stützpunkttabelle über die ADS-Schnittstelle in das SPS-Programm der TwinCAT-Steuerung schreibt. Die Stützpunkttabelle in der SPS wird alle 10 s aktualisiert. Im SPS-Programm werden die aktuellen Achssollwerte verwendet, um den Korrekturwert zwischen diesen Stützpunkten zu interpolieren. Die Berechnung der Korrekturwerte erfolgt im Interpolationstakt (2 ms) der Steuerung. Im Anschluss erfolgt die Aufschaltung der Korrekturwerte auf die Achssollwerte. Wenn die Änderung der Korrekturwerte zu groß ist, um die Achsbewegungsgrenzwerte (maximale Geschwindigkeit, Beschleunigung, Ruck) einzuhalten, wird eine 7-Segment-Bahn generiert, um die Änderung herauszufahren. Die Aufschaltung auf die Achssollwerte erfolgt über die HLI-Schnittstelle (**H**igh-**L**evel-**I**nterface) zwischen SPS und CNC von TwinCAT 3.

5.2 Strukturmodell

Die Stabachsen des Hexapoden sind baugleich. Aus diesem Grund können sechs Instanzen des gleichen Modells für die Stabachsen verwendet werden. Die Stabachsen sind durch Kardangelenke (Hand- und Schultergelenke) mit der Bodenplatte und der bewegten Plattform verbunden. Die Gelenke weisen eine geringe Querschnittsfläche auf, wodurch die Stabachsen thermisch weitestgehend von der Bodenplatte und der bewegten Plattform entkoppelt sind. Der thermisch bedingte Fehler der Stabachsen hat einen dominanten Einfluss auf die Position und Orientierung der bewegten Plattform. Die Temperaturen der Bodenplatte und der bewegten Plattform folgen den Umgebungstemperaturschwankungen und haben nur einen geringen Einfluss auf den thermisch bedingten Fehler. Aus den zuvor genannten Gründen ist es ausreichend, nur die Stabachsen durch sechs separate Modelle abzubilden.

Die Verlustleistungs- und Leitwertansätze werden als MATLAB-Funktionen implementiert. Verlustleistungsquellen sind der Motor, der Zahnriemen, das Lager

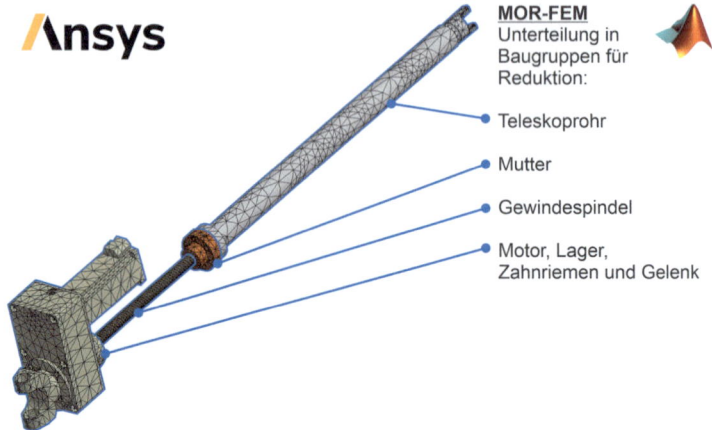

Abb. 18 Unterteilung der Stabachse des Hexapoden in Baugruppen, nach (Galant et al. 2016)

und der Wälzkörperkontakt zwischen Mutter und Gewindespindel des Kugelgewindetriebes (KGT). In relevantem Maße veränderliche thermische Leitwerte treten an den Wälzkörperkontakt im Lager und im Spindel-Mutter-Kontakt sowie an den Konvektionsflächen auf. Die im Modell verwendeten Ansätze für die Berechnung der Verlustleistungen und Leitwerte sind (Jungnickel 2010) entnommen.

Das Vorgehen zur Erstellung des thermischen Modells ist detailliert in (Galant et al. 2016) beschrieben. Es basiert auf FE-Modellen, die in ANSYS erstellt wurden. Das FE-Netz der Modelle ist in Abb. 18 auf der linken Seite dargestellt. Die Stabachse ist untergliedert in die Teilmodelle Teleskoprohr, Mutter, Gewindespindel. Ein weiteres Teilmodell umfasst die Komponenten Motor, Riementrieb, Lager und Gelenk (Abb. 18, rechte Seite). In ANSYS wurden ebenfalls die Kontaktbereiche zwischen den Teilmodellen bzw. die Flächen für Randbedingungen definiert. Die Systemmatrizen wurden im Anschluss aus ANSYS exportiert und nach MATLAB importiert und reduziert (siehe Kap. 2). Das reduzierte Modell wird im Takt von 10 s mit jedem Datenpaket neu berechnet. Das so ermittelte Temperaturfeld wird vom Bildbereich (reduziertes Modell) zurück zu dem vollständigen Temperaturfeld mit realen Temperaturen transformiert. Für die Berechnung des thermo-elastischen Fehlers wird der KGT segmentiert. Aus dem Temperaturfeld werden die mittleren Temperaturen der Segmente berechnet. Diese werden dem C++-Programm übergeben und dort die freie thermische Dehnung in Achsrichtung für die Segmente berechnet. Die thermo-elastischen Fehleranteile, die nicht in Achsrichtung wirken, sind in diesem Fall vernachlässigbar. Anhand der freien Dehnung werden die Positionierfehler für elf gleichmäßig über der Achslänge im Abstand von 50 mm verteilte Stützpunkte berechnet. Diese Stützpunkte werden der Steuerung übergeben und dienen dort der positionsaktuellen Interpolation der Korrekturwerte.

5.3 Validierung

5.3.1 Versuchsaufbau

Der Versuchsaufbau für die Validierung der strukturmodellbasierten Korrektur am Hexapod ist in Abb. 19 zu sehen. Die thermisch bedingten Längenänderungen der Stabachsen werden mit einem absolut messenden Laserinterferometer „Etalon Multiline" erfasst. Die Sensoren sind am unteren Rand des Riemengehäuses auf der Innen- und der Außenseite der Stabachse angebracht. Die zugehörigen Reflektoren sind an den Kardangelenken angebracht. Aus der Sensor- und Reflektorposition resultiert die in der Abb. 19 markierte Messlänge. Lufttemperatur und –feuchtigkeit werden vom Messsystem berücksichtigt und durch die Wetterstation auf der Bodenplatte erfasst. Die Messunsicherheit beträgt 0,5 µm/m. Die Messlänge liegt je nach Achsposition zwischen 0,75 m und 1,25 m. Daraus resultiert eine Unsicherheit im Bereich von 0,38 µm bis 0,63 µm.

5.3.2 Versuchsdurchführung

Das Belastungsregime für die Verifikation der Korrektur setzt sich aus vier unterschiedlichen Lastabschnitten zusammen, die zyklisch wiederholt werden. Der Verlauf der Achsposition für die Lastabschnitte ist dargestellt in Abb. 20. Zwischen den Lastabschnitten wird der thermisch bedingte Fehler für elf verschiedene

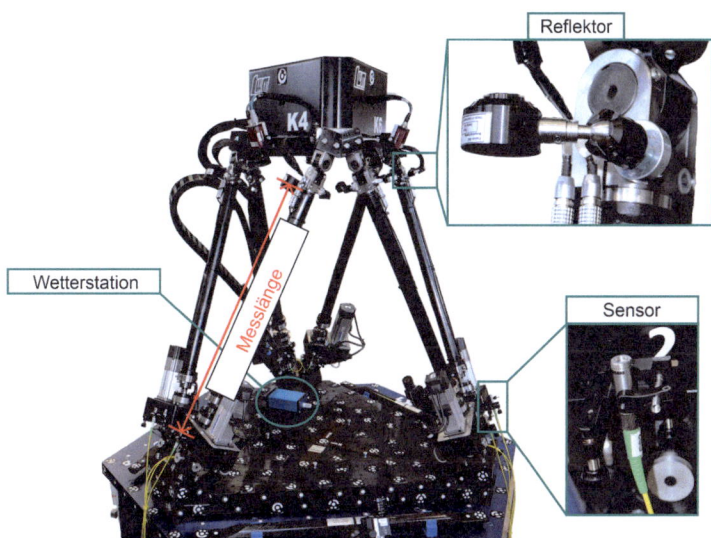

Abb. 19 Messaufbau mit absolut messenden Laserinterferometer, nach (Thiem et al. 2019)

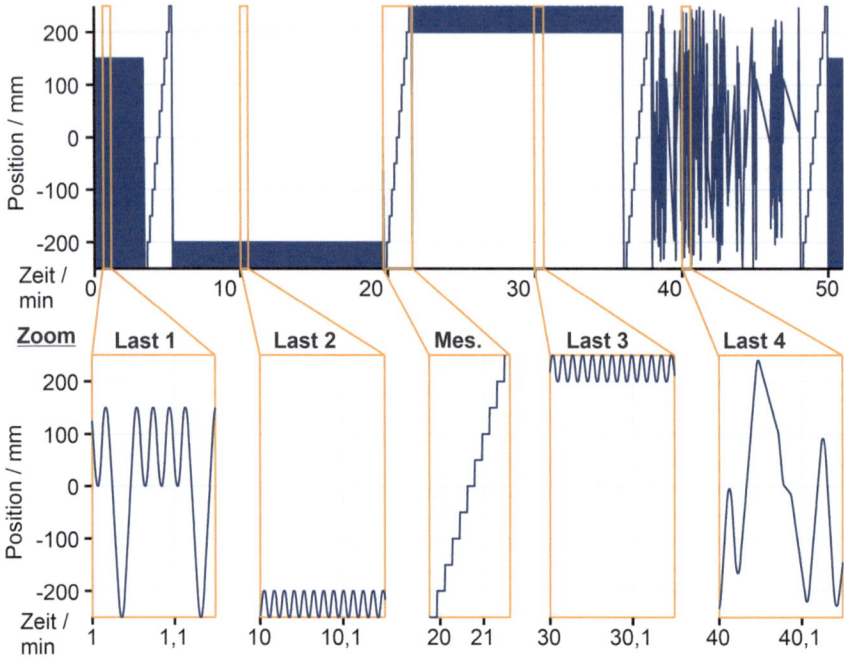

Abb. 20 Belastungszyklus für die Validierung, nach (Thiem et al. 2019)

Achspositionen im Abstand von 50 mm gemessen. Während des ersten Lastabschnittes erfolgt eine unsymmetrische Lastverteilung über der Achslänge durch wiederholte Bewegung zwischen 0 mm und 150 mm sowie zwischen −250 mm und 150 mm. Im zweiten Lastabschnitt erfolgen kleine Bewegungen bei eingefahrener Achse (−250 mm bis 200 mm). Daraus resultiert eine hohe Belastung des Motors durch das wiederholte Beschleunigen und Abbremsen. Die Verlustleistungsquellen Lager und Spindel-Mutter-Kontakt befinden sich bei diesem Abschnitt räumlich eng beieinander. Die Konvektion ist verringert, weil die Gewindespindel durch das Teleskoprohr abgedeckt ist. Im dritten Lastabschnitt finden die Bewegungen bei ausgefahrener Stabachse zwischen 200 mm und 250 mm statt. In diesem Abschnitt ist die Konvektion deutlich erhöht durch die vergrößerte Fläche zur Umgebung an der Gewindespindel und die erzwungene Konvektion an dieser Fläche. Die Wärmequellen Lager und Spindel-Mutter-Kontakt liegen in diesem Abschnitt räumlich relativ weit auseinander. Im vierten Lastabschnitt werden Verfahrbewegungen zwischen zufälligen Positionen (zwischen −250 mm und 250 mm) mit zufälliger Geschwindigkeit (100 mm/min bis 30.000 mm/min). Alle sechs Achsen des Hexapoden führen die Bewegung simultan aus, was zu einer vertikalen Bewegung der Plattform führt. Die Belastung mit den vier Lastabschnitten erfolgt für ca. 4,5 h. Der Belastung folgt eine Abkühlphase, in der sich die Achsen im Stillstand befinden aber die Motoren in Regelung bleiben. In der Abkühlphase werden alle 10 min die Messpositionen angefahren.

5.3.3 Ergebnisse

In der Abb. 21 sind die gemessenen thermisch bedingten Fehler der ersten Stabachse für sechs Achspositionen dargestellt. Die Fehlerverläufe sind für die anderen Achsen ähnlich. Der Bezugspunkt ist der erste Messzyklus vor Beginn der Belastung. Mit durchgezogenen Linien sind die gemessenen Fehler ohne Korrektur dargestellt. Für den Versuch ohne Korrektur konnte bei der Achsposition 50 mm kurz vor 4 h Versuchszeit kein Messwert aufgenommen werden. Der gestrichelte Verlauf in dem Diagramm ist der gemessene thermisch bedingte Fehler mit aktivierter Korrektur in einem zweiten Versuch mit gleichem Verfahrprogramm. Der Umgebungstemperaturverlauf war für beide Versuche ähnlich und weist einen maximalen Unterschied von 0,9 K auf. Die Abb. 21 zeigt deutlich, dass durch die Korrektur der thermisch bedingte Fehler stark reduziert wird. Der verbleibende Restfehler ist weitestgehend unabhängig von der Achsposition. Damit ist der Restfehler wahrscheinlich nicht auf die Modellierung der Gewindespindel zurückzuführen. Eine mögliche Ursache für die Überkompensation des Fehlers sind die Unsicherheiten bei der Modellierung der Konvektion, da der Restfehler zu Beginn der Abkühlphase zunächst zunimmt. Die thermisch bedingten Fehler kehren auch zum Ende der Abkühlphase nicht zum Ausgangspunkt zurück, da die Umgebungstemperatur im Verlauf der Versuchsdurchführung zugenommen hat.

Die Ergebnisse für die sechs Stabachsen sind in der Tab. 3 zusammengefasst. Es wird der maximale thermisch bedingte Fehler ohne Korrektur dem maximalen Restfehler mit aktivierter Korrektur gegenübergestellt. Die Fehler konnten mit der Korrektur zwischen 80,9 % und 87,2 % gesenkt werden.

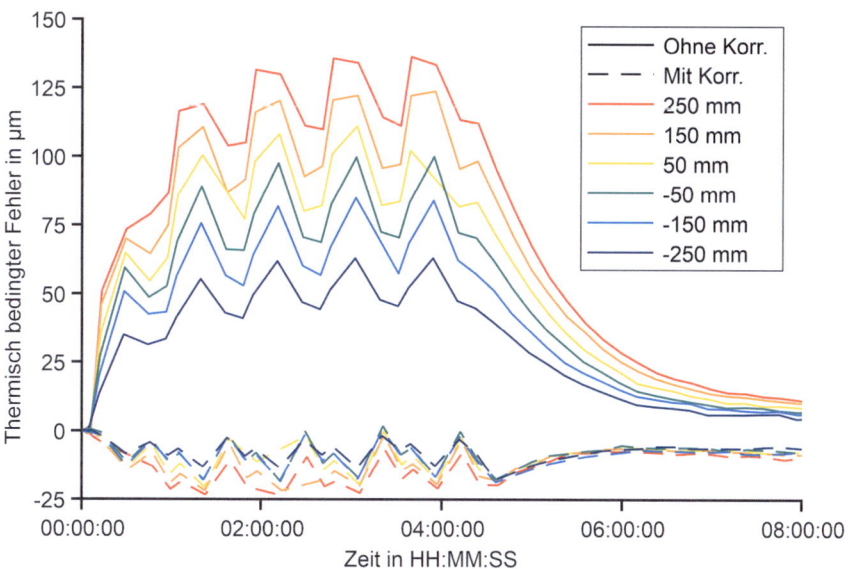

Abb. 21 Thermisch bedingter Fehler einer Stabachse an unterschiedlichen Achspositionen

Tab. 3 Reduktion des thermisch bedingten Fehlers, siehe (Thiem et al. 2019)

	Achse 1	Achse 2	Achse 3	Achse 4	Achse 5	Achse 6
Max. Fehler/ μm	136,3	105,8	118,7	146,1	122,5	104,4
Max. Restfehler/ μm	23,7	16,2	16,5	19,3	23,4	13,4
Reduktion/ %	82,6	84,7	86,1	86,8	80,9	87,2

6 Zusammenfassung

Die strukturmodellbasierte Korrektur sind aufgrund der physikalisch basierten Modelle auch für den Einsatz bei stark veränderlichen Belastungsszenarien und Umgebungsbedingungen geeignet. In diesem Kapitel wurden die grundlegende Funktionsweise der strukturmodellbasierten Korrektur sowie die Echtzeitanforderungen und die daraus resultierende Modularisierung der Korrekturlösung erläutert. Darauf aufbauend wurde die Eingangsdatenverarbeitung, unterschiedliche Modelltypen für die Korrektur sowie ein Vorgehen zur Abschätzung des Einflusses der gegebenen Stützpunkte für die volumetrische Korrektur auf die Korrekturgenauigkeit vorgestellt. Die Korrektur wurde beispielhaft an einem Hexapoden umgesetzt und führt bei dieser Maschine zu einer wesentlichen Reduktion der thermisch bedingten Fehler in der Größenordnung von 80 %. Für komplexere Maschinen ist in Abhängigkeit vom Detaillierungsgrad des Modells von einer geringeren Reduktion der thermisch bedingten Fehler auszugehen.

Literatur

Brecher C, Bakarinow K, Fey M, Neus S (2017) Analyse des thermischen Verhaltens von Profilschienenführungen. Antriebstechnik 56:60–65

Bullen PS (2003) Handbook of means and their inequalities. Springer, Netherlands. https://doi.org/10.1007/978-94-017-0399-4

Ess M (2012) Simulation and compensation of thermal errors of machine tools. ETH Zurich

Frekers Y (2019) Experimental and numerical investigations of thermal boundary conditions at contact interfaces (Dissertation). RWTH Aachen, Aachen

Fritsch FN, Carlson RE (1980) Monotone piecewise cubic interpolation. SIAM J Numer Anal 17:238–246. https://doi.org/10.1137/0717021

Galant A, Beitelschmidt M, Kauschinger B, Schroeder S (2016) Erstellung und Abgleich eines strukturbasierten thermischen Modells der kugelgewindetriebenen Vorschubachsen eines Hexapoden. In: Thermo-energetische Gestaltung von Werkzeugmaschinen: begleitender Tagungsband 4. Kolloquium zum SFB/TR 96. Presented at the 4.Tagung des SFB/TR 96, Aachen, 01.03.2016, Dresden: Verlag Wissenschaftliche Scripten, Aachen, S 15–33

Großmann K (2012) Thermo-Energetische Gestaltung von Werkzeugmaschinen. ZWF Z wirtsch Fabr 307–314

Großmann K, Mühl A, Thiem X (2014) Korrektur thermisch bedingter Fehler an Werkzeugmaschinen. Module eines strukturmodellbasierten Korrekturansatzes. ZWF Z wirtsch Fabr 109:318–323

Großmann K, Städel C, Galant A, Mühl A (2012) Vergleichende Untersuchung alternativer Methoden zur Erzeugung kompakter Modelle- Berechnung von Temperaturfeldern an Werkzeugmaschinen. ZWF Z wirtsch Fabr 107:452–456

Hölder O (1889) Ueber einen Mittelwerthabsatz. Nachrichten von der Königl. Ges Wiss Georg-Augusts-Universität zu Göttingen 1889:38–46

Hsu YY, Wang SS (2007) A new compensation method for geometry errors of five-axis machine tools. Int J Mach Tools Manuf 47:352–360. https://doi.org/10.1016/j.ijmachtools.2006.03.008

Ihlenfeldt S, Müller J, Merx M, Kraft M, Peukert C (2020) Simplified manufacturing of machine tools utilising mechatronic solutions on the example of the experimental machine MAX. In: Yan X-T, Bradley D, Russell D, Moore P (Hrsg) Reinventing mechatronics: developing future directions for mechatronics. Springer International Publishing, Cham, S 145–162. https://doi.org/10.1007/978-3-030-29131-0_10

ISO 230-1 (2012) Test code for machine tools – Part 1: Geometric accuracy of machines operating under no-load or quasi-static conditions

Jungnickel G (2010) Simulation des thermischen Verhaltens von Werkzeugmaschinen. Modellierung und Parametrierung, Lehre Forschung Praxis. Schriftenreihe des Lehrstuhls für Werkzeugmaschinen, Dresden

Kauschinger B, Schroeder S (2016) Uncertainties in heat loss models of rolling bearings of machine tools. Procedia CIRP, 7th HPC 2016 – CIRP conference on high performance cutting 46, 107–110. https://doi.org/10.1016/j.procir.2016.03.168

Kim K, Kim MK (1991) Volumetric accuracy analysis based on generalized geometric error model in multi-axis machine tools. Mech Mach Theory 26:207–219. https://doi.org/10.1016/0094-114X(91)90084-H

Limpert E, Stahel WA, Abbt M (2001) Log-normal distributions across the sciences: keys and clues. Bioscience 51:341. https://doi.org/10.1641/0006-3568(2001)051[0341:LNDATS]2.0.CO;2

Siciliano B, Khatib O (2008) Springer handbook of robotics. Springer, Berlin. https://doi.org/10.1007/978-3-540-30301-5

Srivastava AK, Veldhuis SC, Elbestawit MA (1995) Modelling geometric and thermal errors in a five-axis cnc machine tool. Int J Mach Tools Manuf 35:1321–1337. https://doi.org/10.1016/0890-6955(94)00048-O

Thiem X, Großmann K, Mühl A (2014a) Modular Control Integrated Correction of Thermoelastic Errors of Machine Tools Based on the Thermoelastic Functional Chain. Adv Mater Res 1018:411–418. https://doi.org/10.4028/www.scientific.net/AMR.1018.411

Thiem X, Kauschinger B, Ihlenfeldt S (2018) Structure model based correction of machine tools. In: Conference on thermal issues in machine tools. Presented at the CIRP sponsored conference on thermal issues in machine tools, Verlag Wissenschaftliche Scripten, Auerbach /Vogtl, S 309–3018

Thiem X, Kauschinger B, Ihlenfeldt S (2019) Online correction of thermal errors based on a structure model. Int J Mechatron Manuf Syst 12:49–62. https://doi.org/10.1504/IJMMS.2019.097852

Thiem X, Kauschinger B, Mühl A, Großmann K (2015) Challenges in the development of a generalized approach for the structure model based correction. Appl Mech Mater 387–394. https://doi.org/10.4028/www.scientific.net/AMM.794.387

Thiem X, Kauschinger B, Müller J, Ihlenfeldt S (2021) Estimation of the influence of volumetric correction approaches on the thermo-elastic correction accuracy. In: Behrens B-A, Brosius A, Hintze W, Ihlenfeldt S, Wulfsberg JP (Hrsg) Production at the leading edge of technology. Springer, Berlin, S 324–333. https://doi.org/10.1007/978-3-662-62138-7_33

Thiem X, Mühl A, Großmann K (2014) Structural model-based correction of thermo-elastic machine tool errors. In: Thermo-energetic design of machine tools, Lecture notes for production engineering. Berlin, S 185–198

Winkler S (2018) Verlustbestimmung und Leistungsmessung an elektrischen Antrieben. Presented at the Dresdner Fluidtechnische Kolloquien, Dresden

Open Access Dieses Kapitel wird unter der Creative Commons Namensnennung 4.0 International Lizenz (http://creativecommons.org/licenses/by/4.0/deed.de) veröffentlicht, welche die Nutzung, Vervielfältigung, Bearbeitung, Verbreitung und Wiedergabe in jeglichem Medium und Format erlaubt, sofern Sie den/die ursprünglichen Autor(en) und die Quelle ordnungsgemäß nennen, einen Link zur Creative Commons Lizenz beifügen und angeben, ob Änderungen vorgenommen wurden.

Die in diesem Kapitel enthaltenen Bilder und sonstiges Drittmaterial unterliegen ebenfalls der genannten Creative Commons Lizenz, sofern sich aus der Abbildungslegende nichts anderes ergibt. Sofern das betreffende Material nicht unter der genannten Creative Commons Lizenz steht und die betreffende Handlung nicht nach gesetzlichen Vorschriften erlaubt ist, ist für die oben aufgeführten Weiterverwendungen des Materials die Einwilligung des jeweiligen Rechteinhabers einzuholen.

Kennfeldbasierte Korrektur

Christian Naumann, Martin Naumann, Alexander Geist, Tharun Suresh Kumar und Janine Glänzel

1 Einleitung

Eine weitere Möglichkeit zur Vorhersage und damit der Korrektur thermo-elastischer Verformungen liegt in der Multivariaten Regressionsanalyse (MRA). Dabei wird anhand von Sätzen von Ein- und Ausgangsdaten das Übertragungsverhalten des Systems modellhaft abgebildet, ohne dabei das System selbst oder die vorherrschenden physikalischen Zusammenhänge zu modellieren. Aus diesem Grund wird bei der MRA häufig von Black-Box-Methoden gesprochen. Bereits aus diesem Grundgedanken kann man die Vor- und Nachteile des Vorgehens ableiten.

Von Vorteile ist, dass die MRA methodisch einfacher auf andere Maschinentypen übertragbar ist, da sie kaum fallspezifische Vorkenntnisse erfordert. Aus dem selben Grund ist die MRA auch besonders für ältere Maschinen geeignet, für die keine digitalen Konstruktionsunterlagen vorhanden sind. Die MRA kann sowohl aus Messdaten als auch aus Simulationen angelernt werden und ist somit sehr flexibel.

C. Naumann (✉) · M. Naumann · A. Geist · T. S. Kumar · J. Glänzel
Fraunhofer-Institut für Werkzeugmaschinen und Umformtechnik IWU, Chemnitz, Deutschland
E-Mail: christian.naumann@iwu.fraunhofer.de

M. Naumann
E-Mail: martin.naumann@iwu.fraunhofer.de

A. Geist
E-Mail: Alexander.Geist@iwu.fraunhofer.de

T. S. Kumar
E-Mail: Tharun.Suresh.Kumar@iwu.fraunhofer.de

J. Glänzel
E-Mail: Janine.Glaenzel@iwu.fraunhofer.de

Darüber hinaus ist die MRA meist rechnerisch sehr einfach und somit problemlos in eine Maschinensteuerung integrierbar.

Nachteile sind einerseits die starke Abhängigkeit von den Trainingsdaten und andererseits die meist begrenzte Korrekturgüte und die i. A. schlechte Extrapolierbarkeit der Modelle. Sind zu wenig oder nur ungeeignete Trainingsdaten verfügbar, so ist die Korrektur nahezu unmöglich. Darüber hinaus kann ein Modell ohne Systemkenntnis i. A. niemals perfekte Vorhersagen von komplexen Zusammenhängen erzeugen. Außerdem sind nicht angelernte Lastfälle häufig deutlich schwieriger vorherzusagen als Lastfälle, die in den Traingsdaten enthalten sind.

Unter der MRA als Oberbegriff können verschiedene Modelle oder Regressionsverfahren verstanden werden. Die wichtigsten sind Lineare Modelle, Kennfelder, Künstliche Neuronale Netze und Fuzzy-Modelle. Für die Vorhersage thermo-elastischer Verformungen sind alle der genannten Verfahren bereits erfolgreich eingesetzt worden (vgl. Lee et al. 2001; Naumann und Priber 2012; Tseng 1997; Yang und Ni 2005). Im Folgenden wird lediglich auf die Kennfeldbasierte Korrektur (auch: Kennfeldkorrektur, KbK) eingegangen, wobei viele der anderen MRA-Modelltypen analog einsetzbar wären. Die Wahl der Kennfelder ist insofern vorteilhaft, dass sie flexibler und leistungsfähiger sind als einfache lineare oder auch Fuzzy-Modelle und gleichzeitig aber auch besser kontrollierbar sind als Künstliche Neuronale Netze.

In Abschn. 2 wird zunächst die Erstellung der Kennfeldbasierten Korrektur Schritt für Schritt beschrieben. Abschn. 3 erklärt anschließend, wie die Korrektur in eine Maschinesteuerung integriert werden kann. Anhand der DMU 80 eVo von DMG Mori wird in Abschn. 4 der Einsatz und die Wirksamkeit der KbK demonstriert. Abschn. 5 erklärt den Umgang mit Schwankungen der Umgebungsbedingungen. Am Ende wird in Abschn. 6 auf die Möglichkeit lastfallspezifischer Kennfeldupdates eingegangen.

2 Erstellung der KennfeldKorrektur

2.1 Kennfelder und Korrekturprinzip

Kennfelder sind reellwertige Funktionen, die mehrere Eingänge auf einen Ausgang abbilden. Ein Höhenprofil auf einer Landkarte ist beispielsweise ein zweidimensionales Kennfeld, das die Geländehöhe auf den Längs- und Breitengrad abbildet. Für die Vorhersage thermo-elastischer Verlagerungen werden in der Regel vor allem Temperaturen und Achspositionen als Eingangsgrößen verwendet. Die Ausgangsgrößen sind in diesem Fall die x-, y- bzw. z-Verlagerung, wobei in der Regel die Relativverlagerung zwischen Tool-Center-Point (Werkzeugspitze, TCP) und Werkstücktisch der Werkzeugmaschine (WZM) betrachtet wird.

$$(T_1, \cdots, T_m, x_1, \cdots, x_n) \to dx \quad (1)$$

Gl. (1) bildet beispielhaft m Temperatursensoren und n Achspositionen auf eine x-Verlagerung ab. Analog dazu müsste für die y- und z-Verlagerung vorgegangen werden, wobei dafür auch jeweils andere Eingangsvariablen gewählt werden können.

Ein ganz wesentlicher Aspekt für den Erfolg der Kennfeldbasierten Korrektur ist der Anwendungsbereich. Die KbK soll im gesamten Arbeitsraum der WZM gute Vorhersagen liefern. Dazu müssen häufig alle Maschinenachsen als Eingangsgrößen gewählt werden und es müssen auch für entsprechend viele Positionen im Arbeitsraum Trainingsdaten vorliegen. Alternativ dazu kann die geometrische Interpolation von der thermo-elastischen Vorhersage getrennt werden. Dazu wählt man eine Reihe von Stützstellen im Arbeitsraum (z. B. die acht Ecken eines Quaders) und berechnet für diese Stützstellen jeweils separate Kennfelder. Anschließend wird in einem zweiten, separten Schritt zwischen den Stützstellen interpoliert. Insbesondere an Linearachsen können im Übrigen auch direkte Wegmesssysteme die Positionsabhängigkeit des thermischen Fehlers deutlich reduzieren.

Aus thermischer Sicht umfasst der Anwendungsbereich alle thermischen Zustände der WZM, die während der Bearbeitung auftreten können. Dies schließt auch mögliche Schwankungen der Umgebungstemperatur mit ein. Die Kennfelder müssen also im Idealfall all diese Temperaturzustände eindeutig unterscheiden können. Bei einer festen Anordnung der Temperatursensoren wird jedem Zustand ein Array von Temperaturwerten dieser Sensoren zugeordnet. Ist die Anordnung ungünstig, so kann es passieren, dass zwei unterschiedliche Zustände ein nahezu identisches Temperatur-Array besitzen, obwohl sie deutlich unterschiedliche TCP-Verlagerungen aufweisen. Derartige Diskrepanzen müssen durch die geeignete Wahl der Eingangsgrößen vermieden werden.

2.2 Wahl der Eingangsvariablen

Eine der wichtigsten Entscheidungen bei der Kennfeldkorrektur ist die Wahl der Eingangsgrößen. Sinnvolle Eingangsgrößen sind:

- Gemessene Temperaturen an/in der Werkzeugmaschine
- Soll-Koordinaten des TCP (kartesisch)
- Soll-Koordinaten der Maschinenachsen
- (lokale) Deformationssensoren
- Berechnete Temperaturen an/in der WZM
- Gemessene Temperaturgradienten (dT/dt) an/in der WZM

Eine detaillierte Erklärung zu diesen Eingangsgrößen ist in Naumann et al. (2018) zu finden. Wichtige Kriterien, die eine geeignete Eingangsvariable kennzeichnen und zur obigen Unterscheidung verwendet wurden sind:

- Abhängigkeit (Korrelation) von der Ausgangsgröße
- Sofortige und stetig Wirkung (ohne Zeitversatz)
- Geringe Korrelation zwischen Eingangsgrößen (wenig Redundanz)
- Einfach bestimmbar/messbar (während der Bearbeitung)
- Schnell bestimmbar/messbar (Samplingrate > Änderungsrate)
- Stetig

Zur Erläuterung folgen zwei kurze Beispiele. Eine Temperatur auf der WZM lässt sich i. A. ohne Weiteres und in sehr kurzen Intervallen (<1s) z. B. durch einen PT100-Sensor messen. Voraussetzung dafür ist jedoch, dass die entsprechende Stelle den Einbau ermöglicht. Die Temperatur ist eine stetige Größe, wobei die begrenzte Signalauflösung ignoriert werden kann. Korrelation, Zeitversatz und Redundanz sind fallabhängig und hängen von der gewählten Sensorposition und den Positionen der anderen Temperatursensoren ab. Daraus folgt, dass die Temperatur unter den richtigen Voraussetzungen eine geeignete Eingangsgröße sein kann, wobei die Sensorplatzierung das wesentliche Kriterium darstellt.

Als Gegenbeispiel sei der Motorstrom der Achsantriebe genannt. Auch dieser ist stetig und einfach messbar. Redundanz ist ebenfalls unproblematisch. Obwohl eine längerfristige Änderung des Motorstromes zu einem veränderten Verlustwärmestrom und damit in der Regel zu einer Änderung des Temperatur- und Verformungsfeldes führt, ist dieser Prozess stark zeitverzögert. Aus diesem Grund sind Motorströme i. A. für die KbK ungeeignet. Sie wären möglicherweise dennoch einsetzbar, wenn durch eine Zeitverzögerung (z. B. PT1-Glied) die Wirkung zwischen Ein- und Ausgangsgröße zeitlich abgestimmt wird.

Der wichtigste Aspekt bei der Wahl der Eingangsgrößen ist die Sensorplatzierung. Dazu gibt es im Wesentlichen drei Möglichkeiten.

Die zuverlässigste Variante ist die Durchführung einer Sensitivitätsanalyse. Das Vorgehen dazu ist in Riedel und Herzog (2015) detailliert beschrieben. Voraussetzung hierfür ist jedoch ein parametriertes Finite-Elemente-Modell der WZM.

Die nächstbeste Variante ist die Erfassung von so vielen Eingangsgrößen wie möglich, mit anschließender Selektion. Dazu werden z. B. bei der thermo-elastischen Vermessung der WZM alle verfügbaren Temperatursensoren möglichst großräumig auf der gesamten WZM verteilt. Beim Kennfeldtraining durch Simulationsdaten ist das unkritisch, da beliebig viele Stellen des Temperaturfeldes ausgegeben werden können. Wenn eine hinreichend große Trainingsdatenmenge verfügbar ist, dann können die besten Eingangsvariablen mit den in Naumann et al. (2018) beschriebenen Verfahren (Hauptkomponentenanalyse, Sequentielle Heuristik oder Stabilitätsanalyse) ausgewählt werden.

Variante drei ist die Auswahl der Sensorpositionen nach Bauchgefühl. Das ist in vielen Anwendungsfällen und bei entsprechender Erfahrung möglich, aber liefert selten optimale Ergebnisse.

2.3 Kennfeldberechnung

Die Trainingsdaten können durch thermo-elastische Maschinenvermessung oder durch thermo-elastische Finite-Elemente-Simulationen berechnet werden. Beide Möglichkeiten sind in Geist et al. (2021) am Beispiel der DMG DMU 80 eVo beschrieben.

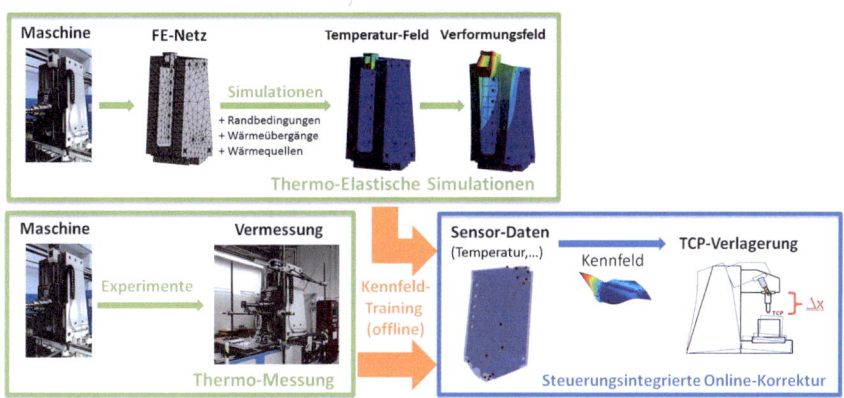

Abb. 1 Prinzipskizze Kennfeldbasierte Korrektur (nach Naumann (2024))

Abb. 1 zeigt das Prinzip der Kennfeldbasierten Korrektur. Die Kennfelder werden zunächst offline aus Simulations- oder Messdaten berechnet und dann online für die steuerungsintegrierte Korrektur an der Maschine eingesetzt.

Sobald die Eingangsvariablen festgelegt wurden und die Trainingsdaten vollständig vorliegen, kann das Kennfeld definiert und berechnet werden.

Im Folgenden wird vereinfacht davon ausgegangen, dass die Trainingsdaten als drei Matrizen vorliegen:

- $T \in M_{N,m}$ die Temperaturen an den m Sensorpositionen
- $P \in M_{N,n}$ die Achskoordinaten der n Maschinenachsen
- $D \in M_{N,3}$ die relative thermo-elastische Verlagerung am TCP

Im Beispiel sind also m Temperatursensoren und n Maschinenachsen die Eingangsgrößen und dx, dy, dz die drei Ausgangsgrößen. Insgesamt besteht die Trainingsdatenmenge aus N Einzelmessungen, wobei die Zeile i der Matrizen T, P und D jeweils zum selben Zeitpunkt erfasst wurden.

Wie bereits erwähnt wurde, gibt es jetzt zwei Möglichkeiten. Die Kennfelder können jeweils für eine einzige Position im Arbeitsraum berechnet und später separat interpoliert werden oder sie können alle in einem gemeinsamen Kennfeld zusammengefasst werden. Bei mehr als drei Temperatursensoren ist der erste Fall in der Regel zu bevorzugen, damit die Kennfelder nicht zu groß werden. Dafür müssen die obigen Matrizen so umstrukturiert werden, dass nur die Anteile von T und D ausgewählt werden, die zur betrachteten Arbeitsraumposition in P gehören. Um von dieser Unterscheidung zu abstrahieren wird im Folgenden nur noch eine

- Matrix $X \in M_{N,M}$ der Eingangsgrößen und ein
- Vektor $Y \in M_{N,1}$ der Ausgangsgröße betrachtet.

X kann also entweder die Verknüpfung $[T\ P]$ oder eine Untermenge von T sein. Y ist hier eine der Spalten von D (bzw. eine Untermenge), weil alle Ausgangsgrößen bei Kennfeldern separat berechnet werden müssen.

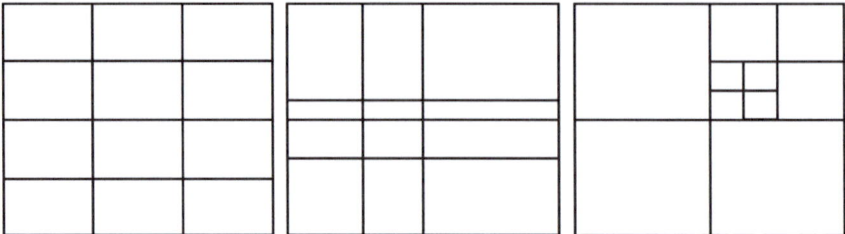

Abb. 2 Äquidistante, variable und substrukturierte Gitter (v.l.) in 2D

Die folgende Beschreibung der Kennfeldberechnung bezieht sich auf M-lineare Kernfunktionen mit linearer Glättung. Eine Betrachtung weiterer Kernfunktionstypen ist in Naumann et al. (2020) zu finden. Eine Studie zur Glättung in Kennfeldern kann in Naumann und Putz (2019) nachgelesen werden. Der beschriebene Spezialfall ist für die meisten Anwendungen geeignet und auch von der Implementierung her sehr einfach realisierbar.

Schritt 1 ist die Definition des Kennfeldgitters. Drei wichtige Gitterarten sind äquidistante Gitter, Gitter mit variablen Achsintervallen und substrukturierte Gitter, s. Abb. 2. Eine Untersuchung zu unterschiedlichen Gitterstrukturen ist in Naumann et al. (2017) zu finden. Wie diese Untersuchung jedoch gezeigt hat, ist oft ein einfaches äquidistantes Gitter nur marginal schlechter als komplexere Gitterstrukturen und damit meist ausreichend. Für die Visualisierung wird das Prinzip jetzt an einem 2D-Gitter mit 16 Gitterknoten und 9 Gitterelementen (I–IX) demonstriert, s. Abb. 3.

Das Gitter entsteht in der Regel aus einer achsweisen Diskretisierung der Eingangsvariablen. Dafür wird bspw. für jeden Temperatursensor ein Minimum und Maximum festgelegt, z. B. $T_{i,min} = 10\,°C$, $T_{i,max} = 35\,°C$ für Sensor i. Diskretisierung heißt jetzt, dass zwischen diesen Extremwerten Stützstellen festgelegt werden. Das Gitter in Abb. 3 könnte beispielsweise aus den beiden Stützvektoren $T_1 = \{10°, 17°, 26°, 35°\}$ und $T_2 = \{10°, 19°, 26°, 31°\}$ entstanden sein. Algorithmen zur Optimierung der Stützstellen für variable Gitter sind ebenfalls in Naumann et al. (2017) nachzulesen.

Das Ziel bei dieser Variante der Kennfeldkorrektur ist die Aufstellung und Lösung des folgenden linearen Gleichungssystems:

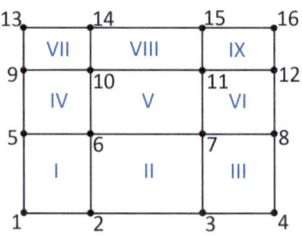

Abb. 3 Variables 2D-Gitter mit Nummerierung

Kennfeldbasierte Korrektur

$$\begin{pmatrix} A \\ S \end{pmatrix} \cdot r = \begin{pmatrix} b \\ c \end{pmatrix} \quad (2)$$

Dabei ist A die Datenmatrix, die aus den Interpolationsgleichungen der Trainingsdaten gebildet wird. S ist die Regularisierungsmatrix, die aus den Glättungsgleichungen gebildet wird und die dafür sorgt, dass das Gleichungssystem überbestimmt ist. b und c sind die zu A und S gehörenden rechten Seiten, wobei b meist der Deformationsvektor Y von oben und c meist ein Nullvektor ist. Ziel ist die Bestimmung des Vektors r, der die Kennfeldkoeffizienten enthält.

Für die Datenmatrix wird für jeden Datenpunkt eine Interpolationsgleichung erstellt. Zur Veranschaulichung sei ein Datenpunkt P innerhalb des Gitterelements V, s. Abb. 4.

Im Beispiel entspricht Gitterknoten 6 dem Temperaturtupel ($T_{1,2} = 17°$, $T_{2,2} = 19°$). $T_{1,*}$ und p_1 sind Werte vom Temperatursensor 1 und $T_{2,*}$ und p_2 vom Sensor 2. Die bilineare Interpolationsgleichung für den Datenpunkt P mit Ausgabewert (Verlagerung) y lautet dann:

$$\frac{(T_{1,3} - p_1)}{(T_{1,3} - T_{1,2})} \cdot \frac{(T_{2,3} - p_2)}{(T_{2,3} - T_{2,2})} \cdot r_6 + \frac{(p_1 - T_{1,2})}{(T_{1,3} - T_{1,2})} \cdot \frac{(T_{2,3} - p_2)}{(T_{2,3} - T_{2,2})} \cdot r_7 + \cdots \\ \frac{(T_{1,3} - p_1)}{(T_{1,3} - T_{1,2})} \cdot \frac{(p_2 - T_{2,2})}{(T_{2,3} - T_{2,2})} \cdot r_{10} + \frac{(p_1 - T_{1,2})}{(T_{1,3} - T_{1,2})} \cdot \frac{(p_2 - T_{2,2})}{(T_{2,3} - T_{2,2})} \cdot r_{11} = y \quad (3)$$

Wie man sieht, ist der Nenner immer gleich und entspricht dem Flächeninhalt des Gitterelements. In höheren Dimensionen (bei mehr Eingängen) entspräche das dem Volumen des M-dimensionalen Hyperquaders. Im Zähler stehen die Produkte aus den Abständen zwischen dem Datenpunkt und den jeweils gegenüberliegenden Gitterknoten. Dieses Prinzip lässt sich problemlos auf beliebig viele Eingangsgrößen erweitern. Für drei Eingänge wäre das Gitterelement ein 3D-Quader und demnach hätte die Gleichung acht Summanden (einen je Gitterknoten) und jeder Summand wäre ein Produkt aus 3 Faktoren (einer je Dimension).

Zu der Datenmatrix A wird im Beispiel für den Datenpunkt P eine Reihe hinzugefügt, die in den Spalten 6,7,10 und 11 die obigen Faktoren enthält und sonst null ist. Dieselbe Reihe im Vektor b erhält den Ausgabewert y.

Abb. 4 Gitterelement V mit Datenpunkt P

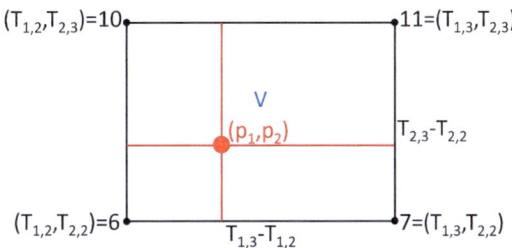

Ist dann später das Kennfeld fertig berechnet, sind also die Kennfeldkoeffizienten r bekannt, so wird nach demselben Schema für einen Punkt P die zugehörige Kennfeldapproximation y berechnet.

Für dasselbe Beispiel lauten die linearen Glättungsgleichungen für den Gitterknoten 6:

$$\frac{(T_{1,3} - T_{1,2})}{(T_{1,3} - T_{1,1})} \cdot r_5 - r_6 + \frac{(T_{1,2} - T_{1,1})}{(T_{1,3} - T_{1,1})} \cdot r_7 = 0 \quad (4)$$

$$\frac{(T_{2,3} - T_{2,2})}{(T_{2,3} - T_{2,1})} \cdot r_2 - r_6 + \frac{(T_{2,2} - T_{2,1})}{(T_{2,3} - T_{2,1})} \cdot r_{10} = 0 \quad (5)$$

Es wird also jeweils dimensionsweise der rechte und linke bzw. obere und untere Nachbarknoten von Gitterknoten 6 verwendet. Die Faktoren sind jeweils der Abstand zum gegenüberliegenden Knoten geteilt durch den Abstand über beide Gitterelemente.

Bei Randknoten kann entweder die entsprechende Gleichung weggelassen werden oder sie wird durch eine konstante Gleichung ersetzt, z. B. bei Knoten 3:

$$\frac{(T_{1,4} - T_{1,3})}{(T_{1,4} - T_{1,2})} \cdot r_2 - r_3 + \frac{(T_{1,3} - T_{1,2})}{(T_{1,4} - T_{1,2})} \cdot r_4 = 0 \quad (6)$$

$$r_3 - r_7 = 0 \quad (7)$$

Bei äquidistanten Gittern ist die Aufstellung der Glättungsgleichungen besonders einfach, da sich hier die Brüche alle zu 0,5 kürzen lassen. Wie zuvor bildet jede Glättungsgleichung eine Zeile in der Regularisierungsmatrix S und dem zugehörigen Vektor c aus Gl. (2). Sind alle Matrizen und Vektoren aus Gl. (2) assembliert, so wird das lineare Gleichungssystem gelöst. Da die Lösung insbesondere bei großen Kennfeldgittern sehr rechenaufwendig ist, können anstelle von direkten auch numerische Lösungsverfahren eingesetzt werden. Eine Methodik zur numerischen Handhabung sehr großer Kennfelder wird in Naumann und Putz (2019) beschrieben.

2.4 Kennfeld-Validierung und -Optimierung

In den vorangegangenen Abschnitten wurden Eingangsvariablen ausgewählt, Trainingsdaten erzeugt und daraus Kennfelder berechnet. Der nächste Schritt ist der Test bzw. die Validierung der Kennfelder.

Die Kennfeldberechnung nach Gl. (2) liefert bereits einen ersten Anhaltspunkt dafür, wie gut das zugehörige Kennfeld ist. Das Residuum im oberen Teil sagt aus, wie gut das Kennfeld die gegebenen Trainingsdaten vorhersagt und das Residuum im unteren Teil ist ein Maß für die allgemeine Glattheit der Lösung. Bei der Berechnung von Kennfeldern mit linearer Glättung ist die Glattheit in der Regel gegeben, sofern das Gitter nicht zu fein gewählt wurde. Wichtiger ist jedoch der Datenfehler, also das Residuum aus den Interpolationsgleichungen der Trainingsdaten. Wenn der Datenfehler sehr hoch ist, kann das an einem zu groben Gitter oder ungünstigen bzw. fehlenden Eingangsgrößen liegen. Da sich ersteres einfacher testen und beheben lässt, sollte zunächst das Gitter verfeinert und anschließend der Datenfehler erneut geprüft werden. Bringt die Verfeinerung keine wesentliche Verbesserung oder ist das Gitter ohnehin schon sehr fein gewählt, dann sollten zusätzliche Temperatursensoren eingesetzt werden.

Wenn die Trainingsdaten gut approximiert werden, dann erfolgt ein Test mit unabhängigen Testdaten. Dazu muss ein separater, nicht in den Trainingsdaten enthaltener Lastfall gemessen oder simuliert und damit das Kennfeld getestet werden. Der Datenfehler bei den Testdaten ist i. A. fast immer größer als bei den Trainingsdaten. Ist er jedoch inakzeptabel groß, so muss das Kennfeld verändert werden. Dabei sind die zwei wesentlichen Optionen die Änderung der Eingangsvariablen oder die Erweiterung der Trainingsdatenbasis. Eine Änderung der Gitterweite erzielt an dieser Stelle meist wenig Wirkung.

Ein wichtiges Problem bei Kennfeldern ist das Overfitting. Dabei passt sich ein sehr großes bzw. sehr feines Gitter zu stark an die Trainingsdaten an und verliert damit seine Allgemeingültigkeit. Kleine Schwankungen in den Eingangsdaten können dann zu großen Änderungen der Ausgangsgrößen führen. Aus diesem Grund sollte das Gitter immer nur so fein wie nötig und mit so wenig wie möglich Eingangsvariablen erstellt werden. Allgemein gilt, je größer die Gesamtanzahl an Gitterknoten, desto mehr Trainingsdaten sind erforderlich, um auf diesem Gitter ein zuverlässiges Kennfeld zu erstellen.

3 Steuerungsintegration

Sobald geeignete Kennfelder für eine Maschine verfügbar sind, kann die Korrektur auf der Maschinensteuerung implementiert werden. Der erste Schritt ist dabei die Auswahl der Methodik zur Korrekturwertaufschaltung, da diese bestimmt wo und wie die Korrektur implementiert wird. Dieser Schritt ist im Wesentlichen abhängig vom Steuerungstyp. Generell bieten die meisten Hersteller von Werkzeugmaschinensteuerungen grundlegende Funktionen zur softwaretechnischen Korrektur mechanischer Fehler oder thermischer Einflüsse. Allerdings richten sich die integrierten Temperatur-„Kompensationen" im Allgemeinen gegen die Wärmeausdehnung der Maschinenteile jeweils bezogen auf einzelne Achsen. Zur Korrektur können damit durch experimentelle Erprobung Istwertveränderungen einer Achse in Abhängigkeit von vorhandenen Temperatursensoren ermittelt und in Form linearer Gleichungen oder Stützwerttabellen in der Steuerung hinterlegt werden.

Einige CNC-Steuerungen bieten zwar Möglichkeiten zur räumlichen Fehlerkorrektur (auch: Volumetrische Kompensation), die auf Basis von hinterlegten

Kennwerttabellen eine Verlagerung in Abhängigkeit der aktuellen TCP-Position ausgleicht, jedoch mit dem Hintergrund der Korrektur konstanter mechanischer Fehlereinflüsse. Temperatureinflüsse können dabei nur bedingt berücksichtigt werden, da eine temperaturabhängige Anpassung der Kennwerttabellen in Echtzeit nicht vorgesehen ist. Eine räumliche Korrektur der Temperatureinflüsse, wie mit der KbK vorgesehen, ist i. A. nicht direkt verfügbar und muss erst zusätzlich implementiert werden.

Bei Verwendung der in Abschn. 2 vorgeschlagenen Separierung von thermischer und geometrischer Interpolation besteht die KbK verallgemeinert aus zwei Steuerstrecken. Die Erste berechnet auf Basis der aktuellen Temperatursensorwerte die thermischen Korrekturwerte für alle Stützstellen im Arbeitsraum. Da thermische Einflüsse relativ träge sind, kann diese Berechnung mit einer moderaten Zykluszeit ausgeführt werden. An dieser Stelle wird oftmals von thermischer Echtzeit gesprochen, z. B. Erfassung alle 5 s. Die zweite Steuerstrecke interpoliert aus den Stützstellenwerten die räumliche Verlagerung in Abhängigkeit der aktuellen TCP-Position, die als Offset der CNC-Steuerung übergeben wird. Die Einflussgröße ist hier die aktuelle Maschinenposition, woraus sich die Tatsache ableitet, dass diese Interpolation so schnell wie möglich abgearbeitet werden muss, um die Fehlereinflüsse bei schnellen Bewegungen der Maschine so gering wie möglich zu halten. Die Positionsberechnung bei CNC-Steuerungen erfolgt im Interpolationstakt, je nach Steuerung üblicherweise alle 2 bis 4 ms, in dem auch die Berechnung der Korrekturoffsets erfolgen sollte. Eine Trennung in diese beiden Steuerstrecken ist insbesondere dann sinnvoll, wenn die Auswertung des thermischen Korrekturmodells relativ zeit- und rechenintensiv ist und mit den begrenzten Ressourcen einer CNC-Steuerung im Interpolationstakt nicht zu bewältigen wäre.

Nachfolgend werden konkrete Implementierungsmöglichkeiten am Beispiel der Werkzeugmaschinensteuerung SINUMERIK 840D sl der Siemens AG aufgezeigt. Wie bereits beschrieben, verfügt auch diese NC-Steuerung über integrierte Temperaturkompensationsfunktionen, die jedoch im Funktionsumfang für die KbK zu beschränkt sind. Allerdings stellt die Steuerung entsprechende Schnittstellen zur Aufschaltung von Istwert-Abweichungen im kartesischen Raum zur Verfügung, die für eine Integration eigener Methoden eingesetzt werden kann. Diese Kompensation läuft im Interpolationstakt der Steuerung, in dem auch die Berechnung der Soll-Positionen für die Maschinenachsen erfolgt. Für die Korrekturwertaufschaltung kann entsprechend auf vorhandene Funktionen der Steuerung zurückgegriffen werden.

Für die Integration des Regelkreises stehen mehrere Möglichkeiten zur Verfügung. Der eleganteste Weg ist die Integration als sogenannter Compile-Zyklus. Die SINUMERIK stellt eine offene Schnittstelle zur Integration eigener Funktionen direkt im Kern der NC-Steuerung zur Verfügung, die z. B. für die Integration eigener Transformationen oder Maschinenfunktionen genutzt werden kann. Speziell für Korrekturverfahren steht mit dem Universal Compensation Interface (UCI) eine passende Schnittstelle zur Verfügung, über die mittels C++ der Regelkreis implementiert und im Interpolationstakt abgearbeitet werden kann. Diese Schnittstelle kann jedoch nur von lizenzierten Entwicklern oder direkt von Siemens genutzt werden. Darüber hinaus sind pro Maschine zusätzliche Lizenzgebühren zur Ausführung der Softwarefunktionen erforderlich.

Eine zweite Möglichkeit, die ebenfalls eine Berechnung im Interpolationstakt ermöglicht, ist es, die Regelschleife mithilfe von Synchronaktionen zu implementieren. Synchronaktionen sind kleine Berechnungsfunktionen, die parallel zum NC-Programm ausgeführt werden können. Für die Implementierung der kompletten Thermokorrektur sind allerdings eine Vielzahl an Synchronaktionen erforderlich, die zu einer erhöhten Auslastung der NC-Steuerung führen können. Wenn die Steuerung eine Vielzahl gleichzeitig interpolierender Achsen verarbeiten muss und parallel viele Synchronaktionen verwendet werden, kann es zur Überlastung der NC-Steuerung führen. Abhilfe würde da nur eine Erhöhung der Zykluszeit des Interpolationstaktes schaffen, was sich jedoch wieder negativ auf die Geschwindigkeit und Genauigkeit auswirkt.

Eine weitere Möglichkeit besteht in der Integration der Regelschleife in die Speicherprogrammierbare Steuerung (SPS). Die SPS ist für die Ablaufsteuerung und im Allgemeinen auch für die Signalverarbeitung zuständig. Hier werden beispielsweise auch die Temperatursensoren eingelesen und verarbeitet. Die SPS ist an keinen festen Takt gebunden, sondern wird zyklisch so schnell wie möglich abgearbeitet, typischerweise im unteren zweistelligen Millisekundenbereich. Hieraus ergibt sich auch gleich der Nachteil dieses Ansatzes: eine Aktualisierung der räumlichen Korrekturwerte im Interpolationstakt ist hier nicht möglich. In der Praxis sind die durch die Temperaturkompensation erreichten Genauigkeiten nur direkt im Fräsprozess erforderlich, der im Allgemeinen mit verhältnismäßig langsamen Vorschubgeschwindigkeiten erfolgt. Da sich der ortsabhängige thermische Fehler nur bei größeren Bewegungen signifikant ändert, führen die etwas längeren SPS-Taktzeiten beim Fräsen nicht zu zusätzlichen Genauigkeitsverlusten.

Zusammenfassend: es existieren verschiedene Lösungsansätze zur Integration der schnellen Steuerstrecke für die KbK, die in Abhängigkeit des jeweiligen Anwendungsfalls eingesetzt werden können.

Ist die Auswertung der thermischen Korrekturmodelle zu speicher- und rechenintensiv für die SINUMERIK Steuerung, so kann diese extern auf einem separaten PC erfolgen. Oftmals besitzen Werkzeugmaschinensteuerung einen Bedien- und Visualisierungs-PC (auch: Human Machine Interface, HMI), der für die Berechnung mit genutzt werden kann. Die Temperatursensoren können zyklisch aus der SPS ausgelesen und an die HMI übertragen werden. Daraus können die Stützstellenkorrekturwerte berechnet und zurück an die NC/SPS übertragen werden.

4 Praxisbeispiel DMU 80 eVo

Die DMU 80 eVo ist ein 5-Achs-Vertikal-Bearbeitungszentrum von Deckel Maho. Ihr Arbeitsraum beträgt ca. 850 × 650 × 550 mm. Die Maschine ist werksseitig mit acht Temperatursensoren ausgerüstet, s. Abb. 5.

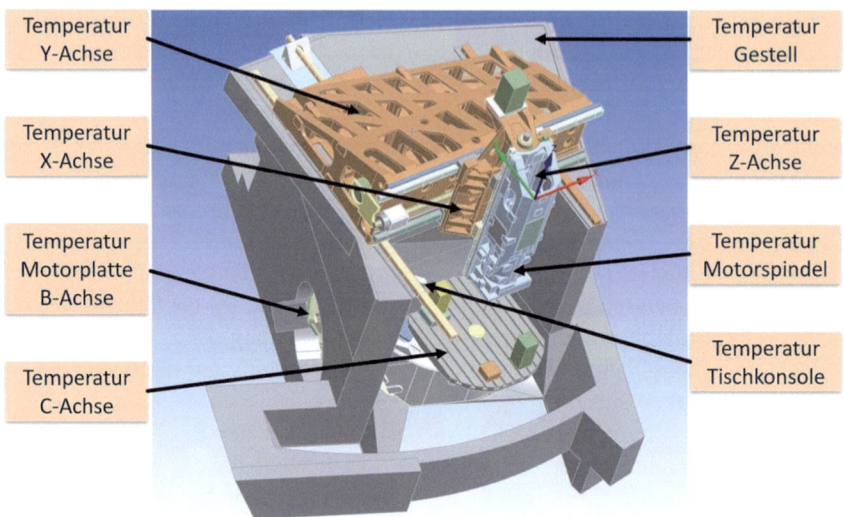

Abb. 5 Temperatursensoren der DMU 80 eVo

Die DMU 80 eVo ist mit einem Heidenhain TS 460 Messtaster ausgerüstet, der als Werkzeug eingewechselt werden kann, s. Abb. 6. Mit dem Messtaster können kalibrierte Messobjekte auf dem Werkzeugtisch vermessen werden. Durch wiederholte Vermessung solcher Objekte bei unterschiedlichen Temperaturzuständen kann der Messtaster zur Untersuchung der thermischen Genauigkeit der Maschine verwendet werden.

Die untersuchte DMU 80 eVo besitzt eine Siemens 840D sl Steuerung und wird über die DMG Celos Benutzeroberfläche bedient.

Die Implementation einer Korrekturlösung für eine existierende Maschine sollte immer mit einer thermo-elastischen Vermessung der Maschine beginnen,

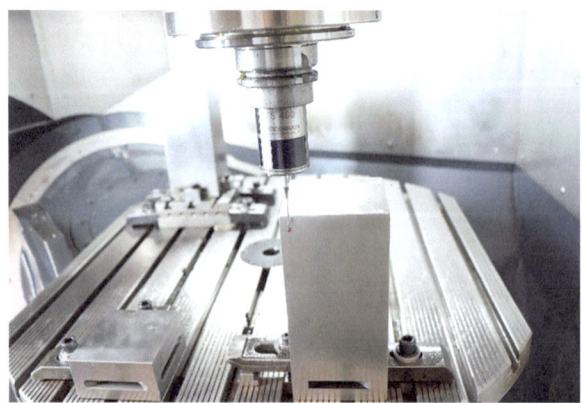

Abb. 6 Objekt-Vermessung mit Heidenhain Messtaster

Kennfeldbasierte Korrektur 353

sofern nicht bereits belastbare Experimentaldaten von baugleichen Maschinen vorliegen. Dabei sollten alle relevanten Sensorsignale aufgezeichnet werden. In diesem Fall sind das die Temperaturen der acht Sensoren und die Soll- und Istkoordinaten der verwendeten Messkörper.

Die Vermessung erfasst den Iststand der thermischen Fehler und allgemeiner das thermische Verhalten der Maschine. Dabei ist insbesondere eine separate Untersuchung verschiedener Verlustleistungsquellen empfehlenswert, um deren Einfluss auf den thermischen Fehler am TCP zu ermitteln. Die Vermessung zeigt somit u.a.

- wie groß der maximale thermische Fehler ist,
- wie groß der Einfluss der verschiedenen Wärmequellen ist und damit auch welche davon evtl. ignoriert werden können,
- wie stark positionsabhängig der thermische Fehler ist,
- wie lange die Maschine braucht, um einen thermischen Beharrungszustand zu erreichen

Die Abb. 7 und 8 zeigen ausgewählte Ergebnisse der thermischen Vermessung der DMU 80 eVo.

Im Falle der DMU 80 eVo können die unkompensierten Verlagerungen bis zu einem Zehntel Millimeter betragen und bei stärkeren Umgebungstemperaturschwankungen sogar noch deutlich größer ausfallen. Eine thermische Korrektur ist also in jedem Fall erforderlich. Der thermische Fehler ist stark positionsabhängig. Darüber hinaus haben die meisten Wärmequellen (Antriebe, Führungen, Kühlsystem) einen signifikaten Einfluss auf den thermischen Fehler, was jedoch nicht an allen Stellen des Arbeitsraumes der Fall ist. Bei Vollast einzelner Achsen kann es in konstanter Umgebung bis zu 10 h dauern, bis eine annähernde Beharrung erreicht ist.

Aufgrund des sehr komplexen thermischen Verhaltens der DMU 80 eVo wurde das Kennfeldtraining mit Simulationsdaten gewählt. Da sehr viele thermische Lastfälle an vielen Stellen im Arbeitsraum untersucht werden müssen, ist eine messtechnische Bestimmung der Trainingsdaten unwirtschaftlich. Zu diesem Zweck wurde aus einem von DMG bereit gestellten CAD-Modell ein Finite-Elemente-Modell erzeugt und dieses

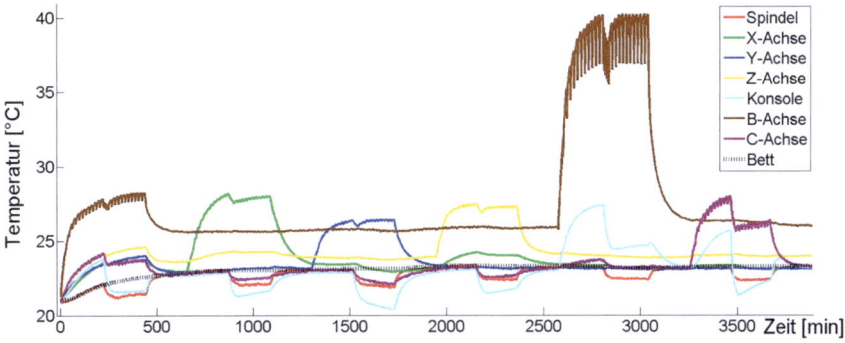

Abb. 7 Gemessene Temperaturen DMU 80 eVo

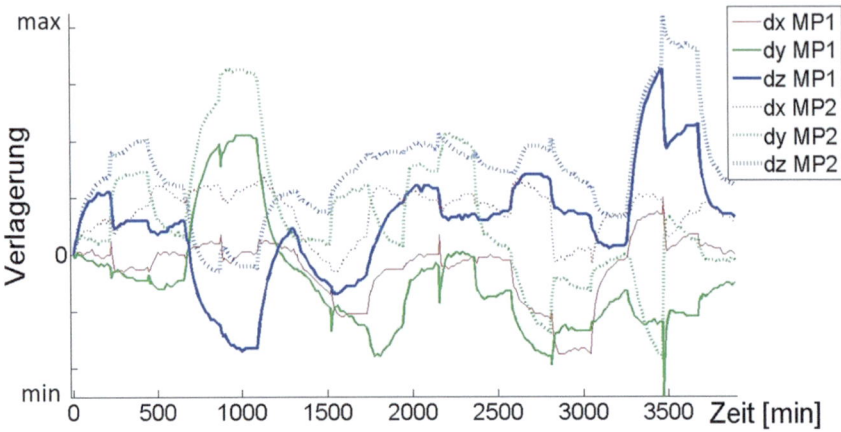

Abb. 8 Gemessene Verlagerungen für 2 Messpunkte (MP) DMU 80 eVo

messtechnisch parametriert und validiert. Mit diesem Modell wurden anschließend mit ANSYS verschiedene Lastfälle für insgesamt 27 Positionen im Arbeitsraum simuliert. Das Vorgehen dazu ist detailliert in Geist et al. (2021) beschrieben.

Ein wesentlicher Vorteil der simulativen Trainingsdatenakquise ist die Möglichkeit der Erfassung von Zusatzinformationen. So kann beispielsweise der Fehleranteil vom Maschinenständer und vom Drehtisch separat ausgegeben werden. Das hat zwei wesentliche Vorteile. Erstens könnten diese Fehleranteile damit separate Korrekturmodelle erhalten. Das bedeutet zwar doppelten Aufwand, aber diese Korrekturmodelle können sehr viel präziser auf die verringerte Anzahl an relevanten thermischen Einflussgrößen abgestimmt werden. So ist der Fehler auf Tischseite z. B. unabhängig von der Spindeltemperatur. Damit werden die Kennfelder niedrig-dimensionaler und somit besser handhabbar. Zweitens müssen dadurch weniger Simulationen erfolgen. Anstatt alle 27 Ständerpositionen für jede Tischstellung zu untersuchen, werden diese nur einmalig für die horizontale Tischstellung simuliert und anschließend wird nur jede weitere Tischpose für eine beliebige Ständerposition simuliert. Für 2 Tischstellungen werden also nur 28 statt 54 Simulationen benötigt. Man kann sogar noch die Zusatzsimulation sparen, indem die Tischstellung bereits in den ersten 27 Simulationen mit variiert wird.

Sobald die Trainingsdaten vollständig vorliegen, kann mit der Erstellung der Kennfelder begonnen werden. Als erster Schritt wurden die Kennfeldeingänge mithilfe der Stabilitätsanalyse ausgewählt, siehe Naumann et al. (2018). Dabei hat sich die folgende Konstellation ergeben (Tab. 1):

Mit dieser Konstellation von Temperatureingängen und der in Abschn. 2.3 diskutierten Berechnungsmethodik (multilineare Kernfunktionen und lineare Glättung auf äquidistantem Gitter) wurden die Kennfelder berechnet. Insgesamt wurden jeweils 3 Kennfelder (dx, dy, dz) für den Fehler an allen 27 Ständerpositionen und jeweils 5 (dx, dy, dz, rx, ry) Kennfelder für zwei Tischstellungen (horizontal,

Tab. 1 Kennfeldeingänge DMU 80 eVo

Komponente	Temperatursensoren
Tisch dx	3: Konsole, B-Achse, C-Achse
Tisch dy	3: Konsole, B-Achse, C-Achse
Tisch dz	3: Konsole, B-Achse, C-Achse
Maschinenständer dx	4: Spindel, X-Achse, Y-Achse, B-Achse
Maschinenständer dy	4: X-Achse, Y-Achse, Z-Achse, B-Achse
Maschinenständer dz	4: Spindel, X-Achse, Y-Achse, Z-Achse

vertikal) berechnet. Die Verwendung von nur fünf Parametern für die Tischstellung stellt eine Vereinfachung dar. Es wird angenommen, dass der Tisch selbst sich weder streckt noch verformt und es wird gleichzeitig die Stellung der C-Achse ignoriert. Diese Annahme kann zwar zu zusätzlichen Approximationsfehlern führen, aber eine Unterscheidung verschiedener Deformationszustände der Tischfläche ist mit der gegebenen Temperatursensoranordnung praktisch unmöglich.

Damit liegen insgesamt 91 (3*27+2*5) Kennfelder für die DMU 80 eVo vor, die im Online-Betrieb für jede neue Temperaturmessung ausgewertet werden müssen. Diese Berechnungen sind jedoch unproblematisch, da einerseits eine Kennfeldauswertung nur wenige Rechenschritte erfordert und andererseits die Aktualisierung der Temperaturwerte in größeren Abständen erfolgen kann (z. B. jede Minute). Im Interpolationstakt der Steuerung muss lediglich die Berechnung des relativen TCP-Fehlers aus den 91 Korrekturwerten erfolgen. Dazu wird der Werkzeugfehler durch lineare oder quadratische Interpolation der jeweils 27 Werkzeugfehlerkomponenten bestimmt und anschließend der Tischfehler für die aktuelle Werkzeugposition durch Vektorarithmetik berechnet. Der Relativfehler ist dann der Tischfehler minus dem Ständerfehler und muss auf die aktuelle Sollposition aufaddiert werden. Das Ergebnis ist eine positionsaktuelle 3-Achskorrektur. Eine 5-Achskorrektur ist mit dem selben Modell ebenfalls möglich, jedoch aufgrund der Kinematik der B-Achse nur bedingt sinnvoll.

Für den Test der erstellten Korrekturmodelle, wurde ein zusätzlicher unabhängiger Lastfall simuliert, der nicht in den Trainingsdaten enthalten ist. Der Lastfall besteht aus zwei unterschiedlich starken Erwärmungszyklen (I, III), jeweils gefolgt von einem Abkühlungszyklus (II, IV), s. Abb. 9. Die Abb. 10 zeigt vergleichend für eine Position im Arbeitsraum, hier oberhalb der Tischmitte, den simulierten und den approximierten Relativfehler.

Der Test zeigt eine gute Vorhersage des thermischen Fehlers auch bei einem nicht explizit angelernten Lastfall, wobei sowohl Trainings- als auch Testdaten ohne Variation der Umgebungstemperatur erstellt wurden. Wenngleich der Validierungsversuch im gesamten Arbeitsraum eine Verbesserung des mittleren Fehlers um ca. 50–60 % zeigt, ist dies eine stichprobenhafte Untersuchung und es kann bei ungünstigen Lastfällen auch zu einer geringeren Korrekturgüte kommen. Aus diesem Grund ist es wichtig, bereits zu Beginn der Erstellung der Kennfeldkorrektur die relevanten Lastszenarien zu ermitteln und diese möglichst vollständig in die Trainingsdaten aufzunehmen.

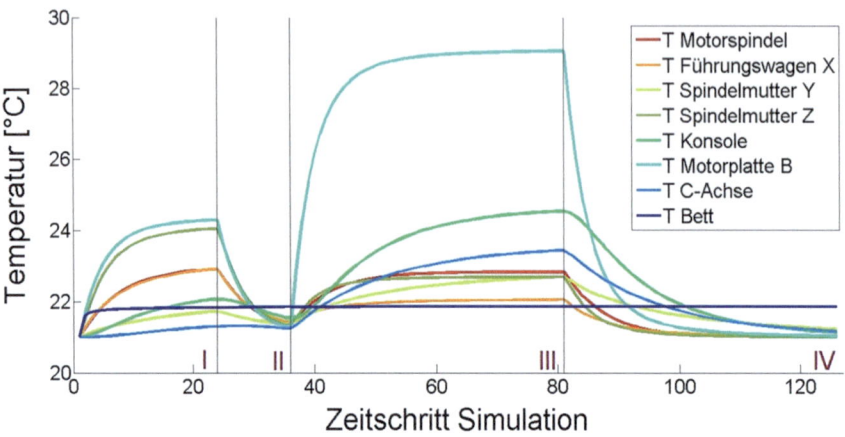

Abb. 9 Simulierte Temperaturen Testlastfall DMU 80 eVo (Naumann (2024))

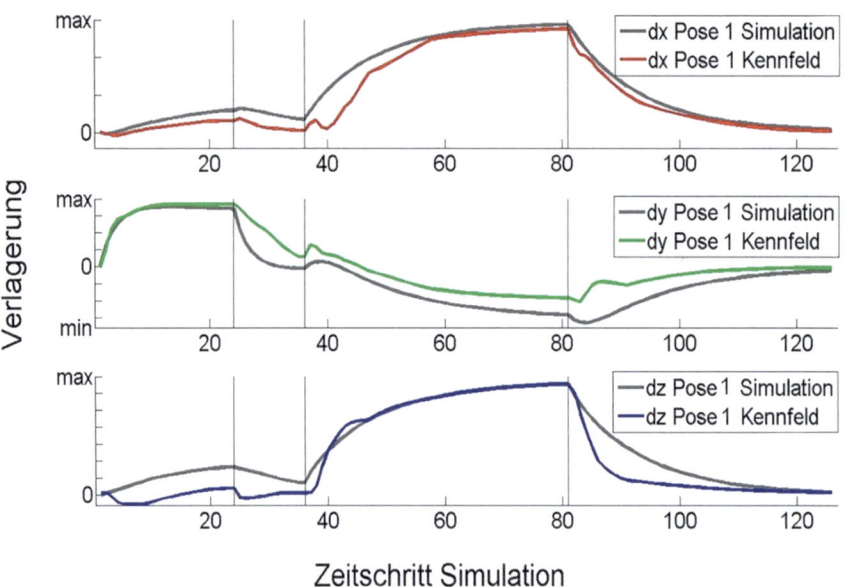

Abb. 10 Simulation vs. Kennfeldapproximation Testlastfall DMU 80 eVo (Naumann (2024))

Auf eine erfolgreiche Validierung der Kennfeldkorrektur folgt in der Regel die Steuerungsintegration und abschließend die erneute Validierung der Gesamtlösung an der Werkzeugmaschine. Letztere kann entweder über weitere Messzyklen, z. B. mit einem Messtaster (s. Abb. 6), oder durch Fräsversuche am Testwerkstück erfolgen. Dabei ist zu beachten, dass Fräsversuche immer einen Mix aus verschiedenen Fehleranteilen enthalten und somit der thermische Fehler nicht unbedingt einfach von kinematischen, statischen oder dynamischen Fehlern trennbar ist.

5 Korrektur von Umgebungsschwankungen

Schwankungen der Umgebungsbedingungen sind eine wesentliche Herausforderung bei der Reduzierung thermischer Fehler. Dazu zählen neben der Änderung der Umgebungstemperatur vor allem Zuglufteffekte und Strahlungswärme durch die Sonne oder von benachbarten Anlagen. In der Praxis werden die Umgebungsschwankungen meist durch Umhausungen oder Klimatisierung abgedämpft. Kommt es darüber hinaus trotzdem zu Änderungen der Umgebungstemperatur, die +/−1 °C deutlich überschreiten, so muss der eingesetzte Korrekturalgorithmus dies berücksichtigen.

Bei der Kennfeldbasierten Korrektur gibt es dazu zwei Ansätze. Der erste ist die gemeinsame Abbildung aller internen und externen Effekte im selben Kennfeld. Die Korrektur reagiert in diesem Fall nicht auf die Änderung der Lufttemperatur, sondern auf die resultierende Temperaturänderung der Maschinenstruktur. Dazu sind in der Regel zusätzliche Temperatursensoren erforderlich und es müssen in jedem Fall die verschiedenen Umgebungsschwankungen in den Trainingsdaten repräsentiert sein. D. h., alle inneren Lastzyklen müssen jetzt in Kombination mit allen äußeren Lasten angelernt werden, was sehr große Datenmengen und damit sehr viele Messungen bzw. Simulationen erfordern kann.

Die zweite Möglichkeit ist die Trennung innerer und äußerer thermischer Einflüsse und deren getrennte Korrektur. Dieser Ansatz erfordert eine komplexere Modellstruktur, dafür aber deutlich weniger Trainingsdaten. Leider ist dieser Ansatz nur dann möglich, wenn eine entsprechende Trennung der Fehleranteile ohne signifikanten Modellierungsfehler möglich ist. Eine Beschreibung dieses Ansatzes ist in Naumann et al. (2023) zu finden.

6 Lastfallspezifische Kennfeld-Updates

Kennfelder sind in der Regel statisch und müssen bei einer Erweiterung der Trainingsdaten um zusätzliche Lastfälle neu berechnet werden. Das ist in den meisten Fällen auch unproblematisch und empfehlenswert. Für das in Abschn. 4 vorgestellte Beispiel der DMU 80 eVo könnte man anstelle neuer Simulationen auch versuchen, neue Trainingsdaten durch die Vermessung von Messobjekten mit dem integrierten Messtaster (s. Abb. 6) zu erzeugen. Dabei stellt sich das Problem, dass die Messobjekte an beliebigen Stellen im Arbeitsraum und i. A. nicht nah genug an den Arbeitsraumstützstellen liegen, um alle Messpunkte jeweils einer Stützstelle direkt zuordnen zu können. Ein anderes Problem ist, dass messtechnisch erfasste Verlagerungen keine Trennung in Tisch- und Werkzeugfehler erlauben.

Das Vorgehen zum Update existierender Korrekturmodelle durch messtechnisch trainierte Kennfeldupdates ist in Naumann et al. (2022) beschrieben. Mit dieser Methodik ist es möglich, eine existierende Basiskorrektur durch lastfallspezifische Updates für spezielle Bearbeitungsszenarien zu optimieren, was insbesondere für die Serienproduktion von großem Nutzen ist.

Die modellbasierte Korrektur thermischer Fehler an Werkzeugmaschinen stellt eine effektive Möglichkeit dar, thermo-elastische TCP-Verlagerungen durch Offsets in der Maschinensteuerung zu reduzieren. Ein solches Korrekturverfahren ist die Kennfeldbasierte Korrektur, die mit hochdimensionalen Kennfeldern die Messwerte von Temperatursensoren direkt auf die TCP-Verlagerung abbildet. Erforderlich sind dafür lediglich eine geeignete Konfiguration von Temperatursensoren, Trainingsdaten (Simulationen oder Messungen) zu Temperaturen und zugehörigen TCP-Verlagerungen und etwas Steuerungscode zur Korrekturwertaufschaltung. Im Ergebnis erhält man mit moderatem Aufwand je nach Anwendungsfall typischerweise eine Reduktion des thermischen Fehlers um 50–80%.

Literatur

Geist A, Naumann C, Glänzel J, Putz M (2021) Methodology for determining thermal errors in machine tools by thermo-elastic simulation in connection with thermal measurement in a climate chamber. MM Sci J, 6575–6581. https://doi.org/10.17973/MMSJ.2023_06_2023049

Lee J-H, Lee J-H, Yang S-H (2001) Thermal error modeling of a horizontal machining center using fuzzy logic strategy. J Manuf Process 3(2):120–127

Naumann C (2024) Kennfeldbasierte Korrektur Thermo-Elastischer Verformungen an Spanenden Werkzeugmaschinen, Dissertation, TU Chemnitz; Verlag Wissenschaftliche Scripten. https://nbn-resolving.org/urn:nbn:de:bsz:ch1-qucosa2-906384

Naumann C, Priber U (2012) Modellierung des Thermo-Elastischen Verhaltens von Werkzeugmaschinen mittels Hochdimensionaler Kennfelder. Proc Workshop Comput Intell 22:365–383

Naumann C, Ihlenfeldt S, Putz M (2018) On the selection and assessment of input variables for the characteristic diagram based correction of thermo-elastic deformations in machine tools. J Mach Eng 18(4)

Naumann C, Glänzel J, Putz M (2020) Comparison of basis functions for thermal error compensation based on regression analysis – A simulation based case study. J Mach Eng 20(4). https://doi.org/10.36897/jme/128629

Naumann C, Putz M (2019) A new multigrid based method for characteristic diagram based correction of thermo-elastic deformations in machine tools. J Mach Eng 19(4):42–57

Naumann C, Glänzel J, Ihlenfeldt S, Putz M (2017) Optimized grid structures for the characteristic diagram based estimation of thermo-elastic tool center point displacements in machine tools. J Mach Eng 17(3):36–50

Naumann C, Geist A, Putz M (2023) Handling ambient temperature changes in correlative thermal error compensation. J Mach Eng 23(4):43–63. https://doi.org/10.36897/jme/175397

Naumann C, Glänzel J, Klimant P, Dix M, Ihlenfeldt S (2022) Optimization of characteristic diagram based thermal error compensation via load case dependent model updates. J Mach Eng 22:5–18. https://doi.org/10.36897/jme/148181

Riedel I, Herzog R (2015) Sequentially optimal sensor placement in thermoelastic models for real time applications. Optim Eng 2015:1–30

Tseng P-C (1997) A Real-Time Thermal Inaccuracy Compensation Method on a Machining Centre. Int J Adv Manuf Technol 13(1997):182–190

Yang H, Ni J (2005) Dynamic neural network modeling for nonlinear, nonstationary machine tool thermally induced error. Int J Mach Tools Manuf 45(4–5):455–465

Open Access Dieses Kapitel wird unter der Creative Commons Namensnennung 4.0 International Lizenz (http://creativecommons.org/licenses/by/4.0/deed.de) veröffentlicht, welche die Nutzung, Vervielfältigung, Bearbeitung, Verbreitung und Wiedergabe in jeglichem Medium und Format erlaubt, sofern Sie den/die ursprünglichen Autor(en) und die Quelle ordnungsgemäß nennen, einen Link zur Creative Commons Lizenz beifügen und angeben, ob Änderungen vorgenommen wurden.

Die in diesem Kapitel enthaltenen Bilder und sonstiges Drittmaterial unterliegen ebenfalls der genannten Creative Commons Lizenz, sofern sich aus der Abbildungslegende nichts anderes ergibt. Sofern das betreffende Material nicht unter der genannten Creative Commons Lizenz steht und die betreffende Handlung nicht nach gesetzlichen Vorschriften erlaubt ist, ist für die oben aufgeführten Weiterverwendungen des Materials die Einwilligung des jeweiligen Rechteinhabers einzuholen.

Thermische Vorsteuerung

Eric Wenkler und Steffen Ihlenfeldt

1 Einleitung

In Betrachtungen zur thermo-elastischen Wirkungskette wird meist mit vereinfachten Verlustannahmen gearbeitet, wie z. B. bei Messungen zur thermischen Stabilität von Werkzeugmaschinen, genormt in [ISO 230-3 2020]. Die darin betrachteten Lastszenarien beschränken sich auf harmonische Pendelbewegungen translatorischer Achsen sowie ein stufenweises Erhöhen der Hauptspindeldrehzahl. Diese Annahme divergiert zur realen Bearbeitung, welche mit der Bearbeitungsaufgabe variiert und demnach mit einer harmonischen Pendelbewegung kaum vergleichbar ist. Ziel der thermischen Vorsteuerung ist daher eine vorausschauende Betrachtung der Arbeitsaufgabe (G-Code) und ihre Anwendung in thermischen Prognosen zur verbesserten Temperierung der Werkzeugmaschine.

Generell kann dieses Vorgehen, wie in Abb. 1 dargestellt, in drei Stufen aufgeteilt werden, welche in den folgenden Abschnitten separat diskutiert werden. Im folgenden Anschnitt wird das Vorgehen abstrakt umrissen, um einen groben Eindruck über den Aufbau des vorliegenden Kapitels zu schaffen.

Generelles Vorgehen
Die Bearbeitungsaufgabe (G-Code) wird initial einer Analyse zur Prognose maschineninterner Verluste unterzogen. Dazu wird die Fertigungsaufgabe mittels einer virtuellen Steuerung (VNC) interpretiert, um Maschinenbewegungen vorherzusagen sowie erwartbare Verluste zu schätzen (Abschn. 2). Die gewonnene

---

E. Wenkler (✉) · S. Ihlenfeldt
TU Dresden, Professur für Werkzeugmaschinenenentwicklung und adaptive Steuerungen, Dresden, Deutschland
E-Mail: eric.wenkler@tu-dresden.de

S. Ihlenfeldt
E-Mail: steffen.ihlenfeldt@tu-dresden.de

© Der/die Autor(en) 2025
C. Brecher, *Thermo-energetische Gestaltung von Werkzeugmaschinen*,
https://doi.org/10.1007/978-3-658-45180-6_22

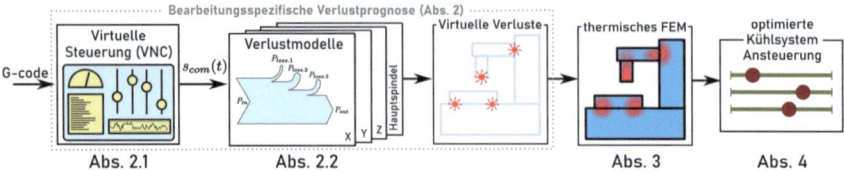

Abb. 1 Schema zur thermo-energetischen Verbesserung des Maschinenverhaltens unter Berücksichtigung der Bearbeitungsaufgabe

Information über die Verluste wird in einem zweiten Schritt an ein Finite Element Modell (FEM) der Maschine gekoppelt, um die thermische Beharrung der Maschine zu ermitteln (Abschn. 3). Mit der daraus gewonnenen thermischen Information werden im letzten Schritt, auf die Bearbeitung optimierte Sollwerte für das Kühlsystem generiert, um das thermo-energetische Verhalten zu verbessern.

2 Bearbeitungsspezifische Verlustprognose

Die Bearbeitungsaufgabe, repräsentiert durch den G-Code, besitzt einen wesentlichen Einfluss auf das Maschinenverhalten. Die darin enthaltenen Befehle definieren die Maschinenbewegung sowie Maschinenfunktionen. Je nach Bearbeitungsaufgabe und Maschinenkinematik kann daraus eine komplexe Maschinenbewegung resultieren, welche für die gewählte Bearbeitungs-Maschinen-Kombination einzigartig ist. Da die Maschinenbewegung direkt die Antriebsaktivität und somit deren generierte Verlustleistung beeinflusst, können durch die Verlustprognose bearbeitungscharakteristische Verlustverläufe generiert werden. Deren Berücksichtigung kann die Genauigkeit thermischer Prognosen erhöhen. Dieses Vorgehen ist schematisch in Abb. 1 dargestellt. Die praktische Umsetzung einer solchen Verlustprognose wird anhand eines Hexapoden untersucht und im Folgenden detailliert erläutert.

2.1 Interpretation der Bearbeitungsaufgabe mittels einer virtuellen Steuerung

Die Bearbeitungsaufgabe wird i. d. R. mittels eines CAM-Systems geplant und ausgelegt. Die Werkzeugmaschine erhält aus der Prozessplanung einzig den G-Code, worin alle notwendigen Bewegungs- und Schaltbefehle zur Abarbeitung der Fertigungsaufgabe enthalten sind. Der Werker stellt vor Prozessbeginn sicher, dass das Werkstück gespannt und dessen Lage vermessen ist sowie alle Werkzeuge entsprechend des Werkzeugbelegungsplans in der Maschine eingesetzt und konfiguriert sind. Ab dann übernimmt die Maschine die Steuerung entsprechend des übergebenen G-Codes.

Das daraus resultierende Maschinenverhalten ist somit bereits durch den G-Code definiert, wodurch eine Prognose mittels einer virtuellen Steuerung möglich wird. Eine virtuelle Steuerung ist eine digitale Kopie der realen Maschinensteuerung ohne die reale Aktorik. Virtuelle Steuerungen werden von den Steuerungsentwicklern angeboten und i. d. R. für Funktionstests bei der Maschinenauslegung und -integration in Fertigungsketten eingesetzt. Im vorliegenden Anwendungsfall wird eine solche virtuelle Steuerung zur Bewegungsprognose am Beispiel eines Hexapoden genutzt.

Die Umsetzung der Prognose erfolgte in Python und nutzt eine von Beckhoff bereitgestellte VNC (C++DLL). Der schematische Ablauf der implementierten VNC ist in Abb. 2 dargestellt. Die entwickelte Lösung instanziiert eine VNC und berücksichtigt dabei die Achskonfiguration, welche auch bei der realen CNC der Maschine genutzt wird. Hiermit werden Grenzwerte wie z. B. die Achsgeschwindigkeit definiert und bei der Interpretation und Interpolation der Bearbeitungsaufgabe berücksichtigt. Anschließend wird eine Bearbeitungsaufgabe definiert und die VNC ausgeführt, bis die Bearbeitung vollendet ist. Parallel wird vor jedem Zyklus die Sollposition aller Achsen von der VNC angefragt und zusammen mit einem Zeitstempel gesichert. Schlussendlich stehen die prognostizierten Sollpositionen $S_i(t)$ im konfigurierten Interpolationstakt als CSV-Datei zur Verfügung und können für die im folgenden Abschnitt erläuterte Verlustprognose eingesetzt werden.

2.2 *Applikation von Verlustmodellen*

Maschineninterne Verluste werden wesentlich durch die Aktivität der verlustbehafteten Bauteile definiert. Beispielsweise steigt die Verlustleistung in einem Lager mit der Drehzahl an. Daher muss die Aktivität des jeweiligen verlustbehafteten Bauteils bei der Schätzung auftretender Verluste berücksichtigt werden. Die

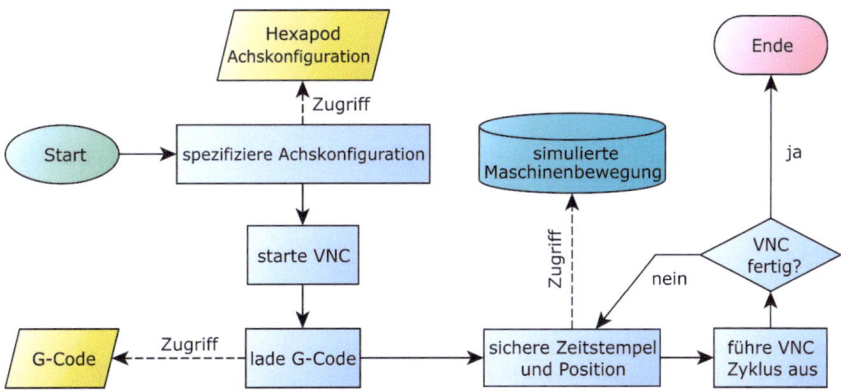

Abb. 2 Flussdiagramm der bearbeitungsspezifischen Bewegungsprognose mittels VNC

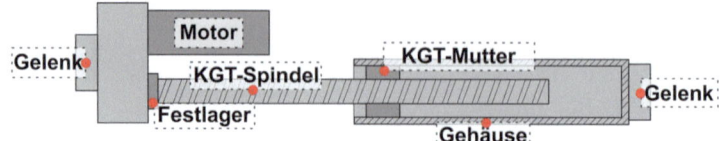

Abb. 3 Aufbau einer Hexapod-Achse (alle sechs Achsen identisch)

im vorangegangenen Abschnitt bestimmten Maschinenpositionen $S_i(t)$ dienen als Grundlage für die Bestimmung der Bauteilaktivität und der anschließenden Applikation der Verlustmodelle. Initial wird daher im Folgenden der Achsaufbau des Hexapoden vorgestellt, aus dem sich die verwendeten Verlustmodelle begründen.

Wie in Abb. 3 ersichtlich existieren unterschiedliche verlustbehaftete Elemente in einer Achse. Abgesehen von den Gelenkverlusten, welche auf Grund ihres geringen Einflusses vernachlässigt wurden, müssen die Verluste im Motor, Lager und Kugelgewindetrieb (KGT) berücksichtigt werden. Alle drei Bauteile sind rotatorisch aktiv, wodurch sich die Verlustleistung nach Gl. 1 bestimmen lässt. Parameter sind: Verlustleistung P, Winkelgeschwindigkeit ω, Verlustmoment M, Achsnummer $i \in [1, 6]$, Kennung für Verlusttyp $j \in [m, l, k]$ (m…Motor, l…Lager, k…KGT).

$$P_{i,j}(t) = \omega_i(t) \cdot M_{i,j}(t) \tag{1}$$

Die benötigte Winkelgeschwindigkeit einer Achse i kann nach Gl. 2 mittels der durch die VNC prognostizierten Maschinenposition und der Spindelsteigung bestimmt werden. Parameter sind: Sollposition S, Steigung s der Spindel im KGT, verwendete VNC Zykluszeit t_z und Achsnummer $i \in [1, 6]$.

$$\omega_i(t) = 2\pi \frac{S_i(t) - S_i(t - t_z)}{s} \tag{2}$$

Für die Bestimmung der Verlustmomente $M_{i,j}$ wird auf empirische Gleichungen zurückgegriffen, welche im Folgendem separat vorgestellt werden.

2.2.1 Lagerverluste

Zur Bestimmung des Lagerverlustmomentes M_l wird ein Verlustmodell eingesetzt, welches zwischen hydrodynamischem Verlust M_h, lastabhängigem Verlust M_f und dichtungsbedingtem Verlust M_d unterscheidet (Palmgren 1964; FAG 2018; SKF 2014).

$$M_l = M_h + M_f + M_d \tag{3}$$

Die hydrodynamischen Verluste M_h (siehe Gl. 4) sind geschwindigkeitsabhängig, da sich der Schmierfilm je nach Geschwindigkeit unterschiedlich stark ausprägt

(Kauschinger 2016; FAG 2018). Parameter sind: Lagerkonstante f_0, mittlerer Lagerdurchmesser d_m, kinematische Viskosität ν und Winkelgeschwindigkeit ω.

$$M_h = 4501 \cdot f_0 \cdot d_m^3 \cdot (\nu \cdot |\omega|)^{2/3} \quad (4)$$

Weiterhin beeinflusst die axiale und radiale Belastung die auftretenden Verluste im Lager. Auf Grund des speziellen Lagerdesigns, aus zwei entgegengesetzt orientierten Schrägkugellagern, heben sich Prozesskräfte im Lager auf, wodurch einzig die Vorspannkraft bei der Modellierung berücksichtigt werden muss (Kauschinger 2016). Die folgende Beziehung beschreibt die Bestimmung des lastbedingten Lagerverlustmomentes. Parameter sind: Lagerkonstante f_1, axiale Lagerkraft F_a, radiale Lagerkraft F_r und mittlerer Lagerdurchmesser d_m.

$$M_f = f_1(1{,}4 \cdot F_a - 0{,}1 \cdot F_r) \cdot d_m \quad (5)$$

Zusätzlich zu den bereits genannten Verlustanteilen wird ein Verlust durch einen häufig verbauten Dichtring generiert, welcher das Schmierfett im Lager halten soll. Der verbaute Ring sitzt fest auf dem inneren oder äußeren Lagerring und schleift in der Kontaktstelle des verbleibenden Lagerringes. Durch SKF wurden diesbezüglich empirische Untersuchungen zur Verlustbestimmung durchgeführt, deren Resultate in der folgenden Gleichung konzentriert sind (SKF 2014). Parameter sind: Koeffizienten des Dichtringes K_{S1} und K_{S2}, Durchmesser des Dichtringes an welchem der Schleifkontakt besteht d_k und Exponent des Dichtringes β.

$$M_d = K_{S1}\left(d_k^\beta + K_{S2}\right) \quad (6)$$

2.2.2 Kugelgewindetriebverlust

Zur Bestimmung des Verlustes im Kugelgewindetrieb M_k wird ein empirisches Modell von Jungnickel verwendet, welches den Rollwiderstand M_r im KGT beschreibt (Jungnickel 2010). Auf Grund der verbauten Dichtringe zur Haltung des Schmierfettes in der Spindelmutter, wird das Modell um einen dichtringinduzierten Verlust M_d erweitert, wie in Gl. 6 bereits beschrieben. Parameter sind: Spindeldurchmesser d_s, Wälzkörperdurchmesser d_w, Anzahl der Kugelumläufe i, Vorspannkraft F_v und dynamische Lager-Tragfähigkeit C.

$$M_k = M_r + M_d = 4{,}52 \cdot 10^5 \cdot d_s^{1{,}44} \cdot d_w^{1{,}33} \cdot i \cdot \frac{F_v}{C} + M_d \quad (7)$$

2.2.3 Motorverlust

Der Motorverlust M_m kann über das Wirkmoment M_w und den Wirkungsgrad η des Motors bestimmt werden.

$$M_m = \frac{1-\eta}{\eta} \cdot M_w \quad (8)$$

Für die Bestimmung des Wirkmomentes (siehe Gl. 9) werden reibungsbedingte Verluste M_f und beschleunigungsbedingte Verluste M_a berücksichtigt. Die Prozesskraft wird bewusst ausgeschlossen, da sie nur mit äußerst hohem Simulationsaufwand geschätzt werden kann und Vergleichsmessungen am Hexapod ohne Spanabnahme (Leerlaufbewegung) erfolgten.

$$M_w = M_f + M_a = M_l + M_k + M_a \tag{9}$$

Wie aus Gl. 9 ersichtlich setzen sich die reibungsbedingten Verluste aus den Verlusten im Lager (siehe Gl. 3) und im KGT (siehe Gl. 7) zusammen. Zusätzlich zu den reibungsbedingten Verlusten muss der Motor noch die Trägheit der Achse überwinden, welche durch das Verlustmoment M_a beschrieben wird. Parameter sind: Trägheitsmoment J, Winkelgeschwindigkeit ω und Zeitänderung dt.

$$M_a = J \frac{|\omega|}{dt} \tag{10}$$

Mittels der vorgestellten Gl. (1–10) können die bearbeitungscharakteristischen Verluste der Maschine auf Basis der prognostizierten Bewegung geschätzt werden, was Gegenstand des folgenden Abschnittes ist. Weitere Detail zu der Verlustprognose sind in (Wenkler 2021) vorgestellt.

2.3 Prototypische Implementierung der bearbeitungsspezifischen Verlustprognose

Das in den Abschn. 2.1 und 2.2 dargelegte Vorgehen wurde zur Analyse und zur weiteren Verwendung in Python implementiert und getestet. Die entwickelte Software umfasst die beschriebenen Schritte der VNC-Anwendung zur Bahnschätzung mit anschließender Anwendung von Verlustmodellen zur Bestimmung erwartbarer prozessabhängiger Verlustleistungen. Weiterhin können mehrere Bearbeitungen simuliert werden, um einen grafischen Vergleich zwischen Technologien zu ermöglichen. Zusätzlich werden Funktionen zum Export der Simulationsergebnisse als CSV-Datei bereitgestellt sowie eine Einordnung der simulierten Zeitreihen in die einzelnen Sätze des G-Codes, wodurch eine Bewertung einzelner NC-Sätze ermöglicht wird. Abb. 4 zeigt einen Screenshot des entwickelten Softwareprototyps mit Hervorhebungen zur Erläuterung wesentlicher Funktionen.

Die Funktionsweise der VNC wurde anhand vereinfachter Bearbeitungsaufgaben nachgewiesen, wobei keine ersichtlichen Unterschiede zwischen simulierter und realer Maschinenposition fest-gestellt werden konnten. Die eingesetzten Verlustmodelle wurden bereits in vorangegangenen thermischen Simulationen des Hexapoden eingesetzt und daher nicht erneut validiert (Kauschinger 2015).

Thermische Vorsteuerung

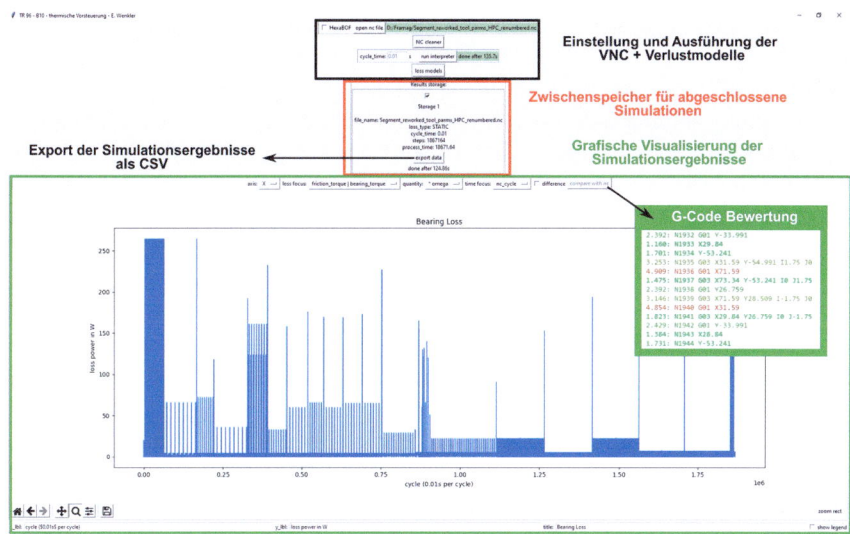

Abb. 4 Prototypische GUI zur assistierten Verlustprognose

2.4 Exemplarische Anwendung: Applikation und Analyse prognostizierter Verluste für eine realistische Bearbeitung

Um die Zusammenhänge zwischen Bearbeitungsaufgabe und resultierenden Verlusten zu analysieren, wird eine Bearbeitung geplant, die verschiedene Fertigungsverfahren vereint. Die Bearbeitungsschritte sind in Abb. 5 dargestellt. Alle nummerierten Bauteil-Features werden in angegebener Reihenfolge erst geschruppt und dann geschlichtet.

Für diese Technologie wird die Verlustprognose mittels dem im vorherigen Abschnitt vorgestellten Softwareprototyp durchgeführt. Da am Hexapod sechs Achsen mit je drei Verlustverläufen (=18 Verlustzeitreihen) existieren, wird der Fokus

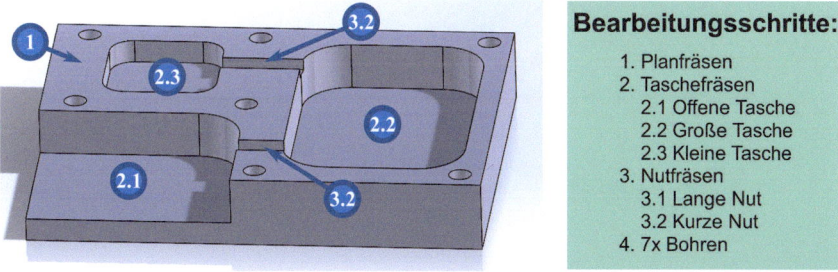

Abb. 5 Beispielbearbeitung

zur Darstellung der Ergebnisse auf den Motor der ersten Achse gelegt. Betrachtet wurde das prognostizierte Verlustmoment über die Zeit sowie der Verlauf der Verlustleistung über den NC-Satz, wie in Abb. 6 dargestellt.

Aus dem bestimmten Motorverlustmoment $M_{1,m}$ der ersten Achse wird ersichtlich, dass kaum Schwankungen im Verlustmoment entstehen, (alle Werte im Bereich [0,4, 0,475] Nm). Zwar ändert sich der generelle Verlauf deutlich beim Technologieübergang (gekennzeichnet durch die roten Linien), was jedoch kaum Auswirkungen auf den geglätteten Verlust hat. Da die Werkzeugmaschine auf Grund ihrer thermischen Trägheit hochfrequente Verluständerungen ohnehin dämpft, ist vor allem der geglättete Verlauf relevant. Die hier kaum ersichtliche Änderung zeigt, dass das Verlustmoment bei der Bestimmung der Verlustleistung wenig Einfluss besitzt. Der Großteil der Verlustdynamik resultiert nach Gl. 1 daher aus der Änderung der Winkelgeschwindigkeit ω_i.

Der untere Graph in Abb. 6 zeigt die Verlustleistung über den NC-Satz. Die Darstellung des Verlustes über den NC-Satz ermöglicht die Bewertung einzelner Sätze hinsichtlich thermischer Aspekte, wie in Abb. 4 verdeutlicht wird. Wie in Abb. 6 ersichtlich, wirken die Verluste innerhalb der Bearbeitungsschritte (Bereich zwischen zwei roten Grenzen) systematisch. Dies motiviert eine Untersuchung zur Generalisierbarkeit mit der Absicht, die maschinenspezifische VNC durch vereinfachte Modelle zu substituieren. Hierfür wurden mehrere triviale Taschen mit geometrisch variierenden Parametern konstruiert und pro Tasche Bearbeitungen mit variierenden Parametern (Schnitttiefe, Arbeitseingriff, Werkzeugdurchmesser, Frässtrategie, …) geplant. Anschließend wurde für alle generierten Technologien die Verlustprognose vollzogen und Verluste als CSV-Datei exportiert, was ca. 4,4 k Technologien mit CSV-Daten von ca. 0,5 TB umfasst. Bei der Analyse der Zeitreihen wurde ersichtlich, dass der Einfluss der Parameter auf den entstehenden Verlust stark variiert. Die Schnitttiefe bestimmt z. B. bei der ebenen weisen Bearbeitung, wie häufig sich ein charakteristischer Verlust pro Ebene wiederholt. Ändert man hingegen die Frässtrategie vom kreisförmigen außen nach innen Fräsen zum Zick-Zack Fräsen, ändert sich der komplette Verlustverlauf.

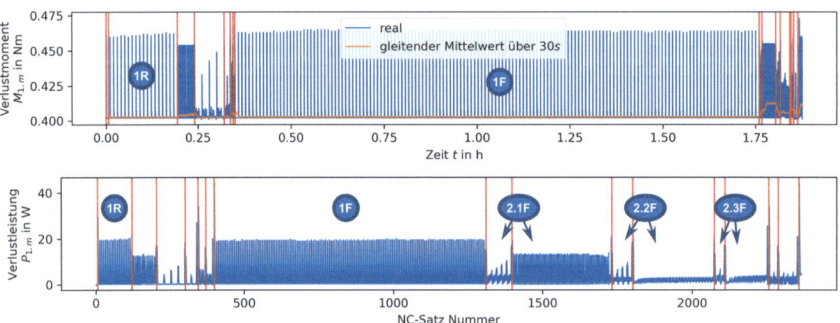

Abb. 6 Prognostiziertes Verlustmoment und -leistung des Motors *(Notation: R…Schruppen, F… Schlichten)*.

Generell kann man sagen, dass eine Abbildung dieser Zusammenhänge zwar möglich wäre, dieser aber sehr aufwändig ist und spätestens bei nicht regelgeometrischen Taschen versagt. Daher wird die Verwendung einer VNC empfohlen, womit die exakten Verluste einer Bearbeitungsaufgabe bestimmt werden können, ungeachtet der darin eingesetzten Technologien und Verfahrensspezifika.

2.4.1 Exemplarische Anwendung: Applikation der Verlustprognose in der Planungsphase zur Reduktion thermischer Änderungen

Da Verluständerungen eine wesentliche Ursache für die thermischen Änderung in der Werkzeugmaschine darstellen, kann bereits in der Planungsphase der Bearbeitung eine Prozessoptimierung erfolgen, welche die Harmonisierung prozessspezifischer Verluste zur Reduktion der thermischen Maschinenanregung beabsichtigt. Da der direkte Eingriff in einen geplanten Bearbeitungsprozess die Technologie und damit die resultierende Bauteilqualität beeinflusst, ist ein direkter Eingriff nicht ohne technologisches Knowhow möglich. Allerdings können unabhängige Bearbeitungsaufgaben in beliebiger Reihenfolge gefertigt werden, ohne die Technologie zu beeinflussen. Daher kann durch eine sinnvolle Prozessreihenfolge das thermische Maschinenverhalten positiv beeinflusst werden. Um dies zu validieren, werden drei unabhängige Bearbeitungen geplant, wie in Abb. 7 dargestellt und in verschiedenen Reihenfolgen abgearbeitet.

Mittels der Verlustprognose (Abschn. 2.4) werden die erwartbaren Verlustverläufe bestimmt und Prozessreihenfolgen abgeleitet, bei welchen minimale und maximale Sprünge in der Verlustleistung bei Prozessübergang auftreten. Da bei der minimierten Reihenfolge die globale mittlere Änderung der Verlustleistung geringer ausfällt als bei der maximierten Reihenfolge, müsste demnach auch die Maschinentemperatur bei der minimierten Reihenfolge eine geringere Änderung aufweisen als bei der maximierten Reihenfolge. Um dies zu validieren werden beide

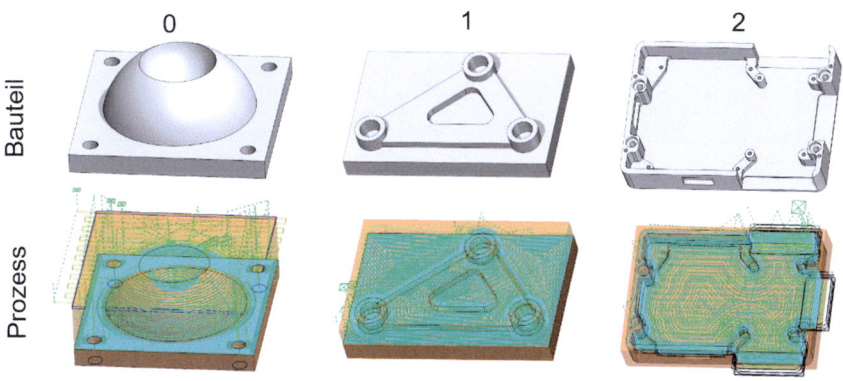

Abb. 7 Referenzprozesse

Reihenfolgen jeweils über ein ganzes Wochenende wiederholt ausgeführt und dabei die Maschinentemperatur erfasst. Pro Reihenfolge entstehen 20 Messungen über ca. 60 h, bei welchen sich der Hexapod in thermischer Beharrung befindet. Durch die Ausführung am Wochenende können die Nebeneinflüsse minimiert werden. Abb. 8 und 9 zeigen die für das Lager der ersten Achse prognostizierten Verluste und erfasste Temperaturen für die beiden bestimmten Reihenfolgen.

Beide Abbildungen zeigen eine deutliche Korrelation zwischen Verlust und Temperatur, welche auf die geringen thermischen Zeitkonstanten zurückzuführen ist. Inwieweit die thermische Dynamik reduziert werden konnte, ist nicht direkt aus den Temperaturmessungen ableitbar. Daher wird eine segmentweise statistische Betrachtung eingesetzt, welche eine Quantifizierung der Dynamik erlaubt. Der thermische Verlauf wird, wie in Abb. 10 dargestellt, in Segmente unterteilt, bei welchen sich die Temperatur innerhalb vorgegebener Grenzen bewegt. Verlässt

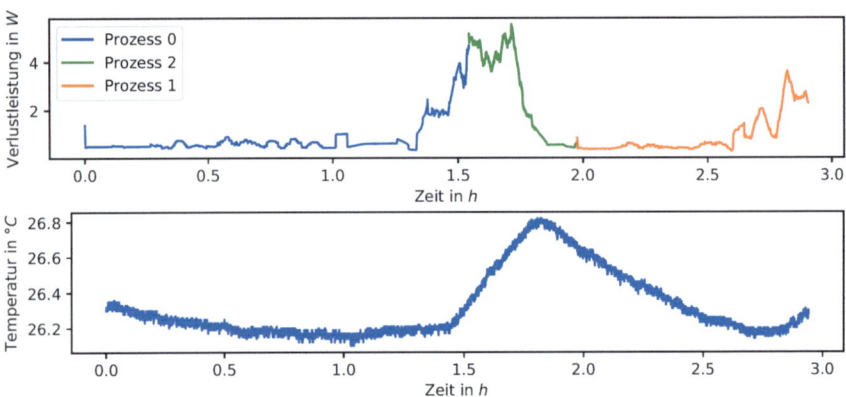

Abb. 8 Thermische Reaktion des Lagers der 1. Achse, bei minimierten Verlustsprüngen

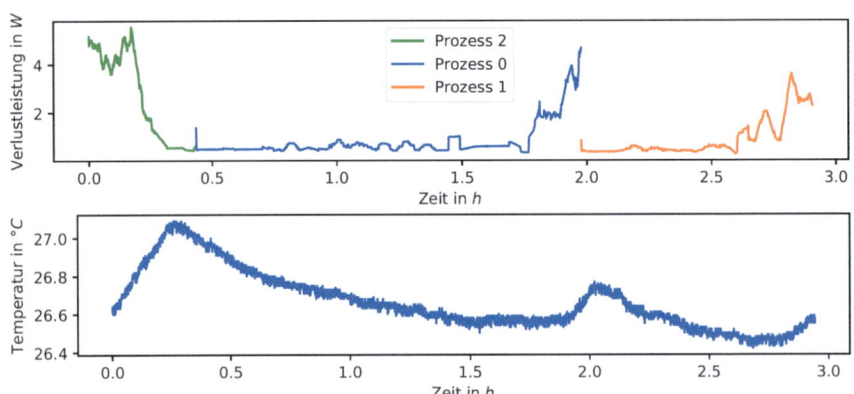

Abb. 9 Thermische Reaktion des Lagers der 1. Achse bei maximierten Verlustsprüngen

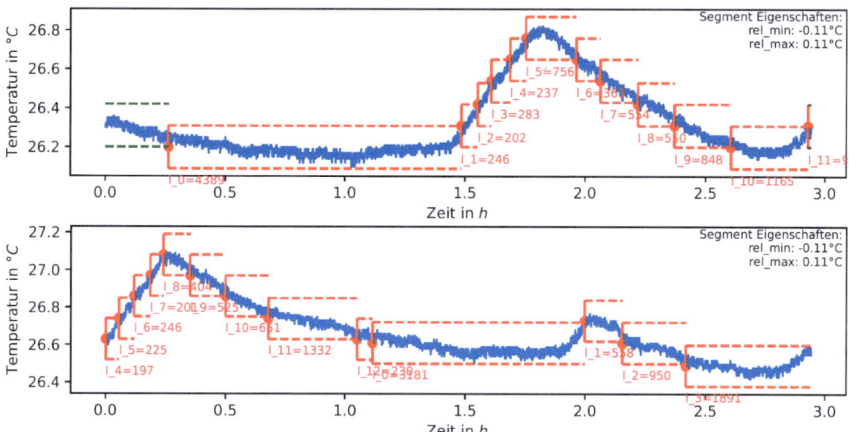

Abb. 10 Beispielhafte Segmentierung gemessener Temperaturverläufe (zwei unterschiedliche Prozessverläufe)

die Temperatur die Grenzen, startet ein neues Segment mit vertikalem Versatz. Details zum Segmentierungsverfahren, mittels welcher die Quantifizierung der Dynamik möglich wird, sind in (Wenkler 2022) beschrieben. Durch einen Vergleich der nach diesem Verfahren bestimmten Segmente kann quantifiziert werden, dass die thermische Dynamik der minimierten Reihenfolge 10 % geringer ist als die der maximierten Reihenfolge.

Der exemplarische Einsatz illustriert, dass die Betrachtung thermischer Aspekte bereits in der Planung erfolgen kann. Gerade in der Planungsphase, wo das technologische Knowhow durch den Planer zur Verfügung steht, könnten deutlich einflussreichere Anpassungen der Technologie erfolgen, ohne dabei die Prozessstabilität oder Bauteilqualität zu gefährden. Inwieweit technologische und thermische Aspekte während der Planung vereinbar sind, muss jedoch noch weiter untersucht werden.

3 Aufgabenspezifische Prognose des thermischen Maschinenverhaltens

Die in Abschn. 2 dargestellten Verlustprognosen zeigen eine deutliche Korrelation mit der gemessenen Temperatur der Maschine (siehe Abb. 8 und 9). Diese ist durch den leichten Aufbau des Hexapoden begründet und daher wenig typisch für Werkzeugmaschinen, welche auf Grund ihrer großen und kompakten Bauweise deutlich träger und komplexer auf die eingetragene Last reagieren. Um verwertbare thermische Prognosen für ganze Werkzeugmaschinen zu erhalten, wird typischerweise auf Finite Element Modelle (FEM) sowie Finite Differenzen Modelle (FDM) zurückgegriffen. Derartige Modelle diskretisieren das Maschinenvolumen in kleine regelgeometrische Elemente, wodurch eine vereinfachte Berechnung thermischer Ausgleichsvorgänge zwischen einzelnen Elementen möglich wird. Je nach Qualität des Modells (Auflösung, Details, …) und der Randbedingungen (Umgebungstemperatur, maschineninterne Verluste, …) variiert die Güte der thermischen Prognose.

Die Verlustprognose bietet hier ein Werkzeug, mittels dem Randbedingungen maschineninterner Verluste deutlich exakter als bisher bestimmt und damit die Güte der thermischen Prognose verbessert werden kann. Um den Mehrwert einer Berücksichtigung der Bearbeitungsaufgabe in thermischen Prognosen zu bewerten, wird ein vereinfachtes FE-Modell erstellt und mit der Verlustprognose gekoppelt.

Da der bislang verwendete Hexapod kein Kühlsystem besitzt, mittels dem eine anschließende Beeinflussung der Temperatur möglich wäre, wird ein Maschinenbett mit sieben separat steuerbaren Kühlkreisläufen und 20 steuerbarer Heizelemente als Untersuchungs- und Demonstrationsobjekt gewählt (siehe Abb. 11). In den folgenden Abschnitten werden der Aufbau, die Optimierung und die Modell-Anwendung in Kombination mit der Verlustprognose detailliert beschrieben.

3.1 FE-Modellerstellung

Das FE Modell wurde mittels Ansys APDL erstellt, welches eine der grundlegendsten Schnittstellen zu Ansys darstellt. Zum einen erlaubt sie einen tiefgreifenden Aufbau und die Manipulation des Modells, zum anderen jedoch auch einen automatisierten Modellaufruf. Damit kann ohne manuelles Eingreifen das Modell

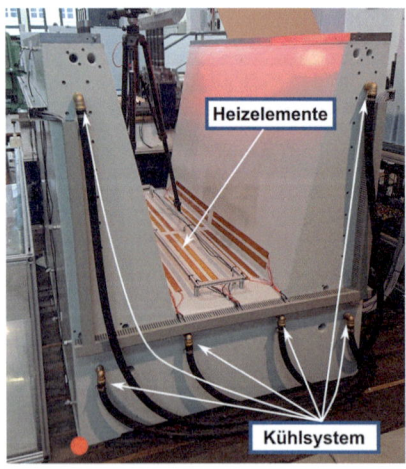
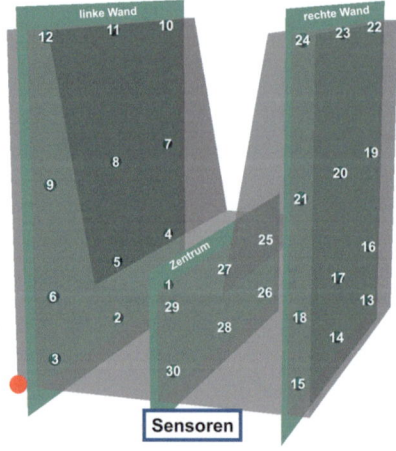

Abb. 11 Demonstrations- und Untersuchungsobjekt: Framag-Maschinenbett

Thermische Vorsteuerung

Abb. 12 Modellierte Volumina und daraus abgeleitete Elemente des Maschinenbetts

gestartet werden, was für den automatischen Modellabgleich im folgenden Abschnitt benötigt wird sowie für eine Automatisierung der Gesamtlösung.

Abb. 12 zeigt die erstellten Volumina und die daraus abgeleiteten Finiten Elemente des Maschinenbetts. Das Modell berücksichtigt im Wesentlichen die Makrogeometrie, da kleine Geometrien auf Grund ihres geringen Einflusses auf thermische Aspekte vernachlässigt werden. Um schnelle Berechnungen zu ermöglichen, wird das Modell mit einer maximalen Elementbreite von 100 mm vernetzt. Zur Berücksichtigung von thermischen Ausgleichsvorgängen mit der Umgebung wird an allen Oberflächen des Modells eine einheitliche Konvektion definiert. Zwar limitiert die einheitliche Konvektion die Modellgüte, reduziert jedoch gleichermaßen den Versuchsaufwand zum Modellabgleich wesentlich.

Um kontrolliert thermische Lasten aus dem System ein und austragen zu können, werden die montierten Heizmatten sowie die Kühlkanäle im Modell integriert. Mittels der Heizmatten können Leistungen eingetragen werden, wie sie z. B. durch verlustbehaftete Baugruppen entstehen (siehe Abschn. 2.2). Das Kühlsystem wird mittels eines eindimensionalen Linienelements an das FE Modell gekoppelt, um eine aufwendige Integration von Computational Fluid Dynamics Modellen (CFD) zu umgehen. Die im Modell integrierten aktiven Elemente sind in Abb. 13 dargestellt. Abb. 14 zeigt die exemplarische Modellanwendung.

3.2 Parameterabgleich

Wie üblich werden bei der Modellerstellung Materialkennwerte aus Tabellen verwendet, um eine initiale Modellparametrierung zu erhalten. Abweichungen in Materialkennwerten sowie Modelldetails führen jedoch zu Prognosefehlern, welche durch einen Parameterabgleich reduziert werden können.

Abb. 13 Anordnung der aktiven FE-Elemente im Maschinenbett (links: Kühlkanäle, rechts: Heizmatten).

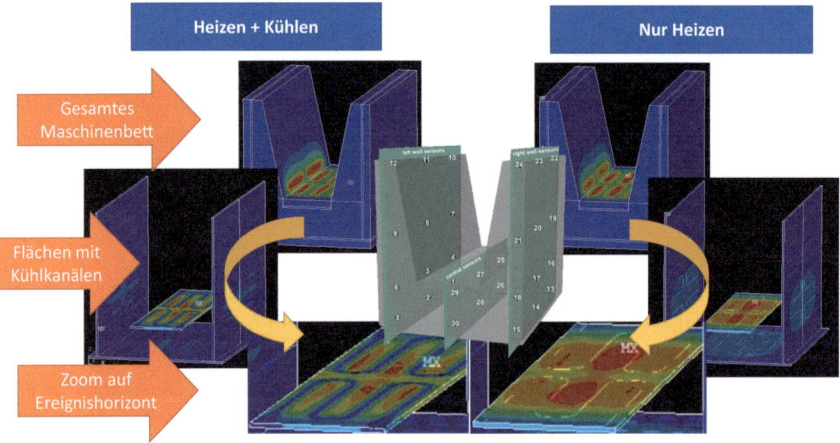

Abb. 14 Exemplarisches Modellverhalten

Für einen Parameterabgleich wird i. d. R. ein einfacher Lastfall angenommen, bei dem ein möglichst einfaches thermisches Verhalten erwartet wird und Modellparameter so lange angepasst, bis die Simulation mit der Messung maximal übereinstimmt (Kauschinger 2016). Da das Modell stets eine Vereinfachung des realen Objektes ist und daher Abweichungen unvermeidbar sind, kann durch den Parameterabgleich nur ein Teil des Fehlers reduziert werden. Verbleibende Restfehler können daher nur durch eine Detaillierung des Modells weiter reduziert werden.

Das Justieren der Modellparameter zur Reduktion der Abweichung ist ein iteratives Verfahren, für welches Optimierer zielführend eingesetzt werden können. Daher wird zur automatisierten Ansteuerung des FE-Modells ein Python-Interface

Thermische Vorsteuerung

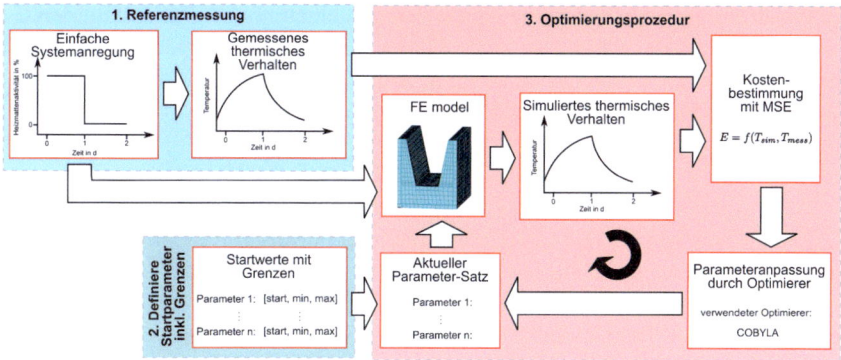

Abb. 15 Schema zum automatischen Parameterabgleich durch einen Optimierer

Tab. 1 Kennzahlen des Optimierungsvorgangs

Parameter	Einheit	Startwert	Minimum	Maximum	Optimum
Heizmatten Leistung	W	45	0	50	49,3
Konvektionskoeffizient von Luft	$W\,m^{-2}\,K^{-1}$	10	8	100	12,1
Leitfähigkeit von Hydropol	$W\,m^{-1}\,K^{-1}$	6,2	6,2	50	6,2
Dichte von Hydropol	$Kg\,m^{-3}$	2450	2450	7850	4588,4
Wärmekapazität von Hydropol	$J\,kg^{-1}\,K^{-1}$	980	470	980	979,2

erstellt und ein Optimierer implementiert, welcher das Ansys FE Modell automatisch aufrufen kann und die Parameteroptimierung durchführt. Für einen generellen Eindruck dieses Vorgehens ist ein Schema zur Prozedur der Parameteroptimierung in Abb. 15 dargestellt.

Als Referenzverhalten werden alle 30 Temperatursensoren über 2 Tage erfasst, wobei alle Heizmatten am ersten Tag aktiv und am zweiten Tag inaktiv sind (Erwärmen-/Abkühlen). Das gemessene Sollverhalten wird zusammen mit der Systemanregung an den Optimierer übergeben (siehe Gruppe 1 in Abb. 15). Weiterhin werden Startwerte für Modellparameter definiert und Grenzen vorgegeben (siehe Abb. 15 Gruppe 2 und Tab. 1), innerhalb welcher der Optimierer die Parameter verändern darf. Die Grenzen werden so gewählt, dass sich die Parameter zwischen Stahl und Hydropol bewegen, da beide Materialien im Bett verbaut sind. Optimale Parameter können sich dadurch innerhalb dieser Grenzen bewegen.

Da ein Optimierer stets einen Skalar minimiert, muss eine Kostenfunktion definiert werden, mittels welcher die Abweichung zwischen simulierten und gemessenen Matrizen (Dimensionen: m: Zeit, n: Sensornummer) als ein Skalar ausgedrückt werden kann. Da vor allem große Abweichungen unerwünscht sind, wird Mean Square Error (MSE) als Kostenfunktion (siehe Gl. 11) eingesetzt, da durch die Quadrierung vor allem große Abweichungen einen hohen Einfluss auf den Gesamtfehler besitzen. Parameter sind: Matrix gemessener Temperaturverläufe M, Matrix simulierter Temperaturverläufe S, Anzahl der Sensoren s und Zeitschritte l (simulierte und gemessene Zeitschritte müssen identisch sein).

$$E(M,S) = \frac{\sum_{n=1}^{s} \sum_{m=1}^{l} (S_{m.n} - M_{m.n})^2}{s \cdot l} \quad (11)$$

Als Optimierer wird COBYLA (Constrained Optimization By Linear Approximation) eingesetzt, welcher die besten Ergebnisse hinsichtlich Konvergenz, Rechenzeit und Restfehler von zehn getesteten diskreten Optimierungsverfahren erreichte. In Abb. 16 ist die Entwicklung der Kosten in Folge der angepassten Modellparameter visualisiert. Bereits nach 20 Iterationen konnte der Modellfehler von $1{,}60\,\text{K}^2$ auf $0{,}53\,\text{K}^2$ reduziert werden.

Der Optimierungsvorgang wurde manuell nach ca. 132 Iterationen mit einem finalen MSE von $0{,}48\,\text{K}^2$ abgebrochen. Die resultierenden Parameter sind in Tab. 1 dargestellt. Da das Maschinenbett primär aus Hydropol besteht, ist es plausibel, dass sich die Parameter nahe am Hydropol orientieren. Einzig die Dichte besitzt eine deutliche Abweichung und befindet sich mittig zwischen Hydropol und Stahl. Hier scheint die Modellgenauigkeit eine Limitierung darzustellen, sodass bessere Genauigkeiten mit diesem Wert erzielt werden konnten. Dass der Optimiervorgang nicht an allen Stellen des Modells zu besseren Ergebnissen führt, wird aus Abb. 17 und 18 ersichtlich.

Die gewählte Kostenfunktion führt global (Berücksichtigung aller Sensoren) zu einer Minimierung des Prognosefehlers, wobei jedoch lokal eine Verschlechterung der Prognose eintreten kann, wie in Abb. 18 dargestellt.

Dies kann durch die Wahl einer anderen Kostenfunktion beeinflusst werden, wie z. B. einer MSE Funktion, welche anstelle des absoluten Fehlers den relativen Fehler betrachtet. Weiterhin kann durch die Verwendung mehrerer Lastszenarien während des Optimiervorgangs einer Überanpassung entgegengewirkt werden. In einem Optimierungsschritt könnten mehrere Szenarien simuliert und holistisch bei der Bestimmung der Kosten betrachtet werden. Da thermische Modelle jedoch nicht im Fokus stehen, sondern die Anwendung aufgabenspezifischer Lasten in FE-Modellen, wurden diese Ansätze nicht weiter untersucht.

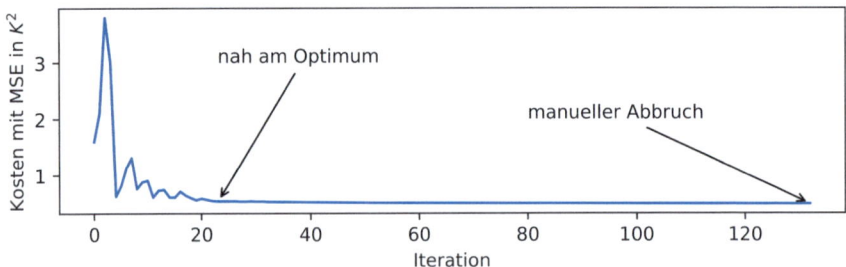

Abb. 16 Kostenentwicklung während des Optimierungsvorgangs

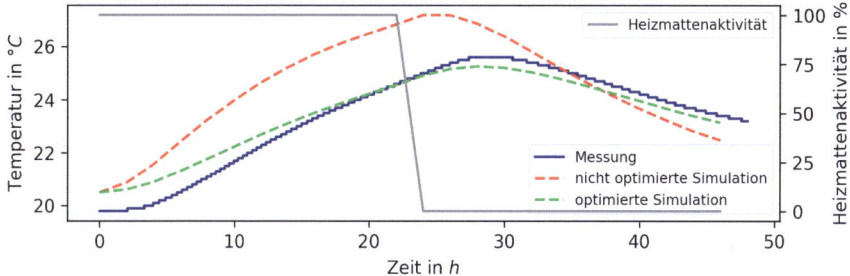

Abb. 17 Lokale Verbesserung der Prognose (Sensor 17)

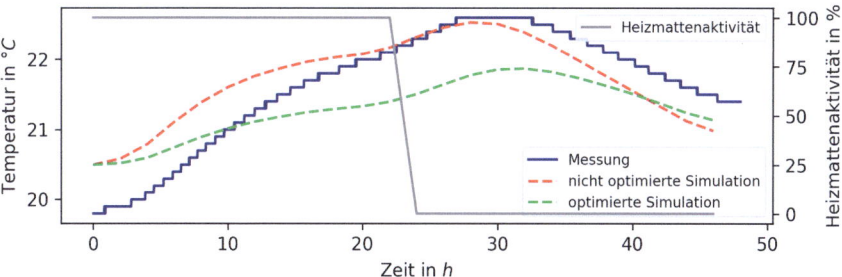

Abb. 18 Lokale Verschlechterung der Prognose (Sensor 21)

Es zeigt sich, dass die automatisierte Optimierung von FE Modellen mittels Referenzversuchen möglich ist. Der mittlere Simulationsfehler kann mit diesem Verfahren für den betrachteten Lastfall von 1,26 K auf 0,69 K reduziert werden, was eine wesentliche Verbesserung darstellt.

3.3 Bearbeitungsspezifische thermische Prognose

Thermische Prognosen werden durch vielzählige Randbedingungen beeinflusst. Die Prognosegüte wird zum einen durch dem Modelldetailgrad, die Genauigkeit der verwendeten Materialparameter sowie der Genauigkeit angenommener Randbedingungen (Wärmestrom, Konvektion, Strahlung, …) limitiert. Speziell maschineninterne Verluste werden i. d. R. verallgemeinert betrachtet und deren Abhängigkeit vom spezifischen Bearbeitungsprozess nicht berücksichtigt, was nunmehr Gegenstand dieses Abschnittes ist.

In den vorangegangenen Abschnitten wurde gezeigt, wie ein vereinfachtes FE Modell erstellt und Modellparameter mittels eines Optimierers und einer Referenzmessung optimiert werden können. Mittels der Verlustprognose aus Abschn. 2 sollen nun realistische thermische Lasten für eine spezifische Bearbeitung generiert und durch das optimierte FE-Modell simuliert werden. Das Simulationsergebnis wird dann mit dem real gemessenen thermischen Verhalten verglichen, um das Potenzial zur Extrapolation auf deutlich andere Lastszenarien zu bewerten. Für den Referenzprozess wird ein typisches Bauteil aus dem Luft- und Raumfahrtbereich verwendet und eine Bearbeitungstechnologie geplant. Bauteile aus diesem Bereich zeichnen sich vor allem durch hohe Zerspanvolumina und damit verbundenen langen Prozesszeiten aus. Abb. 19 zeigt das konstruierte Bauteil und die geplanten Technologieschritte.

Da an dem Maschinenbett keine aktiven Baugruppen montiert sind, welche echte Verluste generieren, wird eine translatorische Achse im Zentrum des Maschinenbettes angenommen und die prognostizierten Verlustverläufe über die Heizmatten künstlich in das Maschinenbett eingetragen (siehe Abb. 20). Hiermit kann eine realistische Belastung simuliert werden, wie sie auch in einem Maschinenbett einer Werkzeugmaschine auftreten würde. Die Verlustprognose wird mittels der Lösung aus Abschn. 2 für den Hexapod durchgeführt. Allerdings wird bei der Interpretation des G-Codes die hexapodspezifische Transformation deaktiviert, wodurch die ersten drei Achsen des Hexapoden als X-, Y- und Z-Achse einer klassisch kartesischen Maschine interpretiert werden und eine Übertragung möglich wird. Die relevanten Verlustprognosen, für die betrachtete X-Bewegung, sind in Abb. 21 dargestellt. Der Verlust in der KGT Mutter wird nicht berücksichtigt, da kein direkter Kontakt zum Maschinenbett besteht.

Da in der Verlustprognose keine Verluste für Führungen enthalten sind, wird für die Profilschienenführung ein separater Verlust nach (Jungnickel 2010) modelliert, der in Abb. 22 dargestellt ist. Parameter sind: Verlustleistung P, Reibkraft F, Achsgeschwindigkeit v, Profilschienenbreite b, Vorspannkraft F_v und dynamische Tragzahl C.

$$P(t) = F(t) \cdot v(t) = b \cdot 10^3 \cdot \left(0{,}46 + 66 \cdot \left(\frac{F_v}{C}\right)^{2,5} + \left(0{,}46 + 5{,}2 \cdot \left(\frac{F_v}{C}\right) \right) \cdot v(t) \right) \cdot v(t) \quad (12)$$

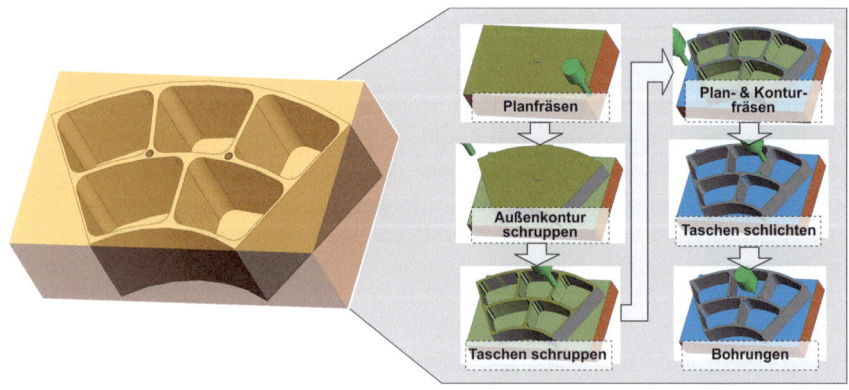

Abb. 19 Referenzprozess

Thermische Vorsteuerung

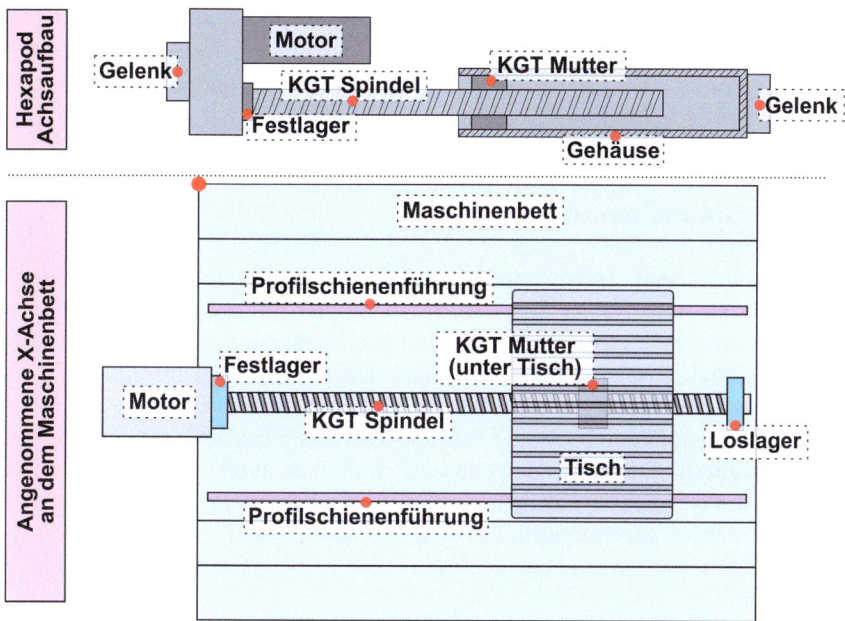

Abb. 20 Konstruktiver Aufbau (Hexapod: real, Maschinenbett: angenommen)

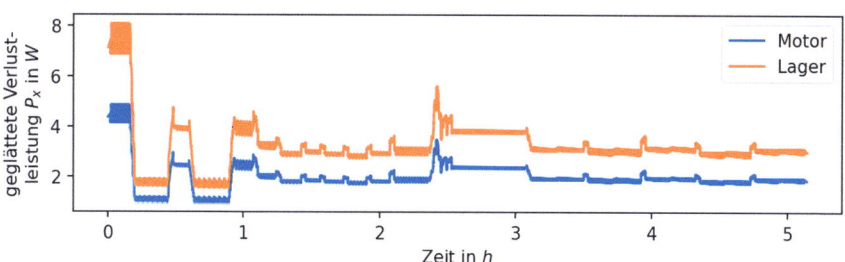

Abb. 21 Prognostizierte bearbeitungsspezifische Lager- und Motorverluste

Die Ähnlichkeit der Verlustverläufe ist aus der Beziehung der Verlustleistung begründet, wie in Gl. 13 dargestellt.

$$P(t) = M(t,\omega) \cdot \omega(t) = F(t,v) \cdot v(t) \tag{13}$$

Zum einen hängt das Verlustmoment M sowie die Verlustkraft F selbst von der Geschwindigkeit ω oder v ab und wird weiterhin bei der Bestimmung der Verlustleistung P noch einmal mit der Geschwindigkeit multipliziert. Damit besteht, wie aus Gl. 14 hervorgeht, eine dominante Abhängigkeit von der Geschwindigkeit ω oder v.

$$M \sim \omega^2 | F \sim v^2 \tag{14}$$

Künftig könnten daher alternative vereinfachte Ansätze, wie z. B. $M = K \cdot \omega^2$ betrachtet werden, welche die komplexen Verlustmodelle zur Bestimmung des Verlustmomentes M oder der Verlustkraft F vernachlässigen und stattdessen mittels Referenzversuchen die Konstante K bestimmt wird.

3.3.1 Verlusttransformation

Die in Abb. 21 und 22 bestimmten Verlustverläufe entsprechen den Verlusten einer X-Achse während der Abarbeitung des Referenzprozesses. Da der Hexapod deutlich schwächere Antriebe besitzt als reale Werkzeugmaschinen, werden die Verluste global normiert und anschließend den Heizmatten zugeordnet, die am nächsten bei den angenommenen Verluststellen am Maschinenbett liegen. Durch die globale Normierung bleibt die Relation zwischen allen Verläufen erhalten, allerdings kann die Intensität der Verluststellen einfach durch den normierten Verlust, welcher einem Aktivitätsfaktor von [0, 1] gleicht, auf die Heizmattenleistung angepasst werden. Das Vorgehen der Übertragung und Normierung der Verluste ist in Abb. 23 schematisch zusammengefasst.

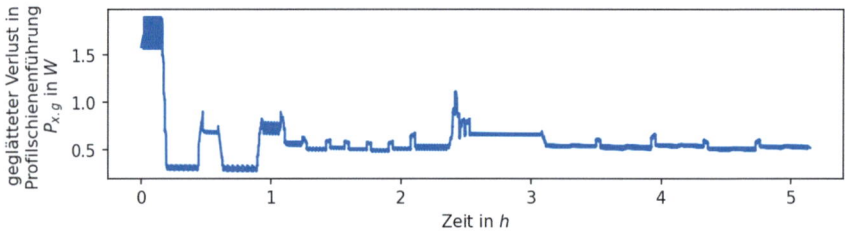

Abb. 22 Modellierter Verlust für die Profilschienenführung

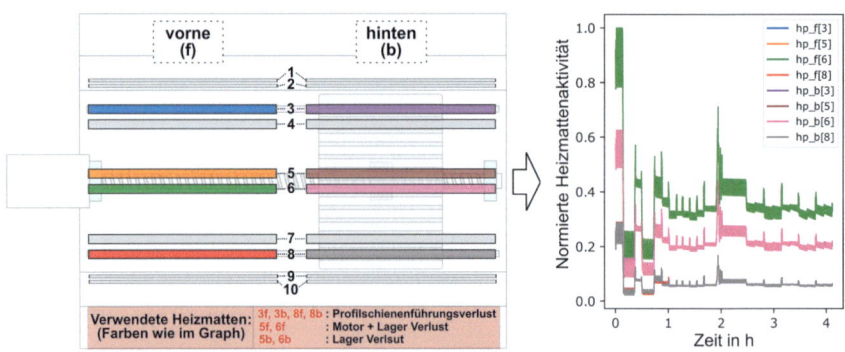

Abb. 23 Angenommene Heizmattenaktivitäten am Maschinenbett

3.3.2 Exemplarische Applikation und Vergleich von Messung und Simulation

Die prognostizierten Verluste aus dem vorangegangenen Abschnitt beschreiben die Soll-Heizmattenaktivität für eine Prozesswiederholung. Die Aktivitäten wurden als CSV-Datei exportiert und werden von der PLC zur Ansteuerung der Heizmatten mittels PWM (Pulse Width Modulation) genutzt. Um eine Serienfertigung zu imitieren, wird die PLC so vorbereitet, dass nach einer kompletten Ausführung eine Pause von 10 min folgt und anschließend die nächste Wiederholung startet. Somit kann die Bearbeitung beliebig oft wiederholt werden, um bis in den Beharrungszustand zu messen. Nach diesem Vorgehen wird das Lastszenario für eine Woche auf dem Maschinenbett ausgeführt und die Temperaturen aller 30 Sensoren erfasst. Um das Potenzial der lastspezifischen thermischen Simulation zu quantifizieren, wird dasselbe Lastszenario mit dem optimierten FE-Modell simuliert und die resultierenden Temperaturen verglichen. Für die Simulation wird eine Zeitschrittweite von 2 h gewählt, da aufgrund eines Implementierungsproblems die Simulationszeit exponentiell mit der Schrittanzahl steigt und kleinere Zeitschritte zu extremen Rechenzeiten führen würden. Da das Modell mit einer Messung im Winter optimiert wurde und die Messung mittels bearbeitungsspezifischer Lasten im Sommer erfolgt, wird die gemessene Umgebungstemperatur in der Simulation als Randbedingung berücksichtigt, um den resultierenden Fehler aufgrund deutlich dynamischer Temperaturen im Sommer minimal zu halten.

Das gemessene und simulierte Temperaturverhalten beinhaltet jeweils Temperaturverläufe für alle 30 Sensoren. Abb. 24 zeigt beispielhaft die gemessene und simulierte Temperatur von Sensor 3, bei welchem der relative und absolute Fehler am geringsten ausfiel.

Da eine separate Betrachtung aller 30 Temperatursensoren sehr umfangreich ausfallen würde, werden Kennzahlen für jede Sensorposition bestimmt, wie sie unter „Statistik" in Abb. 24 dargestellt sind. Eine Kennzahl ist die Temperaturänderung ΔT_m in dem gemessenen Temperaturverlauf T_m eines Sensors.

$$\Delta T_m = \max(T_m(t)) - \min(T_m(t)) \tag{15}$$

Weiterhin wird der mittlere absolute Fehler E_m zwischen gemessener T_m und simulierter Temperatur T_s bestimmt.

$$E_m = \overline{|\Delta T(t)|} = \overline{|T_m(t) - T_s(t)|} \tag{16}$$

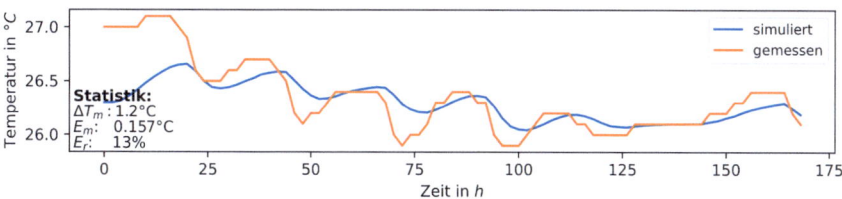

Abb. 24 Gemessene und simulierte Temperatur an Sensor 3

Die dritte Kennzahl E_r beschreibt den mittleren Fehler zwischen gemessenem und simuliertem thermischem Verhalten.

$$E_r = \frac{\overline{|\Delta T(t)|}}{\Delta T_m} = \frac{\overline{|T_m(t) - T_s(t)|}}{\Delta T_m} \quad (17)$$

Diese drei Kennzahlen werden für jede Sensorposition separat bestimmt und sind in Abb. 25 für jeden Sensor dargestellt. Betrachtet man das gesamte Modell, ergibt sich ein mittlerer absoluter Fehler von $E_m = 0{,}55\,°C$ und ein mittlerer relativer Fehler von $E_r = 30\,\%$. Generell ist dies für ein derartig grob modelliertes Modell ein akzeptabler Fehler, wobei jedoch in Abb. 25 auffällt, das vor allem die Sensoren im Zentrum des Bettes (Sensor 25–30, siehe Abb. 11) relativ hohe Fehler aufweisen. Betrachtet man allerdings den Sensor mit dem höchsten relativen Fehler (siehe Abb. 26), wird deutlich, dass hier im Wesentlichen nur ein Offset besteht.

Der generelle Verlauf zwischen gemessener und simulierter Temperatur sieht ähnlich aus, ist jedoch um ca. 0,7 K verschoben. Da die Gesamttemperaturänderung ΔT_m an dieser Stelle jedoch minimal ist, führt dies in Kombination zu einem hohen relativen Fehler. Wobei der absolute Fehler mit $E_a = 0{,}7\,°C$ nur unwesentlich vom mittleren absoluten Fehler von $0{,}55\,°C$ abweicht. Durch eine Steigerung der Modellgüte, wie z. B. flächenspezifischer Konvektionskoeffizienten, sollten diese Fehler weiter reduziert werden können. Weitere Details zur lastspezifischen FE-Prognose können aus (Wenkler 2023) entnommen werden.

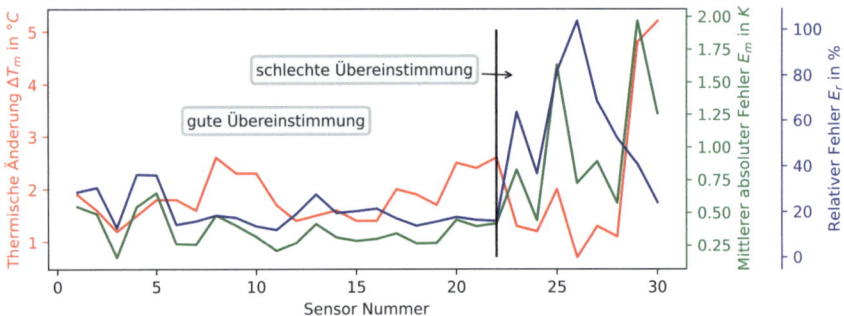

Abb. 25 Kennzahlen zur Modellgenauigkeit in Abhängigkeit vom Sensor

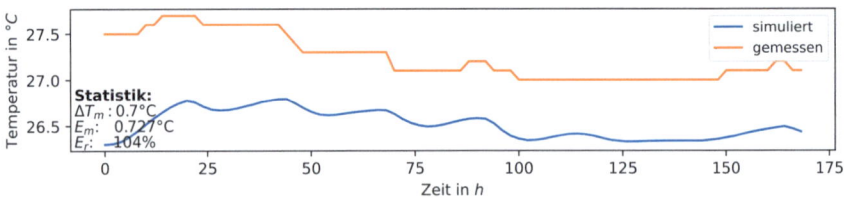

Abb. 26 Sensor 26 mit größtem relativem Fehler

Zusammenfassend kann gesagt werden, dass die Extrapolation des Modells vom antrainierten quasistatischen Lastfall in Abschn. 3.2 auf einen deutlich dynamischeren Lastfall aus der Verlustprognose mit akzeptablen Prognosefehlern möglich ist. Die Berücksichtigung exakter Wärmeeinträge kann einen wesentlichen Mehrwert zur Steigerung der Prognosegüte von FE-Modellen liefern. Damit ist die wesentliche Voraussetzung für die thermische Vorsteuerung gegeben. Reale Modelle mit einem deutlich höheren Detailgrad sollten vor allem von diesem Verfahren profitieren, da gerade hier inakkurate Randbedingungen eine der wenigen verbleibenden Fehlerquellen darstellen (neben z. B. der Prognose von Umgebungstemperaturen), welchen mittels der Verlustprognose entgegengewirkt werden kann.

4 Bedarfsgerechte Temperierung am Beispiel des Maschinenbettes

Die Temperierung von Werkzeugmaschinen ist essenziell für den Erhalt der Maschinengenauigkeit. Änderungen in der Temperatur führen zu einer thermo-elastischen Verlagerung des Werkzeugführpunktes (**T**ool **C**enter **P**oint) welche sich direkt auf der Oberfläche des Werkstücks abbildet und somit direkt die Fertigungsqualität beeinträchtigt. Primäres Ziel der Temperierung von Werkzeugmaschinen sowie einzelner Komponenten ist daher der Erhalt der TCP-Verlagerung und -Verdrehung über die gesamte Bearbeitung.

Klassisch wird dies durch die Temperierung der Maschine erreicht, bei welcher typischerweise eine Zieltemperatur von 20 °C angestrebt wird. Über in die Maschine integrierte Kühlkanäle wird ein temperiertes Fluid befördert, um entstandene Wärme frühzeitig aus der Maschine zu befördern. Die Temperierung des Fluids erfolgt i. d. R. mittels Luft-Wärmetauscher oder Kompressoren.

Aktuellen Studien zufolge verursacht die Maschinenkühlung bereits jetzt 1/5 des Energiebedarfs der gesamten Werkzeugmaschine (siehe Abb. 27). Da thermische Probleme immer noch die dominante Fehlerursache darstellen, ist künftig mit noch größeren Anteilen zu rechnen.

Der aktuellen Entwicklung zu immer energieintensiveren Kühlaggregaten kann zum einen durch eine Optimierung der meist überdimensionierten Kühlsystemkomponenten entgegengewirkt werden (Denkena 2011; Brecher 2012), aber auch durch eine bedarfsgerechte Temperierung mittels strategischem Zu- und Abschalten der Kühlsysteme (Wegener 2017; Weber 2021).

Durch die Kenntnis über die Maschinenbeharrung (siehe Abschn. 2 und 3) kann ein neuartiger Ansatz zur bedarfsgerechten Temperierung verfolgt werden, welcher eine stabile Temperatur nahe der Beharrung anstrebt. Ziel ist demnach nicht, die gesamte Maschine auf 20 °C zu kühlen, sondern nur die prozessbedingte verbleibende Schwankung zu kühlen. Die quasi statische Temperaturänderung, bedingt durch den Maschinenwarmlauf, wird akzeptiert und nicht aktiv gekühlt. Dieses Vorgehen ist in Abb. 28 grafisch verdeutlicht.

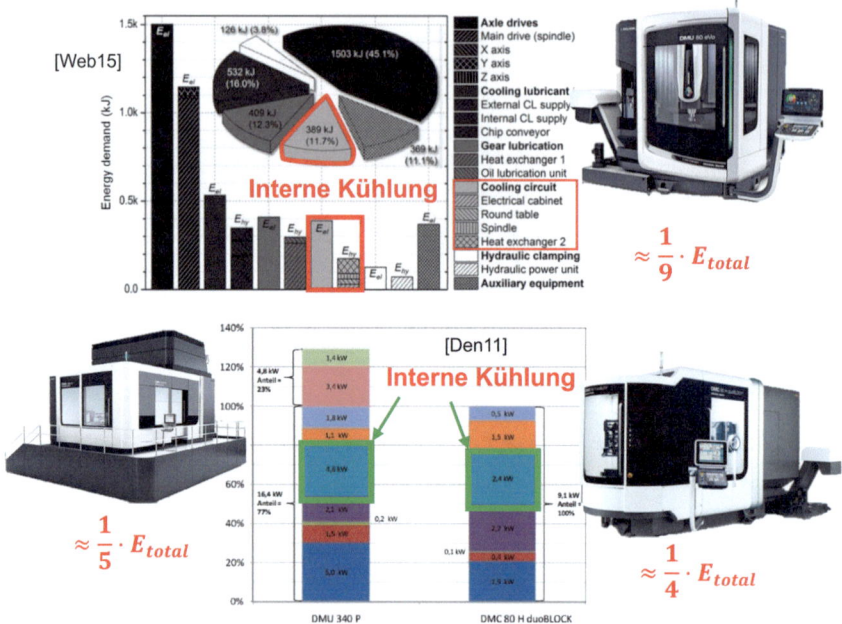

Abb. 27 Energieverbrauch für Kühlsysteme nach (Weber und Weber 2015) und (Denkena 2011)

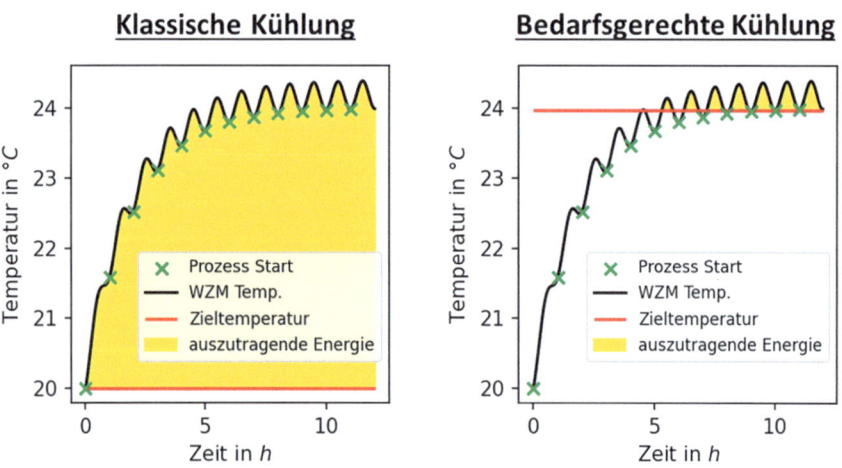

Abb. 28 Unterschied klassische und bedarfsgerechte Kühlung

Da nicht mehr die gesamte Wärme aus der Maschine ausgetragen wird, sollten deutliche Energieeinsparungen möglich sein, während gleichzeitig der Wärmeübergang von der Maschine an das Fluid durch den gestiegenen Temperaturunterschied profitiert.

Thermische Vorsteuerung

Um die Potentiale dieses Verfahrens zu untersuchen, wird die bedarfsgerechte Temperierung nach dem vorgestellten Vorgehen am Maschinenbett (siehe Abb. 11) appliziert.

4.1 Bestimmung der Zieltemperaturen

Für die bedarfsgerechte Kühlung müssen Zieltemperaturen nach Abb. 28 bestimmt werden, welche sich an der niedrigsten aufgetretenen Temperatur in der Beharrung orientieren sollten. Die Beharrung kann entweder direkt gemessen oder über das Vorgehen aus Abschn. 2 und 3 bestimmt werden. Dabei muss beachtet werden, dass die Beharrungstemperatur positionsabhängig ist.

Initial sollte daher der mittlere Temperaturoffset aller Sensoren zur Umgebung bestimmt werden. Abb. 29 zeigt den positionsabhängigen Temperaturunterschied in der Beharrung aller Sensoren auf, wenn das Maschinenbett mit dem Lastszenario aus Abb. 23 belastet wird.

Es zeigt sich das die von der Wärmeeintragsstelle entfernten Sensoren (Sensoren: 10–12 und 22–24) ein eher geringes Temperaturoffset besitzen, wohingegen die nahen Sensoren (Sensoren: 25, 27, 28, 29) deutlichere Temperaturunterschiede aufweisen.

Aufgabe des Kühlsystems ist es nun eine dieser Verteilung nahe Temperatur anzustreben. Da allerdings ein Kühlkanal mehrere Sensoren überspannt (siehe Abb. 30), können einzelne Sensoren nicht ohne Einflussnahme auf andere Sensoren gekühlt werden.

Es kann demnach nur gemittelt reagiert werden, weshalb mittlere Solltemperaturen für die einzelnen Kühlkanäle auf Basis der nächstgelegenen Sensoren bestimmt wurden (siehe Abb. 31). Diese Temperaturoffsets werden im Folgenden für die bedarfsgerechte Kühlung eingesetzt.

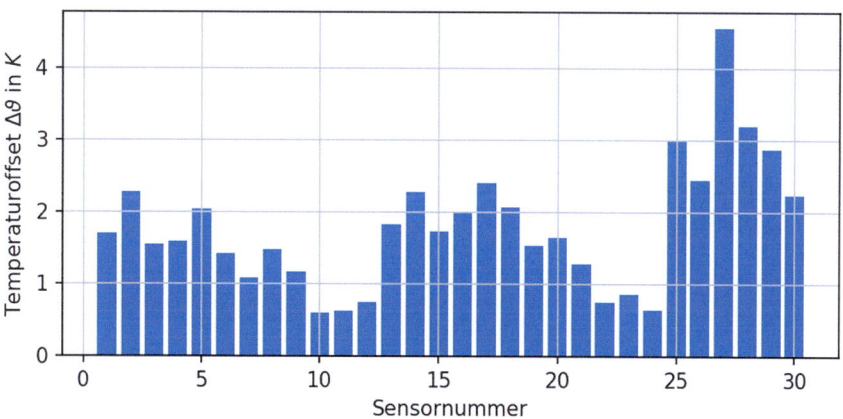

Abb. 29 Sensorspezifisches Temperaturoffset (in Beharrung) zur Umgebung

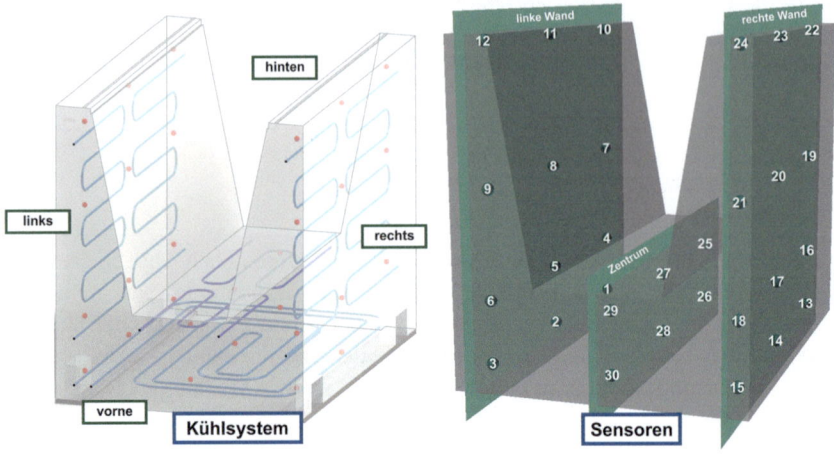

Abb. 30 Übersicht über Kühlkanäle und Sensorpositionen

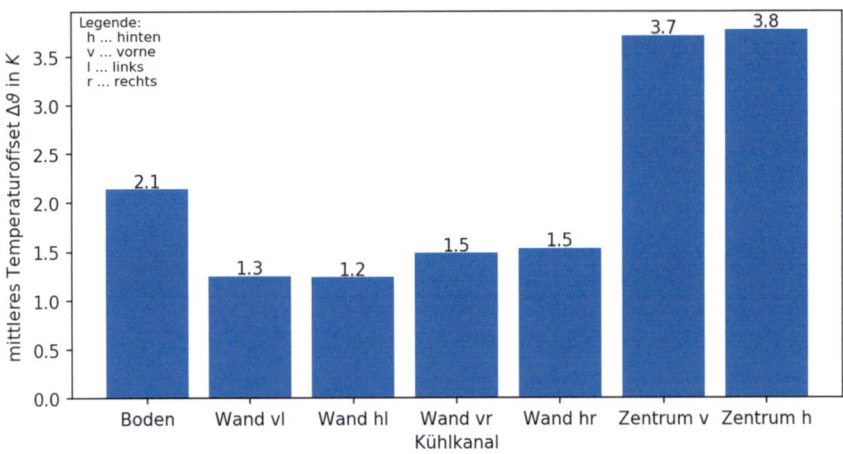

Abb. 31 Kühlkanal spezifisches mittleres Temperaturoffset

4.2 Applikation: Dauerkühlung und bedarfsgerechte Kühlung

Zur Bewertung des thermo-energetischen Verhaltens wird die bedarfsgerechte Kühlung mit einer klassischen Kühlstrategie verglichen.

Bei der klassischen Kühlung wird das Fluid mittels einem Luft-Wärmetauschers auf 19 °C geregelt. Der Lüfter besitzt eine maximale Drehzahl von 1500 1/min und eine maximale Leistungsaufnahme von 480 W. Der Lüfter wird

PI geregelt (Regler mit proportionalem und integralem Anteil) und fährt damit beim Überschreiten der Zieltemperatur langsam die Lüfter-Drehzahl hoch und beim Unterschreiten herunter. Die sieben Pumpen arbeiten im Dauerbetrieb und werden einzig bei Inaktivität der Heizmatten ausgeschaltet. Inaktivität tritt einzig zwischen den einzelnen Wiederholungen des Lastszenarios (siehe Abb. 23) auf, bei denen eine Pause von 10 min für einen in der Praxis üblichen Werkstückwechsel angedacht ist.

Bei der bedarfsgerechten Kühlung ist der Lüfter ebenfalls PI geregelt, allerdings auf eine Zieltemperatur von 18,5 °C, welche näher an der erwartbaren Umgebungstemperatur liegt. Die mittlere Umgebungstemperatur wurde aus einer Messung über die vorangegangene Woche bestimmt. Verglichen zur klassischen Kühlung werden die Pumpen nicht dauerhaft betrieben, sondern PI geregelt. Beim Überschreiten einer kühlkreislaufspezifischen Solltemperatur wird der jeweilige Volumenstrom über die Pumpen kontinuierlich erhöht, bis dieser wieder unterschritten wird.

Die Solltemperaturen für die einzelnen Kühlkreisläufe wurden nach folgendem Vorgehen bestimmt. Parameter sind: Die kühlkanalspezifische Solltemperatur $\vartheta_{c.i}$, die Zieltemperatur für das Fluid ϑ_f, das in der Beharrung erwartbare mittlere Temperaturoffset des jeweiligen Kühlkanals $\Delta\vartheta_{uc.i}$, der Kühlkanalindex $i \in [1, 7]$:

$$\vartheta_{c.i} = \vartheta_f + \Delta\vartheta_{uc.i} - 0{,}5\,°C \tag{18}$$

Die in Gl. 18 final abgezogene Temperatur von 0,5 °C wird zur Erzwingung einer Mindestkühlung angenommen, um verbleibende Restschwankungen wegkühlen zu können. Tab. 2 zeigt die mittels mittleren Temperaturoffsets (Abb. 31) bestimmten Solltemperaturen nach Gl. 18.

4.3 Vergleich: Dauerkühlung und bedarfsgerechte Kühlung

Als Vergleichskriterien der beiden Kühlstrategien wird zum einen der Temperaturgang betrachtet und zum anderen die Leistungsaufnahme für die Kühlung. Die Messungen erfolgten jeweils über mindestens eine Woche. Die bedarfsgerechte

Tab. 2 Zieltemperaturen für die einzelnen Kühlkreisläufe

Kanalindex	Temperatur	Beschreibung
1	19,5 °C	Wand hinten rechts
2	20,1 °C	Boden
3	21,8 °C	Zentrum hinten
4	19,2 °C	Wand hinten links
5	19,3 °C	Wand vorne links
6	21,7 °C	Zentrum vorne
7	19,5 °C	Wand vorne rechts

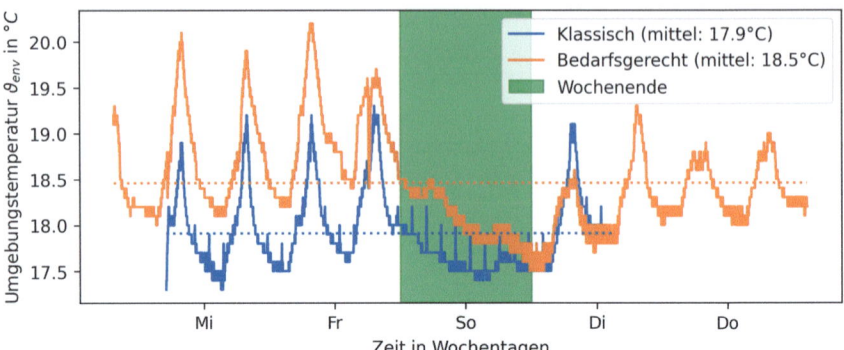

Abb. 32 Gemessenes Umgebungsverhalten während der Applikation der Kühlstrategien

Kühlung wurde über 2 Wochen durchgeführt, da in der ersten Woche wetterbedingt so hohe Umgebungstemperaturen auftraten, auf welche die bedarfsgerechte Regelung nicht ausgelegt war. Die Umgebungstemperatur für beide Messungen ist in Abb. 32 dargestellt, in der ein vergleichbares Verhalten ab der zweiten Woche ersichtlich ist. Für den Vergleich der Kühlstrategie wird daher die erste Woche in der Auswertung nicht betrachtet, um einzig die thermische Beharrung bei vergleichbaren Randbedingungen zu berücksichtigen.

Aus thermischen Gesichtspunkten konnten mit beiden Kühlstrategien gute Ergebnisse erzielt werden. Abb. 33 zeigt beispielhaft am thermischen Verhalten des zentralen Sensors (siehe Abb. 30), dass bei beiden Kühlstrategien stabile Temperaturen gehalten werden konnten. Die Streuung der Temperatur innerhalb der thermischen Beharrung ist gering und nahezu identisch (mit $Var(\vartheta_{K.27}) = 0{,}035\,\text{K}^2$ für die klassische Kühlstrategie und $Var(\vartheta_{B.27}) = 0{,}049\,\text{K}^2$ für die bedarfsgerechte Kühlstrategie). Betrachtet man hingegen Sensor 12 (siehe Abb. 34), werden deutlichere Schwankungen der Temperatur ersichtlich. Dies ist zum einen aus seiner Entfernung zur Wärmequelle sowie der vielen nahen Konvektionsflächen begründet.

Durch den Wochenzyklus bedingte Schwankungen der Umgebungstemperatur nehmen auf diesen Bereich einen stärkeren Einfluss, was bei dem Temperaturabfall am Wochenende ersichtlich wird. Um einen Eindruck über das Gesamtverhalten zu ermöglichen, wird für alle Sensoren die mittlere Temperatur (Abb. 35) und die Standardabweichung (Abb. 36) bestimmt. Aus Abb. 35 wird ersichtlich, dass die klassische Kühlung alle Sensoren auf ein ähnliches Niveau temperiert, während die bedarfsgerechte Kühlung deutlichere lokale Unterschiede zulässt. Darauf gründet sich auch die resultierende Energieeinsparung. Die Streuung hingegen fällt bei der bedarfsgerechten Kühlung größer aus, da Kühlkreisläufe nur bedarfsgerecht für ganze Sensorgruppen zugeschaltet werden (siehe Abschn. 4.1) und leicht erhöhte Schwankungen in einzelnen Sensoren unumgänglich sind. Da die Schwankungen sich jedoch innerhalb von 0,5 K bewegen, sind diese aus thermischen Gesichtspunkten unbedenklich.

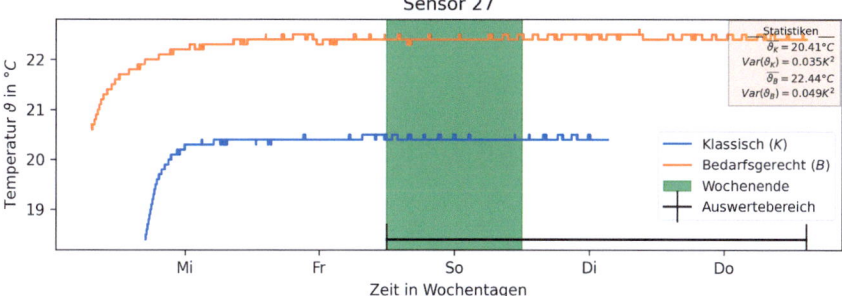

Abb. 33 Kühlstrategie spezifischer Temperaturgang an Sensor 27 (Zentrum)

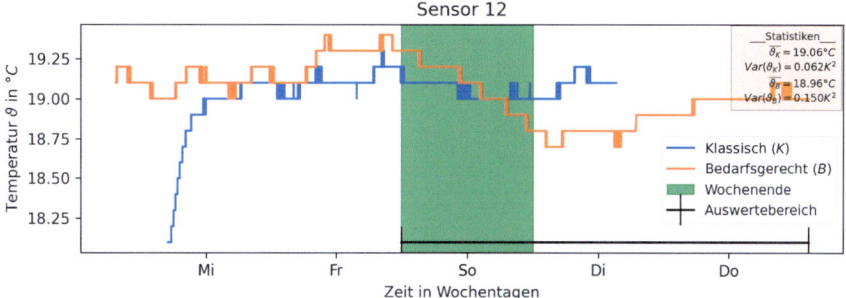

Abb. 34 Kühlstrategie spezifischer Temperaturgang an Sensor 12 (Ecke von Wand)

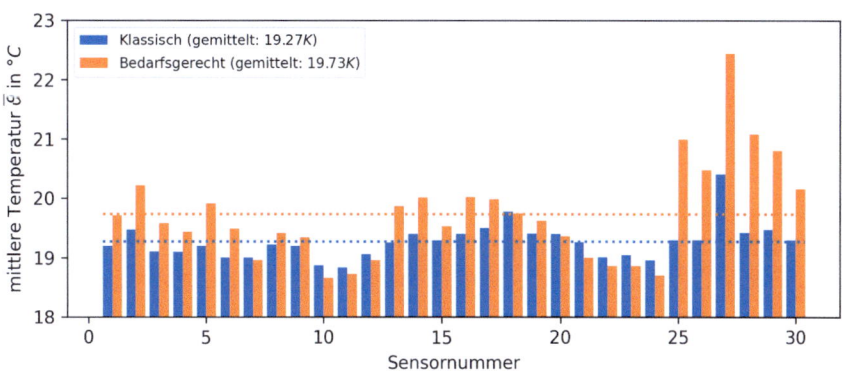

Abb. 35 Sensorspezifischer Mittelwert der Temperatur in thermischer Beharrung

Der wesentliche Vorteil der bedarfsgerechten Kühlung zeigt sich im Vergleich des notwendigen Energieeinsatzes. Hierfür wurde die Leistungsaufnahme für die sieben Pumpen der Kühlkreisläufe erfasst (siehe Abb. 37). Es zeigt sich, dass die klassische

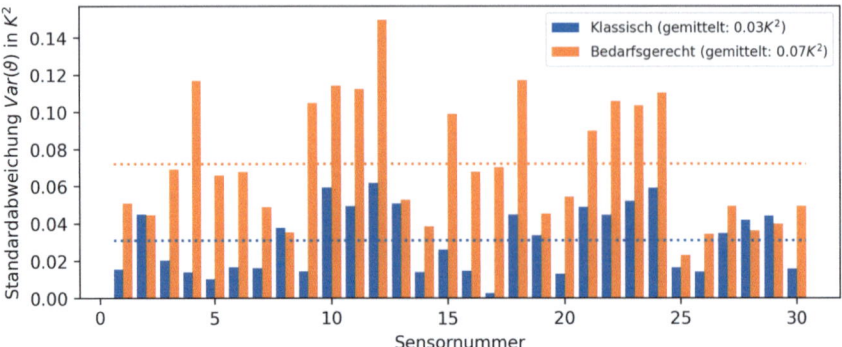

Abb. 36 Sensorspezifische Standardabweichung der Temperatur in thermischer Beharrung

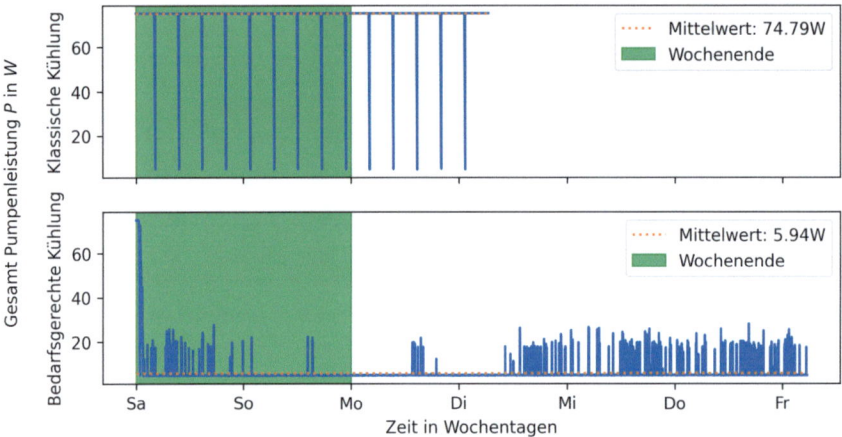

Abb. 37 Leistungsaufnahme der Pumpen

Kühlung durch das permanente Durchfluten sehr hohe Leistungsaufnahmen aufweist, während die bedarfsgerechte Kühlung nur einen Bruchteil der Leistung benötigt. Je nach Tageszeit, und dem damit einhergehenden Temperaturanstieg, schalten sich die einzelnen Pumpen zu (siehe Abb. 38), um das Temperaturfeld auf dem geforderten Niveau zu halten. Die bedarfsgerechte Kühlung führt dadurch zu einer Reduktion der Leistungsaufnahme um 92 %, verglichen zu einer klassischen Kühlung. Es zeigt sich, dass signifikante Energieeinsparungen durch eine bedarfsgerechte Bereitstellung von Kühlmedien möglich sind.

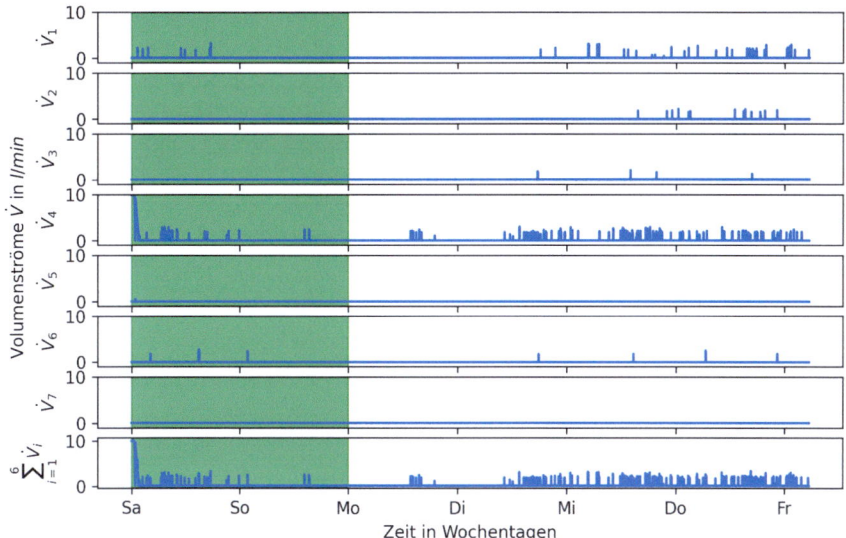

Abb. 38 Volumenströme jeder Pumpe bei bedarfsgerechter Kühlung

5 Zusammenfassung und Ausblick

Das vorgestellte Vorgehen zeigt, wie realitätsnahe aufgaben- und maschinenspezifische Verluste prognostiziert werden können (Abschn. 2). Diese Verluste können bereits in der Planungsphase zur Reduktion thermischer Schwankungen eingesetzt werden (Abschn. 2.4), wodurch bereits geringe Verbesserungen des Temperaturganges möglich werden. Wesentlicher Mehrwert besteht allerdings in der Simulation der thermischen Beharrung (Abschn. 3) und der anschließenden Kühlsystemoptimierung durch eine bedarfsgerechte Kühlstrategie (Abschn. 4).

Die Untersuchungen konnten Energieeinsparungen von 92 % aufzeigen, bei vergleichbarer thermischer Stabilität. Durch das vorgestellte Vorgehen könnten die aktuell energieintensiven Kühlsysteme, welche ca. 1/5 der Gesamtenergie benötigen, effektiviert werden, ohne wesentliche Qualitäts- oder Produktivitätseinbußen an der Werkzeugmaschine zu verursachen.

Wesentlich hierfür ist eine praxisrelevante Übertragung der Strategie auf gesamte Werkzeugmaschine. Das Vorgehen wurde für eines der trägsten und damit schwer regelbaren Komponenten, das Maschinenbett, erfolgreich angewandt. Eine Übertragung auf besser erforschte Komponenten wie die Hauptspindel, translatorische Achsen oder rotatorische Achsen ist somit realistisch und könnte einen wesentlichen Beitrag für die energetische Effektivierung des Gesamtsystems Werkzeugmaschine leisten.

Eine zielführende Koppelstelle für diese Methodik stellt beispielsweise der digitale Zwilling dar, welcher bereits in (Hänel et al. 2020; Hänel et al. 2021) für die spanende Fertigung untersucht wurde. Durch die Anbindung an einen digitalen Prozess Zwilling könnten neben den maschinenseitigen Verlustursachen auch die Prozesslast (Zerspankraft) in der Verlustberechnung berücksichtigt werden, um die Genauigkeit der Verlustprognose und damit die Effizienz der bedarfsgerechten Kühlung, weiter zu steigern.

Literatur

Brecher C et al (2012) Energy efficient cooling systems for machine tools. In: Leveraging Technology for a sustainable world, S 239–244

Denkena B et al (2011) Effiziente Fluidtechnik für Werkzeugmaschinen. Ermittlung und Reduktion des Energiebedarfs am Beispiel des Kühlwassersystems, wt Werkstatttechnik online 101–5:347–352

FAG (2018) Wälzlager, Technische Grundlagen und Produktdaten zur Gestaltung von Wälzlagerungen, Schaeffler Technologies AG & Co. KG

Hänel A et al (2020) The development of a digital twin for machining processes fort he application in aerospace industry. Procedia CIRP 93:1399–1404

Hänel A et al (2021) Digital twins for high-tech manufacturing applications – a model-based analytics-ready approach. J Manuf Mater Process 5(3), Issue 80

ISO230-3 (2020) Test code for machine tools, Part 3: Determination of thermal effects, 2020

Jungnickel G (2010) Simulation des thermischen Verhaltens von Werkzeugmaschinen, Modellierung und Parametrierung, Hrsg. K. Großmann, Lehrstuhl für Werkzeugmaschinen, TU Dresden, 2010

Kauschinger B, Schroeder S (2015) Uncertain parameters in thermal machine-tool models and methods to design their metrological adjustment process. Appl Mech Mater 794:379–386

Kauschinger B, Schröder S (2016) Uncertainties in heat loss models of rolling bearings of machine tools. Procedia CIRP 46:107–110

Palmgren A (1964) Grundlagen der Wälzlagertechnik. Franckh'sche Verlagshandlung, Stuttgart

SKF (2014) Wälzlager – Das SKF Verfahren zur Berechnung des Reibungsmoments, Svenska Kugelfabriken

Weber J, Weber J (2015) Thermo-energetic modelling of fluid power systems. In: Thermo-energetic Design of Machine Tools, Springer international, S 49–59

Weber J et al (2021) Investigation oft he thermal and energetic behavior and optimization towards smart fluid systems in machine tools. Procedia CIRP 99:80–85

Wegener K et al (2017) Fluid elements in machine tools. CIRP Anals 66–2:611–634

Wenkler E et al (2021) Part program dependent loss forecast for estimation the thermal impact on machine tools. MM Sci J 3:4519–4525

Wenkler E et al (2022) Process concatenation to reduce thermal changes in machine tools. Int J Mechatron Manuf Syst 15(2/3)

Wenkler E et al (2023) Analysing the impact of process dependent thermal loads on the prediction accuracy of thermal effects in machine tool components

Open Access Dieses Kapitel wird unter der Creative Commons Namensnennung 4.0 International Lizenz (http://creativecommons.org/licenses/by/4.0/deed.de) veröffentlicht, welche die Nutzung, Vervielfältigung, Bearbeitung, Verbreitung und Wiedergabe in jeglichem Medium und Format erlaubt, sofern Sie den/die ursprünglichen Autor(en) und die Quelle ordnungsgemäß nennen, einen Link zur Creative Commons Lizenz beifügen und angeben, ob Änderungen vorgenommen wurden.

Die in diesem Kapitel enthaltenen Bilder und sonstiges Drittmaterial unterliegen ebenfalls der genannten Creative Commons Lizenz, sofern sich aus der Abbildungslegende nichts anderes ergibt. Sofern das betreffende Material nicht unter der genannten Creative Commons Lizenz steht und die betreffende Handlung nicht nach gesetzlichen Vorschriften erlaubt ist, ist für die oben aufgeführten Weiterverwendungen des Materials die Einwilligung des jeweiligen Rechteinhabers einzuholen.

Effiziente Parametrierung von Korrekturmodellen

Stephan Neus, Alexander Steinert, Robert Spierling und Christian Brecher

1 Einleitung

1.1 Ausgangslage

Künstliche Neuronale Netze, Verzögerungsglieder oder Polynomfunktionen werden genutzt, um das in Referenzversuchen identifizierte thermo-elastische Maschinenverhalten in mathematischen Modellen beschreibbar zu machen. Alle Ansätze haben gemein, dass die Modellqualität signifikant mit der verfügbaren Datenmenge korreliert. Insbesondere in der praktischen Anwendung zeigt sich allerdings, dass die Bereitstellung entsprechender Daten zeit- und damit kostenintensiv ist, sodass die Potenziale etwaiger Korrekturansätze aufgrund begrenzter Datensätze nicht vollständig genutzt werden können. Aus diesem Grund wird eine hybride Modellierung des thermo-elastischen Verhaltens von Werkzeugmaschinen vorgeschlagen, also die Synthese von Simulation und Experiment. Dadurch können in ausreichendem Maße hinreichend präzise Daten bereitgestellt und für die Parametrierung von Korrekturmodellen genutzt werden.

S. Neus (✉) · A. Steinert · R. Spierling · C. Brecher
Werkzeugmaschinenlabor, Lehrstuhl für Werkzeugmaschinen, RWTH Aachen, Aachen, Deutschland
E-Mail: S.Neus@wzl.rwth-aachen.de

C. Brecher
E-Mail: C.Brecher@wzl.rwth-aachen.de

1.2 Lösungsansatz

Einerseits eignet sich insbesondere im Bereich von Spindelsystemen die modellbasierte Parametrierung, da hier komplexe thermische wie auch kinematische Zusammenhänge auf ein nahezu eindimensionales und somit vergleichsweise einfaches Verlagerung- und Verschiebungsverhalten treffen. Ergebnis ist, dass mithilfe von Simulationsmodellen ein breites Spektrum an Betriebsbedingungen kostengünstig untersucht werden kann. In eigenen Vorarbeiten wurden Hauptspindelsysteme in Prüfstandsumgebungen analysiert, um auf dieser Grundlage wirkungsvolle Berechnungsmodelle entwickeln und validieren zu können. Entsprechende Arbeiten wurden von Brecher et al. (2014a, b, 2015, 2019a, b, 2020, 2021) veröffentlicht. Es konnte somit bereits erfolgreich nachgewiesen werden, dass das komplexe Zusammenspiel verschiedenster Wärmequellen und -senken auf engstem Raum hinreichend genau modelliert werden kann.

Andererseits treten an den meist asymmetrischen Strukturbauteilen von Werkzeugmaschinen komplexe Verlagerungszustände auf, die auch eine Folge variabler Verfahrprofile sein können. Hier eignen sich rein empirische Ansätze, die das thermo-elastische Strukturverhalten von Werkzeugmaschinen über Verzögerungsglieder verschiedener Ordnungen approximieren. Durch diesen Grey-Box-Ansatz (vgl. Kap. „Eigenschaftsmodellbasierte Korrektur") können vergleichsweise einfache mathematische Zusammenhänge parametriert werden, auf deren Grundlage eine kontinuierliche Beschreibung thermo-elastischer Strukturverlagerungen ermöglicht wird (vgl. Brecher und Wennemer 2013; Brecher et al., 2014a, b; Wennemer 2017).

Mit dem Ziel, eine Methodik zur effizienten Parametrierung von Korrekturmodellen zu entwickeln, bietet sich deshalb eine Verknüpfung beider Ansätze an. Das thermo-elastische Maschinenverhalten wird dazu in zwei Anteile $\Delta u_{Spindel}$ und $\Delta u_{Maschine}$ separiert, wobei eine hinreichend große Unabhängigkeit dieser Einzelanteile angenommen wird. Wechselwirkungen zwischen den Anteilen finden somit keine Berücksichtigung. Für die Verlagerung des TCP Δu_{TCP} folgt Gl. 1.

$$\Delta u_{TCP} = \Delta u_{Spindel} + \Delta u_{Maschine} \qquad (1)$$

Für beide Anteile werden im Folgenden unterschiedliche Parametrierungsansätze herangezogen. Während für die Parametrierung des Spindelkorrekturmodells auf bestehende Simulationsgrundlagen zurückgegriffen werden kann, werden für das Maschinenkorrekturmodell nach wie vor Versuche an der entsprechenden Werkzeugmaschine durchgeführt. Da ein Großteil des nichtlinearen Verlagerungsverhaltens allerdings spindelseitig modellbasiert abgedeckt werden kann, kommt es zu einer signifikanten Reduktion des Gesamtversuchsaufwands. Somit ergibt sich ein Gesamtkorrekturmodell, welches sich aus zwei unterschiedlich parametrierten Anteilen zusammensetzt, sodass insgesamt eine effiziente und praxisnahe Parametrierung erzielt werden kann.

2 Aufbau eines Korrekturmodells

2.1 Modellierung von Spindelsystemen

Die Parametrierungsgrundlage der Spindelkorrekturmodelle bildet eine entwickelte und ausreichend validierte Simulationsmethode, deren Fokus auf der prozessparallelen Berechnung des thermischen Spindelverhaltens durch Hinzuziehen von Methoden zur Modellordnungsreduktion liegt. Ergebnisse zum Aufbau der Simulationsumgebung und zur Modellierung thermischer Randbedingungen wurden umfangreich veröffentlicht (vgl. Brecher et al. 2014a, b, 2015, 2019a, b, 2020, 2021).

Neben einer reinen thermo-elastischen Ausdehnung der Spindelwelle können in Spindeln kinematische Effekte zu axialen Verlagerungen des TCP führen. Insbesondere im Falle von angestellten Lagerungen mit ungleich verteilten Lagerpaketen treten Verschiebungen der Welle auf. Diese sind darauf zurückzuführen, dass in größeren Lagern oder in Paketen aus mehreren Lagern größere Fliehkräfte auftreten, die aufgrund der Druckwinkel zu axial wirkenden Anteilen führen. Heben sich diese Effekte bei angestellten Lagerungen nicht auf, so kommt es neben einer Dehnung (im Falle einer O-Anordnung) zu einem Herausschieben der gesamten Welle. Ein wirkungsvolles Spindelkorrekturmodell muss aus diesem Grund in der Lage sein, folgende Effekte zu berücksichtigen:

1. Thermo-elastische axiale Spindeldehnung
2. Kinematische Axialverschiebung der Welle

Zur Modellierung thermo-mechanischer und kinematischer Effekte wird eine Simulationsumgebung für fremdgetriebene Spindeln aufgebaut, bestehend aus zwei Teilen:

- Thermiksimulation
- Mechaniksimulation

Beide als Co-Simulation interagierende Simulationen sind einzeln funktionsfähig. Eine detaillierte Beschreibung des Aufbaus der beiden Simulationsteile kann (Brecher et al. 2021) entnommen werden. Das Vorgehen zur Berechnung mechanischer Eigenschaften von Spindel-Lager-System wird detailliert von (Brecher und Falker 2019) beschrieben.

Im Rahmen von Prüfstandsversuchen an einer exemplarischen fremdgetriebenen Spindel können starke thermo-mechanische Wechselwirkungen identifiziert werden (vgl. Brecher et al. 2020a, b), die mithilfe der thermo-mechanischen Simulationsumgebung wirkungsvoll vorhergesagt werden können. Die obere Grafik in Abb. 1 verdeutlicht, dass ein sukzessiver Temperaturanstieg bei der untersuchten Spindel zu einem höckerartigen Steifigkeitsverlauf führt. Infolge der Reibungsverluste in den Spindellagern kommt es in der Anfangsphase primär zu radialen Aufweitungen der Lagerringe, was sich in einem Anstieg der Kontaktkräfte äußert (Abb. 1, unten). Im Zeitverlauf fließt allerdings Wärme in die Spindelwelle, die

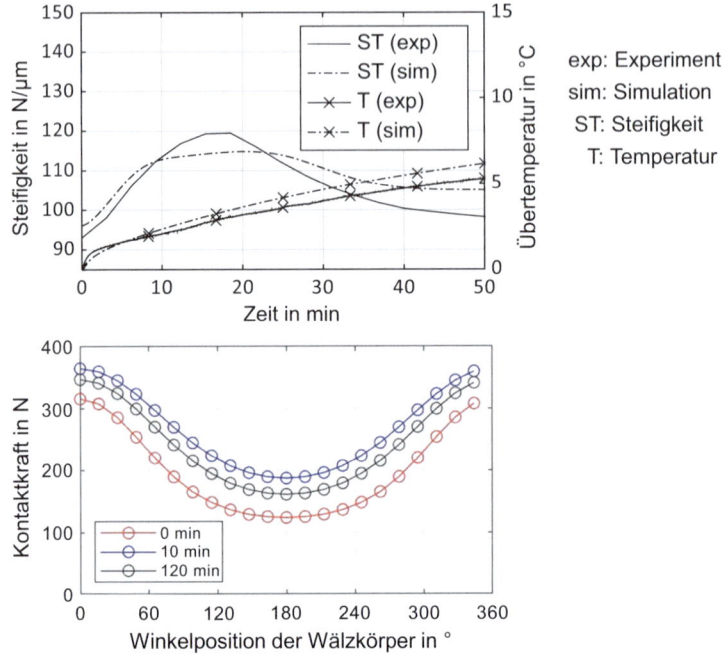

Abb. 1 Thermo-mechanische Wechselwirkungen in Spindelsystemen, nach (Brecher et al. 2020a, b)

Abb. 2 Fremdgetriebene Spindel in Maschinenumgebung (Bildquelle: WZL)

sich infolge dessen axial dehnt. Aufgrund der starren O-Anordnung der Spindellager führt dies direkt zu einer Reduktion der Lagervorspannung, charakterisiert durch ein Absinken der Kontaktkräfte. Es kann zusammengefasst werden, dass die verschiedenen thermischen Zeitkonstanten dazu führen, dass sich ein deutlich nichtlineares, thermisch beeinflusstes Steifigkeitsverhalten der Spindel ausprägt.

Neben der Untersuchung thermo-mechanischer Wechselwirkungen zeigen Validierungsversuche an einer weiteren fremdgetriebenen Spindel (Abb. 2, links) die

Güte der Modellierung thermo-elastischer Verlagerungen. Zur messtechnischen Erfassung thermo-elastischer Verlagerungen wird ein Messnest mit berührend arbeitenden LVDT-Wegaufnehmern ausgestattet und auf dem Maschinentisch fixiert (Abb. 2, rechts). Mithilfe eines in die Werkzeugaufnahme eingeschrumpften Invar-Dorns (Invar: Eisen-Nickel-Legierung mit einem Wärmeausdehnungskoeffizienten von $\alpha_{th} = 1{,}7 \frac{10^{-6}}{K}$) können Verlagerungen des TCP vergleichsweise wenig beeinflusst durch andere thermo-elastische Effekte erfasst werden.

Im Rahmen eines Validierungsversuchs wird die Spindeldrehzahl in Stufen von jeweils 30 min Länge sukzessive gesteigert, wobei zwischen zwei Drehzahlstufen jeweils eine ebenfalls 30 min lange Abkühlphase vorgesehen ist. Messungen der axialen TCP-Position finden im Rhythmus von 5 min statt. Neben den messtechnischen Untersuchungen wird eine Modellierung der Spindel entsprechend dem genannten Vorgehen durchgeführt. Abb. 3 zeigt eine Gegenüberstellung von gemessenen und simulierten axialen Spindelverlagerungen. Insgesamt ist eine sehr hohe Übereinstimmung beider Verläufe erkennbar, ausgedrückt durch einen mittleren absoluten Fehler von 1,33 μm.

2.2 Modellbasierte Parametrierung von Spindelkorrekturmodellen

Auf Grundlage der validierten thermo-mechanischen Modellierungsstrategie für Spindelsysteme wird ein Korrekturmodell aufgebaut und parametriert. Um darin sowohl thermo-elastische als auch kinematische Effekte abbilden zu können, wird

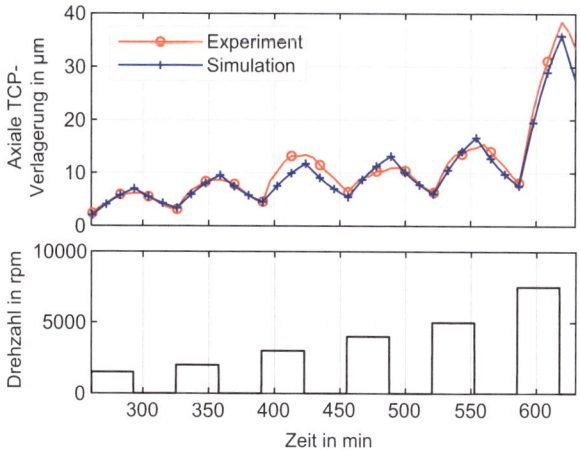

Abb. 3 Gemessene und simulierte thermo-elastische TCP-Verlagerung, nach (Brecher et al. 2021)

die axiale Verschiebung des TCP aus zwei unabhängigen Anteilen (thermo-elastisch und kinematisch) berechnet.

$$\Delta u_{Spindel} = \Delta u_{therm} + \Delta u_{kin} \qquad (2)$$

Entsprechend der Grey-Box-Modellierungsstrategie für thermo-elastische Maschinenverlagerungen aus eigenen Vorarbeiten (vgl. Brecher und Wennemer 2013; Brecher et al., 2014a, b; Wennemer 2017) kann das thermo-elastische Verhalten durch Verzögerungsglieder erster Ordnung (PT1-Glieder) ausgedrückt werden, sodass Gl. 3 folgt.

$$\Delta u_{therm}(t) = K \cdot \left(1 - e^{-\frac{t}{T}}\right) \qquad (3)$$

Da das thermische Verhalten, insbesondere fremdgetriebener Spindeln, primär durch die Drehzahl, die Radiallast und die Axiallast beeinflusst wird, gelten die Zusammenhänge in Gl. 4. Im Falle von Motorspindeln empfiehlt es sich, das Lastmoment als Treiber von intern wirksamen Motorverlusten zusätzlich aufzunehmen.

$$K = f(n, F_{rad}, F_{ax}) \wedge T = f(n, F_{rad}, F_{ax}) \qquad (4)$$

Bei dem Versuch, die gesuchten Zusammenhänge mithilfe eines Simulationsmodells bereitzustellen, zeigt sich, dass nichtlineare, über analytische Funktionen schwer beschreibbare Abhängigkeiten auftreten. Aus diesem Grund werden die PT1-Koeffizienten K und T stattdessen als Funktion der Lagerverlustleistung P ausgedrückt, die selbst von den genannten Größen abhängt und in empirischer Form vorliegt (vgl. Brecher et al. 2021). Die genannten nichtlinearen Effekte können dann durch die tabellarisch hinterlegten Reibkennlinien abgebildet werden. Für die untersuchte Spindel folgt, dass eine näherungsweise lineare Korrelation für beide Koeffizienten vorliegt (Abb. 4).

Durch Curve-Fitting lassen sich die in Abb. 4 bereits gezeigten linearen Ausgleichsgeraden mathematisch definieren, sodass Gl. 5 und 6 folgen.

$$K(P) = 0{,}4817 \cdot P + 10{,}3617 \qquad (5)$$

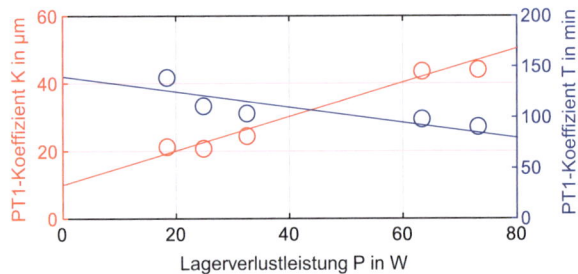

Abb. 4 PT1-Koeffizienten K und T als Funktion der Lagerverlustleistung

$$T(P) = -0{,}6298 \cdot P + 135{,}245 \tag{6}$$

Wie bereits erwähnt, lässt sich die Lagerverlustleistung aus den Reibkennlinien ermitteln. Um den Einfluss der Drehzahl, der Radiallast und der Axiallast zu berücksichtigen, wird letztendlich aus einem mehrdimensionalen Kennfeld interpoliert.

$$P = f(n, F_{rad}, F_{ax}) = 2\pi \cdot \frac{n}{60} \cdot M_{Reib}(n, F_{rad}, F_{ax}) \tag{7}$$

Zur Abbildung kinematischer Einflüsse auf die TCP-Position der Spindel wird das axiale Herausschieben der Spindelwelle unter Drehzahleinfluss ebenfalls mithilfe des Simulationsmodells berechnet. Dabei zeigt sich ein charakteristischer Verlauf (Abb. 5), der auf zwei gegenläufige Effekte zurückzuführen ist.

Zum einen geht die Drehzahl quadratisch in die Fliehkraft ein, die auf die Wälzkörper wirkend für ein Verschieben dieser entlang der gekrümmten Laufbahn des Lageraußenrings verantwortlich ist. Zum anderen bedingt diese Verschiebung eine Reduktion des Druckwinkels. Mit kleiner werdendem Druckwinkel verringert sich wiederum das Übersetzungsverhältnis, mit welchem die radial wirkende Fliehkraft in eine axiale Komponente überführt werden kann. Um beiden Effekten in einer analytischen Beschreibung gerecht zu werden, wird für das Curve-Fitting eine Potenzfunktion definiert, deren Exponent ein exponentielles Verhalten aufweist (Gl. 8).

$$\Delta u_{kin} = 1{,}28 \cdot 10^{-3} \cdot n^{1 - 6{,}97 \cdot 10^{-1} \cdot e^{-5{,}3E-4 \cdot n}} \tag{8}$$

Die ermittelte, mittlere absolute Abweichung von lediglich 0,023 μm (Abb. 5) verdeutlicht, dass das drehzahlabhängige kinematische Verhalten über den formeltechnischen Zusammenhang in Gl. 8 hinreichend genau abgebildet werden kann, sodass fortan ein mithilfe eines thermo-mechanischen Simulationsmodells parametriertes Korrekturmodell für die betrachtete Spindel in analytischer Form bereitsteht. Da das eingemessene Reibmoment der Spindellager die einzige individuell zu bestimmende Eingangsgröße darstellt, ist die Methode uneingeschränkt auf andere Spindeln übertragbar.

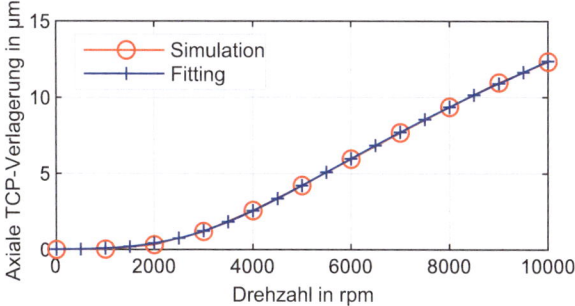

Abb. 5 Kinematisch bedingte axiale Verschiebung des TCP

2.3 Empirische Parametrierung von Korrekturmodellen für Linearachsen

Die empirische Parametrierung des strukturellen thermo-elastischen Verhaltens wird hier am Beispiel eines 4-Achs-Bearbeitungszentrums mit [wBZb'XYt]-Kinematik (vgl. ISO 10791, 2014) durchgeführt. Die Verlagerung der Maschine wird mittels des ETVE-Testaufbaus nach ISO 230-3 (2007) erfasst. Darüber hinaus messen vier an Gestängen platzierte Verlagerungssensoren die Bewegung des Spindelflansches in Z-Richtung, bezogen auf die Z-Achse jeweils um 90° versetzt. Der Messaufbau erfasst demnach die Maschinenverlagerung in fünf Freiheitsgraden und die Spindelverlagerung in drei Freiheitsgraden. Der Messaufbau im Arbeitsraum der Demonstratormaschine ist in Abb. 6 gezeigt.

Vier Temperatursensoren zeichnen an verschiedenen Stellen Umgebungstemperaturen auf. Während drei Sensoren außerhalb der Maschine angebracht sind, befindet sich ein Sensor im Arbeitsraum.

Zur Prüfung der Anfahrwiederholgenauigkeit wird der Dorn fünfmal in das Messnest hinein- und wieder herausgefahren. Die Verlagerungsdaten nach Erreichen der Messposition der Kinematik werden über zwei Sekunden gemittelt, sodass nach einer anschließenden Auswertung gemäß Jcgm 100 (2008) eine Schwankung der Mittelwerte von $\pm 2\sigma = \pm 0{,}55$ µm ermittelt werden kann.

Neben der Hauptspindel verlagern sich die Baugruppen bzw. -teile der Kinematik im Betrieb ebenfalls thermo-elastisch (vgl. Mayr et al. 2012). Die Modellierung dieses Maschinenverhaltens wurde seit den 1960er Jahren intensiv erforscht. Wissmann (2014) gibt einen detaillierten Überblick über die Entwicklung der Korrektur thermo-elastischer Verlagerungen. Das hier definierte Modell zur Berücksichtigung struktureller thermo-elastischer Verformungen besteht aus zwei Teilmodellen für interne und externe thermo-elastische Einflüsse (Gl. 9).

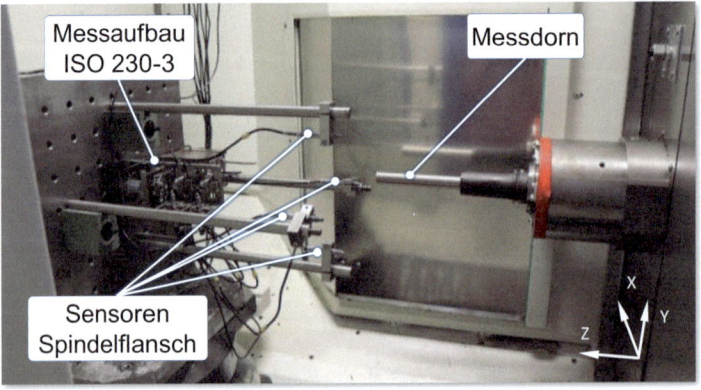

Abb. 6 Darstellung des Messaufbaus in der Demonstratormaschine

$$\Delta u_{Machine} = \Delta u_{intern} + \Delta u_{extern} \tag{9}$$

Das Modell der internen Einflüsse nutzt die bereits erfolgreich eingesetzten Verzögerungsglieder erster Ordnung (vgl. Wennemer 2017; Mayr et al. 2012; Wissmann 2014). Modelleingangsgröße für die internen Einflüsse sind die Sollgeschwindigkeiten der Vorschubachsen. Diese sind als maschineninterne Daten bereits in der Steuerung vorhanden und somit für eine mögliche Applikation der Korrektur besonders geeignet. Das Teilmodell für die externen Einflüsse, z. B. Umgebungseinflüsse, nutzt ebenfalls Verzögerungsglieder als Ansatzfunktion. Eingangsgröße ist hier die Änderung der gemittelten Umgebungstemperatur der vier Umgebungstemperatursensoren.

Abb. 7 zeigt die gemessene Verlagerung, das Berechnungsergebnis des Maschinenmodells und den Restfehler als Differenz der beiden erstgenannten Verläufe (alle Größen in Z-Richtung). Außerdem sind die Modelleingangsgrößen Sollvorschub der belasteten X-Achse und Umgebungstemperaturänderung dargestellt. Das Maschinenmodell verringert den für viele Bearbeitungen relevanten maximalen Fehler in Z-Richtung von initial 16,9 µm um 78 % auf 3,8 µm. Das quadratische Mittel des Restfehlers beträgt 1,5 µm.

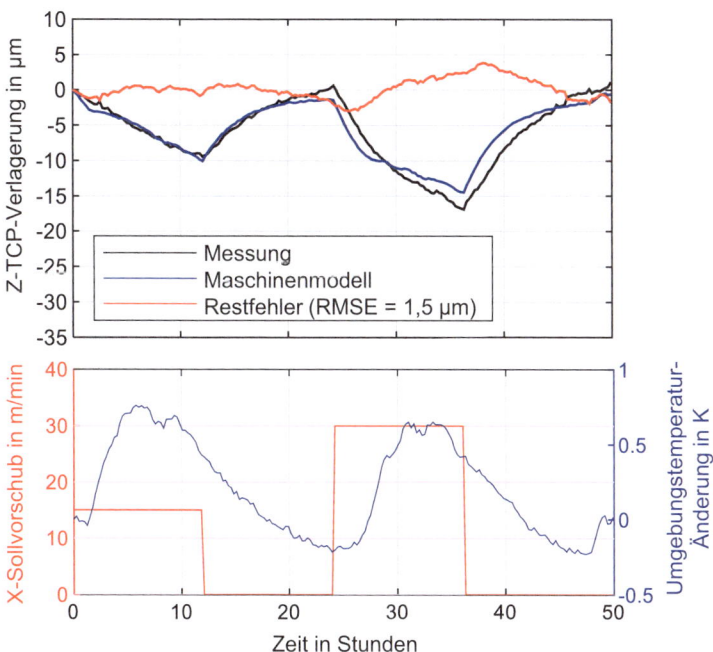

Abb. 7 Ergebnisse der Validierung des Maschinenmodells

2.4 Synthese der Korrekturmodelle

Zielsetzung ist die Verknüpfung der Korrekturmodelle für Spindel und Maschinenstruktur mit einer anschließenden Validierung des Gesamtmodells. Abb. 8 zeigt die Validierungsergebnisse des kombinierten Korrekturmodells. Über insgesamt 45 h Versuchsdauer werden im Rahmen der Validierung die Spindeldrehzahl und der Achsvorschub unabhängig voneinander variiert. Die ermittelten Korrekturwerte setzen sich aus der Summe des Spindel- sowie des Maschinenkorrekturmodells zusammen. Insgesamt verbessert das hybrid parametrierte Korrekturmodell die Abbildung der TCP-Genauigkeit bedeutend, wobei in gewissen Bereichen noch nennenswerte Restfehler vorhanden sind. Insbesondere während der Aufheizvorgänge der Hauptspindel in den Anfangsbereichen kommt es zu Abweichungen zwischen Prognose und Realität. Ein möglicher Grund könnte in der Tatsache begründet liegen, dass nur Einzellager anstelle von Lageranordnungen untersucht werden. Die Folge ist, dass die im Rahmen der Prüfstandsversuche an einer fremdgetriebenen Spindel identifizierten thermo-mechanischen Wechselwirkungen nicht vollständig abgebildet werden. In der Anfangsphase von Dauerversuchen kann

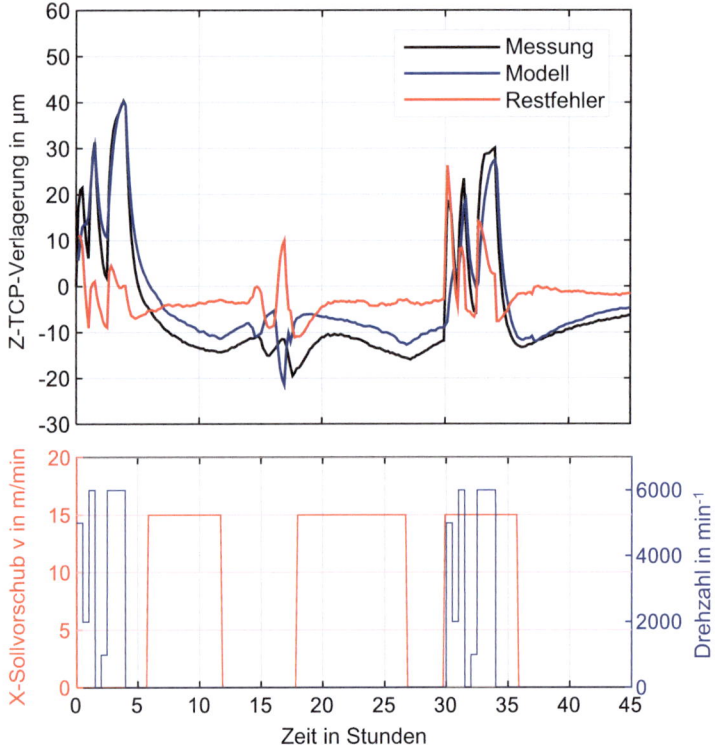

Abb. 8 Ergebnisse der Validierung des gekoppelten Korrekturmodells

festgestellt werden, dass in angestellten Lagerungen in O-Anordnung deutliche Anstiege der Pressungen bzw. Kräfte auftreten können. Die Untersuchungen des Reibmoments von Einzellagern vermögen es nicht, diese Effekte mit hinreichender Genauigkeit abzubilden. Aus diesem Grund wäre für eine weitere Steigerung der Modellgüte eine Untersuchung von Spindellagern im Verbund identisch zum späteren Einbauzustand zielführend.

Neben dem aus dem Spindelmodell kommenden Fehler zeigt darüber hinaus das Maschinenmodell einen Fehler bei Stunde 17, der mit einem Öffnen des Hallentors zusammenfällt. Das offene Tor beeinflusst vermutlich den dem Umgebungstemperatureinfluss zugrundeliegenden konvektiven Wärmeübergang stark nichtlinear (vgl. Brecher et al. 2018). Mit der durchgeführten Parametrierung können singuläre Ereignisse dieser Art nicht ausreichend genau abgebildet werden. In den Trainingsversuchen variiert die Umgebungstemperatur innerhalb einer Toleranzbreite von 1 K, während der Sprung durch die Öffnung des Hallentors im Validierungsversuch nahezu 10 K beträgt. Das mithilfe der Trainingsversuche parametrierte Modell zur Abbildung der externen Einflüsse arbeitet also bezüglich der Umgebungstemperatur weit außerhalb des parametrierten Bereichs. Außerdem tritt im Falle eines offenen Hallentors zusätzlich eine Änderung der Strömungsgeschwindigkeit der Umgebungsluft auf, die den konvektiven Wärmeübergang ebenfalls maßgeblich nichtlinear beeinflusst. Das Modell ist daher aufgrund seiner Eingangsdaten (nur Umgebungstemperaturänderungen) nicht in der Lage, die durch die Änderung der Strömungsgeschwindigkeit hervorgerufenen Verlagerungen abzubilden. Welcher der beiden Effekte den hier gezeigten Fehler hervorruft, kann auf Grundlage der vorhandenen Datenbasis nicht bestimmt werden. Positiv hervorzuheben ist, dass das Einzelereignis des geöffneten Hallentors keinen dauerhaften Anstieg des Restfehlers bedingt und somit nur zeitlich begrenzte Modellfehler hervorruft.

3 Bewertung

Korrekturmodelle im industriellen Einsatz werden bisher im Wesentlichen mithilfe umfangreicher experimenteller Studien parametriert, wobei der Versuchsaufwand direkt mit der Korrekturqualität korreliert. Zeitlich umfangreiche Versuche in der Produktionsmaschine selbst oder auf dafür vorgesehenen Prüfständen sind kostenintensiv und die parametrierten Modelle sind kaum auf andere Anwendungsfälle oder bauähnliche Maschinen und Spindeln übertragbar. Aus den genannten Gründen adressiert der vorgestellte Ansatz die bestehenden wirtschaftlichen Konflikte im Kontext aktueller Korrekturmethoden. Mithilfe eines virtuellen Spindelprototypen können umfangreiche Spindelkorrekturmodelle zeit- und somit kosteneffizient generiert und mit Maschinenmodellen verknüpft werden. Gegenüber klassischen, rein experimentellen Ansätzen werden folgende, für den praktischen Einsatz hoch relevante Vorteile deutlich.

Zeitersparnis: Durch die signifikante Reduktion des Bedarfs an experimentellen Untersuchungen können der Zeitbedarf und damit letztendlich auch die Kosten für den Aufbau eines Korrekturmodells stark gesenkt werden. Notwendige Untersuchungen zur Identifikation der Lagerreibung sind losgelöst vom Betrieb der Produktionsmaschine, sodass zur Parametrierung des Korrekturmodells nicht in den Betrieb dieser eingegriffen werden muss.

Zeitversatz: Durch die Verschiebung der notwendigen experimentellen Spindeluntersuchungen in der Produktionsmaschine hin zu Lageruntersuchungen kann der virtuelle Prototyp bereits in der Konstruktionsphase aufgebaut werden. Zum einen können dadurch wertvolle Informationen direkt in die Konstruktion einfließen. Zum anderen steht beim Start of Production (SOP) ein voll einsetzbares Korrekturmodell zur Verfügung.

Flexibilität: Ein weiterer wesentlicher Vorteil ist, dass die Modellqualität und das Einsatzspektrum nur bedingt mit dem Parametrierungsaufwand korreliert, da eine Parametrierung abseits der realen Produktion erfolgen kann. Durch die Abbildung von phänomenologischem Wissen in einem Spindel-White-Box-Modell kann praktisch für beliebige Kombinationen an Lastgrößen eine verlässliche Aussage über spindelseitige Verlagerungen des TCP getroffen werden. Darüber hinaus bietet ein White-Box-Modell die Möglichkeit Spindelsysteme mit komplexen, variablen und vor allem realitätsnahen Lasten zu beaufschlagen. Eine Abbildung dieser definierten Lastregime an realen Spindeln würde den Einsatz sehr aufwendig zu konstruierender Lasteinheiten erfordern. Im industriellen Umfeld sind derartige Lasteinheiten nicht vorhanden. Auch die Einbindung kinematischer Effekte ist bisher nicht geschehen, da komplexe Messungen an rotierenden Teilen den Einsatz berührungsloser Messtechnik erfordert.

Erweiterbarkeit/Modifizierbarkeit: Während datenbasierte Black-Box-Modelle keine Generalisierbarkeit erlauben, können White-Box-Modelle vergleichsweise einfach modifiziert und erweitert werden. Die Verwendung anderer Lagerarten oder Geometrieänderungen an der Spindel können so berücksichtigt werden. In Konsequenz ist eine hohe Übertragbarkeit gewährleistet, was insbesondere für einen flächendeckenden Einsatz einer großen Varianz an Spindelsystemen im industriellen Kontext von großer Bedeutung ist.

Letztendlich ist hervorzuheben, dass eine Kopplung eines Spindelmodells mit anders parametrierten Modellen für die Maschinenstruktur (vgl. Kap. „Eigenschaftsmodellbasierte Korrektur") zulässig ist, sodass die hybride Parametrierung ein aussichtsreiches Konzept zur Korrektur thermo-mechanischer Verlagerungen während der Betriebsphase darstellt.

Literatur

Brecher C, Wennemer M (2013) Eigenschaftsmodellbasierter Ansatz zur Korrektur thermo-elastischer Verlagerungen. Tagungsband 16. Dresdner Werkzeugmaschinen-Fachseminar: Tradition und Gegenwart bei der Analyse des thermischen Verhaltens spanender Werkzeugmaschinen, S 147–162

Brecher C, Fey M, Neus S, Shneor Y, Bakarinow K (2014a) Influences on the thermal behavior of linear guides and externally driven spindle systems. Prod Eng Res Dev 9:133–141

Brecher C, Wennemer M, Fey M (2014b) Correction model of load-dependent structural deformations based on transfer functions. Thermo-energetic Design of Machine Tools – A Systemic Approach to Solve the Conflict Between Power Efficiency, Accuracy and Productivity Demonstrated at the Example of Machining Production, S 175–184

Brecher C, Shneor Y, Neus S, Bakarinow K, Fey M (2015) Thermal Behavior of Externally Driven Spindle. Engineering 7:73–92

Brecher C, Kneer R, Spierling R, Frekers Y, Fey M (2018) Ein Beitrag zur Modellierung des thermischen Umgebungseinflusses an Werkzeugmaschinen. ZWF – Zeitschrift für wirtschaftlichen Fabrikbetrieb 113:448–452

Brecher C, Falker J, Fey M (2019a) Simulation schnell drehender Welle-Lager-Systeme – Teil 1. Antriebstechnik 58(6):66–72

Brecher C, Ihlenfeldt S, Neus S, Steinert A, Galant A (2019b) Thermal condition monitoring of a motorized milling spindle. Prod Eng Res Dev 13:1–8

Brecher C, Eckel H-M, Fey M, Neus S (2020a) Measuring the kinematic behavior of spindle bearing rolling elements under radial loads. Bearing World Konferenz 2020 – International Bearing Conference, 3nd International FVA-Conference, S 149–153

Brecher C, Steinert A, Neus S, Fey M (2020b) Metrological investigation and simulation of thermo-mechanical interactions in externally driven spindles. Spec Interest Group: Therm Issues 2020:16–19

Brecher C, Steinert A, Spierling R, Neus S (2021) Efficient parametrization of thermo-elastic correction models for externally driven spindles. MM Sci J 14:4291–4298

Gebhardt M et al (2014) High precision grey-box model for compensation of thermal errors on five-axis machines. CIRP Ann 63(1):509–512

ISO 230-3:2007(E) (2007) Test code for machine tools – Part 3: Determination of thermal effects. ISO copyright office, Genf

ISO 10791-6:2014(E) (2014) Test conditions for machining centres – Part 6: Accuracy of speeds and interpolations. ISO copyright office, Genf

JCGM 100:2008 (2008) Evaluation of measurement data – Guide to the expression of uncertainty in measurement

Mayr J et al (2012) Thermal issues in machine tools. CIRP Ann 61(2):771–791

Wennemer M (2017) Methode zur messtechnischen Analyse und Charakterisierung thermo-elastischer Verlagerungen von Werkzeugmaschinen. Dissertation, RWTH Aachen University

Wissmann A (2014) Steuerungsinterne Korrektur thermisch bedingter Strukturverformungen von Bearbeitungszentren. Dissertation, RWTH Aachen University

Open Access Dieses Kapitel wird unter der Creative Commons Namensnennung 4.0 International Lizenz (http://creativecommons.org/licenses/by/4.0/deed.de) veröffentlicht, welche die Nutzung, Vervielfältigung, Bearbeitung, Verbreitung und Wiedergabe in jeglichem Medium und Format erlaubt, sofern Sie den/die ursprünglichen Autor(en) und die Quelle ordnungsgemäß nennen, einen Link zur Creative Commons Lizenz beifügen und angeben, ob Änderungen vorgenommen wurden.

Die in diesem Kapitel enthaltenen Bilder und sonstiges Drittmaterial unterliegen ebenfalls der genannten Creative Commons Lizenz, sofern sich aus der Abbildungslegende nichts anderes ergibt. Sofern das betreffende Material nicht unter der genannten Creative Commons Lizenz steht und die betreffende Handlung nicht nach gesetzlichen Vorschriften erlaubt ist, ist für die oben aufgeführten Weiterverwendungen des Materials die Einwilligung des jeweiligen Rechteinhabers einzuholen.

Online-Korrektur thermisch bedingter Verformungen mithilfe von integralen Verformungssensoren

Nico Bertaggia, Filippos Tzanetos, Daniel Zontar und Christian Brecher

1 Einleitung

Die Optimierung des thermischen Verhaltens von Werkzeugmaschinen minimiert den Einfluss thermischer Störungen auf die Bauteilgenauigkeit. Diese Störungen werden während der Fertigung durch die Umgebung, den Prozess oder die maschineninternen Wärmequellen der Vorschubachsen verursacht. Dabei kann zunächst die Konstruktion der Maschinenelemente und der -struktur optimiert werden. In der modernen Produktion werden aber die thermischen Störungen transienter und dominanter, insbesondere in Hinsicht der Trends zur flexiblen Produktion, zur Hochleistungszerspanung und zur Trockenbearbeitung oder Minimalmengenschmierung. Durch die sich schneller verändernden thermischen Bedingungen können konstruktive Maßnahmen zur thermischen Stabilisierung unter Umständen nicht ausreichend sein. Aus diesem Grund wird häufig auf die steuerungstechnische Korrektur thermischer Fehler zurückgegriffen.

Eine Alternative zu den dazu üblicherweise verwendeten Hilfsgrößen bietet die direkte Erfassung der thermisch bedingten Verformungen der Maschinenstruktur. Der Vorteil dieser Hilfsgröße ist der höhere Informationsgehalt bei allen thermischen Störungen während der Fertigung. Das Verformungsfeld ist das Ergebnis

---

N. Bertaggia (✉) · F. Tzanetos · D. Zontar · C. Brecher
Fraunhofer-Institut für Produktionstechnologie IPT, Aachen, Deutschland
E-Mail: nico.bertaggia@ipt.fraunhofer.de

F. Tzanetos
E-Mail: filippos.tzanetos@rwth-aachen.de, info@ipt.fraunhofer.de

D. Zontar
E-Mail: daniel.zontar@ipt.fraunhofer.de

C. Brecher
E-Mail: christian.brecher@ipt.fraunhofer.de

aller wärmetechnischen Übertragungsmechanismen aus allen Wärmequellen und -senken. Modellierungsaufwand und die Modellunsicherheit sind geringer, da unsichere Parameter wie beispielsweise der Wärmeübergangskoeffizient nicht betrachtet werden müssen. Die Herausforderung ist nun vielmehr die genaue Erfassung des Verformungsfeldes mit möglichst wenig Hardware.

Die direkte Messung punktueller Dehnung aufgrund thermischer Einflüsse wird zunehmend mehr in der Forschung behandelt. Zurzeit sind jedoch keine industriellen Anwendungen bekannt. In diesem Anwendungsfeld besonders zu erwähnen sind Fiber-Bragg-Gitter Sensoren (Zhou et al. 2017; Aggogeri et al. 2017; Abdulshahed et al. 2016). Dieser Ansatz sieht die Aufspannung eines Sensornetzes vor, das einem groben Fachwerk entspricht. Das Messprinzip dieser Sensoren besteht daraus, dass in einer optischen Faser ein Segment eingebracht wird, welches bestimmte Wellenlängen reflektiert und andere passieren lässt. Die gefilterte Wellenlänge ist dabei abhängig von Dehnung und Temperatur der Faser. Die punktuellen Dehnungsmessungen dieses Sensornetzes werden entweder anhand kinematischer Beziehungen der Achsen zueinander oder mithilfe datenintensiver Modellierungen in Verformungsfelder umgerechnet. Da das Messsignal von Fiber-Bragg-Gitter Sensoren nicht nur von ihrer Längenänderung abhängig ist, sondern auch von ihrer Temperatur, muss ihre Temperaturempfindlichkeit bei der Nutzung als Dehnungssensoren kompensiert werden. Dies erfordert zusätzlichen Aufwand zur Reduktion der Messunsicherheit.

Der Ansatz der integrierten Verformungssensoren (IDS – Integral Deformation Sensors) hat demgegenüber Vorteile. Da hier nicht punktuell, sondern integral zwischen den Lagerblöcken an Anfang und Ende gemessen wird, gestaltet sich das Verhältnis zwischen Prognosegenauigkeit und Sensorausrüstung deutlich besser im Vergleich zu punktuellen Temperatur- oder Dehnungsmessungen. Als Referenz zur Messung der Maschinenstruktur wird ein thermisch stabiles kohlefaserverstärktes Kunststoffrohr genutzt, welches auf der einen Seite fest- und auf der anderen Seite losgelagert wird. Die Dehnung bzw. Stauchung der Maschinenstruktur, auf der das Sensorsystem angebracht ist, wird dann über einen Messtaster an der Loslager-Seite des Rohres gemessen.

In Anlehnung an das Messprinzip der integralen Verformungsmessung wurden laserinterferometrische Sensoren entwickelt, die anstatt eines Nulldehnungsstabs einen Laserstrahl als Referenz nutzen (Montavon et al. 2018). Hierbei ist die Erfassung der Neigung über den Laserstrahl möglich, um den Informationsgehalt zu erhöhen. Der Nachteil dieser Sensoren besteht aktuell noch in der teuren Mess- und Signalverarbeitungstechnik. Weiterhin werden lediglich kinematische Beziehungen hergestellt oder aufwendige Daten-Training-Verfahren wie bspw. Machine Learning herangezogen, um Verformungsfelder daraus abzuleiten (Dahlem et al. 2020). Zusammenfassend ergibt sich aus einem qualitativen Vergleich aller oben

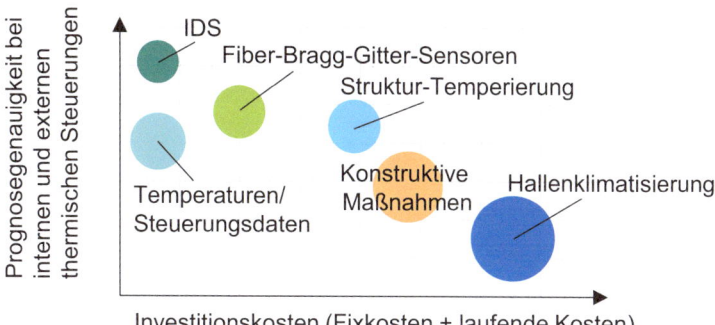

Abb. 1 Qualitativer Vergleich der Maßnahmen für thermische Stabilität in Hinsicht ihrer Investitionskosten, ihre Prognosegenauigkeit unter allen internen und externen thermischen Störungen sowie ihres Implementierungsaufwands. (Bildquelle: Fraunhofer IPT)

benannten Ansätze das Diagramm in Abb. 1. Die Größe der Blasen beschreibt dabei den Implementierungsaufwand der Verfahren. Dazu zählen Modellierungs- und Rechenaufwand, die notwendige Expertise für Bedienung bzw. Interpretation der Ergebnisse sowie der erforderliche Bauraum.

Idealfall in diesem Diagramm ist eine möglichst kleine Blase mit minimalen Investitionskosten und hoher Prognosegenauigkeit im oberen linken Bereich. Die Größe der Blasen entspricht dem Implementierungsaufwand, entweder aus Sicht der nötigen Expertise und des nötigen Installationsaufwands oder aus der Sicht des Modellierungs- und Rechenaufwands zur Erreichung thermischer Stabilität.

Das in diesem Beitrag vorgestellte Modell zur thermischen Kompensation auf Basis von IDS bildet keine kinematischen Beziehungen, sondern beruht auf bekannten mechanischen Modellen nach der Euler-Bernoulli-Balkentheorie sowie der Love-Kirchhoff-Plattentheorie. Dies ermöglicht einen einfachen Aufbau des Modells und trotzdem eine hohe Prognosegenauigkeit bei allen thermischen Störungen. Der Lösungsansatz der integrierten Verformungssensoren erzielt also in diesem Zusammenhang das optimale Verhältnis zwischen maximaler Prognosegenauigkeit unter allen thermischen Störungen und stark variierenden Produktionsbedingungen, minimalen Investitionskosten und minimalen Implementierungsaufwand (vgl. Tab. 1). In den darauffolgenden Kapiteln werden Messprinzip, Sensorkonstruktion und Modellaufbau dieser Lösung sowie die Validierungsergebnisse vorgestellt.

Tab. 1 Bewertung von Korrekturmethoden

	Kosten	Implementierungsaufwand	Prognosegenauigkeit	Benötigter Bauraum
Temperatursensoren/ Steuerungsdaten	+ +	o	+	+ +
Fiber Bragg-Sensoren	+	+	+	+ +
Temperierung der Struktur	-	-	o	-
Konstruktive Maßnahmen	o	+	o	/
Hallenklimatisierung	- -	- -	-	O
Integrierle Verformungssensoren (IDS)	+ +	+	+ +	+ +

2 Lösungsansatz

Die folgenden Kapitel erläutern die Konstruktion der integrierten Verformungssensoren (IDS), das Modell zur Beschreibung des Maschinenverhaltens, die Methodik der Steuerungsintegration und das Vorgehen der optimalen Sensorplatzierung.

2.1 *Konstruktion der IDS*

Das eingesetzte Messprinzip basiert auf Referenzstäben aus kohlenstofffaserverstärktem Kunststoff (CFK), die beidseitig mit der Maschinenstruktur verbunden werden (vgl. Abb. 2). Ist der Stab nur an einer Seite fest an der Struktur eingespannt und an der anderen Seite mit einer Loslagerung spannungsfrei gehalten, so kann mit einem Messtaster direkt die Ausdehnung in Längsrichtung des Stabs gemessen werden. Bei einer thermischen Dehnung oder Stauchung der Struktur dehnt sich der Referenzstab wegen seines geringen thermischen Ausdehnungskoeffizienten vernachlässigbar wenig aus. Während der thermische Ausdehnungskoeffizient (TEC – Thermal Expansion Coefficient) üblicher Werkstoffe für Werkzeugmaschinen (WZM), wie Grauguss, Mineralguss- und Zementbeton-basierte Verbundwerkstoffe bei ca. 11 µm/(m · K) liegt, ist der theoretisch berechnete Koeffizient des unidirektionalen CFK mit $-0{,}1$ µm/(m · K) deutlich niedriger (Kress 2012). Der wahre TEC liegt im Bereich von $-0{,}11$ bis $1{,}07$ µm/(m · K), je nach Faservolumengehalt und produktionsbedingten Faser-Ausrichtungsfehlern (Zhiguo et al. 2014; Chenzhi et al. 2018; Neitzel et al. 2014). Das Herstellungsverfahren ist entscheidend für den realen thermischen Ausdehnungskoeffizienten des CFK-Rohrs, um möglichst viele Fasern entlang der Stabachse auszurichten.

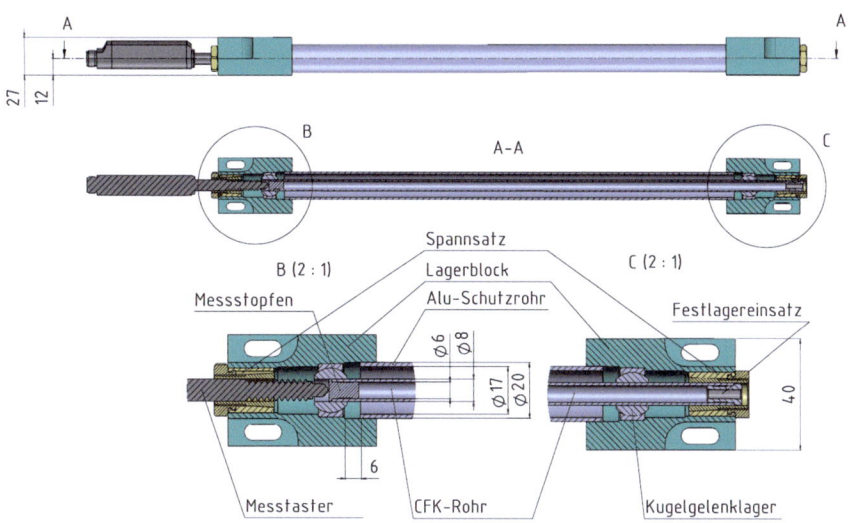

Abb. 2 technische Zeichnung eines integralen Verformungssensors. (Bildquelle: Fraunhofer IPT)

Geeignete Herstellungsverfahren sind beispielsweise die Pultrusion oder das Advanced Fiber Placement (Neitzel et al. 2014). Beim Advanced Fiber Placement ist man auf Halbzeuge angewiesen, die aus unidirektional ausgerichteten Fasern bestehen und bereits mit einer Matrix imprägniert sind. Die Pultrusion hingegen bietet zusätzlich die Möglichkeit die Faser, die Matrix und den Faservolumengehalt der Komponente innerhalb der durch den Prozess bestimmten Randbedingungen frei zu wählen. Dadurch entstehen zusätzliche Freiheitsgrade, um den TEC der Komponente auszulegen. Standardmäßig erhältlich auf dem Markt mit niedrigen Kosten sind aktuell pultrudierte CFK-Rohre mit einem Faser-Volumengehalt von 60 % und einer Fertigungstoleranz der Faserwinkel von $\pm 3°$. Die Literaturwerte zeigen einen mittleren TEC von 1,36 µm/(m · K). Es ist ersichtlich, dass alle experimentell ermittelten Werte einen positiven Ausdehnungskoeffizienten besitzen. Dieses Verhalten ergibt sich aus der Kombination der Koeffizienten der Kohlenstofffaser und des Matrixwerkstoffs, wie oben beschrieben.

Die Gesamt-Messunsicherheit der IDS ist zudem vom Funktionsprinzip des eingesetzten Messtasters abhängig. Verwendet werden taktile Messtaster, die mit dem photoelektrischen Prinzip eine Auflösung von 23 nm und einer Systemgenauigkeit von $\pm$ 1 µm über einen Messweg von 12 mm erreichen (Heidenhain 2021). Die Industrietauglichkeit dieser Messtaster ermöglicht den sicheren Betrieb in der rauen Umgebung von Werkzeugmaschinen. Gleichzeitig wird ein Abdriften des Messwertes infolge von Eigenerwärmung der vorher verwendeten analogen Sensoren und deren Verstärker, wie in (Klatte et al. 2015) beobachtet, vermieden.

Weiterhin befindet sich die Messstelle innerhalb der eigenentwickelten Lagerblöcken und der CFK-Referenzstab innerhalb eines Aluminium-Schutzrohrs (vgl. Abb. 2). Die Lagerblöcke sind so konstruiert, dass sie einen Spannsatz, ein Kugelgelenklager und das Aluminium-Schutzrohr aufnehmen.

Der Spannsatz befestigt an der Festlagerseite den Referenzstab und an der Loslagerseite den Messtaster. Mit einem thermischen Ausdehnungskoeffizienten von ca. 23,4 µm/(m · K) und Längen von 100 mm bis mehreren Metern darf die thermische Dehnung des Aluminium-Schutzrohrs die Messung nicht beeinflussen. Zudem sind in Werkzeugmaschinen Temperaturgradienten von bis zu 10 K zu erwarten. Aus diesem Grund ist ein Abstand von bis zu 6 mm zwischen Schutzrohr und innerer Kante der Lagerblöcke vorgesehen, je nach Länge des Rohrs.

Die Kugelgelenklager sind an beiden Seiten nötig, um die rotatorischen Bewegungen des CFK-Stabs zuzulassen. Erfährt die Maschinenstruktur eine Neigung, so würde sich der Referenzstab ohne Kugelgelenklager verspannen. Stattdessen bleibt er parallel zur Maschinenfläche und radiale Spannungen bilden sich am CFK-Stab lediglich im Bereich des Festlagers. Aus diesem Grund ist ein Festlagereinsatz vorgesehen, da lediglich das Epoxidharz Spannungen in radialer Richtung aufnehmen kann (alle Fasern sind in Längsrichtung ausgerichtet). An der Loslagerseite ist ein Messstopfen vorgesehen, dieser dient als Messfläche für den taktilen Messtaster.

Die Bauteile der IDS sind so ausgelegt, dass ihre eigene thermische Dehnung die Messung nicht beeinflusst (vgl. Abb. 3). Die Dehnung des Lagerblocks Δl_{LB} aus Aluminium und des Kugelgelenklagers Δl_{KL} aus Kunststoff hat keinen Einfluss, da der CFK-Stab mit vernachlässigbaren Haftreibungseffekten innerhalb des Kugelgelenklagers gleiten kann. Die Haftreibung zwischen Kugelgelenklager und Referenzstab wurde in (Brecher et al. 2018) untersucht. Mit einem möglichen Versatz der Lagerblöcke auf beiden Seiten von bis zu 4 mm je nach

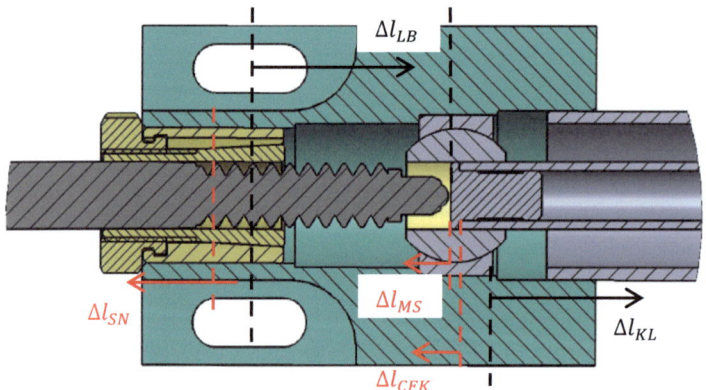

Abb. 3 Einfluss der thermischen Dehnung der IDS-Bauteile auf die Gesamtmessunsicherheit (Δl_{CFK}: Dehnung des CFK-Stabs, Δl_{MS}: Dehnung des Messstopfens, Δl_{SN}: Dehnung des Lagerblocks von der Schraubenverbindung mit der Maschinenstruktur bis zur Befestigung des Messtasters, Δl_{KL}: Dehnung des Kugelgelenklagers, Δl_{LB}: Dehnung des Lagerblocks von der Schraubenverbindung mit der Maschinenstruktur bis zur Messstelle). (Bildquelle: Fraunhofer IPT)

Montagebedingungen ergibt sich also ein Messfehler von $\Delta l_{SN} \leq 0{,}09$ µm/K. Zudem dehnt sich der Messstopfen aus Stahl mit einer effektiven Länge von 1 mm um $\Delta l_{MS} \leq 0{,}01$ µm/K in Richtung der CFK-Dehnung. Somit ist die Messung vor allem vom wahren Ausdehnungskoeffizienten des CFK-Stabs Δl_{CFK} abhängig.

Bei Längen über zwei Meter werden entsprechend Zwischenlagerblöcke alle zwei Meter eingebaut, die so konstruiert sind, dass sie die Messung nicht verfälschen. Da die Zwischenlager ebenfalls mit Kugelgelenklager ausgestattet sind, kann der CFK-Stab mit vernachlässigbarer Haftreibung gleiten und bleibt von der Dehnung der Bauteile des Zwischenlagerblocks unberührt.

Zusammenfassend lässt sich aus Grundlagenuntersuchungen der wahren Dehnung der standardmäßig erhältlichen CFK-Rohre mit Außendurchmesser 8 mm und Wandstärke 2 mm ableiten, dass die daraus entstehende Messunsicherheit 1 µm pro Meter Stablänge beträgt, mit einer statistischen Sicherheit von 95 %. Die kombinierte Messunsicherheit der IDS inklusive Messtaster und Sensorkonstruktion beträgt dann 1,4 µm pro Meter Stablänge:

$$U_{2\sigma} = \sqrt{(1\ \mu m)^2 + (1\ \mu m)^2} = 1{,}4\ \mu m \tag{1}$$

Auf Basis dieser Erkenntnisse kann die Prognoseunsicherheit des Korrekturansatzes für eine Maschine und eine definierte Sensorplatzierung anhand einer Monte-Carlo Simulation berechnet werden, wie zum Beispiel in (Riedel et al. 2017).

2.2 Messprinzip der IDS

Die Interpretation der IDS-Messung ist der erste Schritt für eine zuverlässige Prognose des thermo-elastischen Verformungsfeldes und bildet die Grundlage für die Platzierung besagter IDS in der Maschinenstruktur. Zu diesem Zweck wird zunächst das Verformungsverhalten von Bauteilen unter vereinfachten thermischen Lasten vorgestellt, um darauffolgend den Übergang zu realen Lasten zu ermöglichen.

In der Thermik stellt ein Temperaturprofil in Längsrichtung den einfachsten Lastfall dar (vgl. Abb. 4a). Zur Demonstration des Messprinzips wird der Fall eines einseitig eingespannten Balkens analysiert. Unter der Annahme linearer Materialeigenschaften dehnt sich ein balkenförmiges Bauteil proportional zum Temperaturgradienten in Längsrichtung $\Delta T_1(t, x_1, x_{2P}, x_{3P})$ aus. Der Proportionalitätsfaktor hängt von der Anfangslänge $l1(t=0, x_{1P}, x_{2P}, x_{3P})$ und dem TEC α des Werkstoffs ab. Jedoch kann der Temperaturgradient einem linearen, quadratischen oder beliebig anderen Verlauf folgen, sodass das Temperaturprofil über die Komponentenlänge integriert werden soll:

$$u_1(t, x_{1p}, x_{2p}, x_{3p}) = l_1(t, x_{1p}, x_{2p}, x_{3p}) - l_1(t=0, x_{1p}, x_{2p}, x_{3p}) \tag{2}$$

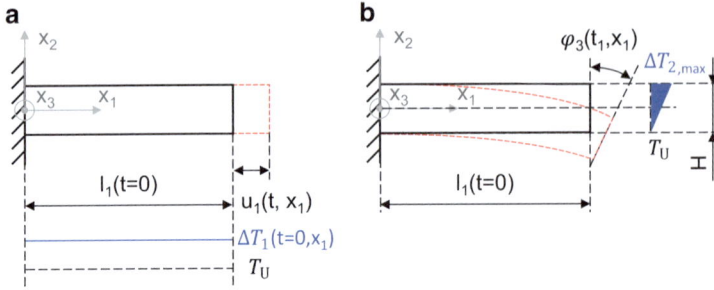

Abb. 4 a) Ausdehnung eines balkenförmigen Bauteils unter Belastung mit einem Temperaturprofil in Längsrichtung; **b)** Biegung eines balkenförmigen Bauteiles unter Belastung mit einem Temperaturprofil in Querschnittsrichtung. Verglichen wird der Zustand des Balkens mit der Umgebungstemperatur T_u. (Bildquelle: Fraunhofer IPT)

$$\Rightarrow u_1\left(t, x_{1p}, x_{2p}, x_{3p}\right) = \alpha \cdot \int_0^{x_{1p}} [T_1\left(t, x_{1p}, x_{2p}, x_{3p}\right) - T_1\left(t = 0, x_{1p}, x_{2p}, x_{3p}\right)] dx_1 \quad (3)$$

Die IDS messen direkt die linke Seite der obigen Gleichung, was auch als integrale Verformung bezeichnet werden kann, weil diese aus dem Integral des Temperaturprofils in Längsrichtung entsteht.

Hingegen würde ein Temperaturprofil über den Querschnitt des Bauteils $\Delta T_2(t, x_1)$ zu einem weiteren Verformungsfreiheitsgrad (VFG) führen, die Biegung (vgl. Abb. 4b). Dieser VFG verursacht die Neigung $\varphi_3(t, x_{1P}, x_{2P}, x_{3P})$ und die Durchbiegung $u_2(t, x_{1P}, x_{2P}, x_{3P})$. Beide Variablen sind von der Bauteilhöhe H abhängig, über die das Temperaturprofil herrscht. Die Neigung eines infinitesimalen Querschnitts in Position x_{1p} errechnet sich also wie folgt:

$$\varphi_3\left(t, x_{1p}, x_{2p}, x_{3p}\right) = \frac{u_1\left(t, x_{1p}, x_{2B}, x_{3p}\right) - u_1\left(t, x_{1p}, x_{2A}, x_{3p}\right)}{x_{2B} - x_{2A}} \quad (4)$$

$$\varphi_3\left(t, x_{1p}, x_{2p}, x_{3p}\right) = \alpha \cdot \int_0^{x_{1p}} \frac{\Delta T_1\left(t, x_{1p}, x_{2B}, x_{3p}\right) - \Delta T_1\left(t, x_{1p}, x_{2A}, x_{3p}\right)}{x_{2B} - x_{2A}} dx_1 \quad (5)$$

$$\varphi_3\left(t, x_{1p}, x_{2p}, x_{3p}\right) = \alpha \cdot \int_0^{x_{1p}} \frac{\Delta T_2(t, x_1)}{H} dx_1 \quad (6)$$

Werden also zwei Sensorapplikationen parallel zur Längsachse positioniert, wie zum Beispiel an den zwei Fasern x_{2A} und x_{2B}, so lässt sich die Neigung infolge Biegung ebenfalls erfassen:

$$\varphi_3\left(t, x_{1p}, x_{2p}, x_{3p}\right) = \frac{IDS_B - IDS_A}{x_{2B} - x_{2A}} \quad (7)$$

Die Positionen der IDS x_{2A} und x_{2B} können mit einer Unsicherheit von bis zu 50 mm je nach Montagebedingungen installiert werden, sodass ihre Messwerte IDS_A und IDS_B direkt die Neigung in der Lage x_{1P} bestimmen. Die Rolle des mechanischen Übertragungsmodells im darauffolgenden Kapitel ist es, aus dieser Querschnittsneigung in Zusammenhang mit den gegebenen mechanischen Randbedingungen des Bauteils und mit dem passenden Näherungsmodell den Verlauf der Neigung und der Durchbiegung zu berechnen. Die Durchbiegung ergibt sich direkt aus der Integration des Verlaufs der Neigung über die Länge des Bauteils:

$$u_2\left(t, x_{1p}, x_{2p}, x_{3p}\right) = \int_0^{x_{1P}} \varphi_3\left(t, x_{1p}, x_{2p}, x_{3p}\right) dx_1 \quad (8)$$

Es ist ersichtlich, dass die direkte Messung der linken Seite der obigen Gleichungen zu einer integralen Information führt im Gegensatz zu punktuellen Messungen. Diese Information beinhaltet sowohl das globale Verhalten als auch alle lokalen Wärmestellen innerhalb der Messstrecke, ist aber noch unbestimmt in Bezug auf ihre Lagen in der Struktur. Das mechanische Übertragungsmodell im folgenden Kapitel kombiniert die Information der IDS mit den mechanischen Randbedingungen und mit dem passenden Näherungsmodell, um den Verlauf aller VFG ohne zusätzlichen punktuellen Sensordaten abzuleiten.

Die linke Seite der obigen Gleichungen und somit die IDS-Messungen beschreiben die thermisch bedingte Verformung der Maschinenstruktur in jedem Zeitpunkt und sind somit stationäre Gleichungen. Jeder VFG ist lediglich vom aktuellen Temperaturverlauf abhängig. Dieser Sachverhalt erlaubt die Nutzung eines stationären Messmodells, solange IDS-Daten kontinuierlich gesammelt werden. Dies stellt einen deutlichen Vorteil gegenüber Ansätzen basierend auf Temperaturen und Steuerungsdaten dar, die dynamische Prozesse der Wärmeübertragung numerisch abbilden sollen.

2.3 Datenvorverarbeitung zur Trennung mechanisch bedingter von thermischen Verformungen

Hauptvoraussetzung für die Funktionsfähigkeit des Gesamtkonzepts ist die hochgenaue Messung der tatsächlichen, thermisch bedingten Verformungen einer Maschinenkomponente. In den obigen Gleichungen ist ersichtlich, dass die thermisch bedingten VFG den aktuellen thermo-elastischen Zustand der Maschine für einen definierten Zeitpunkt t im Bezug zu einem Referenzzustand im Zeitpunkt $t=0$ abbilden. Aus diesem Grund sollen die Absolut-Werte der IDS in Bezug zu einem relevanten Referenzzustand relativiert werden. Dies kann zum Beispiel der Anfang eines Bearbeitungsprozesses sein oder der Beharrungszustand der Maschine nach Warmfahren. Dieser Bezugspunkt soll vom Maschinenbediener gesetzt werden, da er einen Einfluss darauf hat, welche thermisch bedingten Fehler korrigiert werden. In Großserienproduktion kann ein Referenzzustand so gesetzt werden, dass lediglich der Einfluss der Umgebung korrigiert wird. Bei langen Prozessen in der Großbauteilfertigung soll dagegen das Driften während der Bearbeitung korrigiert werden.

Viele mechanische Einflüsse, wie beispielsweise Vibrationen der Sensorapplikationen selbst und dynamische Verformungen der Maschinenkomponenten, können die Messung stören. Im Zuge dessen werden verschiedene Tiefpassfilter anhand experimenteller Versuche validiert. Zu diesen zählen unter anderem gewichtete gleitende Mittelwertfilter und zeitdiskrete PT1-Filter. Die besten Ergebnisse erzielen Butterworth-Filter erster Ordnung. Diese Frequenzfilter sind so ausgelegt, dass der Frequenzgang unterhalb der Grenzfrequenz möglichst lange horizontal verläuft. Eine Grenzfrequenz von $1/(2\pi \cdot 120\,\text{s}) = 0{,}0013\,\text{Hz}$ in Kombination mit einer Abtastung von einer Sekunde hat sich für vielfältige Werkzeugmaschinen jeder Größe bewährt. Somit liegt die Zykluszeit des Filters mit ca. 120 s in der Größenordnung thermo-elastischer Prozesse, die Zeitkonstanten von mehreren Minuten bis wenigen Stunden je nach Wärmequelle und Werkstoffeigenschaften aufweisen. Das Shannon-Abtasttheorem wird also für Prozesse eingehalten, deren Verformung sich langsamer als $2 \cdot 120\,\text{s} = 240\,\text{s} = 4\,\text{min}$ ändert. Dies ist für alle thermischen Störungen in Werkzeugmaschinen der Fall.

Das analoge Signal der Messtaster wird mit einem 24-Bit A/D-Wandler quantisiert, sodass das IDS-Signal mit ausreichender Genauigkeit digital dargestellt wird. Die Auflösung der eingesetzten Messtaster (siehe Abschn. 2.1) von 23 nm in einem Messbereich von 12 mm ist also abgedeckt:

$$\frac{23\,nm}{12\,mm} \cdot 100\% = 1{,}92 \cdot 10^{-4}\% > \frac{1}{2^{24\,Bit}} \cdot 100\% \\ = 5{,}96 \cdot 10^{-6}\% \tag{9}$$

Zudem spielen statische Verformungen auch eine Rolle, da sie standardmäßig in modernen Werkzeugmaschinen steuerungstechnisch kompensiert werden. Ein typisches Beispiel stellt hier die Durchgangskompensation für Ausleger und Bauteile mit hoher Auskraglänge dar. In diesen Fällen sollen die entsprechenden Kompensationstabellen für die statischen Verformungen von den anhand der IDS ermittelten Tabellen abstrahiert werden.

2.4 Mechanisches Übertragungsmodell

Das erwartete Verformungsverhalten einer Maschinenstruktur bildet die Grundlage für die Prognose des Verformungsfeldes anhand der identifizierten VFG sowie für

 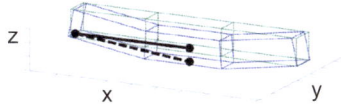

a 3D-Verformung eines einseitig eingespannten Balkens

b 3D-Verformung eines einfach gelagerten Balkens

Abb. 5 Verformungsfeld und günstige Sensorplatzierung eines **a**) einseitig eingespannten und eines **b**) einfach gelagerten Balkens (mit grün ist der unverformte und mit blau der verformte Zustand gekennzeichnet, die gestrichelte Linie bildet die Richtung des Sensors im verformten Zustand ab). (Bildquelle: Fraunhofer IPT)

eine günstige Anordnung der IDS. Zum einen hängt dieses Verhalten von den gegebenen mechanischen Randbedingungen ab. Ein einseitig eingespannter Balken weist ein anderes Verformungsfeld auf als ein einfach gelagerter (vgl. Abb. 5). Es ist zum Beispiel in der Abbildung erkennbar, dass eine Sensorapplikation im Falle eines einfach gelagerten Balkens nicht über die Gesamtlänge des Balkens, sondern bis zur Mitte der Balkenlänge am günstigsten platziert ist.

Beispielsweise lassen sich für einen einseitig eingespannten Balken anhand der mechanischen Randbedingungen folgende Gleichungen ableiten:

$$u_1(t, x_{1RB} = 0, x_{2RB}, x_{3RB}) = 0 \tag{10}$$

$$u_3(t, x_{1RB} = 0, x_{2RB}, x_{3RB}) = 0 \tag{11}$$

$$\varphi_2(t, x_{1RB} = 0, x_{2RB}, x_{3RB}) = 0 \tag{12}$$

In Werkzeugmaschinen kommen komplexe Querschnitte und vielfältige Bauteilgeometrien vor. Ihre Komplexität lässt sich mit Gesetzen der Mechanik beherrschen, die das reale Verformungsverhalten mit vereinfachenden Annahmen numerisch effizient und trotzdem mit ausreichender Genauigkeit annähern. Den gleichen Ansatz verfolgen auch Finite Elemente Methoden (FEM), die eine Struktur mit diskreten Elementen abbilden. Verschiedene Elementtypen können angewendet werden, um eine oder mehrere der sechs translatorischen und rotatorischen VFG zu vernachlässigen und somit ihre numerische Effizienz erhöhen. So lassen sich Näherungsmodelle in vielen Kategorien einteilen: eindimensionale Stab- oder Balkenmodelle, zweidimensionale Scheiben-, Schalen- oder Plattenmodelle und dreidimensionale Volumenmodelle (Weck et al. 2006). Während Volumenmodelle alle sechs VFG abbilden, können manche VFG bei realen Maschinenbauteilen je nach Lastfall, Bauteilgeometrie und mechanischen Randbedingungen vernachlässigt oder vereinfacht abgebildet werden. In diesen Fällen können ein- oder zwei-dimensionale Modelle herangezogen werden. Mit den Vereinfachungen dieser Modelle lässt sich das Verformungsfeld entsprechend mit nur einer oder zwei Koordinaten beschreiben.

Eindimensionale Modelle können den Verlauf innerer Kräfte und Momente in Bezug auf eine Koordinate abbilden. Folglich geht man hier von einem konstanten Verlauf über die zwei anderen Koordinatenrichtungen aus. Stabmodelle können nur Kräfte übertragen und kommen daher selten in Werkzeugmaschinen vor. Im Falle von balkenförmigen Bauteilen kann die Euler-Bernoulli-Balkentheorie herangezogen werden. Je nach mechanischen Randbedingungen soll die Längsabmessung mindestens zwei bis zehn Mal so groß sein wie die zwei anderen Bauteildimensionen (Weck et al. 2006). Zudem geht man von einem geraden Balken mit symmetrischen und nur über die Längsachse veränderlichem Querschnitt aus. In diesem Fall geht es um einen schlanken Balken und die Schubdehnung kann vernachlässigt werden. Dies folgt aus der ersten Euler-Bernoulli-Annahme, dass Querschnitte, die im undeformierten Zustand senkrecht zur Längsachse sind, auch im deformierten Zustand senkrecht bleiben. Das Verformungsfeld lässt sich entsprechend anhand von VFG beschreiben, die nur entlang der x_1 Koordinate nicht konstant bleiben (eindimensionales Modell):

$$\vec{u} = \begin{bmatrix} u_1(x_1, x_2, x_3) \\ u_2(x_1) \\ u_3(x_1) \end{bmatrix} = \begin{bmatrix} \bar{u}_1(x_1) - x_2 \cdot \varphi_3(x_1) + x_3 \cdot \varphi_2(x_1) \\ \bar{u}_2(x_1) \\ \bar{u}_3(x_1) \end{bmatrix} \quad (13)$$

Nach der zweiten Euler-Bernoulli-Annahme bleibt der ursprünglich ebene Querschnitt auch im deformierten Zustand eben. Daraus lassen sich die $u1$-Anteile infolge Biegung linear über die Querschnittsdimensionen verlaufen.

$$\varphi_3(x_1) = \bar{u}_2'(x_1) = \frac{\partial u_3(x_1)}{\partial x_1}, \varphi_2(x_1) = -\bar{u}_3'(x_1) = -\frac{\partial u_2(x_1)}{\partial x_1} \quad (14)$$

$$\vec{u} = \begin{bmatrix} \bar{u}_1(x_1) - x_2 \cdot \bar{u}_2'(x_1) - x_3 \cdot \bar{u}_3'(x_1) \\ \bar{u}_2(x_1) \\ \bar{u}_3(x_1) \end{bmatrix} \quad (15)$$

Sind diese Voraussetzungen nicht ohne große Genauigkeitsverluste erfüllt, so wird die Timoshenko-Balkentheorie herangezogen. Hier wird die Schubdehnung berücksichtigt und das Balkenmodell führt zu kleineren Verformungen. Ein schubweicher Balken kann daher nur durch zwei zusätzlichen VFG beschrieben werden, die sich aber auch nur entlang der x_1 Koordinate verändern:

$$\vec{u} = \begin{bmatrix} \bar{u}_1(x_1) - x_2 \cdot \{\varphi_3(x_1) - \gamma_{31}(x_1)\} + x_3 \cdot \{\varphi_2(x_1) - \gamma_{21}(x_1)\} \\ \bar{u}_2(x_1) \\ \bar{u}_3(x_1) \end{bmatrix} \quad (16)$$

Beispiel

Mit zwei IDS an einem schlanken, balkenförmigen Bauteil wie in Abb. 5a und für die Kombination der einfachen Lastfälle aus dem vorherigen Kapitel (Ausdehnung und Biegung in einer Querrichtung) können drei Polynome das zweidimensionale Verhalten vollständig beschreiben:

$$\bar{u}_1(x_1) = A_1 \cdot x_1 + A_0 \tag{17}$$

$$\bar{u}_3(x_1) = B_2 \cdot x_1^2 + B_1 \cdot x_1 + B_0 \tag{18}$$

$$\varphi_2(x_1) = -\bar{u}_3'(x_1) = -\frac{\partial u_3}{\partial x_1} = 2 \cdot B_2 \cdot x_1 + B_1 \tag{19}$$

Die Koeffizienten dieser Polynome sind anhand der mechanischen und der IDS-Randbedingungen bestimmbar. Die zwei IDS werden in diesem Beispiel nach den Euler-Bernoulli-Gleichungen interpretiert:

$$IDS_n = \int_0^{x_{1,IDS_n}} \varepsilon_{11}(x_{1,IDS_n}, x_{3,IDS_n}) dx_1 = \int_0^{x_{1,IDS_n}} \frac{\partial u_1(x_1)}{\partial x_1} dx_1 \tag{20}$$

$$\begin{aligned} IDS_n &= \left[u_1\left(x_{1,IDS_n}, x_{3,IDS_n}\right) \right]_0^{x_{1,IDS_n}} \\ &= [\bar{u}_1(x_1) - x_{3,IDS_n} \cdot \bar{u}_3'(x_1)]_0^{x_{1,IDS_n}} \end{aligned} \tag{21}$$

$$IDS_n = \bar{u}_1\left(x_{1,IDS_n}\right) - x_{3,IDS_n} \cdot \bar{u}_3'\left(x_{1,IDS_n}\right) \tag{22}$$

Nach den mechanischen Randbedingungen ist folgender Anteil gleich Null:

$$\bar{u}_1(0) - x_{3,IDS_n} \cdot \bar{u}_3'(0) = 0 \tag{23}$$

Aus zwei IDS entsteht folgendes Gleichungssystem, solange $x_{1,IDS1} = x_{1,IDS2} = x_{1,IDS}$:

$$\begin{bmatrix} IDS_1 \\ IDS_2 \end{bmatrix} = \begin{bmatrix} 1 & -x_{3,IDS_1} \\ 1 & -x_{3,IDS_2} \end{bmatrix} \begin{bmatrix} \bar{u}_1(x_{1,IDS}) \\ \bar{u}_3'(x_{1,IDS}) \end{bmatrix} \tag{24}$$

Aus diesem Gleichungssystem lassen sich zwei IDS-Randbedingungen $\bar{u}_1(x_{1,IDS})$ und $\bar{u}_3'(x_{1,IDS})$ ableiten. Das VFG-Polynom $\bar{u}_1(x_1)$ braucht zwei Randbedingungen und das VFG-Polynom $\bar{u}_3'(x_1)$ drei. Zusammenfassend sind diese Randbedingungen hier aufgelistet:

$$u_1(x_1 = 0) = 0 \text{ für } \bar{u}_1(x_{1,IDS}) \tag{25}$$

$$\bar{u}_3(x_1 = 0) = 0, \varphi_2(x_1 = 0) = \bar{u}_3'(x_1 = 0) = 0 \text{ für } \bar{u}_3'(x_{1,IDS}) \tag{26}$$

Dieses Verformungsmodell kann nach der Saint Venant'sche Torsionstheorie um zwei weitere VFG ergänzt werden: die Torsion $\varphi_1(x_1)$ und die entsprechende Längsverformung infolge von Torsion in nicht-zylindrischen Querschnitten (Wölbung):

$$\vec{u} = \begin{bmatrix} \bar{u}_1(x_1) - x_2 \cdot \varphi_3(x_1) + x_3 \cdot \varphi_2(x_1) + \psi(x_2, x_3) \cdot \kappa \\ \bar{u}_2(x_1) - x_3 \cdot \varphi_1(x_1) \\ \bar{u}_3(x_1) + x_2 \cdot \varphi_1(x_1) \end{bmatrix} \quad (27)$$

Hier wird angenommen, dass jeder infinitesimale Querschnitt wie ein Starrkörper rotiert, aber die Verdrehungsrate κ (oder Verdrillung) bleibt über die Länge konstant. Daraus ergibt sich, dass die Verdrehung $\varphi_1(x_1)$ sich linear über die x_1 Koordinate entwickelt. Im Vergleich zu konventionellen Balkenmodellen bleiben die Querschnitte in diesem Fall nicht mehr eben, da nicht-zylindrische Querschnitte Wölbung erfahren, die proportional zur Verdrillung wächst. Der Verlauf der Wölbung über den Querschnitt wird von der Wölbfunktion $\psi(x_2, x_3)$ beschrieben. Diese Funktion kann anhand der Quer-schnittsgeometrie unabhängig von Lastfällen gelöst werden. Für alle Punkte des Querschnitts gilt die Poisson-Gleichung:

$$\frac{\partial^2 \psi(x_2, x_3)}{\partial x_2^2} + \frac{\partial^2 \psi(x_2, x_3)}{\partial x_3^2} = 0 \quad (28)$$

Zudem bleiben die Grenzen des Querschnitts verzerrungsfrei, da die entsprechenden Spannungen an den Grenzen nur tangential wirken:

$$n_2(x_2, x_3) \cdot x_3 - n_3(x_2, x_3) \cdot x_2 = 0 \quad (29)$$

Dabei sind $n_2(x_2, x_3)$ und $n_3(x_2, x_3)$ die Einheitsvektoren senkrecht zu den Querschnittsgrenzen in den zwei Querrichtungen. Daraus ergibt sich, dass die Wölbfunktion für einen definierten Querschnitt a-priori bestimmt werden kann (Mikes et al. 2016). Aus den Gleichungen ist es weiterhin ersichtlich, dass die Wölbfunktion für jeden Punkt des Querschnitts mit $x_2 = 0$ oder $x_3 = 0$ Null ist. Aus diesem Grund sollen IDS entsprechend möglichst entfernt von solchen Punkten platziert werden, um den Effekt der Torsion erfassen zu können. Bei Kombination von Torsion mit anderen VFG liefert ein IDS bei $x_2 = 0$ oder $x_3 = 0$ dagegen lediglich den Effekt aller anderen VFG.

Da noch unbekannt ist, ob diese Erweiterung zu einer höheren Korrekturgüte führt, soll dies noch untersucht werden. Bisher konnte keine Torsion aus thermischen Lasten in Werkzeugmaschinen beobachtet werden, obwohl IDS bereits in Portal-, Fahrständer- und Konsolenmaschinen jeder Größe integriert wurden. Einen Sonderfall bilden Maschinengestelle in Duoblockbauweise, wo Maschinenbett, Ständer und Portal in einem Guss gefertigt werden. In diesem Fall entsteht indirekt Torsion bei den Ständern, wenn der Portalbalken thermisch bedingt biegt.

Zweidimensionale Modelle können entsprechend dem Verlauf innerer Kräfte und Momente über zwei Koordinatenrichtungen abbilden. Analog zu den eindimensionalen Modellen kann man schubstarre Platten nach der Love-Kirchhoff Plattentheorie oder schubweiche Platten nach der Reissner-Mindlin Plattentheorie modellieren. Scheiben-Modelle können ähnlich zu eindimensionalen Stäben nur Kräfte übertragen und kommen bei Werkzeugmaschinen selten vor (Weck et al. 2006). Bevorzugt werden jedoch in der FEM Schalenelemente herangezogen, die durch die Überlagerung von Scheiben- und Plattenmodelle mehr VFG abbilden. Dies ist vor allem dann der Fall, wenn es aufgrund der komplizierten Geometrie der verrippten Maschinenbaugruppe und der Vielfältigkeit der möglichen Lastfälle nicht möglich ist, das reale Verhalten als Balken oder Platte zu kategorisieren.

An die Maschinensteuerung werden Achsfehlerabweichungen (Positionierfehler, Geradheitsabweichungen, Rechtwinkligkeiten etc.) übertragen, die aus dem Verformungsfeld der Maschinenkomponenten abgeleitet werden. Dazu werden homogene Transformationsmatrizen gebildet, bestehend aus Verschiebung und Rotation, um die Fehleranteile der Maschinenkomponenten in das globale Maschinenkoordinatensystem umzurechnen.

Das neue mechanische Verformungsmodell stellt für die Anwendung in Aussicht, dass keine umfangreiche Lernphase, wie beispielsweise bei Ansätzen die Machine Learning nutzen, nötig ist. Stattdessen kann das Modell für eine Maschine a-priori parametriert werden. Zudem erlaubt diese neue Modellstruktur eine intuitive und leichte Handhabung, welche die Interpretierbarkeit und somit die Einsetzbarkeit in der Praxis erleichtert. Folglich konnte der Entwicklungsaufwand eines neuen Maschinenmodells deutlich reduziert werden.

2.5 Anwendung für eine ONLINE-Korrekturwert-Aufschaltung

Um eine Online-Korrektur während der Bearbeitung umzusetzen, gibt es drei Alternativen. Zuerst die dynamische Übertragung von Korrekturwerten in der Interpolationszeit der Maschinensteuerung. Dabei werden die Korrekturwerte auf die Sollsignale der Achsen in der Maschinensteuerung aufaddiert. Diese Lösung erfordert eine direkte Kommunikation mit einem echtzeitfähigen Feldbus mit dem NC-Kern. Wenige Steuerungshersteller bieten eine solche Möglichkeit an. Beispielsweise kann man in der HEIDENHAIN iTNC530 Steuerung über I/O-Ports der PLC diese Lösung implementieren. Bei der SIEMENS 840D Steuerung gibt es allerdings keine solche Möglichkeit.

Alternativ können die Korrekturwerte direkt auf das Encodersignal der Antriebe (Ist-Signale) aufgeschaltet werden, bevor das Signal als neue Regelgröße der Servoregelung verwendet wird. Hier ist zu beachten, dass die Encodersignale im Servotakt der Lageregelung unterbrochen, verarbeitet und weitergeleitet werden müssen. Diese Lösung ist mit hohem Risiko verbunden, denn die Dynamik der Lageregelung wird durch die Totzeiten der Aufschaltung direkt beeinflusst.

Als dritte Alternative kann die Kalkulation der TCP-Verlagerung mittels der Maschinensteuerung anhand des hinterlegten Fehlersynthesemodells erfolgen. Fehlersynthesemodelle bestehen entweder aus achsspezifischen oder aus Raumgitter-Fehlertabellen (vgl. Abb. 6). Ziel ist die Definition von Stützpunkten entlang einer Achse oder im Arbeitsraum in Form eines Raumgitters. Diesen Stützpunkten werden jeweils drei translatorische und drei rotatorische Abweichungen zugewiesen. Zwischen den Stützpunkten wird in der Regel linear interpoliert, wodurch die

	X [mm]	EXX [mm]	EYX [mm]	EZX [mm]	EAX [μrad]	EBX [μrad]	ECX [μrad]
1	0	0,000	0,000	0,000	0,0	0,0	0,0
2	50	0,022	0,019	0,020	0,7	0,6	1,4
3	100	0,064	0,041	0,032	1,5	1,3	3,1
4	150	0,091	0,049	0,039	1,9	1,8	4,3
…	…	…	…	…	…	…	…

	X [mm]	Y [mm]	Z [mm]	ΔX [mm]	ΔY [mm]	ΔZ [mm]	ΔA [μrad]	ΔB [μrad]	ΔC [μrad]
1	0	0	0	0,000	0,000	0,000	0,0	0,0	0,0
2	50	0	0	0,022	0,019	0,020	0,7	0,6	1,4
3	100	0	0	0,064	0,041	0,032	1,5	1,3	3,1
4	150	0	0	0,091	0,049	0,039	1,9	1,8	4,3
…	…	…	…	…	…	…	…	…	…

Abb. 6 Beispiel einer achsspezifischen (oben) und einer multidimensionalen Fehlertabelle (unten) für gängige Maschinensteuerungen mit allen Komponentenfehlern, die die Grundlage für die Fehlerkorrektur ist. (Bildquelle: Fraunhofer IPT)

Anzahl der Stützpunkte die Genauigkeit der Korrektur beeinflussen kann. Die Einheiten in Abb. 6 entsprechen nicht zwingend denen, die in tatsächlichen Fehlertabellen vorkommen, sondern wurden zum besseren Verständnis eingefügt.

Die Vorteile dieser Methodik sind vielfältig. Alle Steuerungshersteller stellen sogenannte DNC-Softwarekomponenten (DNC – Distributed Numerical Control) zur Verfügung, um solche Fehlertabellen leicht zugänglich zu machen. Somit lässt sich diese Methodik verallgemeinern und für jede Steuerung umsetzen. In der HEIDENHAIN-Steuerung iTNC530 oder der iTNC640 wird das über die „KinematicsComp" Option in Form von achsspezifischen Tabellen implementiert. In der SIEMENS-Steuerung 840D ist das mit dem „Volumetric Compensation System" (VCS) in Form von achsspezifischen Tabellen oder mit dem „Space Error Compensation" (SEC) in Form von Raumgitter-Tabellen möglich.

Zudem erfordert die Übertragung der Fehlertabellen keine Echtzeitfähigkeit, da die Maschinensteuerung selbst im eigenen Interpolationstakt die Fehlertabellen zyklisch abarbeitet. Steuerungshersteller legen fest, wie diese für ihre Steuerung erstellt werden müssen und wie die Abarbeitung im NC-Kern erfolgt. So kann dieser Taktzyklen zur Berechnung der Zusatzsollwerte festlegen und optional diese Zusatzsollwerte mit einem Filter vorverarbeiten.

Folglich berechnet das Modell in Abschn. 2.4 Achsfehlerabweichungen, die darauffolgend in der CNC der Werkzeugmaschine in TCP-Verlagerungen umgerechnet werden. Das Verformungsfeld einer Maschinenkomponente lässt sich durch Polynome wie im Beispiel im vorherigen Kapitel beschreiben. Dies erlaubt eine deutlich höhere Auflösung unter geringerem Rechenaufwand im Vergleich zu FEM. Somit wurde die Zykluszeit der Modellberechnung auf 0,1 ms reduziert, was auch unter der Zykluszeit einer Maschinensteuerung liegt (z. B. 6 ms in SIEMENS Steuerung oder 3 Millisekunden in HEIDENHAIN-Steuerung).

2.6 Optimale IDS-Platzierung

Die Anwendbarkeit dieser Korrekturmethode ist unter anderem auch vom Aufwand zur Bestimmung der optimalen IDS-Platzierung abhängig. Die Platzierung umfasst sowohl die Lage der IDS in der Maschinenstruktur als auch die Anordnung der Sensoren zueinander an einer Maschinenkomponente. Die Anzahl der IDS oder deren Anordnungen ist abhängig vom Verformungsverhalten der Maschinenkomponenten.

Die VFG lassen sich in vier Klassen bestimmen: Ausdehnung bzw. Stauchung, Biegung, Torsion und Schubdehnung. Das Ziel der optimalen Sensorplatzierung ist daher die Erkennung der erwarteten VFG unter unterschiedlichen thermischen Belastungen mit Blick auf diese Klassifikation.

Aus diesem Grund wird anhand vereinfachter, thermo-elastischer Simulation das Verhalten von Maschinenkomponenten untersucht. Ziel der Untersuchung ist, das Auftreten der genannten VFG für verschiedene Belastungsprofile zu identifizieren.

Zudem wird ein mathematischer Ansatz näher untersucht, in dem die Kovarianz der mit dem Verformungsmodell geschätzten, sechs-dimensionalen Verlagerung zwischen Werkzeug und Werkstück durch die Änderung der Sensorlagen minimiert wird. Eine große Kovarianz bedeutet in diesem Fall, dass die Schätzung der Verlagerung stark von einer Verformungsmessung beeinflusst wird. Ist sie hingegen klein, so erübrigt sich die Messung. Da ein parametriertes Verformungsmodell maschinenspezifisch ist, hängt die Ermittlung der optimalen Lagen stark von der Zuverlässigkeit des Verformungsmodells ab, bleibt sie aber für unterschiedliche Lasten konstant. Folglich ermittelt dieser Ansatz die optimale Sensorplatzierung für eine Maschine bei allen relevanten Lastfällen (Brecher et al. 2021).

In balkenförmigen Bauteilen kamen bisher nur IDS in paralleler Anordnung zur Verwendung. Weitere IDS können in die Querrichtungen von balken- oder plattenförmigen Bauteilen angelegt werden, solange die Wärmequellen auf diesen Bauteilen nicht über die Länge beweglich sind, wie etwa bei Vorschubachsen. Ist dies nicht der Fall, so würden IDS senkrecht zur Längsachse keine integrale Information über die behandelte Wärmequelle sammeln. IDS in Querrichtungen bezwecken unter anderem die Erschließung zusätzlicher Informationen über die Schubdehnung oder volumetrische Dehnung des Bauteils.

3 Vorstellung exemplarischer Ergebnisse und Diskussion

Je nach Produktionsbedingungen kann die steuerungstechnische Korrektur die üblichen Strategien zur thermischen Stabilisierung ersetzen.

Um die Zuverlässigkeit der Korrektur im gesamten Arbeitsraum statistisch zu quantifizieren, wird ein Prüfwerkstück definiert. Bewertungskriterien sind dabei nicht nur die Maß-, sondern auch die Form- und Lagetoleranzen am Werkstück, die aus der Pose-abhängigen Variation der Korrekturgüte entstehen können.

Die experimentellen Untersuchungen der Pose-bedingten Zuverlässigkeit der Korrektur werden sowohl unter Klein- als auch unter Großserienbedingungen durchgeführt, da diese unterschiedliche Anforderungen an die Korrektur stellen. Im Fall der Kleinserie sind längere Bearbeitungszeiten und Schruppbedingungen relevanter für thermische Einflüsse, wobei die Qualität der Großserienproduktion hauptsächlich durch die Abweichungen von Werkstück zu Werkstück bestimmt wird. Somit werden die Maß-, Form- und Lagetoleranzen eines einfachen, kleinen Prüfwerkstücks für die Großserienuntersuchungen untersucht. In diesem Kontext wird exemplarisch eine geringe Anzahl (10–15 Prüfbauteile pro Demonstrator) mit Online-Korrektur gefertigt. Die Werkstückqualität ändert sich am deutlichsten während der Anlaufphase oder infolge der Umgebungsbedingungen (Tag-/Nachtschwankung der Umgebungstemperatur, sowie Jahreszeiten). Daher werden ca. 5 Prüfbauteile pro Versuchsreihe gefertigt, um die Korrektur des Aufwärmeffektes der Anlaufphase zu prüfen. Der Einfluss der Umgebungsbedingungen wird berücksichtigt, indem jede Versuchsreihe an einem anderen Zeitpunkt des Tages sowie an allen vier Jahreszeiten wiederholt wird. Dagegen erfolgt die Bewertung der Maß-, Form- und Lagetoleranzen der Kleinserienuntersuchungen direkt mittels komplexerer Prüfbauteilgeometrie. Die Bearbeitung dieses Werkstücks soll länger als eine Arbeitsschicht dauern, um den kritischsten Fall der Kleinserienfertigung zu betrachten. Die Toleranzen bei Bearbeitung ohne Online-Korrektur werden mit diesen bei Bearbeitung mit Online-Korrektur verglichen. Das Prüfbauteil wird an vier unterschiedlichen Aufspannungen auf dem Arbeitstisch gefertigt, um die Online-Korrektur im gesamten Arbeitsraum zu bewerten.

4 Zusammenfassung

Die entwickelten IDS sind in der Lage die thermische Verformung der Strukturbauteile der WZM zu messen. Dies wird realisiert über den unterschiedlichen thermischen Ausdehnungskoeffizienten zwischen typischen Werkstoffen, die für die WZM eingesetzt werden und dem im IDS als Referenz eingesetzten CFK Stab. Somit wird eine Messung der Längenänderung über die gesamte Länge des IDS sichergestellt, ohne Informationsverlust wie beispielsweise bei punktueller Temperaturmessung. Die Grundlage für die Platzierung der IDS ist eine FEM-Simulation der Maschine. Hier ist die Lage der Wärmequellen wie Motoren, Lager,

Schaltschränke etc. von besonderer Bedeutung, aber auch ein Wechsel der Umgebungstemperatur sollte betrachtet werden. Basierend auf den Verformungen der Strukturkomponenten wird eine IDS-Platzierung festgelegt, welche es ermöglicht, die beschriebenen Verformungen zu erfassen und voneinander zu unterscheiden. Nach der Montage der IDS können die gemessenen Verlagerungen der Maschinenstruktur über ein Modell in die Verformung der Maschinenstruktur umgerechnet werden. Dieses kann dabei Ausdehnung bzw. Stauchung, Biegung, Torsion und Schubdehnung betrachten, abhängig von der Sensoranzahl an der Komponente und der zu erwartenden Verformung der Komponente. Die Verschiebungen der einzelnen Komponenten werden dann auf den Tool-Center-Point bezogen beziehungsweise in eine Korrekturtabelle umgerechnet. Diese Korrekturtabelle enthält die berechnete Verlagerung abhängig von der Position der Achsen im Arbeitsraum und kann an die Maschinensteuerung gesendet werden. Die Tabelle kann beispielsweise in bestimmten Zeitabständen gesendet werden, beim Werkzeugwechsel oder an vorher festgelegten Zeilen im Programmcode. Die Maschinensteuerung ist dann in der Lage die berechneten Verlagerungen auszugleichen und so die thermische Stabilität der Maschine zu ermöglichen.

Zu den größten Vorteilen dieser Korrekturmethode zählt die Nachrüstbarkeit sowie die Kosteneinsparung, da Temperierung von Maschine und Halle sowie Warmlaufzyklen minimiert werden können. Dabei ist ebenfalls zu betonen, dass kein Training des Modells nötig ist und so gegenüber Methoden, die auf maschinelles Lernen setzen, Zeit eingespart werden kann. Durch die direkte Messung der Verformung wird so eine prozessparallele und echtzeitfähige Korrektur ermöglicht.

Literatur

Abdulshahed AM, Longstaff AP, Fletcher S, Potdar (2016) A Thermal error modelling of a gantry-type 5-axis machine tool using a Grey Neural Network Model. J Manufact Syst 41:130–142

Akshay (2016) Thermal error modelling of a gantry-type 5-axis machine tool using a Grey Neural Network Model. J Manufact Syst 41:130–142. https://doi.org/10.1016/j.jmsy.2016.08.006

Aggogeri F, Borboni A, Faglia, R, Merlo A, Pellegrini N (2017) A Kinematic Model to Compensate the Structural Deformations in Machine Tools Using Fiber Bragg Grating (FBG) Sensors. Appl Sci 7:114

Brecher C, Klatte M, Lee TH, Tzanetos F (2018) Metrological analysis of a mechatronic system based on novel deformation sensors for thermal issues in machine tools. Procedia CIRP 77:517–520

Brecher C, Herzog R, Naumann A, Spierling R, Tzanetos F (2021) Optimal positioning methods of integral deformation sensors – expert knowledge versus mathematical optimization. MM Sci J – Special Issue on ICTIMT2021, 2021:4628–4635

Chengzhi D, Li, Kai, Yuxi J, Dwayne A, Dongsheng Z (2018) Evaluation of thermal expansion coefficient of carbon fiber reinforced composites using electronic speckle interferometry. Opt express 26:531–543

Dahlem P, Sanders MP, Birck FH, Schmitt RH (2020) Hybrid model approaches for compensating environ-mental influences in machine tools using integrated sensors. at – Automatisierungstechnik 68:465–476

Heidenhain (2021) Messtaster – Baureihe ACANTO. https://www.heidenhain.de/filead-min/pdf/de/01_Produkte/Prospekte/PR_Messtaster_ID208945_de.pdf. Zugegriffen: 1. Apr 2021

Klatte M, Wenzel C (2015) Chapter 18 structurally integrated sensors. In: Großmann, K (Hrsg) Thermo-energetic design of machine tools. A systemic approach to solve the conflict between power efficiency, accuracy and productivity demonstrated at the example of machining production. Springer International Publishing, Cham, S 209–221

Kress G (2012) Mechanik der Faserverbundwerkstoffe. Vorlesungsskript. ETH Zürich, Zürich. Zentrum für Strukturtechnologien

Mikeš K, Jirásek M (2016) Free Warping Analysis and Numerical Implementation. AMM 825:141–148. https://doi.org/10.4028/www.scientific.net/AMM.825.141

Montavon B, Dahlem P, Peterek M, Ohlenforst M, Schmitt RH (2018) Modelling machine tools using structure integrated sensors for fast calibration. JMMP 2(1):14. https://doi.org/10.3390/jmmp2010014

Neitzel M, Mitschang P, Breuer U (2014) Handbuch Verbundwerkstoffe. Werkstoffe, Verarbeitung, Anwendung. 1. Aufl. s.l.: Carl Hanser Fachbuchverlag

Riedel M, Müller J, Klatte M, Tzanetos F (2017) Funktionsprinzip der messtechnisch basierten Korrektur thermischer Verlagerungen am Versuchsträger MAX. In: Brecher C (Hrsg) Thermo-Energetische Gestaltung von Werkzeugmaschinen – Modellierung und Simulation. Dresden: reprogress GmbH (SFB/TR96: Thermo- Energetische Gestaltung von Werkzeugmaschinen, 5), S 241–259

Weck M, Brecher C (2006) Werkzeugmaschinen 2. Konstruktion und Berechnung. 8., neu bearbeitete Aufl. Springer-Verlag Berlin Heidelberg (VDI-Buch), Berlin. https://doi.org/10.1007/978-3-540-30438-8

Zhiguo R, Ying Y, Jianfeng L, Zhongxing Q, Lei Y (2014) Determination of thermal expansion coefficients for unidirectional fiber-reinforced composites. Chin J Aeronaut 27(5):1180–1187. https://doi.org/10.1016/j.cja.2014.03.010

Zhou Z-D, Gui L, Tan Y-G, Liu M-Y, Liu Y, Li, R-Y (2017) Actualities and development of heavy-duty CNC machine tool thermal error monitoring technology. Chin J Mech Eng 30(5):1262–1281. https://doi.org/10.1007/s10033-017-0166-5

Open Access Dieses Kapitel wird unter der Creative Commons Namensnennung 4.0 International Lizenz (http://creativecommons.org/licenses/by/4.0/deed.de) veröffentlicht, welche die Nutzung, Vervielfältigung, Bearbeitung, Verbreitung und Wiedergabe in jeglichem Medium und Format erlaubt, sofern Sie den/die ursprünglichen Autor(en) und die Quelle ordnungsgemäß nennen, einen Link zur Creative Commons Lizenz beifügen und angeben, ob Änderungen vorgenommen wurden.

Die in diesem Kapitel enthaltenen Bilder und sonstiges Drittmaterial unterliegen ebenfalls der genannten Creative Commons Lizenz, sofern sich aus der Abbildungslegende nichts anderes ergibt. Sofern das betreffende Material nicht unter der genannten Creative Commons Lizenz steht und die betreffende Handlung nicht nach gesetzlichen Vorschriften erlaubt ist, ist für die oben aufgeführten Weiterverwendungen des Materials die Einwilligung des jeweiligen Rechteinhabers einzuholen.

Photogrammetrisches Messmodell zur Erfassung thermisch bedingter Fehler an WZM

Jens Müller, Jessica Deutsch und Siddharth Murali

1 Kontext

Für die Messung thermisch bedingter Verlagerungen und Verformungen an WZM wurde ein markenbasiertes, optisches Messsystem entwickelt, konfiguriert und auf dem Versuchsträger MAX (Abschn. 1.3) in Betrieb genommen. Die Bildinformationen werden in ein Messmodell gespeist, das eine Erfassung und Analyse der Verlagerungszustände der Maschine im kompletten Arbeitsraum ermöglicht. Damit einher gehen einige Vorteile im Vergleich zu herkömmlichen (taktilen und nicht taktilen) Messinstrumenten, wie beispielsweise Feinzeigern oder Laserinterferometern.

Das Ziel ist es, die Umsetzung einer vernetzten Messkonfiguration als Verifikation modellgetriebener Korrekturansätze in der Maschine durch den Vergleich von Messwerten mit berechneten Parametern zu ermöglichen. Das methodische Vorgehen sowie die zugrundeliegenden Prinzipien werden in diesem Beitrag diskutiert und an einem Beispiel erläutert.

Die Grundlage für die Auslegung dieses Ansatzes sind mathematische Transformationsmodelle, die aus den Messsignalen die Verlagerung und Neigung des TCP berechnen. Die Transformationsmodelle werden im ersten Teil des Beitrags erläutert, sodass daraufhin der Aufbau der Messkonfiguration erklärt werden kann. Am Beispiel eines thermischen Lastfalls für die X-Achse des Versuchsträgers MAX werden die Messergebnisse exemplarisch ausgewertet.

J. Müller (✉) · J. Deutsch · S. Murali
Professur für Werkzeugmaschinenentwicklung und adaptive Steuerungen, TU Dresden, Dresden, Deutschland
E-Mail: jens.mueller@tu-dresden.de

© Der/die Autor(en) 2025
C. Brecher, *Thermo-energetische Gestaltung von Werkzeugmaschinen*,
https://doi.org/10.1007/978-3-658-45180-6_25

2 Konzept Photogrammetrie

2.1 Klassische Photogrammetrie

Ein klassisches Problem, das Photogrammetrie hervorragend löst, ist die Berechnung von 3D-Koordinaten sowie der Orientierung eines Objektes im Raum. Dabei sind drei Varianten von Messsystemen Stand der Technik: Stereo-Vision, 6DoF-Vermessung und Systeme, die das Bündelblocksystem anwenden (Luhmann 2018) (Abb. 1). Die erreichbaren Genauigkeiten schwanken: Das 6DoF-System erreicht Genauigkeiten von ca. 250 µm (Axios 2014; Luhmann 2009), Stereo-Systeme erreichen bis zu 80 µm (NDI Measurement Systems 2018) und Systeme mit dem Bündelblockansatz erreichen Genauigkeiten von bis zu 3 µm (±7 µm/m) (Aicon 3D Systems 2018).

Alle drei Verfahren haben gemeinsam, dass sie statische Objekte vermessen. Damit sind sie für den Einsatz in der Werkzeugmaschine zunächst ungeeignet. Hier setzt das erweiterte photogrammetrische Messmodell an, das es ermöglicht, bewegte Objekte im Raum zu bestimmen, und somit in der Lage ist, mit sehr hoher Genauigkeit Maschinen zu vermessen, die unterschiedliche Positionen im Arbeitsraum anfahren.

Die Möglichkeiten des erweiterten, photogrammetrischen Messmodells sind im Einzelnen:

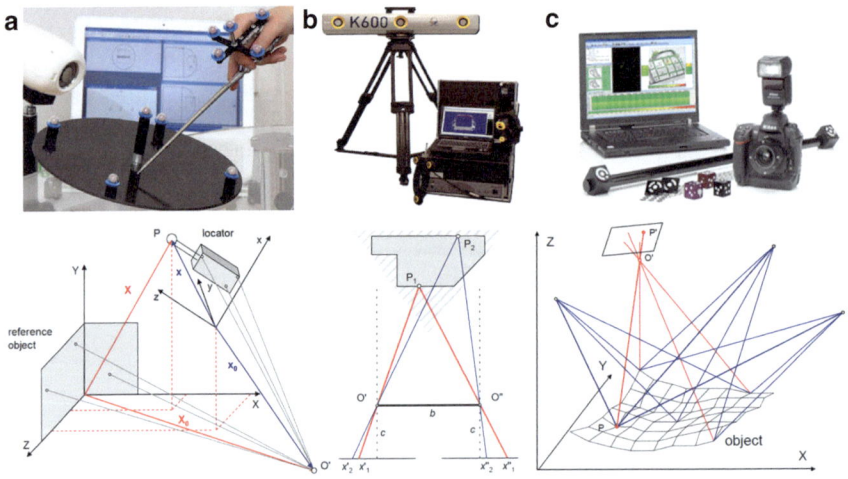

Abb. 1 Photogrammetrische Systeme. **a**) 6-DOF-System (Axios 2014), **b**) Stereo-Vision-System (NDI Measurement Science 2018) und **c**) ein System mit Bündelblockausgleichung (Aicon 3D Systems 2018)

- berührungslose Messung, d. h. ohne Bewegungseinschränkung der Maschine,
- Abdeckung eines Messbereichs von 2 m × 2 m × 2 m und Messung im gesamten Arbeitsraum,
- Messung an bewegten Strukturen,
- Analyse an einzelnen Baugruppen bzw. Untersuchung des Gesamtfehlers der Maschine,
- Abbildung der kinematischen Kette und somit isolierte und gemeinsame Erfassung der geometrisch-kinematischen und der thermischen Fehler.

2.2 Erweitertes Photogrammetrisches Messmodell

Grundlage für die Auslegung und den Betrieb des photogrammetrischen Messprinzips sind mathematische Transformationsmodelle (Messmodelle), die aus den Messsignalen die Verlagerungen und Neigungen der Baugruppen berechnen. Verschiedene Einsatzmöglichkeiten sind in (Riedel 2018; Thiem 2016) und (Riedel 2018b) vorgestellt.

Als Eingangsgröße für die Berechnung wird ein vollständiger Satz von Fotos (Bildsatz) benötigt, der das Messobjekt in der aktuellen Maschinenposition aus genügend vielen Blickwinkeln mit den signalisierten Punkten (in Form von Marken) aufgenommen hat. Die Bildkoordinaten (BK) der Marken sowie deren Unsicherheiten werden aus der reinen Bildmessung berechnet und stellen den realen Ist-Zustand der Maschine inklusive Verlagerungen dar. Dieser Zustand wird mit dem idealen Soll-Zustand der Maschine verglichen. Um diesen Bezug herzustellen, müssen sowohl Maschine als auch Messaufbau modelliert werden. Dafür wird ein parametrierbares 3D-Modell herangezogen (vgl. Abb. 2, Mitte). Es simuliert die Bildkoordinaten der Marke abhängig von der Soll-Position (BK').

Das Messmodell kann als geometrisches Modell verstanden werden, in dem die fotografierten Objektpunkte ihre Entsprechung als Modellpunkte mit spezifischen Randbedingungen haben. Dazu wird das Modell um parametrierbare 3D-Objekte von Kamera, Messmarken und Baugruppen erweitert. Hinzu kommt die Möglichkeit, auch die kinematische Struktur der Maschine abbilden zu können. Des Weiteren beinhaltet das Modell auch die Kameramodelle, die für die Kalibrierung und erzielbare Genauigkeit elementar sind.

Die besten Ergebnisse werden aus einer Mischung der drei klassischen photogrammetrischen Ansätze 6DOF, Stereo-Vision und Bündelblockausgleichung erzielt (Abb. 2, rechts).

Die Berechnung innerhalb des Modells erfolgt mit der Gauss-Markov-Ausgleichung. Die berechneten Zielparameter (y) des Modells sind der TCP-Fehler (Spindel relativ zu Tisch), die 3D-Koordinaten der signalisierten Punkte und alle während der Kalibrierung geschätzten Ergebnisse, wie z. B. die innere und äußere Orientierung der Kameras.

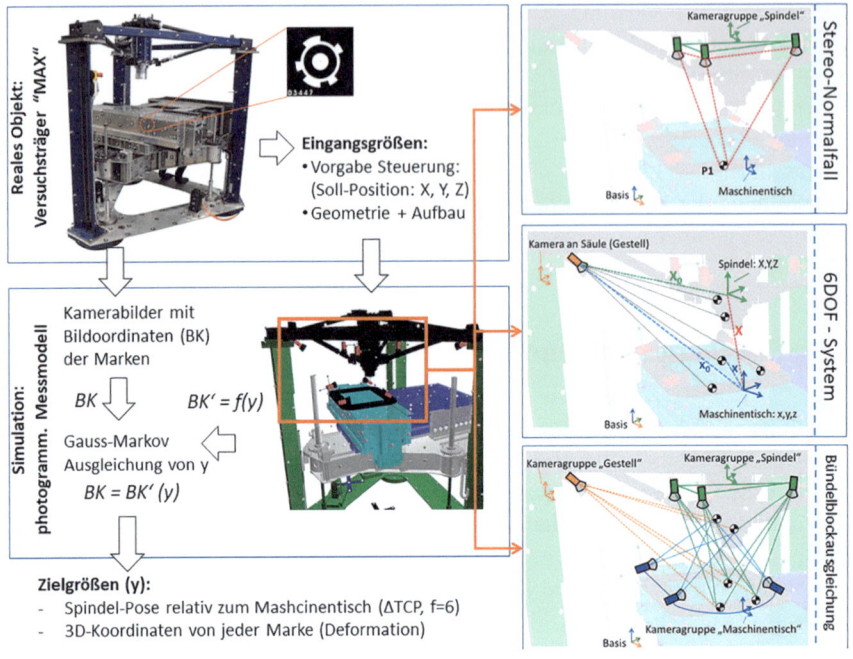

Abb. 2 Struktur des erweiterten photogrammetrischen Messmodells

2.2.1 Parametrierbare Objekte

Das Modell, das die Freiheitsgrade des Objektes abbildet und dessen Eigenschaften modelliert, besteht aus parametrierbaren Objekten.

Die drei wichtigsten Objekte sind die Marke, das Koordinatensystem und die Kamera. Weiterhin gibt es noch Punkt- und Streckenobjekte.

Die Marke hat zum Beispiel drei translatorische Freiheitsgrade. Hier wird angenommen, dass die Marke auf die Oberfläche eines Körpers geklebt wird und somit keine selbstständige Rotation fähig ist, sondern der Rotation des Körpers folgt. Jeder Körper, wie zum Beispiel ein Maschinenschlitten, wird durch ein Koordinatensystem abgebildet. Dieses hat 6 Freiheitsgrade, sodass der Körper im Raum frei beweglich ist.

Zuletzt gibt es das Kameraobjekt, das 18 Freiheitsgrade hat. Wie der einfache Körper auch, hat die Kamera 6 Freiheitsgrade zur Bewegung im Raum. Hinzu kommen 14 Parameter, die die Eigenschaften der Kamera, der Optik und deren Kalibrierung abbilden.

Um eine Messung mit einer gewünschten Genauigkeitsanforderung im einstelligen µm-Bereich durchführen zu können, werden die Kameraparameter innerhalb einer Systemkalibrierung ermittelt. Dies hat entscheidenden Einfluss auf die Berechnungsgüte der unbekannten Parameter, die oben beschrieben wurden.

Bei der Simultankalibrierung werden die Kalibrierparameter der Kamera sowie der eigentlichen Verlagerungsmessung anhand des gleichen Bildsatzes für jede Bildepoche neu berechnet. Dies erlaubt den höchsten Grad an Genauigkeit, da die Kameraparameter immer aktuell gehalten und unter den gleichen Randbedingungen und Umgebungseinflüssen ermittelt werden wie die zu bestimmende Messung. Im Ergebnis erhält man die vollständigen Kalibrierparameter der Kamera – die äußere (Lage der Kamera im Raum) und innere (Bildhauptpunktlage, Brennweite, Verzerrung u. a.) Orientierung – sowie alle rekonstruierten Koordinaten der Messmarken (s. Abb. 2, oben links).

2.2.2 Abbildung der Kinematischen Kette

Die parametrierbaren Objekte können zu einer kinematischen Kette zusammengesetzt werden. So können Zwangsbedingungen, die durch den Aufbau der Maschine entstehen, modelliert werden. Bei der Serienkinematik des MAX ist beispielsweise eine der Zwangsbedingungen, dass der Y-Schlitten die Bewegung des darunterliegenden Z-Schlittens mit vollzieht.

Die Modellierung der kinematischen Kette hat einen weiteren Vorteil. Neben der Abbildung des Maschinenaufbaus kann jeder modellierten Baugruppe auch eine Sollposition vorgegeben werden. Diese wird aus dem Verfahrprogramm der Steuerung ausgelesen und im Modell hinterlegt. Es entsteht für jede aufgenommene Epoche eine Sollposition und damit für jede Baugruppe eine Randbedingung.

3 Versuchsaufbau und Durchführung am Demonstrator MAX

3.1 Versuchsaufbau

Eine passende Messkonfiguration aus 11 Kameras wird am Demonstrator MAX installiert, damit der gesamte Arbeitsraum erfasst werden kann. Sie besteht aus drei Kameragruppen. Drei Überblickskameras schauen vom Gestell aus nach innen auf Schlitten und Spindel. Dieser Blickwinkel ermöglicht eine Überblicksmessung aller Bauteile sowie der Gestellbewegung. Eine weitere Gruppe von 4 Kameras ist auf dem X-Schlitten montiert und nach oben gerichtet, sodass von der aktuellen Position der Maschine aus die Spindel heraus beobachtet wird. Zuletzt befinden sich drei Kameras im Spindelstabwerk (Gestell) und beobachten die bewegten Schlitten.

Diese Konfiguration ermöglicht die Erfassung der relativen Verlagerung vom Tisch zur Spindel, die Berechnung der äußeren Orientierung aller Kameras sowie die Verlagerungsmessung aller einzelnen Bauteile.

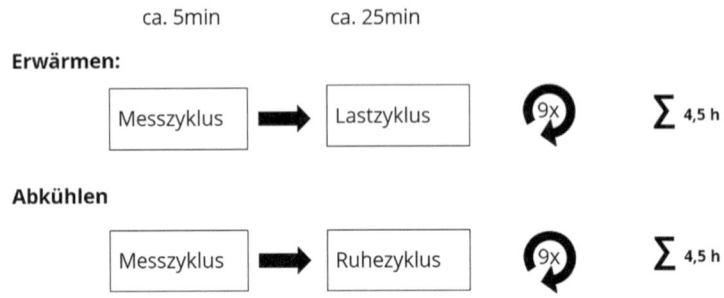

Abb. 3 Versuchsablauf pro Versuchsreihe. In jeder Versuchsreihe wird eine Belastungsvariante gefahren

Außerdem werden auf alle Baugruppen des Versuchsträgers kreis-runde Marken auf die sichtbaren Oberflächen der drei Schlitten, der Spindel und des Gestells geklebt. Diese markieren die Punkte, die später ausgewertet werden. Insgesamt werden 668 Marken verklebt.

3.2 Versuchsplanung

Für die Durchführung des Versuchs ist die Messkonfiguration, wie oben beschrieben, fest am Versuchsträger installiert worden. Fotos können nicht während der Bewegung der Maschine aufgenommen werden. Deshalb besteht jeder Messabschnitt aus einem Mess-zyklus und einem Lastzyklus.

Während des Messzyklus fährt die Maschine in einem Raster unterschiedliche Positionen im Arbeitsraum an und stoppt für 5 s. Mit jeder vorhandenen Kamera wird synchron zu einem bestimmten Zeitpunkt ein Bild aufgenommen. Insgesamt werden 26 Positionen angefahren. Jeder Bildsatz, der in einem solchen Mess-zyklus aufgenommen wird, geht in die spätere Auswertung mit ein.

Die Lastzyklen sehen die Belastung von Einzelachsen sowie die kombinierte Belastung aller Achsen vor. Insgesamt werden 5 Versuchsreihen durchgeführt. In jeder Versuchsreihe wird 4,5 h belastet und danach 4,5 h in Ruhe belassen (Abb. 3).

4 Ergebnisse – Geometrisch-kinematische Fehler

Auswertung als Strukturanalyse
Der geometrisch-kinematische Fehler ist auf Fertigungsfehler bzw. toleranzbehaftete Fertigung sowie auf Ungenauigkeiten im Zusammenbau der Maschine zurückzuführen. Durch Abhängigkeiten in der kinematischen Kette einer Maschine

können Lage- und Komponentenfehler einer Achse Fehler einer anderen Achse bedingen (Schwenke 2008).

In der Regel wird für die Beurteilung einer Maschine der Gesamtfehler an der Wirkstelle herangezogen. Im Gesamtfehler können sich Einzelachsfehler auch gegenseitig aufheben. Deshalb ist dies ein Maß, wie genau die Maschine fertigen kann, ohne die gesamte Struktur kennen zu müssen.

Es kann jedoch für die Weiterentwicklung einer Maschine oder für die initiale Prüfung nach dem Aufbau einer Maschine in einer neuen Halle von Interesse sein, das Verhalten der einzelnen Komponenten zu kennen, um Optimierungspotenziale zu identifizieren.

Die photogrammetrische Messmethode unterstützt Beides.

In Abb. 4 sind beispielhaft die Messergebnisse für den geometrisch-kinematischen translatorischen Fehler für die einzelnen Schlitten des Versuchsträgers MAX, jeweils in der Mittelstellung sowie in den Randpositionen, zu sehen. Die photogrammetrische Messung liefert außerdem die Abweichungen in den rotativen Freiheitsgraden.

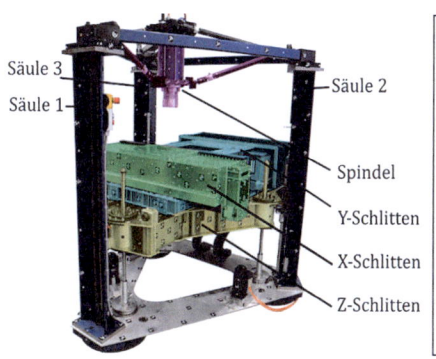
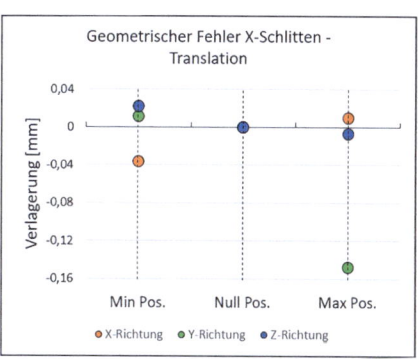
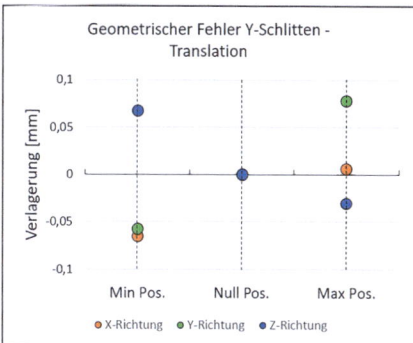
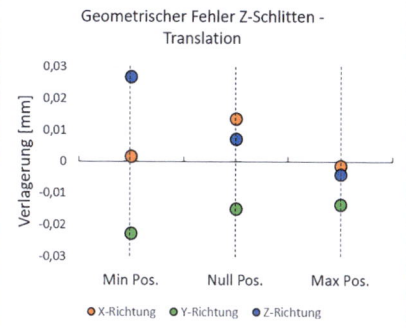

Abb. 4 Strukturanalyse des geometrisch-kinematischen Fehlers für die einzelnen Maschinenschlitten

Die gemessenen Abweichungen sind maschinenkonzeptbedingt relativ groß, lassen sich aber auf Basis dieser Messungen sehr gut steuerungsseitig korrigieren.

5 Ergebnisse – Thermischer Fehler am Demonstrator MAX

Der thermische Einfluss auf die Werkzeugmaschine kann grundsätzlich für jede einzelne Baugruppe analysiert werden. In diesem Beitrag ist jedoch von größerem Interesse, wie sich der thermische Fehler auf die Genauigkeit der Maschine auswirkt. Um hierzu eine Aussage treffen zu können, wird der Gesamtfehler untersucht.

Vorgehen zur Auswertung des Gesamtfehlers im Arbeitsraum
Um den Gesamtfehler beurteilen zu können, wird zunächst jeder Einzelfehler auf die Wirkstelle transformiert. Hier zeigt sich eine Stärke der photogrammetrischen Auswertung: Dieser Fehler kann für jede Maschinenposition im Arbeitsraum ausgegeben werden. So kann beispielsweise die Verlagerung in x-Richtung (Δx) als Spindelfehler relativ zum Tisch ausgegeben werden. Das Ergebnis für die translatorischen Fehleranteile ist in Abb. 5 dargestellt.

Als Ergebnis der photogrammetrischen Messungen steht somit der zeitliche Verlauf der Abweichungen an jeder Messposition im Arbeitsraum in allen 6 Freiheitsgraden zur Verfügung. In Abb. 5 ist deutlich zu sehen, wie der thermische Einfluss in der Belastungsphase (von 9:00 Uhr bis 13:00 Uhr) in allen drei Raumrichtungen zunimmt. Im Ruhezyklus kühlt die Maschine wieder ab (ab 13:00 Uhr). Ihren Ausgangszustand vom Morgen erreicht die Maschine allerdings nicht. Dies ist einerseits dadurch zu erklären, dass 4,5 h hierfür nicht genügen, und andererseits, dass veränderte Umgebungstemperaturen zu einem anderen Verformungszustand der Maschine führen.

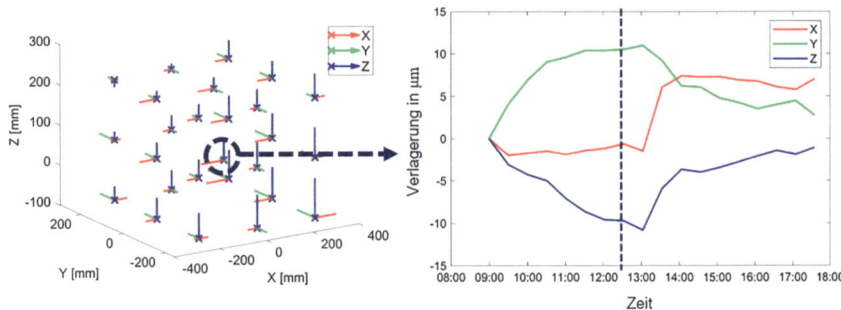

Abb. 5 Darstellung des thermischen Gesamtfehlers. Links: Maschinenzustand im Arbeitsraum um 12:00 Uhr. Rechts: Thermische Verlagerung der Maschine über den gesamten Versuchstag in der Messposition (X: -70 mm, Y: -71 mm, Z: -26 mm)

6 Zusammenfassung und Ausblick

Das bestimmende Ziel dieses photogrammetrischen Ansatzes ist es, die thermisch bedingte Verlagerung am TCP messtechnisch zu ermitteln. Mit dem photogrammetrischen Messmodell kann eine Messkonfiguration entwickelt werden, die flexibel auf die Bedingungen einer Werkzeugmaschine angewendet werden und die Relativbewegung einzelner Maschinenbaugruppen berücksichtigen kann. Die Messungen liefern den aktuellen Verlagerungszustand der Maschine und können letztlich dazu verwendet werden, die im beschriebenen Korrekturansätze, die am Versuchsträger implementiert werden, in ihrer Wirksamkeit und Korrekturgüte messtechnisch zu quantifizieren und zu bewerten.

Literatur

Aicon 3D Systems (2018) AICON MoveInspect DPA. https://www.hexagonmi.com/en-GB/products/photogrammetry/moveinspect-technology/aicon-moveinspect-dpa. Zugegriffen: 31. März 2021

Axios 3D Services GmbH (2014) Datenblatt Optisches Messsystem CamBar B2 C8. http://www.axios3d.de/Doc/datasheet/Datenblatt_CamBarB2C8.pdf. Zugegriffen: 31. März 2021

ISO Internationale Organisation für Normung AND ISO/TC 39 Werkzeugmaschinen: DIN ISO 230-3: Test code for machine tools – Part 3: Determination of thermal effects. Beuth Verlag GmbH. November 2020

Luhmann T (2009) Precision potential of photogrammetric 6DOF pose estimation with a single camera. Single Camera ISPRS J Photogram Remote Sens 64(2009):275–284

Luhmann T (2018) Nahbereichsphotogrammetrie: Grundlagen-Methoden-Beispiele. Wichmann-Verlag

NDI Measurement Sciences (2018) PRO CMM Overview. https://www.ndigital.com/msci/products/procmm/. Zugegriffen: 31. März 2021

Riedel M, Müller J, Ihlenfeldt S (2018a) Design of a Photogrammetric measurement of displacement and deformation on machine tools. In: Conference on Thermal Issues in Machine Tools. Wissenschaftliche Scripten

Riedel M, Holowenko O, Ihlenfeldt S (2018b) Potenziale der Photogrammetrie bei der Vermessung von Verarbeitungsmaschinen. Tagungsband der Fachtagung Verarbeitungsmaschinen und Verpackungstechnik VVD 2018 – Praxis trifft Wissenschaft

Schwenke H, Knapp W, Haitjema H, Weckenmann A, Schmitt R, Delbressine F (2008) Geometric error measurement and compensation of machines—an update. CIRP Ann 57(2):660–675

Thiem X, Riedel M, Kauschinger B, Müller J (2016) Principle and verification of a structure model based correction approach. Procedia CIRP 46:111–114

Open Access Dieses Kapitel wird unter der Creative Commons Namensnennung 4.0 International Lizenz (http://creativecommons.org/licenses/by/4.0/deed.de) veröffentlicht, welche die Nutzung, Vervielfältigung, Bearbeitung, Verbreitung und Wiedergabe in jeglichem Medium und Format erlaubt, sofern Sie den/die ursprünglichen Autor(en) und die Quelle ordnungsgemäß nennen, einen Link zur Creative Commons Lizenz beifügen und angeben, ob Änderungen vorgenommen wurden.

Die in diesem Kapitel enthaltenen Bilder und sonstiges Drittmaterial unterliegen ebenfalls der genannten Creative Commons Lizenz, sofern sich aus der Abbildungslegende nichts anderes ergibt. Sofern das betreffende Material nicht unter der genannten Creative Commons Lizenz steht und die betreffende Handlung nicht nach gesetzlichen Vorschriften erlaubt ist, ist für die oben aufgeführten Weiterverwendungen des Materials die Einwilligung des jeweiligen Rechteinhabers einzuholen.

Korrektur der thermischen Verlagerung rotierender Werkzeuge unter dem Einfluss verschiedener Kühlstrategien

Steffen Brier, Lukas Topinka und Joachim Regel

1 Einleitung

Wenn die Schneide beim Fräsen in das Material eintritt, entstehen große Spannungen vor der Schneidkante und verursachen plastische Verformungen. In Folge der Kombination von plastischer Verformung und Risswachstum bildet sich ein Span. Aufgrund der hohen Spannungen, kleinen Verformungen und der Reibung zwischen dem abgetrennten Material an Haupt- und Nebenschneide wird im Bereich der Schneidkanten des Werkzeugs eine erhebliche Energiemenge in Form von Wärme dissipiert. Der größte Teil der erzeugten Wärme wird zwar an dieser Stelle durch den Span abgeführt, jedoch absorbiert das Fräswerkzeug einen wesentlichen Anteil dieser Wärmemenge. Die absorbierte Wärme wird mittels Wärmeleitung in das Werkzeug transportiert und auf angrenzende Bauteile übertragen, was zu deren Temperaturerhöhung beiträgt. Aus der Erwärmung der beteiligten Komponenten resultiert eine thermische Dehnung. Diese ist ungewollt und führt im komplexen System der Werkzeugmaschine zu thermoelastischen Verformungen, die sich in einer Maßabweichung im Zerspanungsprozess äußern. Eine in der Praxis weit verbreitete Methode, um die durch Erwärmung verursachte Werkzeugverlagerung zu minimieren sowie die Lebensdauer des Werkzeugs zu verlängern, ist die Anwendung eines Kühlschmierstoffs (KSS). Dieser dient der Reduktion der Temperatur der an der Zerspanung beteiligten Komponenten und nimmt des Weiteren einen großen

---

S. Brier (✉) · L. Topinka · J. Regel
Professur Produktionssysteme und -prozesse, TU Chemnitz, Chemnitz, Deutschland
E-Mail: steffen.brier@mb.tu-chemnitz.de

J. Regel
E-Mail: joachim.regel@mb.tu-chemnitz.de

Teil der Prozesswärme auf. Ergänzend sorgt der Kühlmittelstrom für einen Abtransport der Späne aus der Bearbeitungszone und verhindert somit ein Verklemmen der Späne, welches sich negativ auf die Oberflächenqualität auswirken würde. Eine Temperaturerhöhung des Werkzeuges führt aufgrund der thermischen Dehnung zu einer Längenänderung, die sich in der erzeugten Kontur abbildet. Das bedeutet, der eingesetzte erwärmte Fräser ist länger als im kalten Zustand, eine gefräste Bahn somit tiefer als beabsichtigt. Um die an das Werkstück gestellten Toleranzen zu erreichen, muss diese thermisch bedingte Längenänderung in der Steuerung in Form eines Offsets berücksichtigt werden. Dadurch kann die thermische Dehnung des Werkzeuges kompensiert werden. Für eine Kompensationslösung der Luft- sowie der Vollstrahlkühlung ist die Erstellung von charakteristischen Kennfeldern notwendig, welche bei der Erzeugung viele aufwändige und kostenintensive Versuchsdurchläufe nötig machen. Aufgrund dessen wird die numerische Simulation als Werkzeug genutzt, um den Aufwand der Datengenerierung gering zu halten.

2 Kühlungsprinzipien

Die Eigenschaft von Materialien, Wärme durch Kontakt aus anderen Materialien oder Umgebungsräumen zu absorbieren, wird durch die spezifische Wärmekapazität charakterisiert. Der Wert dieser Konstante ist für jedes Material unterschiedlich und definiert, wie viel Wärmeenergie der Werkstoff aufnehmen kann. Flüssigkeiten haben in der Regel die größten Werte der spezifischen Wärmekapazität und besitzen noch die Fähigkeit des Wärmetransports durch Stofftransport. Sie eignen sich aufgrund dessen besonders als Kühlmittel. Die Wärmeübertragung zwischen dem Zerspanwerkzeug und dem umströmenden Kühlschmiermittel erfolgt durch einen physikalischen Effekt, der als erzwungene Konvektion bezeichnet wird. Die Effektivität der Kühlstrategie ist davon abhängig, welches Kühlschmiermittel verwendet wird, sowie von dessen Menge, Temperatur und der Art der Zuführung.

Es existieren diverse gebräuchliche Kühlmethoden. Die Luftkühlung bei der Trockenbearbeitung und die Minimalmengenkühlschmierung (MMS) besitzen dabei gegenüber der Vollstrahlkühlung ökonomische und ökologische Vorteile. Des Weiteren wird abhängig von der Art der Zuführung des Kühlmediums (z. B. mittels im Zerspanungswerkzeug lokalisierter Kanäle oder aus der in der Nähe des Zerspanungswerkzeuges positionierten Kühlmitteldüse) zwischen interner respektive externer Kühlmittelzufuhr unterschieden.

2.1 Aufbau des experimentellen Versuchsstandes für die Werkzeugerwärmung

Für die experimentelle Verifizierung der simulativen Berechnung der thermo-elastischen Verlagerung ist die präzise Quantifizierung der Prozesswärmequelle

Abb. 1 Aufbau des Versuchsprüfstandes

notwendig. Diese Wärmequelle dient in den entwickelten Simulationsmodellen als thermische Randbedingung um die thermisch bedingte Längenänderung zu berechnen. Für einen definierten Wärmeeintrag lässt sich kein realer Zerspanungsprozess wegen zu vieler unsicherer Randbedingungen nutzen. Die definierte Erwärmung der Werkzeuge erfolgt an einem Versuchsprüfstand und wird anhand eines eigens dafür entwickelten Induktors durchgeführt. Dieser Prüfstand lässt sich für die Generierung experimenteller Daten für alle betrachteten Kühlmethoden nutzen. Am Versuchsstand (Abb. 1) wird ein Fräser ($\varnothing = 20$ mm), bestehend aus HSS E, induktiv erwärmt. Der Wärmeeintrag lässt sich durch Messung der Induktionsleistung abzüglich der ohmschen Verluste bestimmen. Entlang der Fräsermittenachse erfolgt eine Temperaturmessung an definierten Punkten (10 mm, 20 mm, 35 mm und 55 mm Abstand von der Werkzeugspitze) um das sich ausbildende Temperaturfeld des Werkzeuges zu erfassen.

2.2 Luftkühlung

Verglichen mit der Nassbearbeitung weist die Luftkühlung durch den Verzicht auf Schmierstoffe spezifische Vor- und Nachteile auf. Einerseits werden der Energieverbrauch bzw. die Kosten gesenkt, sowie die Gefährdung der menschlichen Gesundheit und der Reinigungsaufwand reduziert. Ein weiterer Vorteil ist, dass die KSS-Entsorgung komplett entfällt und die gefertigten Werkstücke keiner weiteren Reinigung bedürfen. Die Anforderungen des Prozesses an das Kühlmedium bzw. die Kühlmethode müssen jedoch erfüllt werden. Ein deutlicher Nachteil ist die signifikant geringere Kühlleistung verglichen mit Kühlmethoden, welche flüssige Kühlschmiermittel verwenden.

2.2.1 Numerische Simulation der Luftkühlung

Die numerische Simulation der Luftkühlung ist gegenüber anderen Kühlmethoden mit dem geringsten Modellierungs- und Simulationsaufwand verbunden. Das Kühlmittel besteht hierbei aus der gleichen Gasphase wie die Umgebungsluft, welche das Fräswerkzeug umgibt und erlaubt daher die Verwendung eines einphasigen Simulationsmodells. Das führt zum einen zu guten Konvergenzeigenschaften und zum anderen zu reduzierten Anforderungen an die Rechenleistung. Damit einher gehen des Weiteren vergleichsweise geringe Berechnungszeiten. Das Simulationsmodell besteht aus mehreren statischen sowie rotierenden Bereichen, welche Luft und Festkörper repräsentieren. Die Bereiche, in denen sich das Kühlfluid respektive Luft befindet, sind einphasig ausgeführt. Damit entfällt die Definition der Randbedingungen, die bei Multiphasen-Simulationen notwendig sind, wie Interaktion, Vermischung und Massetransfer der verschiedenen Phasen. Des Weiteren entfallen beispielsweise die Spezifizierung der Oberflächenspannung sowie der Mischungslänge zwischen den beteiligten Fluiden.

Um die Eignung des einphasigen Simulationsmodelles der Luftkühlung zu gewährleisten, wird es durch experimentelle Daten verifiziert, die am Versuchsprüfstand erhoben wurden. Neben der Definition der Prozessparameter, wie der Drehzahl des Werkzeugs und der Zerspanungswärmequelle an der Werkzeugspitze, werden die Kühlmitteleigenschaften mit der Zuführgeschwindigkeit respektive dem Volumenstrom und der initialen Temperatur innerhalb der definierten Düse eingestellt. Ein Beispiel für ein resultierendes Geschwindigkeitsfeld einer Simulation der Luftkühlung eines Schaftfräsers ist in Abb. 2 dargestellt. Hierbei zeigt sich ein hochturbulentes Bild der Stromlinien mit intensiven Verwirbelungen, welche aufgrund der Werkzeugrotation entstehen.

2.2.2 Kühlwirkung der Luftkühlung

Im Rahmen der Untersuchungen zur Wirkung von Luftkühlung am rotierenden Schaftfräser werden mehrere Varianten analysiert. Die verschiedenen betrachteten Testfälle werden numerisch simuliert und mittels experimenteller Messungen verifiziert. Die betrachteten Luftaustrittsgeschwindigkeiten betragen 5, 10 und 15 m/s, darüber hinaus ist die Kühlmitteltemperatur Gegenstand der Untersuchungen. Die Luftströme sind verschieden temperiert, zum einen auf Raumtemperatur und zum anderen mit 5 respektive 10 K unterkühlt (unterhalb der Umgebungstemperatur). Die linke Seite der Abb. 3 zeigt exemplarisch den Temperaturverlauf durch ein Werkzeug und den zugehörigen Halter ohne Kühlung, ermittelt durch Temperatursensoren, welche an definierten Positionen angeordnet sind. Auf der rechten Seite von Abb. 3 ist ein Vergleich der Temperaturen für den Sensor 1 abgebildet, welcher 10 mm von der Werkzeugspitze entfernt positioniert ist. Das Diagramm zeigt des Weiteren den Einfluss von verschiedenen Luftgeschwindigkeiten und Lufttemperaturen auf den Temperaturverlauf des Sensors an der Werkzeugspitze. Aus dem Diagramm geht hervor, dass nur marginale Unterschiede in den Temperaturverläufen

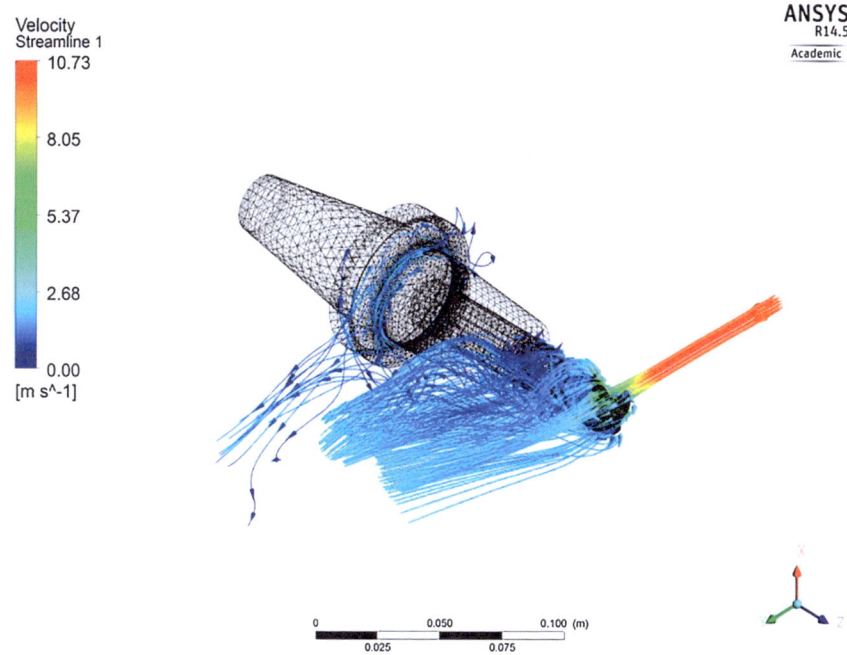

Abb. 2 Geschwindigkeitsfeld der Luftkühlung (Perri et al. 2016)

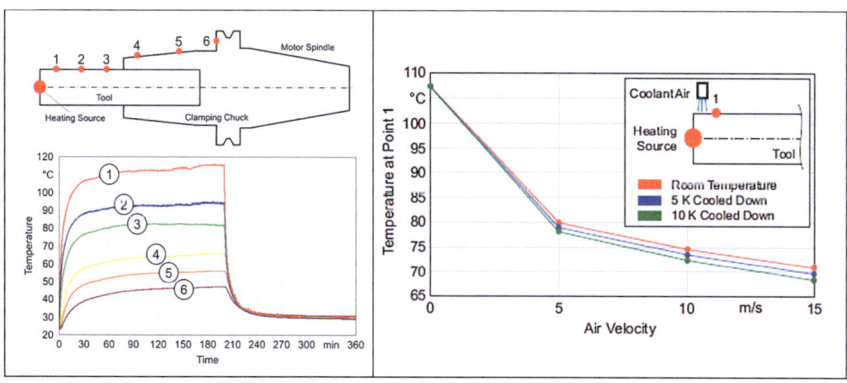

Abb. 3 Temperaturverlauf des Werkzeuges ohne Kühlung (links) und Temperaturverläufe des Temperatursensors an der Werkzeugspitze für diverse thermische Randbedingungen (Putz et al. 2016)

des Werkzeugs beim Abkühlen mit verschiedenen Lufttemperaturen existieren. Als Fazit kann postuliert werden, dass die zugeführte Luft eine signifikante Kühlwirkung, unabhängig von ihrer Temperatur, im Vergleich mit ruhender Umgebungsluft aufweist, dass ihre Ausgangstemperatur jedoch nur geringe Relevanz besitzt.

Wird dem Luftstrom eine kleine Menge Öl hinzugefügt (<50 ml/h) handelt es sich um Minimalmengenschmierung (MMS), dessen Kühlwirkung etwas größer als bei Luftkühlung ist (Klocke 2018). Die erhöhte Kühlungsleistung wird jedoch lediglich durch eine Reduktion der Reibung zwischen Werkstück und Werkzeug, also einer Reduzierung des eingetragenen Wärmestroms erzielt. Die Luft fungiert dabei zusätzlich als Trägermedium des fein zerstäubten Öls.

2.3 Vollstrahlkühlung

Die sogenannte Vollstrahlkühlung ist weit verbreitet in der industriellen Praxis und stellt den Stand der Technik für die Werkzeugkühlung bei der Fräsbearbeitung dar. Flüssige Kühlschmierstoffe ermöglichen aufgrund ihrer hohen Wärmekapazität in Kombination mit einer hohen Dichte sowie Wärmeleitfähigkeit eine signifikante Kühlleistung. Des Weiteren verringert der Einsatz von KSS die Reibung und Adhäsion zwischen Werkzeug und Werkstück während der Bearbeitung und reduziert den reibungsinduzierten Anteil der Prozesswärme maßgeblich. Der Gebrauch von konventionellen Kühlschmiermitteln ist jedoch mit einigen negativen Aspekten behaftet, zum einen hinsichtlich eventueller Gesundheitsrisiken und zum anderen wegen möglicher Umweltbelastungen. Daraus leitet sich der Bedarf nach einer effektiven und ressourcenschonenden Anwendung der flüssigen Kühlschmierstoffe ab. Die effektive Nutzung der Vollstrahlkühlung wird untersucht, um einerseits die Effizienz bei der Verwendung zu erhöhen und anderseits den Energieaufwand bei gleichbleibender oder gesteigerter Bearbeitungsgenauigkeit zu senken.

2.3.1 Numerische Simulation der Vollstrahlkühlung

Die numerische Simulation der Vollstrahlkühlung ist mit diversen Herausforderungen verknüpft aufgrund der Tatsache, dass neben dem turbulenten Verhalten der KSS-Strömung durch die Rotation des Fräsers eine intensive Vermischung zweier Fluidphasen erfolgt. Daraus leiten sich spezifische Anforderungen an die Güte des Rechengitters ab, das den zu berechnenden Raum ausfüllt und eine ausreichend geringe Elementgröße aufweisen muss, um die relevanten Strömungsvorgänge aufzulösen. Des Weiteren ist durch die Strömungsbewegung des flüssigen Kühlmittels in der Fluiddomäne und die resultierende Vermischung der beiden Phasen (Luft und KSS) eine stationäre Simulation aus Gründen der mangelnden Konvergenz oftmals nicht möglich und ergibt die Notwendigkeit einer zeitaufgelösten Modellierung (Topinka et al. 2021). Die thermischen Aspekte der Simulation werden ebenfalls negativ durch den hohen Turbulenzgrad und die Existenz multipler Phasen beeinflusst (Brier et al. 2021). Das zeigt sich deutlich bei der Berechnung der Wärmeübergänge. In Verbindung mit der Simulation des beschriebenen Verhaltens werden sehr hohe Anforderungen an die Rechenleistung gestellt.

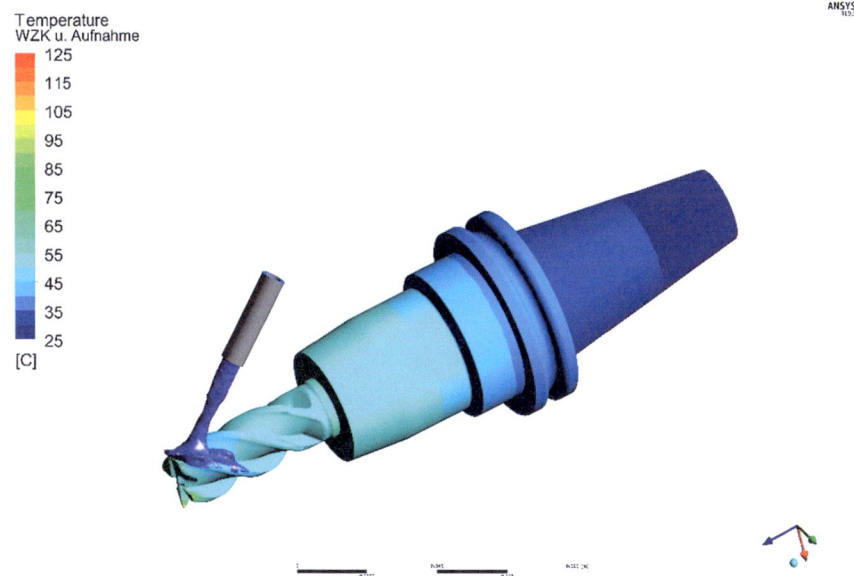

Abb. 4 Simuliertes Temperaturfeld der Vollstrahlkühlung

Das bedeutet bei der Verwendung einer Workstation mit praxisüblicher Rechenleistung einen extensiven Zeitaufwand, der mitunter einige Wochen betragen kann bis das Temperaturfeld des mit Kühlmittel umströmten Fräsers berechnet wurde, vgl. Abb. 4. Hierbei ist jedoch die Zeitspanne, die simuliert wird, davon abhängig, wann die Wärmeein- und -ausgänge im Gleichgewicht sind. Das ist wiederum abhängig von den spezifischen Prozessparametern bzw. Spezifikationen von Werkzeug und Spannmittel.

2.3.2 Kühlwirkung der Vollstrahlkühlung

Der Zusammenhang zwischen der Werkzeugrotation und dem Kühleffekt bei Vollstrahlkühlung wurde experimentell untersucht. Exemplarisch wird am Beispiel eines KSS-Volumenstromes von 1 l/min, einer Werkzeugdrehzahl von 1000 1/min und 20,85 W induktiver Verlustleistung, welche den Fräser effektiv erwärmt (Topinka et al. 2023), der Einfluss der Werkzeugrotation auf die Temperaturverteilung des vollstrahlgekühlten Fräsers illustriert. Ein Vergleich der Temperaturkurven zwischen einem stehenden respektive rotierendem Fräser zeigt einen deutlicheren Temperaturanstieg des rotierenden Fräsers über die Zeit für ausgewählte Messpunkte entlang der Rotationsachse des Fräsers (Abb. 5).

Hierbei beträgt die Temperaturdifferenz für den ersten Sensor etwa 10 K. Die KSS-Strömung im Fall des stehenden Fräsers ist laminar und benetzt die Fräseroberfläche großflächig während sie im Fall des rotierenden Fräsers hochgradig

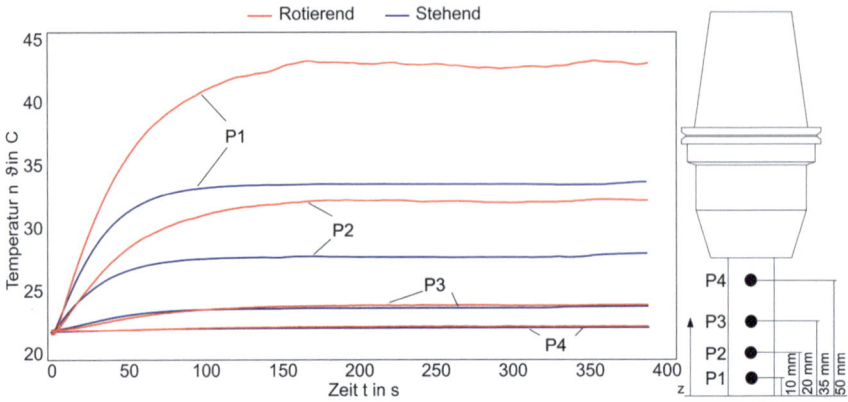

Abb. 5 Temperaturverteilung des rotierenden bzw. stehenden Fräser

turbulent und dispergiert ist. Die verminderte Kühlwirkung ist sowohl auf die reduzierte Kontaktzeit und die Kontaktfläche des Kühlmittels mit der Fräseroberfläche zurückzuführen, das im Bereich der Spannuten durch die Rotation in feine Tröpfchen dispergiert wird. Der dadurch reduzierte Wärmeübergang an das Kühlmedium äußert sich in der verringerten Kühlwirkung. Die Sensoren P3 und P4 befinden sich im Auftreffbereich des KSS-Strahles, aufgrund dessen ist die Kühlwirkung dort am höchsten und mit dem ruhenden Fräser vergleichbar.

3 Kennfelderstellung

Für die Korrektur der axialen Verlagerung des Werkzeugbezugspunkts (tool centre point – TCP) ist ein funktionaler Zusammenhang zwischen der zu korrigierenden TCP-Verlagerung und den vorliegenden Prozessparametern notwendig. Dieser Zusammenhang kann mittels mehrdimensionaler Funktionsgleichung formuliert werden und wird als Kennfeld bezeichnet. Das Kennfeld dient der Ableitung von expliziten Korrekturwerten um der axialen TCP-Verlagerung mithilfe der Steuerung der Werkzeugmaschine entgegenzuwirken. Hierbei verwendet die Maschinensteuerung den TCP-Verlagerungswert des Kennfeldes und nutzt diesen für die Korrektur der Z-Position in Form eines Offsets während des Zerspanungsprozesses.

Für die Erstellung eines Kennfeldes, das die zu korrigierende thermisch bedingte uniaxiale Verlagerung des TCP in Richtung der Fräserachse illustriert, ist eine ausreichende Anzahl an Stützstellen notwendig. Diese Stützstellen repräsentieren die simulierten TCP-Verlagerungswerte im quasi stationären Zustand für unterschiedliche Prozessparameter. Für die Darstellung der TCP-Verlagerung in Abhängigkeit der Prozessparameter wird eine Funktion benötigt, die die zu erwartenden Nichtlinearitäten abbilden kann (Kühlwirkung stark orts- und zeitabhängig, unterschiedliche Wärmeübergangskoeffizienten). Hierzu eigenen sich Polynome höherer Ordnung. Die exakte Funktion ist maßgeblich von der zu analysierenden Datenmenge abhängig, die gesuchte Regressionsfunktion wird nach der Methode der kleinsten Abstandsquadrate ermittelt. Nachdem eine ausreichende Anzahl an Stützstellen berechnet wurde, wird eine Regression durchgeführt, welche die Funktionsgleichung liefert, die die analysierte Datenmenge am besten annähert. Mit dieser Gleichung ist es möglich das Verhalten zwischen den Stützstellen, d. h. für die Bereiche zwischen den simulierten Prozessparameterwerten, zu beschreiben.

Die erstellten Kennfelder sind jedoch das Resultat einer spezifischen Werkzeug- und Spannmittel-Konfiguration für verschiedene variierte Prozessparameter. Das bedeutet, dass nur für ähnliche Werkzeug- und Spanmitteldimensionen sowie Werkstoffe die Kennfelder aussagekräftig und übertragbar sind. Sobald die Geometrie und/oder der Werkstoff von Werkzeug und Spannmittel sich ändern, ist das Kennfeld nach derzeitigem Kenntnisstand nicht mehr ohne weiteres transferierbar. Das liegt insbesondere an der abweichenden Kühlmittelströmung und den davon abhängigen lokal veränderten Wärmeübergängen.

Aufgrund der ressourcenintensiven Simulationen ist die Definition eines Versuchsplans als Basis für die Kennfelderstellung mit umsetzbarer Anzahl an Versuchsdurchläufen und damit vertretbarem Rechenaufwand erforderlich. Die erwarteten Nichtlinearitäten, die sich in Krümmungen der Kennfeldfläche im Darstellungsraum zeigen, erfordern bei den klassischen vollfaktoriellen Versuchsplänen eine Berücksichtigung von mindestens 3 Faktorstufen. Für die untersuchte Vollstrahlkühlung würde die notwendige Anzahl an zu simulierenden Szenarien, bei drei unabhängigen Variablen und drei Faktorstufen, einen signifikanten Versuchsaufwand von 91 notwendigen Durchläufen erfordern.

Die Nutzung der Sobol-Sequenz (Sobol 1967) ermöglicht es, die notwendige Anzahl der durchzuführenden Simulationen für die Generierung der Kennfelder für Verlagerungen des TCP zu begrenzen. Sie stellt eine Quasizufallszahl dar, die den betrachteten Parameterraum gleichmäßig ausfüllt. Hierbei entstehen Testfelder, die sich durch eine sehr homogene Verteilung der Testpunkte auszeichnen, verglichen mit Pseudozufallszahlen und Stichproben-Algorithmen. Die notwendige Anzahl der durchzuführenden Versuche wird mittels mehrfacher Varianzanalyse (3 Faktoren) ermittelt. Dabei wird analysiert, inwieweit sich die Varianz in Abhängigkeit von der durch die Sobol-Sequenz vorgegeben Testfeldgröße verändert. Dadurch wird die optimale Testfeldgröße erreicht, wobei der Aufwand im Vergleich zu konventionellen Methoden deutlich reduziert wird.

Nachfolgend wird exemplarisch ein Kennfeld am Beispiel der Luftkühlung vorgestellt. Für die Luftkühlung wurde mittels statistischer Versuchsplanung ein Regressionsmodel aufgestellt, dass die erwartete axiale TCP-Verlagerung in Abhängigkeit von den Prozessparametern Zustellung, Schnitttiefe und Zahnvorschub approximiert. Das resultierende Kennfeld ist in Abb. 6 dargestellt.

Bezüglich der Anzahl der notwendigen Stützstellen, die für die Ableitung der Kennfeldfläche notwendig sind, benötigt die Luftkühlung deutlich weniger Berechnungspunkte im Vergleich mit der Vollstrahlkühlung.

Das Kennfeld für die Luftkühlung zeigt eine Zunahme der thermisch induzierten Verlagerung in Abhängigkeit von der gewählten Randbedingung des simulierten Zerspanungsprozesses. Basierend auf den definierten Randbedingungen wie

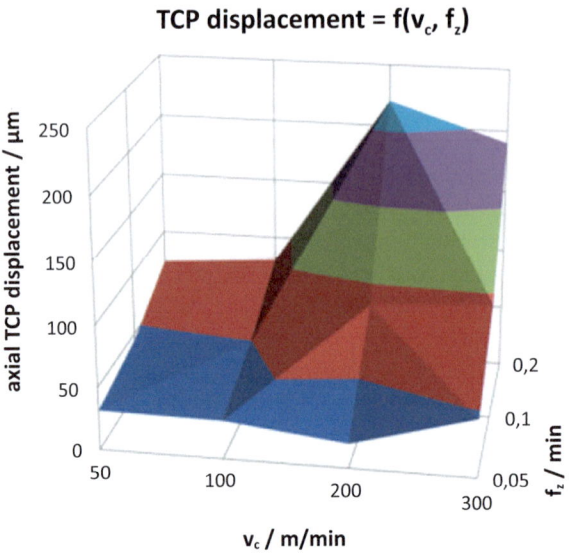

Abb. 6 Beispiel eines Kennfelddiagramms der TCP-Verlagerung (Putz et al. 2018)

Schnittgeschwindigkeit oder Zahnvorschub berechnet die Simulation die thermischen Veränderungen entlang der Komponenten und damit die thermisch induzierte Ausdehnung bzw. Verlagerung.

Das ermittelte Verlagerungskennfeld dient im weiteren Verlauf als Grundlage für die Korrekturmethode von thermisch bedingten Fehlern während der Zerspanung. Es wird mit den Kennfeldern der übrigen Maschinenstruktur, die das thermoelastische Verhalten der gesamten Maschinenstruktur (Naumann 2022) ohne Werkzeug und Spannmittel unter Bearbeitungsbedingungen charakterisieren (Kap. „Kennfeldbasierte Korrektur"), kombiniert, um eine umfassende Korrektur der thermo-elastischen Verlagerung des kompletten Maschinenverbundes zu ermöglichen.

4 Zusammenfassung und Ausblick

Die Korrektur der thermisch induzierten axialen Werkzeug- und Spannmittelverlagerung beruht auf der Charakterisierung des thermischen Verhaltens anhand der Prozessparameter Drehzahl bzw. Schnittgeschwindigkeit, Kühlschmiermittelvolumenstrom und dem Wärmeeintrag aus der Zerspanung. Das Kennfeld stellt die axiale Verlagerung in Abhängigkeit der untersuchten Prozessgrößen dar, dessen Stützstellen durch numerische Simulationen kosten- und ressourcensparend erzeugt wurden. Damit ist eine Umsetzung der steuerungsseitigen Korrektur der axialen Werkzeug- und Spannmittelverlagerung durch die Berücksichtigung eines

Offsets möglich. Das Kennfeld lässt sich darüber hinaus in gewissen Grenzen über die Ränder des betrachteten Parameterbereiches extrapolieren, somit ist eine Übertragung auf abweichende Prozesskorridore ohne größeren Aufwand möglich. Des Weiteren sind keine zusätzlichen experimentellen Untersuchungen notwendig.

Der Vorteil einer thermischen Charakterisierung in Form eines Kennfeldes liegt in der Möglichkeit, dieses in die Maschinensteuerung zu integrieren. Die Voraussetzung für die Kennfeldnutzung liegt in der Identifizierung des Prozesswärmeterms. Das bedeutet, dass der prozessbedingte Wärmeeintrag in die Werkzeugspitze bekannt sein muss, um das Kennfeld im entsprechenden Bereich nutzen zu können. Die Korrektur des Verlagerungsverhaltens des TCP durch dessen Beschreibung mittels eines Kennfelds ermöglicht eine signifikante Verbesserung der Genauigkeit des Produktionsprozesses. Eine rein experimentelle Kennfelderstellung ist möglich, aber aufgrund der immensen Anzahl an notwendigen Versuchsvarianten (Variation von drei Eingangsparametern: KSS-Volumenstrom, Drehzahl und Prozesswärmeeintrag) sehr aufwendig und mit substanziellen Kosten verbunden. Eine genaue Kenntnis, welche Menge an Kühlmittel notwendig ist um eine noch vertretbare Maßabweichung zu gewährleisten, öffnet die Tür für Prozessoptimierungen bzgl. der eingesetzten Menge an Kühlschmierstoffen (Ressourceneffizienz, Umweltschutz, Gesundheitsbelastung der Mitarbeiter, Abfallentsorgung, erhöhte Bearbeitungskosten, Umweltverträglichkeit). Des Weiteren können innovative Kühlmethoden aus den Ergebnissen abgeleitet werden hinsichtlich der KSS-Bedarfe für die betrachten Prozesse.

Aufgrund der Abhängigkeit der Kennfelder von der Werkzeugdimension und -form ist ein erstelltes Kennfeld nur für ähnliche Werkzeuggeometrien gültig, stark differierende Geometrien und Werkstoffe machen eine erneute Ermittlung der Kennfeldpunkte notwendig. Die hier beispielhaft ermittelten Verlagerungskennfelder gelten nur für die axiale thermische Ausdehnung eines 20 mm Schaftfräsers und des Spannmittels bis zur Planfläche der Spindelnase.

Literatur

Brier S, Regel J, Putz M, Dix M (2021) Unidirectional coupled finite element simulation of thermoelastic TCP-displacement through milling process caused heat load. MM Sci J Special Issue on ICTIMT2021. 4534–4539

Klocke F (2018) Fertigungsverfahren 1. Zerspanung mit geometrisch bestimmter Schneide. Springer. ISBN 978-3662542064

Naumann C, Glänzel J, Dix M, Ihlenfeld S, Klimant P (2022) Optimization of characteristic diagram based thermal error compensation via load case dependent model updates. Journal of Machine Engineering. 22(2):43–56

Perri GM, Bräunig M, Di Gironimo G, Putz M, Tarallo A, Wittstock V (2016) Numerical modelling and analysis of the influence of an air cooling system on a milling machine in virtual environment. Int J Adv Manuf Technol 86:1853–1864

Putz M, Wittstock V, Semmler U, Bräunig M (2016) Simulation-based thermal investigation of the cutting tool in the environment of single-phase fluxes. Int J Adv Manuf Technol 83:117–122

Putz M, Oppermann C, Bräunig M (2018) Enhancement and analysis of multidimensional characteristic diagrams for correction of TCP-displacements caused by thermal tool displacement. 8th CIRP Conference on High Performance Cutting HPC

Sobol IM (1967) Distribution of points in a cube and approximate evaluation of integrals. Comput Maths Math Phys 7:86–112

Topinka L, Bräunig M, Regel J, Putz M, Dix M (2021) Multi-phase simulation of the liquid coolant flow around rotating cutting tool. MM Science. 5:5148–5153

Topinka L, Pruša R, Huzlik R, Regel J (2023) Definition of a non-contact induction heating of a cutting tool as a substitute for the process heat for the verification of a thermal simulation model. ICTIMT

Open Access Dieses Kapitel wird unter der Creative Commons Namensnennung 4.0 International Lizenz (http://creativecommons.org/licenses/by/4.0/deed.de) veröffentlicht, welche die Nutzung, Vervielfältigung, Bearbeitung, Verbreitung und Wiedergabe in jeglichem Medium und Format erlaubt, sofern Sie den/die ursprünglichen Autor(en) und die Quelle ordnungsgemäß nennen, einen Link zur Creative Commons Lizenz beifügen und angeben, ob Änderungen vorgenommen wurden.

Die in diesem Kapitel enthaltenen Bilder und sonstiges Drittmaterial unterliegen ebenfalls der genannten Creative Commons Lizenz, sofern sich aus der Abbildungslegende nichts anderes ergibt. Sofern das betreffende Material nicht unter der genannten Creative Commons Lizenz steht und die betreffende Handlung nicht nach gesetzlichen Vorschriften erlaubt ist, ist für die oben aufgeführten Weiterverwendungen des Materials die Einwilligung des jeweiligen Rechteinhabers einzuholen.

Demonstrator Motorspindel

Stephan Neus, Alexander Steinert und Christian Brecher

1 Problemstellung

Die Motorspindel ist ein aus thermischer Sicht hoch komplexes System, dessen Beschreibung eine ganzheitliche Modellierung und die Berücksichtigung aller relevanten Randbedingungen erfordert. An einer beispielhaften Motorspindel kann gezeigt werden, wie durch das Zusammenspiel entsprechender Teilmodelle zur Beschreibung der jeweiligen Randbedingungen eine Simulationsumgebung geschaffen wird, die das komplexe Systemverhalten einer Motorspindel abbilden kann.

2 Einleitung

2.1 Ausgangslage

In der zerspanenden Bearbeitung definiert die Hauptspindel einer Werkzeugmaschine als Antriebsmodul wesentlich das erreichbare Zeitspanvolumen. Die Entwicklungen im Bereich der Hochleistungszerspanung der letzten 30 Jahre beruhen

---

S. Neus (✉) · A. Steinert · C. Brecher
Werkzeugmaschinenlabor, Lehrstuhl für Werkzeugmaschinen, RWTH Aachen, Aachen, Deutschland
E-Mail: S.Neus@wzl.rwth-aachen.de

C. Brecher
E-Mail: C.Brecher@wzl.rwth-aachen.de

© Der/die Autor(en) 2025
C. Brecher, *Thermo-energetische Gestaltung von Werkzeugmaschinen*,
https://doi.org/10.1007/978-3-658-45180-6_27

deshalb erheblich auf Innovationen rund um die Spindel. Mithilfe von direkt angetriebenen Motorspindeln werden heutzutage Drehzahlen jenseits der 30.000 U/min und Zeitspanvolumina von mehr als 12 l/min (Aluminium) und 1 l/min (Stahl) erzielt.

Aufgrund einer Vielzahl an Wärmequellen und -senken sowie weiterer thermischer Randbedingungen in ihrer kompakten Struktur stellen Motorspindeln aus thermo-elastischer Sicht hoch komplexe Systeme dar, deren Betriebsverhalten wesentlichen Einfluss auf das Prozessergebnis nimmt. Die Grundlage für die Beschreibbarkeit dieser Zusammenhänge bildet die ganzheitliche thermische Modellierung und Verknüpfung sämtlicher thermischer Randbedingungen. Dazu zählen primäre Einflüsse wie Lagerreibungsverluste, Motorverluste, aktive Kühlsysteme oder Konvektion und Strahlung. Darüber hinaus leisten auch sekundäre Einflussgrößen wie Festkörperkontakte, Luftreibungsverluste oder Sperrluft einen Beitrag zum instationären thermischen Verhalten.

2.2 Lösungsansatz

Aufgrund der angesprochenen komplexen thermischen Zusammenhänge in Motorspindeln eignen sich diese auch in besonderem Maße als Demonstrator für die Synthese verschiedener entwickelter Teillösungen. Im ersten Schritt wird das FE-Modell der Motorspindel mithilfe mathematischer Methoden zur Modellordnungsreduktion vereinfacht, sodass eine prozessparallele Berechnung des zugrunde liegenden linearen Gleichungssystems ermöglicht wird. Im zweiten Schritt werden dann die Wirkmechanismen der jeweiligen thermischen Randbedingungen in Teilmodellen abgebildet, wobei der Fokus auf eine hohe Modellierungstiefe gelegt wird. Spindelinterne Daten wie Motorströme, Drehgeberdaten oder Kühlparameter bilden die Eingangsgrößen für die Teilmodelle und werden in zu- oder abgeführte Wärmeströme oder Wärmeübergangskoeffizienten überführt, die im Anschluss der Berechnung eines transienten Temperaturprofils dienen. Abb. 1 zeigt die untersuchte Motorspindel als Schnittansicht.

3 Aufbau des thermischen Solvers

Wichtiges Kernelement der Simulationsumgebung ist der Einsatz von Methoden zur Modellordnungsreduktion (MOR), da dies die Grundlage für eine Berechnung in thermischer Echtzeit und den prozessparallelen Einsatz darstellt (vgl. Kap. „Effiziente Verhaltensanalyse von Strukturbauteilen"). Bei der verwendeten MOR-Methode handelt es sich um ein inverses Arnoldi-Verfahren (vgl. Arnoldi 1951), also ein Krylov-Unterraumverfahren, welches allerdings nur auf lineare Systeme effektiv angewendet werden kann. Daher muss das Modellierungskonzept dahingehend erweitert werden, dass auch hochgradig nichtlineare Systeme,

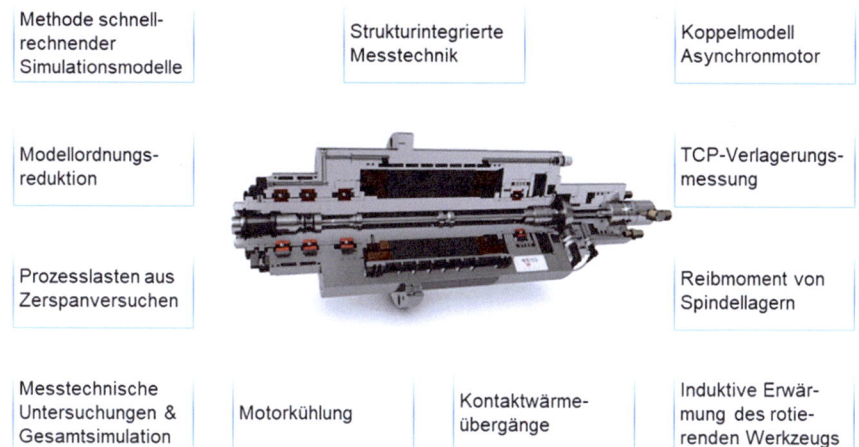

Abb. 1 Teilmodelle und Teillösungen zur messtechnischen und simulativen Untersuchung einer beispielhaften Motorspindel

zu denen das thermische Verhalten von Hauptspindeln zählt, wie lineare Systeme behandelt werden können. Der Grundgedanke ist deshalb, die gesamte Struktur in Baugruppen zu unterteilen, sodass das thermo-elastische Verhalten innerhalb dieser Baugruppen über lineare Gleichungssysteme beschrieben werden kann. Alle nichtlinearen Effekte treten dann in Form von nichtlinearen Randbedingungen an den Grenzen und Koppelstellen der einzelnen Baugruppen auf.

Im Allgemeinen besteht der Aufbau eines Simulationsmodells aus den folgenden Schritten:

1. Unterteilung der Gesamtstruktur in einzelne Baugruppen, in denen selbst keine nichtlinearen Effekte auftreten
2. Einlesen der so definierten Baugruppen in eine kommerzielle FE-Umgebung, Vernetzen der Strukturen, Definition der Materialeigenschaften, Kennzeichnung aller Flächen der Randbedingungen und Export aller Systemmatrizen
3. Reduktion der Systemmatrizen mithilfe des MOR-Verfahrens
4. Zusammenbau des Gesamtmodells aus den reduzierten Baugruppen-Matrizen und den Funktionen zur Beschreibung der nichtlinearen Randbedingungen

Detaillierte Beschreibungen des Vorgehens wurden von (Galant et al. 2016) und (Brecher et al. 2019) veröffentlicht und enthalten darüber hinaus theoretische Herleitungen zu den einzelnen genannten Schritten, die insgesamt zu einem semi-impliziten Solver führen, wie er in Gl. 1 dargestellt ist. Es handelt sich dabei über ein lineares Gleichungssystem (vgl. Gl. 1), das aufgrund der angewendeten MOR-Methode jeweils für jede Baugruppe gelöst werden muss. Die Baugruppen werden dann in jedem Zeitschritt i explizit miteinander gekoppelt, indem die definierten Kontaktbedingungen in Form von explizit berechneten Wärmeströmen ausgedrückt werden.

$$[M] \cdot \{\tau_i\} = \{N_{i-1}\} \tag{1}$$

In Gl. 1 ist die Matrix $[M]$ nach Gl. 2 aufgebaut und setzt sich somit aus der Einheitsmatrix $[I]$, der Zeitschrittweite Δt, der Wärmekapazitätsmatrix $[C]$, der Wärmeleitmatrix $[K^\lambda]$ und der Matrix der Robin-Randbedingungen $[B_{RRB}]$ zusammen.

$$[M] = \left([I] + \Delta t \cdot \left([C]^{-\frac{1}{2}} \cdot \left([K^\lambda] + [B_{RRB}]\right) \cdot [C]^{-\frac{1}{2}}\right)\right) \tag{2}$$

Bei $\{N_{i-1}\}$ handelt es sich wiederum um einen Vektor, der basierend auf dem vorherigen Zustand $\{\tau_{i-1}\}$ berechnet wird. Er enthält außerdem die im vorherigen Zustand angreifenden Lasten in Form von Temperaturen $\{T_U\}$ und Wärmeströmen $\{u_{NRBi-1}\}$. Zu diesen Wärmestrom-Lasten zählen wie bereits erwähnt auch die explizit berechneten Kontakte zwischen den jeweiligen Baugruppen.

$$\{N_{i=1}\} = [I] \cdot \{\tau_{i-1}\} + \Delta t \cdot [C]^{-\frac{1}{2}} \cdot ([B_{RRB}] \cdot \{T_U\} + [B_{NRB}] \cdot \{u_{NRBi-1}\}) \tag{3}$$

Die Berechnung des Gesamtsystems kann in einer beliebigen Programmierumgebung erfolgen und weist keinerlei Verknüpfung mit kommerzieller Software auf.

4 Modellierung thermischer Randbedingungen

4.1 Hintergrund

Die Berücksichtigung sämtlicher nichtlinearer Effekte findet in Teilmodellen statt, also in Modellen, die die jeweiligen thermischen Randbedingungen beschreiben. Für die Teilmodelle bedeutet dies, dass der Abstraktionsgrad des Modells sowohl über die Güte der Ergebnisse als auch über die dafür benötigte Rechenzeit entscheidet, weshalb ein anwendungsabhängiger Kompromiss zu finden ist. Für die Berechnung des thermischen Verhaltens von Motorspindeln sind insbesondere folgende Teilmodelle zu definieren, um ein ganzheitliches Bild zu bekommen.

- Reibverluste in Spindellagern
- elektrische Verluste im Antriebsmotor
- Kühlleistung in aktiven Kühlsystemen
- Wärmedurchgang durch Kontaktzonen
- Wärmeaustausch durch Konvektion und Strahlung
- sonstige thermische Randbedingungen (z. B. Kühlung durch Öl-Luft-Schmierung, Prozess, Kühlschmierstoff)

Diese werden im Folgenden einzeln erläutert.

4.2 Reibverluste in Spindellagern

Es existieren verschiedenste Ansätze zur Beschreibung des Reibverhaltens von Spindellagern, beispielhaft seien an dieser Stelle die Modelle von (Palmgren 1957; Steinert 1995; Harris 2006) und (Skf 2017) genannt. Aufgrund zum Teil erheblicher Modellunsicherheiten wird an dieser Stelle auf Prüfstandsversuche zur Parametrierung eigener empirischer Modelle zurückgegriffen.

Die Zielsetzung besteht in der standardisierten messtechnischen Erfassung von Reibmomentkennlinien, um diese im Anschluss für Simulationsmodelle bereitstellen zu können. Der Prüfstand (vgl. Abb. 2) zeichnet sich durch einen nahezu rotationssymmetrischen Grundkörper aus, wodurch thermisch bedingte Verformungen des Gehäuses rein axial wirken und keine Verkippungen und Verdrehungen resultieren. Um Lager in verschiedenen Größen untersuchen zu können, werden diese in lagerspezifische Hülsen eingesetzt, die wiederum aufgrund standardisierter Außendurchmesser einheitlich im Prüfstandsgehäuse montiert werden. Die genannten Hülsen werden dazu hydrostatisch gelagert, wobei als Drehmomentstütze zwischen Hülse und Prüfstandsgehäuse ein Biegebalken dient. Der mit einer DMS-Vollbrücke (DMS: Dehnungsmessstreifen) ausgestattete Biegebalken wird im Anschluss kalibriert, sodass von der erfassten Durchbiegung des Biegebalkens auf das an der Welle angreifende Moment geschlossen werden kann (vgl. Abb. 2, rechts). Die beigefügte Kalibrierkurve zeigt, dass sich ein lineares Übertragungsverhalten zwischen der Spannungsverstärkung $\frac{U_{aus}}{U_{ein}}$ der DMS-Vollbrücke und dem gesuchten Reibmoment M_{Reib} ausbildet.

Zur Realisierung realitätsnaher Belastungsregime auf das Prüflager ist der Prüfstand mit verschiedenen Möglichkeiten der Lasteinleitung ausgestattet. Ein hydrostatisches Axiallager dient der Einleitung statischer axialer Lasten. Die mechanisch, über geeichte Gewichte aufgebrachten Lasten werden dazu über eine entsprechende Umlenkrolle in die horizontale Richtung überführt und greifen im

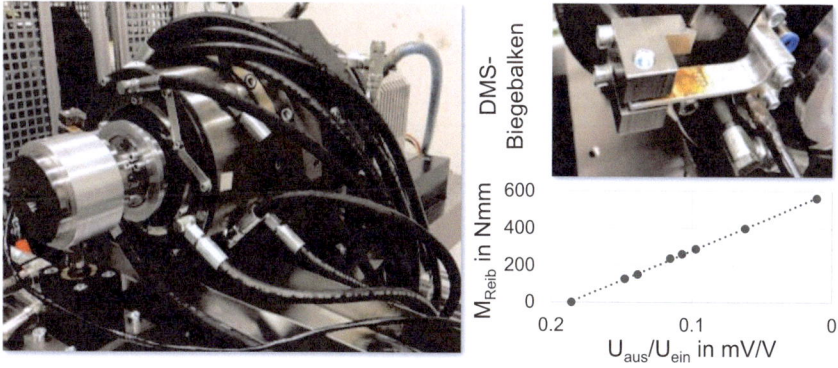

Abb. 2 Spindelprüfstand zur standardisierten Vermessung von Reibungskennlinien

Anschluss am stehenden Teil des Axiallagers an. Mithilfe des Lagers wird die Last dann in die rotierende Welle übertragen. Zur Aufprägung radialer Lasten dient eine hydraulische Lasteinheit.

Zur Durchführung von Reibmomentmessungen ist ein definiertes Vorgehen notwendig, um die gewünschte Reproduzierbarkeit zu gewährleisten. Folgende Schritte sind dazu nötig:

1. Durchführung eines Pendellaufs zur Offset-Korrektur
2. Durchführung von insgesamt fünf Drehzahlstufenläufen unter konstanten Lasten
3. Berechnung des gemittelten Reibmoments in jeder Drehzahlstufe
4. Auftragen der diskreten Reibmomente über den dazugehörigen Drehzahlen
5. Mittelung der fünf Einzelmessung zur Bildung einer finalen Stribeck-Kurve

Der Pendellauf (Schritt 1) sieht vor, dass die Drehzahl mehrfach den Drehzahlbereich von $+5000$ min^{-1} (positiver Drehsinn) bis -5000 min^{-1} (negativer Drehsinn) durchläuft, während gleichzeitig das über den Biegebalken aufgenommene Drehmoment erfasst wird. Durch das beidseitige Durchlaufen der Drehzahl-Nulldurchgänge kann ein gemittelter Drehmoment-Offset bestimmt werden, der bei DMS-basierten Messsystemen nicht unüblich ist und trotz Vollbrücken-Konfiguration zeitlich variieren kann. Der obere Teil von Abb. 3 zeigt einen beispielhaften Drehzahlpendellauf, in dessen Folge ein Offset von insgesamt $-152{,}3$ Nmm identifiziert werden konnte (untere Grafik). Drehzahlpendelläufe werden standardisiert stets vor neuen Messungen durchgeführt.

Im Anschluss wird in Drehzahlstufenläufen das Drehzahlspektrum von 0 bis 30.000 min^{-1} schrittweise durchlaufen, wobei die Drehzahlen jeweils über einen definierten Zeitraum konstant gehalten werden (vgl. Abb. 4). Dies ermöglicht, dass sich im Lager eine an die neuen Reibbedingungen angepasste

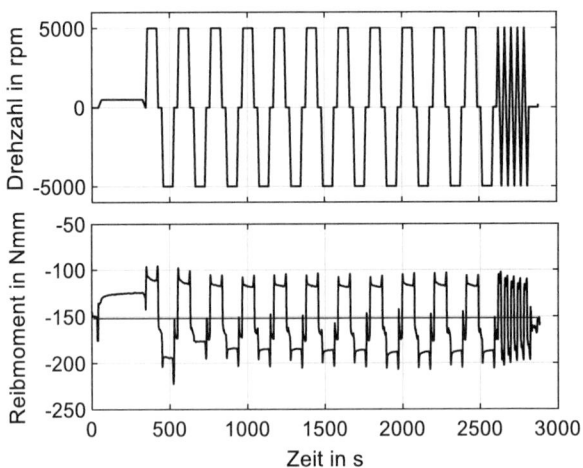

Abb. 3 Pendellauf zur Bestimmung des DMS-Offsets

Demonstrator Motorspindel

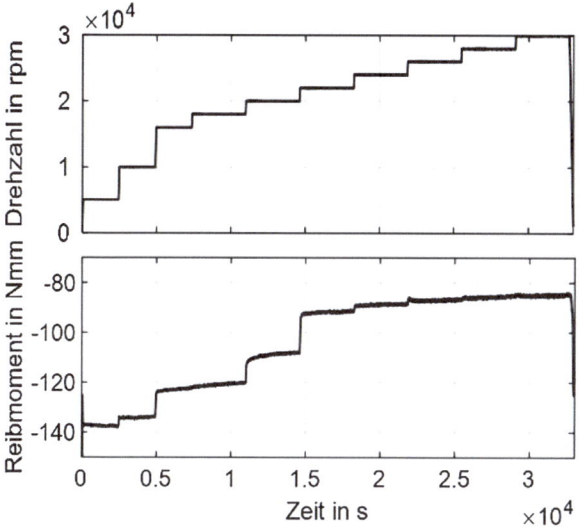

Abb. 4 Stufenläufe zur Bestimmung des drehzahlabhängigen Reibverhaltens

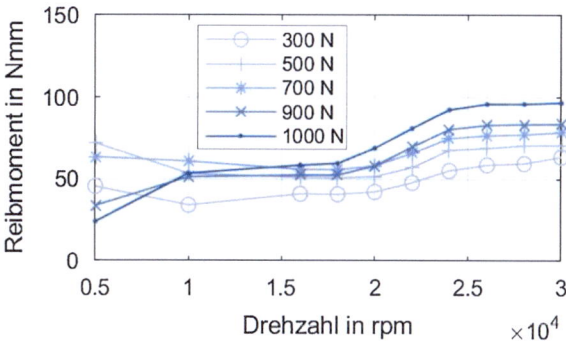

Abb. 5 Beispielhafte Ergebnisse mit Fokus auf den Hochdrehzahlbereich

Beharrungstemperatur ausbildet. Darüber hinaus beeinflusst die Lagerdrehzahl aufgrund veränderter Strömungsbedingungen den Schmierungszustand der Öl-Luft-geschmierten Lager. Aus genannten Gründen werden vergleichsweise lange Haltezeiten von 30 bis 60 min pro Stufe vorgesehen.

Im unteren Diagramm in Abb. 4 wird der eingangs beschriebene Offset ersichtlich, der das gemessene Reibmoment im deutlich negativen Bereich beginnen lässt. Durch eine Korrektur mit dem im gezeigten Bespiel bestimmten Offset-Wert von −152,3 Nmm (vgl. Abb. 3) folgt eine bereinigte Reibmoment-Kennlinie.

In den Schritten 3 bis 5 wird aus mehrfach gemessenen Stufenläufen die gesuchte Reibmoment-Kennlinie ermittelt (vgl. Abb. 5). Aufgrund einer in diesem Beispiel bewusst sehr gering gehaltenen Vorspannung der Lager von ca. 250 N werden die Wälzkörper vergleichsweise schlecht geführt, was zu variierenden Reibmomenten führt. Mit zunehmender Drehzahl sorgen Fliehkräfte für eine verbesserte Führung von Wälzkörpern und Käfig am Außenring, sodass sich definierte Reibbedingungen einstellen. Trotz einer fünffachen Wiederholung der Messung kann festgehalten werden, dass das Reibmoment von Spindellagern sehr sensibel auf kleine Unterschiede in Geometrie und Betrieb reagieren kann. Insbesondere im Falle von Standardgrößen empfiehlt sich deshalb eine Untersuchung mehrerer baugleicher Lager.

Im Anschluss an Reibmomentmessungen eines Lagers werden die diskreten Messpunkte tabellarisch zusammen mit den dazugehörigen Lagerdaten (Lagerart, Lagergeometrie, Vorspannung) in einer Datenbank abgelegt und stehen fortan als Eingangsgröße für Simulationsmodelle zur Verfügung.

4.3 Motorverluste

Die betrachtete Motorspindel verfügt über einen Asynchronmotor, für dessen Verlustleistungsmodell das folgende Ersatzschaltbild herangezogen wird (vgl. Abb. 6).

Innerhalb des Elektromotors führen verschiedene Effekte zu Verlustleistungen. Einerseits sind Ohm'sche Verluste in den Leiterbahnen, auch Kupferverluste genannt, von Rotor und Stator zu nennen. Andererseits führen Wirbelstrom- und Hystereseverluste, genannt Eisenverluste, zu weiteren Verlusten. Im Falle der Kupferverluste kann die folgende Gleichung zur Beschreibung ebendieser herangezogen werden. Neben den bereits eingeführten reellen Widerständen R und Strömen I an Rotor und Stator handelt es sich bei $A_{Stat/Rot}$ um die entsprechenden wirksamen Motorflächen.

$$\dot{q}_{Cu} = \frac{R_{Stat/Rot} \cdot \left|\underline{I}_{Stat/Rot}\right|^2}{A_{Stat/Rot}} \quad (4)$$

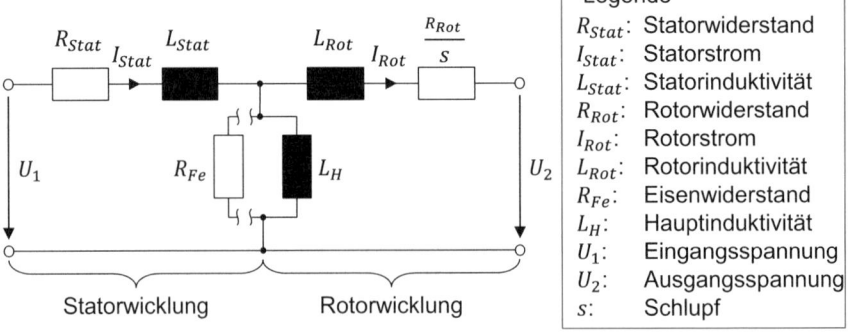

Abb. 6 Ersatzschaltbild eines Asynchronmotors, nach (Liserre 2014)

Die komplexwertigen Ströme $\underline{I}_{Stat}$ und $\underline{I}_{Rot}$ können über die anliegende Spannung $\underline{U}_1$ und die jeweilige Impedanz durch das Ohm'sche Gesetz ausgedrückt werden. Aus dem Ersatzschaltbild lassen sich die dafür notwendigen Gleichungen ableiten. Es gilt:

$$\underline{I}_{Stat} = \frac{\underline{U}_1}{\underline{Z}_{ges}} \quad \text{mit}$$

$$\underline{Z}_{ges} = R_{Stat} + j\omega L_{Stat} + \frac{\left(\frac{R_{Rot}}{s} + j\omega L_{Rot}\right) \cdot j\omega L_H}{\frac{R_{Rot}}{s} + j\omega L_{Rot} + j\omega L_H} \quad (5)$$

$$\underline{I}_{Rot} = \frac{\underline{U}_1 - \underline{Z}_{Stat} \cdot \underline{I}_{Stat}}{\underline{Z}_{Rot}} \quad \text{mit}$$

$$\underline{Z}_{Stat} = R_{Stat} + j\omega L_{Stat}; \underline{Z}_{Rot} = \frac{R_{Rot}}{s} + j\omega L_{Rot} \quad (6)$$

Für eine Berechnung der Motorströme werden als variable Eingangsgrößen somit die Motoreingangsspannung und der Schlupf benötigt. Außerdem ist eine genaue Kenntnis der Motorparameter Voraussetzung.

Nennwiderstände bei 20 °C und Induktivitäten, die im Ersatzschaltbild aufgeführt sind, können dem Datenblatt des Motorherstellers entnommen werden. Für eine höhere Genauigkeit werden die Größen an der Prüfspindel messtechnisch bestimmt. Dazu werden die komplexen Größen $\underline{U}_1$ und $\underline{I}_{Stat}$ für verschiedene Betriebspunkte gemessen und mit der entsprechenden Gesamtimpedanz $\underline{Z}_{ges}$ aus Gl. 5 in Beziehung gesetzt. Über eine nichtlineare Ausgleichsrechnung können die in $\underline{Z}_{ges}$ enthaltenen Motorparameter angenähert werden, wobei $F(x)$ die zu minimierende Funktion ist und x^* die Lösung des Ausgleichsproblems darstellt.

$$\left\| F(x^*) \right\|_2 = \min_{x \in \mathbb{R}} \| F(x) \|_2 \text{ mit } F(x) = \frac{\underline{U}_{1,mess}}{\underline{Z}_{ges}(x)} - \underline{I}_{Stat,mess} \quad (7)$$

Für alle reellen Widerstände wird eine Temperaturabhängigkeit berücksichtigt. $R(20\,°C)$ ist der Nennwiderstand bei 20 °C. Die Temperatur T wird hier in °C eingesetzt. Ein Temperaturanstieg von 10 °C führt bei Kupferleitern bereits zu einer Widerstandserhöhung von etwa 4%.

$$R(T) = R(20\,°C) \cdot \left(1 + 3{,}93 \cdot 10^{-3} \frac{1}{°C} \cdot (T - 20\,°C)\right) \quad (8)$$

Für die Beschreibung der Eisenverluste wird der Ansatz nach (Bertotti 1988) herangezogen, in welchem die Gesamtverluste aus der Summe der Hysterese-, Wirbelstrom- und Exzessverluste berechnet werden. Dazu wird auf die Speisefrequenz

$f_{el,1}$, die Amplitude B der magnetischen Flussdichte Φ (auch *Induktion*) und die materialspezifischen Verlustbeiwerte k_h, k_w und k_a zurückgegriffen.

$$\dot{q}_{Fe} = k_h \cdot f_{el,1} \cdot B^m + k_w \cdot f_{el,1}^2 \cdot B^2 + k_a \cdot f_{el,1}^{1,5} \cdot B^{1,5} \qquad (9)$$

Die magnetische Flussdichte wiederum folgt aus dem magnetischen Fluss, der sich analytisch als Funktion eines Gewichtungsfaktors ξ, der effektiven Spannung $U_{1,eff}$, der Zähnezahl z_l und der Frequenz $f_{el,1}$ ergibt.

$$B = \frac{\Phi}{A} \text{ und } \Phi = \frac{\sqrt{2} \cdot U_{1,eff}}{\pi \cdot z_l \cdot \xi \cdot f_{el,1}} \qquad (10)$$

4.4 Aktive Kühlsysteme

Aufgrund des erheblichen Wärmeeintrags des Spindelmotors sind Motorspindeln in der Regel mit einer Wasserkühlung im Spindelgehäuse ausgestattet. Die Kanäle der aktiven Mantelkühlung sind dazu am Stator spiralförmig in das Gehäuse eingelassen. Die Wirkung der Wasserkühlung lässt sich über die Prozessparameter Volumenstrom, Vorlauftemperatur und Durchströmungsrichtung beeinflussen. Neben der Mantelkühlung verfügt die untersuchte Spindel über eine Welleninnenkühlung und eine Sensorkühlung, mit der die über die Serienausstattung hinaus integrierte Messtechnik zur Verlagerungsmessung temperiert wird. Unabhängig von Verlauf und Geometrie der Kühlkanäle haben die verschiedenen Kühlsysteme gemein, dass mit zunehmender Überströmlänge eine Erwärmung des Kühlfluids stattfindet. Da dieser Effekt zu einer Verringerung der Kühlleistung im Verlauf des Kühlkanals führt, wird er im Rahmen der nachfolgend dargestellten Modellierung berücksichtigt. Zur Beschreibung wird ein analytischer Ansatz herangezogen, indem eine Energiebilanz aufgestellt wird, mit der die Abhängigkeit der Fluidtemperatur von der überströmten Länge hergeleitet werden kann (vgl. Abb. 7).

Die allgemeine Energiebilanz um das infinitesimale Volumenelement lautet folgendermaßen:

$$\frac{\partial U}{\partial t} = \dot{H}_x - \dot{H}_{x+dx} - d\dot{Q} = -\dot{m}c_p \cdot \frac{\partial T_{f,x}}{\partial x} \cdot dx - \alpha \cdot L_U \cdot dx \cdot (T_{f,x} - T_w) \qquad (11)$$

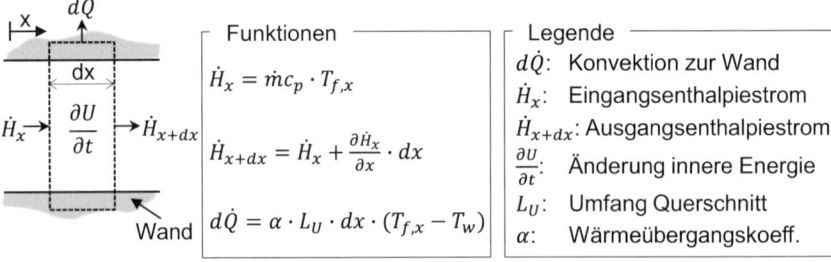

Abb. 7 Energiebilanz am infinitesimalen Volumenelement

Betrachtet man einen quasi-stationären Zustand, so ist $\frac{\partial U}{\partial t}$ gleich Null. Eine analytische Lösung der resultierenden Gleichung durch Trennung der Variablen ist allerdings nur möglich, wenn α und T_w keine Funktion des Orts sind. Da dies im Regelfall nicht gegeben ist, wird eine Diskretisierung durchgeführt. Der jeweilige Kühlkanal wird in Durchflussrichtung in Segmente unterteilt, für die näherungsweise gilt, dass α und T_w dort konstant sind. Für jedes Segment kann demnach analytisch ein Verlauf der Fluidtemperatur hergeleitet werden. Die Fluidausgangstemperatur des vorgelagerten Segments entspricht immer der Eingangstemperatur des nachfolgenden Segments. Gleichzeitig kann aus der Eingangs- und der Ausgangstemperatur eines Segments ein Mittelwert berechnet werden, was die anschließenden Berechnungen beschleunigt. Das Vorgehen ist in Abb. 8 veranschaulicht.

Die Beschreibung der erzielten Kühlwirkung geschieht im Anschluss, indem auf die gesamte Kühlfläche eines Segments ein Wärmeübergangskoeffizient $\alpha_{Kühlung}$ angewendet wird, der im Produkt mit der Differenz aus Gehäuseoberflächentemperatur T_w und der segmentweise gemittelten Fluidtemperatur T_f eine Wärmestromdichte $\dot{q}_{Kühlung}$ ergibt.

$$\dot{q}_{Kühlung} = \alpha_{Kühlung} \cdot \left(T_f - T_w\right) \qquad (12)$$

Für jedes Kühlsystem müssen demnach ein individueller Ausdruck für den Verlauf der Fluidtemperatur und ein geometrieabhängiger Wärmeübergangskoeffizient aufgestellt werden. Wird die Kühlspirale in Durchflussrichtung aufgeschnitten, so ergibt sich der Querschnitt des Kühlkanals. Abb. 9 zeigt die geometrischen Verhältnisse der Mantelkühlung im Querschnitt.

Mithilfe der geometrischen Verhältnisse im Querschnitt und der notwendigen Anfangsbedingung, dass die Vorlauftemperatur $T_{f,ein}$ als Startwert $T_f(x = 0)$ bekannt ist, lässt sich der Verlauf der Fluidtemperatur durch Lösen der hergeleiteten DGL in Gl. 11 wie folgt bestimmen (Gl. 13).

$$T_f(x) = \frac{B_1 \cdot T_{w1} + B_2 \cdot T_{w2}}{B_1 + B_2} + \left(T_{f,ein} - \frac{B_1 \cdot T_{w1} + B_2 \cdot T_{w2}}{B_1 + B_2}\right) \cdot e^{-\frac{\alpha \cdot (B_1 + B_2)}{\dot{m} \cdot c_p} \cdot x} \qquad (13)$$

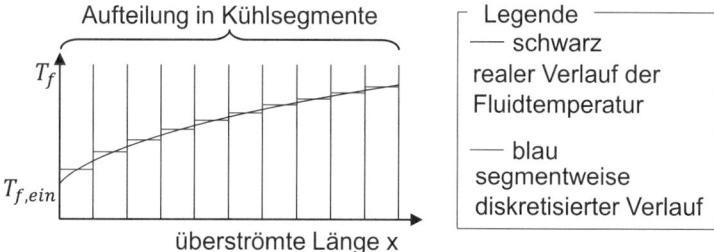

Abb. 8 Diskretisierung der Kühlfläche zur analytischen Lösung der DGL

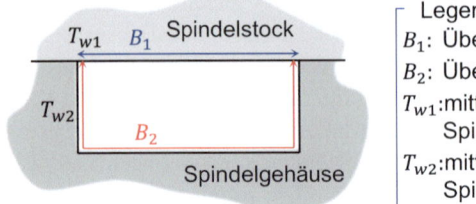

Abb. 9 Querschnitt der Mantelkühlung

Für die Berechnung des jeweiligen Wärmeübergangskoeffizienten können im Anschluss in der Literatur gängige Ansätze verwendet werden, die je nach geometrischer Beschaffenheit des Kühlkanals entsprechend anzupassen sind.

4.5 Festkörperkontakte

Festkörperkontakte treten im Spindelmodell an verschiedenen Stellen auf. Die vorherrschende Pressung wird entweder durch eine Schraubverbindung, einen tolerierten radialen Presssitz oder durch das Federpaket zum axialen Anstellen der Lager erzeugt. Im Falle einer Schraubverbindung, häufig an Gehäusen anzutreffen, kann die entstehende Pressung aus dem Anziehmoment aufgrundlage der VDI-Richtlinie 2230 (vgl. VDI 2003) berechnet werden. Zylindrische Presssitze liegen an den Innen- und Außenringen vor. Die sich aus den Toleranzen ergebenden Übermaße können in die gesuchten Pressungen überführt werden (vgl. Böge et al. 2017). Für axiale Pressungen, vorzufinden zwischen Spacern und Lagerringen, werden die resultierenden Pressungen als Quotient aus in Vorarbeiten für die vorliegende Spindel simulierten, unter Betriebsbedingungen vorherrschenden Vorspannkräften und der jeweiligen axialen Anlagefläche definiert.

Die einfache Vorstellung eines flächigen Kontakts zweier Festkörper ist für eine Abschätzung des Wärmeübergangs in der Grenzfläche nicht ausreichend. Die Oberflächenrauheiten R_a der Kontaktpartner ergeben im Zusammenspiel mit der Mikrohärte H unter Wirkung einer Pressung p eine reale Kontaktfläche A_{real}, welche deutlich von der scheinbaren Kontaktfläche abweicht, wie Abb. 10 zeigt (vgl. Brecher et al. 2016).

Auch der Einfluss des Zwischenmediums, im vorliegenden Fall Luft, spielt eine Rolle. In der Praxis werden zur Berechnung des Wärmeaustauschs (Gl. 14) aus Messungen aufgebaute, empirische Modellgleichungen wie Gl. 15 herangezogen, in die zur Berechnung des Wärmewiderstands $R_{Kontakt}$ neben den bereits eingeführten physikalischen Größen zusätzlich die Wärmeleitfähigkeiten λ_1 und λ_2 der Körper und die mittlere Schiefe m_s einfließen (vgl. Bernhard et al. 2014). Der Einfluss des Zwischenmediums ist in diesem empirischen Berechnungsansatz implizit enthalten.

Abb. 10 Reale Kontaktfläche im Festkörperkontakt

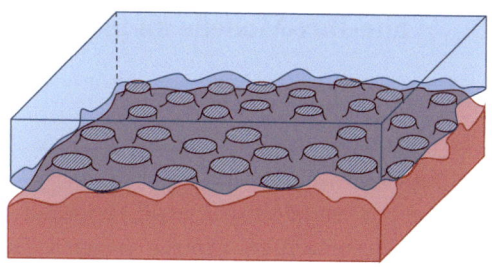

$$\dot{q}_{Kontakt} = \alpha_{Kontakt} \cdot \Delta T \quad (14)$$

$$\alpha_{Kontakt} = \frac{1}{R_{Kontakt}} \text{ mit } R_K = 0{,}46 \cdot \frac{R_a}{m_s} \cdot \left(\frac{1}{\lambda_1} + \frac{1}{\lambda_2}\right) \cdot \left(\frac{p}{H}\right)^{-0{,}93} \quad (15)$$

4.6 Konvektion und Strahlung

Im Spindelmodell wird natürliche Konvektion auf den Spindelstock, die Füße, die Stirnflächen und die Nase des Spindelgehäuses sowie die Stirnflächen der Welle angewendet. Die zur Berechnung der jeweiligen Nußelt-Zahl notwendigen Formeln sind (VDI 2013) entnommen.

Der Wärmeaustausch der Struktur mit der Umgebung in Form von Konvektion und Strahlung wird mithilfe von analytischen Ansätzen modelliert. Für natürliche und erzwungene Konvektion existieren jeweils eigene Gesetzmäßigkeiten. Die Berechnung geschieht gemäß der Ähnlichkeitstheorie auf Basis der dimensionslosen Nußelt-Zahl Nu, der Graßhof-Zahl Gr, der Prandtl-Zahl Pr und der Reynolds-Zahl Re.

4.7 Zusammenfassung

Eine detaillierte Beschreibung der thermischen Randbedingungen bildet die Grundlage für eine präzise Beschreibung des thermischen Verhaltens einer Motorspindel. Da rein analytische Beschreibungsansätze häufig nicht die gewünschte Modellgenauigkeit liefern können, kann die Ergänzung der analytischen Berechnungsvorschriften um empirisch ermittelte Modellparameter ein wirkungsvolles Vorgehen darstellen. Im Falle der Lagerreibung eignen sich zum Beispiel externe Prüfstände für eine möglichst genaue Bestimmung des Reibverhaltens. Standardisierte Prüfverfahren ermöglichen dabei den Aufbau einer Datenbank, sodass entsprechende Reibungskurven fortan für weitere Simulationsmodelle zur Verfügung stehen. Dennoch ist im jeweiligen Anwendungsfall immer eine genaue Analyse der relevanten thermischen Randbedingungen notwendig.

5 White-Box-Modelle im prozessparallelen Einsatz

5.1 Berechnungsablauf

Mithilfe von MOR-Methoden sowie insgesamt effizienten Teilmodellen zur Abbildung der thermischen Randbedingungen kann eine Berechnung des Gesamtsystems in thermischer Echtzeit erfolgen. Das bedeutet, dass ein prozessparalleler Einsatz gewährleistet wird. Eingangsgrößen des Modells sind in diesem Falle einzig steuerungsinterne Daten, wie Motorströme oder die Spindeldrehzahl, und Daten aus dem Kühlsystem, wie Volumenströme und Vorlauftemperaturen. Die Kommunikation der Messdaten der Kühlsysteme, der Umrichterdaten und der spindelinternen Daten erfolgt über PROFINET mit 1 kHz. Die heterogenen Daten werden dann synchronisiert, in einem doppelt gepufferten Ringspeicher vorgehalten und dienen dort als Eingangsgröße für die Simulation. Dazu wird auf dem Steuerungsrechner des Spindelprüfstands ein lokaler Server eingerichtet, auf den via TCP/IP aus dem gesamten Firmennetzwerk zugegriffen werden kann. Die prozessparallel laufende Spindelsimulation kann somit auf einem beliebigen Rechner innerhalb des Netzwerks durchgeführt werden. Darüber hinaus kann von beliebigen Endgeräten auf die Datenbasis zurückgegriffen werden, beispielsweise zu Überwachungszwecken. Durch die hochfrequente Abtastung finden beliebige, abrupte Änderungen der Betriebsparameter Berücksichtigung, sodass die Temperaturfeldberechnung in diesem Modus eine hohe Praxistauglichkeit aufweist.

Im praktischen Einsatz beträgt die Zeitschrittweite der Simulation 0,5 s, sodass der Datenaustausch und die Berechnung ebendieses Zeitschritts innerhalb von 0,5 s realer Zeit stattfinden müssen. Die Eingangsdaten werden über diese Zeitschrittweite gemittelt. Kurzzeitige Lastspitzen beeinflussen durch die hohe Abtastrate diesen Mittelwert, werden allerdings nicht als solche in der Simulation berücksichtigt. Die Zeitschrittweite von 0,5 s hat sich in den Untersuchungen als guter Kompromiss aus zeitlicher Auflösung, Modellstabilität und Rechenaufwand dargestellt.

Eine Aufschlüsselung der tatsächlichen Rechenzeiten (vgl. Abb. 11) zeigt, dass nur ca. 7,3 % der Zeit für die eigentliche Lösung des zugrunde liegenden Gleichungssystems benötigt werden. Mit ca. 74 % schlägt die Berechnung der Teilmodelle zu Buche, wobei hier wiederum insbesondere das Kühlmodell zu nennen ist. Weiterhin werden 18,3 % der Zeit benötigt, um nach jedem zehnten Zeitschritt eine Rücktransformation durchzuführen. Im Zuge dessen wird der Unterraum

Abb. 11 Aufschlüsselung der Rechenzeiten

wieder in den physikalischen Ursprungsraum projiziert, sodass hier neben den reinen Systemausgängen im reduzierten System auch alle Zwischenzustände wieder vorliegen. Dieser Schritt ermöglicht beispielsweise eine Visualisierung des vollständigen dreidimensionalen Temperaturfelds. Da alle relevanten Modellausgänge im Rahmen der MOR berücksichtigt wurden, ist eine Rücktransformation für diese ausgewählten Modellausgänge allerdings nicht notwendig.

5.2 Prüfstand

Die Prüfstandsversuche dienen der Validierung des umfangreich beschriebenen Simulationsmodells. Bei der Konzeption des Spindelprüfstands sollten vielfältige Einflussfaktoren berücksichtigt werden. Die Abbildung prozessäquivalenter Lasten auf die Spindel erfordert, dass die Prüfspindel mit Lastmomenten und Kräften in radialer und axialer Richtung beaufschlagt werden kann. Für das Aufbringen der einzelnen Lasten sind separate Lasteinheiten vorgesehen. Neben einer rein radialen, pneumatisch arbeitenden Lasteinheit existiert eine zweite hydraulische Lasteinheit, mit der simultan axiale und radiale Kräfte aufgeprägt werden können (Radial-Axial-Lasteinheit). Für das Lastmoment steht eine eigens dafür vorgesehene zweite Spindel bereit. Diese Spindel, fortan als Lastspindel bezeichnet, ist koaxial zu der Prüfspindel ausgerichtet und über eine Kupplungswelle mit dieser verbunden. In den Kraftfluss kann ein Drehmomentsensor eingebaut werden, der der Überwachung des tatsächlichen Lastmoments dient. Der Aufbau ohne Lasteinheit ist in Abb. 12 dargestellt.

Da die Radial-Axial-Lasteinheit frontal vor der Prüfspindel angeordnet werden muss, kann diese nicht gleichzeitig mit einem Lastmoment beaufschlagt werden. Deshalb ist die rein radiale Lasteinheit sinnvoll, die mit der Lastspindel kombinierbar ist.

Ein Temperieraggregat versorgt Wellen- und Mantelkühlung mit definiert einstellbaren Volumenströmen. Bei dem Temperieraggregat, dargestellt in Abb. 13, handelt es sich um eine auf den Prüfstand zugeschnittene Eigenkonstruktion. Das System besteht aus einem Schichtspeicher mit drei geregelten Heizstäben, einem Plattenkondensator mit Tank (Kühler), zwei frequenzgesteuerten Pumpen und schnellschaltenden Mischern. Der Tank des Plattenkondensators und der Kaltteil des Schichtspeichers sind über ein System kommunizierender Röhren zum Fluidtransfer miteinander verbunden. Aufgrund des temperaturabhängigen Auftriebs des Fluids bildet sich im Schichtspeicher ein Temperaturprofil aus, in welches sich das zurückfließende, unten in den Speicher zurückgeführte Kühlwasser abhängig von der Rücklauftemperatur einschichtet. Dadurch kann dem Schichtspeicher im oberen Bereich zu jedem Zeitpunkt Fluid konstanter Temperatur entnommen werden. Das Zusammenführen des Warmwassers aus dem Schichtspeicher und des Kaltwassers aus dem Plattenkondensator in den schnellschaltenden Mischern (M1 und M2) gewährleistet ein „sägezahnfreies" Temperaturprofil am Ausgang des

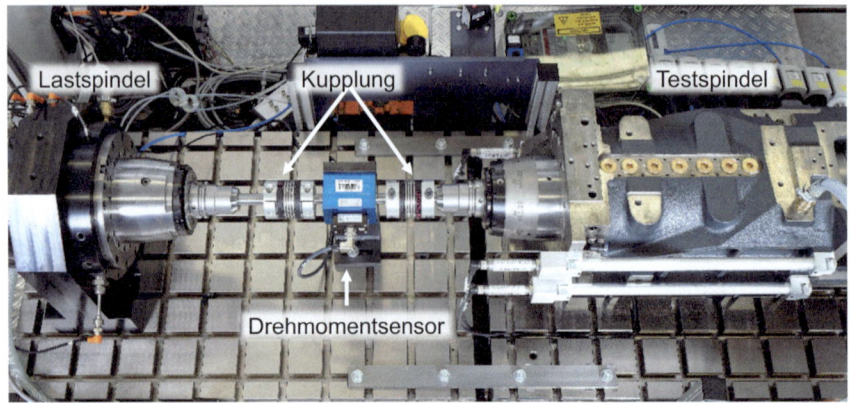

Abb. 12 Darstellung des Prüfaufbaus

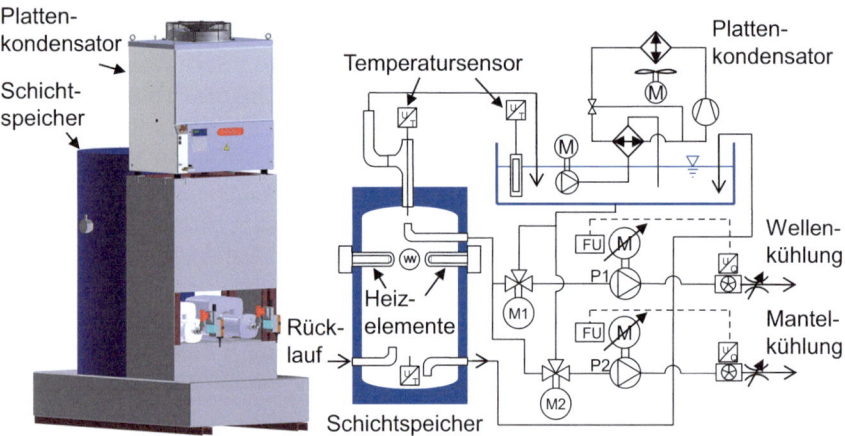

Abb. 13 Temperieraggregat zur Realisierung schneller Änderungen der Vorlauftemperatur

Kühlaggregats. Die frequenzabhängige Steuerung der Pumpen (P1 und P2) erlaubt zudem die Einstellung variabler Volumenströme. Neben einer schematischen Darstellung des Kühlaggregats enthält Abb. 13 zusätzlich den Schaltplan des Aggregats.

5.3 Validierung

Im Folgenden werden vier charakteristische Punkte an der Spindelstruktur für den Vergleich von Simulation und Messung herangezogen. Dabei handelt es sich um die in Abb. 14 dargestellten Punkte.

Demonstrator Motorspindel

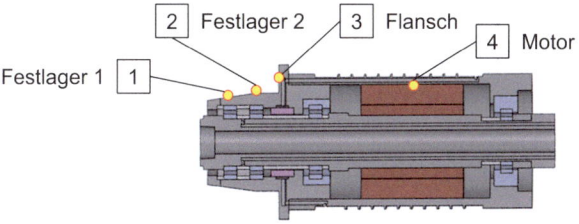

Abb. 14 Validierungspunkte an der untersuchten Spindel

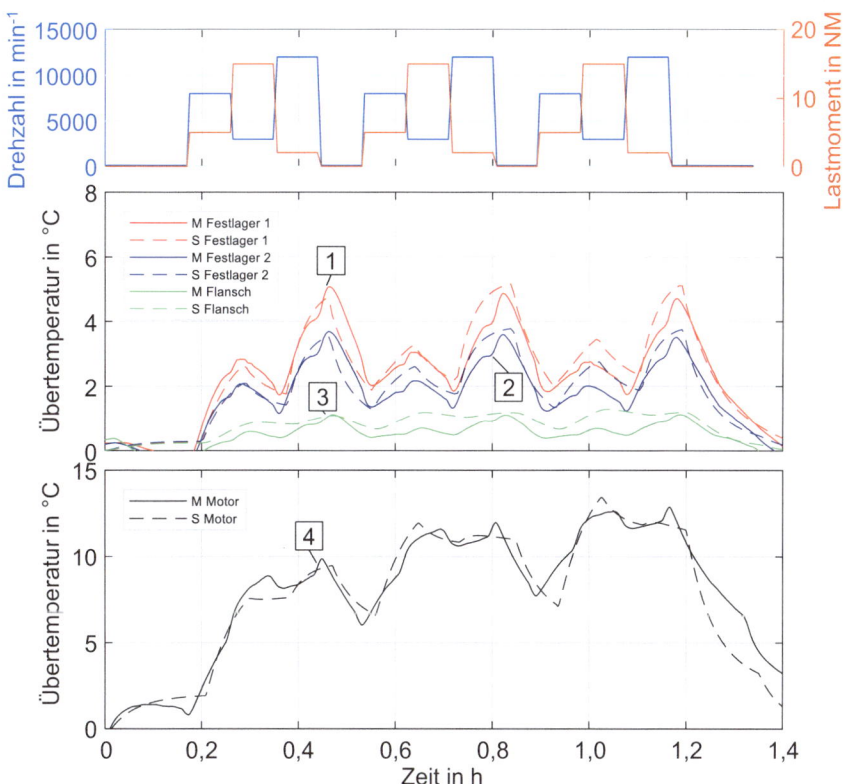

Abb. 15 Ergebnisse der Modellvalidierung

Abb. 15 zeigt die Ergebnisse eines instationären Versuchs mit einem vorherigen Einfahrvorgang der Spindel bei 100 min^{-1}. Die zeitlichen Verläufe der Temperatur an den verschiedenen Messpunkten stimmen gut mit den simulierten Werten überein.

Es ist erkennbar, dass eine maximale Abweichung der Prognose der stationären Endwerte von 2,35 °C vorliegt, während die mittlere Abweichung über dem gesamten Zeitraum ca. 0,36 °C beträgt. Die gemessenen Temperaturen sind mit einem niederfrequent oszillierenden Signal aus den Mischern des Temperieraggregats überlagert, welches aus dem Zweipunktregler des Kühlsystems kommt. Insbesondere im Temperaturverlauf des Motors ist erkennbar, dass auch der im Mittel kontinuierliche Anstieg des Temperaturniveaus in den Simulationsergebnissen wiederzufinden ist – das absolute Temperaturniveau in den Belastungsphasen steigt. Weiterhin ist an den Lagerstellen der erhöhte Wärmeeintrag der Spindellager bei hohen Drehzahlen sichtbar. Die größeren Abweichungen am Flansch sind auf den Einfluss der schwankenden Vorlauftemperatur aufgrund der Nähe zu den Kühlwendeln zurückzuführen. Da das Temperaturniveau niedriger als im stationären Versuch ist, macht sich dieser Effekt etwas stärker bemerkbar.

5.4 Zusammenfassung

Am Beispiel der Motorspindel konnte gezeigt werden, dass schnellrechnende FE-Modelle erweitert um umfangreiche Teilmodelle für die prozessparallele Überwachung thermischer Effekte geeignet sind. Nichtlineare Effekte können dazu über lineare Ersatzmodelle abgebildet werden, ohne die Modellgüte signifikant zu beeinflussen.

Da lediglich steuerungsinterne Daten als Eingangsgröße des Modells dienen, ist der beschriebene Ansatz prinzipiell flexibel und beliebig auf andere Spindelsysteme übertragbar. Darüber hinaus ist außerdem denkbar, den Modellierungsansatz auf komplexere Strukturen, wie beispielsweise Werkzeugmaschinen, anzuwenden, da der hohe Fokus auf die Beschreibung der thermischen Randbedingungen in Kombination mit reduzierten Systemmatrizen insbesondere hier seine Stärken ausspielen kann.

Eine Umsetzung des Simulationsansatzes im industriellen Umfeld ist möglich. Die geleisteten Vorarbeiten und Publikationen in diesem Zusammenhang können die Grundlage dafür bilden, wenngleich der Aufbau des notwendigen Simulationsverständnisses ein notwendiges Kriterium darstellt.

Literatur

Arnoldi WE (1951) The principle of minimized iterations in the solution of the matrix eigenvalue problem. Q Appl Math 9(1):17–29
Bernhard F (2014) Handbuch der Technischen Temperaturmessung. Springer, Berlin Heidelberg
Bertotti G (1988) General properties of power losses in soft ferromagnetic materials. IEEE Trans Magn 24(1):621–630
Böge A, Böge W, Arndt K-D, Bahmann W, Barfels L, Bauer J, Bernstein H, Böge G, Dehli M, Heinrich B (2017) Handbuch Maschinenbau. Springer Fachmedien Wiesbaden
Brecher C et al (2016) Thermo-Energetische Gestaltung von Werkzeugmaschinen. 4. Kolloquium zum SFB/TR 96 – Tagungsband

Brecher C, Ihlenfeldt S, Neus S, Steinert A, Galant A (2019) Thermal condition monitoring of a motorized milling spindle. Prod Eng Res Devel 13:539–546

Galant A, Beitelschmidt M, Großmann K (2016) Fast High-Resolution FE-based Simulation of Thermo-Elastic Behaviour of Machine Tool Structures. Procedia CIRP 46:627–630

Harris TA (2006) Rolling Bearing Analysis 2, 5. Aufl. CRC Press

Liserre M (2014) Asynchronmotor. Praktikumsunterlagen Christian-Albrechts-Universität

Palmgren A (1957) Neue Untersuchungen über Energieverluste in Wälzlagern. VDI-Berichte 20, S 117–121

SKF (2017) The SKF model for calculating the frictional moment

Steinert T (1995) Das Reibmoment von Kugellagern mit bordgeführtem Käfig. Dissertation, RWTH Aachen University

Verein Deutscher Ingenieure (VDI) (2003) VDI 2230 Systematische Berechnung hochbeanspruchter Schraubenverbindungen

Verein Deutscher Ingenieure (VDI) (2013) VDI-Wärmeatlas 11. Springer Vieweg

Open Access Dieses Kapitel wird unter der Creative Commons Namensnennung 4.0 International Lizenz (http://creativecommons.org/licenses/by/4.0/deed.de) veröffentlicht, welche die Nutzung, Vervielfältigung, Bearbeitung, Verbreitung und Wiedergabe in jeglichem Medium und Format erlaubt, sofern Sie den/die ursprünglichen Autor(en) und die Quelle ordnungsgemäß nennen, einen Link zur Creative Commons Lizenz beifügen und angeben, ob Änderungen vorgenommen wurden.

Die in diesem Kapitel enthaltenen Bilder und sonstiges Drittmaterial unterliegen ebenfalls der genannten Creative Commons Lizenz, sofern sich aus der Abbildungslegende nichts anderes ergibt. Sofern das betreffende Material nicht unter der genannten Creative Commons Lizenz steht und die betreffende Handlung nicht nach gesetzlichen Vorschriften erlaubt ist, ist für die oben aufgeführten Weiterverwendungen des Materials die Einwilligung des jeweiligen Rechteinhabers einzuholen.

Bewertungsmethodik

Hajo Wiemer, Axel Fickert und Carola Gißke

1 Einführung/Motivation

Die in den vorherigen Abschnitten dargestellten Lösungsverfahren decken ein breites Spektrum von Korrektur- und Kompensationsverfahren thermischer Fehler ab. Sie setzen an unterschiedlichen Punkten der thermo-elastischen Wirkungskette an. Einige Verfahren erfordern einen Eingriff in die Struktur der Werkzeugmaschine, andere arbeiten steuerungsbasiert. Während einige Verfahren auf Modelle und Simulationen zurückgreifen, sind umfassende Messungen die Voraussetzung für andere. Weiterhin unterscheiden sich die verschiedenen entwickelten Lösungen teilweise erheblich hinsichtlich der notwendigen Voraussetzungen beim Anwender, des erreichten Entwicklungsgrades bzw. des erreichten technischen Umsetzungsgrades, ihres Implementierungsaufwandes und ihrer Effektivität. Hinzu kommt die häufig begrenzte Möglichkeit für einen Retro-Fit mit neu erarbeiteten Lösungen an bestehenden Werkzeugmaschinen.

Eine bloße summative Gegenüberstellung der entwickelten Lösungsverfahren ermöglicht es Anwendern daher nur in Einzelfällen, eine passende Lösung für seinen Anwendungsfall zu identifizieren.

Neben der eingeschränkten Vergleichbarkeit bedeutet der Prototypencharakter der entwickelten Lösungsverfahren für die Anwender einen schwer abschätzbaren Implementierungsaufwand. Um eine Vergleichbarkeit zu ermöglichen, wird eine

---

H. Wiemer (✉) · A. Fickert
Professur für Werkzeugmaschinenenentwicklung und adaptive Steuerungen, TU Dresden, Dresden, Deutschland
E-Mail: hajo.wiemer@tu-dresden.de

C. Gißke
Professur für Wirtschaftsinformatik, insbesondere Systementwicklung (WiSe), TU Dresden, Dresden, Deutschland
E-Mail: carola.gisske@tu-dresden.de

Bewertungsmethodik angewandt, welche es ermöglicht, den Aufwand und Nutzen der Lösungsverfahren zu quantifizieren.

Der jeweilige Aufwand sowie generelle Verfahrenseigenschaften wurden mithilfe von standardisierten Experteninterviews mit den Lösungsverfahren-Entwicklern erfasst, kategorisiert und bewertet. Aus diesen Informationen entsteht eine Systematik, um den Entwicklungs-, Installations- und Wartungsaufwand der Lösungen zu beschreiben und vergleichen zu können.

Der Nutzen bzw. die Effektivität der Lösungsverfahren wird mittels standardisierter Messungen ermittelt. Als Bezugspunkt wird das Endprodukt – Prüfwerkstück mit definierter Genauigkeit – gewählt, um eine Vergleichbarkeit sicher zu stellen. Durch die damit gegebenen gleichen Abläufe und Randbedingungen ist eine Vergleichbarkeit der Messungen zur Effektivität der Lösungen, trotz ihrer unterschiedlichen Wirkungsweisen, sichergestellt (Höfer 2018a; Wiemer 2013).

Im Folgenden wird das Vorgehen zur Bewertung und zum Vergleich der erarbeiteten Lösungsverfahren vorgestellt.

2 Bewertungsmetrik

Um wie eingangs erwähnt die entwickelten Lösungen sowohl unter technologischen als auch ökonomischen Gesichtspunkten ganzheitlich bewerten zu können, werden als Bewertungskriterien der Nutzen der Lösungen, d. h. die Effektivität bei der Verringerung von thermisch induzierten TCP-Fehlern der Werkzeugmaschine, der erwartete Implementierungsaufwand, die Einsatzflexibilität sowie ihr Langzeitverhalten (bspw. notwendiger Wartungsaufwand) festgelegt. Die vergleichende Bewertung anhand dieser Kriterien erfolgt fallbezogen, d. h. anhand eines Anwendungsszenarios unter Berücksichtigung von betrieblichen Randbedingungen und technologischen Anwendungsfällen. Abb. 1 veranschaulicht die gewählte Bewertungsmetrik.

Die nachfolgenden Kapitel erläutern die Erhebung der genannten Bewertungskriterien.

Abb. 1 Bewertungsmetrik

2.1 Analyse der Lösungsverfahren

In semistrukturierten Experteninterviews mit den Entwicklern der Lösungsverfahren wurden neben generellen Verfahrenseigenschaften die notwendigen Arbeitsabläufe bei der Implementierung dieser erfragt und jeder Prozessschritt direkt mit den notwendigen Ressourcen verknüpft. Die aus den Ergebnissen dieser Beschreibung abgeleiteten qualitativen und quantitativen Kategorien werden als Kriterien verwendet, anhand derer die verschiedenen Verfahren miteinander verglichen werden. Die Kriterien sind in Tab. 1 aufgelistet.

Da die entwickelten Verfahren noch nicht in der Industrie Anwendung finden, ist auch für die quantifizierbaren Kriterien zunächst nur eine qualitative Einschätzung der Experten möglich.

Tab. 2 und 3 führen beispielhaft die Aufwandserhebung und Analyse des Verfahrens eigenschaftsmodellbasierte Korrektur auf. Eine detaillierte Beschreibung des Verfahrens wird in Kap. „Eigenschaftsmodellbasierte Korrektur" gegeben.

Tab. 1 Kriterien zur vergleichenden Bewertung der untersuchten Lösungen (Gißke 2023)

Quantifizierbare Kriterien	Verfahrenseigenschaften
Materialbedarf (Sensoren, Zusatzkomponenten)	Lösungsumsetzungsgrad (praktischer Nachweis der Wirkung)
Personalbedarf (zeitlicher Aufwand je Personal und Qualifikation, z. B. Verfahrensexperte, Techniker)	Invasivitätsgrad (Eingriff in Maschinenstruktur notwendig)
Immaterieller Aufwand (Maschinenstillstandzeit, Softwarelizenzen)	Wartungsintervall (Veränderung des Wartungsturnus)
Wartungsaufwand (z. B. von Zusatzkomponenten)	Zugriff auf Maschinensteuerung (Steuerungslizenz oder Steuerungsexperte notwendig)
Adaptionsaufwand (um die Verfahren auf neue Lastfälle und Werkzeugmaschinen anzupassen)	Hallenklimatisierung (entfällt bei einigen Verfahren)
	Flexibilität (lastfallspezifisch oder maschinenspezifisch, um Rückschlüsse auf geeignete Anwendungsfälle ziehen zu können)

Tab. 2 Analyse der Verfahrenseigenschaften der eigenschaftsmodellbasierten Korrektur

Verfahrenseigenschaft	Ausprägung
Flexibilität	Lastfallspezifisch, d. h. die zugrunde liegenden Modellberechnungen des Verfahrens basieren auf einem definierten Lastfall
Invasivitätsgrad	Eingriff in Maschinensteuerung erforderlich
Wartungsaufwand	Wartungsfrei
Hallenklimatisierung	Temperatur sollte konstant sein
Lösungsumsetzungsgrad	Effektivität der Lösung an einer WZM nachgewiesen

Tab. 3 Arbeitsschritte bei der Implementierung der eigenschaftsmodellbasierten Korrektur

Arbeitsschritt	Notwendige Ressourcen
Korrekturschnittstellen definieren, Eingangsgrößen identifizieren	1 Tag (Verfahrensexperte) Steuerungsdaten (Zugriff Maschinensteuerung)
Messverfahren und Lastregimes definieren	1 Tag (Verfahrensexperte) NC-Code Generierung auf der Maschine
Messung der Eingangsgrößen durchführen	Bis zu 3 Wochen (Techniker) Bei Messung mit Laser Tracern: min. 3 Tracer à 100.000 € Software zur Aufzeichnung der Messungen Maschinenstillstandszeit für die Dauer der Messungen
Validierung der Messergebnisse	1 Tag (Techniker)
Parametrierung der PT-Glieder	1 Tag (Verfahrensexperte) Matlab Software zur Parametrierung der Ergebnisse
Steuerungsintegration und Inbetriebnahme	1 Woche (Verfahrensexperte) Maschinenstillstand
Aufwand Modellanpassung	Alle Arbeitsschritte ab Lastregimedefinition müssen wiederholt werden

3 Kriterium Lösungsumsetzungsgrad

Einige der Lösungsansätze werden bisher lediglich auf prototypischer Basis umgesetzt. Der Fokus liegt auf dem Prinzip-Nachweis der Machbarkeit und Wirksamkeit der Lösungen.

Daher wird die Kenngröße „Lösungsumsetzungsgrad" eingeführt, um den technischen Entwicklungsstand und den Umsetzungsgrad der verschiedenen Lösungen zu beurteilen. Dabei werden die Lösungen je nach ihrem Entwicklungsfortschritt in unterschiedliche Stufen eingeteilt. Die Einteilung der Lösungen in unterschiedliche Stufen des Umsetzungsgrades erfolgt gemäß Tab. 4.

Eine Übersicht zum Lösungsumsetzungsgrad der entwickelten Lösungen ist in Tab. 6 dargestellt.

Tab. 4 Beschreibung der 3 Stufen des Lösungsumsetzungsgrades

1	Die Effektivität der Lösung wurde auf einem Prüfstand nachgewiesen. In dieser Phase wurde die Lösung unter kontrollierten Bedingungen getestet, um ihre grundsätzliche Funktionsfähigkeit sicherzustellen
2	Die Effektivität der Lösung wurde an einer Werkzeugmaschine nachgewiesen. Hier wurde die Lösung unter realen Bedingungen erprobt, um ihre Leistungsfähigkeit und Anwendbarkeit in der Praxis zu bewerten
3	Die Lösung befindet sich in der Industrieanwendung. In dieser Phase ist die Lösung vollständig implementiert und wird in industriellen Prozessen eingesetzt. Sie hat sich als wirksam und effizient erwiesen und erfüllt die Anforderungen in der Praxis

3.1 Ermittlung des Nutzens der Lösungen

Neben der Erhebung und Dokumentation des Aufwandes wird auch eine technologische Nutzenbetrachtung für die entwickelten Lösungen durchgeführt. Hierzu wird die Effektivität der Lösungsverfahren in Bezug auf die Reduktion des thermisch induzierten TCP-Fehlers untersucht.

3.1.1 Messung der Effektivität der Lösungsverfahren

Je nach Aufbau der Werkzeugmaschinen oder des zu untersuchenden Versuchsträgers kommen zur Messung der Positionierungsfehler zwei im Folgenden beschriebene Messverfahren zur Anwendung:

a) Messung von TCP-Fehlern durch die Bearbeitung von Formelementen eines Prüfwerkstück (und dadurch Übertragung von TCP-Fehlern auf das Prüfwerkstück), und
b) Messung von TCP-Fehlern mittels Antastens von Feinzeigern, nach der in DIN ISO 230-3 beschriebenen Vorgehensweise.

Da verschiedene Werkzeugmaschinen und Lösungsverfahren untersucht werden und bei einem Versuchsträger eine spanende Bearbeitung aufgrund der montierten, empfindlichen Messtechnik für eine TCP-Fehler-Messung (spanende Bearbeitung des Prüfwerkstücks) nicht realisierbar sind, besteht die Herausforderung in der Gewährleistung der Vergleichbarkeit der Messergebnisse beider Verfahren. Zu diesem Zwecke wurden Untersuchungen mit beiden genannten Messverfahren durchgeführt und die Vergleichbarkeit validiert (Fickert et al. 2023).

Ermittlung von TCP-Fehlern mittels Fertigbearbeitung eines Prüfwerkstücks
Das Prüfwerkstück zur Abbildung thermisch bedingter Verlagerungen ist in Abb. 2 dargestellt (Neidhardt 2014).

Das entwickelte Prüfwerkstück besitzt die Abmessungen $165 \times 125 \times 85$ mm und ist auf der Vorder- und Rückseite identisch gestaltet, um zwei Fräs-Versuche durchführen zu können. Es kann sowohl auf der Unterseite (für Horizontalfräsmaschinen) als auch auf den Seitenflächen (für Vertikalfräsmaschinen) des Spannsockels aufgespannt werden. Das Prüfwerkstück ist, wie in Abb. 3, links dargestellt, als Rohteil vorgefertigt. Die zu untersuchende Fertigbearbeitung erfolgt auf den 25 quadratischen Flächen in Z-Richtung sowie auf zwei schmalen, rechteckigen Flächen in der X- und Y-Richtung (Abb. 3, graue Flächen). Als Repräsentanten des geometrischen Ausgangszustands der Maschine sind verschieden orientierte Bezugsflächen im Prüfwerkstück vorgesehen (vgl. Abb. 3: rote, grüne und blaue Flächen).

Mit der kompakten Bauweise des Prüfwerkstückes werden nur translatorische Fehler erfasst, da die rotatorischen Fehler der Fräsmaschine auf den sehr kleinen Flächen nicht darstellbar sind. Die am Prüfwerkstück gemessenen Werte gelten außerdem nur für die konkrete Position im Arbeitsraum.

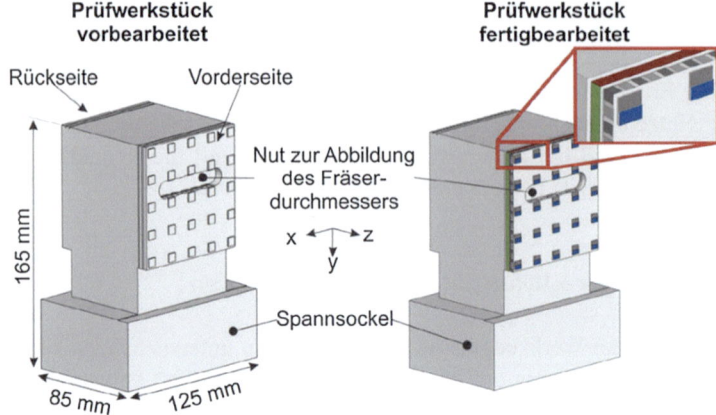

Abb. 2 Geometrie des Prüfwerkstückes als Rohteil und als Fertigteil

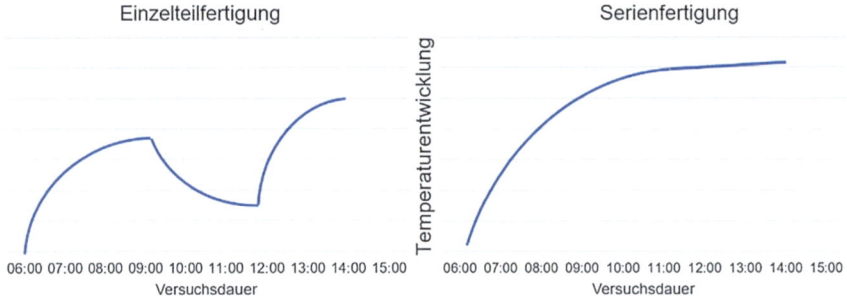

Abb. 3 Erwarteter Verlauf der Temperaturentwicklung in der Werkzeugmaschine infolge der Belastung durch Lastfall Einzelteil- und Serienfertigung

Jeder Fräsversuch wird durch ein Versuchsprotokoll dokumentiert. Die Vermessung des Prüfwerkstückes erfolgt auf Basis einer Prüfanweisung. Damit werden vergleichbare Bedingungen gewährleistet (Höfer 2016a, b, 2018a).

Untersuchungsablauf
Eine Untersuchung beginnt mit der Fertigung der Bezugsflächen am Prüfwerkstück. In festgelegten Zeitabständen werden Formelemente-Sätze zur Abbildung der translatorischen Fehler in x-, y- und z-Richtung gefertigt. Zur Erfassung des Werkzeugverschleißes erfolgt zu Beginn und danach in regelmäßigen Abständen eine Nut-Bearbeitung am Prüfwerkstück zur Werkzeugdurchmesser-Abbildung. Damit kann ein möglicher Verschleiß am Fräser erfasst und bei der Auswertung berücksichtigt werden.

Zwischen den Bearbeitungs- bzw. Messvorgängen führt die Maschine die in Lastfällen definierten Bewegungsabläufe und Ruheperioden aus, wodurch sie sich erwärmt bzw. abkühlt. Der gesamte Versuch erfolgt ohne Werkzeugwechsel und das Prüfwerkstück wird während des gesamten Vorgangs nicht ab- bzw. umgespannt. Dadurch werden Geometriefehler durch Werkzeug- bzw. Werkstückspannung ausgeschlossen (Neidhardt 2014).

3.1.2 Untersuchungsszenarien

Es werden zwei Bewegungsregime bzw. Lastfälle definiert, mit welchen thermische Lasten in die zu untersuchenden WZM eingebracht wurden. Dies dient der Simulation von zwei möglichen Einsatzszenarien: Serienfertigung und Einzelteilfertigung.

Die Werkzeugmaschine führt hierbei „Luftschnitte" durch. Dabei werden Achsbewegungen ausgeführt und die Motorspindel auf Bearbeitungsdrehzahl betrieben. Dies dient der Einbringung von thermischen Lasten in die Komponenten und Struktur der Werkzeugmaschine, um thermisch induzierte TCP-Fehler hervorzurufen.

Prozesskräfte werden hierbei vernachlässigt und thermische Lasten resultieren nur aus Reibung in den Vorschubeinheiten und elektrischen Verlusten bei der Bewegung und Beschleunigung der Vorschubachsen und Motorspindel (Höfer 2016a)

Im Folgenden sind die zwei Lastfälle beschrieben:

Lastfall 1 „Einzelteilfertigung"

Der Lastfall "Einzelteilfertigung" zeichnet sich dadurch aus, dass die Werkzeugmaschine 8 h vor Versuchsbeginn ausgeschaltet wird und sie sich daher zu Untersuchungsbeginn in einem thermisch annähernd mit der Umgebung ausgeglichenen Zustand befindet. Dieses Belastungsregime simuliert die Fertigung von realen Einzel-Bauteilen mit dazwischenliegenden Verweilzeiten. Hierfür wird auf den NC-Code von in der Vergangenheit gefertigten Fräs-Bauteilen zurückgegriffen, welcher mit einem Off-Set in Z-Richtung belegt wird, sodass die WZM Luftschnitte über dem Maschinentisch ausführt. Die WZM erfährt hierdurch abwechselnde Belastung und Stillstand, sodass die Temperatur der Vorschub- und Spindelkomponenten abwechselnd steigt und fällt (vgl. Abb. 3, links).

Lastfall 2 „Serienfertigung"

Für den Lastfall „Serienfertigung" ist charakteristisch, dass die Werkzeugmaschine mindestens 8 h vor Versuchsbeginn eingeschaltet (alle Vorschubachsen sind in Regelung) wird. Zu Beginn des Versuches befindet sich die WZM dann nicht in einem thermisch, mit der Umgebung ausgeglichenen Zustand. Die WZM erfährt eine kontinuierliche, annährend gleichbleibende Belastung, sodass die Temperatur der Vorschub- und Spindelkomponenten kontinuierlich steigt bis sich ein Beharrungszustand einstellt (vgl. Abb. 3, rechts).

Die folgende Tab. 5 stellt die Bearbeitungsintervalle am Prüfwerkstück bzw. die Messintervalle beim Antasten der Feinzeiger für die zwei untersuchten Lastfälle dar.

Tab. 5 Messintervalle bei Anwendung der zwei Lastfälle beim Antasten mit Feinzeiger

Lastfall 1 „Einzelteilfertigung"	Lastfall 2 „Serienfertigung"
5 Messungen alle 5 min, danach	10 Messungen alle 5 min, danach
3 Messungen alle 30 min, danach	5 Messungen alle 10 min, danach
5 Messungen alle 5 min, danach	5 Messungen alle 20 min, danach
3 Messungen alle 30 min, danach	4 Messungen alle 40 min
5 Messungen alle 5 min, danach	
3 Messungen alle 30 min	

Zwischen den Messereignissen führt die Werkzeugmaschine, wie beschrieben, Luftschnitte aus bzw. verweilt in Ruhe. Der Untersuchungszeitraum beträgt für beide Lastfälle insgesamt ca. 6 h.

3.2 Auswertung

Vermessung des Prüfwerkstückes

Für die Ermittlung der auf das Prüfwerkstück überführten TCP-Fehler wird dieses auf einem Koordinatenmessgerät vermessen. Die zu erwartende Größenordnung der maximalen translatorischen Fehler liegt für Maschinen mit Verfahrwegen um 500 mm erfahrungsgemäß in der Größenordnung von etwa 50 μm. Hochgenaue Koordinatenmessmaschinen liefern eine Messunsicherheit von etwa ±0,6 μm. Da bei der Berechnung der translatorischen Fehler in den drei Richtungen die Differenz zwischen der Position der Bezugsfläche und der des Formelements gebildet wird, liegt die Messunsicherheit der so ermittelten thermisch bedingten translatorischen Fehler bei ±1,2 μm (Neidhardt 2014). Sie können also mit ausreichender Genauigkeit erfasst werden. Zur Reduzierung des Einflusses der Oberflächenrauheit der zu messenden Flächen am Prüfwerkstück werden bei der Vermessung des Prüfwerkstückes auf dem KMG jeweils 5 Messpunkte pro, zu vermessender, Fläche aufgenommen und gemittelt.

Auswertung der Messdaten

Die Auswertung erfolgt durch die Bildung der Differenz zwischen den Ist- und Soll-Positionswerte aller 75 Formelemente (in Referenz zur zugehörigen Bezugsfläche). Weiterhin werden die 4 Nutdurchmesser ermittelt, um den ggf. auftretenden Werkzeugverschleiß zu ermitteln.

Thermische Korrekturrechnung der Prüfwerkstück-Messergebnisse

Das aus Aluminium gefertigte Prüfwerkstück (Aluminium EN AW 2007, Werkstoffnummer: 3.1645, Kurzname DIN/EN: AlCuMgPb/AlCu4PbMgMn) dehnt sich aus bzw. schrumpft bei Temperaturänderung (um $23{,}1 * 10^{-6}$/K bei 20 °C).

Mithilfe eines am Prüfwerkstück aufgeklebten Thermosensors wird während des Versuches im Minutentakt dessen Temperatur erfasst. Somit kann nachträglich die theoretisch erwartete Ausdehnung des Prüfwerkstücks im Moment der Messung (Bearbeitung der Formelemente) berechnet und der thermische bedingte (Ausdehnungs-)Fehler am Prüfwerkstück kompensiert werden.

Die thermische Kompensationsrechnung unterscheidet sich in der Z-Richtung, da das Prüfwerkstück bei der Bearbeitung der Seite 1 mit dem Fuß und den unbearbeiteten Formelementen der Seite 2 auf dem Maschinentisch aufliegt. Bei der Bearbeitung der Seite 2 liegt das Prüfwerkstück nur am Fuß und nicht mit den Formelementen der Seite 1 (bereits bearbeitet) auf dem Maschinentisch auf. Demnach halbiert sich die thermisch wirksame Strecke der Ausdehnung für die Seite 2 des Prüfwerkstückes.

Zur Quantifizierung des Nutzens eines Lösungsverfahrens werden die mithilfe des Prüfwerkstücks ermittelten TCP-Fehler-Verläufe über den Versuchszeitraum zwischen der Untersuchung mit und ohne aktiviertem Lösungsverfahren gegenübergestellt (vgl. Abb. 4).

Es wird für jede Raumrichtung (X-, Y-, und Z-Richtung) der maximale TCP-Fehler während des Versuches ermittelt. Ein Vergleich dieser drei Kenngrößen erlaubt dann einen Vergleich der Lösungsverfahren untereinander und die Erstellung einer Rangfolge zur Effizienz der Lösungsverfahren.

Tab. 6 gibt eine Übersicht zum Lösungsumsetzungsgrad und eine Abschätzung zum Nutzen bzw. der Effektivität ausgewählter Lösungsverfahren:

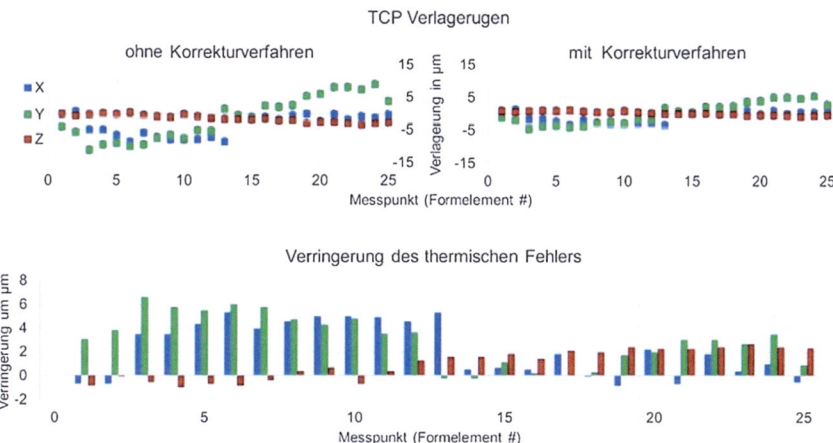

Abb. 4 Beispielhafte Darstellung der mittels Prüfwerkstück ermittelten TCP-Verlagerungen (oben) – mit und ohne Korrekturverfahren und ermittelte Verringerung des thermischen Fehlers (unten)

Tab. 6 Übersicht zur Abschätzung der Effektivität und des Lösungsumsetzungsgrades der Lösungsverfahren

Lösungsverfahren	Abschätzung zur Effektivität des Lösungsverfahrens	Lösungsumsetzungsgrad
Werkzeug- und Spannmittelverformung, Korrektur (steuerungsseitig), Parametermodell (vgl. Kap. „Korrektur der thermischen Verlagerung rotierender Werkzeuge unter dem Einfluss verschiedener Kühlstrategien")	Je nach Anwendung und Art des Fräsprozesses wurde eine Verbesserung des thermischen Fehlers von 50–90 % erreicht	2
Thermo-energetische Beschreibung fluidtechnischer Systeme, Kompensation (steuerungsseitig), optimierte Kühlstrategien; Minimierung Energiebedarf (vgl. Kap. Demonstrator Motorspindel)	Die Gesamtenergieaufnahme der Werkzeugmaschine kann um 10–15 % gesenkt werden	1
Eigenschaftsmodellbasierte Korrektur, Korrektur (steuerungsseitig), Messung der Verlagerung für Lastfall – Grey Box (vgl. Kap. „Eigenschaftsmodellbasierte Korrektur")	Je nach Anwendung und Art des Fräsprozesses kann eine Verbesserung des thermischen Fehlers von 50–70 % erreicht werden	2
Strukturmodellbasierte Korrektur, Korrektur (steuerungsseitig), Modellierung des Maschinenverhaltens – White Box (vgl. Kap. „Strukturmodellbasierte Korrektur")	Die thermisch bedingten Fehler konnten für einen Hexapoden um ca. 50–80 % reduziert werden	1
Kennfeldbasierte Korrektur, Korrektur (steuerungsseitig), Kennfeld – Black box (vgl. Kap. „Kennfeldbasierte Korrektur")	Im Ergebnis erhält man mit moderatem Aufwand je nach Anwendungsfall typischerweise Verbesserungen des thermischen Fehlers um 50–80 %	2
Thermische Vorsteuerung, Kombination: Korrektur und Kompensation (vgl. Kap. „Thermische Vorsteuerung")	Energieeinspar-Potential bei Kühlsystemen durch bedarfsgerechte Kühlung von mehr als 50 %	1
Gesteuerter Wärmefluss, Kompensation, Tilger & Heatpipes (vgl. Kap. „Energieeffiziente Systeme zur aktiven Steuerung von Wärmeflüssen")	Mittels der passiven Komponenten kann eine Verringerung des thermischen Fehlers um ca. 20 % erzielt werden	1
Strukturintegrierte Messtechnik, messtechnische Korrektur (steuerungsseitig), Messung der Verlagerung von Strukturbauteilen (vgl. Kap. „Online-Korrektur thermisch bedingter Verformungen mithilfe von integralen Verformungssensoren")	Abhängig vom Demonstrator und der Position im Arbeitsraum können Verringerungen des thermischen Fehlers um 50–80 % erreicht werden	2

4 Vergleichende Bewertung

Um eine vergleichende Bewertung der verschiedenen Verfahren auf Grundlage der in Tab. 1 dargestellten quantifizierbaren Kriterien vorzunehmen, wird die multikriterielle Entscheidungsanalysemethode (MCDA-Methode) PROMETHEE I (Geldermann 2014) herangezogen. Diese dient einerseits dazu, dem Anwender eine Möglichkeit der Definition von Präferenzen zu gewähren, da die Bewertung von Aufwänden und die letztendliche Entscheidung der Relevanz von Kriterien subjektiv ist und unter Anwendern variieren kann. So kann z. B. ein hoher Materialaufwand für die Umsetzung einer Lösung ein Ausschlusskriterium für den einen Nutzer sein, während ein anderer Nutzer aufgrund von Personalengpässen eine Lösung bevorzugt, die wenig Ingenieursstunden erfordert und den Materialeinsatz nicht so stark in den Vordergrund stellt. Zum anderen kann mithilfe dieser Methode eine Rangfolge geeigneter Lösungsverfahren erstellt werden.

4.1 Kriterienausprägung

Aufgrund der unterschiedlichen Ausprägung der Kriterien (zeitlich, monetär) und des Schätzungscharakters verwendet die Methode keine absoluten Rechenwerte, sondern relativiert die ermittelten Aufwände anhand einer 5-Punktskala. Im Falle einer zeitlichen Kriteriendimension, wie beispielsweise dem Personalaufwand, wird die in Tab. 7 dargestellte Punktwertzuweisung vorgenommen. Analog werden ermittelte Kosten ebenfalls in eine 5-Punktskala umgewandelt.

Zur weiteren Berechnung werden nun jeder ermittelten Ressource die entsprechenden Punktwerte zugeordnet, summiert und damit für jedes quantifizierbare Kriterium (Materialbedarf, Ingenieurstunden, Maschinenstillstandszeit, etc.) analog ein summierter Wert ermittelt.

4.2 Festlegung der Kriteriengewichte

Um die individuellen Präferenzen eines Anwenders berücksichtigen zu können, sieht die für die Berechnung der Rangfolge verwendete Methode eine Gewichtung

Tab. 7 Zuordnung von Punktwerten zu zeitlichen Aufwänden

Zeitaufwand	5-Punktskala
<1 Woche	1
1–2 Wochen	2
2–3 Wochen	3
1 Monat	4
>1 Monat	5

der Kriterien vor. Als Kriterien werden die quantifizierbaren Aufwände, also materielle und immaterielle Ressourcen sowie der Langzeitaufwand verwendet. Da es für Anwender schwierig sein kann, einzelne Gewichtungen zu determinieren, wird als Hilfsmittel die Simple Multi-Attribute Rating Technique (SMART) Methode zur Gewichtung der Kriterien implementiert. Bei dieser Technik werden dem in den Augen des Anwenders wichtigsten Attribut 100 Punkte zugewiesen. Alle anderen werden je nach ihrer relativen Bedeutung für dieses Kriterium mit Punkten im Bereich zwischen 0 und 100 bewertet (z. B. 50 = halb so wichtig, 100 = gleich wichtig). Aus der Summe aller Punkte wird dann der prozentuale Anteil eines jeden Merkmals ermittelt, der letztlich dessen Gewichtung darstellt. Tab. 8 zeigt exemplarisch die Umsetzung der Kriteriengewichtung. Je nach Gewichtung der Kriterien ändert sich die berechnete Rangfolge der Lösungen entsprechend.

4.3 Aggregation der ermittelten Werte

Auf Grundlage der ermittelten Werte werden die Verfahren anhand einer Outranking-Methode aggregiert. Sie basiert auf Paarvergleichen zwischen den alternativen Verfahren. Outranking-Beziehungen geben an, in welchem Grad eine Alternative gegenüber einer anderen vorgezogen wird. Auf Basis dieser Beziehungen wird abschließend eine partielle Rangfolge erstellt.

Zunächst werden die Outranking-Beziehungen für jeden Paarvergleich ermittelt, d. h. es wird für alle Alternativen ermittelt, ob, über alle vorhandenen quantifizierten Kriterien, Alternative A gegenüber Alternative B präferiert wird. Hierfür werden zunächst Präferenzwerte p_k für den Paarvergleich anhand der Differenz der summierten Kriterienausprägungen bestimmt. Hat Alternative A beispielsweise einen höheren Materialbedarf als Alternative B, ist Alternative B in diesem Kriterium zu bevorzugen und erhält für das Kriterium Materialbedarf den Präferenzwert 1.

Die Outranking-Beziehungen $(\pi(A_i, A_j))$ für jedes Alternativenpaar $(A_i, A_j) \in A$(*Menge der Alternativen*), $(i, j\, n$(*Anzahl der Alternativen*)) werden im Anschluss aus der gewichteten Summe der Präferenzwerte des Paarvergleichs über alle Kriterien (von $k = 1$ bis K(*Anzahl der Kriterien*)) ermittelt. Der Wert jeder

Tab. 8 beispielhafte Gewichtung nach der SMART-Methode

Kriterium	Punkte	Gewichtung
Materialbedarf	100	0,166
Ingenieurstunden	100	0,166
Technikerstunden	100	0,166
Softwarebedarf	100	0,166
Maschinenstillstand	100	0,166
Adaptionsaufwand	100	0,166
Summe	600	1

Beziehung liegt zwischen 0 und 1. Je größer er ist, desto stärker wird die Alternative der anderen vorgezogen.

$$\pi(A_i, A_j) = \sum_{k=1}^{K} w_k * p_k(A_i, A_j)$$

Die Variable w_k kennzeichnet hier das Gewicht des jeweiligen Kriteriums und $p_k(A_i, A_j)$ den zugehörigen Präferenzwert des Paarvergleichs. Ausgehend von diesen Outranking-Beziehungen werden im Folgenden die Aus- und Eingangsflüsse für jede Alternative berechnet. Sie drücken aus, inwieweit eine Alternative gegenüber den anderen Vor- und Nachteile aufweist. Der Ausgangsfluss der Alternative $A_i(\phi_i^+)$ beschreibt wie stark A_i alle anderen übertrifft. Er ergibt sich aus der normierten Summe der Outranking-Beziehungen aller Paarvergleiche von A_i mit den anderen Alternativen.

$$\phi_i^+ = \frac{1}{n-1} * \sum_{j=1}^{n} \pi(A_i, A_j)$$

Der Eingangsfluss $A_i(\phi_i^-)$ zeigt dagegen, wie stark die Alternative A_i von den anderen dominiert wird. Er ergibt sich aus der normierten Summe aller $\pi(A_j, A_i)$ und weist einen Wert zwischen 0 und 1 auf, wobei niedrigere Werte besser sind.

$$\phi_i^- = \frac{1}{n-1} * \sum_{j=1}^{n} \pi(A_j, A_i)$$

Der Eingangsfluss gibt also an, wie ungeeignet das Verfahren in Bezug auf die Kriteriengewichtung im Vergleich zu den anderen Verfahren ist. Nach dieser Logik wird eine Alternative gegenüber einer anderen bevorzugt, wenn ihr Ausgangsfluss größer und ihr Eingangsfluss kleiner ist. Das Ergebnis dieser Differenz wird im Nettofluss ausgedrückt. Der beste Nettofluss zeigt die am besten geeignete Lösung an. Das sich daraus ergebende Ranking zeigt dem Nutzer dementsprechend an, welche Lösungen der Gewichtung der Kriterien, also seinen Präferenzen, am meisten entsprechen. Abb. 5 gibt beispielhaft ermittelte Flüsse und eine grafische Repräsentation der summierten Aufwände für die Verfahren eigenschaftsmodellbasierte und strukturmodellbasierte Korrektur für den Fall an, dass alle Kriterien gleichgewichtet werden. Im Beispiel überwiegt das Verfahren struktur-modellbasierte Korrektur, da das Verfahren eigenschafts-modellbasierte Korrektur sowohl einen höheren Material- als auch höheren Adaptionsaufwand hat. Würde die Gewichtung für das Kriterium Adaptionsaufwand jedoch als gering angenommen werden, da beispielsweise im Falle der Serienfertigung der Modellierungsaufwand einmalig ist, ändert sich die Rangfolge. Durch die gewählte MCDA-Methode ist die Rangfolge der Lösungen also nicht immer gleich, sondern abhängig von der gewichteten Präferenz des Nutzers. Das Kriterium „Adaptionsaufwand" ist damit entscheidend für die Rangfolge bei der Unterscheidung zwischen den technologischen Anwendungsfällen Serienfertigung und Einzelfertigung. Während im Fall

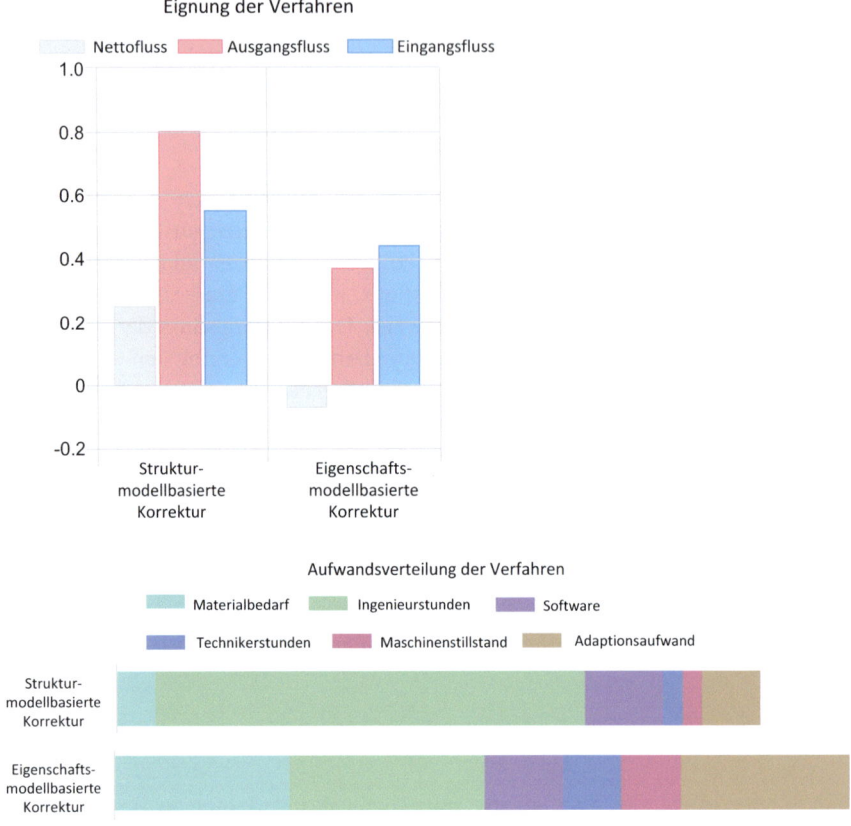

Abb. 5 Ermittelte Berechnungsflüsse und resultierende Eignung der Verfahren sowie grafische Repräsentation des summierten Aufwandes

der Einzelfertigung bei lastfallspezifischen Lösungsverfahren das zugrunde liegende Berechnungsmodell kontinuierlich an den neuen Lastfall angepasst werden müsste, dominieren an dieser Stelle maschinenspezifische Lösungsverfahren, da die Notwendigkeit der Adaption nicht vorhanden ist und ein vergleichsweise hoher Aufwand an Ingenieurstunden zur Verfahrensimplementierung einmalig ist.

Die in Tab. 1 identifizierten Verfahrenseigenschaften fließen nicht in die Aufwandsbewertung ein, sondern können zusätzlich zur weiteren Einschränkung der Menge der Lösungsverfahren genutzt werden, z. B. indem in der Rangfolge nur Lösungsverfahren ausgegeben werden, welche nicht permanent in die Maschinenstruktur eingreifen oder keine konstante Hallenklimatisierung während des Betriebs benötigen. Abb. 6 verdeutlicht noch einmal das Vorgehen zur vergleichenden Bewertung der verschiedenen Verfahren.

Des Weiteren ist anzumerken, dass die entwickelten Lösungsverfahren in einigen Aspekten noch das Potential aufweisen, den ermittelten Aufwand zu

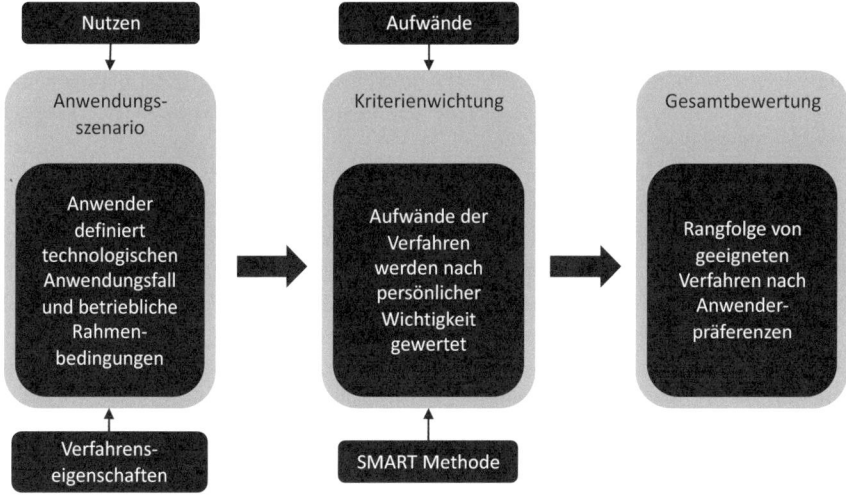

Abb. 6 Vorgehen zur vergleichenden Bewertung der entwickelten Verfahren

reduzieren. Beispielsweise ist der Aufwand für die Erstellung eines Maschinenmodells nur dann hoch, wenn noch kein Modell existiert. Ein Referenzkatalog für Maschinenmodelle könnte z. B. den Implementierungsaufwand vieler Verfahren deutlich reduzieren. Der erfasste Aufwand je Lösung ist somit nur eine Momentaufnahme und keine statische Dokumentation.

Die entwickelten Verfahren, ihr Implementierungsaufwand, die Verfahrenseigenschaften und die durchgeführten Messungen werden einheitlich in einem Softwaretool dokumentiert und die dargestellte Bewertungsmethode auf dieser Grundlage umgesetzt.

5 Zusammenfassung

Die Korrektur von TCP-Fehlern in der Fertigungsindustrie ist entscheidend für Qualität und Effizienz in der Produktion. Um die bestmöglichen Lösungen für verschiedene Anwendungsfälle zu identifizieren, ist es daher notwendig, eine Bewertungsmetrik zu entwickeln, die eine systematische und objektive Beurteilung ermöglicht.

Bei der Analyse der entwickelten Lösungsverfahren basiert die Bewertungsmetrik auf einer detaillierten Untersuchung quantifizierbarer Kriterien wie materieller und immaterieller Ressourcen sowie Langzeitaufwand. Der Lösungsumsetzungsgrad beschreibt, inwieweit die Lösungsverfahren erfolgreich in der Praxis angewendet werden können. Die Analyse der Umsetzungsgrade hilft dabei, die Effektivität der Lösungen im Hinblick auf die Korrektur von TCP-Fehlern zu bewerten.

Das entwickelte Prüfwerkstück ermöglicht die Leistungsbewertung der verschiedenen Lösungsverfahren in zwei Anwendungsszenarien: Serienfertigung und Einzelteilfertigung. Es erlaubt eine objektive Beurteilung der Lösungen und erlaubt es einem Anwender, den Nutzen der Lösungsverfahren für den jeweiligen Anwendungsfall einzuschätzen.

Die Bewertungsmetrik berücksichtigt auch verschiedene Untersuchungsszenarien, um die Eignung der Lösungsverfahren in verschiedenen Produktionsumgebungen zu ermitteln. Die Auswertung dieser Szenarien hilft dabei, die Effektivität der Lösungen in verschiedenen Anwendungsfällen besser zu verstehen und eine informierte Entscheidung bei der Auswahl der geeignetsten Lösung zu treffen.

Bei der vergleichenden Bewertung werden Kriterienausprägungen und Kriteriengewichte festgelegt, um die individuellen Präferenzen der Anwender in die Bewertung einzubeziehen. Die Multi-Kriterielle Entscheidungsanalysemethode (MCDA) wird verwendet, um eine Rangfolge von Lösungen basierend auf den definierten Präferenzen der Anwender zu erstellen.

Mit dieser Bewertungsmetrik können Anwender eine fundierte Entscheidung treffen, welche Lösungsverfahren zur Korrektur von TCP-Fehlern in ihren spezifischen Anwendungsfällen am besten geeignet sind. Die gewählte Methode ermöglicht es, die Rangfolge der Lösungen anhand der gewichteten Präferenzen des Nutzers anzupassen und somit die bestmögliche Lösung für die jeweilige Situation auszuwählen.

Literatur

Fickert A, Wiemer H, Gißke C, Penter L (2023) Measuring thermally induced tool center point displacements on milling machines using a test workpiece. In: Proceeding 3rd ICTIMT, Springer Nature

Geldermann J, Lerche N (2014) Leitfaden zur Anwendung von Methoden der multikriteriellen Entscheidungsunterstützung. Georg-August-Universität Göttingen

Gißke C, Fickert A, Wiemer H (2023) Development of a system for the evaluation and recommendation of solution methods for thermally induced errors n machine tools. In: Proceeding 3rd ICTIMT, Springer Nature

Höfer H (2016a) Generation of motion sequences for thermal load of machine tool. Production engineering

Höfer H (2016b) Bewertung thermisch bedingter Verlagerungen mit Prüfwerkstücken. Konferenz, Tagungsband SFB

Höfer H (2018a) Measurement of test pieces for thermal induced displacements on milling machines. Tagungsband

Höfer H (2018b) Evaluation of measuring methods for thermally induced displacement on milling machines. Production engineering

Neidhardt L, Höfer H, Wiemer H (2014) Prüfwerkstück zum Nachweis von thermisch bedingten Verlagerungen an Fräsmaschinen – Konzept und erste Erfahrungen. ZWF 109(11):814–818 (Dresden)

Wiemer H (2013) Bewertung von Verfahren zur Korrektur bzw. Kompensation thermisch bedingter Verlagerungen von Werkzeugmaschinen, Konferenz, Tagungsband SFB

Open Access Dieses Kapitel wird unter der Creative Commons Namensnennung 4.0 International Lizenz (http://creativecommons.org/licenses/by/4.0/deed.de) veröffentlicht, welche die Nutzung, Vervielfältigung, Bearbeitung, Verbreitung und Wiedergabe in jeglichem Medium und Format erlaubt, sofern Sie den/die ursprünglichen Autor(en) und die Quelle ordnungsgemäß nennen, einen Link zur Creative Commons Lizenz beifügen und angeben, ob Änderungen vorgenommen wurden.

Die in diesem Kapitel enthaltenen Bilder und sonstiges Drittmaterial unterliegen ebenfalls der genannten Creative Commons Lizenz, sofern sich aus der Abbildungslegende nichts anderes ergibt. Sofern das betreffende Material nicht unter der genannten Creative Commons Lizenz steht und die betreffende Handlung nicht nach gesetzlichen Vorschriften erlaubt ist, ist für die oben aufgeführten Weiterverwendungen des Materials die Einwilligung des jeweiligen Rechteinhabers einzuholen.

Anwendungsbeispiel DMU 80 eVo

Christian Naumann, Alexander Geist, Tharun Suresh Kumar, Juliane Weber,
Christoph Steiert, Immanuel Voigt, Franziska Plum, Xaver Thiem,
Nico Bertaggia, Janine Glänzel, Jürgen Weber, Daniel Zontar,
Christian Brecher und Steffen Ihlenfeldt

1 Einleitung

In den vorangegangenen Kapiteln wurden verschiedene Methoden zur messtechnischen Bestimmung des thermischen Fehlers, zur simulativen Abbildung der Wärmeübertragung und der thermo-elastischen Verformung und zur Korrektur bzw. Kompensation des thermischen Fehlers in Werkzeugmaschinen vorgestellt. In der Wissenschaft werden diese Methoden bzw. Vorrichtungen meist an realen Werkzeugmaschinen, wie sie im industriellen Umfeld zu finden sind, entwickelt

---

C. Naumann (✉) · A. Geist · T. Suresh Kumar · I. Voigt · J. Glänzel
Fraunhofer-Institut für Werkzeugmaschinen und Umformtechnik IWU, Chemnitz, Deutschland
E-Mail: christian.naumann@iwu.fraunhofer.de

A. Geist
E-Mail: Alexander.Geist@iwu.fraunhofer.de

I. Voigt
E-Mail: Immanuel.Voigt@iwu.fraunhofer.de

J. Glänzel
E-Mail: Janine.Glaenzel@iwu.fraunhofer.de

J. Weber · C. Steiert · J. Weber
Professur für Fluid-Mechatronische Systemtechnik, TU Dresden, Dresden, Deutschland
E-Mail: juliane.weber@tu-dresden.de

C. Steiert
E-Mail: christoph.steiert@tu-dresden.de

J. Weber
E-Mail: juergen.weber@tu-dresden.de

© Der/die Autor(en) 2025
C. Brecher, *Thermo-energetische Gestaltung von Werkzeugmaschinen*,
https://doi.org/10.1007/978-3-658-45180-6_29

und erprobt. Da sich jedoch die meisten Forscherteams auf höchstens 1–2 Methoden spezialisieren und häufig auch nur Zugriff auf ein oder zwei Maschinen haben, ist es für die Anwender schwierig abzuschätzen, welche Methode oder Kombination von Methoden für die eigene Werkzeugmaschine am besten geeignet ist. Für eben diese Fragestellung soll hier am Beispiel der DMU 80 eVo von DMG Mori eine detaillierte Analyse des thermischen Verhaltens und der geeigneten Maßnahmen zu dessen Verbesserung gezeigt werden. Der Fokus wird dabei auf in den vorangegangenen Abschnitten vorgestellten Verfahren liegen, aber es wird an geeigneten Stellen auch auf alternative Ansätze verwiesen. An dieser Stelle soll zudem die Einschränkung getroffen werden, dass nur existierende Maschinen betrachtet werden. Für Neuentwicklungen (mit allen Design-Freiheiten) ist die Bandbreite der möglichen Verfahren, insbesondere was die thermische Kompensation angeht, noch deutlich größer. Das Vorgehen erfolgt in sechs wesentlichen Schritten (Abb. 1).

Der erste wichtige Schritt ist die Erfassung des Iststandes, d. h. wie groß der thermische Fehler unter Aktivierung aller bereits vorhandenen Kompensationsmaßnahmen in den relevanten Bearbeitungsfällen ist. Wie diese Bearbeitungsfälle aussehen, muss dafür klar definiert werden. Dazu zählen u. a. zulässige bzw. zu erwartende Umgebungstemperaturspanne, Serien- und/oder Einzelfertigung, Nass- und/oder Trockenbearbeitung, mit/ohne Aufwärmzyklus usw. Dabei ist es auch entscheidend, wer der Anwender ist, d. h. handelt es sich um einen Nutzer oder Werkzeugmaschinenhersteller.

Der nächste Schritt ist die Definition des Optimierungsziels. Die wesentlichen Faktoren dabei sind:

F. Plum · C. Brecher
Werkzeugmaschinenlabor, Lehrstuhl für Werkzeugmaschinen, RWTH Aachen, Aachen, Deutschland
E-Mail: F.Plum@wzl.rwth-aachen.de

C. Brecher
E-Mail: C.Brecher@wzl.rwth-aachen.de

X. Thiem · S. Ihlenfeldt
Professur für Werkzeugmaschinenenentwicklung und adaptive Steuerungen, TU Dresden, Dresden, Deutschland
E-Mail: xaver_thiem@tu-dresden.de

S. Ihlenfeldt
E-Mail: steffen.ihlenfeldt@tu-dresden.de

N. Bertaggia · D. Zontar
Fraunhofer-Institut für Produktionstechnologie IPT, Aachen, Deutschland
E-Mail: nico.bertaggia@ipt.fraunhofer.de

D. Zontar
E-Mail: daniel.zontar@ipt.fraunhofer.de

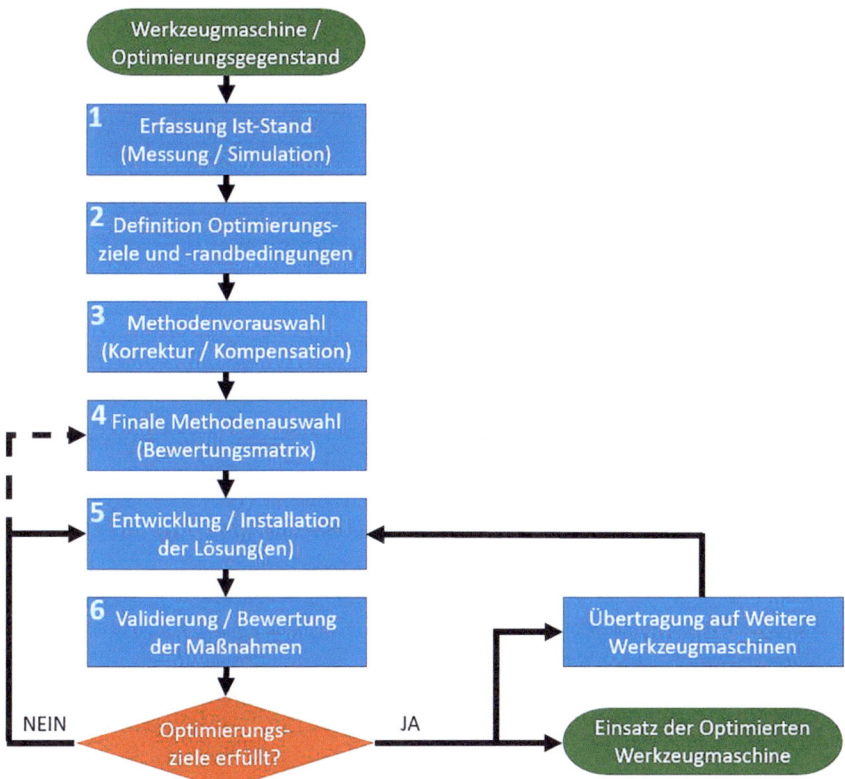

Abb. 1 Schrittweises Vorgehen zur Auswahl von Maßnahmen

- die Genauigkeit (z. B. maximale Positionierunsicherheit),
- die Kosten (für Sensorik/Hardware, Implementierungsaufwände, etc.),
- die Zuverlässigkeit der WZM (Störanfälligkeit, Verschleiß),
- die Produktivität (z. B. notwendige Unterbrechungen der Produktion oder Einführung/Wegfall von Warmfahrzyklen),
- der Energieverbrauch (z. B. Mehr-/Minderverbräuche durch thermische Kompensation).

Die Zielsetzung könnte z. B. lauten: Ich will, dass meine Maschine die definierten Bearbeitungsaufgaben unter den definierten thermischen Bedingungen mit max. 10 µm Fehler ausführt, der Umbau max. 30.000 € kostet, keine Produktivitätseinbußen entstehen und sich der Energieverbrauch um max. 2 % erhöht.

Die konkreten Anforderungen hängen letztendlich vom Ausgangszustand ab. Eine Maschine mit einer ursprünglichen Abweichung von 100 µm wird z. B. die 10 µm nur mit sehr hohen Aufwänden oder nur für ausgewählte Bearbeitungsfälle erreichen. Die Umbaukosten richten sich danach, was der Kunde bereits ist, für die höhere Genauigkeit zu zahlen. Dieser muss dabei die Kosten für thermisch verursachten Ausschuss bzw. erforderliche Nachbearbeitungsaufwände über ein oder mehrere Jahre berücksichtigen.

Schritt drei ist die Vorauswahl geeigneter Methoden zur Optimierung des thermischen Verhaltens. Dabei können bestimmte Verfahren aufgrund konstruktiver Einschränkungen oder weil diese die gegebenen Ziele nicht erfüllen können, bereits eliminiert werden. Da dennoch in der Regel viele konkurrierende Methoden infrage kommen und diese häufig sogar in Kombination einsetzbar sind, erfordert dieser Schritt meist eine sachkundige Beratung oder eine tiefgreifende Literaturrecherche. Unterstützung liefert hoffentlich zum Teil dieses Kapitel, aber auch die entwickelte Bewertungsmethode (Kap. „Bewertungsmethodik").

Schritt vier ist die finale Methodenauswahl auf Basis einer Bewertungsmatrix. Zu berücksichtigen ist hierbei, dass einige wichtige Eigenschaften nur auf Basis von Erfahrungswerten geschätzt werden können, z. B. die Anzahl erforderlicher Sensoren, der Modellierungsaufwand für Simulationen oder auch die finale erreichbare Genauigkeit. Insbesondere bei der Beurteilung von Kosten und Aufwänden ist es wichtig zu unterscheiden, ob nur eine einzige Maschine optimiert wird oder ob alle Maschinen eines Typs aufgerüstet werden sollen.

Schritt fünf ist die Implementierung, d. h. die Entwicklung von Korrekturmodellen oder die Konstruktion und Installation von Hardware zur Kompensation.

Schritt sechs ist die Validierung der Lösung. Über einen Abgleich mit den Zielen aus Schritt zwei wird der Erfolg der Maßnahmen gemessen. Ist die erreichte Genauigkeit immer noch unzureichend, kann zunächst die Methodik nachgebessert werden. Ist das Potenzial der eingesetzten Methoden hingegen bereits ausgeschöpft, dann muss eine ergänzende Maßnahme geplant werden.

Diese Vorgehensweise wird im Folgenden beispielhaft für die DMU 80 eVo (Abb. 2) demonstriert.

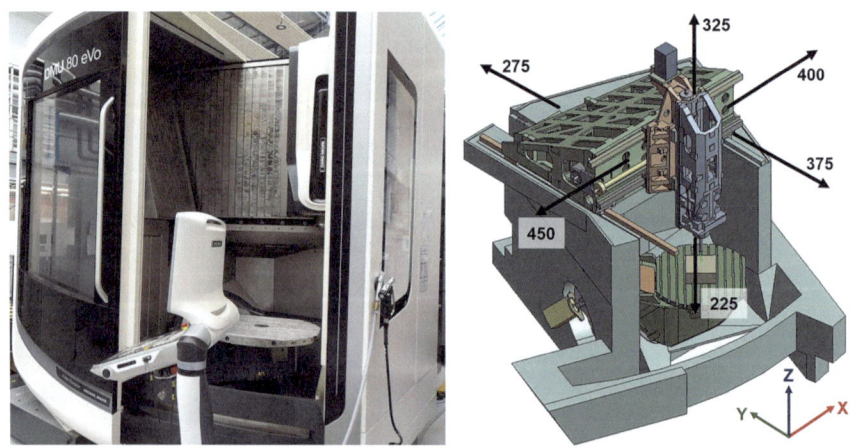

Abb. 2 DMU 80 eVo, links: Foto, rechts: CAD-Modell mit Achswegen (mm)

2 Iststand-Analyse des thermischen Verhaltes

Wie diese am besten erfolgt und wie detailliert diese durchgeführt werden muss, kann von Fall zu Fall unterschiedlich sein. Es folgen daher nun einige Beispiele. Details zur Durchführung der Iststand-Analyse finden Sie anschließend in den Unterkapiteln.

- Für einen neuen Maschinentyp in der Konstruktionsphase ist ausschließlich eine simulative Analyse möglich.
- Ist für einen neuen Maschinentyp bereits ein Prototyp verfügbar, dann reicht eine (vereinfachte) messtechnische Analyse zur Bestätigung des simulierten thermischen Verhaltens aus.
- Ist eine Maschine bereits länger in der Nutzung, dann ist häufig bereits Erfahrungswissen zur Größe und Häufigkeit des thermischen Fehlers durch Vermessung von Bauteilen verfügbar. Je nachdem wie schwerwiegend die thermischen Fehler sind und wann diese auftreten, ist unter Unterständen dennoch eine messtechnische oder simulative Analyse sinnvoll, um die exakten Ursachen zu bestimmen und die Korrektur- oder Kompensationsmaßnahmen besser planen zu können.
- Verschlechtert sich der thermische Zustand an einer alten Maschine über die Einsatzzeit, dann ist eine messtechnische Analyse meist sinnvoller als eine Simulation, da sich verschleißbedingt eine starke Abweichung zwischen der idealisierten Simulation und der realen Maschine bilden kann.

2.1 Messtechnische Analyse

Die thermo-elastische Vermessung einer Werkzeugmaschine ist mit speziellen Anforderungen an die Messtechnik verbunden. Die zu erwartenden Temperaturänderungen sind meist in der Größenordnung von 1–10 K, wobei eine Messwertauflösung von mindestens 0,5 K, besser 0,1 K erforderlich ist. Die damit verbundenen Verlagerungen infolge der Wärmeausdehnung bewegen sich im µm-Bereich bis max. wenige Zehntel Millimeter. Die eingesetzten Sensoren müssen deshalb eine hohe Auflösung, hohe Sensitivität und Linearität im erwarteten Messbereich aufweisen. Da bei hochgenauen Maschinen eine Messgenauigkeit von 1 bis max. 5 µm erforderlich ist, sollte die Auflösung zwischen 0,1 µm und 1 µm liegen. Die Messdauer kann je nach Maschinengröße wenige Stunden bis zu einigen Tagen betragen, um je nach Wärmequelle und Lastfall den thermisch stabilen Gleichgewichtszustand zu erreichen. Da thermische Prozesse träge sind, ist in der Regel keine hochfrequente Messwertaufnahme nötig. Es reicht typischerweise eine Temperaturmessung alle 30–60 s und eine Verlagerungsmessung alle 10–15 min. Für einige Korrekturverfahren sind jedoch auch Aufzeichnungen der Steuerungssignale (Motorstrom, Geschwindigkeitsistwerte, etc.) erforderlich, die dann mit hoher Frequenz gemessen werden müssen, z. B. im Steuerungstakt (5–15 ms).

Messstrategien und Messaufbau
Messtechnische Analysen erfordern u. a. die Klärung der Fragen:

- Welche externen Messmittel stehen zur Verfügung? Dabei sind vor allem die Art, Anzahl und Eigenschaften (Messbereich, Auflösung, Linearität) der Sensoren von Bedeutung.
- Welche internen Tools und Möglichkeiten bringt die Maschine mit? Hilfreich sind z. B. Temperatursensoren, Messtaster und Steuerungsfunktionen wie Datenlogger.
- Wo und wie ist die Maschine aufgestellt? Dabei geht es neben einer möglichen Verankerung im Fundament auch um eventuelle Störgrößen wie Strahlungswärmequellen oder Vibrationen durch benachbarte Anlagen.
- Können zusätzliche Sensoren im Arbeitsraum oder an relevanten Maschinenflächen angebracht werden?
- Wie stabil ist die Umgebungstemperatur (konstant, variabel oder mit Tag-Nacht-Zyklus)?
- Werden Verlagerungen an ruhenden oder bewegten (rotierenden) Bauteilen gemessen?
- Welche Lastfälle sollen gemessen werden? Das können z. B. bekannte Problemfälle, einzelne Wärmelasten, kombinierte Wärmelasten oder Umgebungstemperaturwechsel sein.

Sind sehr viele Lastfälle zu vermessen, dann kann der zeitliche Aufwand sehr hoch werden. Nicht nur dauert jeder Lastfall in der Regel mehrere Stunden, die Maschine muss sich auch üblicherweise zwischen den Lastfällen wieder abkühlen. Auch die Auswertung und Aufbereitung der Messdaten kann z. T. mehrere Stunden in Anspruch nehmen. Methoden der statistischen Versuchsplanung können ein hilfreiches Werkzeug sein, um die Anzahl der Versuche, die für Modelltraining oder -parametrierung erforderlich sind, stark zu reduzieren. Während zu viele Messstellen lediglich den Aufwand erhöhen, führen zu wenige Messstellen dazu, dass einige thermische Effekte nicht erkannt bzw. falsch interpretiert werden können.

Da jeder Maschinentyp individuelle Besonderheiten aufweist, gibt es keine allgemeingültige Empfehlung für einen geeigneten Messaufbau. Gute Anhaltspunkte liefern u. a. Thermographiebilder, Simulationsdaten und ganz allgemein die Lage der Wärmequellen und -senken. Alternativ kann auch der Messaufbau durch Testmessungen iterativ optimiert werden.

Die Thermografie ermöglicht die kontaktlose, großflächige Messung von Oberflächentemperaturen und wird daher u. a. zur Identifizierung von Bereichen mit hoher Wärmekonzentration, zur optimalen Platzierung von Temperatursensoren oder auch zur qualitativen Validierung der thermischen FEM-Simulationen verwendet. Da die Thermografie stark vom Emissionskoeffizient der Oberfläche abhängt und durch Reflexionen beeinträchtigt wird, ist ihre Messunsicherheit deutlich höher als die der berührenden Sensoren (z. B. PT100).

Am Beispiel der DMU 80 eVo erfolgt die thermische Vermessung in einer Klimazelle mit definierter Raumtemperatur. Die DMU besitzt serienmäßig acht integrierte Temperatursensoren, die in die Logiksteuerung (PLC) eingebunden sind.

Ebenso können Motorströme und Geschwindigkeiten der Antriebe und der Motorspindel erfasst werden. An relevanten Stellen der Maschine können zusätzliche externe Temperatursensoren montiert werden.

Die Messung der TCP-Verlagerungen kann sowohl relativ als auch absolut erfolgen. Die relative Verlagerung kann mit dem taktilen Messtaster bestimmt werden, welcher die Position von mehreren definierten Prüfkörpern auf dem Tisch (Werkstückseite) über der Zeit misst. Der thermische Fehler ergibt sich aus der wiederholten Messung derselben Position in verschiedenen Temperaturzuständen der Maschine. Es lässt sich damit jedoch kaum erkennen, welche Komponente welchen Anteil am Gesamtfehler liefert. Insbesondere ist die Trennung der Verlagerungen der Werkzeugseite (Spindel) und Werkstückseite (Tisch) schwierig. Zum Teil lässt sich das Problem umgehen, indem wichtige Wärmequellen einzeln untersucht werden. Dabei muss auch berücksichtigt werden, dass sich die Maschine bei Messbeginn meist schon thermisch verformt hat. Daher ist eine hinreichend lange Abkühlphase nach jedem Versuch wichtig, um vergleichbare Ausgangszustände für alle Datensätze zu haben. Zudem muss der Startzustand bei konstanter Umgebungstemperatur möglichst exakt reproduzierbar sein. Es bietet sich dafür der aufgewärmte Zustand an, den die Maschine nach längerem Verweilen im Standby-Modus annimmt.

Neben der relativen Messung gibt es die Möglichkeit, die Verlagerung absolut gegenüber einem fixen Referenzpunkt in der Umgebung der Maschine zu messen. Dazu darf sich die Temperatur am Referenzpunkt jedoch nicht ändern. Referenzpunkt könnte z. B. ein Wegsensor sein, welcher über ein am Boden fixiertes Messgestänge angebracht ist. Sobald sich die Umgebungstemperatur ändert, wandert auch der Fixpunkt aufgrund der thermischen Längenänderung. Um diesen Messfehler zu minimieren, wird das Messgestänge meist aus einem Material mit einem geringen Wärmeausdehnungskoeffizienten (z. B. Invar®-Stahl oder Glasfaserstäbe) ausgeführt. Die Bodentemperatur sollte nach Möglichkeit einen konstanten Wert aufweisen.

Die absolute Messung eignet sich besonders gut für die Erfassung der Verlagerungen an der Maschinenstruktur (Bett, Maschinenständer). Es gilt der Grundsatz, Messgestänge und Hebelarme so kurz wie möglich zu halten und Wegsensoren niemals an Blechteilen oder der Umhausung zu befestigen. Die nachfolgende Abbildung zeigt eine mögliche Konstellation für eine absolute und relative Messung (Abb. 3).

Versuchsplan und Versuchsdurchführung

Der Versuchsplan legt die Lastfälle, den zeitlichen Ablauf sowie die Aufnahmefrequenz der Messdaten fest. Bei thermo-elastischen Messungen ist die getrennte Untersuchung der inneren und äußeren Wärmequellen sinnvoll. So lassen sich die thermischen Effekte voneinander entkoppeln, was insbesondere die Modellparametrierung vereinfacht. Ergänzend lassen Kombinationsversuche auch deren Wechselwirkungen untersuchen.

Zu den äußeren Parametern zählen vor allem die Umgebungstemperatur, die Wärmestrahlung (Sonne), Zugluft, Bodentemperatur und unter Umständen auch die Luftfeuchte. Die Bodentemperatur sollte zur Kontrolle mit gemessen werden.

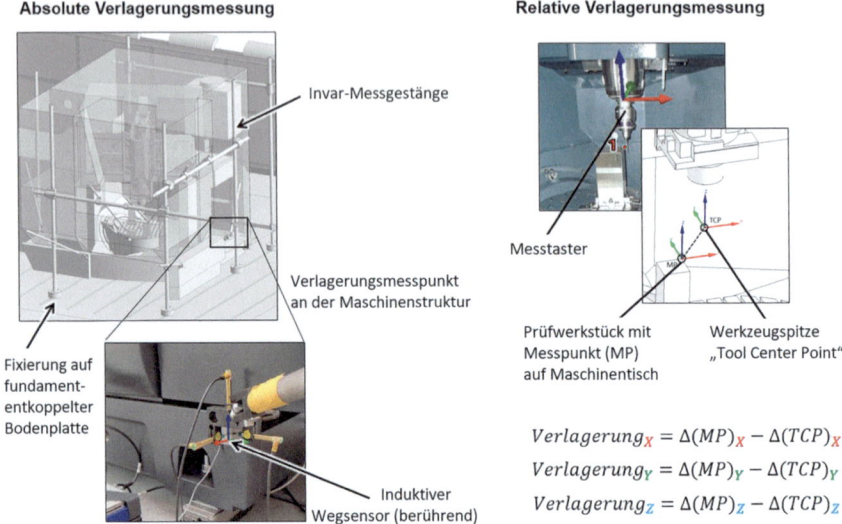

Abb. 3 Beispielaufbau absolute und relative Verlagerungsmessung

Sie lässt sich in der Regel aber nicht beeinflussen. Die Luftfeuchte spielt meist keine signifikante Rolle, kann aber in tropischen Regionen relevant sein. Die direkte Sonneneinstrahlung kann gerade im Sommer signifikante Wärmeeinträge verursachen. Hier sollte eine Abschattung einer modellhaften Korrektur vorgezogen werden. Wesentlicher Parameter bleibt vor allem die Umgebungstemperatur.

Die inneren Parameter sind maschinen-/baugruppenspezifisch:

- Reibung (Lager, Führungsschienen),
- elektrische Verluste (Motorspindel, Antriebsmotoren),
- Kühlsysteme,
- Zerspanungsprozess und Kühlschmierstoff.

Vom Einschalten der Maschine bis zur annähernden thermischen Beharrung in Lageregelung dauert es an der DMU 80 eVo ca. 1–2 Tage. Dieser Warmlaufprozess verursacht signifikante Verlagerungen und ist in einer thermischen Korrektur zu berücksichtigen.

Empfohlen wird eine Vermessung mit dem im Folgenden beschriebenen Grundlastprogramm für die inneren Wärmequellen. Dabei sollte die Umgebungstemperatur möglichst konstant gehalten werden. Vor Beginn der Messkampagne sollte die Maschine hinreichend lange homogen temperiert und ausgeschaltet sein, um das Aufwärmverhalten möglichst störungsfrei zu erfassen.

1. Messung des Warmlaufverhaltens (Initialmessung)
2. Einzelachsläufe der Linearachsen (X, Y, Z)
3. Einzelachsläufe der Dreh-/Schwenk-Achsen (B, C)
4. Spindellauf mit 50 % und 100 % der maximalen Drehzahl
5. Kombinierte Achsläufe (z. B. XYZ, BC, alle Achsen, …)

Anwendungsbeispiel DMU 80 eVo   497

Durch die Unterteilung der Achslasten in eine Maschinenachse pro Versuch lässt sich der thermische Fehler bei einer relativen Messung näherungsweise der Spindel- bzw. Tischseite zuordnen. Das vorgeschlagene Messprogramm ist für die spezielle 5-Achskinematik der DMU 80 eVo ausgelegt und muss für andere Kinematiken entsprechend angepasst werden. Die Messdauer ist so zu wählen, dass ein thermisch stabiler Zustand eintritt, d. h. die Werte aller Temperatursensoren ändern sich dann z. B. innerhalb von 30 min um maximal 0,2 K. Nach jedem Lastfall sollte die Maschine im Standby abkühlen, bis sie wieder annähernd den Endzustand von Versuch 1 (Warmlaufen) hat. Am Beispiel der DMU 80 eVo dauert ein Einzelachsversuch ca. 6–8 h, sodass mit Abkühlung ein Versuch pro Tag möglich ist.

Im nächsten Schritt erfolgt die Variation der Umgebungstemperatur T_U bei Maschine in Lageregelung.

1. Aufwärmen, z. B. von $T_U = 20$ °C auf 30 °C
2. Abkühlen (z. B. 30 → 20 °C)
3. Tag-Nacht-Zyklus (z. B. 20 → 23 → 20 → 18 → 20 °C)

Die ersten beiden Messungen sollten bis zum Beharrungszustand durchgeführt werden. Ein Beispiel für einen Versuchsplan für den Zeitraum von einem Monat liefert die Abb. 4. Es wird für dieses Beispiel an allen 7 Tagen der Woche und

Tag	Luft [°C]	KSS [°C]	Lastfall-Beschreibung	Spindel [%]	Linearachsen			Rundachsen	
					X [%]	Y [%]	Z [%]	B [%]	C [%]
1	20	/	Initialmessung - (Lageregelung)	0	0	0	0	0	0
2	20	20	Spindel 100 % bei 20 °C	100	0	0	0	0	0
3	20	20	Einzelachs X - Max. Last	0	75	0	0	0	0
4	20	20	Einzelachs Y	0	0	75	0	0	0
5	20	20	Einzelachs Z	0	0	0	75	0	0
6	20	20	Einzelachs B	0	0	0	0	75	0
7	20	20	Einzelachs C	0	0	0	0	0	75
8	30	/	Umgebungstemp.-wechsel 20 → 30	0	0	0	0	0	0
9	30	20	Spindel 100 % bei 30 °C	100	0	0	0	0	0
10	30	20	Einzelachs X - Max. Last	0	75	0	0	0	0
11	30	20	Einzelachs Y	0	0	75	0	0	0
12	30	20	Einzelachs Z	0	0	0	75	0	0
13	30	20	Einzelachs B	0	0	0	0	75	0
14	30	20	Einzelachs C	0	0	0	0	0	75
15	20	/	Umgebungstemp.-wechsel 30 → 20	0	0	0	0	0	0
16	20	20	Spindel 50 % bei 20 °C	50	0	0	0	0	0
17	20	20	Einzelachs X - Teillast	0	50	0	0	0	0
18	20	20	Einzelachs Y	0	0	50	0	0	0
19	20	20	Einzelachs Z	0	0	0	50	0	0
20	20	20	Einzelachs B	0	0	0	0	50	0
21	20	20	Einzelachs C	0	0	0	0	0	50
22	20	20	Kombinierte Achslast (XYZ) Max. Last	0	75	75	75	0	0
23	20	20	Kombinierte Achsen (BC)	0	0	0	0	75	75
24	20	20	Kombinierte Achsen (XYZ) - Teillast	0	50	50	50	0	0
25	20	20	Kombinierte Achsen (BC) - Teillast	0	0	0	0	50	50
26	20	20	Alle Achsen - Max. Last	100	75	75	75	75	75
27	20	20	Alle Achsen - Teillast	50	50	50	50	50	50

Last in [%] der max. Maschinengeschwindigkeit
Geschwindigkeit Eilgang: 80 [m/min] (=100%) X,Y,Z
Max. Spindeldrehzahl: 20.000 [min^-1]
KSS-Druck: 80 [bar]
Rundachsen: 50 [min^-1] (=100%) B,C

Abb. 4 Beispielhafte Messkampagne 5-Achsmaschine DMU 80 eVo

24 h am Tag durchgehend gemessen. Dabei sind die Messprogramme der einzelnen Messung so gestaltet, dass ohne Unterbrechung die nächste Messung gestartet werden kann. Die Abkühlzeiten sind jeweils bereits eingerechnet.

Sollte eine thermische Vermessung nicht in einer klimatisierten Umgebung erfolgen, ist es sinnvoll, zuerst den Einfluss der Umgebungstemperatur für mehrere Tage bei Maschine in Lageregelung zu ermitteln. Im Anschluss können dann die Messungen mit bewegten Maschinenachsen erfolgen. Der Einfluss der Umgebungstemperaturänderung kann über die vorangegangenen Versuche aus den Messdaten herausgerechnet werden. Dafür ist es auch hilfreich, wenn alle Messungen ungefähr zur selben Uhrzeit starten. Um den Einfluss der jahreszeitabhängigen Tag-Nacht-Schwankungen adäquat abzubilden, sollte eher im Sommer untersucht werden. Man sollte außerdem auf starke Wetterwechsel achten. Eine Aufzeichnung und Analyse der Umgebungstemperatur nahe der Maschine zeigt mögliche Beeinträchtigungen auf und kann Messungen identifizieren, die wiederholt werden müssen.

Die folgenden Grafiken zeigen Messdaten für die beispielhafte Vermessung der DMU 80 eVo mit ausgewählten Lastfällen, die Teile mit/ohne Spindel, Einzel-/kombinierte Achsbewegungen und trocken/mit KSS enthalten. Die gezeigten Lastfälle stellen einen beispielhaften Testzyklus dar und entsprechen nicht der obigen Lastfalltabelle. Der Testzyklus ist für die thermische Analyse oder auch die Modellparametrierung so nicht zu empfehlen.

Die Abb. 5 zeigt die Temperaturverläufe der eingebauten Temperatursensoren inklusive eines zusätzlichen Bettsensors („T Bett 2"). Die Messung wurde in einer klimatisierten Halle, jedoch nicht unter den exakt konstanten Bedingungen einer Klimazelle durchgeführt, sodass leichte Schwankungen der Umgebungstemperatur enthalten sein können.

Die Abb. 6, 7 und 8 zeigen die zugehörige Verlagerung, die mit dem in die DMU 80 eVo integrierten Heidenhain-Messtaster an drei Messquadern auf dem

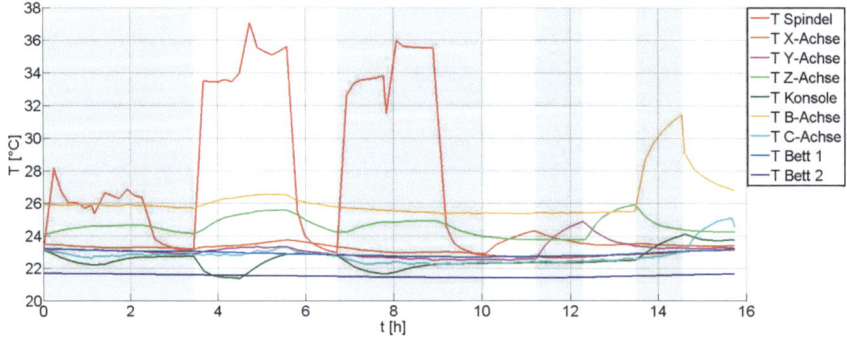

Abb. 5 Temperaturverlauf Testzyklus 1 der DMU 80 eVo

Anwendungsbeispiel DMU 80 eVo

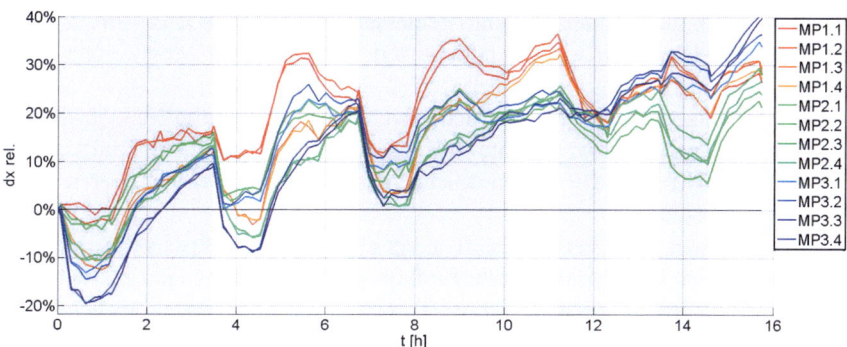

Abb. 6 Relative Verlagerung in x-Richtung Testzyklus 1 der DMU 80 eVo

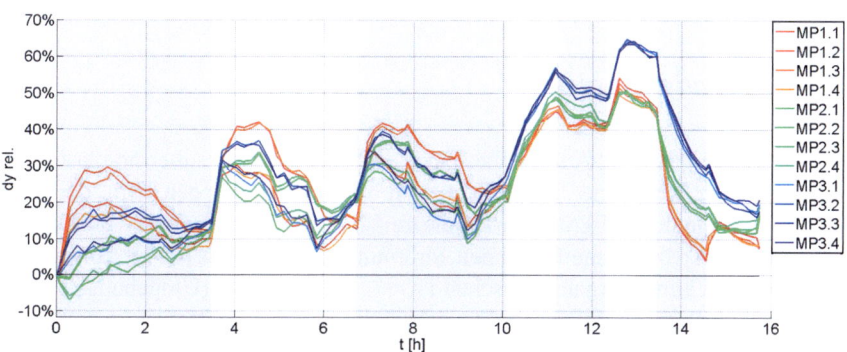

Abb. 7 Relative Verlagerung in y-Richtung Testzyklus 1 der DMU 80 eVo

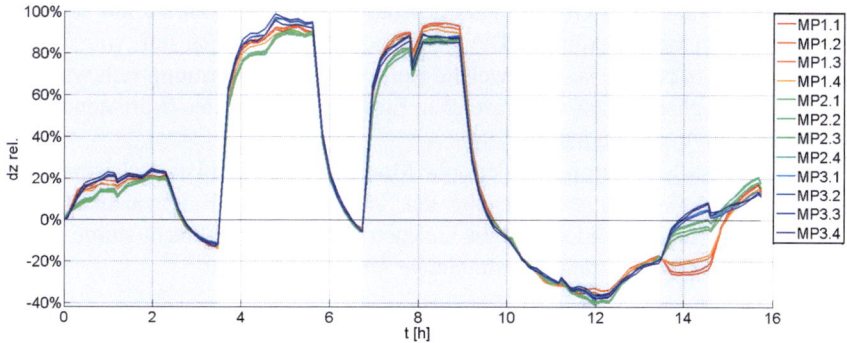

Abb. 8 Relative Verlagerung in z-Richtung Testzyklus 1 der DMU 80 eVo

Maschinentisch (horizontale Stellung) gemessen wurden, siehe z. B. Abb. 2, rechts und 11. Die Messungen wurden normalisiert. Die gezeigten Messwerte wurden ohne jegliche Kompensation ermittelt.

Die Messpunkte MP1 – MP3 beziehen sich dabei auf die drei Messquader, die u. a. in Abb. 2 und 11 bzw. als Foto in Kap. „Kennfeldbasierte Korrektur", Abb. 6 zu sehen sind. MP1.1 – MP1.4 kennzeichnen beispielsweise die vier oberen Ecken des ersten Messquaders.

Auf den ersten Blick zeigen sich u. a. der signifikante Einfluss der Spindel auf den z-Fehler (ca. 0–10 h), der große Einfluss der Achsbewegungen auf den thermischen Fehler (ca. 10–16 h) und die z. T. starke Poseabhängigkeit des Fehlers im Arbeitsraum.

Neben der oder ergänzend zur messtechnischen Analyse des thermischen Verhaltens von Werkzeugmaschinen ist insbesondere für die Entwicklung von Korrektur- und Kompensationsstrategien auch die simulative Analyse ein wichtiges Werkzeug.

2.2 Simulative Analyse

Das Ziel der simulativen Analyse besteht in der Vorhersage des thermo-elastischen Verhaltens der Maschine unter definierten Einsatzbedingungen. Mit der Finite-Elemente-Methode (FEM) werden die zeitabhängigen Temperatur- und Verformungsfelder der Maschine berechnet. Strömungssimulationen (CFD) können den konvektiven Wärmeübergang zwischen Festkörper und Fluid (Umgebungsluft und Kühlmittel) berechnen. Die konvektiven Wärmeübergangskoeffizienten fließen als Randbedingungen in die FEM ein und können durch CFD-Simulationen berechnet oder in einfachen Fällen über empirische Formeln geschätzt werden.

Mit den errechneten Temperatur- und Verformungsfeldern lassen sich im Vergleich zu Messungen deutlich schneller unterschiedliche Lastfälle in beliebigen Maschinenposen simulieren. Außerdem lassen sich einfach Zustände, wie Umgebungstemperaturwechsel, simulieren, die an der realen Maschine nur sehr aufwendig erzeugt werden können. Die Simulation zeigt auch klar auf, wie sich die Wärme in der Maschine verteilt, welche Komponenten-Verformung sich wie stark auf den TCP-Fehler auswirkt und welchen Einfluss jede einzelne Wärmequelle auf das thermische Verhalten hat.

Nachteile der Simulation sind der hohe Modellierungs- und Parametrierungsaufwand und die Abweichungen gegenüber der Realität, wenn z. B. ungenaue Randbedingungen verwendet werden oder die Geometrie zu stark vereinfacht wurde.

Zusammengefasst verläuft die simulative Analyse wie folgt:

1. Vereinfachung der CAD-Geometrie der Maschine
2. Vernetzung der Volumenkörper mit finiten Elementen
3. Definition mechanischer Bauteilkontakte und Lagerungen

4. Definition der thermischen Randbedingungen
5. Berechnung der Temperaturfelder
6. Berechnung der Verformungsfelder/TCP-Verlagerung

Das Vorgehen wird in Abb. 9 vereinfacht graphisch dargestellt. Beispielhaft wird hier die Kennfeldbasierte Korrektur als ein möglicher Nutzer der Simulationsmodelle genannt.

Das detaillierte Vorgehen zur thermo-elastischen Simulation von Werkzeugmaschinen wurde bereits geschildert. Kap. „Strukturmodelle von Werkzeugmaschinen" beschreibt die Modellierung auf der Basis von Strukturmodellen bis hin zur Simulation bewegter Baugruppen. Die aufwandsame Parametrierung dieser Modelle durch Experimente wird in Kap. „Aufwandsarmer Abgleich parametrischer Maschinenmodelle: Parameterabgleich im Betrieb" erläutert. Kap. „Modellierung von Umgebungseinflüssen" beschreibt die Nutzung der CFD-Simulation zur Quantifizierung komplexer Strömungszustände im Arbeitsraum und außerhalb der Maschine und gibt damit einen Überblick über die Parametrierung der Umgebungseinflüsse.

Im Fall der DMU 80 eVo, die über eine Umhausung verfügt, ist die getrennte Betrachtung der inneren (Arbeitsraum) und äußeren Umgebung (Halle) empfehlenswert. Die äußere Umgebung ist dabei einfacher, weil dort überwiegend freie Konvektion herrscht und allenfalls leichte Luftströmungen (z. B. erzwungene Konvektion durch offene Hallentore oder Fenster) vorliegen. Da die Wärmeübergangskoeffizienten (HTC) bei freier Konvektion (3–30 W/(m^{2}K)) deutlich unter denen der erzwungenen Konvektion (50–1000 W/(m^{2}K)) liegen, sollte der Fokus der Parametrierung bei umhausten Maschinen auf dem Arbeitsraum liegen. Da dort jedoch in der Regel komplexe Bedingungen mit bewegten, stochastisch verteilten Luft-KSS-Gemischen vorliegen, sind die Wärmeübergänge im Arbeitsraum selbst mit CFD schwer bestimmbar und noch Forschungsgegenstand.

Zur Reduktion des rechnerischen Aufwandes für die simulative Bestimmung der Wärmeübergänge kann dieser Parametrierschritt in transienten Simulationen entkoppelt geschehen. Die Entkopplung erfolgt über eine Vorberechnung wesentlicher

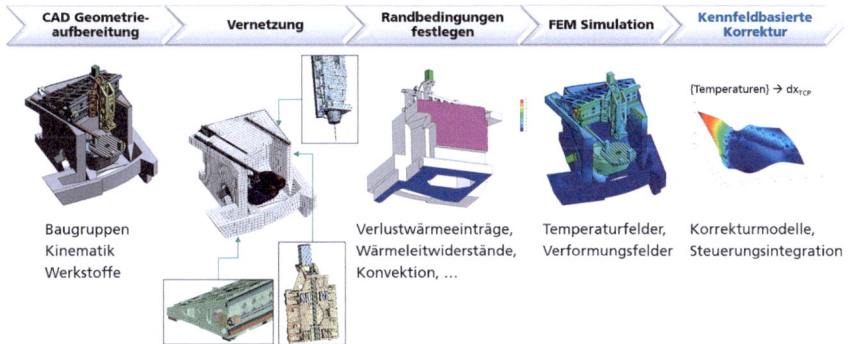

Abb. 9 Allgemeiner Ablauf von Modellierung und Simulation

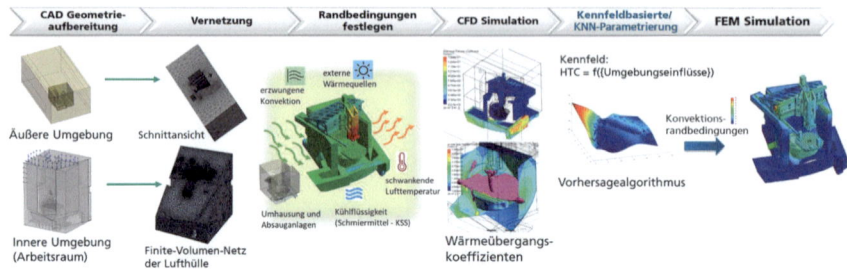

Abb. 10 Vorgehen CFD-basierte Parametrierung der Konvektion

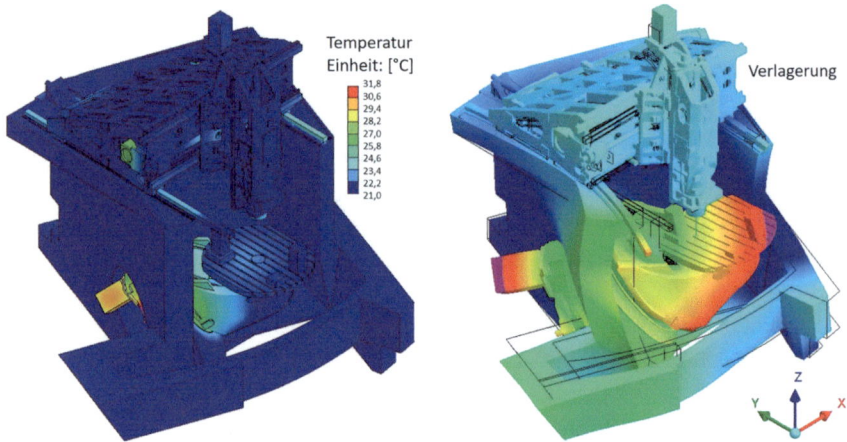

Abb. 11 Simulationsergebnis DMU 80 eVo; links: Temperaturfeld [°C], rechts: Verformungsfeld 10.000-fach verstärkt

Strömungslastfälle, die anschließend in Kennfelder überführt werden und dann in Echtzeit für die thermische Simulation als Randbedingungen zur Verfügung stehen. Abb. 10 zeigt das grobe Vorgehen, was detailliert in Kap. „Modellierung von Umgebungseinflüssen" beschrieben wird.

Wenn alle relevanten Parameter des Simulationsmodells bestimmt wurden, können nahezu beliebige thermische Lastfälle simuliert werden. Abb. 11 zeigt ein simuliertes Paar von Temperatur- und Verlagerungsfeldern für einen ausgewählten Zeitschritt (s. o.: Lastfall Tag 26).

2.3 Optimierungsziele der Korrektur/Kompensation

Nachdem grob geschildert wurde, wie der Iststand über Messungen und Simulationen bestimmt werden kann, muss nach Bewertung dieser Daten entschieden werden, ob thermische Positionierfehler ein Problem darstellen, welche konkreten

Anwendungsbeispiel DMU 80 eVo

Ziele verfolgt werden und welche Randbedingungen für die Lösung zu beachten sind.

Die DMU 80 eVo wird serienmäßig bereits mit einer Thermokorrektur verkauft. Im Folgenden wird zunächst vom Zustand der Maschine ohne Korrekturmaßnahmen ausgegangen. Abschn. 2.1 enthält einen beispielhaften Messdatenverlauf für diesen Fall. Generell ist die DMU 80 eVo zwar nicht thermosymmetrisch, aber sie besitzt bereits ein leistungsfähiges inneres Kühlsystem und kann auch Bearbeitungswärme am Werkzeug durch KSS effizient abführen. Darüber hinaus sorgen direkte Messsysteme in den drei Linearachsen auch bereits für eine teilweise positionsabhängige Korrektur thermischer Fehler. Dennoch bleibt ein signifikanter thermischer Restfehler, der eine hochgenaue Bearbeitung ohne zusätzliche Maßnahmen nicht in jedem Fall möglich macht.

Das Optimierungsziel könnte damit folgendermaßen aussehen:

- Der thermische Fehler soll bei konstanter Umgebung (±1 K) im Mittel in allen drei Achsen (X, Y, Z) unter 10 µm liegen.
- Der maximale thermische Fehler soll bei konstanter Umgebung (±1 K) in allen drei Achsen (X, Y, Z) unter 25 µm liegen.
- Die Lösung soll robust und wartungsarm sein.
- Es sollen keine signifikanten konstruktiven Änderungen an der Maschine erfolgen.
- Die Lösung darf max. 10.000 € kosten, wobei diese Kosten auf eine Serie von 100 Maschinen umgelegt werden.
- Die Lösung darf den Energieverbrauch im Betrieb um max. 1 % erhöhen, energiesenkende Maßnahmen werden bevorzugt.
- Die Lösung soll nach der erfolgreichen Implementierung keine Produktionsunterbrechungen bei der Anwendung erfordern.
- Optional: Die Lösung soll über einen zusätzlichen Modus die hochgenaue Bearbeitung einzelner Werkstücke ermöglichen, d. h. mittlerer Fehler <5 µm und max. Fehler <10 µm.

Als zusätzliche Randbedingungen werden noch festhalten:

- Ein CAD-Modell der Maschine ist vorhanden.
- Alle technischen Parameter (Materialparameter, Motorleistungen, Volumenströme der Kühlkanäle, etc.) sind bekannt.
- Ein Messtechniker und ein Simulationsexperte sind verfügbar.
- Temperaturmesstechnik (PT100, Thermokamera, Pyrometer, etc.) für den Einsatz ist vorhanden und vertraut.
- Die Maschine besitzt einen integrierten Messtaster zum Einmessen von Werkstücken, der zur Bestimmung des relativen thermischen Fehlers genutzt werden kann.
- Eine einsatzbereite Maschine des untersuchten Typs steht für mindestens 3 Monate zur Verfügung.

Diese Kriterien und Randbedingungen sind nur beispielhaft und können je nach Iststand der Maschine und Anwendungsfall unterschiedlich ausfallen.

3 Methodenauswahl für die Optimierung

Die Auswahl an Methoden für die Optimierung des thermischen Verhaltens von Werkzeugmaschinen ist sehr vielfältig (s. Abschn. 1). Kompensationsmaßnahmen werden hier zuerst genannt, weil diese häufig eine einfache, lokale und wirksame Reduzierung des thermischen Fehlers ermöglichen und z. T. gleichzeitig eine Reduzierung des Energieverbrauches bewirken. Außerdem beeinflussen Kompensationsmaßnahmen die Korrekturverfahren, aber selten umgekehrt. Nachteil der Kompensationsmaßnahmen ist, dass diese allein den thermischen Fehler nur teilweise oder mit größerem Aufwand bzw. Energieeinsatz reduzieren können und damit meist eine Kombination von Kompensation und Korrektur sinnvoll ist.

Ist in der Maschine bereits ein Korrekturverfahren integriert, kann dieses durch Implementierung neuer Kompensationsmaßnahmen ungültig werden oder sogar nachteilig wirken. Der Grund hierfür ist, dass Korrekturverfahren für das spezielle thermische bzw. thermo-elastische Verhalten der Maschine konzipiert werden und Kompensationsmaßnahmen eben dieses Verhalten ändern. In diesem Fall sollte jedoch nicht vorsorglich auf Kompensation verzichtet werden, sondern stattdessen ein Zusatzaufwand für die Anpassung der Korrektur vorgesehen werden.

Im nächsten Kapitel werden die folgenden, am Beispiel der DMU 80 eVo geprüften Kompensationsmethoden kurz beschrieben:

- Optimierung der Kühlsysteme (Kap. „Kompensationslösung fluidische Kühlung"),
- Einsatz thermischer Tilger und
- Einsatz von Heatpipes (Kap. „Energieeffiziente Systeme zur aktiven Steuerung von Wärmeflüssen").

Darüber hinaus werden weitere Maßnahmen in ihrer potenziellen Wirkung eingeordnet, zum Beispiel:

- Klimatisierung der Werkzeugmaschine, insbesondere, bei sehr großen Umgebungstemperaturschwankungen,
- Erneuerung verschlissener Führungen und Lager,
- optimierte Kühlstrategie für spezifische Zerspanprozesse,
- Einführung von Aufwärmzyklen nach Produktionspausen,
- optimierte Bearbeitungsstrategie (CAM) für reduzierte Bearbeitungszeiten und einfachere, konstantere Wärmeeinträge,
- häufigere Arbeitsraumspülung zur Spannest-Entfernung,
- Automatisierung der Werkstückbeladung zur Reduzierung von Nebenzeiten und Energieverbräuchen.

Auch wenn einige der genannten Verfahren offensichtlich mit hohen Kosten, erhöhten Energieverbräuchen oder Produktivitätsverlusten verbunden sind, werden hier zunächst möglichst umfassend die anwendbaren Maßnahmen aufgelistet. Die Kompensation thermischer Fehler wird zudem auch als Chance verstanden, den

Energieverbrauch der Maschine zu reduzieren, selbst wenn derartige Maßnahmen keine direkte Verbesserung des thermischen Verhaltens bewirken.

Die nachfolgend beschriebenen Korrekturverfahren sind:

- Kennfeldbasierte Korrektur (als Vertreter der Regressionsanalyse) (Kap. „Kennfeldbasierte Korrektur")
- Eigenschaftsmodellbasierte Korrektur (Transferfunktionen) (Kap. „Eigenschaftsmodellbasierte Korrektur")
- Strukturmodellbasierte Korrektur (onlinefähige FEM-Simulationen) (Kap. „Strukturmodellbasierte Korrektur")
- Messtechnikbasierte Korrektur (Integrierte Deformationssensoren) (Kap. „Online-Korrektur thermisch bedingter Verformungen mithilfe von integralen Verformungssensoren")

Zusätzlich könnte noch die Korrektur durch Künstliche Neuronale Netze genannt werden, die je nach Netzarchitektur einer reinen Regressionsanalyse oder auch den zeitabhängigen Transferfunktionen ähneln kann. Bei der Strukturmodellbasierten Korrektur sind neben der FEM auch andere Modelltypen möglich und ebenso kann die Messtechnikbasierte Korrektur andere Sensorarten und damit Modelltypen nutzen.

3.1 Kompensationsmethoden

3.1.1 Optimierung der Kühlsysteme am Beispiel der DMU 80 eVo

Der Energieverbrauch des Kühlsystems der DMU 80 eVo beträgt rund 30 % der Gesamtenergieaufnahme. Ein optimiertes Kühlsystem kann den Energieverbrauch deutlich reduzieren und gleichzeitig die thermische Stabilität der Werkzeugmaschine erhöhen. Die DMU 80 eVo enthält zahlreiche Kühlsysteme, die u. a. Motorspindel, Kugelgewindetrieb-Muttern der Achsen, Motormantel, Tisch und Achsführungen kühlen (siehe Naumann et al. 2023a). Diese Kühlkanäle werden jedoch aus einem einzigen Kühlreservoir gespeist und sind nicht separat ansteuerbar. Um ein optimiertes Kühlsystem einzusetzen, muss es dafür ausgelegt sein, einzelne Teilkreisläufe unabhängig voneinander mit einem variablen Volumenstrom zu versorgen. Dies kann über Ventiltechnik oder Pumpen erfolgen.

Abhängig von der Anzahl der zu kühlenden Maschinenkomponenten, können diese zu einem Kühlkreislauf zusammengefasst werden. Dabei ist darauf zu achten, dass die zu einem Kreislauf zusammengefassten Komponenten ein ähnliches Wärmeprofil aufweisen und dass die Komponenten parallel in den Kühlkreislauf integriert werden, da eine Reihenschaltung in den hinteren Gliedern des Kreislaufes zu höheren Vorlauftemperaturen führen kann.

Nachdem der mechanische Aufbau realisiert ist, müssen die Stellglieder in die Maschinensteuerung integriert werden. Neben den Stellgliedern muss auch Temperatursensorik in der Maschine vorhanden sein. Diese sollte an den kritischen Punkten (z. B. Spindel oder Linearachsen) in der Werkzeugmaschine integriert sein. Sind die Temperaturen in der Maschine bekannt, können diese in den Regelkreis integriert werden, um die Temperaturen in der Maschine gezielt einzustellen.

Für die Regelung müssen die thermischen Zeitkonstanten der einzelnen Komponenten ermittelt werden. Dies kann experimentell oder mit Simulationsmodellen erfolgen. Die experimentellen Untersuchungen benötigen eine gewisse Zeit, da die Werkzeugmaschine immer in die thermische Beharrung gefahren werden muss. Dies kann bei großen Maschinen mit einem Mineralguss-Maschinenbett durchaus mehrere Tage dauern. Auf der anderen Seite steht die simulative Identifikation. Hierfür wird ein thermisches Modell der Maschine benötigt, in dem die einzelnen Komponenten als Wärmequellen hinterlegt sind, genauso wie die Wärmeübertragung in der Maschine und mit der Umgebung (vgl. Kap. „Strukturmodelle von Werkzeugmaschinen").

Für die lastabhängige Temperierung kann ein kaskadierter Regelkreis eingesetzt werden. Der innere Regelkreis dient zur Volumenstromregelung der Pumpen oder Ventile. Hier ist die Eingangsgröße ein Volumenstrom und die Stellgröße ein elektrisches Signal zur Ansteuerung der Pumpen oder Ventile. Der äußere Regelkreis ist erheblich langsamer und dient der Temperaturregelung.

Der Austausch der zentralen Kühlung durch das optimierte, verteilte Kühlsystem wurde an einer DBF 630 getestet und erreichte dort eine Reduzierung des Energieverbrauchs der Pumpen um 53 bis 70 %. Die Stabilisierung der Temperaturfelder der Maschine ist schwer quantifizierbar. Dennoch wird sie eine merkliche Verbesserung des thermischen Verhaltens bringen, da die zentrale Kühlung aktuell zu einer leichten Erwärmung der gesamten Maschinenstruktur führt. Wenn die Kühlung mit dem dezentralen System nur noch dort wirkt, wo auch tatsächlich Wärme anfällt, wird einerseits die Beharrungszeit der Aufwärmphase verkürzt und andererseits ist auch eine direkte Reduzierung des thermischen Fehlers um 10 bis 20 % wahrscheinlich. Darüber hinaus ist eine lastabhängige Volumenstromregelung auch notwendig, um z. B. eine thermische Vorsteuerung umzusetzen (vgl. Kap. „Thermische Vorsteuerung").

3.1.2 Einsatz thermischer Tilger und Heatpipes an der DMU 80 eVo

Wie in Kap. „Energieeffiziente Systeme zur aktiven Steuerung von Wärmeflüssen" geschildert wurde, kann durch passiv wirkende Komponenten auf das thermische Verhalten von Werkzeugmaschinen eingewirkt werden. Bei der DMU 80 eVo erscheint eine großflächige Umhausung des Gestells mit einer Aluminiumschaumstruktur sinnvoll, die mit Phasenwechselmaterial ausgefüllt wird. Für die thermische Stabilisierung bei 22 °C wird ein Phasenwechselmaterial mit der entsprechenden Schmelz- und Erstarrungstemperatur gewählt. Übersteigt die Umgebungstemperatur 22 °C, so führt der Phasenwechsel im Wärmespeicher dazu, dass die eigentliche Gestellstruktur zunächst keine Übertemperatur erfährt. Bei Unterschreiten der 22 °C kann der aufgeladene Wärmespeicher wiederum Wärme an das Gestell abgeben, sodass in diesem Fall einem Absenken der Temperatur temporär entgegengewirkt wird. Wie lange dieser Effekt aufrechterhalten wird, ist unter anderem abhängig von dem Wärmespeichervolumen, das in die Maschine gebracht wird. Dies erfordert eine simulationsgestützte Vorabbetrachtung des Effekts unter den zu erwartenden Umgebungstemperaturschwankungen.

Neben der Reduzierung des Einflusses auftretender Schwankungen in der Umgebung können mit dieser Maßnahme auch Verlagerungen reduziert werden, die aus maschineninternen Wärmequellen stammen. Bringt man die wärmespeichernden Komponenten an die Schnittstellen zwischen den Muttern der Kugelgewindetriebe und der umgebenden Gestellstruktur, können für einen bestimmten Zeitraum die Verlustwärmeströme aus dem Antrieb im Wärmespeicher gepuffert werden.

Ein zweiter Ansatz aus dem Gebiet der passiv wirkenden Kompensationskomponenten ist die Verwendung von Heatpipesystemen. Dabei handelt es sich um meist rohrartige Strukturen zum gezielten und schnellen Transport von Wärme, um z. B. Abwärme schneller abzuführen oder einen thermisch stabilen Zustand durch Zuführung von Wärme schneller zu erreichen. Diese Komponenten können in der DMU 80 eVo eingesetzt werden, um aktive Kühlsysteme teilweise durch Systeme zu ersetzen, die keine elektrische Zusatzenergie benötigen. Dazu werden an einer maschineninternen Wärmequelle, die hinsichtlich des thermischen Fehlers als relevant identifiziert wurde, Heatpipes angebracht. Diese leiten die Verlustwärme an zusätzlich angebrachte Kühlkörper weiter. Dabei kann die Bewegung der Vorschubachsen genutzt werden, um an den Kühlkörpern über erzwungene Konvektion höhere Wärmemengen an die Umgebung abzugeben. Im Fall der DMU 80 eVo, die umhaust ist, könnte diese Wärme somit an die Arbeitsraumluft abgegeben und über die Nebelrauchabsaugung entfernt werden. Der zu erwartende Wärmestrom, der damit aus der DMU 80 eVo abgeführt werden kann, liegt in der Größenordnung 500 W. Zu beachten ist dabei ebenfalls, dass die Art der Heatpipes und deren Orientierung die Wärmeübertragung beeinflussen. Es können jedoch jederzeit mehrere Heatpipes parallel installiert werden, um die übertragene Wärmemenge hoch zu skalieren. Darüber hinaus können die Heatpipes auch die Verlustwärme in der Maschine umverteilen, um eine Homogenisierung der Temperaturfelder zu bewirken. Wie ein geeignetes System vom Heatpipes für die passive Verbesserung des thermischen Verhaltens ausgelegt werden müsste, ist ebenfalls durch eine thermische Simulation zu bestimmen. Aktive Kühlmaßnahmen können demnach nicht komplett ersetzt, aber entlastet oder herunterskaliert werden, um den Energieeinsatz der Maschine zu verringern.

3.2 Korrekturverfahren

3.2.1 Kennfeldbasierte Korrektur

Die Kennfeldbasierte Korrektur (KbK) bildet beliebige Eingangssignale mithilfe von Kennfeldern direkt auf die TCP-Verlagerung ab. Das allgemeine Vorgehen zur Erstellung und Optimierung der KbK ist in Kap. „Kennfeldbasierte Korrektur" beschrieben. Dort ist auch bereits eine Realisierung für die DMU 80 eVo enthalten. An dieser Stelle werden noch einmal die allgemeinen Überlegungen zur Eignung dieses Korrekturverfahrens für die DMU 80 eVo nachvollzogen.

Die KbK ist aus Anwendersicht eines der praktikabelsten Verfahren zur Reduzierung thermischer Fehler an Werkzeugmaschinen. Da in der DMU 80 eVo bereits acht Temperatursensoren serienmäßig verbaut sind und diese alle wesentlichen Baugruppen zumindest minimal abdecken, kann die KbK prinzipiell ohne zusätzliche Hardwarekosten oder Installationsaufwände eingesetzt werden. Die in Kap. „Kennfeldbasierte Korrektur" beschriebene Möglichkeit zur Bestimmung relativer thermischer Abweichungen mithilfe des integrierten Heidenhain-Messtasters in Verbindung mit Messquadern auf dem Maschinentisch stellt eine einfache und flexible Möglichkeit dar, Trainingsdaten für die Kennfelder zu erzeugen. Eine der größten Schwächen der KbK ist, dass die Extrapolation auf nicht angelernte Lastfälle meist nicht gesichert ist. Über die Messtaster-Messung können jedoch jederzeit neue Lastfälle hinzugefügt werden, sollte eine bestimmte Bearbeitungsaufgabe einen zu großen thermischen Restfehler aufweisen. An der DMU 80 eVo wurde eine derartige Updatefunktion für neue Lastfälle bereits erfolgreich getestet.

Darüber hinaus gibt es jedoch auch Nachteile, die eine Anwendung der KbK an der DMU 80 eVo erschweren. Das erste Problem ist die Datenakquise. Eine messtechnische Analyse ist zwar relativ gut möglich, aber die DMU hat, u. a. durch ihren unsymmetrischen Aufbau, einen stark positionsabhängigen thermischen Fehler. Das heißt, dass der thermische Fehler für viele Positionen im Arbeitsraum gemessen werden muss, im Idealfall an allen 27 Stützstellen aus Kap. „Kennfeldbasierte Korrektur". Das erhöht den messtechnischen Aufwand deutlich. Daher wurde in Kap. „Kennfeldbasierte Korrektur" die simulative Trainingsdatenerzeugung gewählt, wobei sich die verwendeten Lastfälle am Versuchsplan aus Abschn. 2.1 orientieren. Dieses Vorgehen erfordert eine aufwendige Modellierung, Parametrierung und zahlreiche FEM-Simulationsläufe.

Das andere Problem ist, dass die standardmäßig installierten Temperatursensoren nicht auf eine Thermokorrektur ausgelegt sind. Dadurch ist die Korrelation zwischen den Sensoren und der TCP-Verlagerung nicht optimal, was die erreichbare Korrekturgüte verschlechtert. Wie Kap. „Kennfeldbasierte Korrektur" zeigt, ist eine Korrekturgüte oberhalb von 50 % dennoch möglich und mit der Updatemethode kann diese für neue Lastfälle auch noch zusätzlich erhöht werden, aber das Potenzial der KbK wird ohne die Installation weiterer Temperatursensoren bei weitem nicht ausgeschöpft.

Zusammengefasst kann die KbK über das relativ aufwendige FEM-basierte Modelltraining gute Vorhersagen des thermischen Fehlers liefern. Messtechnische Modellupdates können für ausgewählte Lastfälle sehr gute Ergebnisse erzeugen. Sehr gute Vorhersagen für beliebige Lastfälle sind ohne zusätzliche Temperatursensoren und den damit verbundenen Installationsaufwand kaum möglich.

3.2.2 Eigenschaftsmodellbasierte Korrektur

Bei der Eigenschaftsmodellbasierten Korrektur wird das thermo-elastische Maschinenverhalten anhand von Verzögerungsgliedern (PT-Glieder) beschrieben. Mithilfe von maschineninternen Daten, die im Zusammenhang mit der Fehlerursache stehen, und den zugehörigen PT-Parametern können die thermo-elastischen Verlagerungen korrigiert werden. Eine detaillierte Beschreibung des Korrekturverfahrens befindet sich in Kap. „Eigenschaftsmodellbasierte Korrektur".

Die Wahl des an der DMU 80 eVo verwendeten Messmittels zur Verlagerungsmessung für die Modellparametrierung beeinflusst Kosten, Zeitaufwand und Korrekturergebnis stark. Für die Parametrierversuche werden definierte Lastregimes abgefahren, die den am häufigsten erwarteten Lastfällen entsprechen. Wenn das Modell mit den PT-Parametern vollständig bestimmt wurde, kann die Korrektur mithilfe von Livedaten aus der Maschinensteuerung die TCP-Verlagerung online durch Offsets korrigieren.

An der DMU 80 eVo wird ein Industrie-PC benötigt, um die Korrekturwerte zu berechnen. Zur volumetrischen Messung der Verlagerung kann ein Lasertracer eingesetzt werden. Ist eine volumetrische Messung der Verlagerung nicht nötig, kann auch ein ETVE-Nest mit fünf Sensoren zur Messung der Verlagerung an einem Punkt im Arbeitsraum genutzt werden. Pro Achse wird mit dem Lasertracer ca. ein Tag benötigt, an dem die genutzten Vorschübe variiert werden und eine Abkühlung mit aufgezeichnet wird. Da die DMU 80 eVo eine 5-Achs-Maschine ist, dauert es fünf Tage, um den Einfluss der einzelnen Achsbewegungen per Lasertracer zu bestimmen. Als Modelleingänge dienen für diesen Anwendungsfall die Achsvorschübe, mit denen anhand der gemessenen Verlagerung das Modell parametriert wird. Nach der Parametrierung kann die Korrektur vom Industrie-PC auf die Steuerung der Maschine übertragen und eingesetzt werden. Für die Erweiterung des Korrekturmodells um zusätzliche thermische Einflussgrößen, wie z. B. den Prozesseinfluss, wird jeweils ein weiterer Tag zur Messung und Parametrierung veranschlagt.

Die Aufwände und Kosten der Eigenschaftsmodellbasierten Korrektur hängen stark von dem gewählten Versuchsumfang und den Messmitteln ab. Lasertracer können in der Beschaffung mehrere 100.000 € kosten. Ein ETVE-Nest mit fünf Verlagerungssensoren, mit dem die Verlagerung an einem Punkt im Arbeitsraum gemessen werden kann, kostet hingegen wenige tausend Euro, erbringt aber eine eingeschränkte Korrekturgüte. Für den Korrekturalgorithmus spielt das verwendete Messmittel hingegen keine Rolle.

Bei einer bereits untersuchten dreiachsigen Werkzeugmaschine, die der DMU 80 eVo kinematisch ähnelt, konnte die Korrektur der Linearachsen die Verlagerung im Arbeitsraum unter Verwendung eines Lasertracers um bis zu 71 % reduzieren. Pro Achse wurde dazu jeweils ein Versuch mit einer Dauer von 24 h unter Verwendung verschiedener Vorschübe durchgeführt. Die Korrektur einer Drehachse, bei der ein ETVE-Nest zur Verlagerungsmessung verwendet wurde, konnte den Fehler um 50 % verringern. Dies wurde mit einem Versuchsaufwand von einem Tag unter Verwendung von drei verschiedenen Vorschüben erreicht. Ähnlich gute Ergebnisse sind auch für die DMU 80 eVo zu erwarten. Eine Übertragung auf andere baugleiche Maschinen ist ohne Weiteres möglich, erfordert aber in der Regel eine Wiederholung der Parametrierversuche.

3.2.3 Strukturmodellbasierte Korrektur

Die Strukturmodellbasierte Korrektur berechnet das thermo-elastische Verhalten der gekoppelten Baugruppen über ordnungsreduzierte FEM-Simulationen in thermischer Echtzeit. Das detaillierte Vorgehen ist in Kap. „Strukturmodellbasierte Korrektur" zu finden. Kap. „Rechenzeitsparende Modellierung" beschreibt dazu, wie die Modellordnungsreduktion zur schnelleren Berechnung der lastabhängigen Temperaturfelder eingesetzt werden kann. Die Modelleingangsdaten für die DMU 80 eVo sind vor allem die Motorströme von Achsen und Spindel, die Achspositionen, die Achsgeschwindigkeiten und boolesche Signale wie Achsen in Lageregelung, Kühlung An/Aus, KSS An/Aus und Arbeitsraumspülung An/Aus. All diese Daten sind über die NC oder PLC verfügbar und können z. B. über den Trace-Service oder die Verwendung einer Sinumerik Edge erfasst werden. Zusätzliche Eingangsdaten können die Umgebungslufttemperatur und Vorlauftemperatur und Volumenstrom von Kühlung und KSS-Systemen sein.

Aus den Eingangsdaten werden Verlustleistungen und thermische Leitwerte mit empirischen Modellen berechnet und dem thermischen FE-Modell als Randbedingung übergeben. Bei der DMU 80 eVo sind das Folgende:

- Verlustleistungen der fünf Achsmotoren (I, v)
- Verlustleistungen der Kugelgewindetriebe (x, v)
- Verlustleistungen der Lager (v)
- Verlustleistungen der Profischienenführungen (x, v)
- Konvektion und Strahlung zur Umgebung (Lufttemperatur, v)
- Konvektion zu Kühlmedium und KSS (Vorlauftemperatur, $\dot{V}$)
- Wärmeleitung über Wälzkontakte in Lagern, Profilschienenführungen, Spindel-Mutter-Kontakt der Kugelgewindetriebe (v, x)
- Konvektion zwischen Bauteilen über Luftspalt,

wobei I Motorströme, v Achsgeschwindigkeiten, x Achspositionen und $\dot{V}$ den Volumenstrom bezeichnen. Die Berechnung der Fehler am TCP erfolgt über ein Stützpunktgitter im Arbeitsraum mithilfe des thermo-elastischen FE-Modells. Im Falle der DMU 80 eVo sollten $3^5 = 243$ (3 Stützpunkte je Achse) gute Ergebnisse liefern. Die volumetrische Korrektur der thermisch bedingten Fehler erfolgt dann auf Basis dieses Stützpunktgitters, wobei z. B. das Siemens Volumetric Compensation Systems (VCS) genutzt werden kann:

- Bestimmen der Achsfehlerparameter nach ISO-230
- Zyklisches Übergeben der Achsfehlerparameter als Tabelle an die Steuerung
- Umschalten der aktiven Tabelle für die VCS in der Steuerung

Die Anforderungen für die Strukturmodellbasierte Korrektur sind:

- Simulations-PC für die Modellberechnung
- Zugriff auf die Eingangsdaten in der Steuerung mit ausreichender Auflösung – speziell für die DMU 80 eVo also:
  - Umsetzung mit Trace-Service
  - Erweiterung der Operate-Bedienoberfläche
  - Lizenzen und Zugriffsrechte auf Herstellerebene nötig
  - Relativ hohe Echtzeitanforderungen insbesondere für die Motorströme (siehe Kap. „Strukturmodellbasierte Korrektur")
  - Modell:
  Berechnungsfähigkeit in thermischer Echtzeit
  Genügend feine Diskretisierung/Detaillierung zur Abbildung des wesentlichen thermischen Verhaltens
  Ggf. Lizenzen für Modellierungsumgebung
- Korrekturwertaufschaltung
  - Aktualisierung der Korrekturtabellen in thermischer Echtzeit
  - Berechnung und Aufschaltung von Achskorrekturwerten, idealerweise im Interpolationstakt der Steuerung – speziell für die DMU 80 eVo bedeutet das:
  Erweiterung der Operate-Bedienoberfläche
  Umschalten mit Synchronaktionen
  Lizenzen/Zugriffsrechte auf Herstellerebene nötig

Die Hauptaufwände liegen in der Modellierung, dem experimentellem Modellabgleich und der Implementierung der Steuerungsfunktionen. Die erwarteten Resultate sind ca. 50 % Reduktion des thermischen Fehlers ohne Abgleich der unsicheren Modellparameter und ca. 70–80 % mit Abgleich. Da KSS schwer abzubilden ist, kann dieses je nach Bearbeitungsprozess zu einer Reduktion der Korrekturgenauigkeit führen.

3.2.4 Messtechnikbasierte Korrektur

Diese Methode basiert auf der direkten Messung der thermischen Verformung von Strukturbauteilen mithilfe integrierter Deformationssensoren (IDS), s. Kap. „Online-Korrektur thermisch bedingter Verformungen mithilfe von integralen Verformungssensoren". Abhängig von den Abmaßen und den am Strukturbauteil zu erwartenden Verformungen, die bspw. über FEM-Simulationen bestimmt werden können, wird ein Verformungsmodell (z. B. Euler-Bernoulli- oder Timoschenko-Balken) zugrunde gelegt. Durch diese Modelle können thermische Expansion bzw. Kontraktion, Biegung und Schub abgebildet werden.

Die wesentlichen Herausforderungen der messtechnikbasierten Korrektur sind die Sensorplatzierung und -integration sowie die Modellerstellung und -parametrierung. Speziell für die DMU 80 eVo ist die Sensorintegration insbesondere im Bett und auf den y- und z-Schlitten möglich. Im Drehschwenk-Tisch können keine IDS angebracht werden. Eine mögliche Sensorkonfiguration ist in Abb. 12 gezeigt. Die eigentliche Anbringung sollte durch Verschraubung erfolgen, wobei sich Klebe- oder Magnetverbindungen als unzuverlässig erwiesen haben. Bei sehr langen Achsen, wie der x-Achse, könnte es sein, dass ein einzelner IDS den positionsabhängigen TCP-Fehler nicht genau genug erfassen kann und weitere IDS erforderlich werden.

Nachdem die Maschine mit allen notwendigen Komponenten ausgestattet und das Modell messtechnisch oder simulativ erstellt wurde, können Validierungsversuche durchgeführt werden. Für die eigentliche Korrektur des berechneten Fehlers werden die Einzelfehler der Achsen in Korrekturtabellen (z. B. VCS) geschrieben.

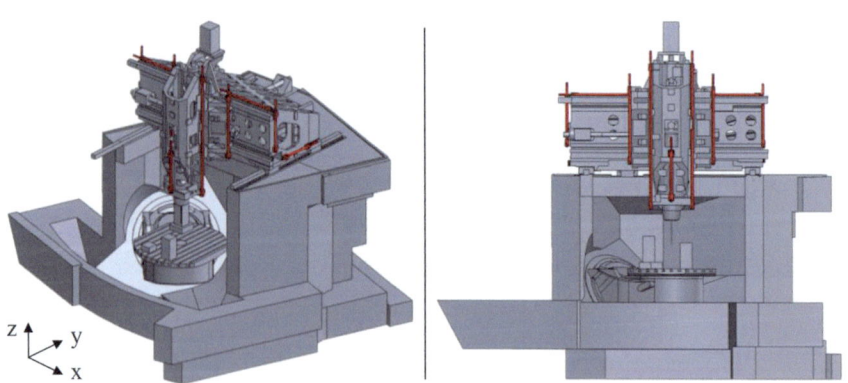

Abb. 12 Mögliche IDS-Konfiguration für die DMU 80 eVo (Naumann et al. 2023b)

Die Vorteile der verwendeten Methode sind die direkte Messung der Verformung sowie der Aspekt, dass keinerlei Trainingsdaten erforderlich sind. Damit ist die IDS-basierte Korrektur für beliebige thermische Lasten anwendbar. Bisherige Versuche an mit den IDS ausgestatteten Maschinen haben einen maximalen Restfehler nach Korrektur von nur 17 % gezeigt. Diese Korrekturgüte wird an der DMU 80 eVo nicht möglich sein, weil die Verformung des Tisches nicht erfasst werden kann. Es ist jedoch möglich, den Tisch-Fehler durch andere Korrekturverfahren zu bestimmen und damit ein hybrides Korrekturverfahren zu konstruieren.

3.3 Bewertungsmatrix und finale Methodenauswahl

Nächster Schritt ist die Auswahl der geeignetsten Methode oder die Kombination von Methoden, welche die gesetzten Optimierungsziele unter Beachtung der festgelegten Randbedingungen erreicht. Beispielhaft für die vorgestellten Methoden soll dies im Folgenden für die DMU 80 eVo anhand einer Bewertungsmatrix erfolgen. Die vorgestellten Verfahren stellen wichtige Repräsentanten der thermischen Korrektur und Kompensation dar, die in den vorangegangenen Kapiteln dargestellt wurden. Daneben gibt es zahlreiche weitere Verfahren, die bei einer Optimierungsmaßnahme ebenfalls in Betracht gezogen werden sollten.

Tab. 1 zeigt die Bewertung der genannten Kriterien für die beschriebenen Verfahren. Ziel der beispielhaften Daten in Tab. 1 ist die Darstellung des prinzipiellen Vorgehens. Dabei sind die Bewertungen z. T. nur Experteneinschätzungen und dienen der Einordnung der Verfahren und der Offenlegung wichtiger Stärken und Schwächen. Es handelt sich nicht um verlässliche, statistisch ermittelte Werte! Deutlich sichtbar wird der Einfluss der subjektiven Gewichtungen auf das Bewertungsergebnis. Das Kriterium Produktivität wird in diesem Fall weggelassen, da keines der Verfahren im Einsatz eine signifikante Auswirkung auf die Produktivität hat.

Bei den Kosten wird für das Kühlsystem ein Retrofit inklusive Einbau einer Pumpe mit Frequenzumrichter und der notwendigen Ventile berücksichtigt. Für den thermischen Tilger wird von vier Stück mit Abmaßen etwa 50 × 360 × 35 mm ausgegangen. Für die Heatpipes werden fünf Stück inklusive der Alu-Kühlkörper geplant. Bei den Deformationssensoren wird mit insgesamt zehn Stück gerechnet. Bei der KbK wird ein zusätzlicher Temperatursensor installiert.

Allgemein ist es sinnvoll, zunächst alle mit sehr gut bewerteten Optionen für die Umsetzung in Betracht zu ziehen und nicht allein nach der höchsten Punktzahl zu entscheiden. Alternativ können alle Verfahren ausgeschlossen werden, die bei den am höchsten gewichteten Kriterien besonders schlecht abgeschnitten haben.

Tab. 1 Bewertungsmatrix Korrektur/Kompensation

GEWICHTUNG	Genauigkeit max. Fehler	Genauigkeit mittl. Fehler	Kosten Hardware [€]	Kosten PM	Wartung	Übertragung Hardware [€]	Übertragung PM	Energie	Eingriffe mechanisch	Eingriffe Steuerung	Voraussetzungen	Hochgenaue Bearbeitung	Gesamt-Bewertung
	10	10	6	8	8	8	8	6	5	2	10	3	
1 - Optimierung Kühlsysteme	-20%	-10%	2.500	3	gering	2.500	1	-15%	gering	keine	erfüllbar	-	52,0
	2,0	1,0	5	6,2	6	6,7	6,7	4,5	4	2	8	0	
2 - Thermische Tilger	-20%	-10%	2.000	3	keine	2.000	2	-10%	moderat	keine	teilw. erfüllbar	-	47,6
	2,0	1,0	5,2	6,2	8	6,9	5,3	3	3	2	5	0	
3 - Heatpipes (HP)	-10%	-5%	400	3	keine	400	1	-5%	moderat	keine	erfüllbar	-	50,4
	1,0	0,5	5,84	6,2	8	7,8	6,7	1,5	3	2	8	0	
4 - Kennfeldbasierte Korrektur (KbK)	-60%	-70%	100	6	keine	100	1	0%	gering	gering	erfüllbar	möglich	61,9
	6,0	7,0	5,96	4,3	8	7,9	6,7	0	4	1	8	3	
5 - Eigenschaftsmodellbas. Korrektur (EmbK)	-50%	-50%	-	6	gering	8.000	3	0%	keine	gering	erfüllt	-	54,3
	5,0	5,0	-	4,3	6	8,0	4,0	0	5	1	10	0	
6 - Strukturmodellbasierte Korrektur (SmbK)	-75%	-75%	-	6	gering	-	3	0%	keine	gering	erfüllt	möglich	62,3
	7,5	7,5	-	4,3	6	-	4,0	0	5	1	10	3	
7 - Messtechnikbasierte Korrektur (MbK)	-40%	-40%	10.000	4	gering	10.000	4	0%	groß	gering	nur Bett + Ständer	-	38,9
	4,0	4,0	2	5,5	6	2,7	2,7	0	2	1	5	0	
1+2+3 (Kühlung, Tilger, HP)	-30%	-20%	5.000	5	gering	5.000 €	2	-20%	moderat	keine	teilw. erfüllbar	-	46,6
	3,0	2,0	4	4,9	6	5,3	5,3	6	3	2	5	0	
1+4 (Kühlung, KbK)	-70%	-80%	2.500	8	gering	2.500	2	-15%	gering	gering	erfüllbar	möglich	61,6
	7,0	8,0	5	3,1	6	6,7	5,3	4,5	4	1	8	3	
1+5 (Kühlung, EmbK)	-60%	-60%	2.500	8	gering	2.500	4	-15%	gering	gering	erfüllbar	-	52,9
	6,0	6,0	5	3,1	6	6,7	2,7	4,5	4	1	8	0	
1+6 (Kühlung, SmbK)	-80%	-80%	2.500	8	gering	2.500	4	-15%	gering	gering	erfüllbar	möglich	59,9
	8,0	8,0	5	3,1	6	6,7	2,7	4,5	4	1	8	3	
1+2+3+4 (Kühlung, Tilger, HP, KbK)	-75%	-85%	5.000	10	gering	5.000	3	-20%	moderat	gering	teilw. erfüllbar	möglich	55,2
	7,5	8,5	4	1,8	6	5,3	4,0	6	3	1	5	3	
1+2+3+5 (Kühlung, Tilger, HP, EmbK)	-70%	-65%	5.000	10	gering	5.000	5	-20%	moderat	gering	teilw. erfüllbar	-	47,0
	7,0	6,5	4	1,8	6	5,3	1,3	6	3	1	5	0	
1+2+3+6 (Kühlung, Tilger, HP, SmbK)	-85%	-85%	5.000	10	gering	5.000	5	-20%	moderat	gering	teilw. erfüllbar	möglich	53,5
	8,5	8,5	4	1,8	6	5,3	1,3	6	3	1	5	3	
4+7 (MbK, KbK)	-60%	-70%	-	9	gering	-	4	0%	groß	gering	erfüllbar	möglich	54,8
	6,0	7,0	-	2,5	6	-	2,7	0	2	1	8	3	
5+7 (MbK, EmbK)	-60%	-60%	-	9	gering	8.000	4	0%	groß	gering	erfüllbar	-	48,1
	6,0	6,0	-	2,5	6	8,0	2,7	0	2	1	8	0	
1+4+7 (Kühlung, MbK, KbK)	-70%	-70%	12.500	11	gering	12.500	3	-15%	groß	gering	erfüllbar	möglich	46,1
	7,0	7,0	1	1,2	6	1,3	4,0	4,5	2	1	8	3	
1+5+7 (Kühlung, MbK, EmbK)	-70%	-60%	12.500	11	gering	12.500	5	-15%	groß	gering	erfüllbar	-	39,4
	7,0	6,0	1	1,2	6	1,3	1,3	4,5	2	1	8	0	
1+2+3+4+7 (Kühlung, Tilger, HP, MbK, KbK)	-70%	-70%	15.000	13	gering	15.000	4	-20%	groß	gering	teilw. erfüllbar	möglich	39,7
	7,0	7,0	0	0,0	6	0,0	2,7	6	2	1	5	3	
1+2+3+5+7 (Kühlung, Tilger, HP, MbK, EmbK)	-70%	-60%	15.000	13	gering	15.000	6	-20%	groß	gering	teilw. erfüllbar	-	33,0
	7,0	6,0	0	0,0	6	0,0	0,0	6	2	1	5	0	

Für die verbleibenden, besten Optionen muss dann anhand persönlicher Präferenzen oder z. B. der besten oder kostengünstigsten Umsetzbarkeit die finale Variante gewählt werden.

4 Beispielhafte Implementierung von Maßnahmen

Im Fall der DMU 80 eVo wird die Kennfeldbasierte Korrektur implementiert und zunächst offline und später online getestet. Die folgenden Abb. 13, 14 und 15 zeigen für den gleichen Lastfall wie in den Abb. 6, 7 und 8, welche die unkorrigierten Verlagerungsverläufe zeigen, die zugehörigen korrigierten Verlagerungen.

Die Verlagerungsverläufe basieren auf aktiver Online-Korrektur an der DMU 80 eVo. Die Umgebungstemperatur war bis auf $\pm 0{,}5$ K identisch und eine vierstündige Standby-Phase vor jeder Messung garantiert annähernd gleiche Startbedingungen für beide Messungen. Wie die Messwertverläufe mit aktiver Korrektur zeigen,

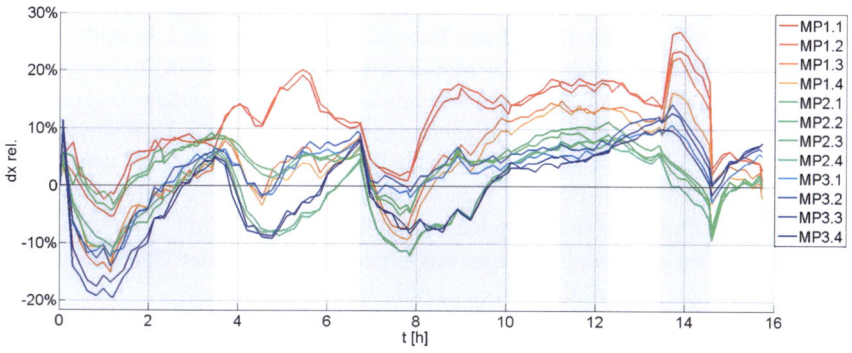

Abb. 13 Relative Verlagerung in x-Richtung Testzyklus 1 mit Korrektur

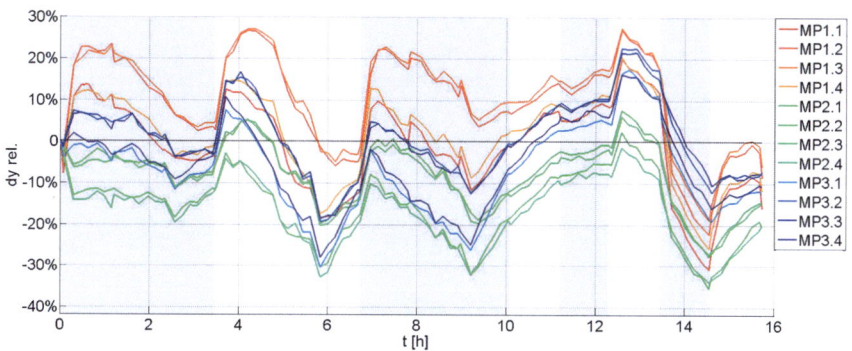

Abb. 14 Relative Verlagerung in y-Richtung Testzyklus 1 mit Korrektur

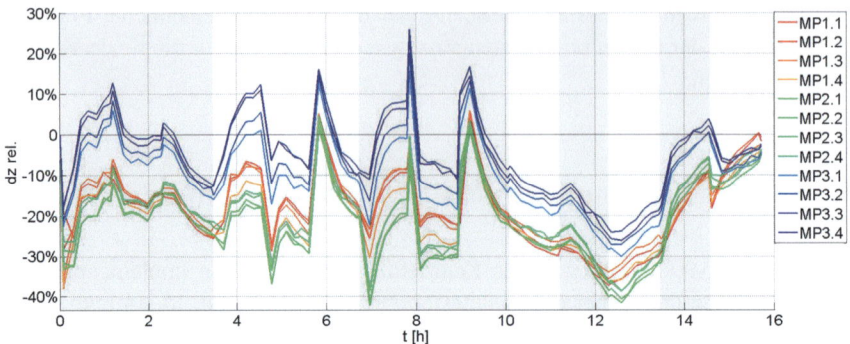

Abb. 15 Relative Verlagerung in z-Richtung Testzyklus 1 mit Korrektur

stellt sich für die x- und y-Richtung eine moderate und für die z-Richtung eine deutliche Reduktion des Fehlers ein. Insgesamt ist der Fehler nach Korrektur auch deutlich symmetrischer. Dabei ist noch einmal hervorzuheben, dass das gewählte Lastkollektiv nicht Bestandteil der Trainingsdaten war und somit bereits einen der schwierigsten Anwendungsfälle für die Kennfeldbasierte Korrektur darstellt.

Die oben erwähnte Methode zur Modellverbesserung für die KbK für einzelne Lastfälle (Naumann et al. 2022) wurde ebenfalls in der Maschinensteuerung implementiert und online getestet und zeigt eine weitere deutliche Verbesserung der Genauigkeit. Erforderlich dafür ist ein zusätzlicher Messdurchlauf, bei dem der für den Lastfall erwartete thermische Fehler mithilfe des integrierten Messtasters bestimmt und anschließend in ein Update-Kennfeld überführt wird.

Die folgenden Abbildungen zeigen das Ergebnis des Tests der Update-Funktion im Online-Einsatz an der DMU 80 eVo (Abb. 16, 17 und 18).

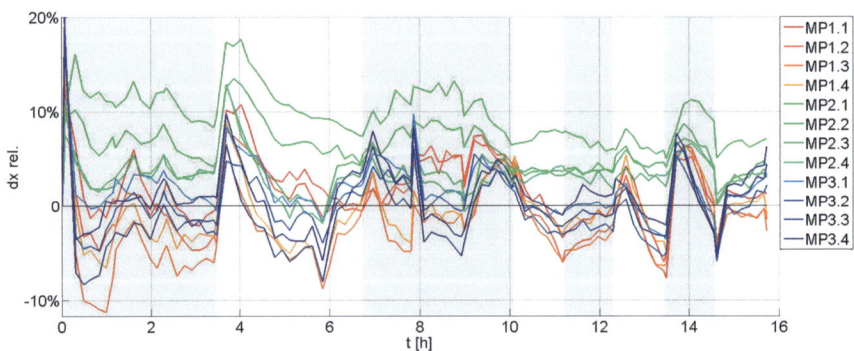

Abb. 16 Relative Verlagerung in x-Richtung Testzyklus 1 mit Korrektur nach messtechnischem Modellupdate an der DMU 80 eVo

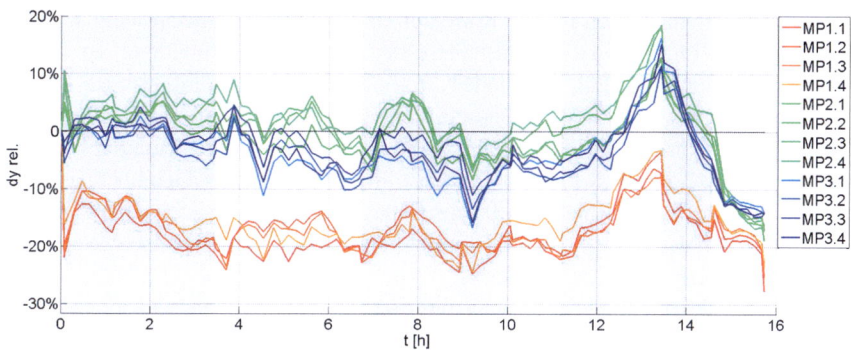

Abb. 17 Relative Verlagerung in y-Richtung Testzyklus 1 mit Korrektur nach messtechnischem Modellupdate an der DMU 80 eV*o*

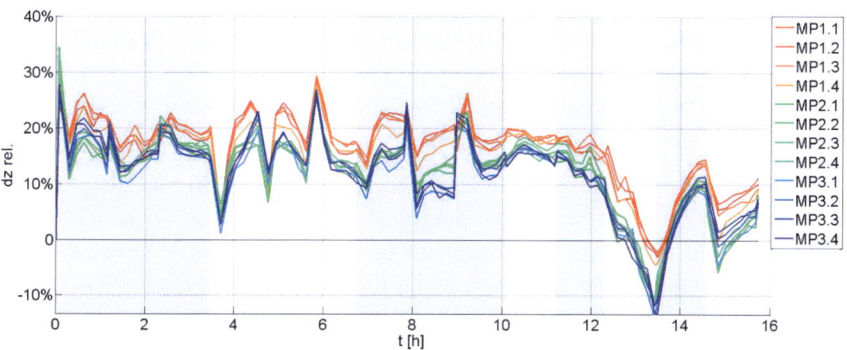

Abb. 18 Relative Verlagerung in z-Richtung Testzyklus 1 mit Korrektur nach messtechnischem Modellupdate an der DMU 80 eVo

5 Bewertung der Optimierung

Insgesamt scheint das Optimierungsergebnis, umgesetzt durch eine Kennfeldbasierte steuerungsintegrierte Korrektur inklusive Update-Funktion zufriedenstellend. Das zeigt auch eine Gegenüberstellung mit den formulierten Optimierungszielen:

- Der mittlere thermische Fehler nach Korrektur bleibt unter ±10 µm, bei einem maximalen Fehler kleiner ±25 µm, auch wenn das die relativierte Darstellung nicht direkt ablesen lässt.
- Die technische Robustheit der Lösung hängt von der Qualität der Temperatursensoren ab und ist in der Regel (PT100) gegeben. Die Korrektur selbst unterliegt keiner Degradation, aber nicht angelernte Lastfälle sind in der Regel ungenauer. Dies kann durch geeignete Auswahl an Trainingslastfällen und die Nutzung der Updatefunktion weitgehend vermieden werden.

- Die Entwicklungskosten für die Korrektur sind moderat. Hardwareseitig wird ein zusätzlicher Temperatursensor installiert, der eine bessere Abbildung der Umgebungstemperaturänderung im Modell ermöglicht. Softwareseitig werden ca. 6–8 Personenmonate für die Modellierung, Parametrierung und Simulation der DMU 80 eVo, die Korrekturmodell-Berechnung und die Steuerungsintegration benötigt. Dieser Aufwand von 50.000–100.000 € ist für eine Einzelmaschine hoch, aber bezogen auf die angenommenen 100 Einsatzmaschinen fast vernachlässigbar. Zudem reduziert sich der Aufwand deutlich, wenn bereits geeignete CAD-/FE-Modelle aus der Maschinenentwicklung vorliegen.
- Die Kennfeldbasierte Korrektur beeinflusst den Energieverbrauch nicht merklich. Es könnte im Gegenteil durch Nutzung der Korrektur auch z. T. auf Aufwärmzyklen verzichtet werden, wodurch sich eine Energieersparnis ergeben würde.
- Produktionsunterbrechungen sind für die Korrektur nicht erforderlich, wobei jedoch Kapazitäten für die Modellparametrierung und -validierung erforderlich sind. Die Nutzung der Updatefunktion erfordert unter Umständen ebenfalls nicht produktive Nebenzeiten, die jedoch dem vermiedenen Ausschuss gegenübergestellt werden müssen.
- Eine hochgenaue Bearbeitung durch die Updatefunktion wäre im gezeigten Beispiellastfall möglich.

Damit erfüllt die Kennfeldbasierte Korrektur für die DMU 80 eVo die gesetzten Optimierungsziele. Wie die Bewertungsmatrix (Tab. 1) zeigt, ermöglicht eine Ergänzung von Kompensationsmaßnahmen eine zusätzliche Verbesserung der thermischen Stabilität der Maschine und würde damit letztendlich noch bessere Korrekturergebnisse erzeugen. Ein ähnlich gutes Ergebnis ist auch z. B. mit der Eigenschaftsmodellbasierten oder der Strukturmodellbasierten Korrektur zu erwarten.

6 Zusammenfassung

Wie das Beispiel der DMU 80 eVo zeigt, ist die Optimierung des thermischen Verhaltens von Werkzeugmaschinen trotz einer großen Vielzahl von Möglichkeiten zur Korrektur und Kompensation thermischer Fehler noch immer kein einfacher, standardisierter Prozess. Einer der wichtigsten Schritte für die kosteneffiziente und effektive Realisierung ist die Auswahl der geeigneten Maßnahme(n) für den gegebenen Anwendungsfall und den speziellen Maschinentyp. Das genaue Vorgehen hängt dann von der gewählten Lösung ab, aber messtechnische oder simulative Iststandsanalyse, Methodenentwicklung bzw. -implementierung und Lösungsvalidierung sind stets die wesentlichen Realisierungsschritte.

Literatur

Naumann C, Glänzel J, Klimant P, Dix M, Ihlenfeldt S (2022) Optimization of characteristic diagram based thermal error compensation via load case dependent model updates. J Mach Eng 22(2):5–18 https://doi.org/10.36897/jme/148181

Naumann C, Geist A, Putz M (2023a) Handling ambient temperature changes in correlative thermal error compensation. J Mach Eng 23(4):43–63 https://doi.org/10.36897/jme/175397

Naumann C, Naumann A, Bertaggia N, Geist A, Glänzel J, Herzog R, Zontar D, Brecher C, Dix M (2023b) Hybrid Thermal Error Compensation Combining Integrated Deformation Sensor and Regression Analysis Based Models for Complex Machine Tool Designs. Proc. ICTIMT 2023, Springer, LNPE, S 28–40 https://doi.org/10.1007/978-3-031-34486-2_3

SFB/TR 96 Thermo-energetische Gestaltung von Werkzeugmaschinen – Eine systemische Lösung des Zielkonflikts von Energieeinsatz, Genauigkeit und Produktivität am Beispiel der spanenden Fertigung

Gefördert von der DFG
 Laufzeit: 07/2011–06/2023
 Bearbeitende Institutionen:

- Technische Universität Dresden
- Rheinisch-Westfälische Technische Hochschule Aachen
- Technische Universität Chemnitz
- Fraunhofer-Institut für Werkzeugmaschinen und Umformtechnik IWU
- Fraunhofer-Institut für Produktionstechnologie IPT

Teilprojekte des SFB/TR 96

- Modellgestützte Beschreibung der thermo-energetischen Wirkungen in spanenden Werkzeugen und Werkstückspannvorrichtungen und der gezielten Beeinflussung von Schneiden- und Bauteilverlagerungen mit dem Ziel der Optimierung und Kompensation
 Teilprojektleitung: Putz, Regel: TU Chemnitz, Professur für Produktionssysteme und -prozesse (PSP)
- Modell und Methode zur Erfassung und Bilanzierung der in Fräsprozessen umgesetzten Energien
 Teilprojektleitung: Bergs, Mattfeld: RWTH Aachen, Werkzeugmaschinenlabor, Lehrstuhl für Technologie der Fertigungsverfahren
- Modell und Methode zur Erfassung und Bilanzierung der in Schleifprozessen umgesetzten Energien
 Teilprojektleitung: Mattfeld, Bergs: RWTH Aachen, Werkzeugmaschinenlabor, Lehrstuhl für Technologie der Fertigungsverfahren

- Thermo-energetische Beschreibung fluidtechnischer Systeme
  Teilprojektleitung: Weber: TU Dresden, Institut für Mechatronischen Maschinenbau, Professur für Fluid-Mechatronische Systemtechnik
- Systemsimulation des prozessaktuellen Werkzeugmaschinenabbildes
  Teilprojektleitung: Beitelschmidt: TU Dresden, Institut für Festkörpermechanik, Professur für Dynamik und Mechanismentechnik
  Ihlenfeldt:TU Dresden, Institut für Mechatronischen Maschinenbau, Professur für Werkzeugmaschinenentwicklung und adaptive Steuerung
- Modellordnungsreduktion für thermo-elastische Baugruppenmodelle
  Teilprojektleitung: Benner, Saak: TU Chemnitz, Fakultät für Mathematik, Arbeitsgruppe Mathematik in Industrie und Technik
- Hochauflösende thermo-elastische Simulation auf massiv-parallelen Rechnerarchitekturen
  Teilprojektleitung: Voigt, Wensch: TU Dresden, Institut für Wissenschaftliches Rechnen
- Modellierung der thermischen Wechselwirkung zwischen Umgebung und Maschine
  Teilprojektleitung: Neugebauer: Fraunhofer IWU Chemnitz
- Bestimmung und Modellierung der Wärmeübergangsmechanismen zwischen den Maschinenkomponenten
  Teilprojektleitung: Kneer: RWTH Aachen, Lehrstuhl für Wärme- und Stoffübertragung
- Komponenten- und Baugruppenuntersuchung
  Teilprojektleitung: Brecher: RWTH Aachen, Werkzeugmaschinenlabor, Forschungsbereich Werkzeugmaschinen
- Identifikation von Modellparametern für exemplarisch streuende sowie zeitlich veränderliche thermische Maschineneigenschaften
  Teilprojektleitung: Kauschinger: TU Dresden, Institut für Mechatronischen Maschinenbau, Professur für Werkzeugmaschinenentwicklung und adaptive Steuerung
  Hellmich: Fraunhofer Institut für Werkzeugmaschinen und Umformtechnik IWU, Dresden
- Korrekturalgorithmen und höherdimensionale Kennfelder
  Herzog: TU Chemnitz, Professur Numerische Mathematik (Partielle Differentialgleichungen)
  Teilprojektleitung: Priber: Fraunhofer IWU Chemnitz
- Eigenschaftsmodellbasierte Korrektur lastabhängiger Strukturverformungen
  Teilprojektleitung: Brecher: RWTH Aachen, Werkzeugmaschinenlabor, Lehrstuhl für Werkzeugmaschinen
- Strukturmodellbasierte Korrektur thermo-elastischer Fehler an Werkzeugmaschinen
  Teilprojektleitung: Kauschinger TU Dresden, Institut für Mechatronischen Maschinenbau, Professur für Werkzeugmaschinenentwicklung und adaptive Steuerung

Fetzer: TU Dresden, Institut für Systemarchitektur, Lehrstuhl für Systems Engineering (SE)
- Modellprädikative Parameter- und Zustandsschätzung und optimale Sensorplatzierung
Teilprojektleitung: Herzog: TU Chemnitz, Professur Numerische Mathematik (Partielle Differentialgleichungen)
Stoll: TU Chemnitz, Professur Wissenschaftliches Rechnen
- Parametrierung und kennfeldbasierte Korrektur
Teilprojektleitung: Glänzel, Putz: Fraunhofer Institut für Werkzeugmaschinen und Umformtechnik (IWU)
- Steuerungsdatengespeiste Vorwärtsbeeinflussung des Temperaturfeldes einer Werkzeugmaschine
Teilprojektleitung: Ihlenfeldt: TU Dresden, Institut für Mechatronischen Maschinenbau, Professor für Werkzeugmaschinenentwicklung und adaptive Steuerung
- Modellierung und Entwurf von Systemen zur aktiven Steuerung der Temperaturverteilung in Gestellbaugruppen
Teilprojektleitung: Drossel TU Chemnitz, Institut für Werkzeugmaschinen und Produktionsprozesse, Professor für Adaptronik und Funktionsleichtbau in der Produktion,
- Systemansatz zur Bestimmung thermo-elastischer Verformungen durch die direkte Messung lokaler Verlagerungen unter Einsatz strukturintegrierter Sensorik
Teilprojektleitung: Brecher: Fraunhofer IPT Aachen
- Modellierung und Optimierung des Verlusthaushaltes elektrischer Antriebsmotoren und ihrer thermischen Kopplung mit Werkzeugmaschinen
Teilprojektleitung: Werner: TU Chemnitz, Professor Elektrische Energiewandlungssysteme und Antriebe
- Modellgestützte Methode zur Bewertung der Lösungsvarianten in Planung und Realisierung insbesondere unter thermo-energetischen, qualitativen und wirtschaftlichen Aspekten
Teilprojektleitung: Esswein: TU Dresden, Lehrstuhl für Wirtschaftsinformatik insb. Systementwicklung
Wiemer: TU Dresden, Institut für Mechatronischen Maschinenbau, Professor für Werkzeugmaschinenentwicklung und adaptive Steuerung
- Methoden zur messtechnischen Erfassung von verhaltens- und betriebszustandsrelevanten Größen entlang der thermischen Wirkungskette für Analyse, Bewertung, Simulation und Korrektur an einem spezifischen Versuchsträger
Teilprojektleitung: Müller: TU Dresden, Institut für Mechatronischen Maschinenbau, Professor für Werkzeugmaschinenentwicklung und adaptive Steuerung

Open Access Dieses Kapitel wird unter der Creative Commons Namensnennung 4.0 International Lizenz (http://creativecommons.org/licenses/by/4.0/deed.de) veröffentlicht, welche die Nutzung, Vervielfältigung, Bearbeitung, Verbreitung und Wiedergabe in jeglichem Medium und Format erlaubt, sofern Sie den/die ursprünglichen Autor(en) und die Quelle ordnungsgemäß nennen, einen Link zur Creative Commons Lizenz beifügen und angeben, ob Änderungen vorgenommen wurden.

Die in diesem Kapitel enthaltenen Bilder und sonstiges Drittmaterial unterliegen ebenfalls der genannten Creative Commons Lizenz, sofern sich aus der Abbildungslegende nichts anderes ergibt. Sofern das betreffende Material nicht unter der genannten Creative Commons Lizenz steht und die betreffende Handlung nicht nach gesetzlichen Vorschriften erlaubt ist, ist für die oben aufgeführten Weiterverwendungen des Materials die Einwilligung des jeweiligen Rechteinhabers einzuholen.

MIX
Papier aus verantwortungsvollen Quellen
Paper from responsible sources
FSC® C105338

If you have any concerns about our products,
you can contact us on
ProductSafety@springernature.com

In case Publisher is established outside the EU,
the EU authorized representative is:
Springer Nature Customer Service Center GmbH
Europaplatz 3, 69115 Heidelberg, Germany

Printed by Libri Plureos GmbH
in Hamburg, Germany